T0211453

Grundstudium Mathematik

Jan W. Prüss • Mathias Wilke

Gewöhnliche Differentialgleichungen und dynamische Systeme

2. Auflage

 Birkhäuser

Jan W. Prüss
Institut für Mathematik
Martin-Luther-Universität Halle-Wittenberg
Halle (Saale), Deutschland

Mathias Wilke
Institut für Mathematik
Martin-Luther-Universität Halle-Wittenberg
Halle (Saale), Deutschland

ISSN 2504-3641   ISSN 2504-3668 (electronic)
Grundstudium Mathematik
ISBN 978-3-030-12361-1   ISBN 978-3-030-12362-8 (eBook)
https://doi.org/10.1007/978-3-030-12362-8

Die Deutsche Nationalbibliothek verzeichnet diese Publikation in der Deutschen Nationalbibliografie; detaillierte bibliografische Daten sind im Internet über http://dnb.d-nb.de abrufbar.

Birkhäuser
© Springer Nature Switzerland AG 2011, 2019

Birkhäuser ist ein Imprint der eingetragenen Gesellschaft Springer Nature Switzerland AG und ist ein Teil von Springer Nature.
Die Anschrift der Gesellschaft ist: Gewerbestrasse 11, 6330 Cham, Switzerland

Prolog

Seit der Formulierung der Grundgesetze der klassischen Mechanik durch Newton im 17. Jahrhundert bilden gewöhnliche Differentialgleichungen ein exzellentes Werkzeug in der mathematischen Modellierung physikalischer Prozesse. Heute findet dieser Typ von Gleichungen in allen Naturwissenschaften – einschließlich der Life Sciences – in ständig wachsendem Maße Anwendung. Daher gehört ein Kurs über die Theorie gewöhnlicher Differentialgleichungen unabdingbar zur Grundausbildung von Mathematikern, Physikern und Ingenieuren, und sollte auch im Studium der Life Sciences und der Wirtschaftswissenschaften präsent sein.

Natürlich gibt es in der deutschsprachigen Literatur diverse sehr etablierte Lehrbücher, sodass der Leser dieses Buches sich fragen wird, warum noch eines. Um diese Frage zu beantworten, sollte man zur Kenntnis nehmen, dass sich die Schwerpunkte der Theorie mit den Jahren verschoben haben, nicht zuletzt durch die enormen Fortschritte in der Numerik und Computertechnologie, speziell durch die Entwicklung moderner Computeralgebrasysteme. So erscheint es uns heute nicht mehr angebracht zu sein, in einem Kurs über gewöhnliche Differentialgleichungen viel Zeit mit expliziten Lösungen, mit klassischen Integrationsmethoden, Potenzreihenentwicklungen, etc. zu verbringen. Hierzu verweisen wir auf die klassische Literatur zu gewöhnlichen Differentialgleichungen und auf die zu speziellen Funktionen.

Vielmehr sollte das Verständnis des *qualitativen Verhaltens* der Lösungen im Vordergrund stehen. Computeralgebrasysteme sind zur Visualisierung von Lösungen ein sehr gutes, zeitgemäßes Werkzeug, und sollten daher unbedingt in solchen Kursen zur Illustration eingesetzt werden. Wir sehen heute den Schwerpunkt von Modulen zur Theorie gewöhnlicher Differentialgleichungen in den Aspekten *Nichtlinearität* und *Dynamik*. Studierende der Mathematik und der Physik sollten frühzeitig mit dem Begriff der Stabilität vertraut gemacht werden, und elementare Techniken aus diesem Bereich kennenlernen. Deshalb werden auch Randwertprobleme – mit Ausnahme periodischer Randbedingungen, die in dynamischen Systemen natürlicherweise durch periodisches Verhalten der Lösungen auftreten, – in diesem Buch nicht betrachtet, denn sie spielen für die Dynamik eine untergeordnete Rolle, und können viel effektiver im Rahmen von Veranstaltungen über Funktionalanalysis oder über partielle Differentialgleichungen behandelt werden.

Ein weiterer Aspekt, der uns dazu bewogen hat, dieses Lehrbuch zu verfassen, resultiert aus der Neuorganisation der Studiengänge im Rahmen der Modularisierung für die Bachelor- und Masterprogramme. Dies erfordert eine Straffung der bisherigen Lehrveranstaltungen und somit auch eine Neu-Orientierung hinsichtlich der zu vermittelnden Lernziele und Lerninhalte. Durch die größere Praxisorientierung dieser Studiengänge muss auch der Aspekt der *Modellierung* stärkere Berücksichtigung finden.

Dieses Lehrbuch trägt diesen Entwicklungen Rechnung. Es ist aus Vorlesungen entstanden, die der erstgenannte Autor an der Martin-Luther-Universität Halle-Wittenberg und an anderen Universitäten über gewöhnliche Differentialgleichungen und dynamische Systeme gehalten hat. Das Buch ist in zwei Teile gegliedert. Der erste Teil *Gewöhnliche Differentialgleichungen* hat einen Umfang von 2 SWS Vorlesung + 1 SWS Übung, und ist in Halle im 3. Semester in die Analysis III integriert. Der zweite Teil *Dynamische Systeme* wird in Halle im 5. Semester als Bachelor-Vertiefungsmodul ebenfalls mit dem Umfang 2 + 1 SWS angeboten. Interessierte Studenten können daran ihre Bachelor-Arbeit anschließen. Natürlich ist es auch möglich, das gesamte Buch als Grundlage für ein 4 + 2-Modul im dritten oder im vierten Semester des Bachelor-Studiums zu nehmen. Der zweite Teil kann alternativ als Text für ein Seminar über Dynamische Systeme verwendet werden.

Für den ersten Teil werden nur die Grundvorlesungen in Analysis und moderate Kenntnisse der linearen Algebra vorausgesetzt, das wichtigste Hilfsmittel ist das *Kontraktionsprinzip von Banach*. Daher ist dieser Kurs auch für Physiker, Ingenieure, sowie für Studenten der Life Sciences und der Wirtschaftswissenschaften mit den entsprechenden Vorkenntnissen zugänglich. Aus didaktischen Gründen werden hier zwei Beispiele, nämlich das Pendel und das Volterra–Lotka System, jeweils mit oder ohne Dämpfung, in verschiedenen Zusammenhängen wiederholt diskutiert. Dies soll aufzeigen, was die einzelnen Sätze leisten, und dass nur aus ihrem Zusammenspiel ein vollständiges Bild der Dynamik eines Modells entsteht. Der zweite Teil wendet sich hauptsächlich an Studenten der Mathematik und Physik, da hier ein etwas tiefergehendes Verständnis der Analysis benötigt wird. Mathematisch sind hier das *Kompaktheitskriterium von Arzelà-Ascoli* und der *Satz über implizite Funktionen* in Banachräumen zentral. Auf weitere funktionalanalytische Methoden wird hier dem Kenntnisstand der anvisierten Leser- bzw. Hörerschaft entsprechend nicht zurückgegriffen. In diesem Teil werden anspruchsvollere Anwendungen zu den jeweiligen Themen diskutiert.

Der Aufbau dieses Lehrbuchs ist folgendermaßen. In Teil I wird mit einer Einführung in die Thematik begonnen, in der grundlegende Begriffsbildungen eingeführt und Problemstellungen erläutert werden – die bereits in den Teil II hineinragen –, und es werden viele Beispiele angegeben, die zeigen sollen, dass gewöhnliche Differentialgleichungen omnipräsent und für die Modellierung von konkreten dynamischen Systemen unerlässlich sind. Wir betonen bereits in der Einführung geometrische Aspekte, um Studenten auf die

Herausforderungen, welche die Analysis eines konkreten Systems bietet, vorzubereiten, aber auch um die Schönheit der Theorie zu illustrieren. Kap. 2 befasst sich mit Existenz und Eindeutigkeit, der Satz von Picard und Lindelöf steht im Vordergrund. Differential- und Integral-Ungleichungen – wie das Lemma von Gronwall – werden schon hier entwickelt, um Methoden zum Beweis globaler Existenz zur Verfügung zu haben. Danach behandeln wir die Theorie linearer Systeme, ohne auf die Jordan-Zerlegung von Matrizen zurückzugreifen, da diese heute nicht mehr generell in Modulen zur linearen Algebra gelehrt wird. Um das *invariante Denken* zu schulen, verwenden wir die Spektralzerlegung linearer Operatoren, die bereitgestellt wird. In Kap. 4 geht es um stetige und differenzierbare Abhängigkeit der Lösungen von Daten und Parametern. Dieses Thema ist leider unbeliebt, aber von großer Bedeutung, nicht nur für die Theorie gewöhnlicher Differentialgleichungen, sondern auch in anderen Bereichen der Mathematik, speziell in der Differentialgeometrie und für die Theorie der Charakteristiken im Gebiet der partiellen Differentialgleichungen. In diesem Buch beweisen wir die entsprechenden Resultate und arbeiten auch wichtige Anwendungen aus. Das letzte Kapitel des ersten Teils ist der elementaren Stabilitätstheorie gewidmet. Es werden beide Teile des Prinzips der linearisierten Stabilität, das in Anwendungen von großer Bedeutung ist, im Detail bewiesen, und die sehr leistungsfähige Methode von Ljapunov wird in einfachen Fällen ausgeführt. Der erste Teil endet mit einer vollständigen Analysis eines aktuellen dreidimensionalen Virenmodells.

Teil II ist für die Vertiefung von Teil I, also die qualitative Theorie dynamischer Systeme auf der Basis gewöhnlicher Differentialgleichungen vorgesehen. Kap. 6 dient einer Ergänzung des ersten Teils: Es enthält den Existenzsatz von Peano, die Konstruktion nichtfortsetzbarer Lösungen, und den allgemeinen Satz über stetige Abhängigkeit. Das Thema Eindeutigkeit wird vertieft behandelt, und wir zeigen, wie verallgemeinerte Differentialungleichungen in konkreten Anwendungen Eindeutigkeit – und damit Wohlgestelltheit – ergeben. Ist man gewillt, nur mit rechten Seiten aus C^1 zu arbeiten, so kann man ohne Weiteres auf dieses Kapitel verzichten. Kap. 7 befasst sich mit invarianten Mengen, einem zentralen Konzept in der Theorie dynamischer Systeme. Wir erhalten als Anwendung Exponentiallösungen positiv homogener Gleichungen, den Satz von Perron und Frobenius, und stellen den Zusammenhang mit vektorwertigen Differentialungleichungen her. Letztere tragen erheblich zum Verständnis des qualitativen Verhaltens quasimonotoner Systeme bei, die ein Sub- und ein Superequilibrium besitzen. Diese Resultate werden dann zur vollständigen Analysis eines Mehrklassen-Epidemiemodells verwendet. In Kap. 8 stehen nochmals Stabilität und Ljapunov-Funktionen im Mittelpunkt. Es werden die Sätze von Ljapunov über Stabilität, von La Salle über Limesmengen, sowie der Hauptsatz über gradientenartige Systeme bewiesen, und auf Probleme der mathematischen Genetik und der chemischen Kinetik angewandt. Im letzten Abschnitt des Kapitels behandeln wir die Lojasiewicz-Technik, und zeigen ihre Bedeutung anhand von Systemen zweiter Ordnung mit Dämpfung in der Mechanik. Die Theorie von Poincaré-Bendixson und die Index-Theorie für zweidimensionale autonome Systeme stehen im Zentrum von

Kap. 9. Sie werden auf die Lienard-Gleichung – inklusive der van-der-Pol-Gleichung –
angewandt, sowie auf Modelle für biochemische Oszillatoren, die neueren Datums sind.
Kap. 10 enthält die Konstruktion der stabilen und der instabilen Mannigfaltigkeiten
an hyperbolischen Equilibria, und Beweise des erweiterten Prinzips der linearisierten
Stabilität an einer Mannigfaltigkeit normal stabiler bzw. normal hyperbolischer Equilibria.
Es werden Anwendungen auf Diffusionswellen, inklusive der Konstruktion von Wellenfronten für die Fisher-Gleichung, und auf Probleme der klassischen Mechanik gegeben.
Die Floquet-Theorie periodischer Gleichungen ist Schwerpunkt von Kap. 11. Dazu wird
der Funktionalkalkül für lineare Operatoren in $\mathbb{C}^n$ hergeleitet und zur Konstruktion
der Floquet-Zerlegung verwendet. Mittels der Floquet-Multiplikatoren wird das Prinzip
der linearisierten Stabilität für periodische Lösungen hergeleitet, und die Abhängigkeit
periodischer Lösungen von Parametern mit Hilfe des Satzes über implizite Funktionen
studiert. Kap. 11 kann übersprungen werden, es wird später nur in Abschn. 12.5 zur
Stabilitätsanalyse bei Hopf-Verzweigung verwendet. Die grundlegenden Sätze der Verzweigungstheorie, also die Sattel-Knoten-, die Pitchfork-, und die Hopf-Verzweigung
sowie ihre Bedeutung für Stabilität, sind Gegenstand von Kap. 12. Diese Resultate werden
anhand Hamiltonscher Systeme und eines Problems aus der Reaktionstechnik illustriert.
Das letzte Kapitel befasst sich schließlich mit Differentialgleichungen auf Mannigfaltigkeiten, auf die man durch Anwendungen, wie Zwangsbedingungen in der Mechanik,
instantane Reaktionen in der chemischen Kinetik, und generell durch Probleme mit stark
unterschiedlichen Zeitskalen geführt wird. Als Anwendung der Invarianzmethoden aus
Kap. 7 zeigen wir Wohlgestelltheit für Gleichungen auf C^1-Mannigfaltigkeiten, betrachten
danach Linearisierung an Equilibria, leiten die invariante Form der Gleichung für Geodätische her, und diskutieren den Zusammenhang mit Zwangskräften in der Mechanik. Zum
Abschluss des Kapitels geben wir eine Analysis des Zweikörperproblems, die historisch
zu den großen Erfolgen der Theorie gewöhnlicher Differentialgleichungen zählt.

Die meisten in diesem Buch bewiesenen Resultate werden durch – zum Teil neue –
Anwendungen erläutert. Mit diesen soll gezeigt werden, wie man mit gewöhnlichen
Differentialgleichungen konkrete Systeme modellieren und (manchmal) erfolgreich ana-
lysieren kann. Jeder Abschnitt enthält Übungsaufgaben, die der Student nach Studium
der entsprechenden vorhergehenden Abschnitte in der Lage sein sollte zu lösen. Die
Diagramme und Schemata – insbesondere die Phasenportraits – sind überwiegend mit
dem Computeralgebrasystem *Mathematica* generiert worden. Für letztere wurde u. a. das
Shareware-Package *DiffEqsPackages* verwendet, das man sich von der *Wolfram Research*
Homepage herunterladen kann. Der Epilog enthält Kommentare zur Literatur, sowie
Anregungen und Hinweise für weitergehende Studien.

Die angegebene Literatur ist zwangsläufig subjektiv ausgewählt und kann aufgrund
der Historie und der Größe des Gebiets per se nicht vollständig sein. Der erste Teil
des Literaturverzeichnisses enthält daher Lehrbücher und Monographien zur Thematik
zum weiteren Studium, während der zweite Teil Beiträge angibt, aus denen Resultate
entnommen wurden, oder die zum weiteren Studium konkreter Probleme anregen sollen.

Wir möchten uns vor allem bei Prof. Dr. G. Simonett und Dr. R. Zacher für ihre wertvollen Hinweise und Kommentare bedanken, sowie bei den Doktoranden S. Pabst und S. Meyer für ihren Einsatz beim Korrekturlesen. Unser Dank geht außerdem an Prof. Dr. H. Amann und an den Birkhäuser-Verlag, insbesondere an Dr. Th. Hempfling und Mitarbeiter.

Halle, Deutschland
im April 2010

Jan Prüss und Mathias Wilke

Vorwort zur zweiten Auflage

Die sehr positive Resonanz auf unser Buch hat uns dazu veranlasst, den Text nochmals zu überarbeiten, Typos zu beseitigen, einige Ungenauigkeiten zu eliminieren und diverse Verfeinerungen anzubringen. Wir bedanken uns bei den Lesern für die diesbezüglichen Hinweise und Vorschläge. Die Gelegenheit wollten wir aber auch dazu nutzen, weitere interessante Thematiken aufzunehmen, die es bisher nicht in Lehrbuchform gibt, um das Buch noch attraktiver zu gestalten, und mehr Material für Seminare und weiterführende Studien zur Thematik des Buches zur Verfügung zu stellen.

So haben wir Abschnitte über Ljapunov-Funktionen und Konvergenzraten, das Hartman-Grobman Theorem, stabile und instabile Faserungen in der Nähe von normal hyperbolischen Equilibrien, und Verzweigung und Symmetrien hinzugefügt. Des weiteren gibt es ein neues Kap. 14 *Weitere Anwendungen*, welches das FitzHugh-Nagumo Modell in der Elektrophysiologie, und Resultate über Wellenzüge und Pulswellen für Reaktions-Diffusionsgleichungen mit FitzHugh-Nagumo Nichtlinearität, sowie einen Abschnitt über Subdifferentialgleichungen enthält.

Halle (Saale), Deutschland
2018

Jan Prüss und Mathias Wilke

Notationen

In diesem Buch werden Standardnotationen verwendet. So bezeichnen $\mathbb{N}$, $\mathbb{R}$, $\mathbb{C}$ wie üblich die natürlichen, reellen und komplexen Zahlen, $\mathbb{R}_+ = [0, \infty)$, $\mathbb{N}_0 = \mathbb{N} \cup \{0\}$; $\mathbb{K}$ steht für $\mathbb{R}$ oder $\mathbb{C}$. $\mathbb{K}^n$ ist der Vektorraum der n-dimensionalen Spaltenvektoren, $\mathbb{K}^{m \times n}$ der Raum der $m \times n$-Matrizen mit Einträgen in $\mathbb{K}$. Die Einheitsmatrix wird mit I bezeichnet, und ist $A \in \mathbb{K}^{n \times n}$ so schreiben wir häufig $\lambda - A$ anstelle von $\lambda I - A$. Wie üblich bedeuten $\det A$ die Determinante und $\mathrm{sp}\, A$ die Spur von A, sowie $N(A)$ den Kern und $R(A)$ das Bild von A. A^{T} bezeichnet die transponierte Matrix zu A und $A^* := \bar{A}^{\mathsf{T}}$ ihre Adjungierte. Wir verwenden elementare Aussagen der linearen Algebra wie den Dimensionssatz für $A \in \mathbb{K}^{m \times n}$

$$\dim N(A) + \dim R(A) = n$$

ohne Kommentar. Eine Projektion P in $\mathbb{K}^n$ erfüllt $P^2 = P$, und induziert mittels $x = Px + (x - Px)$ die Zerlegung $\mathbb{K}^n = R(P) \oplus N(P)$ von $\mathbb{K}^n$ in eine direkte Summe; gilt $P = P^*$ so heißt P orthogonal. Ist V ein Teilraum eines Vektorraums X, so bezeichnet $W = X \ominus V$ ein direktes Komplement von V in X, also $X = V \oplus W$. Der Aufspann einer Teilmenge A eines Vektorraums wird wie üblich mit $\mathrm{span}\, A$ benannt.

Das Skalarprodukt in $\mathbb{K}^n$ wird mit $(\cdot|\cdot)$ bezeichnet. $|\cdot|$ bedeutet sowohl den Betrag reeller oder komplexer Zahlen, als auch eine nicht näher spezifizierte Norm auf $\mathbb{K}^n$. Für $1 \le p < \infty$ ist $|x|_p = \left(\sum_{j=1}^n |x_j|^p \right)^{1/p}$ die l_p-Norm auf $\mathbb{K}^n$, und $|x|_\infty = \max\{|x_j| : j = 1, \dots, n\}$ die l_∞-Norm.

Mit $B_r(x_0)$ bzw. $\bar{B}_r(x_0)$ werden die offene bzw. abgeschlossene Kugel mit Radius $r > 0$ und Mittelpunkt $x_0 \in \mathbb{K}^n$ bzgl. einer Norm bezeichnet. Ist $D \subset \mathbb{K}^n$, so bedeuten $\bar{D}$, ∂D, $\mathrm{int}\, D$ den Abschluss, den Rand bzw. das Innere von D. Der Abstand eines Punktes $x \in \mathbb{K}^n$ zu einer Menge $D \subset \mathbb{K}^n$ wird mit $\mathrm{dist}(x, D)$ bezeichnet.

Ist $J \subset \mathbb{R}$ ein Intervall, $k \in \mathbb{N}_0 \cup \{\infty\}$, so bedeutet $C^k(J; \mathbb{R}^n)$ den Raum der k-mal stetig differenzierbaren Funktion $u : J \to \mathbb{R}^n$, und wir setzen $C(J; \mathbb{R}^n) := C^0(J; \mathbb{R}^n)$; schließlich bezeichnet $C^\omega((a, b); \mathbb{R}^n)$ den Raum der auf (a, b) reell analytischen Funktionen. Analog sind die Räume $C^k(G; \mathbb{R}^n)$ für eine offene Menge $G \subset \mathbb{R}^m$ erklärt.

Alle weiteren Notationen werden im Text erläutert.

Inhaltsverzeichnis

Abbildungsverzeichnis

Teil I

Gewöhnliche Differentialgleichungen

Einführung

Eine gewöhnliche Differentialgleichung – im Folgenden häufig kurz DGL genannt – hat die allgemeine Gestalt

$$h(t, x, \dot{x}, \ddot{x}, \ldots, x^{(m)}) = 0, \quad t \in J, \tag{1.1}$$

wobei J ein Intervall ist, und die Funktion $h : J \times \underbrace{\mathbb{R}^n \times \ldots \times \mathbb{R}^n}_{m+1-mal} \to \mathbb{R}^n$ dabei als gegeben vorausgesetzt wird. (1.1) ist hier in *impliziter* Form gegeben.

Der Parameter t ist in (1.1) die einzige *unabhängige Variable*. Dies ist das Merkmal gewöhnlicher Differentialgleichungen. In diesem Buch wird t oft als „Zeit" bezeichnet, auch wenn es dem in manchen Fällen nicht gerecht wird. Dabei ist $\dot{x} = \frac{dx}{dt}$ die Zeitableitung der Funktion $x = x(t)$.

Die *Ordnung* einer Differentialgleichung ist definiert durch die höchste darin nichttrivial enthaltene Ableitung. Die DGL (1.1) hat die Ordnung m, sofern $\partial_{x^{(m)}} h \not\equiv 0$ ist. Eine Differentialgleichung erster Ordnung hat demnach die Form

$$h(t, x, \dot{x}) = 0. \tag{1.2}$$

Löst man, falls dies möglich ist, (1.1) nach $x^{(m)}$ auf, so ist die Differentialgleichung m-ter Ordnung in *expliziter* Form gegeben:

$$x^{(m)} = g(t, x, \dot{x}, \ddot{x}, \ldots, x^{(m-1)}). \tag{1.3}$$

Wir werden uns hier nur mit expliziten Differentialgleichungen beschäftigen, da diese in Anwendungen am häufigsten auftreten, und implizite Differentialgleichungen im

© Springer Nature Switzerland AG 2019
J. W. Prüss, M. Wilke, *Gewöhnliche Differentialgleichungen und dynamische Systeme*, Grundstudium Mathematik, https://doi.org/10.1007/978-3-030-12362-8_1

Allgemeinen schwieriger zu lösen sind, jedoch oft mit Hilfe des Satzes über implizite Funktionen auf explizite Differentialgleichungen zurückgeführt werden können.

Gesucht sind Funktionen $x = x(t)$, welche (1.1) erfüllen. Somit kommen wir zu der folgenden Definition.

Definition 1.0.1. Eine Funktion $x : J \to \mathbb{R}^n$ heißt **Lösung** von (1.1) in J, falls $x \in C^m(J; \mathbb{R}^n)$ ist, und $h(t, x(t), \dot{x}(t), \ddot{x}(t), \ldots, x^{(m)}(t)) = 0$ für alle $t \in J$ gilt.

Im Gegensatz zu gewöhnlichen Differentialgleichungen enthalten viele Differentialgleichungen mehrere unabhängige Variable. Man nennt solche dann *partielle* Differentialgleichungen:

$$H(y, u, \nabla u, \nabla^2 u, \ldots, \nabla^m u) = 0, \quad y \in U \subset \mathbb{R}^n, \; U \text{ offen.}$$

Lösungen $u = u(y)$ sind hierbei Funktionen *mehrerer* Variablen. Es sei daran erinnert, dass $\nabla u(y)$ den *Gradienten* von $u(y)$, $\nabla^2 u(y)$ die Hesse-Matrix, etc. bezeichnet.

Wir werden uns in diesem Buch ausschließlich mit gewöhnlichen Differentialgleichungen befassen.

1.1   Erste Beispiele

Die folgenden Beispiele sollen einen ersten Eindruck über das Auftreten gewöhnlicher Differentialgleichungen bei der Modellierung dynamischer Vorgänge vermitteln.

(a) Kapital- und Bevölkerungswachstum. Sei $x(t)$ das Kapital bzw. die Größe einer Population zur Zeit t. Dann bedeutet $\dot{x}(t)$ die zeitliche Änderung des Kapitals bzw. der Population, also

$$\dot{x}(t) < 0 \to \text{Abnahme,}$$

$$\dot{x}(t) = 0 \to \text{keine Änderung,}$$

$$\dot{x}(t) > 0 \to \text{Zunahme.}$$

Das einfachste Modell zur Beschreibung von Wachstumsprozessen basiert auf der Annahme, dass die zeitliche Änderung der Population proportional zum aktuellen Bestand ist. Die dies beschreibende DGL ist $\dot{x} = \alpha x$, wobei $\alpha \in \mathbb{R}$ ein Proportionalitätsfaktor ist, die sogenannte *Wachstumsrate*.

Dieses Modell tritt auch in der chemischen Kinetik als sog. *Zerfallsreaktion* $A \to P$ auf. Dabei ist A die zerfallende Substanz, und P bedeutet ein oder mehrere Produkte des Zerfalls. $x(t)$ bezeichnet dabei die zur Zeit t vorhandene Masse an A, gemessen z. B. in Mol oder in Mol pro Liter. Der Parameter α heißt *Reaktionsgeschwindigkeitskonstante* und ist dann negativ.

Die Lösungen dieser Gleichung sind durch die Funktionen $x(t) = ce^{\alpha t}$ gegeben. Denn offenbar ist ein solches $x(t)$ eine Lösung, und ist $y(t)$ eine weitere, so folgt $\frac{d}{dt}[y(t)e^{-\alpha t}] = 0$, also ist $y(t)e^{-\alpha t} \equiv a$ konstant, d. h. $y(t) = ae^{\alpha t}$. Man bezeichnet $c \in \mathbb{K}$ als *Freiheitsgrad* oder auch als *Integrationskonstante* der Gleichung.

Der Parameter c kann durch einen *Anfangswert* $x(t_0) = x_0$ explizit festgelegt werden. Sei zum Beispiel zur Zeit $t = 0$ die Bevölkerungsgröße gleich x_0. Dann gilt:

$$x_0 = x(0) = ce^{\alpha 0} = c, \quad \text{also} \quad x(t) = x_0 e^{\alpha t}.$$

Umgekehrt kann man die Exponentialfunktion e^t als Lösung des *Anfangswertproblems*

$$\dot{x} = x, \quad t \in \mathbb{R} \quad x(0) = 1,$$

definieren. Dies ist eine in der Theorie spezieller Funktionen häufig angewandte Methode zur Einführung neuer Funktionen.

In der Realität kann es exponentielles, d. h. unbeschränktes Wachstum nicht geben, da stets nur endliche Ressourcen vorhanden sind. Ein modifiziertes Wachstumsgesetz, das dem Rechnung trägt, ist das *logistische Wachstum*:

$$\dot{x} = \alpha x(1 - x/\kappa), \quad t \in \mathbb{R}.$$

Dabei sind $\alpha > 0$ und $\kappa > 0$ ein weiterer Parameter, die sog. *Kapazität*. Die Lösung des entsprechenden Anfangswertproblems mit Anfangswert $x_0 > 0$ ist durch die Funktionen

$$x(t) = \frac{x_0 \kappa}{x_0 + e^{-\alpha t}(\kappa - x_0)}, \quad t \geq 0,$$

gegeben. Für $t \rightarrow \infty$ konvergieren diese Funktionen gegen den *Sättigungswert* $x(\infty) = \kappa$; vgl. Abb. 1.1. Logistisches Wachstum wird in vielen Disziplinen verwendet, um Sättigungsverhalten zu modellieren.

Abb. 1.1 Logistisches Wachstum mit $\kappa = 10$ und $\alpha = 0,5$

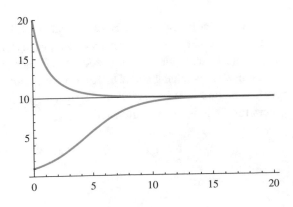

Abb. 1.2 Harmonischer
Oszillator

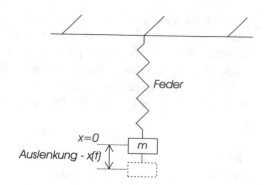

Feder

x=0

Auslenkung - x(t)

m

(b) Der harmonische Oszillator. Es sei mit Ausnahme der Gravitation jegliche äußere Kraft vernachlässigt. An der Masse m wirkt zum einen die Gewichtskraft $F_g = mg$ von m und zum anderen die Federkraft $F_f = -kx$; $k > 0$ ist dabei die Federkonstante. Da sich die Feder nach Anhängen der Masse m etwas gedehnt hat, sagen wir um eine Länge x_0, wirkt auf m eine betragsmäßig größere Federkraft, nämlich $\tilde{F}_f = k(x_0 + x)$. Nach dem 2. *Newtonschen Gesetz* gilt:

$$m\ddot{x} = F_g - \tilde{F}_f = mg - k(x_0 + x),$$

da die Federkraft $\tilde{F}_f$ der Auslenkung entgegen wirkt; vgl. Abb. 1.2.

Zur Anfangsauslenkung x_0 ($x = 0$) halten sich die Gewichts- und die Federkraft die Waage, d. h. $mg = kx_0$ bzw. $x_0 = mg/k$. Setzen wir das in die obige Differentialgleichung ein, erhält man

$$m\ddot{x} = mg - k(mg/k + x) = -kx;$$

die Anfangsauslenkung x_0 spielt also gar keine Rolle. Daraus folgt

$$\ddot{x} + \omega^2 x = 0, \quad \text{mit} \quad \omega^2 = \frac{k}{m}. \tag{1.4}$$

ω^2 wird in der Physik *Kreisfrequenz* genannt. (1.4) ist eine Differentialgleichung zweiter Ordnung und heißt *Schwingungsgleichung*. Man sieht sofort, dass die Funktionen $\cos(\omega t)$ und $\sin(\omega t)$ und alle ihre Linearkombinationen $a\cos(\omega t) + b\sin(\omega t)$ Lösungen der Schwingungsgleichung sind. Die Konstanten a und b können durch Anfangswerte für z. B. $x(0) = x_0$ und $\dot{x}(0) = x_1$ eindeutig festgelegt werden. Man erhält so das Anfangswertproblem für die Schwingungsgleichung

$$\ddot{x} + \omega^2 x = 0, \quad t \in \mathbb{R}, \quad x(0) = x_0, \quad \dot{x}(0) = x_1.$$

Die trigonometrischen Funktionen $\cos(\omega t)$ bzw. $\sin(\omega t)$ können als Lösung dieses Anfangswertproblems mit $x_0 = 1$, $x_1 = 0$ bzw. $x_0 = 0$, $x_1 = 1$, *definiert* werden.

(c) Der Schwingkreis. Die Schwingungsgleichung tritt auch in vielen anderen Anwendungen auf. Wir diskutieren hier kurz eine Anwendung in der Elektrotechnik, nämlich den *Schwingkreis*. Betrachten wir einen einfachen, geschlossenen Schaltkreis der lediglich aus einer Spule und einem Kondensator besteht.

Die Kirchhoffsche Knotenregel zeigt dann, dass die Ströme I_C am Kondensator und I_L in der Spule gleich sind, und die Kirchhoffsche Maschenregel besagt, dass sich die Spannungen am Kondensator U_C und an der Spule U_L aufheben: $U_C + U_L = 0$. Hat der Kondensator die Kapazität C, die Spule die Induktivität L, so sind die Zusammenhänge zwischen U_j und $I := I_j$, $j = L, C$, durch die folgenden Gesetze gegeben:

$$C\dot{U}_C = I_C, \quad L\dot{I}_L = U_L.$$

Diese ergeben somit

$$LC\ddot{I} = LC\ddot{I}_L = C\dot{U}_L = -C\dot{U}_C = -I_C = -I,$$

sodass wir auf eine Schwingungsgleichung für I mit $\omega^2 = 1/LC$ geführt werden. Die Spannungen U_L und U_C genügen ebenfalls dieser Gleichung. Befindet sich zusätzlich ein in Reihe geschalteter Widerstand R im Stromkreis, vgl. Abb. 1.3, so gilt ebenfalls $I_R = I_L$, und die Maschenregel wird zu $U_C + U_L + U_R = 0$. Das Ohmsche Gesetz $U_R = RI_R$ führt dann auf die Schwingungsgleichung mit Dämpfung

$$LC\ddot{I} + RC\dot{I} + I = 0.$$

Hat der Widerstand eine nichtlineare Charakteristik $U_R = R(I_R)$, so folgt entsprechend die Gleichung:

$$LC\ddot{I} + CR'(I)\dot{I} + I = 0.$$

Abb. 1.3 Schwingkreis

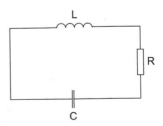

Ein sehr bekanntes Beispiel für diesen Fall ist der *van der Pol-Oszillator*

$$\ddot{x} + \mu(x^2 - 1)\dot{x} + x = 0,$$

den wir in späteren Kapiteln behandeln werden.

(d) Das mathematische Pendel. Wie in (b) sei jede äußere Kraft mit Ausnahme der Gravitation vernachlässigt.

Wir erhalten mit dem 2. Newtonschen Gesetz für die Auslenkung x die Gleichung

$$ml\ddot{x} = -F_r,$$

da die Rücktriebskraft F_r der Auslenkung entgegen wirkt. Anhand von Abb. 1.4 gilt damit

$$F_r = mg\sin x,$$

also schließlich

$$\ddot{x} + \omega^2 \sin x = 0 \quad \text{mit} \quad \omega^2 = \frac{g}{l}.$$

Aus dem Satz von Taylor folgt:

$$\sin x = x - \frac{x^3}{3!} + \frac{x^5}{5!} - O(x^7) \approx x, \text{ für kleine Auslenkungen } x,$$

das heißt näherungsweise gilt $\ddot{x} + \omega^2 x = 0$. Wir werden durch diese Approximation also wieder auf die Schwingungsgleichung (1.4) geführt. Inwieweit diese Approximation gerechtfertigt ist, werden wir später sehen.

Abb. 1.4 Das mathematische Pendel

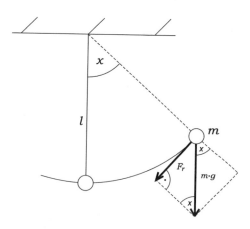

Definition 1.1.1. Eine Differentialgleichung (1.1) heißt **linear**, falls sie linear in allen abhängigen Variablen ist, also in $x, \dot{x}, \ddot{x}, \ldots, x^{(m)}$. Ansonsten heißt (1.1) **nichtlinear**.

Beispiele (a) und (b) sind somit linear, die van der Pol-Gleichung in (c), und (d) sind hingegen nichtlinear.

In vielen Anwendungen treten Differentialgleichungen in Form von Systemen von Gleichungen auf. Die folgenden Beispiele sollen einen ersten Eindruck dafür vermitteln.

(e) Das Räuber-Beute-Modell (Volterra–Lotka 1924). Sei $x(t)$ die Größe der Population der Beute und entsprechend $y(t)$ die Population der Räuber zur Zeit t. Das Volterra–Lotka-Modell für Räuber-Beute-Systeme lautet wie folgt.

$$(RB) \quad \begin{cases} \dot{x} = ax - byx, \\ \dot{y} = -cy + dyx, \end{cases} \quad a, b, c, d > 0.$$

Die Terme ax bzw. $-cy$ repräsentieren wie in (a) Wachstum der Beute bzw. Reduktion der Räuber in Abwesenheit der jeweils anderen Art. Das Produkt xy repräsentiert die Interaktion der Spezies, die mit einer gewissen Häufigkeit zum Tod der Beute und zum Wachstum durch Nahrungsaufnahme der Räuberpopulation führt.

(f) Das Epidemiemodell von Kermack–McKendrick. Es repräsentiere $x(t)$ den gesunden Teil der Population einer Spezies, die *Suszeptiblen* (S), $y(t)$ den infizierten Teil, die *Infiziösen* (I) und $z(t)$ den immunisierten Teil, *Recovered* (R), zur Zeit t. Die Epidemie sei nicht fatal, führe also nicht zu Todesfällen, und verlaufe schnell gegenüber den Geburts- und Sterbevorgängen in der Population. Das klassische SIR-Modell von Kermack und McKendrick für die Ausbreitung einer solchen Epidemie lautet folgendermaßen:

$$(SIR) \quad \begin{cases} \dot{x} = -axy \\ \dot{y} = axy - by \\ \dot{z} = by \end{cases} \quad a, b > 0.$$

Summiert man $\dot{x}, \dot{y}, \dot{z}$ auf, so erhält man $\dot{x} + \dot{y} + \dot{z} = 0$, was äquivalent zum Erhaltungssatz $x + y + z = c$, mit einer Konstanten $c \in \mathbb{R}$, ist. Daher kann man das System (SIR) auf ein System für die zwei Unbekannten x und y reduzieren.

(g) Chemische Kinetik. Eine reiche Quelle für Systeme von gewöhnlichen Differentialgleichungen ist die *chemische Kinetik*. Zerfallsreaktionen haben wir schon in Beispiel (a) in Abschn. 1.1 kennengelernt. Ein anderer sehr häufig auftretender Reaktionstyp ist die *Gleichgewichtsreaktion*

$$A + B \overset{k_+}{\underset{k_-}{\rightleftharpoons}} P.$$

Beispiele für solche Reaktionen sind die Dissoziationen von Salzen in wässriger Lösung. Gleichgewichtsreaktionen sind typischerweise *reversibel*, also umkehrbar. Sie werden modelliert durch ein Differentialgleichungssystem der Form

$$\dot{c}_A = -k_+ c_A c_B + k_- c_P, \qquad c_A(0) = c_A^0,$$
$$\dot{c}_B = -k_+ c_A c_B + k_- c_P, \qquad c_B(0) = c_B^0, \qquad (1.5)$$
$$\dot{c}_P = k_+ c_A c_B - k_- c_P, \qquad c_P(0) = c_P^0.$$

Dabei bedeuten die Variablen c_L die Konzentration der Substanz $L = A, B, P$. Die Reaktion von rechts nach links wird durch den Term $k_- c_P$ als Zerfall modelliert, dies ist eine *Reaktion 1. Ordnung*. Auf der anderen Seite kommt es mit einer gewissen Wahrscheinlichkeit zur Bildung von P nur dann, wenn je ein Molekül A mit einem Molekül B zusammentrifft. Diese Wahrscheinlichkeit ist proportional zum Produkt $c_A c_B$, daher modelliert man die Reaktion von links nach rechts durch den quadratischen Term $k_+ c_A c_B$, man spricht dann von einer *Reaktion 2. Ordnung*.

Dieses System ist gekoppelt, zunächst erscheint keine der Gleichungen redundant zu sein. Durch Addition der ersten bzw. der zweiten Gleichung zur dritten findet man jedoch

$$\dot{c}_A + \dot{c}_P = \dot{c}_B + \dot{c}_P = 0,$$

also

$$c_A(t) + c_P(t) = konstant = c_A^0 + c_P^0, \quad c_B(t) + c_P(t) = konstant = c_B^0 + c_P^0.$$

Aus diesen zwei *Erhaltungssätzen* lassen sich z. B. c_A und c_B eliminieren, sodass lediglich eine Differentialgleichung verbleibt, hier die für c_P.

$$\dot{c}_P = k_+(c_A^0 + c_P^0 - c_P)(c_B^0 + c_P^0 - c_P) - k_- c_P =: r(c_P).$$

Insbesondere im Teil II dieses Buches werden wir Anwendungen aus der chemischen Kinetik eingehender untersuchen.

1.2 Systeme von Differentialgleichungen

Wie bereits in den Beispielen (e)–(g) gesehen, treten häufig *Systeme* von Differentialgleichungen auf. Ein allgemeines System 1. Ordnung wird dargestellt durch:

$$\dot{x}_1 = f_1(t, x_1, x_2, \ldots, x_n),$$

$$\dot{x}_2 = f_2(t, x_1, x_2, \ldots, x_n),$$

$$\vdots$$

$$\dot{x}_n = f_n(t, x_1, x_2, \ldots, x_n).$$

Mit $x = [x_1, \ldots, x_n]^{\mathsf{T}} \in \mathbb{R}^n$ und $f(t, x) = [f_1(t, x), \ldots, f_n(t, x)]^{\mathsf{T}} \in \mathbb{R}^n$ schreibt sich dieses System in Vektornotation als

$$\dot{x} = f(t, x), \quad f : J \times \mathbb{R}^n \to \mathbb{R}^n.$$

Das zugehörige *Anfangswertproblem* (AWP) ist durch

$$\dot{x} = f(t, x), \quad t \geq t_0, \quad x(t_0) = x_0,$$

gegeben.

Durch eine geeignete Substitution kann man Differentialgleichungen höherer Ordnung auf ein System erster Ordnung reduzieren. Dazu sei eine explizite Differentialgleichung

$$y^{(m)} = g(t, y, \dot{y}, \ldots, y^{(m-1)}) \tag{1.6}$$

m-ter Ordnung gegeben. Man setze

$$x := \begin{bmatrix} x_1 \\ x_2 \\ \vdots \\ x_m \end{bmatrix} := \begin{bmatrix} y \\ \dot{y} \\ \vdots \\ y^{(m-1)} \end{bmatrix}, \quad \text{es folgt} \quad \dot{x} = \begin{bmatrix} \dot{y} \\ \ddot{y} \\ \vdots \\ y^{(m)} \end{bmatrix} = \begin{bmatrix} \dot{y} \\ \ddot{y} \\ \vdots \\ g(t, y, \dot{y}, \ldots, y^{(m-1)}) \end{bmatrix},$$

also

$$\dot{x} = \begin{bmatrix} x_2 \\ x_3 \\ \vdots \\ x_m \\ g(t, y, \dot{y}, \ldots, y^{(m-1)}) \end{bmatrix} = \begin{bmatrix} x_2 \\ x_3 \\ \vdots \\ x_m \\ g(t, x_1, x_2, \ldots, x_m) \end{bmatrix} =: f(t, x). \tag{1.7}$$

Wir haben so das System 1. Ordnung $\dot{x} = f(t, x)$ erhalten, welches äquivalent zu (1.6) ist.

Proposition 1.2.1. *Die Funktion* $y \in C^m(J)$ *löst* (1.6) *genau dann, wenn* $x \in C^1(J; \mathbb{R}^m)$ *das System* (1.7) *löst.*

Beweis. Es bleibt nur noch die entsprechenden Regularitäten der Lösungen zu beweisen. Sei zunächst $y \in C^m(J)$ eine Lösung von (1.6). Mit der oben eingeführten Substitution $x_j = y^{(j-1)}$ gilt $\dot{x}_j = y^{(j)} \in C^{(m-j)}(J)$, $j \in \{1, \ldots, m\}$. Daraus folgt $x_j \in C^1(J)$, also $x \in C^1(J; \mathbb{R}^m)$.

Hat man andererseits eine Lösung $x \in C^1(J; \mathbb{R}^m)$ des Systems (1.7) gegeben, so gilt $y^{(j)} = \dot{x}_j \in C(J)$, $j \in \{1, \ldots, m\}$. Daraus ergibt sich die Behauptung. $\square$

Diese Reduktion auf ein System 1. Ordnung kann ebenso auch für Systeme höherer Ordnung durchgeführt werden. Ist ein System m-ter Ordnung mit Dimension N gegeben, so hat das resultierende System 1. Ordnung die Dimension $n = mN$.

1.3   Fragestellungen der Theorie

Eine allgemeine Theorie für Differentialgleichungen wirft eine Reihe von Fragen auf, von denen wir jetzt einige kommentieren wollen.

1. *Wie viele Lösungen einer Differentialgleichung gibt es?*
   Eine skalare Differentialgleichung m-ter Ordnung hat m Freiheitsgrade, also m Integrationskonstanten. Sind diese nicht speziell bestimmbar, so gibt es beliebig viele Lösungen. Man spricht dabei von einer m-parametrigen Lösungsschar. Entsprechendes gilt für Systeme.

   Eine Möglichkeit, diese Konstanten festzulegen, ist, sich zu einem festen Zeitpunkt t_0 Anfangswerte

$$\frac{d^i}{dt^i} x(t)|_{t=t_0} = x^{(i)}(t_0) = x_{0i}, \ i = 0, \ldots, m - 1,$$

vorzugeben. Ein System dieser Art nennt man ein *Anfangswertproblem*. Daher lautet das allgemeine Anfangswertproblem für ein System 1. Ordnung:

$$\begin{cases} \dot{x} = f(t, x), \\ x(t_0) = x_0. \end{cases}$$

Eine zweite Möglichkeit, die Integrationskonstanten zu bestimmen, besteht darin, Randwerte festzulegen. Dies führt auf sogenannte *Randwertprobleme*:

$$\begin{cases} \dot{x} = f(t, x), \\ R_0 x(t_0) + R_1 x(t_1) = y, \end{cases} \qquad t_0 < t < t_1.$$

Dabei sind t_0 und t_1 gegebene Zeitwerte und $R_j \in \mathbb{R}^{n \times n}$, $j = 0, 1$. In diesem Buch werden hauptsächlich Anfangswertprobleme untersucht.

2. *Existieren Lösungen von (1.7) lokal oder global?*
   Diese Frage ist nicht immer leicht zu beantworten; vgl. Kap. 2.

   - Globale Existenz, wie zum Beispiel für

   $$\begin{cases} \dot{x} = \alpha x, \\ x(0) = x_0. \end{cases}$$

   Die (eindeutige) Lösung ist gegeben durch $x(t) = x_0 e^{\alpha t}$, sie ist global und es gilt $x \in C^\infty(\mathbb{R})$.
   - Lokale Existenz, wie zum Beispiel

   $$\begin{cases} \dot{x} = 1 + x^2, \\ x(0) = 0. \end{cases}$$

   In diesem Fall ist die Lösung $x(t)$ zum Anfangswert $x(0) = 0$ gegeben durch $x(t) = \tan(t)$, wie man durch eine Probe leicht nachweist. Diese Lösung existiert in $J = (-\frac{\pi}{2}, \frac{\pi}{2})$ und es gilt $\lim_{t \to \pm \frac{\pi}{2}} x(t) = \pm \infty$.
   Man spricht von einem *blow up* der Lösung, d. h. sie explodiert in den Punkten $t_\pm = \pm \frac{\pi}{2}$.

3. *Eindeutigkeit von Lösungen?*
   Wir werden Beispiele kennenlernen, die eine Lösungsschar zu einem festen Anfangswert zulassen. Daher ist in solchen Fällen die Zukunft, also die Lösung zu einem späteren Zeitpunkt, nicht durch die Gegenwart, also den Anfangswert bestimmt. Man sagt dann, dass das System *nicht deterministisch* ist. Als Modelle für physikalische Prozesse sind solche Gleichungen nicht geeignet, da sie dem Prinzip des Determinismus widersprechen. Daher ist es sehr wichtig, Klassen von Gleichungen deren Lösungen eindeutig sind, anzugeben; vgl. Kap. 2 und 6.

4. *Abhängigkeit der Lösungen von Daten*
   Ebenso wichtig wie Existenz und Eindeutigkeit von Lösungen ist ihre Abhängigkeit von den Anfangswerten und Parametern, kurz Daten genannt. Soll ein Anfangswertproblem

ein deterministisches physikalisches Modell beschreiben, so sollten kleine Änderungen der Daten nur zu kleinen Änderungen der Lösungen führen. Ist das der Fall, so sagt man, die Lösung hängt stetig von den Daten ab; in Kap. 4 und 6 wird dies präzisiert. Ähnliches betrifft die Differenzierbarkeit der Lösungen nach den Daten.

5. *Wie berechnet man Lösungen von Differentialgleichungen?*

- Analytisch; vgl. Kap. 1 für einige Beispiele.
- Numerisch; wichtiger Teil der Numerischen Mathematik.

6. *Qualitative Theorie*

Die qualitative Theorie gewöhnlicher Differentialgleichungen und die Theorie dynamischer Systeme befassen sich mit Eigenschaften der Lösungen. So sind u. a. die folgenden Fragen von Interesse:

- Bleiben die Lösungen beschränkt oder explodieren sie?
- Bleiben die Lösungen in einer vorgegebenen Menge?
- Bleiben die Lösungen positiv?
- Zeigen die Lösungen periodisches Verhalten?
- Wie sieht ihre Asymptotik für große Zeiten aus?
- Konvergieren die Lösungen für $t \to \infty$?
- Wie ändert sich das qualitative Verhalten der Lösungen bei Änderung von Parametern?

Mit einigen dieser Fragen werden wir uns bereits im ersten Teil dieses Buchs beschäftigen, vor allem aber sind diese Gegenstand der Theorie im zweiten Teil.

1.4 Linienelement und Richtungsfeld

Bevor wir uns der analytischen Berechnung von Lösungen von Differentialgleichungen in einigen einfachen Fällen widmen, sollen hier noch zwei Begriffe, *Linienelement* und *Richtungsfeld*, erläutert werden.

Betrachten wir das skalare AWP

$$\begin{cases} \dot{x} = f(t, x), \\ x(t_0) = x_0, \end{cases} \tag{1.8}$$

mit $f : J \times \mathbb{R} \to \mathbb{R}$, $J \subset \mathbb{R}$ ein Intervall.

Angenommen $x(t)$ ist eine Lösung von (1.8). Wird x über die Zeit t parametrisiert, d. h. $\gamma : t \to [t, x(t)]^{\mathsf{T}}$, so hat der Tangentenvektor an die Lösungskurve folgende Gestalt:

$$\dot{\gamma}(t) = \begin{bmatrix} 1 \\ \dot{x}(t) \end{bmatrix} = \begin{bmatrix} 1 \\ f(t, x(t)) \end{bmatrix}, \quad \text{für alle } (t, x(t)) \in J \times \mathbb{R}.$$

Es ist also klar, dass der Anstieg der Kurve γ in jedem Punktepaar $(t, x) \in J \times \mathbb{R}$ gegeben ist durch $f(t, x)$.

Das Zahlentripel (t, x, m) deutet man nun geometrisch wie folgt: $m = f(t, x)$ ist die Steigung der Tangente an γ in (t, x). Dieses Tripel nennt man ein *Linienelement*. Anschaulich erhält man es, indem man im Punkt (t, x) ein kleines Geradenstück der Steigung m anträgt.

Die Gesamtheit aller Linienelemente zu ausgewählten Punkten $(t, x) \in J \times \mathbb{R}$ nennt man *Richtungsfeld* der Differentialgleichung aus (1.8). Es bietet einen Blick auf den möglichen Verlauf der Lösungskurve(n). Natürlich existieren nun auch Punkte (t, x), in denen die Steigung überall gleich einem festen Wert c ist. Eine Bezeichnung für die Menge, die nur aus diesen Punkten besteht, liefert uns die folgende Definition.

Definition 1.4.1. Eine Funktion $f(t, x) = c = const$ heißt **Isokline** zur Differentialgleichung $\dot{x} = f(t, x)$.

Beispiel.

$$\dot{x} = t^2 + x^2 = f(t, x).$$

Setze $\dot{x} = c = const$. Dann gilt

$$c = t^2 + x^2.$$

Abb. 1.5 Richtungsfeld der Differentialgleichung $\dot{x} = t^2 + x^2$

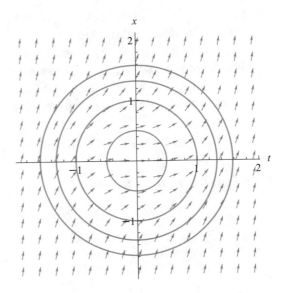

Die Isoklinen sind also Kreise um den Nullpunkt mit dem Radius $\sqrt{c}$; vgl. Abb. 1.5. In allen Punkten *auf* dem Kreis ist der Anstieg gleich c. Variiert man nun $c \in (0, \infty)$, so erhält man eine Isoklinenschar für die Differentialgleichung $\dot{x} = f(t, x)$.

1.5 Trennung der Variablen

Wir bezeichnen eine Gleichung der Form

$$\dot{x} = h(t)g(x) \tag{1.9}$$

als *Differentialgleichung mit getrennten Variablen*.

Es sei ein Anfangswert $x(t_0) = x_0$ gegeben.

Satz 1.5.1. *Seien $h : (\alpha, \beta) \to \mathbb{R}$ und $g : (a, b) \to \mathbb{R}$ stetig, $t_0 \in (\alpha, \beta)$, $x_0 \in (a, b)$, $G(x) := \int_{x_0}^{x} \frac{1}{g(s)} ds$, sofern $g(x_0) \neq 0$ und $H(t) := \int_{t_0}^{t} h(\tau) d\tau$. Dann gelten:*

1. *Ist $g(x_0) = 0$, so ist $x(t) \equiv x_0$ eine Lösung auf (α, β). Es kann jedoch weitere Lösungen geben (Nicht-Eindeutigkeit).*
2. *Ist $g(x_0) \neq 0$, so gibt es ein $\delta > 0$, sodass die **eindeutig bestimmte Lösung** $x(t)$ auf $J_\delta = (t_0 - \delta, t_0 + \delta)$ mit $x(t_0) = x_0$ durch*

$$x(t) = G^{-1}(H(t)), \quad t \in J_\delta,$$

   gegeben ist.

Beweis. Zu 1.: Das ist trivial, da $0 = \frac{d}{dt} x_0 = h(t)g(x_0) = 0$ gilt. Vgl. auch Beispiel (c) weiter unten für Nicht-Eindeutigkeit.

Zu 2.: Angenommen $x = x(t)$ ist eine Lösung von (1.9) in (α, β). Da die Funktionen g und h nach Voraussetzung stetig sind, ist auch die Komposition $g \circ x$ stetig. Daher existiert ein $\delta > 0$, mit $g(x(t)) \neq 0$ für alle $t \in J_\delta$. Aus (1.9) folgt somit $\frac{\dot{x}(t)}{g(x(t))} = h(t)$, $t \in J_\delta$. Mit den obigen Definitionen für G und H und aus der Kettenregel erhalten wir

$$\frac{d}{dt} G(x(t)) = \dot{x}(t) G'(x(t)) = \dot{x}(t) \frac{1}{g(x(t))} = h(t).$$

Damit gilt nach dem Hauptsatz der Differential- und Integralrechnung:

$$G(x(t)) - G(x(t_0)) = \int_{t_0}^t h(\tau)d\tau \quad \text{oder} \quad G(x(t)) = G(x(t_0)) + \int_{t_0}^t h(\tau)d\tau.$$

Daraus folgt

$$G(x(t)) = H(t), \quad t \in J_\delta, \tag{1.10}$$

da $G(x(t_0)) = G(x_0) = 0$ ist.

Aufgrund von $G'(x(t)) = \frac{1}{g(x(t))} \neq 0$ für alle $t \in J_\delta$ ist die Funktion G streng monoton nahe bei x_0. Dies stellt die Existenz der Umkehrfunktion G^{-1} zu G sicher, und (1.10) liefert

$$x(t) = G^{-1}(H(t)), \quad \text{für alle } t \in J_\delta. \tag{1.11}$$

Die Lösung $x = x(t)$ ist also durch die explizite Darstellung (1.11) eindeutig bestimmt.

Sei nun $x = x(t)$ durch (1.11) gegeben. Nach Voraussetzung sind g und h stetig, also sind die Funktionen G und H stetig differenzierbar. Dann liefert der Satz von der Umkehrfunktion $x = G^{-1}(H) \in C^1(J_\delta)$. Nun gilt

$$\dot{x}(t) = \frac{d}{dt}(G^{-1}(H(t))) = (\frac{d}{dx}G^{-1})(H(t))\dot{H}(t).$$

Nach der Regel für die Differentiation der Umkehrfunktion ergibt sich

$$\dot{x}(t) = \frac{1}{G'(G^{-1}(H(t)))}h(t) = g(G^{-1}(H(t)))h(t) = g(x(t))h(t),$$

also ist $x = x(t)$ definiert durch (1.11) tatsächlich die Lösung von (1.9) zum Anfangswert $x(t_0) = x_0$. $\qquad\square$

Beispiele.

(a)

$$\begin{cases} \dot{x} = (\cos t)\cos^2 x, \\ x(0) = 0. \end{cases}$$

Es gilt:

$$g(x) = \cos^2 x, \qquad G(x) = \int_{x_0}^x \frac{1}{\cos^2 s}\, ds = \int_0^x \frac{1}{\cos^2 s}\, ds = \tan x,$$

$$h(t) = \cos t, \qquad H(t) = \int_{t_0}^{t} \cos \tau \, d\tau = \int_{0}^{t} \cos \tau \, d\tau = \sin t,$$

Nach Satz 1.5.1 existiert genau eine Lösung $x(t)$, denn es ist $g(x_0) = \cos^2(0) = 1$, und diese lautet:

$$x(t) = \arctan(\sin(t)).$$

In diesem Fall ist $x(t)$ die globale Lösung, da H und G^{-1} stetig auf $\mathbb{R}$ sind.
(b) Theoretisch berechnet man die Lösung $x(t)$ wie in (a). Praktisch jedoch erspart man sich einige Schritte:

$$\begin{cases} \dot{x} = 3t^2 x, \\ x(0) = 1. \end{cases}$$

Trenne die Variablen formal wie folgt:

$$\frac{dx}{x} = 3t^2 dt \quad (*).$$

Integriere die linke Seite bzgl. x, die rechte Seite bzgl. t und erhalte so $\log|x| = t^3 + c$, wobei $c \in \mathbb{R}$ ein Freiheitsgrad ist. Daraus folgt $x(t) = \tilde{c}e^{t^3}$, mit $\tilde{c} := \pm e^c$. Zunächst gilt $\tilde{c} \in \mathbb{R} \setminus \{0\}$. Jedoch ist $x(t) \equiv 0$ auch eine Lösung der Differentialgleichung, welche bei Division durch x in $(*)$ verloren ging. Man sollte sich also vorsehen. Durch Umformungen wie in $(*)$ können leicht Lösungen verloren gehen!

Freilich spielt die triviale Lösung in unserem Anfangswertproblem keine Rolle, da ja $x(0) = 1$ gefordert wird, was letztere ganz offensichtlich nicht erfüllt. Es gilt ferner $1 = x(0) = \tilde{c}e^0 = \tilde{c}$. Damit ist die Lösung durch $x(t) = e^{t^3}$ gegeben.
(c) Eine Differentialgleichung mit $f(t, x) \equiv f(x)$ heißt *autonom*. Wir betrachten das autonome Anfangswertproblem

$$\begin{cases} \dot{x} = 3x^{2/3}, \\ x(0) = 0, \end{cases}$$

also (1.9) mit $h(t) \equiv 1$ und $g(x) = 3x^{2/3}$. Wegen $g(0) = 0$ impliziert Satz 1.5.1, dass $x(t) \equiv 0$ *eine* Lösung der Differentialgleichung $\dot{x} = 3x^{2/3}$ ist.
Wir untersuchen, ob es weitere Lösungen dieses Anfangswertproblems gibt. Der Ansatz über die Trennung der Variablen liefert

$$\int x^{-2/3} \, dx = \int 3 \, dt.$$

Daraus folgt $3x^{1/3} = 3(t + c)$, also gilt $x(t) = (t + c)^3$. Einsetzen des Anfangswertes ergibt $c = 0$, d. h. $x(t) = t^3$ ist neben $x(t) \equiv 0$ eine weitere Lösung.

Dies ist beileibe nicht die einzige weitere, es existiert hier sogar eine Schar von Lösungen zum Anfangswert $x(0) = 0$. Denn die Funktionen

$$x_{a,b}(t) = \begin{cases} (t - a)^3, & t \leq a, \\ 0, & t \in [a, b] \quad \text{mit } a \leq 0, \ b \geq 0, \\ (t - b)^3, & t \geq b, \end{cases}$$

erfüllen sämtlich die Differentialgleichung $\dot{x} = 3x^{2/3}$ und es gilt $x_{a,b}(0) = 0$. Wir nennen

$$x^*(t) = \begin{cases} t^3, & t \geq 0 \\ 0, & t < 0 \end{cases}$$

die *Maximallösung* und dementsprechend

$$x_*(t) = \begin{cases} 0, & t > 0 \\ t^3, & t \leq 0 \end{cases}$$

die *Minimallösung* des Anfangswertproblems. Man beachte, dass die Funktion $g(x) = x^{2/3}$ zwar in $x = 0$ eine Nullstelle hat, aber $1/g(x)$ ist integrierbar in einer Umgebung von $x = 0$, besitzt also dort eine Stammfunktion, die außerdem streng monoton ist. Dies ist der mathematische Grund für die Nichteindeutigkeit in diesem Beispiel.

1.6   Lineare Differentialgleichungen

Wir betrachten die lineare Differentialgleichung 1. Ordnung

$$\dot{x} = a(t)x + b(t), \quad t \in (\alpha, \beta), \tag{1.12}$$

zum Anfangswert $x(t_0) = x_0$, $t_0 \in (\alpha, \beta)$, wobei $a, b : (\alpha, \beta) \to \mathbb{R}$ stetig seien. Die Differentialgleichung (1.12) heißt *homogen* bzw. *inhomogen*, falls $b(t) \equiv 0$ bzw. $b(t) \not\equiv 0$ ist. Sei

$$A(t) := \int_{t_0}^{t} a(s)ds. \qquad (*)$$

Angenommen $x(t)$ ist eine Lösung von (1.12) mit dem Anfangswert $x(t_0) = x_0$. Wir setzen $u(t) := e^{-A(t)}x(t)$ und differenzieren nach t unter Verwendung von (1.12) und (∗):

$$\dot{u}(t) = e^{-A(t)}\dot{x}(t) - \dot{A}(t)e^{-A(t)}x(t) = e^{-A(t)}(a(t)x(t) + b(t) - a(t)x(t)).$$

Daher gilt $\dot{u}(t) = b(t)e^{-A(t)}$. Da $b(\cdot)$ und $e^{-A(\cdot)}$ stetig sind, können wir den Hauptsatz der Differential- und Integralrechnung anwenden, und erhalten

$$u(t) = u(t_0) + \int_{t_0}^{t} e^{-A(\tau)}b(\tau)d\tau, \quad t \in (\alpha, \beta).$$

Berechnen wir $u(t_0)$:

$$u(t_0) = e^{-A(t_0)}x(t_0) = x(t_0) = x_0 \text{ nach } (∗).$$

Aus der Definition von $u(t)$ folgt nun

$$e^{-A(t)}x(t) = x_0 + \int_{t_0}^{t} e^{-A(\tau)}b(\tau)d\tau$$

und damit für die Lösung $x(t)$ die explizite Darstellung

$$x(t) = e^{A(t)}x_0 + e^{A(t)}\int_{t_0}^{t} e^{-A(\tau)}b(\tau)d\tau. \tag{1.13}$$

Insbesondere ist die Lösung eindeutig bestimmt, und man verifiziert durch Nachrechnen, dass $x(t)$ definiert durch (1.13) tatsächlich eine Lösung von (1.12) ist, sogar auf dem ganzen Intervall (α, β), also ist sie global. Gl. (1.13) wird als *Formel der Variation der Konstanten* bezeichnet.

Dieser Name resultiert aus den folgenden Überlegungen. Sei $x_h(t)$ die allgemeine Lösung der homogenen Gleichung $\dot{x}_h = a(t)x_h$ und $x_p(t)$ sei eine spezielle Lösung von (1.12). Dann löst $x(t) = x_h(t) + x_p(t)$ ebenfalls (1.12), denn

$$\dot{x} = \dot{x}_h + \dot{x}_p = a(t)x_h + a(t)x_p + b(t) = a(t)(x_h + x_p) + b(t) = a(t)x + b(t).$$

Aus $\dot{x}_h = a(t)x_h$, Satz 1.5.1 und (∗) folgt

$$x_h(t) = e^{\int_{t_0}^{t} a(s)ds}c = e^{A(t)}c. \tag{1.14}$$

Für die spezielle Lösung x_p wählen wir nun den Ansatz $x_p(t) = e^{A(t)}c(t)$. Wir setzen also in (1.14) $c = c(t)$ und *variieren* damit c. Wegen

$$\dot{x}_p(t) = e^{A(t)}\dot{c}(t) + e^{A(t)}a(t)c(t)$$

und

$$\dot{x}_p(t) = a(t)x_p + b(t) = e^{A(t)}a(t)c(t) + b(t)$$

gilt $\dot{c}(t) = e^{-A(t)}b(t)$, also

$$c(t) = \int_{t_0}^{t} e^{-A(\tau)}b(\tau)d\tau,$$

wobei wir $c(t_0) = 0$ gesetzt haben. Die Lösung x_p erhält damit die Darstellung

$$x_p(t) = e^{A(t)} \int_{t_0}^{t} e^{-A(\tau)}b(\tau)d\tau.$$

Daraus folgt mit (1.14)

$$x(t) = x_h(t) + x_p(t) = e^{A(t)}c + e^{A(t)} \int_{t_0}^{t} e^{-A(\tau)}b(\tau)d\tau,$$

die Darstellungsformel für die allgemeine Lösung von (1.12).

Wir fassen zusammen:

Proposition 1.6.1 (Superpositionsprinzip). *Man erhält alle Lösungen der Differential-gleichung* (1.12), *indem man zu der allgemeinen Lösung der homogenen Gleichung eine spezielle Lösung der inhomogenen Gleichung addiert. Die Lösung des Anfangswertproblems für* (1.12) *ist durch die Formel der Variation der Konstanten* (1.13) *gegeben.*

Beweis. Ist $\mathcal{L} \subset C^1((\alpha, \beta), \mathbb{R})$ der Lösungsraum der homogenen Gleichung und sind v und w beliebige Lösungen von (1.12), so gilt offensichtlich $v - w \in \mathcal{L}$. $\qquad\square$

Beispiel.

$$\begin{cases} \dot{x} = 3t^2 x + 2t^2, \\ x(0) = 1, \end{cases}$$

also $a(t) = 3t^2$ und $b(t) = 2t^2$. Mit $A(t) = \int_0^t 3s^2\, ds = t^3$ erhalten wir aus (1.13) die eindeutige Lösung

$$x(t) = e^{t^3}\left(1 + 2\int_0^t e^{-\tau^3}\tau^2\,d\tau\right) = e^{t^3}\left(1 + \left[-\frac{2}{3}e^{-\tau^3}\right]_0^t\right) = \frac{5}{3}e^{t^3} - \frac{2}{3},$$

welche auf ganz $\mathbb{R}$ existiert.

1.7 Die Phasenebene

In diesem Abschnitt wollen wir uns mit einer weiteren geometrischen Interpretation von Differentialgleichungen befassen, nämlich mit der Phasenebene für autonome zweidimensionale Systeme erster Ordnung. Betrachte ein zweidimensionales System der Form

$$\begin{bmatrix} \dot{x} \\ \dot{y} \end{bmatrix} = \begin{bmatrix} f_1(x, y) \\ f_2(x, y) \end{bmatrix}, \tag{1.15}$$

wobei die stetigen Funktionen f_i gegeben sind. Eine Lösung $(x(t), y(t))$, $t \in J = (a, b)$ beschreibt dann eine Kurve im $\mathbb{R}^2$, der sog. *Phasenebene* des Systems (1.15). Der Tangentenvektor an diese Kurve ist im Punkt $(x(t), y(t))$ durch den Vektor $(\dot{x}(t), \dot{y}(t)) = (f_1(x(t), y(t)), f_2(x(t), y(t)))$, gegeben, also durch das Vektorfeld f. Dieser ist stets nichttrivial, mit Ausnahme der *stationären Punkte* des Systems, also der Lösungen des Gleichungssystems $f_1(x, y) = f_2(x, y) = 0$. Solche Punkte werden auch *Gleichgewichte* oder *Equilibria* des Systems genannt. Equilibria sind die konstanten Lösungen des Systems.

Definition 1.7.1. Eine nicht konstante Funktion $\phi : \mathbb{R}^2 \to \mathbb{R}$ heißt **erstes Integral** der Differentialgleichung (1.15), falls ϕ entlang der Lösungen von (1.15) konstant ist, d. h. für jede Lösung $(x(t), y(t))$ von (1.15) existiert eine Konstante $c \in \mathbb{R}$, sodass $\phi(x(t), y(t)) \equiv c$ ist. Die Menge

$$\phi^{-1}(c) := \{(x, y) \in \mathbb{R}^2 : \phi(x, y) = c\}$$

heißt **Niveaumenge** der Funktion ϕ.

Nach Definition 1.7.1 liegt die *Bahn*, die *Trajektorie*, oder der *Orbit* $t \mapsto [x(t), y(t)]^\mathsf{T}$ einer Lösung in einer Niveaumenge der Funktion ϕ. Dieser Sachverhalt liefert wertvolle Informationen über das Verhalten der Lösungen, auch wenn man diese nicht explizit kennt. Wir untersuchen nun einige Beispiele.

(a) Volterra–Lotka-Modell

$$(VL) \quad \begin{cases} \dot{x} = ax - byx, \\ \dot{y} = -dy + cyx, \end{cases} \quad a, b, c, d > 0.$$

Um die 4 Parameter a, b, c, d zu reduzieren, führt man eine *Skalierung* durch. Seien $x(t)$, $y(t)$ Lösungen von (VL). Man setzt $u(s) = \alpha x(\gamma s)$, $v(s) = \beta y(\gamma s)$ und $t = \gamma s$. Differentiation von u und v liefert:

$$\dot{u}(s) = \alpha\gamma\dot{x}(\gamma s) = \alpha\gamma(ax - bxy)(\gamma s)$$

$$= \alpha\gamma ax(\gamma s) - \alpha\gamma bx(\gamma s)y(\gamma s) = a\gamma u(s) - \frac{b\gamma}{\beta}u(s)v(s)$$

und

$$\dot{v}(s) = \beta\gamma\dot{y}(\gamma s) = \beta\gamma(-dy + cxy)(\gamma s)$$

$$= -\beta\gamma dy(\gamma s) + \beta\gamma cx(\gamma s)y(\gamma s) = -d\gamma v(s) + \frac{c\gamma}{\alpha}u(s)v(s).$$

Wählt man nun zum Beispiel $\gamma = \frac{1}{a}$, $\beta = b\gamma = \frac{b}{a}$, $\alpha = c\gamma = \frac{c}{a}$ und $\varepsilon = d\gamma = \frac{d}{a}$, so erhält man das *skalierte Volterra–Lotka-Modell*

$$(SVL) \quad \begin{cases} \dot{u} = u - uv, \\ \dot{v} = -\varepsilon v + uv. \end{cases}$$

Dieses System enthält nur noch den Parameter $\varepsilon > 0$.

  Sei nun $(u(t), v(t))$ eine Lösung dieses Problems in einem Zeitintervall $J = (t_0, t_1) \ni 0$, mit Anfangswert $u(0) = u_0 > 0$ und $v(0) = v_0 > 0$. Da u und v aus C^1 sind können wir annehmen, dass $u(t), v(t) > 0$ in J ist; ggf. verkleinere man J. Multipliziert man die Gleichung für u mit $(1 - \varepsilon/u)$, die für v mit $(1 - 1/v)$, so folgt

$$\left(1 - \frac{\varepsilon}{u}\right)\dot{u} = \left(\frac{1}{v} - 1\right)\dot{v}.$$

Die Kettenregel impliziert damit

$$\frac{d}{dt}[(u - \varepsilon\log u) + (v - \log v)] = 0, \quad t \in J,$$

also ist die Funktion

$$\phi(u, v) = u + v - \varepsilon\log u - \log v$$

ein erstes Integral für das skalierte Volterra–Lotka-Modell; vgl. Abb. 1.6.

Abb. 1.6 Phasenportrait von
(SVL) mit $\varepsilon = 1$

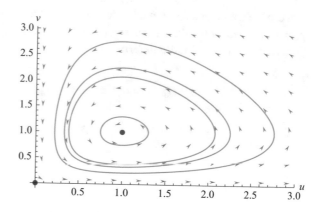

Es gilt weiter

$$\nabla\phi(u, v) = \begin{bmatrix} 1 - \varepsilon/u \\ 1 - 1/v \end{bmatrix};$$

daher besitzt ϕ einen *kritischen Punkt* in $u_* = \varepsilon$ und $v_* = 1$. Wegen $\varepsilon > 0$ ist

$$\nabla^2\phi(u, v) = \begin{bmatrix} \varepsilon/u^2 & 0 \\ 0 & 1/v^2 \end{bmatrix}$$

positiv definit, also ist ϕ strikt konvex und (u_*, v_*) ist ein globales Minimum in $(0, \infty) \times (0, \infty)$. Das Paar (u_*, v_*) ist eine *stationäre* Lösung von (SVL), d. h. $\dot{u}(t) = \dot{v}(t) = 0$, $t \in \mathbb{R}$. Da die Niveaumengen von ϕ geschlossene Kurven sind, bleiben alle anderen Lösungen mit Startwert $u_0, v_0 > 0$ positiv. Man beachte, dass sich die Lösungskurven nicht schneiden; dies folgt auch aus dem Eindeutigkeitssatz, den wir in Kap. 2 beweisen. Wir werden später sehen, dass die nichtstationären Lösungen sogar *periodisch* in t sind, d. h. es gilt $u(t + \tau) = u(t)$ bzw. $v(t + \tau) = v(t)$ für alle $t \in \mathbb{R}$, wobei die Periode τ vom Anfangszustand abhängt.

(b) Kermack–McKendrick-Modell

$$(KK) \begin{cases} \dot{x} = -cxy, \\ \dot{y} = cxy - dy, \end{cases} \quad c, d > 0.$$

Eine Skalierung ergibt hier das System

$$(SKK) \begin{cases} \dot{u} = -uv, \\ \dot{v} = uv - v, \end{cases}$$

und man verifiziert leicht, dass ein erstes Integral von (SKK) durch

$$\phi(u, v) = v + u - \ln u$$

gegeben ist. Sind $u(t)$, $v(t)$ Lösungen von (SKK), so ist ϕ entlang dieser konstant und wir können die Phasenbahnen nun explizit darstellen durch

$$v(u) = \ln u - u + c, \quad c = const.$$

Die stationären Lösungen sind hier $u_* = const$, sowie $v_* = 0$, d. h. wir haben es hier mit einer ganzen Schar von stationären Lösungen zu tun. Es gilt nun

$$v'(u) > 0 \Longleftrightarrow u < 1 \quad \text{und} \quad v'(u) < 0 \Longleftrightarrow u > 1.$$

Daraus folgen Monotonie-Eigenschaften der Lösungen in Abhängigkeit vom Anfangswert u_0:

(i) Sei $u_0 > 1$ und $v_0 > 0$. Dann ist $u(t)$ monoton fallend für alle $t > 0$, denn $u(t)$, $v(t)$ bleiben immer positiv (vgl. Abb. 1.7) und es existiert ein $t_*(u_0, v_0)$ sodass $v(t)$ im Intervall $(0, t_*)$ monoton wachsend ist, und in (t_*, ∞) monoton fallend gegen Null.

(ii) Sei $0 < u_0 < 1$ und $v_0 > 0$. Dann ist wie in (i) $u(t)$ monoton fallend in $(0, \infty)$, wie auch $v(t)$, da $u(t) < 1$ und somit $\dot{v} = v(u - 1) < 0$ für alle $t > 0$ ist.

Der Wert $u_0 = 1$ ist damit ein *Schwellenwert* des Modells, ist $u_0 < 1$ so klingt die Epidemie schlicht ab. Ist hingegen $u_0 > 1$, so bricht sie zunächst aus, und klingt erst ab, nachdem der Anteil der Gesunden $u(t)$ kleiner als 1 geworden ist. Dieses Schwellwert-Verhalten ist typisch in Epidemiemodellen.

Abb. 1.7 Phasenportrait von (SKK)

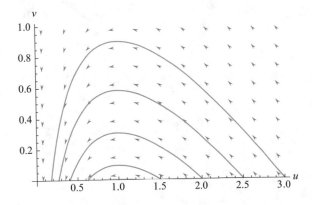

(c) Das mathematische Pendel. Wir transformieren die Gleichung für das mathematische Pendel $\ddot{x} + \omega^2 \sin x = 0$ in ein System 1. Ordnung:

$$(P) \begin{cases} \dot{u} = v, \\ \dot{v} = -\omega^2 \sin u. \end{cases}$$

Ein erstes Integral für (P) erhält man, indem man die erste Gleichung mit $\omega^2 \sin u$, die zweite mit v multipliziert, und addiert. Die Kettenregel ergibt dann

$$\frac{d}{dt}\left[\frac{1}{2}v^2 + \omega^2(1 - \cos u)\right] = 0,$$

und somit ist

$$\phi(u, v) = \frac{1}{2}v^2 + \omega^2(1 - \cos u)$$

ein erstes Integral für (P). ϕ wird *Energiefunktional* von (P) genannt, denn physikalisch entspricht der erste Term in ϕ der kinetischen Energie, da $v = \dot{x}$ die Geschwindigkeit bedeutet, und der zweite Term entspricht der potentiellen Energie des Pendels. Wegen

$$\nabla\phi(u, v) = \begin{bmatrix} \omega^2 \sin u \\ v \end{bmatrix},$$

sind die stationären Lösungen, also $v_* = 0$ und $u_* = k\pi$, $k \in \mathbb{Z}$, genau die kritischen Punkte von ϕ. Eine Untersuchung der Hesse-Matrix

Abb. 1.8 Phasenportrait von (P)

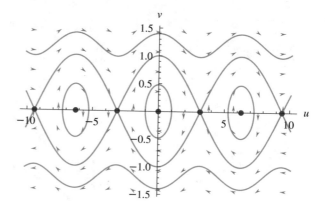

Abb. 1.9 Phasenportrait von (PF) für ϕ_{DW}

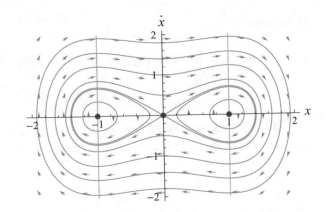

$$\nabla^2\phi(u, v) = \begin{bmatrix} \omega^2 \cos u & 0 \\ 0 & 1 \end{bmatrix}$$

ergibt das folgende Resultat. Für $\cos u^* = 1$ ist (u_*, v_*) ein absolutes Minimum und für $\cos u_* = -1$ ist (u_*, v_*) ein Sattelpunkt des Energiefunktionals ϕ. Die äußeren unbeschränkten Kurven in Abb. 1.8 beschreiben den Fall des rotierenden Pendels. Die Niveaulinien mit Schnittpunkt in $u = (2k + 1)\pi$, $k \in \mathbb{Z}$ und $v = 0$ geben den Fall wieder, in dem sich das Pendel für $t \to \infty$ gegen die obere (instabile) Ruhelage bewegt, also $u(t) \to (2k + 1)\pi$, $k \in \mathbb{Z}$ für $t \to \infty$. Die inneren ellipsenförmigen Kurven stellen die periodischen Pendelbewegungen mit einem Ausschlag von $|x| < \pi$ dar.

(d) Das eindimensionale Teilchen im Potentialfeld. In Verallgemeinerung von (c) betrachten wir die Gleichung 2. Ordnung

$$(PF) \quad \ddot{x} + \phi'(x) = 0,$$

wobei $\phi \in C^2(\mathbb{R}; \mathbb{R})$ *Potential* heißt. Ein berühmtes Beispiel in der Physik ist $\phi_{DW}(x) = \frac{1}{4}(x^2 - 1)^2$, das aufgrund seiner Form häufig *Double-Well-Potential* genannt wird. Die Energie ist hier

$$E(x, \dot{x}) = \frac{1}{2}|\dot{x}|^2 + \phi(x),$$

also wieder kinetische plus potentielle Energie, denn längs einer Lösung gilt

$$\frac{d}{dt}E(x(t), \dot{x}(t)) = (\ddot{x}(t) + \phi'(x(t)))\dot{x}(t) = 0.$$

Das zugehörige Phasendiagramm ist in Abb. 1.9 dargestellt.

Übungen

1.1 Skizzieren Sie das Richtungsfeld der Differentialgleichung

$$\dot{x} = \log(t^2 + x^2),$$

und zeichnen Sie einige Lösungen ein. Wie sehen die Isoklinen aus?

1.2 Berechnen Sie alle Lösungen der folgenden Differentialgleichungen und skizzieren Sie ihren Verlauf.

(a) $\dot{x} = t\sin(x)$;

(b) $\dot{x} = [2x(x-1)]/[t(2-x)]$.

1.3 (a) Führen Sie die Gleichung $\dot{x} = f(at + bx + c)$ durch eine geeignete Transformation auf eine Gleichung mit getrennten Variablen zurück.

(b) Lösen Sie das Anfangswertproblem $\dot{x} = (t+x)^2$, $x(0) = 0$.

(c) Bestimmen Sie alle Lösungen von $\dot{x} = (t + 3 - x)^2$;

1.4 (a) Transformieren Sie die Gleichung $\dot{x} = f(x/t)$, $t > 0$, in eine Gleichung mit getrennten Variablen.

(b) Bestimmen Sie alle Lösungen von $\dot{x} = \frac{x}{t}(\frac{x}{t} + 1)$.

1.5 Bestimmen Sie die Lösungen der folgenden Anfangswertprobleme:

(a) $\dot{x} + 3t^2 x = 6t^5$, $\quad x(0) = 5$;

(b) $\dot{x} + t/(2x) = 3x/(2t)$, $\quad x(1) = 1$.

1.6 Zeigen Sie, dass sich die *Bernoulli-Gleichung* $\dot{x} = a(t)x + b(t)x^\alpha$ für $\alpha \neq 0, 1$, a, b stetig, mittels einer Transformation der Form $u = x^p$ mit geeignetem p auf eine lineare Gleichung zurückführen lässt. Was ist mit den Fällen $\alpha = 0, 1$?

1.7 Die *Riccati-Gleichung* $\dot{x} + a(t)x + b(t)x^2 = \varphi(t)$ mit a, b, φ stetig kann unter Kenntnis einer speziellen Lösung $x_*(t)$ mit dem Ansatz $x(t) = y(t) + x_*(t)$ auf eine Bernoulli-Gleichung für $y(t)$ zurückgeführt werden. Lösen Sie auf diese Weise das Anfangswertproblem

$$\dot{x} - (1 - 2t)x + x^2 = 2t, \quad x(0) = 2.$$

1.8 Es sei $f \in C^1(\mathbb{R}; \mathbb{R})$, und eine Differentialgleichung 2. Ordnung durch

$$\ddot{x} + f(x) = 0$$

definiert.

(a) Schreiben Sie diese Gleichung als System 1. Ordnung;

(b) Geben Sie ein erstes Integral des Systems an.

1.9 Bestimmen Sie für die Gleichung 2. Ordnung $\ddot{x} + x - \frac{2x}{\sqrt{1+x^2}} = 0$ ein erstes Integral und skizzieren Sie das Phasenportrait.

1.10 In einer Schale werden a Gramm Bakterien zu b Gramm einer Nährlösung gegeben. Die Bakterien vermehren sich proportional (mit Faktor α) zur vorhandenen Biomasse, d. i. die Menge an Bakterien, und zur vorhandenen Nährlösung. Letztere wird proportional zur Biomasse verbraucht (mit Faktor β). Wie lauten die Zeitfunktionen $x(t)$ der Biomasse und $y(t)$ der Nährlösung? Nach wie vielen Stunden ist die Hälfte der Nährlösung verbraucht, wenn $a = 0,5g$, $b = 5g$, sowie $\alpha = 1,2 \times 10^{-3}(gh)^{-1}$ und $\beta = 9 \times 10^{-2}h^{-1}$ sind?

Existenz und Eindeutigkeit

Wir betrachten im Folgenden das Anfangswertproblem

$$\begin{cases} \dot{x} = f(t, x), \\ x(t_0) = x_0. \end{cases} \tag{2.1}$$

Dabei seien $G \subset \mathbb{R}^{n+1}$ offen, $f : G \to \mathbb{R}^n$ stetig und $(t_0, x_0) \in G$. In diesem Kapitel werden die grundlegenden Resultate über Existenz und Eindeutigkeit von Lösungen des Anfangswertproblems (2.1) bewiesen. Dabei spielt die Lipschitz-Eigenschaft der rechten Seite f eine zentrale Rolle. Zur Untersuchung globaler Existenz sind Differential- und Integralungleichungen ein wichtiges Hilfsmittel, daher werden auch einige elementare Ergebnisse aus diesem Bereich diskutiert und angewandt.

2.1 Lipschitz-Eigenschaft und Eindeutigkeit

Definition 2.1.1.

1. Eine stetige Funktion $f : G \to \mathbb{R}^n$ heißt **lokal Lipschitz** bzgl. x, falls zu jedem Punkt $(t_1, x_1) \in G$ eine Kugel $\bar{B}_r(x_1)$ und ein $\alpha > 0$ mit $[t_1 - \alpha, t_1 + \alpha] \times \bar{B}_r(x_1) \subset G$, sowie eine Konstante $L = L(t_1, x_1) > 0$ existieren, sodass gilt:

$$|f(t, x) - f(t, \bar{x})| \leq L(t_1, x_1)|x - \bar{x}|, \quad \text{falls } |t - t_1| \leq \alpha, \ x, \bar{x} \in \bar{B}_r(x_1).$$

2. f heißt **global Lipschitz** bzgl. x, falls die Konstante $L > 0$ unabhängig von $(t_1, x_1) \in G$ ist, also:

$$|f(t, x) - f(t, \bar{x})| \leq L|x - \bar{x}|, \quad \text{falls } (t, x),\ (t, \bar{x}) \in G.$$

Wir werden später zeigen, dass (2.1) mit einer lokal Lipschitz Funktion f eine eindeutig bestimmte lokale Lösung besitzt. Zunächst beweisen wir aber die

Proposition 2.1.2. *Sei $f : G \to \mathbb{R}^n$ stetig, lokal Lipschitz in x, und es sei $K \subset G$ kompakt. Dann ist die Einschränkung $f|_K$ von f auf K global Lipschitz in x.*

Beweis. Angenommen $f|_K$ ist nicht global Lipschitz, das heißt

$$\forall n \in \mathbb{N} \; \exists (t_n, x_n), (t_n, \bar{x}_n) \in K : |f(t_n, x_n) - f(t_n, \bar{x}_n)| > n|x_n - \bar{x}_n|. \tag{2.2}$$

Nach Voraussetzung ist K kompakt, also existieren zwei konvergente Teilfolgen

$$(t_{n_k}, x_{n_k}) \to (t_*, x_*) \in K, \ (t_{n_k}, \bar{x}_{n_k}) \to (t_*, \bar{x}_*) \in K, \ k \to \infty.$$

Da f stetig ist, gilt $M := \max_{(t,x) \in K} |f(t, x)| < \infty$. Aus (2.2) folgt somit

$$|x_{n_k} - \bar{x}_{n_k}| < \frac{1}{n_k} |f(t_{n_k}, x_{n_k}) - f(t_{n_k}, \bar{x}_{n_k})| \leq \frac{1}{n_k} 2M,$$

und daher gilt $x_* = \bar{x}_*$. Nach Voraussetzung existieren für $(t^*, x^*) \in K$ Konstanten $\alpha^* > 0$, $r^* > 0$ und $L(t^*, x^*) > 0$, sodass

$$|f(t, x) - f(t, \bar{x})| \leq L(t^*, x^*)|x - \bar{x}|, \quad \text{falls } |t - t^*| \leq \alpha^*,\ x, \bar{x} \in \bar{B}_{r^*}(x^*).$$

Wegen der Konvergenz der Teilfolgen existiert somit ein $k_0 \in \mathbb{N}$, sodass $|t_{n_k} - t^*| \leq \alpha^*/2$ und $|x_{n_k} - x^*| + |\bar{x}_{n_k} - x^*| \leq r^*/2$ für alle $k \geq k_0$ gilt. Zusammen mit (2.2) erhalten wir so die Abschätzung

$$n_k|x_{n_k} - \bar{x}_{n_k}| < |f(t_{n_k}, x_{n_k}) - f(t_{n_k}, \bar{x}_{n_k})| \leq L(t^*, x^*)|x_{n_k} - \bar{x}_{n_k}|,$$

für alle $k \geq k_0$, also $n_k < L(t^*, x^*) < \infty$, ein Widerspruch zu $n_k \to \infty$ für $k \to \infty$. $\quad\square$

Der folgende Satz zeigt, dass die lokale Lipschitz-Eigenschaft von f die Eindeutigkeit von Lösungen von (2.1) impliziert.

Satz 2.1.3 (Eindeutigkeitssatz). *Sei $G \subset \mathbb{R}^{n+1}$ offen und $f \in C(G; \mathbb{R}^n)$ lokal Lipschitz in x. Dann existiert höchstens eine Lösung von (2.1).*

Beweis. Seien $x, \bar{x} \in C^1([t_0, t_1]; \mathbb{R}^n)$ Lösungen von (2.1) mit $(t, x(t)), (t, \bar{x}(t)) \in G$ für alle $t \in [t_0, t_1]$. Die Menge $K := \{(t, x(t)), (t, \bar{x}(t)) \in G : t \in [t_0, t_1]\} \subset G$ ist kompakt.

Nach Proposition 2.1.2 ist $f|_K$ global Lipschitz mit einer Konstanten $L > 0$, also

$$|f(t, x) - f(t, \bar{x})| \leq L|x - \bar{x}|, \quad \text{falls } (t, x), (t, \bar{x}) \in K. \tag{2.3}$$

Integriert man (2.1) bezüglich t, so erhält man die Integralgleichungen

$$x(t) = x_0 + \int_{t_0}^{t} f(s, x(s)) \, ds, \quad \bar{x}(t) = x_0 + \int_{t_0}^{t} f(s, \bar{x}(s)) \, ds, \quad t \in [t_0, t_1]. \tag{2.4}$$

Setze $\rho(t) := |x(t) - \bar{x}(t)|$. Dann folgt aus (2.4)

$$\rho(t) = \left| \int_{t_0}^{t} f(s, x(s)) \, ds - \int_{t_0}^{t} f(s, \bar{x}(s)) \, ds \right| \leq \int_{t_0}^{t} |f(s, x(s)) - f(s, \bar{x}(s))| \, ds$$

und (2.3) ergibt die Abschätzung

$$\rho(t) \leq L \int_{t_0}^{t} |x(s) - \bar{x}(s)| \, ds = L \int_{t_0}^{t} \rho(s) \, ds = L \int_{t_0}^{t} e^{-\alpha s} \rho(s) e^{\alpha s} \, ds$$

$$\leq L \sup_{s \in [t_0, t_1]} (e^{-\alpha s} \rho(s)) \int_{t_0}^{t} e^{\alpha s} \, ds \leq \frac{L}{\alpha} e^{\alpha t} \sup_{s \in [t_0, t_1]} (e^{-\alpha s} \rho(s)),$$

für alle $t \in [t_0, t_1]$. Wähle $\alpha = 2L$ und multiplizieren die obige Ungleichung mit $e^{-\alpha t}$. Weil nun die rechte Seite der Ungleichung von t unabhängig ist, kann man auf der linken Seite zum Supremum übergehen und erhält so

$$0 \leq \sup_{t \in [t_0, t_1]} (e^{-\alpha t} \rho(t)) \leq \frac{1}{2} \sup_{s \in [t_0, t_1]} (e^{-\alpha s} \rho(s)).$$

Also ist $\rho(t) \equiv 0$ und damit $x(t) = \bar{x}(t)$, für alle $t \in [t_0, t_1]$. $\qquad \square$

Bemerkungen 2.1.4.

1. Für stetiges f ist die Integralgleichung (2.4) sogar äquivalent zu (2.1). Um dies zu sehen, sei $x \in C([t_0, t_1]; \mathbb{R}^n)$ mit $(t, x(t)) \in G$ für $t \in [t_0, t_1]$ eine Lösung der Integralgleichung

$$x(t) = x_0 + \int_{t_0}^{t} f(s, x(s)) \, ds, \quad t \in [t_0, t_1],$$

Da $f : G \to \mathbb{R}^n$ stetig ist und $(t_0, x_0) \in G$ gilt, ist die Abbildung

$$t \mapsto \int_{t_0}^{t} f(s, x(s)) \, ds$$

stetig differenzierbar für alle $t \in (t_0, t_1)$ und es gilt $\dot{x}(t) = f(t, x(t))$ mit $x(t_0) = x_0$. Also ist $x = x(t)$ eine Lösung des Anfangswertproblems (2.1).

2. Eindeutigkeit nach links erhält man mittels *Zeitumkehr*: Ist nämlich $x(t)$ eine Lösung von $\dot{x} = f(t, x)$ im Intervall $[t_1, t_0]$, so ist $y(t) = x(-t)$ mit $g(t, z) = -f(-t, z)$, eine Lösung von $\dot{y} = g(t, y)$ in $[-t_0, -t_1]$. Da mit f auch g stetig und lokal Lipschitz in x ist, ergibt der Eindeutigkeitssatz durch diese Transformation auch Eindeutigkeit nach links.

Wir haben bereits in Kap. 1 gesehen, dass das Anfangswertproblem $\dot{x} = 3x^{2/3}$, $x(0) = 0$ keine eindeutige Lösung besitzt. Nach Satz 2.1.3 kann die Funktion $f(x) = x^{2/3}$ daher in keiner Umgebung von $x = 0$ lokal Lipschitz sein. Dies kann man auch folgendermaßen einsehen: nach dem Mittelwertsatz der Differential- und Integralrechnung existiert für alle $0 < x < \bar{x}$ ein $\xi \in (x, \bar{x})$, sodass

$$|f(x) - f(\bar{x})| = 2\xi^{-1/3}|x - \bar{x}|, \quad \xi \in (x, \bar{x}).$$

Aufgrund von $\xi^{-1/3} \to +\infty$ für $\xi \to 0_+$ kann f in $x = 0$ daher nicht Lipschitz sein.

Die folgende Proposition liefert ein hinreichendes Kriterium für die lokale Lipschitz-Eigenschaft, das in den meisten Anwendungen verfügbar ist.

Proposition 2.1.5. *Sei $f : G \to \mathbb{R}^n$ stetig und bezüglich x stetig differenzierbar. Dann ist f lokal Lipschitz in x.*

Beweis. Sei $(t_1, x_1) \in G$. Da $G \subset \mathbb{R}^{n+1}$ offen ist, existieren Konstanten $\alpha > 0$ und $r > 0$, sodass die kompakte Menge $K := [t_1 - \alpha, t_1 + \alpha] \times \bar{B}_r(x_1) \subset G$ erfüllt. Nach dem Hauptsatz der Differential- und Integralrechnung und mit der Kettenregel gilt

$$|f(t, x) - f(t, \bar{x})| = \left| \int_0^1 \frac{d}{d\tau} f(t, \tau x + (1 - \tau)\bar{x}) \, d\tau \right|$$

$$\leq \int_0^1 |(x - \bar{x})^\mathsf{T} \nabla_x f(t, \tau x + (1 - \tau)\bar{x})| \, d\tau$$

für alle $(t, x), (t, \bar{x}) \in K$. Die Cauchy-Schwarz-Ungleichung liefert daher

$$|f(t, x) - f(t, \bar{x})| \leq |x - \bar{x}| \int_0^1 |\nabla_x f(t, \tau x + (1 - \tau)\bar{x})| \, d\tau$$

$$\leq |x - \bar{x}| \max_{(t,x) \in K} |\nabla_x f(t, x)| = L|x - \bar{x}|,$$

mit $L := \max_{(t,x) \in K} |\nabla_x f(t, x)| < \infty$. Die Existenz des Maximums beruht auf der Tatsache, dass stetige Funktionen auf kompakten Mengen ihr Maximum annehmen. $\quad \square$

2.2   Existenz von Lösungen

Für den Beweis des Hauptsatzes dieses Abschnitts verwenden wir den in der Analysis bekannten

Satz 2.2.1 (Fixpunktsatz von Banach). *Es sei* (M, d) *ein vollständiger metrischer Raum und* $T : M \to M$ *eine* **Kontraktion**, *das heißt, es existiert eine Konstante* $q \in (0, 1)$, *sodass*

$$d(Tx, Ty) \leq q\, d(x, y), \quad \text{für alle } x, y \in M$$

gilt. Dann besitzt T *genau einen Fixpunkt* $x_* \in M$, *also* $Tx_* = x_*$.

Bezüglich der lokalen Existenz und Eindeutigkeit von Lösungen des Anfangswertproblems (2.1) können wir nun das folgende Resultat zeigen.

Satz 2.2.2 (Existenzsatz von Picard–Lindelöf). *Sei* $G \subset \mathbb{R}^{n+1}$ *offen,* $f : G \to \mathbb{R}^n$ *stetig und lokal Lipschitz in* x. *Dann existiert ein* $\delta > 0$ *und eine eindeutig bestimmte Funktion* $x \in C^1(J_\delta, \mathbb{R}^n)$ *mit* $J_\delta := [t_0 - \delta, t_0 + \delta]$, *sodass* $(t, x(t)) \in G$ *für alle* $t \in J_\delta$ *gilt, und* $x = x(t)$ *löst* (2.1) *im Intervall* J_δ.

Beweis. Zunächst zeigen wir Existenz in $[t_0, t_0 + \delta]$, also Existenz nach rechts. Um Satz 2.2.1 anzuwenden, konstruieren wir einen metrischen Raum (M, d) und eine Abbildung $T : M \to M$. Nach Bemerkung 2.1.4 ist das Anfangswertproblem (2.1) äquivalent zur Integralgleichung

$$x(t) = x_0 + \int_{t_0}^{t} f(s, x(s))\, ds,$$

daher betrachten wir diese. Seien $\delta_0 > 0$ und $r > 0$ so fixiert, dass $J_{\delta_0} \times \bar{B}_r(x_0) \subset G$ gilt, und definiere eine Menge M und eine Abbildung T mittels

$$M := \{x \in C(J_\delta; \mathbb{R}^n) : x(t) \in \bar{B}_r(x_0),\ x(t_0) = x_0,\ t \in J_\delta\}, \quad \delta \leq \delta_0$$

und für $x \in M$

$$Tx(t) = x_0 + \int_{t_0}^{t} f(s, x(s))\, ds, \tag{2.5}$$

wobei $\delta > 0$ im Weiteren festgelegt wird. Zunächst beweisen wir die Eigenschaft $T : M \to M$. Für $x \in M$ folgt aus der Stetigkeit von f, dass auch die Funktion Tx stetig ist, und (2.5) ergibt die Abschätzung

$$|Tx(t) - x_0| = \left| \int_{t_0}^t f(s, x(s))\, ds \right| \le \int_{t_0}^t |f(s, x(s))|\, ds \le m\delta,$$

mit $m := \max\{|f(t, x)| : t \in J_{\delta_0},\ x \in \bar{B}_r(x_0)\} < \infty$. Für $\delta \le \delta_1 := \min\{\delta_0, r/m\}$ folgt $Tx(t) \in \bar{B}_r(x_0)$, für alle $t \in J_\delta$, also $TM \subset M$. Es bleibt noch die Kontraktionseigenschaft von T nachzuweisen. Dazu definieren wir eine Metrik d auf M bzw. $C(J_\delta; \mathbb{R}^n)$ mittels

$$d(x, \bar{x}) := \max_{t \in J_\delta} e^{-\alpha t} |x(t) - \bar{x}(t)|,$$

wobei $\alpha > 0$ später festgelegt wird. Für jedes $\alpha > 0$ ist (M, d) ein vollständiger metrischer Raum, da die Menge M als Teilmenge von $C(J_\delta; \mathbb{R}^n)$ bezüglich der Metrik d abgeschlossen ist. Seien $t \in J_\delta$ und $x, \bar{x} \in M$. Aus (2.5) folgt

$$|Tx(t) - T\bar{x}(t)| \le \int_{t_0}^t |f(s, x(s)) - f(s, \bar{x}(s))|\, ds.$$

Nach Proposition 2.1.2 ist f auf $J_{\delta_0} \times \bar{B}_r(x_0)$ global Lipschitz stetig, mit einer Konstanten L. Daraus folgt

$$|Tx(t) - T\bar{x}(t)| \le L \int_{t_0}^t |x(s) - \bar{x}(s)|\, ds = L \int_{t_0}^t e^{-\alpha s} |x(s) - \bar{x}(s)| e^{\alpha s}\, ds$$

$$\le L d(x, \bar{x}) \int_{t_0}^t e^{\alpha s}\, ds \le \frac{L}{\alpha} d(x, \bar{x}) e^{\alpha t},\ t \in J_\delta.$$

Nach Multiplikation mit $e^{-\alpha t}$ und Übergang zum Maximum ergibt dies

$$d(Tx, T\bar{x}) \le \frac{L}{\alpha} d(x, \bar{x}).$$

Wählt man z. B. $\alpha = 2L > 0$, so folgt $d(Tx, T\bar{x}) \le \frac{1}{2} d(x, \bar{x})$, also ist T eine strikte Kontraktion. Somit liefert Satz 2.2.1 genau einen Fixpunkt $x_* \in M$ von T, d. h.

$$x_*(t) = x_0 + \int_{t_0}^t f(s, x_*(s))\, ds, \quad t \in J_\delta.$$

Nach Bemerkung 2.1.4 ist $x_* = x_*(t)$ die eindeutig bestimmte Lösung des Anfangswertproblems (2.1). Existenz nach links erhält man mittels Zeitumkehr, mit einem ggf. kleinerem $\delta > 0$. Die resultierende Lösung ist stetig differenzierbar auch in t_0, da $\dot{x}(t)$ aufgrund der Differentialgleichung auch in $t = t_0$ stetig ist. $\qquad\square$

Bemerkungen 2.2.3.

1. Man beachte, dass $\delta > 0$ im Beweis zu Satz 2.2.2 nur von δ_0, r und m abhängt, nicht aber von der Konstanten $L > 0$. Diese Tatsache kann man verwenden, um lokale Existenz für rechte Seiten f zu erhalten, die stetig aber nicht notwendig lokal Lipschitz in x sind (Existenzsatz von Peano, vgl. Kap. 6).

2. Ist $(t_k, x_k) \to (t_0, x_0) \in G$ eine Folge in G, dann existiert ein gleichmäßiges $\delta > 0$, sodass die Anfangswertprobleme $\dot{x} = f(t, x)$, $x(t_k) = x_k$ für hinreichend große k genau eine Lösung $x_k(t)$ auf $[t_k, t_k + \delta]$ besitzen. Dies folgt wie im Beweis des Existenzsatzes, indem man (t_0, x_0) durch (t_k, x_k) ersetzt.

Beispiele.

(a) *Skaliertes Volterra–Lotka-Modell*

$$(SVL) \quad \begin{cases} \dot{u} = u(1 - v), \\ \dot{v} = v(u - \varepsilon), \end{cases} \quad \varepsilon > 0.$$

Es ist $f(u, v) = [u(1 - v), v(u - \varepsilon)]^{\mathsf{T}} = [f_1(u, v), f_2(u, v)]^{\mathsf{T}}$ und die Komponenten von $f(u, v)$ sind Polynome in 2 Variablen, also gilt sogar $f \in C^{\infty}(\mathbb{R}^2)$. Nach Proposition 2.1.5 ist f lokal Lipschitz und der Satz von Picard–Lindelöf liefert zu jedem Anfangswert $(u_0, v_0) \in \mathbb{R}^2$ genau eine lokale Lösung von (SVL).

(b) *Das mathematische Pendel*

$$(P) \quad \begin{cases} \dot{u} = v, \\ \dot{v} = -\omega^2 \sin u. \end{cases}$$

Hier ist $f(u, v) = [v, -\omega^2 \sin u]^{\mathsf{T}}$ und wie in Beispiel (a) gilt $f \in C^{\infty}(\mathbb{R}^2)$. Unter Verwendung von Proposition 2.1.5 liefert der Satz von Picard und Lindelöf die Existenz einer eindeutigen lokalen Lösung von (P), zu jedem Anfangswert (u_0, v_0) $\in \mathbb{R}^2$.

Ein wichtiger Spezialfall von Satz 2.2.2 betrifft lineare Systeme.

Korollar 2.2.4. *Sei* $J = [a, b]$, $t_0 \in (a, b)$, $x_0 \in \mathbb{R}^n$ *und es seien die Funktionen* $b \in C(J, \mathbb{R}^n)$, $A \in C(J, \mathbb{R}^{n \times n})$ *gegeben. Dann besitzt das Anfangswertproblem*

$$\begin{cases} \dot{x}(t) = A(t)x(t) + b(t), \\ x(t_0) = x_0, \end{cases} \tag{2.6}$$

genau eine lokale Lösung.

Beweis. Die Behauptung folgt aus Satz 2.2.2 mit $f : J \times \mathbb{R}^n \to \mathbb{R}^n$, definiert durch $f(t, x) := A(t)x + b(t)$. Denn offensichtlich ist f stetig, und es gilt

$$|f(t, x) - f(t, y)| = |A(t)(x - y)| \leq |A(t)||x - y| \leq L|x - y|,$$

für alle $(t, x), (t, y) \in J \times \mathbb{R}^n$, wobei $L := \max_{t \in J} |A(t)| < \infty$ aufgrund der Kompaktheit von J und der Stetigkeit von $|A(\cdot)|$ gilt, also ist f sogar global Lipschitz in x. $\square$

2.3   Fortsetzbarkeit und maximales Existenzintervall

Wir betrachten wieder das Anfangswertproblem

$$\begin{cases} \dot{x} = f(t, x), \\ x(t_0) = x_0, \end{cases} \tag{2.7}$$

wobei $G \subset \mathbb{R}^{n+1}$ offen ist, $f : G \to \mathbb{R}^n$ stetig und lokal Lipschitz in x. Dann existiert nach Satz 2.2.2 ein $\delta_0 > 0$ und genau eine Funktion $x \in C^1([t_0 - \delta, t_0 + \delta_0], \mathbb{R}^n)$, als lokale Lösung von (2.7). In Kap. 1 hatten wir die Frage aufgeworfen, ob die Lösung für alle Zeiten $t \geq t_0$ existiert oder nicht. Wir wollen diese Problematik jetzt im Detail diskutieren. Zunächst beachte man, dass sich Lösungen zusammensetzen lassen. Um dies zu sehen, seien x_1 Lösung im Intervall $[t_0, t_1]$ und x_2 Lösung in $[t_1, t_2]$ mit $x_1(t_1) = x_2(t_1)$; dann gilt aufgrund der Differentialgleichung auch $\dot{x}_1(t_1) = f(t_1, x_1(t_1)) = f(t_1, x_2(t_1)) = \dot{x}_2(t_1)$, folglich ist die zusammengesetzte Funktion $x(t)$ definiert durch $x(t) = x_1(t)$ für $t \in [t_0, t_1]$ und $x(t) = x_2(t)$ für $t \in [t_1, t_2]$ stetig differenzierbar in $[t_0, t_2]$. Diese Eigenschaft und die Eindeutigkeit der Lösungen zeigen, dass die folgende Definition sinnvoll ist.

Definition 2.3.1. Es seien $t_{\pm}(t_0, x_0) \in \mathbb{R}$ durch

$$t_+ := t_+(t_0, x_0) := \sup\{t_1 \geq t_0 : \text{es ex. eine Lösung } x_1 \text{ von (2.7) auf } [t_0, t_1]\},$$

$$t_- := t_-(t_0, x_0) := \inf\{t_2 \leq t_0 : \text{es ex. eine Lösung } x_2 \text{ von (2.7) auf } [t_2, t_0]\}$$

definiert. Die Intervalle $[t_0, t_+)$, bzw. $(t_-, t_0]$, bzw. (t_-, t_+) heißen maximales Existenzintervall der Lösung nach rechts, bzw. nach links, bzw. schlechthin. Die **maximale Lösung** von (2.7) wird definiert durch $x(t) = x_1(t)$, für alle $t \in [t_0, t_1]$, bzw. $x(t) = x_2(t)$ auf $[t_2, t_0]$, also gilt $x \in C^1((t_-, t_+), \mathbb{R}^n)$.

Der Existenzsatz stellt $t_+(t_0, x_0) > t_0$ und $t_-(t_0, x_0) < t_0$ sicher, und gilt $t_+ = \infty$ bzw. $t_- = -\infty$, so haben wir globale Existenz nach rechts bzw. nach links. Wie lässt sich nun die Endzeit $t_+ = t_+(t_0, x_0)$ charakterisieren? Dazu nehmen wir $t_+ < \infty$ an. Die erste Möglichkeit ist nun die, dass die Lösung dem Rand ∂G zu nahe kommt, genauer

$$\liminf_{t \to t_+} \mathrm{dist}((t, x(t)), \partial G) = 0.$$

Eine zweite Möglichkeit ist ein *blow up*, also

$$\lim_{t \to t_+} |x(t)| = \infty.$$

Sei beides nicht der Fall. Dann gibt es eine Konstante $M > 0$ und eine Folge $t_n \nearrow t_+$, sodass

$$|x(t_n)| \le M \quad \text{und} \quad \mathrm{dist}((t_n, x(t_n)), \partial G) \ge 1/M$$

für alle $n \in \mathbb{N}$ gilt. Die Folge $(x(t_n))_{n \in \mathbb{N}}$ ist also beschränkt, daher existiert nach dem Satz von Bolzano–Weierstraß eine konvergente Teilfolge $x(t_{n_k}) \to x_*$ für $k \to \infty$, also $(t_{n_k}, x(t_{n_k})) \to (t_+, x_*) \in G$ für $k \to \infty$. Daher finden wir nach Bemerkung 2.2.3 für hinreichend großes $k_0 \in \mathbb{N}$ ein gleichmäßiges $\delta_* > 0$ und eine eindeutig bestimmte Lösung $x_k = x_k(t)$ auf $[t_{n_k}, t_{n_k} + \delta_*]$ mit $x_k(t_{n_k}) = x(t_{n_k})$ für $k \ge k_0$. Nun gilt aber $t_{n_k} + \delta_* > t_+$ für große $k \in \mathbb{N}$. Daher kann die Lösung $x = x(t)$ nicht in einem Punkt $(t_+, x_*) \in G$ stecken bleiben. Entsprechendes gilt mittels Zeitumkehr für t_-.

Aus diesen Überlegungen und mit Definition 2.3.1 erhalten wir unmittelbar das folgende Resultat.

Satz 2.3.2 (Fortsetzungssatz). *Sei $f : G \to \mathbb{R}^n$ stetig und lokal Lipschitz in x. Dann existiert die Lösung zum Anfangswertproblem (2.1) auf dem maximalen Intervall (t_-, t_+), mit $t_-(t_0, x_0) =: t_- < t_0 < t_+ := t_+(t_0, x_0)$. Der rechte Endpunkt t_+ ist charakterisiert durch die folgenden Alternativen.*

1. $t_+ = \infty$: *$x(t)$ ist eine globale Lösung nach rechts.*
2. $t_+ < \infty$ *und* $\liminf_{t \to t_+} \mathrm{dist}((t, x(t)), \partial G) = 0$, *das heißt, die Lösung $x(t)$ kommt dem Rand von G beliebig nahe.*
3. $t_+ < \infty$ *und* $\liminf_{t \to t_+} \mathrm{dist}((t, x(t)), \partial G) > 0$, $\lim_{t \to t_+} |x(t)| = \infty$.

Entsprechendes gilt für den linken Endpunkt t_-.

Bemerkungen 2.3.3.

1. Das maximale Existenzintervall ist stets offen, da man sonst die Lösung an der Stelle $t = t_+$ bzw. $t = t_-$ mit Satz 2.2.2 fortsetzen könnte.
2. Die Aussage von Satz 2.3.2 wird in der Literatur häufig kurz formuliert als: *Die Lösungen existieren bis zum Rand von G.*

2.4   Differential- und Integralungleichungen

Schon im Beweis von Satz 2.1.3 haben wir eine Integralungleichung der Form $0 \leq \varphi(t) \leq C \int_{t_0}^{t} \varphi(s)ds$ für stetiges φ kennengelernt, und gezeigt, dass dies $\varphi(t) = 0$ für alle $t \in [t_0, t_1]$ impliziert. Ein grundlegendes Hilfsmittel für unser weiteres Vorgehen ist das

Lemma 2.4.1 (von Gronwall).   *Seien die Funktionen $\alpha, \beta, \varphi \in C[a, b]$ mit $\beta(t) \geq 0$ für alle $t \in [a, b]$ gegeben und es sei*

$$0 \leq \varphi(t) \leq \alpha(t) + \int_a^t \beta(s)\varphi(s)ds, \quad \text{für alle } t \in [a, b].$$

Dann gilt

$$\varphi(t) \leq \alpha(t) + \int_a^t \left[\beta(s)e^{\int_s^t \beta(\tau)d\tau}\alpha(s) \right]ds, \ t \in [a, b].$$

Speziell gilt für $\alpha(t) \equiv M$

$$\varphi(t) \leq Me^{\int_a^t \beta(\tau)d\tau}, \ t \in [a, b].$$

Beweis. Wir setzen $\psi(t) = \int_a^t \beta(\tau)\varphi(\tau) \, d\tau$, $t \in [a, b]$. Da β und φ nach Voraussetzung stetig sind, ist ψ stetig differenzierbar auf $[a, b]$, mit $\dot{\psi}(t) = \beta(t)\varphi(t)$. Aus $\varphi(t) \leq \alpha(t) + \psi(t)$ erhalten wir wegen $\beta(t) \geq 0$ die Differentialungleichung

$$\dot{\psi}(t) \leq \beta(t)(\alpha(t) + \psi(t)), \ t \in [a, b]. \tag{2.8}$$

Wir multiplizieren $\psi(t)$ mit $e^{-\int_a^t \beta(\tau)d\tau}$ und erhalten mit (2.8)

$$\frac{d}{dt}\left[e^{-\int_a^t \beta(\tau)d\tau}\psi(t) \right] = e^{-\int_a^t \beta(\tau)d\tau}\dot{\psi}(t) - \beta(t)e^{-\int_a^t \beta(\tau)d\tau}\psi(t)$$

$$= e^{-\int_a^t \beta(\tau)d\tau}\left[\dot{\psi}(t) - \beta(t)\psi(t) \right]$$

$$\leq \beta(t)e^{-\int_a^t \beta(\tau)d\tau}\alpha(t).$$

Integration dieser Ungleichung von a bis t ergibt

$$\psi(t)e^{-\int_a^t \beta(\tau)d\tau} \leq \int_a^t \left[\beta(s)e^{-\int_a^s \beta(\tau)d\tau}\alpha(s)\right]ds.$$

Daraus folgt

$$\psi(t) \leq \int_a^t \left[\beta(s)e^{\left(\int_a^t \beta(\tau)d\tau - \int_a^s \beta(\tau)d\tau\right)}\alpha(s)\right]ds = \int_a^t \left[\beta(s)e^{\int_s^t \beta(\tau)d\tau}\alpha(s)\right]ds,$$

und die Behauptung ist eine unmittelbare Konsequenz der Ungleichung $\varphi(t) \leq \alpha(t) + \psi(t)$.

Sei nun $\alpha(t) \equiv M$. Dann gilt mit dem Hauptsatz der Differentialrechnung

$$\varphi(t) \leq M\left(1 + \int_a^t \left[\beta(s)e^{\int_s^t \beta(\tau)d\tau}\right]ds\right)$$

$$= M\left(1 - \left[e^{\int_s^t \beta(\tau)d\tau}\right]_a^t\right)$$

aufgrund von $\beta(s)e^{\int_s^t \beta(\tau)d\tau} = -\frac{d}{ds}e^{\int_s^t \beta(\tau)d\tau}$, und die Auswertung an den Grenzen ergibt

$$\varphi(t) \leq M\left(1 - 1 + e^{\int_a^t \beta(\tau)d\tau}\right) = Me^{\int_a^t \beta(\tau)\, d\tau}.$$

$$\square$$

Differentialungleichungen wie (2.8) treten in vielen Bereichen der Analysis auf. Wir beweisen hier daher ein elementares, aber wichtiges Resultat über solche Ungleichungen.

Lemma 2.4.2. *Sei* $J = [t_0, t_1]$, $u : J \times \mathbb{R} \to \mathbb{R}$ *stetig, und* $\rho \in C^1(J, \mathbb{R})$ *erfülle die strikte Differentialungleichung* $\dot{\rho}(t) < u(t, \rho(t))$ *für alle* $t \in (t_0, t_1]$ *mit* $\rho(t_0) < \varphi_0$. *Weiter sei* $\varphi \in C^1(J, \mathbb{R})$ *eine Lösung des Anfangswertproblems*

$$\begin{cases} \dot{\varphi} = u(t, \varphi), \\ \varphi(t_0) = \varphi_0. \end{cases} \tag{2.9}$$

Dann gilt $\rho(t) < \varphi(t)$ *für alle* $t \in J$.

Beweis. Angenommen es existiert ein $t_* \in (t_0, t_1]$ mit $\rho(t) < \varphi(t)$ für alle $t \in [t_0, t_*)$ und $\rho(t_*) = \varphi(t_*)$. Dann gilt für hinreichend kleine $h > 0$

$$\frac{\rho(t_*) - \rho(t_* - h)}{h} > \frac{\varphi(t_*) - \varphi(t_* - h)}{h}.$$

Aus der Differenzierbarkeit von ρ und φ folgt für $h \to 0_+$

$$\dot{\rho}(t_*) \geq \dot{\varphi}(t_*) = u(t_*, \varphi(t_*)) = u(t_*, \rho(t_*)).$$

Das ist ein Widerspruch, da nach Annahme $\dot{\rho}(t_*) < u(t_*, \rho(t_*))$ gilt. □

Bemerkungen 2.4.3.

1. Der Beweis von Lemma 2.4.2 für den Fall „>" verläuft analog. Die Funktion ρ bezeichnen wir je nach Situation als *Ober- bzw. Unterlösung* zur Differentialgleichung (2.9).
2. Durch Zeitumkehr erhält man entsprechende Ungleichungen nach links. Man beachte, dass sich dabei die Relationszeichen in der Differentialgleichung umdrehen!

Beispiel. Betrachten wir ein AWP, dessen Lösung sich nicht analytisch elementar angeben lässt:

$$\begin{cases} \dot{x} = t^2 + x^2, \\ x(0) = 0. \end{cases}$$

Sei zunächst $t < 1$. Dann gilt $t^2 + x^2 < 1 + x^2$ und wir betrachten das Vergleichsproblem

$$\begin{cases} \dot{y} = 1 + y^2, \\ y(0) = \tan(\varepsilon), \end{cases}$$

mit einem hinreichend kleinen $\varepsilon > 0$. Aus Lemma 2.4.2 folgt $x(t) < y(t) = \tan(t + \varepsilon)$ für alle $0 \leq t < 1$. Ferner ist $\dot{x}(t) > t^2$, also $x(t) > \frac{1}{3}t^3$ für alle $t \in (0, 1]$. Insbesondere gilt also $x(1) > 1/3$. Für $t \geq 1$ betrachten wir nun das Vergleichsproblem

$$\begin{cases} \dot{y} = 1 + y^2, \\ y(1) = \frac{1}{3}. \end{cases}$$

Aus Lemma 2.4.2 folgt dann $x(t) > y(t) = \tan(t + \arctan(\frac{1}{3}) - 1)$ für $1 \leq t < \frac{\pi}{2} + 1 - \arctan(\frac{1}{3})$. Insgesamt erhalten wir so die Abschätzung

$$1 < t_+ < 1 + \frac{\pi}{2} - \arctan\left(\frac{1}{3}\right)$$

für die Länge des maximalen Existenzintervalls $[0, t_+)$. Ober- und Unterlösungen eignen sich also unter anderem dazu, das maximale Existenzintervall einzugrenzen; vgl. Abb. 2.1.

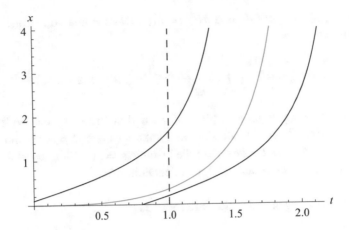

Abb. 2.1 Lösung und Vergleichsfunktionen

2.5 Globale Existenz

Gegeben sei das Anfangswertproblem (2.1) und f sei stetig und lokal Lipschitz in x. Der Satz von Picard–Lindelöf impliziert, dass eine lokale eindeutig bestimmte Lösung von (2.1) existiert und Fortsetzungssatz 2.3.2 liefert uns hierzu ein maximales Existenzintervall. Unser Anliegen in diesem Abschnitt ist es, Kriterien anzugeben, unter denen die Lösung von (2.1) global existiert.

Korollar 2.5.1. *Sei $G = J \times \mathbb{R}^n$, $J \subset \mathbb{R}$ ein offenes Intervall, $(t_0, x_0) \in G$, und $f : G \to \mathbb{R}^n$ stetig, lokal Lipschitz in x. Seien ferner $a, b \in C(J; \mathbb{R}_+)$ gegeben, sodass*

$$|f(t, x)| \le a(t) + b(t)|x|, \tag{2.10}$$

für alle $t \in J$, $x \in \mathbb{R}^n$ gilt; man sagt f sei bzgl. x linear beschränkt. Dann existiert die Lösung von (2.1) global.

Beweis. Sei $x(t)$ die Lösung von (2.1). Angenommen $t_+ \in J$, mit $\lim_{t \to t_+} |x(t)| = \infty$. Wir schreiben (2.1) als äquivalente Integralgleichung

$$x(t) = x_0 + \int_{t_0}^{t} f(s, x(s))ds, \ t \in [t_0, t_+).$$

Wegen (2.10) und mit der Dreiecksungleichung gilt

$$|x(t)| \le |x_0| + \int_{t_0}^{t} (a(s) + b(s)|x(s)|)ds = \alpha(t) + \int_{t_0}^{t} \beta(s)|x(s)|ds, \ t \in [t_0, t_+),$$

wobei $\alpha(t) := |x_0| + \int_{t_0}^t a(s)ds$ und $\beta(t) := b(t)$. Das Lemma von Gronwall 2.4.1 mit $\varphi(t) := |x(t)|$ liefert

$$|x(t)| \leq \alpha(t) + \int_{t_0}^t \beta(s)e^{\int_s^t \beta(\tau)d\tau}\alpha(s)ds, \ t \in [t_0, t_+).$$

Aus dieser Abschätzung ergibt sich für $t \nearrow t_+$ und endliches t_+ ein Widerspruch zur Annahme, denn nach Voraussetzung sind die Funktionen α und β stetig in t, also bleibt $x(t)$ beschränkt. Nach Satz 2.3.2 existiert die Lösung $x = x(t)$ für alle $t \in J$, $t \geq t_0$. Der Beweis für den Fall $t \leq t_0$ verläuft analog mittels Zeitumkehr. $\qquad\square$

Für lineare Gleichungen ergibt dieses Korollar das

Korollar 2.5.2. *Sei $J \subset \mathbb{R}$ ein Intervall, $A \in C(J, \mathbb{R}^{n \times n})$, $b \in C(J, \mathbb{R}^n)$, $t_0 \in J$ und $x_0 \in \mathbb{R}^n$. Dann besitzt das Anfangswertproblem (2.6) genau eine globale Lösung.*

Beweis. Es gilt die Abschätzung

$$|f(t, x)| = |A(t)x + b(t)| \leq |A(t)x| + |b(t)| \leq |A(t)||x| + |b(t)|,$$

für alle $t \in J$. Nun folgt die Behauptung aus Korollar 2.5.1. $\qquad\square$

Beispiele.

(a) *Das gedämpfte Pendel.* Betrachte die Differentialgleichung

$$\ddot{x} + \alpha\dot{x} + \omega^2 \sin x = b(t), \ t \in \mathbb{R}, \tag{2.11}$$

wobei $\alpha \geq 0$ und $b \in C(\mathbb{R})$ gegeben sind. Dabei bewirkt der Term $\alpha\dot{x}$ eine Dämpfung der Schwingung z. B. durch Luftwiderstand, und $b = b(t)$ stellt eine äußere Kraft dar, die am Pendel angreift. Wir transformieren (2.11) in das System erster Ordnung

$$\begin{cases} \dot{u} = v, \\ \dot{v} = -\alpha v - \omega^2 \sin u + b(t). \end{cases}$$

Die rechte Seite

$$f(t, u, v) = \begin{bmatrix} v \\ -\alpha v - \omega^2 \sin u + b(t) \end{bmatrix}$$

des Systems ist stetig in t und stetig differenzierbar in u, v, das heißt nach Proposition 2.1.5 und Satz 2.2.2 existiert zu jedem Anfangswert $(u_0, v_0) \in \mathbb{R}^2$ genau eine lokale Lösung. Ferner gilt die Abschätzung

$$|f(t, z)|^2 = v^2 + (-\alpha v - \omega^2 \sin u + b(t))^2 \leq v^2 + 3(\alpha^2 v^2 + \omega^4 u^2 + b(t)^2),$$

denn es gilt $|\sin x| \leq |x|$, $x \in \mathbb{R}$. Daraus folgt

$$|f(t, z)|^2 \leq C(b(t)^2 + |z|^2), \quad t \in \mathbb{R},$$

mit $z = [u, v]^\mathsf{T}$ und einer Konstanten $C = C(\alpha, \omega) > 0$. Wegen $(x + y)^{1/2} \leq x^{1/2} + y^{1/2}$ für alle $x, y \geq 0$ gilt

$$|f(t, z)| \leq C(|b(t)| + |z|), \quad \text{für alle } t \in \mathbb{R}, \ z \in \mathbb{R}^2.$$

Nach Korollar 2.5.1 existiert die Lösung $[u(t), v(t)]^\mathsf{T}$ also global.

(b) *Ein nichtlinearer Schwinger.* Die Differentialgleichung 2. Ordnung

$$\ddot{x} + x - \frac{2x}{\sqrt{1 + x^2}} = b(t)$$

beschreibt ein weiteres nichtlineares Schwingungssystem. Dabei sei $b \in C(\mathbb{R})$ eine gegebene Funktion, die eine äußere Kraft bedeutet. Wir formulieren diese Gleichung wie zuvor als System

$$(NLS) \quad \begin{cases} \dot{u} = v, \\ \dot{v} = b(t) - u + \frac{2u}{\sqrt{1 + u^2}}. \end{cases}$$

Man sieht leicht, dass auch dieses System lokal Lipschitz ist und lineares Wachstum hat, also existieren die Lösungen global.

Korollar 2.5.1 versagt, wenn f polynomiale Terme mit Ordnung $l \geq 2$ enthält, wie z. B. in den Modellen von Volterra–Lotka und Kermack–McKendrick. Hier sind es andere Struktureigenschaften, die globale Existenz nach rechts ergeben. Dabei sind häufig Differentialungleichungen von Nutzen, wie das nächste Korollar zeigt.

Korollar 2.5.3. *Sei $G = J \times \mathbb{R}^n$, $J \subset \mathbb{R}$ ein Intervall, $f : G \to \mathbb{R}^n$ stetig, lokal Lipschitz in x, und es existiere eine Konstante $\omega \geq 0$, sodass*

$$(f(t, x)|x) \leq \omega |x|_2^2 \tag{2.12}$$

für alle $(t, x) \in G$ gilt. Dann existieren alle Lösungen des AWPs (2.1) global nach rechts.

Beweis. Sei $x = x(t)$ eine Lösung von (2.1). Man setze $\varphi(t) = |x(t)|_2^2$. Unter Verwendung von (2.12) gilt:

$$\dot{\varphi}(t) = \frac{d}{dt}\varphi(t) = \frac{d}{dt}\sum_{i=1}^{n} x_i(t)^2 = \sum_{i=1}^{n} 2x_i(t)\dot{x}_i(t) = 2\sum_{i=1}^{n} x_i(t)f_i(t, x(t))$$

$$= 2(f(t, x(t))|x(t)) \leq 2\omega|x(t)|_2^2 = 2\omega\varphi(t). \tag{2.13}$$

Sei nun $\varphi(t_0) =: \varphi_0$, $t_0 \in J$. Die Differentialungleichung (2.13) liefert uns die Abschätzung

$$\frac{d}{dt}\left(\varphi(t)e^{-2\omega(t-t_0)}\right) = \left(\dot{\varphi}(t) - 2\omega\varphi(t)\right)e^{-2\omega(t-t_0)} \leq 0,$$

woraus nach Integration $\varphi(t) \leq \varphi_0 e^{2\omega(t-t_0)}$ bzw. $|x(t)| \leq |x_0|e^{\omega(t-t_0)}$ folgt. Die Lösung $x = x(t)$ von (2.1) ist damit auf jedem kompakten Intervall $[t_0, t_1] \subset J$ beschränkt, und globale Existenz nach rechts folgt aus Satz 2.3.2. $\qquad\square$

Die folgenden Beispiele greifen die Systeme aus Abschn. 1.7 auf.

Beispiele.

(a) *Das Kermack–McKendrick-Modell.* Das Kermack–McKendrick-Modell ist durch

$$(SKK) \begin{cases} \dot{u} = -uv, \\ \dot{v} = uv - v, \end{cases}$$

in skalierter Form gegeben. Sind $u_0, v_0 > 0$, so erfüllt die Lösung $u(t), v(t) > 0$ auf ihrem maximalen Existenzintervall $[0, t_+)$, denn es gilt in diesem Intervall

$$u(t) = u_0 e^{-\int_0^t v(s)ds}, \quad v(t) = v_0 e^{\int_0^t (u(s)-1)ds}, \quad t \in [0, t_+).$$

Es folgt

$$\dot{u} + \dot{v} = -v \leq 0, \quad t \in [0, t_+),$$

also $u(t) + v(t) \leq u_0 + v_0$ und somit Beschränktheit der Lösung, also $t_+ = \infty$ nach dem Fortsetzungssatz. Sind die Anfangswerte allerdings nicht positiv, so kann es blow up geben. Da aber u und v in diesem Modell Populationsgrößen darstellen, ist die Annahme positiver Anfangswerte natürlich, negative u_0, v_0 sind biologisch nicht relevant.

(b) *Volterra–Lotka-Systeme mit Sättigung.* Das skalierte Volterra–Lotka-System mit Sättigung lautet

$$(SVLS) \begin{cases} \dot{u} = u - \kappa u^2 - uv, \\ \dot{v} = -\varepsilon v + uv. \end{cases}$$

Dabei sind $\varepsilon > 0$ und $\kappa \geq 0$ Konstanten. Der Term κu^2 beschreibt eine Selbstlimitierung der Beute durch Beschränkung ihrer Nahrung. Seien die Anfangswerte u_0, v_0 positiv und sei $(u(t), v(t))$ die Lösung von (SVLS) auf ihrem maximalen Existenzintervall $[0, t_+)$. Wie in (a) haben wir

$$u(t) = u_0 e^{\int_0^t (1 - \kappa u(s) - v(s))ds}, \quad v(t) = v_0 e^{\int_0^t (u(s) - \varepsilon)ds}, \quad t \in [0, t_+),$$

also sind beide Funktionen auf $[0, t_+)$ positiv. Angenommen, es sei $t_+ < \infty$. Aus der Gleichung für u folgt dann $\dot{u} \leq u$, also nach Integration $u(t) \leq e^t u_0 \leq e^{t_+} u_0 =: c < \infty$. Die Gleichung für v ergibt $\dot{v} \leq cv$, folglich $v(t) \leq e^{ct} v_0$, also ist auch $v(t)$, auf $[0, t_+)$ beschränkt, ein Widerspruch zum Fortsetzungssatz. Daher existieren alle Lösungen mit positiven Anfangswerten global nach rechts.

Übungen

2.1 Sei $f : \mathbb{R}^2 \to \mathbb{R}$ stetig und gelte

$$f(t, x) < 0 \text{ für } tx > 0, \quad f(t, x) > 0 \text{ für } tx < 0.$$

Zeigen Sie, dass $x(t) \equiv 0$ die einzige Lösung der Gleichung $\dot{x} = f(t, x)$ mit Anfangswert $x(0) = 0$ ist.

2.2 Beweisen Sie mit Hilfe des Fixpunktsatzes von Banach und dem Fortsetzungsprinzip, dass das Anfangswertproblem

$$\dot{x} = (t^2 - x^2)^{3/2}, \quad x(0) = 0,$$

genau eine Lösung auf ganz $\mathbb{R}$ besitzt.

2.3 Sei $u : \mathbb{R} \to \mathbb{R}$ definiert durch

$$u(t) := \int_{-\infty}^{\infty} \cos(tx) e^{-x^2} dx, \quad t \in \mathbb{R}.$$

Berechnen Sie $u(t)$, indem Sie eine Differentialgleichung für $u(t)$ aufstellen, und das zugehörige Anfangswertproblem mit

$$u(0) = \int_{-\infty}^{\infty} e^{-x^2} dx = \sqrt{\pi}$$

lösen.

2.4 Das folgende Differentialgleichungssystem wurde vom Nobelpreisträger I. Prigogine erfunden, um seine Theorien über Morphogenese zu untermauern. Das System wird heute **Brusselator** genannt.

$$\dot{u} = a - bu + u^2 v - u,$$

$$\dot{v} = bu - u^2 v.$$

Dabei sind a, b positive Konstanten. Zeigen Sie, dass dieses System für Anfangswerte $u(0) = u_0 > 0$, $v(0) = v_0 > 0$ eindeutig bestimmte Lösungen besitzt, die für $t \geq 0$ positiv bleiben und dort global existieren.

2.5 Gegeben sei das SIRS-Epidemiemodell

$$\dot{u} = -\lambda uv + \gamma w,$$

$$\dot{v} = \lambda uv - (\mu + \nu)v,$$

$$\dot{w} = \nu v - \gamma w,$$

wobei $\lambda, \gamma, \mu, \nu$ positive Konstanten bedeuten. Zeigen Sie, dass das AWP $u(0) = u_0 > 0$, $v(0) = v_0 > 0$, $w(0) = w_0 > 0$ für dieses System eindeutig lösbar ist, und dass die Lösungen für alle $t \geq 0$ existieren.

2.6 Ein Hund in einem Fluss schwimmt mit konstanter (Relativ)-Geschwindigkeit v_h auf seinen am Ufer stehenden Herrn zu, wird aber zugleich von der Strömung des Flusses (Geschwindigkeit v_f) abgetrieben.

(a) Stellen Sie eine Differentialgleichung für die Kurve auf, längs der sich der Hund fortbewegt.

(b) Berechnen Sie die Kurve, auf der sich der Hund bewegt, wenn er im Punkt (x_0, y_0) startet. Erreicht er seinen Herrn?

2.7 Das folgende Modell wurde zur Beschreibung des *Stickstoff-Kreislaufs in der Antarktis* vorgeschlagen:

$$\dot{u} = av + bw - cuv,$$

$$\dot{v} = cuv - dvw - av, \tag{2.14}$$

$$\dot{w} = dvw - bw.$$

Dabei bedeuten u den frei verfügbaren Stickstoff, v das Phytoplankton, w das Zooplankton, und $a, b, c, d > 0$ sind Konstanten. Zeigen Sie, dass dieses Modell zu einem Volterra–Lotka-Modell äquivalent ist. Unter welchen Bedingungen sind v und w koexistent? Wie wirkt sich ein höherer Gesamtgehalt an Stickstoff auf das Koexistenz-Equilibrium aus, und wie wirkt Befischung des Zooplanktons z. B. durch Wale?

Lineare Systeme

3

In diesem Kapitel behandeln wir die Theorie linearer Differentialgleichungssysteme. Das Anfangswertproblem für ein allgemeines System 1. Ordnung lautet

$$\dot{x} = A(t)x + b(t), \quad x(t_0) = x_0, \ t \in J := [t_0, t_1]. \tag{3.1}$$

Dabei sind $A \in C(J, \mathbb{R}^{n \times n})$ und $b \in C(J, \mathbb{R}^n)$ gegebene Funktionen. Das System heißt *homogen* falls $b \equiv 0$ ist, andernfalls nennt man es *inhomogen*.

3.1 Homogene Systeme

Sei $b(t) \equiv 0$, und u, v Lösungen der *homogenen* Differentialgleichung

$$\dot{x} = A(t)x. \tag{3.2}$$

Dann ist auch die Funktion $(\alpha u + \beta v)$ für alle $\alpha, \beta \in \mathbb{R}$, eine Lösung von (3.2), denn es gilt aufgrund der Linearität

$$\frac{d}{dt}(\alpha u + \beta v) = \alpha \dot{u} + \beta \dot{v} = \alpha A u + \beta A v = A(\alpha u + \beta v).$$

Die Menge aller Lösungen von (3.2) ist also ein Vektorraum, genauer ein Teilraum $\mathcal{L} \subset C^1(J, \mathbb{R}^n)$. Sei $x = x(\cdot, x_0)$ eine Lösung des AWPs

$$\begin{cases} \dot{x} = A(t)x, \\ x(t_0) = x_0. \end{cases} \tag{3.3}$$

© Springer Nature Switzerland AG 2019
J. W. Prüss, M. Wilke, *Gewöhnliche Differentialgleichungen und dynamische Systeme*, Grundstudium Mathematik, https://doi.org/10.1007/978-3-030-12362-8_3

Dann definiert die Abbildung $T x_0 := x(\cdot, x_0)$ einen linearen Isomorphismus von $\mathbb{R}^n$ auf $\mathcal{L}$. Denn aus Korollar 2.5.2 folgt, dass das Anfangswertproblem (3.3) zu jedem $x_0 \in \mathbb{R}^n$ eine eindeutig bestimmte Lösung $x(\cdot, x_0) \in \mathcal{L}$ besitzt. Daher ist T injektiv. Die Abbildung T ist surjektiv, da jede Lösung einen Anfangswert besitzt. Schließlich ist T linear, denn mit

$$T(\alpha x_0 + \beta x_1) = x(\cdot, \alpha x_0 + \beta x_1),$$

$$T x_0 = x(\cdot, x_0), \quad T x_1 = x(\cdot, x_1)$$

gilt

$$\alpha T x_0 + \beta T x_1 = \alpha x(\cdot, x_0) + \beta x(\cdot, x_1)$$

und aus der Eindeutigkeit der Lösung folgt

$$T(\alpha x_0 + \beta x_1) = \alpha T x_0 + \beta T x_1.$$

Wegen der Isomorphie von $\mathbb{R}^n$ und $\mathcal{L}$ gilt $\dim \mathcal{L} = \dim \mathbb{R}^n = n$. Es existiert somit in $\mathcal{L}$ eine Basis, die aus n linear unabhängigen Lösungen von (3.2) besteht.

Definition 3.1.1. Eine Basis von $\mathcal{L}$ heißt **Fundamentalsystem (FS)** zu (3.2). n Lösungen $y^i \in C^1(J; \mathbb{R}^n)$ fasst man zu einer **Lösungsmatrix** $Y(t) = (y^1, \ldots, y^n)$ zusammen, wobei die Lösungen y^i die Spalten von $Y(t)$ darstellen. Ist $\{y^1, \ldots, y^n\}$ ein FS, so nennt man $Y(t)$ eine **Fundamentalmatrix (FM)**. Gilt außerdem $Y(t_0) = I$, so heißt $Y(t)$ **Hauptfundamentalmatrix (HFM)** in t_0 und deren Spalten nennt man **Hauptfundamentalsystem (HFS)**.

Folgerungen.

1. Für jede Lösungsmatrix $Y(t)$ gilt $\dot{Y}(t) = A(t)Y(t)$.
2. Ist $Y(t)$ eine FM, so lässt sich *jede* Lösung von (3.2) durch

$$y(t) = Y(t)c, \quad t \in J, \tag{3.4}$$

   mit einem eindeutig bestimmten Vektor $c \in \mathbb{R}^n$ darstellen.
3. Für jede Lösungsmatrix $Z(t)$ von (3.2) und jede konstante Matrix $C \in \mathbb{R}^{n \times n}$ ist auch $Y(t) = Z(t)C$ eine Lösungsmatrix von (3.2), denn es ist

$$\dot{Y}(t) = \dot{Z}(t)C = A(t)Z(t)C = A(t)Y(t).$$

Sei $Y(t)$, $t \in J$, eine Lösungsmatrix. Dann heißt $\varphi(t) := \det Y(t)$ *Wronski-Determinante* von $Y(t)$. Die Wronski-Determinante ist entweder für alle $t \in J$ von Null verschieden oder sie ist identisch Null. Dies folgt aus

Lemma 3.1.2. *Sei $Y(t)$ eine Lösungsmatrix für (3.2) und $\varphi(t) = \det Y(t)$. Dann gilt* $\dot{\varphi}(t) = (\operatorname{sp} A(t))\varphi(t)$, $t \in J$, *also*

$$\varphi(t) = \varphi(\tau) \exp\left(\int_\tau^t \operatorname{sp} A(s)\, ds \right), \quad t, \tau \in J,$$

*wobei $\operatorname{sp} A(t) = \sum_{i=1}^n a_{ii}(t)$ die **Spur** von $A(t)$ bezeichnet. Insbesondere verschwindet die Wronski-Determinante eines Fundamentalsystems in keinem $t \in J$.*

Beweis. Sei $\tau \in J$ beliebig fixiert und $Z(t)$ die HFM für (3.2) mit $Z(\tau) = I$. Da dann $\tilde{Y}(t) := Z(t)Y(\tau)$ ebenfalls eine Lösungsmatrix von (3.2) mit Anfangswert $\tilde{Y}(\tau) = Y(\tau)$ ist, folgt $Y(t) = \tilde{Y}(t)$ aus der Eindeutigkeit der Lösung. Daher gilt

$$\dot{\varphi}(t) = \frac{d}{dt}(\det Y(t)) = \frac{d}{dt}(\det Z(t) \det Y(\tau)) = \frac{d}{dt}(\det Z(t))\varphi(\tau).$$

Da $\det Z(t)$ linear in den Spalten $z^j(t)$ von $Z(t)$ ist, ergibt die Kettenregel

$$\frac{d}{dt}\det Z(t) = \sum_{j=1}^n \det[z^1(t), \ldots, \frac{d}{dt}z^j(t), \ldots, z^n(t)].$$

Aufgrund von $z^j(\tau) = e^j$ und $\frac{dz^i}{dt}(\tau) = A(\tau)e^i$, $i \in \{1, \ldots, n\}$ gilt folglich

$$\frac{d}{dt}\det Z(t)\Big|_{t=\tau} = \sum_{i=1}^n \det\left(e^1, \ldots, A(\tau)e^i, \ldots, e^n\right) = \sum_{i=1}^n a_{ii}(\tau) = \operatorname{sp} A(\tau),$$

also $\frac{d\varphi}{dt}(\tau) = (\operatorname{sp} A(\tau))\varphi(\tau)$. Da $\tau \in J$ beliebig fixiert war, gilt $\dot{\varphi}(t) = (\operatorname{sp} A(t))\varphi(t)$ für alle $t \in J$ und die Lösung dieser Differentialgleichung lautet

$$\varphi(t) = \varphi(\tau) \exp\left(\int_\tau^t \operatorname{sp} A(s)\, ds \right), \quad t, \tau \in J. \qquad \square$$

Im nächsten Abschnitt über inhomogene Systeme wird die zur Fundamentalmatrix $Y(t)$ inverse Matrix $Y^{-1}(t)$ benötigt. Man beachte, dass diese aufgrund von Lemma 3.1.2 wohldefiniert ist. $Y^{-1}(t)$ ist auch wieder die Lösung einer homogenen linearen Differentialgleichung, denn es ist nach der Produktregel

$$0 = \frac{d}{dt} I = \frac{d}{dt}(Y(t)Y^{-1}(t)) = \dot{Y}(t)Y^{-1}(t) + Y(t)\frac{d}{dt}Y^{-1}(t),$$

also gilt $\frac{d}{dt}Y^{-1}(t) = -Y^{-1}(t)A(t)$ und $\frac{d}{dt}Y^{-\mathsf{T}}(t) = -A^{\mathsf{T}}(t)Y^{-\mathsf{T}}(t)$.

Bemerkungen 3.1.3.

1. Hauptfundamentalmatrizen werden im Weiteren mit $X(t)$ bezeichnet.
2. Das Anfangswertproblem (3.3) besitzt die Lösung $x(t) = X(t)x_0$, da $x(t_0) = X(t_0)x_0 - x_0$ gilt. Ist $Y(t)$ eine Fundamentalmatrix, dann existiert die Inverse $Y^{-1}(t)$, sodass die Matrix $X(t) := Y(t)Y^{-1}(t_0)$ eine Hauptfundamentalmatrix ist und die Lösung von (3.3) dementsprechend durch $x(t) = Y(t)Y^{-1}(t_0)x_0$ gegeben ist.

3.2   Inhomogene Systeme

Sei $Y \in C^1(J, \mathbb{R}^{n\times n})$ eine Fundamentalmatrix zu (3.2) und $z \in C^1(J, \mathbb{R}^n)$ eine spezielle Lösung von (3.1). Dann sind durch $y(t) = Y(t)c$, $c \in \mathbb{R}^n$, alle Lösungen von (3.2) gegeben und der Ansatz $x(t) := y(t) + z(t)$ liefert *alle* Lösungen der inhomogenen Differentialgleichung (3.1). Denn sind z, w Lösungen der inhomogenen Gleichung, dann löst ihre Differenz die homogene Gleichung (Superpositionsprinzip).

Ähnlich wie in Kap. 1 wird auch hier die *Methode der Variation der Konstanten* helfen, eine spezielle Lösung der inhomogenen Differentialgleichung zu bestimmen. Sei $Y(t)$ eine Fundamentalmatrix für (3.2). Man setze $z(t) = Y(t)c(t)$, wobei $c \in C^1(J; \mathbb{R}^n)$ zu bestimmen ist. Aus der Produktregel folgt

$$\dot{z}(t) = A(t)z(t) + Y(t)\dot{c}(t).$$

Ist also $z(t)$ eine spezielle Lösung von (3.1), so gilt $Y(t)\dot{c}(t) = b(t)$, $t \in J$, also ist $\dot{c}(t) = Y^{-1}(t)b(t)$, weil $Y(t)$ als Fundamentalmatrix invertierbar ist. Integration von t_0 bis t liefert

$$c(t) - c(t_0) = \int_{t_0}^t \dot{c}(s)\, ds = \int_{t_0}^t Y^{-1}(s)b(s)\, ds, \ t \in J.$$

Da wir nur an einer speziellen Lösung der inhomogenen Differentialgleichung interessiert sind, setzen wir $c(t_0) = 0$ und erhalten für $z = z(t)$ die Darstellung

$$z(t) = Y(t)\int_{t_0}^t Y^{-1}(s)b(s)\, ds, \ t \in J.$$

Nach unserer Vorbemerkung lautet also die allgemeine Lösung von (3.1)

$$x(t) = Y(t)c + Y(t) \int_{t_0}^{t} Y^{-1}(s)b(s) \, ds, \ t \in J. \tag{3.5}$$

Mit einem gegebenen Anfangswert $x(t_0) = x_0$ ist

$$x(t) = Y(t)Y^{-1}(t_0)x_0 + Y(t) \int_{t_0}^{t} Y^{-1}(s)b(s) \, ds, \ t \in J \tag{3.6}$$

die Lösung des Anfangswertproblems (3.1). Alternativ gilt

$$x(t) = X(t)x_0 + X(t) \int_{t_0}^{t} X^{-1}(s)b(s) \, ds, \ t \in J, \tag{3.7}$$

mit der HFM $X(t) := Y(t)Y^{-1}(t_0)$ in t_0.

Bemerkungen 3.2.1.

1. Gl. (3.7) geht für $n = 1$ in die Lösungsformel (1.13) über.
2. Sind $A(t)$ und $b(t)$ komplexwertig, so führe man eine Zerlegung in Real- und Imaginärteil durch:

$$A(t) = B(t) + iC(t) \quad b(t) = c(t) + id(t) \quad x(t) = u(t) + iv(t)$$

Daraus ergeben sich die beiden gekoppelten *reellen* Systeme

$$\dot{u} = Bu - Cv + c \quad \text{und} \quad \dot{v} = Bv + Cu + d,$$

die man als *reelles* System mit $w := [u^\mathsf{T}, v^\mathsf{T}]$ auffassen kann.

3. Es sei daran erinnert, dass sich Systeme m-ter Ordnung der Dimension N in ein System 1. Ordnung der Dimension $n = mN$ überführen lassen, wie in Abschn. 1.2 gezeigt.

3.3 Bestimmung von Fundamentalsystemen

3.3.1 Die d'Alembert-Reduktion

Es sei $y(t) = [y_1(t), \ldots, y_n(t)]^\mathsf{T} \in \mathbb{R}^n$ mit $y_k(t) \neq 0$ für ein $k \in \{1, \ldots, n\}$ als Lösung von (3.2) bekannt. Mit Hilfe der d'Alembert-Reduktion kann ein $n \times n$-System auf ein $(n-1) \times (n-1)$-System reduziert werden. Dazu setzt man

$$x(t) = \varphi(t)y(t) + z(t),$$

wobei $\varphi \in C^1(J, \mathbb{R})$ und $z(t) = [z_1(t), \ldots, z_{k-1}(t), 0, z_{k+1}(t), \ldots, z_n(t)]^\mathsf{T}$ ist. Dann gilt

$$\dot{x}(t) = \dot{\varphi}(t)y(t) + \varphi(t)\dot{y}(t) + \dot{z}(t) = \dot{\varphi}(t)y(t) + \varphi(t)A(t)y(t) + \dot{z}(t).$$

Wegen $\dot{x}(t) = A(t)x(t) = A(t)\varphi(t)y(t) + A(t)z(t)$ muss also

$$\dot{z}(t) = A(t)z(t) - \dot{\varphi}(t)y(t) \tag{3.8}$$

sein. Mit $z_k(t) \equiv 0$ liefert (3.8) für die k-te Komponente

$$\dot{\varphi}(t) = \frac{1}{y_k(t)} \sum_{l=1}^{n} a_{kl}(t)z_l(t), \tag{3.9}$$

also für $j \neq k$

$$\dot{z}_j(t) = \sum_{l=1}^{n} \left(a_{jl}(t) - a_{kl}(t)\frac{y_j(t)}{y_k(t)} \right) z_l(t), \tag{3.10}$$

wenn man (3.9) in (3.8) einsetzt. Das System (3.10) ist ein homogenes System von $(n-1)$ Gleichungen. Hat man ein Fundamentalsystem $\{z^1(t), \ldots, z^{n-1}(t)\}$ für (3.10) bestimmt, so errechnet man damit $(n-1)$ Lösungen der Differentialgleichung (3.2). Zusammen mit der Lösung $y(t)$ bilden diese ein Fundamentalsystem für (3.2). Denn aufgrund von $z_k \equiv 0$ ist $\{z^1 \ldots, z^{n-1}\}$ genau dann linear unabhängig, wenn $\{y, \varphi y + z^1, \ldots, \varphi y + z^{n-1}\}$ diese Eigenschaft hat.

Beispiel.

$$\dot{x} = \begin{bmatrix} 1/t & -1 \\ 1/t^2 & 2/t \end{bmatrix} x, \quad t \in J = (0, \infty). \tag{3.11}$$

Offensichtlich ist die Funktion $y(t) = \begin{bmatrix} t^2 \\ -t \end{bmatrix}$ eine Lösung von (3.11). Aus (3.10) erhalten wir mit $z_1(t) = 0$ die Differentialgleichung

$$\dot{z}_2(t) = \left(a_{22}(t) - a_{12}(t)\frac{y_2(t)}{y_1(t)} \right) z_2(t) = \frac{1}{t} z_2(t),$$

das heißt, $z_2(t) = ct$ mit einer beliebigen Konstante $c \in \mathbb{R}$. Da wir nur an einer speziellen Lösung $z_2(t)$ interessiert sind, setzen wir $c = 1$. Aus Gl. (3.9) folgt somit

$$\dot{\varphi}(t) = \frac{a_{12}(t)z_2(t)}{y_1(t)} = -\frac{1}{t},$$

also $\varphi(t) = -\log(t)$, $t > 0$, da wir wieder nur an einer speziellen Lösung interessiert sind. Aus dem Ansatz $x(t) = \varphi(t)y(t) + z(t)$ erhalten wir die zusätzliche Lösung

$$x(t) = \begin{bmatrix} -t^2 \log(t) \\ t \log(t) + t \end{bmatrix}.$$

Mit der Lösung $y(t)$ ist dann

$$Y(t) = \begin{bmatrix} t^2 & -t^2 \log(t) \\ -t & t \log(t) + t \end{bmatrix}$$

eine Fundamentalmatrix für (3.11); es gilt $\det Y(t) = t^3 \neq 0$ für alle $t > 0$.

3.3.2 Systeme mit konstanten Koeffizienten

In diesem Abschnitt sei $A(t) = A$ eine von der Variablen t unabhängige reelle Matrix. Wir betrachten die lineare Differentialgleichung $\dot{x}(t) = Ax(t) + b(t)$, $t \in J$, mit $b \in C(J; \mathbb{R}^n)$. Für $b \equiv 0$ und im Fall $n = 1$ ist $x(t) = e^{a(t-t_0)}c$ eine Lösung der Differentialgleichung. Es stellt sich daher die Frage, ob eine analoge Lösungsformel auch im $\mathbb{R}^n$ existiert. Dies führt zum Begriff der *Matrix-Exponentialfunktion*.

Definition 3.3.1. Die Funktion $z \mapsto e^{Az}$, definiert durch

$$e^{Az} := \sum_{k=0}^{\infty} \frac{A^k z^k}{k!}, \quad z \in \mathbb{C}, \tag{3.12}$$

heißt **Matrix-Exponentialfunktion** zur Matrix A.

Um zu sehen, dass die Abbildung $z \mapsto e^{Az}$ auf $\mathbb{C}$ wohldefiniert ist, definieren wir zunächst

$$\sigma(A) := \{\lambda \in \mathbb{C} : \lambda \text{ ist Eigenwert von } A\}.$$

Die Menge $\sigma(A)$ heißt *Spektrum* von A, $\rho(A) := \mathbb{C} \backslash \sigma(A)$ *Resolventenmenge* von A. Es gilt

$$\lambda \in \sigma(A) \Leftrightarrow \lambda - A \text{ ist nicht invertierbar.}$$

Daher ist $\sigma(A)$ die Nullstellenmenge des charakteristischen Polynoms $p_A(z) = \det(z-A)$. Die Zahl

$$r(A) := \max\{|\lambda| : \lambda \in \sigma(A)\},$$

heißt *Spektralradius* von A und es gilt die *Spektralradiusformel*

$$r(A) = \limsup_{k \to \infty} |A^k|^{1/k};$$

vgl. Übung 3.10. Die gewählte Norm ist hier unerheblich.

Ist nun $\varepsilon > 0$ gegeben, so gibt es ein $k_0(\varepsilon) \in \mathbb{N}$ mit $|A^k| \leq (r(A) + \varepsilon)^k$ für alle $k \geq k_0(\varepsilon)$, also $|A^k z^k / k!| \leq [(r(A) + \varepsilon)|z|]^k / k!$. Damit sind die Reihenglieder dominiert durch die Glieder einer skalaren Exponentialreihe, also konvergiert (3.12) nach dem Majorantenkriterium von Weierstraß absolut und gleichmäßig bezüglich z auf jeder kompakten Teilmenge von $\mathbb{C}$. Ferner ist $z \mapsto e^{Az}$ holomorph und es gilt $\frac{d}{dz}(e^{Az}) = Ae^{Az}$, denn

$$\frac{d}{dz} \sum_{k=0}^{N} \frac{A^k z^k}{k!} = \sum_{k=1}^{N} \frac{A^k z^{k-1}}{(k-1)!} = A \sum_{l=0}^{N-1} \frac{A^l z^l}{l!} \to Ae^{Az},$$

für $N \to \infty$, gleichmäßig bezüglich z auf kompakten Teilmengen von $\mathbb{C}$. Daraus folgt insbesondere, dass $x(t) = e^{At}c$, $c \in \mathbb{R}^n$, eine Lösung der Differentialgleichung $\dot{x} = Ax$ ist, und

$$x(t) = e^{A(t-t_0)}x_0$$

ist die eindeutige Lösung des Anfangswertproblems (3.3) mit $A(t) \equiv A$. Die Matrix $X(t) = e^{A(t-t_0)}$ ist die Hauptfundamentalmatrix in t_0, denn es ist $X(t_0) = I$. Ferner gilt unter der Voraussetzung $AB = BA$

$$e^{At}e^{Bs} = e^{At+Bs}, \quad \text{für alle } t, s \in \mathbb{R}.$$

Man beachte aber, dass diese Identität für nichtkommutierende Matrizen falsch ist!

Die Lösungsformel für (3.1) mit $A(t) \equiv A$ folgt nun direkt aus (3.5) bzw. (3.7). Es ist

$$x(t) = e^{A(t-t_0)}x_0 + \int_{t_0}^{t} e^{A(t-s)}b(s)\,ds, \ t \in \mathbb{R}. \tag{3.13}$$

Im Allgemeinen lässt sich der Wert der Reihe (3.12) nur schwierig berechnen. Man sucht daher nach einem direkteren Weg, um ein Fundamentalsystem für den Fall konstanter Koeffizienten zu bestimmen. Dazu machen wir den folgenden *Exponential-Ansatz*: Sei c

ein nichttrivialer *Eigenvektor* von A zum *Eigenwert* λ, es gelte also $Ac = \lambda c$. Dann ist

$$e^{At}c = \left(\sum_{k=0}^{\infty} \frac{A^k t^k}{k!}\right) c = \sum_{k=0}^{\infty} \frac{t^k A^k c}{k!} = \sum_{k=0}^{\infty} \frac{t^k \lambda^k c}{k!} = \left(\sum_{k=0}^{\infty} \frac{t^k \lambda^k}{k!}\right) c = e^{\lambda t} c.$$

Daher löst $x(t) := e^{\lambda t} c$ die Differentialgleichung $\dot{x} = Ax$. Wir müssen also die Eigenräume $E(\lambda) := N(\lambda - A)$ von A diskutieren.

1. Fall: *Die Matrix A besitzt n linear unabhängige Eigenvektoren $\{c^1, \dots, c^n\}$.*

Dies ist der einfachste Fall, da hier der Exponential-Ansatz ausreicht.

Lemma 3.3.2. *Sind $\lambda_1, \dots, \lambda_n$ die nicht notwendigerweise verschiedenen Eigenwerte von A und existieren zugehörige Eigenvektoren $\{c^1, \dots, c^n\}$, die linear unabhängig sind, so ist*

$$Y(t) = (e^{\lambda_1 t} c^1, \dots, e^{\lambda_n t} c^n)$$

eine Fundamentalmatrix für die Differentialgleichung $\dot{x} = Ax$. Insbesondere ist dies der Fall, falls alle Eigenwerte λ_j, $j \in \{1, \dots, n\}$, paarweise verschieden sind.

Beweis. Es gilt

$$\det Y(0) = \det(c^1, \dots, c^n) \neq 0.$$

Nach Lemma 3.1.2 ist somit $\det Y(t) \neq 0$ für alle $t \in \mathbb{R}$, also $Y(t)$ eine Fundamentalmatrix für $\dot{x} = Ax$.

Seien nun alle Eigenwerte λ_j paarweise verschieden und seien c^j nichttriviale Eigenvektoren zu den λ_j. Angenommen $\{c^1, \dots, c^n\}$ sind linear abhängig. Nach einer eventuellen Umordnung sei $k \in \{1, \dots, n-1\}$ so gegeben, dass die Vektoren $\{c^1, \dots, c^k\}$ linear unabhängig sind und

$$\text{span}\{c^1, \dots, c^k\} = \text{span}\{c^1, \dots, c^n\}.$$

Folglich gibt es ein $l > k$ und α_j mit

$$c^l = \sum_{j=1}^{k} \alpha_j c^j.$$

Wendet man A auf diese Gleichung an und verwendet, dass die Vektoren c^j Eigenvektoren zu den Eigenwerten λ_j sind, so erhält man

$$\lambda_l c^l = A c^l = \sum_{j=1}^{k} \alpha_j \lambda_j c^j,$$

folglich

$$\sum_{j=1}^{k} \alpha_j (\lambda_j - \lambda_l) c^j = 0.$$

Da $c^1, \ldots, c^k$ linear unabhängig sind, und $\lambda_i \neq \lambda_j$ für $i \neq j$ gilt, folgt $\alpha_j = 0$ für alle $j \in \{1, \ldots, k\}$ und somit $c^l = 0$, im Widerspruch zu $c^j \neq 0$ für alle $j \in \{1, \ldots, n\}$. $\square$

Bemerkung 3.3.3. Sei A reellwertig, $\lambda \in \mathbb{C} \setminus \mathbb{R}$ komplexer Eigenwert von A mit komplexem Eigenvektor $c \in \mathbb{C}^n$. Dann ist die zu λ konjugiert komplexe Zahl $\bar{\lambda}$ ein Eigenwert von A mit Eigenvektor $\bar{c}$, denn es gilt

$$A\bar{c} = \overline{Ac} = \overline{\lambda c} = \bar{\lambda}\bar{c}.$$

Sei $x = u + iv$ eine komplexe Lösung der Differentialgleichung $\dot{x} = Ax$. Dann sind $\operatorname{Re} x = u$ und $\operatorname{Im} x = v$ ebenfalls Lösungen von $\dot{x} = Ax$, denn $\dot{x} = \dot{u} + i\dot{v}$ und $A(u + iv) = Au + iAv$. Mit $\lambda = \mu + iv$ und $c = c^1 + ic^2$ erhält man aus der Eulerschen Formel die Lösungsdarstellung

$$x(t) = e^{\mu t}[(c^1 \cos(vt) - c^2 \sin(vt)) + i(c^2 \cos(vt) + c^1 \sin(vt))],$$

welche nach Aufspaltung in Real- und Imaginärteil die beiden linear unabhängigen *reellen* Lösungen

$$x^1(t) = \operatorname{Re} x(t) = e^{\mu t}(c^1 \cos(vt) - c^2 \sin(vt))$$

$$x^2(t) = \operatorname{Im} x(t) = e^{\mu t}(c^2 \cos(vt) + c^1 \sin(vt))$$

liefert. Der konjugiert komplexe Eigenwert $\bar{\lambda}$ kann daher weggelassen werden, da dieser keine neuen Lösungen liefert.

2. Fall: *Sei λ_k ein m-facher Eigenwert von A und* $\dim E(\lambda_k) < m$.

Da nun nicht mehr ausreichend viele Eigenvektoren zu einem m-fachen Eigenwert vorhanden sind, ist man gezwungen sich zusätzliche Lösungen zu besorgen, die in geeigneter Weise zusammen mit den Exponentiallösungen ein Fundamentalsystem bilden. Dazu benötigen wir die

Spektralzerlegung von Matrizen Fixiere einen Eigenwert $\lambda \in \mathbb{C}$ von A und definiere die verallgemeinerten Eigenräume N_k durch $N_k := N((\lambda - A)^k)$. Offenbar ist $N_1 = E(\lambda)$ der Eigenraum zum Eigenwert λ, und es gilt $N_k \subset N_{k+1}$. Da diese Teilräume des $\mathbb{C}^n$ sind, ist die Menge $\{k \in \mathbb{N} : N_k = N_{k+1}\} \subset \mathbb{N}$ nichtleer, enthält also ein kleinstes Element $k(\lambda)$. Es gilt dann $N_k = N_{k(\lambda)}$ für alle $k \geq k(\lambda)$. Außerdem setzen wir $R_k = R((\lambda - A)^k)$ und haben $R_k \supset R_{k+1}$ für alle $k \in \mathbb{N}$. Das kleinste k aus der Menge $\{k \in \mathbb{N} : R_k = R_{k+1}\}$ bezeichnen wir mit $m(\lambda)$; dann gilt $R_k = R_{m(\lambda)}$ für alle $k \geq m(\lambda)$.

Nun gilt $R_k \cap N_k = \{0\}$ für alle $k \geq k(\lambda)$; denn ist $x \in R_k \cap N_k$, so gibt es ein $y \in \mathbb{C}^n$ mit $x = (\lambda - A)^k y$, und $(\lambda - A)^k x = 0$, also $y \in N_{2k} = N_k$ und somit $x = (\lambda - A)^k y = 0$. Andererseits, für $k \geq m(\lambda)$ gibt es zu jedem $x \in \mathbb{C}^n$ ein $\tilde{x} \in \mathbb{C}^n$ mit $(\lambda - A)^k x = (\lambda - A)^{2k} \tilde{x}$; damit zeigt die Zerlegung $x = (\lambda - A)^k \tilde{x} + [x - (\lambda - A)^k \tilde{x}]$, dass $R_k + N_k = \mathbb{C}^n$ gilt.

Wäre nun $k(\lambda) < m(\lambda)$ so folgt mit $k = m(\lambda)$ aus dem Dimensionssatz der Widerspruch

$$n = \dim N_k + \dim R_k = \dim N_{k(\lambda)} + \dim R_k < \dim N_{k(\lambda)} + \dim R_{k(\lambda)} = n,$$

also ist $k(\lambda) \geq m(\lambda)$. Ähnlich erhält man auch $k(\lambda) \leq m(\lambda)$, folglich gilt $m(\lambda) = k(\lambda)$.

Mit $N(\lambda) = N((\lambda - A)^{m(\lambda)})$ und $R(\lambda) = R((\lambda - A)^{m(\lambda)})$ gilt somit die Zerlegung

$$\mathbb{C}^n = N(\lambda) \oplus R(\lambda) = N((\lambda - A)^{m(\lambda)}) \oplus R((\lambda - A)^{m(\lambda)}).$$

Die Zahl $m(\lambda)$ heißt *Riesz-Index* des Eigenwerts λ, die Dimension $l(\lambda)$ des verallgemeinerten Eigenraums $N(\lambda)$ *algebraische Vielfachheit* von λ. Dies ist die Vielfachheit der Nullstelle λ des charakteristischen Polynoms $p_A(z)$. Die *geometrische Vielfachheit* von λ ist durch die Dimension von $E(\lambda) = N(\lambda - A)$ definiert. λ heißt *halbeinfach* wenn $m(\lambda) = 1$ ist, also wenn die geometrische Vielfachheit von λ gleich der algebraischen Vielfachheit ist. λ heißt *einfach* wenn λ algebraisch einfach ist. Ein Eigenwert ist also genau dann einfach, wenn er halbeinfach und seine geometrische Vielfachheit 1 ist.

Sei nun $\mu \neq \lambda$ ein weiterer Eigenwert von A. Aufgrund von $AN(\lambda) \subset N(\lambda)$ und $AR(\lambda) \subset R(\lambda)$ folgt $N(\mu) \subset R(\lambda)$. Denn ist $x \in N(\mu)$, so gilt $x = y + z$ mit $y \in R(\lambda)$ und $z \in N(\lambda)$; folglich ist

$$0 = (\mu - A)^{m(\mu)} x = (\mu - A)^{m(\mu)} y + (\mu - A)^{m(\mu)} z,$$

sowie $(\mu - A)^{m(\mu)} y \in R(\lambda)$, $(\mu - A)^{m(\mu)} z \in N(\lambda)$, also aufgrund von $N(\lambda) \cap R(\lambda) = \{0\}$

$$0 = (\mu - A)^{m(\mu)} y = (\mu - A)^{m(\mu)} z.$$

Es folgt $z \in N(\lambda) \cap N(\mu)$, also $z = 0$, da dieser Schnitt Null ist. Dies sieht man folgendermaßen: Sei $z \in N(\lambda) \cap N(\mu)$, $\lambda \neq \mu$; dann ist mit $k = m(\mu)$ und $l = m(\lambda)$

$$0 = (\mu - A)^k z = \sum_{j=0}^{k} \binom{k}{j} (\mu - \lambda)^{k-j} (\lambda - A)^j z.$$

Nach Anwendung von $(\lambda - A)^{l-1}$ folgt $(\lambda - A)^{l-1} z = 0$, und dann sukzessive mittels Induktion

$$(\lambda - A)^{l-1} z = (\lambda - A)^{l-2} z = \cdots = (\lambda - A)z = z = 0.$$

Diese Argumente ergeben nach Durchlaufen aller Eigenwerte die **Spektral-Zerlegung**

$$\mathbb{C}^n = N(\lambda_1) \oplus N(\lambda_2) \oplus \cdots \oplus N(\lambda_r),$$

wobei $\lambda_1, \ldots, \lambda_r$ die r verschiedenen Eigenwerte von A bezeichnen.

Nach diesem Ausflug in die lineare Algebra kommen wir zu den gesuchten Lösungen. Definiere $V_1 := E(\lambda)$, $V_k := N_k \ominus N_{k-1}$, $k \in \{2, \ldots, m(\lambda)\}$.

1. Sei $c \in V_1$. Dann ist $x(t) = e^{\lambda t} c$ eine Lösung zum Eigenwert λ, also $p_0(t) \equiv c$.
2. Sei $c \in V_k$, $k \in \{2, \ldots, m(\lambda)\}$. Aus der Definition der Menge V_k schließt man $(A - \lambda)^j c \neq 0$, $j \in \{1, \ldots, k-1\}$ und $(A - \lambda)^j c = 0$, $j \in \{k, \ldots, m(\lambda)\}$. Wir verwenden dies und (3.12), um folgende Lösung zu erhalten:

$$x(t) = e^{At} c = e^{At} e^{-\lambda t} e^{\lambda t} c = e^{(A-\lambda)t} e^{\lambda t} c$$

$$= \left(\sum_{l=0}^{\infty} \frac{(A-\lambda)^l t^l}{l!} \right) e^{\lambda t} c$$

$$= \left(c + (A-\lambda)ct + \ldots + (A-\lambda)^{k-1} c \frac{t^{k-1}}{(k-1)!} \right) e^{\lambda t}$$

$$=: p_{k-1}(t) e^{\lambda t}.$$

Ferner gilt

$$N(\lambda) = V_1 \oplus V_2 \oplus \cdots \oplus V_{m(\lambda)},$$

also haben wir insgesamt $l(\lambda) := \dim N(\lambda)$ linear unabhängige Lösungen.

Wir fassen nun die vorangegangenen Ergebnisse zusammen.

Satz 3.3.4. *Sei λ ein Eigenwert der algebraischen Vielfachheit $l(\lambda)$. Dann besitzt die Differentialgleichung $\dot{x} = Ax$ genau $l(\lambda)$ linear unabhängige Lösungen bezüglich λ. Diese sind von der Form*

$$p_0(t)e^{\lambda t}, \; p_1(t)e^{\lambda t}, \ldots, p_{m(\lambda)-1}(t)e^{\lambda t},$$

wobei p_k Polynome vom Grad $k \leq m(\lambda) - 1$ mit Koeffizienten aus $\mathbb{C}^n$ sind und $m(\lambda) \geq 1$ ist die kleinste natürliche Zahl, sodass $N_{k+1} = N_k$ gilt. Setzt man $V_1 = E(\lambda)$, $V_k = N_k \ominus N_{k-1}$, $k \in \{2, \ldots, m(\lambda)\}$, so existieren dim $E(\lambda)$ *Polynome 0-ten Grades (also die Eigenvektoren) und* dim V_k *Polynome $(k-1)$-ten Grades, also*

$$p_{k-1}(t) = c + (A - \lambda)ct + \ldots + (A - \lambda)^{k-1}c\frac{t^{k-1}}{(k-1)!}, \quad c \in V_k,$$

$k \in \{2, \ldots, m(\lambda)\}$. *Nach Durchlaufen aller Eigenwerte von A erhält man so ein komplexes Fundamentalsystem für die Differentialgleichung $\dot{x} = Ax$.*

Ist λ ein l-facher komplexer Eigenwert der reellen Matrix A, so liefert die Zerlegung der komplexen Lösungen $p_k(t)e^{\lambda t}$ in Real- und Imaginärteile 2l reelle, linear unabhängige Lösungen.

Beispiele.

(a)

$$\dot{x} = \begin{bmatrix} 1 & -1 & 2 \\ -1 & 1 & 2 \\ 1 & 1 & 0 \end{bmatrix} x.$$

Das *charakteristische Polynom* $p(\lambda) = \det(A - \lambda I)$ zur Bestimmung der Eigenwerte lautet $p(\lambda) = -\lambda^3 + 2\lambda^2 + 4\lambda - 8$. Es ergeben sich die Eigenwerte $\lambda_{1,2} = 2$ und $\lambda_3 = -2$, wobei $\lambda = 2$ ein doppelter Eigenwert ist.

Bestimmung der Eigenvektoren $\lambda = 2$:

$$(A - 2I)c = \begin{bmatrix} -1 & -1 & 2 \\ -1 & -1 & 2 \\ 1 & 1 & -2 \end{bmatrix} \begin{bmatrix} c_1 \\ c_2 \\ c_3 \end{bmatrix} = \begin{bmatrix} 0 \\ 0 \\ 0 \end{bmatrix}.$$

Die Zeilen bzw. Spalten der Matrix sind allesamt linear abhängig, das heißt, es verbleibt die Gleichung $c_1 + c_2 - 2c_3 = 0$. Wir setzen $c_2 = \alpha \in \mathbb{R}$ und $c_3 = \beta \in \mathbb{R}$. Dann ist

$$c = \begin{bmatrix} -1 \\ 1 \\ 0 \end{bmatrix} \alpha + \begin{bmatrix} 2 \\ 0 \\ 1 \end{bmatrix} \beta.$$

Als Eigenvektoren wählen wir $c^1 = [2, 0, 1]^{\mathsf{T}}$ und $c^2 = [-1, 1, 0]^{\mathsf{T}}$. Die algebraische Vielfachheit des Eigenwertes ist also gleich der geometrischen Vielfachheit $\dim E(2) = 2$.

$\lambda = -2$:

$$(A + 2I)d = \begin{bmatrix} 3 & -1 & 2 \\ -1 & 3 & 2 \\ 1 & 1 & 2 \end{bmatrix} \begin{bmatrix} d_1 \\ d_2 \\ d_3 \end{bmatrix} = \begin{bmatrix} 0 \\ 0 \\ 0 \end{bmatrix}.$$

Durch Umformen der Zeilen ergeben sich die beiden Gleichungen $d_2 + d_3 = 0$ und $3d_1 - d_2 + 2d_3 = 0$. Daraus folgt $d_1 = d_2 = -d_3$. Wir setzen $d_3 = -\alpha \in \mathbb{R} \backslash \{0\}$. Dann ist

$$d = \begin{bmatrix} 1 \\ 1 \\ -1 \end{bmatrix} \alpha$$

und als Eigenvektor wählen wir $d^1 = [1, 1, -1]^{\mathsf{T}}$. Aus Lemma 3.3.2 folgt, dass

$$\left\{ \begin{bmatrix} 2 \\ 0 \\ 1 \end{bmatrix} e^{2t}, \begin{bmatrix} -1 \\ 1 \\ 0 \end{bmatrix} e^{2t}, \begin{bmatrix} 1 \\ 1 \\ -1 \end{bmatrix} e^{-2t} \right\}$$

ein Fundamentalsystem bildet, da die Vektoren $\{c^1, c^2, d^1\}$ linear unabhängig sind.

(b)

$$\dot{x} = \begin{bmatrix} 1 & 0 & 2 \\ 1 & 1 & 1 \\ 0 & 0 & 3 \end{bmatrix} x.$$

Das charakteristische Polynom lautet $p(\lambda) = (3 - \lambda)(1 - \lambda)^2$. Wie in (a) haben wir einen einfachen Eigenwert $\lambda = 3$ und einen doppelten Eigenwert $\lambda = 1$.

Bestimmung der Eigenvektoren $\lambda = 3$:

$$(A - 3I)c = \begin{bmatrix} -2 & 0 & 2 \\ 1 & -2 & 1 \\ 0 & 0 & 0 \end{bmatrix} \begin{bmatrix} c_1 \\ c_2 \\ c_3 \end{bmatrix} = \begin{bmatrix} 0 \\ 0 \\ 0 \end{bmatrix}.$$

Die Lösung dieses Gleichungssystems lautet $c_1 = c_2 = c_3$, also

$$c = \begin{bmatrix} 1 \\ 1 \\ 1 \end{bmatrix} \alpha$$

mit $c_3 = \alpha \in \mathbb{R} \setminus \{0\}$. Als Eigenvektor nehmen wir z. B. $c^1 = [1, 1, 1]^T$.

$\lambda = 1$:

$$(A - I)d = \begin{bmatrix} 0 & 0 & 2 \\ 1 & 0 & 1 \\ 0 & 0 & 2 \end{bmatrix} \begin{bmatrix} d_1 \\ d_2 \\ d_3 \end{bmatrix} = \begin{bmatrix} 0 \\ 0 \\ 0 \end{bmatrix}.$$

Man sieht sofort, dass $d_1 = d_3 = 0$ gilt und $d_2 = \alpha \in \mathbb{R} \setminus \{0\}$ beliebig. Es gilt also

$$d = \begin{bmatrix} 0 \\ 1 \\ 0 \end{bmatrix} \alpha.$$

Wir wählen den Vektor $d^1 = [0, 1, 0]^T$ als Eigenvektor. Im Gegensatz zu (a) ist hier die geometrische Vielfachheit $\dim E(1) = 1$ des Eigenwertes kleiner als die algebraische Vielfachheit. Nach Satz 3.3.4 bestimme man einen zusätzlichen Vektor aus $V_2 = N_2 \ominus E(1)$. Dies gelingt offenbar durch den Ansatz $(A - I)v = d^1$:

$$\begin{bmatrix} 0 & 0 & 2 \\ 1 & 0 & 1 \\ 0 & 0 & 2 \end{bmatrix} \begin{bmatrix} v_1 \\ v_2 \\ v_3 \end{bmatrix} = \begin{bmatrix} 0 \\ 1 \\ 0 \end{bmatrix}.$$

Nun ist $v_1 = 1$, $v_3 = 0$ und $v_2 = \alpha \in \mathbb{R} \setminus \{0\}$ beliebig, also gilt für v:

$$v = \begin{bmatrix} 1 \\ 0 \\ 0 \end{bmatrix} + \begin{bmatrix} 0 \\ 1 \\ 0 \end{bmatrix} \alpha$$

und wir wählen $v^1 = [1, 0, 0]^T \in V_2$. Ein Fundamentalsystem lautet demnach

$$\left\{ \begin{bmatrix} 1 \\ 1 \\ 1 \end{bmatrix} e^{3t}, \begin{bmatrix} 0 \\ 1 \\ 0 \end{bmatrix} e^t, \begin{bmatrix} 1 \\ 0 \\ 0 \end{bmatrix} e^t + \begin{bmatrix} 0 \\ 1 \\ 0 \end{bmatrix} t e^t \right\}.$$

Es soll nun noch die Anfangswertaufgabe $x(0) = [0, 0, 1]^T$ gelöst werden. Man verwende dazu (3.4). Die Fundamentalmatrix $Y(t)$ ergibt sich aus dem

Fundamentalsystem. Sei $c \in \mathbb{R}^3$. Es folgt $x(0) = Y(0)c$, also

$$c = Y^{-1}(0)x(0) = \begin{bmatrix} 0 & 0 & 1 \\ 0 & 1 & -1 \\ 1 & 0 & -1 \end{bmatrix} \begin{bmatrix} 0 \\ 0 \\ 1 \end{bmatrix} = \begin{bmatrix} 1 \\ -1 \\ -1 \end{bmatrix}.$$

Dann ist

$$x(t) = Y(t) \begin{bmatrix} 1 \\ -1 \\ -1 \end{bmatrix} = \begin{bmatrix} e^{3t} - e^t \\ e^{3t} - (1+t)e^t \\ e^{3t} \end{bmatrix}$$

die Lösung des Anfangswertproblems.

Bemerkung Der Exponentialansatz liefert auch eine spezielle Lösung der inhomogenen Gl. (3.1), sofern $A(t) \equiv A$ konstant und $b(t)$ von der Form $b(t) = e^{\mu t} \sum_{k=0}^{m} b_k t^k$ mit $\mu \notin \sigma(A)$ ist. Dazu setzt man für die gesuchte Lösung die Form $x(t) = e^{\mu t} \sum_{k=0}^{m} x_k t^k$ an, und erhält nach Einsetzen in (3.1) die Beziehung

$$e^{\mu t} \sum_{k=0}^{m} [x_{k+1} + (\mu - A)x_k - b_k]t^k = 0, \quad t \in \mathbb{R};$$

dabei ist $x_{m+1} = 0$. Da die Monome t^k linear unabhängig sind, folgt

$$(\mu - A)x_k = b_k - x_{k+1}, \quad k = m, \ldots, 0,$$

also mit $\mu \notin \sigma(A)$

$$x_k = (\mu - A)^{-1}(b_k - x_{k+1}), \quad k = m, \ldots, 0.$$

Auf diese Weise kann man sukzessive die Koeffizientenvektoren x_k bestimmen.

3.4   Lineare Gleichungen höherer Ordnung

Wir betrachten die lineare skalare Differentialgleichung n-ter Ordnung

$$x^{(n)} + \sum_{j=0}^{n-1} a_j(t)x^{(j)} = b(t), \ a_j, b \in C(J), \ J = [t_0, t_1], \tag{3.14}$$

mit gegebenen Anfangswerten

$$x(t_0) = x_0, \ \dot{x}(t_0) = x_1, \ldots, x^{(n-1)}(t_0) = x_{n-1}.$$

Mittels der Transformation $u_k = x^{(k-1)}$ und $u_{k0} := u_k(t_0) = x^{(k-1)}(t_0) = x_{k-1}$ für $k \in \{1, \ldots, n\}$ erhalten wir aus (3.14) das äquivalente System erster Ordnung $\dot{u} = A(t)u + f(t)$, mit

$$A(t) = \begin{bmatrix} 0 & 1 & 0 & \cdots & 0 & 0 \\ 0 & 0 & 1 & \ddots & 0 & 0 \\ \vdots & \vdots & \ddots & \ddots & \ddots & \vdots \\ 0 & 0 & 0 & \ddots & 1 & 0 \\ 0 & 0 & 0 & \cdots & 0 & 1 \\ -a_0 & -a_1 & -a_2 & \cdots & -a_{n-2} & -a_{n-1} \end{bmatrix}, \quad f(t) = \begin{bmatrix} 0 \\ 0 \\ \vdots \\ 0 \\ b(t) \end{bmatrix},$$

und $a_k = a_k(t), \ k \in \{0, \ldots, n-1\}$. Nach Korollar 2.5.2 besitzt das Anfangswertproblem

$$\dot{u} = A(t)u + f(t), \quad u(t_0) = u_0,$$

genau eine globale Lösung auf J, also ist auch die Differentialgleichung (3.14) mit Anfangswerten $x(t_0) = x_0, \ \dot{x}(t_0) = x_1, \ldots, \ x^{(n-1)}(t_0) = x_{n-1}$ eindeutig lösbar. Aus unseren Überlegungen in Abschn. 3.1 folgt $\dim \mathcal{L} = n$ für den Lösungsraum $\mathcal{L}$ der homogenen Differentialgleichung (3.14). Sind $\{x_1(t), \ldots, x_n(t)\}$ Lösungen von (3.14) mit $b = 0$, so ist die Wronski-Determinante gegeben durch

$$\varphi(t) = \det Y(t) = \det\{u^1(t), \ldots, u^n(t)\} = \det \begin{bmatrix} x_1(t) & \cdots & x_n(t) \\ \dot{x}_1(t) & \cdots & \dot{x}_n(t) \\ \vdots & & \vdots \\ x_1^{(n-1)}(t) & \cdots & x_n^{(n-1)}(t) \end{bmatrix},$$

wobei die Funktionen $u^j \in C^1(J; \mathbb{R}^n)$, $j \in \{1, \ldots, n\}$, Lösungen der Differentialgleichung $\dot{u} = A(t)u$ sind. Nach Lemma 3.1.2 gilt ferner

$$\varphi(t) = \det Y(t) = \varphi(t_0)e^{\int_{t_0}^t \operatorname{sp} A(s) \, ds} = \varphi(t_0)e^{-\int_{t_0}^t a_{n-1}(s) \, ds}, \ t \in J.$$

3.4.1   Die d'Alembert-Reduktion für Gleichungen höherer Ordnung

Sei $v(t) \neq 0$ eine Lösung der homogenen Differentialgleichung

$$x^{(n)}(t) + \sum_{j=0}^{n-1} a_j(t)x^{(j)} = 0, \; a_j \in C(J), \; J = [t_0, t_1]. \tag{3.15}$$

Um die Ordnung der Differentialgleichung (3.15) zu reduzieren, wählen wir den Ansatz $x(t) = \varphi(t)v(t)$. Das Ziel ist es, die Funktion $\varphi(t)$ so zu bestimmen, dass $x(t)$ eine Lösung von (3.15) ist. Nach der Formel von Leibniz gilt

$$x^{(j)}(t) = \sum_{k=0}^{j} \binom{j}{k} \varphi^{(k)}(t)v^{(j-k)}(t),$$

für alle $j \in \{0, \dots, n\}$. Substitution in (3.15) liefert mit $a_n \equiv 1$

$$0 = \sum_{j=0}^{n} a_j(t) \sum_{k=0}^{j} \binom{j}{k} \varphi^{(k)}(t)v^{(j-k)}(t) = \sum_{k=0}^{n} \left(\sum_{j=k}^{n} a_j(t) \binom{j}{k} v^{(j-k)}(t) \right) \varphi^{(k)}(t).$$

Setze

$$c_k(t) = \sum_{j=k}^{n} a_j(t) \binom{j}{k} v^{(j-k)}(t).$$

Dann gilt

$$c_0(t) = \sum_{j=0}^{n} a_j(t)v^{(j)}(t) = 0,$$

für alle $t \in J$, da $v(t)$ eine Lösung von (3.15) ist. Außerdem ist $c_n(t) = v(t) \neq 0$! Die Funktion $\varphi(t)$ löst also die Differentialgleichung

$$0 = \sum_{k=1}^{n} c_k(t)\varphi^{(k)}(t). \tag{3.16}$$

Mittels $\psi = \dot{\varphi}$, $k \in \{1, \dots, n\}$ erhält man so eine Differentialgleichung der Ordnung $(n-1)$ für die Funktion ψ. Hat man $(n-1)$ linear unabhängige Lösungen $\dot{\varphi}_1(t), \dots, \dot{\varphi}_{n-1}(t)$ von (3.16) bestimmt, so bilden die n Funktionen $v(t)$ und $v(t)\varphi_k(t)$, $k = 1, \dots, n-1$, ein Fundamentalsystem für die Differentialgleichung (3.15). Denn aus

$$b_0 v(t) + b_1 v(t)\varphi_1(t) + \cdots + b_{n-1}v(t)\varphi_{n-1}(t) = 0$$

folgt

$$b_0 + b_1\varphi_1(t) + \cdots + b_{n-1}\varphi_{n-1}(t) = 0$$

da $v(t) \neq 0$ für alle $t \in J$. Differenziert man diese Gleichung, so erhält man

$$b_1\dot{\varphi}_1(t) + \cdots + b_{n-1}\dot{\varphi}_{n-1}(t) = 0$$

und daher gilt $b_1 = \ldots = b_{n-1} = 0$, also auch $b_0 = 0$.

Von speziellem Interesse ist der Fall $n = 2$; wir können dann $a_2 = 1$ annehmen. Mit $c_0 = 0$, $c_2 = v$ und $c_1 = a_1 v + 2a_2\dot{v}$ erhalten wir die folgende Gleichung für ψ:

$$\dot{\psi} + [a_1(t) + 2a_2(t)\dot{v}(t)/v(t)]\psi(t) = 0,$$

deren Lösung durch

$$\psi(t) = \exp(-\int_{t_0}^{t} [a_1(s) + 2a_2(s)\dot{v}(s)/v(s)]ds), \quad t \in J,$$

gegeben ist.

Beispiel.

$$\ddot{x} - (\cos t)\dot{x} + (\sin t)x = 0. \tag{3.17}$$

Eine Lösung ist gegeben durch $v(t) = e^{\sin t}$. Wir bestimmen nun die Koeffizienten $c_1(t)$ und $c_2(t)$. Es gilt

$$c_1(t) = a_1(t)v(t) + 2a_2(t)\dot{v}(t) = -(\cos t)e^{\sin t} + 2(\cos t)e^{\sin t} = (\cos t)e^{\sin t},$$

und

$$c_2(t) = a_2(t)v(t) = e^{\sin t}.$$

Wir müssen also die Differentialgleichung

$$0 = (\cos t)e^{\sin t}\dot{\varphi} + e^{\sin t}\ddot{\varphi} \quad \text{bzw.} \quad 0 = (\cos t)\dot{\varphi} + \ddot{\varphi}$$

lösen. Mit der Transformation $\psi = \dot{\varphi}$ und $\dot{\psi} = \ddot{\varphi}$ erhalten wir die homogene Differentialgleichung erster Ordnung $\dot{\psi} + (\cos t)\psi = 0$. Das Prinzip der Trennung der Variablen liefert die spezielle Lösung $\psi(t) = e^{-\sin t}$. Damit bildet zum Beispiel

$$\left\{ e^{\sin t}, \left(\int_{t_0}^{t} e^{-\sin s}\, ds \right) e^{\sin t} \right\}$$

ein Fundamentalsystem für (3.17).

3.4.2 Variation der Konstanten

Wie im Fall $n = 1$ lässt sich die allgemeine Lösung von (3.14) darstellen als Summe der allgemeinen Lösung der homogenen Differentialgleichung (3.15) und einer speziellen Lösung der inhomogenen Differentialgleichung (3.14). Das Ziel ist es, eine spezielle Lösung von (3.14) in Abhängigkeit von der Funktion $b(t)$ anzugeben. Sei $\{x_1(t), \ldots, x_n(t)\}$ ein Fundamentalsystem für (3.15). Dann ist

$$Y(t) = \begin{bmatrix} x_1(t) & \ldots & x_n(t) \\ \dot{x}_1(t) & \ldots & \dot{x}_n(t) \\ \vdots & & \vdots \\ x_1^{(n-1)}(t) & \ldots & x_n^{(n-1)}(t) \end{bmatrix}$$

ein Fundamentalsystem für das äquivalente System erster Ordnung $\dot{u} = A(t)u$. Nach Abschn. 3.2 ist

$$u_*(t) = Y(t) \int_{t_0}^t Y^{-1}(s) f(s) \, ds$$

eine spezielle Lösung der inhomogenen Differentialgleichung $\dot{u} = A(t)u + f(t)$. Der Vektor $z := Y^{-1}(s) f(s)$ löst das Gleichungssystem $Y(s)z = f(s)$. Nach der Cramerschen Regel gilt $z_i = \det Y_i(s) / \det Y(s)$ mit

$$Y_i(s) = \begin{bmatrix} x_1(s) & \ldots & x_{i-1}(s) & 0 & x_{i+1}(s) & \ldots & x_n(s) \\ \vdots & & \vdots & \vdots & \vdots & & \vdots \\ x_1^{(n-1)}(s) & \ldots & x_{i-1}^{(n-1)}(s) & b(s) & x_{i+1}^{(n-1)}(s) & \ldots & x_n^{(n-1)}(s) \end{bmatrix},$$

für $i \in \{1, \ldots, n\}$. Entwickelt man $\det Y_i(s)$ nach der i-ten Spalte, so ergibt sich

$$\det Y_i(s)$$

$$= (-1)^{n+i} b(s) \det \begin{bmatrix} x_1(s) & \ldots & x_{i-1}(s) & x_{i+1}(s) & \ldots & x_n(s) \\ \vdots & & \vdots & \vdots & & \vdots \\ x_1^{(n-2)}(s) & \ldots & x_{i-1}^{(n-2)}(s) & x_{i+1}^{(n-2)}(s) & \ldots & x_n^{(n-2)}(s) \end{bmatrix}$$

$$=: \varphi_i(s) b(s).$$

Mit $\varphi(s) = \det Y(s) \neq 0$ besitzt z also die Darstellung

$$z(s) = \begin{bmatrix} \varphi_1(s) \\ \vdots \\ \varphi_n(s) \end{bmatrix} \frac{b(s)}{\varphi(s)}.$$

Also ist

$$x_*(t) = \sum_{i=1}^{n} x_i(t) \int_{t_0}^{t} b(s) \frac{\varphi_i(s)}{\varphi(s)} \, ds$$

eine spezielle Lösung der inhomogenen Gl. (3.14), denn wir benötigen nur die erste Komponente von $u_*(t)$.

Im besonders wichtigen Fall $n = 2$ ergibt sich für die Wronski-Determinate $\varphi(t) = x_1(t)\dot{x}_2(t) - x_2(t)\dot{x}_1(t)$ und $\varphi_1(t) = -x_2(t)$, $\varphi_2(t) = x_1(t)$. Daher ist eine partikuläre Lösung durch

$$x_*(t) = -x_1(t) \int_{t_0}^{t} \frac{x_2(s)b(s)}{\varphi(s)} ds + x_2(t) \int_{t_0}^{t} \frac{x_1(s)b(s)}{\varphi(s)} ds, \quad t \in J,$$

gegeben.

Beispiel.

$$\ddot{x} + x = \sin t, \ t_0 = 0.$$

$x_1(t) = \cos t$ und $x_2(t) = \sin t$ sind offenbar Lösungen der homogenen Gleichung $\ddot{x} + x = 0$. Dann ist

$$Y(t) = \begin{bmatrix} \cos t & \sin t \\ -\sin t & \cos t \end{bmatrix}$$

eine FM, denn $\varphi(t) = \det Y(t) = \cos^2 t + \sin^2 t = 1$, für alle $t \in \mathbb{R}$. Die Berechnung von $\varphi_1(t)$ bzw. $\varphi_2(t)$ ist hier besonders einfach, denn: $\varphi_1(t) = -\sin t$ bzw. $\varphi_2(t) = \cos t$. Damit erhält man die spezielle Lösung

$$x_*(t) = -\cos t \int_0^t \sin^2 s \, ds + \sin t \int_0^t \sin s \cos s \, ds = -\frac{1}{2}(t \cos t - \sin t).$$

3.4.3 Konstante Koeffizienten

Sei nun $a_j(t) \equiv a_j \in \mathbb{R}$ und sei $a_n = 1$. In diesem Fall kann man den *Exponentialansatz* $x(t) = e^{\lambda t}$, $\lambda \in \mathbb{C}$, direkt verwenden, um ein Fundamentalsystem für die Differentialgleichung

$$x^{(n)} + \sum_{j=0}^{n-1} a_j x^{(j)} = 0, \tag{3.18}$$

zu bestimmen. Es gilt $x^{(k)}(t) = \lambda^k e^{\lambda t}$. Dann löst $x(t) = e^{\lambda t}$ die Differentialgleichung (3.18) genau dann, wenn

$$e^{\lambda t} \left(\sum_{j=0}^{n} a_j \lambda^j \right) = 0$$

gilt, also genau dann, wenn λ eine Nullstelle des charakteristischen Polynoms

$$p(\lambda) = \sum_{j=0}^{n} a_j \lambda^j \tag{3.19}$$

ist. Hier ist also das charakteristische Polynom direkt aus der Gleichung ablesbar.

Proposition 3.4.1. *Ist λ_k eine Nullstelle des charakteristischen Polynoms* (3.19) *von der Vielfachheit ν_k, so bilden*

$$\{ e^{\lambda_k t}, t e^{\lambda_k t}, \ldots, t^{\nu_k - 1} e^{\lambda_k t} \}$$

ν_k linear unabhängige Lösungen von (3.18).

Beweis. Die lineare Unabhängigkeit ist klar, da die Monome t^j linear unabhängig sind. Man muss nur noch zeigen, dass eine Funktion der Form $y(t) = t^l e^{\lambda_k t}$, $l \in \{0, \ldots, \nu_k - 1\}$ eine Lösung von (3.18) ist. Das stimmt offenbar für $l = 0$. Ferner gilt

$$\partial_t^j (t^l e^{\lambda t}) = \partial_t^j \partial_\lambda^l (e^{\lambda t}) = \partial_\lambda^l \partial_t^j (e^{\lambda t}) = \partial_\lambda^l (\lambda^j e^{\lambda t}),$$

folglich

$$y^{(j)}(t) = \partial_\lambda^l (\lambda^j e^{\lambda t})|_{\lambda = \lambda_k}.$$

Setzt man dies in die Differentialgleichung (3.18) ein, so ergibt sich

$$\sum_{j=0}^{n} a_j y^{(j)}(t) = \sum_{j=0}^{n} a_j \partial_\lambda^l (\lambda^j e^{\lambda t})|_{\lambda=\lambda_k}$$

$$= \partial_\lambda^l \left[\left(\sum_{j=0}^{n} a_j \lambda^j \right) e^{\lambda t} \right]\Bigg|_{\lambda=\lambda_k} = \partial_\lambda^l \left(p(\lambda) e^{\lambda t} \right)|_{\lambda=\lambda_k}.$$

Aus der Formel von Leibniz folgt

$$\partial_\lambda^l \left(p(\lambda) e^{\lambda t} \right)|_{\lambda=\lambda_k} = \sum_{j=0}^{l} \binom{l}{j} p^{(j)}(\lambda_k) t^{l-j} e^{\lambda_k t} = 0, \; l \in \{0, \ldots, \nu_k - 1\},$$

denn wegen der Vielfachheit von λ_k ist $p^{(j)}(\lambda_k) = 0$ für $j \in \{0, \ldots, l\}$, $l \in \{0, \ldots, \nu_k - 1\}$. $\qquad \square$

Satz 3.4.2. *Seien $\lambda_1, \ldots, \lambda_m$ die paarweise verschiedenen Nullstellen von $p(\lambda)$. Dann bildet*

$$\{e^{\lambda_j t}, t e^{\lambda_j t}, \ldots, t^{\nu_j - 1} e^{\lambda_j t}, \; j = 1, \ldots, m\}$$

ein komplexes Fundamentalsystem für (3.18), wobei ν_j die Vielfachheit von λ_j angibt. Sind alle Koeffizienten a_j reell, so ignoriere man alle Eigenwerte mit negativem Imaginärteil, und bilde Real- und Imaginärteile der verbleibenden Lösungen. Diese bilden dann ein reelles Fundamentalsystem.

Beweis. Im komplexen Fall verwende man die Eulersche Formel und spalte die komplexe Lösung in Real- und Imaginärteil auf. Sei

$$q(t) := \sum_{j=1}^{m} q_j(t) e^{\lambda_j t}$$

eine Linearkombination der n Lösungen aus Satz 3.4.2, wobei die $q_j(t)$ Polynome der Ordnung $\leq \nu_j - 1$ mit Koeffizienten aus $\mathbb{C}$ sind. Wir zeigen per vollständiger Induktion, dass $q(t) \equiv 0$ genau dann gilt, wenn alle $q_j(t) \equiv 0$ sind.

Offenbar ist das für $m = 1$ der Fall. Angenommen unsere Behauptung sei für ein $m > 1$ bewiesen. Multipliziere nun

$$0 \equiv \sum_{j=1}^{m} q_j(t) e^{\lambda_j t} + q(t) e^{\lambda t}, \; \lambda \neq \lambda_j$$

mit $e^{-\lambda t}$:

$$0 \equiv \sum_{j=1}^{m} q_j(t) e^{\mu_j t} + q(t), \quad \mu_j = \lambda_j - \lambda \neq 0.$$

Differenziert man diese Gleichung so oft, bis $q(t)$ verschwindet, so ergibt sich

$$0 \equiv \sum_{j=1}^{m} r_j(t) e^{\mu_j t},$$

mit gewissen Polynomen $r_j(t)$. Aus der Induktionsvoraussetzung folgt $r_j(t) \equiv 0$ für alle $j = 1, \ldots, m$, da die μ_j paarweise verschieden sind. Dann müssen aber auch alle $q_j(t) \equiv 0$ sein, denn nach der Produktregel gilt für ein Polynom $p(t)$

$$\frac{d}{dt}\left(p(t)e^{\mu t}\right) = (\dot{p}(t) + \mu p(t))e^{\mu t} = r(t)e^{\mu t},$$

wobei $r(t)$ wieder ein Polynom ist mit der gleichen Ordnung wie $p(t)$. Somit ist auch $q(t) \equiv 0$ und wir haben die lineare Unabhängigkeit der n Lösungen. $\qquad \square$

Beispiele.

(a) *Bernoulli-Balken.* Die Biegung eines Balkens kann im einfachsten Fall nach Skalierung durch die Differentialgleichung

$$x^{(4)} + x = f(t), \quad t \in J,$$

modelliert werden. Dabei ist $x(t)$ die vertikale Auslenkung des Balkens am Ort t und $f(t)$ beschreibt eine Lastkraft (Abb. 3.1). Dies ist eine lineare Differentialgleichung 4. Ordnung, für die wir mit Hilfe des Exponentialansatzes ein Fundamentalsystem bestimmen können. Die Eigenwertgleichung lautet dann $\lambda^4 + 1 = 0$. Diese besitzt die vier komplexen Nullstellen $\lambda = \pm\sqrt{\pm i} = \pm(\frac{1}{2}\sqrt{2} \pm \frac{i}{2}\sqrt{2})$. Wie gewohnt vernachlässigen wir die konjugiert komplexen Eigenwerte und erhalten somit

Abb. 3.1 Bernoulli-Balken

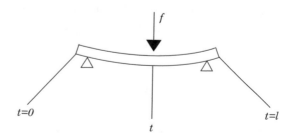

$\lambda_1 = (1+i)/\sqrt{2}$ sowie $\lambda_2 = -(1+i)/\sqrt{2}$. Ein *reelles* Fundamentalsystem ist dann gegeben durch

$$\left\{ e^{t/\sqrt{2}}\cos(t/\sqrt{2}),\, e^{t/\sqrt{2}}\sin(t/\sqrt{2}),\, e^{-t/\sqrt{2}}\cos(t/\sqrt{2}),\, e^{-t/\sqrt{2}}\sin(t/\sqrt{2}) \right\}.$$

Eine spezielle Lösung der inhomogenen Gleichung findet man zum Beispiel mittels Variation der Konstanten, wie in Abschn. 3.4.2.

Das nächste Beispiel ist ein zweidimensionales System 2. Ordnung, und soll zeigen, dass sich die Eigenwertmethode, also ein Exponential-Ansatz auch auf solche Probleme anwenden lässt.

(b) *Das gefederte Doppelpendel.* Wir betrachten hier den Fall gleicher Massen, gleicher Pendellängen, und kleiner Auslenkungen, da man dann lineare Näherungen verwenden kann. Das entsprechende System lautet

$$\begin{cases} m\ddot{x} & = -\frac{mg}{l}x + k(y-x), \\ m\ddot{y} & = -\frac{mg}{l}y + k(x-y), \end{cases}$$

wobei m die Masse, l die Länge der Pendel und k die Federkonstante sind (vgl. Abb. 3.2). Wir vereinfachen weiter, indem wir $m = l = 1$ setzen:

$$(DP)\begin{cases} \ddot{x} & = -gx + k(y-x), \\ \ddot{y} & = -gy + k(x-y). \end{cases}$$

Das Ziel ist es, ein Fundamentalsystem für (DP) zu bestimmen. Dazu wählen wir die Ansätze $x(t) = ae^{\lambda t}$ und $y(t) = be^{\lambda t}$; hier ist dasselbe λ zu verwenden, a, b hingegen

Abb. 3.2 Gefedertes Doppelpendel

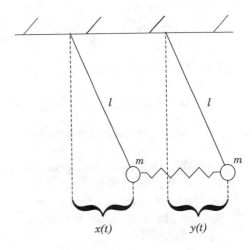

dürfen unterschiedlich sein. Dann erhält man die beiden Gleichungen $[(\lambda^2 + g + k)a - kb]e^{\lambda t} = 0$ bzw. $[(\lambda^2 + g + k)b - ka]e^{\lambda t} = 0$, oder in Matrix-Vektor-Notation:

$$\begin{bmatrix} \lambda^2 + g + k & -k \\ -k & \lambda^2 + g + k \end{bmatrix} \begin{bmatrix} a \\ b \end{bmatrix} = 0.$$

Die Eigenwertgleichung für (DP) lautet $(\lambda^2 + g + k)^2 - k^2 = 0$. Diese erhält man auch, wenn man (DP) auf ein 4×4-System 1. Ordnung transformiert und dann das charakteristische Polynom berechnet.

Die Eigenwertgleichung ist gerade gleich der Determinante der obigen Matrix. Wir berechnen daher diejenigen Werte von λ, für die das Gleichungssystem *nicht* eindeutig lösbar ist. Es gilt also

$$\lambda^2 = -g - k \pm k = \begin{cases} -g, \\ -g - 2k. \end{cases}$$

Es ergeben sich insgesamt 4 rein imaginäre Eigenwerte, nämlich $\lambda_1 = i\sqrt{g}$, $\lambda_2 = i\sqrt{g + 2k}$ und jeweils die konjugiert komplexen Eigenwerte, die wir jedoch vernachlässigen.

Um zugehörige Eigenvektoren $[a, b]^{\mathsf{T}}$ zu erhalten, wähle man z. B. $a = k$ und $b = \lambda_j^2 + g + k$, $j = 1, 2$. Wir erhalten so die beiden Lösungen

$$\left\{ \begin{bmatrix} 1 \\ 1 \end{bmatrix} e^{\lambda_1 t}, \begin{bmatrix} 1 \\ -1 \end{bmatrix} e^{\lambda_2 t} \right\}.$$

Nach Satz 3.4.2 gewinnen wir daraus das reelle Fundamentalsystem

$$\left\{ \begin{bmatrix} 1 \\ 1 \end{bmatrix} \cos(t\sqrt{g}), \begin{bmatrix} 1 \\ 1 \end{bmatrix} \sin(t\sqrt{g}), \begin{bmatrix} 1 \\ -1 \end{bmatrix} \cos(t\sqrt{g + 2k}), \begin{bmatrix} 1 \\ -1 \end{bmatrix} \sin(t\sqrt{g + 2k}) \right\}.$$

Die allgemeine Lösung ist also eine Linearkombination der Form

$$x(t) = \alpha \cos(t\sqrt{g}) + \beta \sin(t\sqrt{g}) + \gamma \cos(t\sqrt{g + 2k}) + \delta \sin(t\sqrt{g + 2k}),$$

$$y(t) = \alpha \cos(t\sqrt{g}) + \beta \sin(t\sqrt{g}) - \gamma \cos(t\sqrt{g + 2k}) - \delta \sin(\sqrt{g + 2k}).$$

Schließlich soll noch die Anfangswertaufgabe $x(0) = y(0) = 0$, $\dot{x}(0) = 1$ und $\dot{y}(0) = 0$ gelöst werden. Aus den ersten beiden Bedingungen folgt $\alpha = \gamma = 0$. Die anderen beiden liefern $\beta = \frac{1}{2\sqrt{g}}$ und $\delta = \frac{1}{2\sqrt{g + 2k}}$. Den resultierenden Bewegungsvorgang nennt man eine *quasiperiodische Schwingung* mit den Frequenzen $\sqrt{g}$ und $\sqrt{g + 2k}$.

Übungen

3.1 Bestimmen Sie reelle Fundamentalsysteme für $\dot{x} = A_i x$, wobei die Matrizen A_i durch

$$A_1 = \begin{bmatrix} -1 & 1 & -1 \\ 2 & -1 & 2 \\ 2 & 2 & -1 \end{bmatrix} \quad A_2 = \begin{bmatrix} 3 & -3 & 2 \\ -1 & 5 & -2 \\ -1 & 3 & 0 \end{bmatrix} \tag{3.20}$$

$$A_3 = \begin{bmatrix} -6 & 4 & 1 \\ -12 & 8 & 2 \\ -8 & 4 & 2 \end{bmatrix} \quad A_4 = \begin{bmatrix} 6 & -17 \\ 1 & -2 \end{bmatrix} \tag{3.21}$$

gegeben sind.

3.2 Lösen Sie das folgende Anfangswertproblem:

$$\dot{x} = \begin{bmatrix} 1/t & -1/t^2 \\ 2 & -1/t \end{bmatrix} x + \begin{bmatrix} 1 \\ t \end{bmatrix}, \quad x(1) = \begin{bmatrix} 1 \\ 1 \end{bmatrix}.$$

3.3 Bestimmen Sie sämtliche Lösungen des Systems

$$\dot{x} = \begin{bmatrix} 3t-1 & 1-t \\ t+2 & t-2 \end{bmatrix} x + \begin{bmatrix} te^{t^2} \\ e^{t^2} \end{bmatrix}.$$

Tipp: Das homogene System besitzt eine nichttriviale Lösung mit $x_1 \equiv x_2$.

3.4 Es seien A, B, C $n \times n$-Matrizen. Man zeige, dass die Matrixfunktion $\exp(A)$ die folgenden Eigenschaften hat:
1. $\exp(A(t+s)) = \exp(At)\exp(As)$, für alle $t, s \in \mathbb{R}$, $\exp(A0) = I$;
2. $\exp(A)$ ist invertierbar; man berechne $[\exp(A)]^{-1}$;
3. Ist C invertierbar so gilt $C^{-1}\exp(A)C = \exp(C^{-1}AC)$;
4. $\exp(A+B) = \exp(A)\exp(B)$ ist i.a. falsch; geben Sie ein Gegenbeispiel an.

3.5 Zeigen Sie, dass die Matrixfunktion $e^{\int_0^t A(s)ds}$ im Allgemeinen *kein* Fundamentalsystem für $\dot{x} = A(t)x$ ist. Unter welchen Bedingungen ist sie eins?

3.6 Bestimmen Sie ein Fundamentalsystem für die DGL

$$x^{(3)} - 3\dot{x} + 2x = 0,$$

und suchen Sie eine spezielle Lösung der inhomogenen Gleichung

$$x^{(3)} - 3\dot{x} + 2x = 9e^t$$

(a) mittels Variation der Konstanten

(b) mit einem Ansatz der Form $x(t) = p(t)e^t$, p ein Polynom.

3.7 In drei Fässern (nummeriert mit 1, 2, 3) befinden sich je 100 Liter Wasser. Im Fass 1 sei 1 kg Salz gelöst, während Fässer 2 und 3 kein Salz enthalten. Mit drei Pumpen werde mit einer Rate von 1 l/min Wasser von Fass 1 in Fass 2, von Fass 2 in Fass 3 und von Fass 3 in Fass 1 gepumpt.

Unter der Voraussetzung, dass in jedem der Fässer stets eine homogene Mischung vorliegt, ermittle man, wieviel Salz sich zu jedem Zeitpunkt in jedem der drei Fässer befindet.

3.8 Es sei A eine $n \times n$-Matrix und $\omega > s(A) := \max_i\{\operatorname{Re}\lambda_i\}$, wobei λ_i die Eigenwerte von A bezeichnen. Zeigen Sie, dass es eine Konstante $M = M(\omega) > 0$ gibt, sodass

$$|\exp At| \leq M(\omega)e^{\omega t} \quad \text{für alle } t \geq 0$$

gilt. Diese Behauptung ist i. Allg. falsch für $\omega \leq s(A)$; Gegenbeispiel?

3.9 Bestimmen Sie ein Fundamentalsystem für die DGL vom Eulerschen Typ

$$2t^3 x^{(3)} + 10t^2\ddot{x} - 4t\dot{x} - 20x = 0.$$

Tipp: Substituieren Sie $t = e^s$.

3.10 Sei A eine $n \times n$-Matrix. Beweisen Sie die *Spektralradiusformel*

$$r(A) = \limsup_{k \to \infty} |A^k|^{1/k},$$

und zeigen Sie $r(e^A) = e^{s(A)}$.

Stetige und differenzierbare Abhängigkeit $\qquad$ 4

Es sei $G \subset \mathbb{R}^{n+1}$ offen, $f : G \to \mathbb{R}^n$ stetig und lokal Lipschitz in x. Wir betrachten das folgende Anfangswertproblem für ein System von Differentialgleichungen erster Ordnung

$$\begin{cases} \dot{x} = f(t,x), \\ x(t_0) = x_0, \end{cases} \quad (t_0, x_0) \in G. \tag{4.1}$$

In diesem Abschnitt untersuchen wir die Abhängigkeit der Lösungen von den Daten, also von t_0, x_0, und f, hinsichtlich Stetigkeit und Differenzierbarkeit.

4.1   Stetige Abhängigkeit

Gegeben sei die Lösung $x(t)$ von (4.1) auf ihrem maximalen Existenzintervall (t_-, t_+). Es bezeichne $\mathrm{graph}_J(x) := \{(t, x(t)) : t \in J\} \subset G$, wobei $J = [a, b] \subset (t_-, t_+)$ ein kompaktes Teilintervall mit $t_0 \in (a, b)$ ist.

Definition 4.1.1. Die gegebene Lösung $x(t)$ heißt **stetig abhängig** von (t_0, x_0, f), falls es zu jedem kompakten Intervall $J \subset (t_-, t_+)$ eine kompakte Umgebung $K \subset G$ von $\mathrm{graph}_J(x)$ gibt, sodass gilt:

Zu jedem $\varepsilon > 0$ existiert ein $\delta > 0$ derart, dass die Lösung $y(t)$ des Anfangswertproblems $\dot{y} = g(t, y)$, $y(\tau_0) = y_0$, für alle $t \in [a, b]$ existiert und der Ungleichung

$$|x(t) - y(t)| \leq \varepsilon, \quad \text{für alle } t \in [a, b]$$

genügt, sofern $g : G \to \mathbb{R}^n$ stetig, lokal Lipschitz in x, und

© Springer Nature Switzerland AG 2019
J. W. Prüss, M. Wilke, *Gewöhnliche Differentialgleichungen und dynamische Systeme*, Grundstudium Mathematik, https://doi.org/10.1007/978-3-030-12362-8_4

$$|\tau_0 - t_0| \le \delta, \quad |x_0 - y_0| \le \delta, \quad \sup_{(s,z) \in K} |f(s,z) - g(s,z)| \le \delta$$

erfüllt ist.

Damit können wir das Hauptresultat dieses Abschnittes formulieren.

Satz 4.1.2. *Sei $G \subset \mathbb{R}^{n+1}$ offen mit $(t_0, x_0) \in G$, $f : G \to \mathbb{R}^n$ stetig und lokal Lipschitz in x. Dann hängt die Lösung $x(t)$ von (4.1) stetig von den Daten (t_0, x_0, f) ab.*

Beweis. Sei $y(t)$ die Lösung des Anfangswertproblems $\dot{y} = g(t, y)$, $y(\tau_0) = y_0$ auf ihrem maximalen Existenzintervall $(\tau_-, \tau_+) \ni t_0$. Wie in Kap. 2 schreiben wir die Anfangswertprobleme für $x(t)$ und $y(t)$ als äquivalente Integralgleichungen

$$x(t) = x_0 + \int_{t_0}^t f(s, x(s))\, ds \qquad y(t) = y_0 + \int_{\tau_0}^t g(s, y(s))\, ds.$$

Dann gilt

$$
\begin{aligned}
x(t) - y(t) &= x_0 - y_0 + \int_{t_0}^t f(s, x(s))\, ds - \int_{\tau_0}^t g(s, y(s))\, ds \\
&= x_0 - y_0 - \int_{\tau_0}^{t_0} f(s, x(s))\, ds + \int_{\tau_0}^t [f(s, x(s)) - g(s, y(s))]\, ds \\
&= x_0 - y_0 - \int_{\tau_0}^{t_0} f(s, x(s))\, ds + \int_{\tau_0}^t [f(s, x(s)) - f(s, y(s))]\, ds \\
&\quad + \int_{\tau_0}^t [f(s, y(s)) - g(s, y(s))]\, ds.
\end{aligned}
\tag{4.2}
$$

Wähle $\alpha > 0$ und $\eta > 0$, sodass die kompakte Menge

$$K := \{(t, y) : t \in [a - \eta, b + \eta], |x(t) - y| \le \alpha\}$$

die Inklusion $K \subset G$ erfüllt, wobei η so klein ist, dass außerdem $[a - \eta, b + \eta] \subset (t_-, t_+)$ gilt. Dann ist $f|_K$ global Lipschitz in x mit einer Konstanten $L > 0$. Gilt $|\tau_0 - t_0|$, $|y_0 - x_0| \le \delta < \min\{\alpha, \eta\}$, so ist $(\tau_0, y_0) \in K$. Es sei $\sup\{|f(t, x) - g(t, x)| : (t, x) \in K\} \le \delta$, und wir setzen $M := \sup\{|f(t, x)| : (t, x) \in K\}$. Aus (4.2) und der Dreiecksungleichung folgt für $t \in [\tau_0, \min\{b, \tau_+\})$ mit $(s, y(s)) \in K$, $\tau_0 \le s \le t$

$$|x(t) - y(t)| \le |x_0 - y_0| + M|t_0 - \tau_0| + \delta(b - a + 2\eta) + L \int_{\tau_0}^t |x(s) - y(s)|\, ds$$

$$\le C\delta + L \int_{\tau_0}^t |x(s) - y(s)|\, ds,
\tag{4.3}$$

mit $C = 1 + M + b - a + 2\eta$. Das Lemma von Gronwall 2.4.1 liefert somit die Abschätzung

$$|x(t) - y(t)| \leq \delta C e^{L(t - \tau_0)}, \tag{4.4}$$

solange $(t, y(t)) \in K$ gilt. Wähle $\delta > 0$ hinreichend klein, sodass die rechte Seite von (4.4) $< \alpha$ ist. Angenommen es existiert ein erstes $t_* \in [\tau_0, \min\{b, \tau_+\})$ mit $|x(t_*) - y(t_*)| = \alpha$. Wegen $(t_*, y(t_*)) \in K$ folgt aus (4.4) jedoch $|x(t_*) - y(t_*)| < \alpha$, ein Widerspruch. Ebenso argumentiert man nach links. Der Graph der Lösung $y(t)$ kann die Menge K also nicht verlassen, und nach dem Fortsetzungssatz existiert die Lösung $y(t)$ daher auf $[a, b]$, und erfüllt dort $(t, y(t)) \in K$. Ist nun ein $0 < \varepsilon \leq \alpha$ gegeben, so wähle $\delta > 0$ klein genug, damit die rechte Seite von (4.4) $\leq \varepsilon$ ist. $\qquad\square$

Bemerkungen 4.1.3.

1. Ist eine Lösung $x(t)$ des Anfangswertproblems (4.1) stetig von den Daten abhängig, so ist sie auch eindeutig. Sei nämlich $t_0 = \tau_0$, $x_0 = y_0$ und $f = g$. Ist $y(t)$ eine weitere Lösung von (4.1), so folgt aus der stetigen Abhängigkeit $|x(t) - y(t)| \leq \varepsilon$. Da $\varepsilon > 0$ beliebig ist, gilt $x(t) \equiv y(t)$;

2. Die lokale Lipschitz-Eigenschaft für g wurde nur verwendet, um die Existenz und Fortsetzbarkeit der Lösung von $\dot{y} = g(t, y)$, $y(\tau_0) = y_0$ sicherzustellen. Es genügt g stetig vorauszusetzen, falls man den *Existenzsatz von Peano* verwendet; vgl. Kap. 6.

3. Die lokale Lipschitz-Bedingung von f kann weggelassen werden, falls man fordert, dass $x(t)$ die eindeutige Lösung von (4.1) ist. Jedoch braucht man für den Beweis den *Existenzsatz von Peano*; vgl. Kap. 6.

Eine alternative Formulierung der stetigen Abhängigkeit mittels Folgen lautet:

Korollar 4.1.4. *Sei* $G \subset \mathbb{R}^{n+1}$ *offen,* $(t_0, x_0) \in G$, $f, f_n : G \to \mathbb{R}^n$ *stetig und lokal Lipschitz in* x *und es sei* $x(t)$ *die Lösung von (4.1) auf dem maximalen Existenzintervall* (t_-, t_+). *Es gelte*

$$t_n \to t_0, \ x_{n_0} \to x_0 \ und \ f_n(t, x) \to f(t, x),$$

gleichmäßig auf kompakten Teilmengen von G. *Sei* $[a, b] \subset (t_-, t_+)$. *Dann besitzt das Anfangswertproblem*

$$\dot{x}_n = f_n(t, x_n), \quad x_n(t_n) = x_{n_0}, \ t \in [a, b],$$

für hinreichend großes n *genau eine Lösung auf* $[a, b]$, *und es gilt*

$$x_n(t) \to x(t),$$

gleichmäßig auf $[a, b]$.

Beispiel (Volterra–Lotka-Modell).

$$\begin{cases} \dot{x} = ax - bxy, \\ \dot{y} = -dy + cxy, \qquad x_0, y_0 > 0, \ a, b, c, d > 0. \\ x(0) = x_0, \ y(0) = y_0, \end{cases}$$

Nach Kap. 2 existiert die eindeutige globale Lösung

$$\begin{bmatrix} x(t) \\ y(t) \end{bmatrix} = \begin{bmatrix} x(t; x_0, y_0, a, b, c, d) \\ y(t; x_0, y_0, a, b, c, d) \end{bmatrix}$$

des Volterra–Lotka-Modells. Die Funktion

$$f(x, y, a, b, c, d) = \begin{bmatrix} ax - bxy \\ -dy + cxy \end{bmatrix}$$

ist lokal Lipschitz in $(x, y) \in \mathbb{R}^2$. Nach Satz 4.1.2 hängen die Lösungen stetig von den Daten (x_0, y_0, f), also von (x_0, y_0, a, b, c, d) ab, da f stetig bezüglich (a, b, c, d) ist.

4.2   Anwendungen

Der Satz über stetige Abhängigkeit hat viele wichtige Konsequenzen, nicht nur in der Theorie gewöhnlicher Differentialgleichungen, aber auch in anderen Bereichen der Analysis. Hier soll dieser Satz mit drei Anwendungen illustriert werden.

4.2.1   Differentialungleichungen

In Lemma 2.4.2 hatten wir strikte Differentialungleichungen behandelt. Wir wollen in diesem Resultat die strikten Ungleichungen abschwächen.

Lemma 4.2.1. *Sei $u : J \times \mathbb{R} \to \mathbb{R}$ stetig und lokal Lipschitz in x, $J = [t_0, t_1]$. $\rho \in C^1(J, \mathbb{R})$ erfülle die Differentialungleichung $\dot{\rho}(t) \leq u(t, \rho(t))$, $t \in J$ mit $\rho(t_0) \leq \varphi_0$. Weiter sei $\varphi \in C^1(J, \mathbb{R})$ die Lösung von*

$$\begin{cases} \dot{\varphi} = u(t, \varphi), \\ \varphi(t_0) = \varphi_0, \end{cases}$$

die auf J existiere. Dann gilt $\rho(t) \leq \varphi(t)$ für alle $t \in J$.

Beweis. Setze $u_n(t,x) := u(t,x) + 1/n$. Sei $\varphi_n(t)$ die Lösung von

$$\begin{cases} \dot{\varphi}_n = u_n(t, \varphi_n), \\ \varphi_n(t_0) = \varphi_0 + 1/n. \end{cases}$$

Dann gilt $\dot{\rho}(t) \leq u(t, \rho(t)) < u(t, \rho(t)) + 1/n$ und $\rho(t_0) \leq \varphi_0 < \varphi_0 + 1/n$. Aus Lemma 2.4.2 folgt also

$$\rho(t) < \varphi_n(t), \quad \text{für alle } n \in \mathbb{N}, \; t \in J. \tag{4.5}$$

Nach Satz 4.1.2 ist die Lösung φ stetig von den Daten abhängig, also folgt aus Korollar 4.1.4 $\varphi_n(t) \to \varphi(t)$ gleichmäßig auf J und (4.5) liefert

$$\rho(t) \leq \varphi(t),$$

für alle $t \in J$. $\square$

4.2.2 Positivität von Lösungen

Sei $f : \mathbb{R} \times \mathbb{R}^n \to \mathbb{R}$ stetig und lokal Lipschitz in x und $x(t)$ sei die Lösung von (4.1). Wir gehen der Frage nach, unter welchen Bedingungen die Vorgabe der Anfangswerte $x_{0_j} \geq 0$, $j = 1, \ldots, n$ die Nichtnegativität von $x_j(t)$, $j = 1, \ldots, n$, $t \geq t_0$, mit $x(t) = [x_1(t), x_2(t), \ldots, x_n(t)]^{\mathsf{T}} \in \mathbb{R}^n$ impliziert.

Diese Frage ist in Anwendungen von Bedeutung, da z. B. Variable wie Konzentrationen oder Populationsgrößen nichtnegativ sein müssen. Entsprechende Modelle müssen daher positivitätserhaltend sein.

Offensichtlich ist dafür zunächst die folgende Bedingung notwendig. Existiert ein $k \in \{1, \ldots, n\}$, mit $x_{0_k} = 0$, so gilt $0 \leq \dot{x}_k(t_0) = f_k(t_0, x_0)$, denn sonst wäre $x_k(t) < 0$ für $t \in (t_0, t_0 + \delta)$, für ein hinreichend kleines $\delta > 0$. Daher formulieren wir die **Positivitätsbedingung** wie folgt.

$$(P) \begin{cases} \text{Sei } x \in \mathbb{R}^n \text{ und } x_j \geq 0, \; j = 1, \ldots, n. \\ \text{Für jedes } k \in \{1, \ldots, n\}, \; t \geq t_0 \text{ und } x_k = 0 \text{ gilt } f_k(t, x) \geq 0. \end{cases}$$

Funktionen, die (P) erfüllen, heißen **quasipositiv**. Zum Verständnis dazu einige

Beispiele.

(a) *Volterra–Lotka-Modell*

$$\begin{cases} \dot{x} = ax - bxy, \\ \dot{y} = -dy + cxy, \\ x(t_0) = x_0 \geq 0, \quad y(t_0) = y_0 \geq 0, \end{cases}$$

wobei die Konstanten a, b, c, d nichtnegativ sind. Seien $x, y \geq 0$. Für $x = 0$ bzw. $y = 0$ gelten $f_1(0, y) = 0$ bzw. $f_2(x, 0) = 0$. Damit ist die Positivitätsbedingung (P) erfüllt.

(b) *Chemische Kinetik.* Wir greifen ein Beispiel aus der chemischen Kinetik aus Kap. 1 auf, nämlich die Gleichgewichtsreaktion

$$\begin{aligned} \dot{c}_A &= -k_+ c_A c_B + k_- c_P, & c_A(0) &= c_A^0, \\ \dot{c}_B &= -k_+ c_A c_B + k_- c_P, & c_B(0) &= c_B^0, & (4.6) \\ \dot{c}_P &= k_+ c_A c_B - k_- c_P, & c_P(0) &= c_P^0. \end{aligned}$$

Dabei gilt für die Reaktionskonstanten $k_-, k_+ > 0$. Damit verifiziert man leicht, dass die Positivitätsbedingung (P) erfüllt ist.

Dass die Positivitätsbedingung (P) tatsächlich die Nichtnegativität der einzelnen Komponenten $x_j(t)$ der Lösung $x(t)$ liefert, zeigt uns der folgende

Satz 4.2.2. *Sei $f : \mathbb{R} \times \mathbb{R}^n \to \mathbb{R}^n$ stetig und lokal Lipschitz in x und es sei f quasipositiv. Ist $x(t)$ die Lösung von (4.1), und gilt $x_{0j} \geq 0$ für alle $j \in \{1, \dots, n\}$, so folgt $x_j(t) \geq 0$ für alle $t \in [t_0, t_+)$, dem maximalen Existenzintervall der Lösung nach rechts.*

Beweis. Sei $\mathsf{e} := [1, \dots, 1]^{\mathsf{T}} \in \mathbb{R}^n$ und $x^m(t)$ sei die Lösung von

$$\begin{cases} \dot{x}^m = f(t, x^m) + \mathsf{e}/m =: f^m(t, x), \\ x^m(t_0) = x_0 + \mathsf{e}/m =: x_0^m, \end{cases} \quad x_{0j}^m > 0, \ m \in \mathbb{N}.$$

Da f nach Voraussetzung stetig und lokal Lipschitz in x ist und aufgrund von $f^m(t, x) \to f(t, x)$ gleichmäßig auf kompakten Teilmengen von $\mathbb{R} \times \mathbb{R}^n$, $x_0^m \to x_0$, folgt aus Korollar 4.1.4 die gleichmäßige Konvergenz $x^m(t) \to x(t)$ auf kompakten Teilmengen des Existenzintervalls von $x(t)$.

Sei $t_1 > t_0$ das erste t, für das ein Komponente von $x^m(t)$ verschwindet, also z. B. $x_k^m(t_1) = 0$. Dann gilt einerseits $\dot{x}_k^m(t_1) \leq 0$, aber andererseits

$$\dot{x}_k^m(t_1) = f_k(t_1, x^m(t_1)) + 1/m \geq 1/m > 0,$$

denn aus der Positivitätsbedingung (P) folgt $f_k(t_1, x^m(t_1)) \geq 0$, da alle Komponenten von $x^m(t)$ nichtnegativ sind, also ein Widerspruch.

Es gilt also $x_k^m(t) > 0$ für alle $k \in \{1, \ldots n\}$ und $m \in \mathbb{N}$, und für alle $t \geq t_0$ für welche die Lösung $x^m(t)$ existiert. Der Grenzübergang $m \to \infty$ liefert somit $x_j(t) \geq 0$ für alle $j \in \{1, \ldots, n\}$ und alle t im maximalen Existenzintervall der Lösung nach rechts. $\square$

4.2.3 Periodische Lösungen

Sei $f : \mathbb{R} \times \mathbb{R}^n \to \mathbb{R}^n$ stetig und lokal Lipschitz in x, sowie τ-**periodisch** in t, das heißt

$$f(t + \tau, x) = f(t, x), \text{ für alle } t \in \mathbb{R}, \ x \in \mathbb{R}^n.$$

Es stellt sich die Frage, ob es dann auch τ-periodische Lösungen der Differentialgleichung $\dot{x} = f(t, x)$ gibt. Leider ist das im Allgemeinen nicht der Fall, wie das folgende Beispiel zeigt.

Beispiel.

$$\begin{cases} \ddot{x} + x = \cos t, \\ x(0) = x_0, \ \dot{x}(0) = x_1. \end{cases} \tag{4.7}$$

Offensichtlich ist das dazugehörige System 1. Ordnung 2π-periodisch. Ein Fundamentalsystem für die homogene Gleichung $\ddot{x} + x = 0$ lautet

$$X(t) = \begin{bmatrix} \cos t & \sin t \\ -\sin t & \cos t \end{bmatrix}.$$

Mit Hilfe der Methode der Variation der Konstanten erhalten wir eine spezielle Lösung von (4.7), nämlich

$$x_*(t) = \cos t \int_0^t \cos(s) \sin(s) \, ds + \sin t \int_0^t \cos^2(s) \, ds = (t/2) \sin t.$$

Die eindeutige Lösung des Anfangswertproblems (4.7) lautet also $x(t) = x_0 \cos t + x_1 \sin t + t/2 \sin t$, welche offensichtlich nicht 2π-periodisch ist.

Wir suchen eine Lösung der Differentialgleichung $\dot{x} = f(t, x)$ mit $x(t + \tau) = x(t)$. Dazu betrachten wir das äquivalente periodische Randwertproblem

$$\begin{cases} \dot{x} = f(t, x), \\ x(0) = x(\tau), \end{cases} \quad t \in [0, \tau]. \tag{4.8}$$

Sei $x(t)$ Lösung von (4.8) und sei f τ-periodisch in t. Dann ist die periodische Fortsetzung $\tilde{x}(t)$ von $x(t)$ auf $\mathbb{R}$ eine periodische Lösung. Wir behandeln dieses Randwertproblem, indem wir es auf ein Fixpunktproblem zurückführen. Es sei $y(t, z)$ Lösung des Anfangswertproblems

$$\begin{cases} \dot{y} = f(t, y) \\ y(0) = z \end{cases} \tag{4.9}$$

und wir definieren eine Abbildung $T : \mathbb{R}^n \to \mathbb{R}^n$ durch $Tz := y(\tau, z)$, die sogenannte *Poincaré-* oder *Periodenabbildung*. z_* ist genau dann ein Fixpunkt von T – es gilt also $Tz_* = z_*$ –, wenn $y(\tau, z_*) = z_* = y(0, z_*)$ ist. Jedoch bleiben einige Probleme zu klären:

1. Existiert die Lösung $y(t)$ von (4.9) auf dem ganzen Intervall $[0, \tau]$?
2. Ist der Operator T stetig? Offenbar ja, hier geht der Satz 4.1.2 über stetige Abhängigkeit ein.
3. Wir benötigen einen geeigneten Fixpunktsatz. Der Fixpunktsatz von Banach ist hier eher ungeeignet, da er nur unter starken Voraussetzungen über f anwendbar ist. Stattdessen werden wir den *Fixpunktsatz von Brouwer* verwenden, der hier jedoch nicht bewiesen wird.

Satz 4.2.3 (Fixpunktsatz von Brouwer). *Sei* $D \subset \mathbb{R}^n$ *abgeschlossen, beschränkt, konvex, und* $T : D \to D$ *stetig. Dann besitzt* T *mindestens einen Fixpunkt in* D.

Sei $D = \bar{B}_R(0)$ die abgeschlossene Kugel um den Nullpunkt mit Radius R. Dann ist D abgeschlossen, beschränkt und konvex.

Satz 4.2.4. *Sei* $f : \mathbb{R} \times \mathbb{R}^n \to \mathbb{R}^n$ *stetig, lokal Lipschitz in* x *und* τ-*periodisch in* t. *Außerdem gelte*

$$(f(t, x) | x) \leq 0, \quad \text{für alle } |x|_2 = R, \ t \in [0, \tau]. \tag{4.10}$$

Dann besitzt die Differentialgleichung $\dot{x} = f(t, x)$ *mindestens eine* τ-*periodische Lösung* $x_*(t)$ *auf* $\mathbb{R}$.

Beweis. Sei $k \in \mathbb{N}$. Setze $f_k(t, x) := f(t, x) - x/k$ und sei $T_k : \bar{B}_R(0) \to \mathbb{R}^n$ definiert durch $T_k z := y_k(\tau, z)$, wobei $y_k(t, z)$, $t \in [0, \tau]$, die Lösung des Anfangswertproblems

$$\begin{cases} \dot{y}_k = f_k(t, y_k), \\ y_k(0) = z, \end{cases}$$

ist. Wir wissen zwar jetzt noch nicht, dass y_k global nach rechts existiert, aber dies wird im Weiteren bewiesen. Sei zunächst $|z| < R$. Dann gilt $|y_k(t, z)| < R$, für alle $t \in [0, \tau]$. Denn angenommen die Behauptung ist falsch. Dann existiert ein erstes $t_* \in (0, \tau]$, mit $|y_k(t_*, z)| = R$ und $|y_k(t, z)| < R$ für alle $0 \le t < t_*$. Daraus folgt

$$\frac{d}{dt} |y_k(t, z)|_2^2 \Big|_{t=t^*} \ge 0.$$

Andererseits gilt

$$\frac{d}{dt} |y_k(t, z)|^2 = 2(\dot{y}_k(t, z)|y_k(t, z)) = 2(f_k(t, y_k(t, z))|y_k(t, z))$$

$$= 2(f(t, y_k(t, z)) - y_k(t, z)/k|y_k(t, z))$$

$$= 2(f(t, y_k(t, z))|y_k(t, z)) - 2|y_k(t, z)|_2^2/k,$$

für alle $t \in [0, \tau]$, also mit (4.10)

$$0 \le \frac{d}{dt} |y_k(t, z)|_2^2 \Big|_{t=t^*} \le -2 \frac{|y_k(t^*, z)|_2^2}{k} = -2 \frac{R^2}{k} < 0,$$

für alle $k \in \mathbb{N}$, ein Widerspruch. Die Lösung $y_k(t, z)$, $t \in [0, \tau]$, erreicht also niemals den Rand der Kugel $B_R(0)$, falls $|z| < R$. Im Fall $|z| = R$ gilt

$$\frac{d}{dt} |y_k(t, z)|_2^2 \Big|_{t=0} \le -2 \frac{R^2}{k} < 0,$$

also $|y_k(t, z)| < R$ für kleine $t > 0$. Daher ist $T_k : D \to \mathbb{R}^n$ nach dem Fortsetzungssatz wohldefiniert und eine Selbstabbildung, also $T_k(D) \subset D$.

Da die Funktionen f_k für alle $k \in \mathbb{N}$ stetig und lokal Lipschitz in x sind, ist die Abbildung T_k nach Satz 4.1.2 für jedes $k \in \mathbb{N}$ stetig. Nach Satz 4.2.3 existiert für jedes $k \in \mathbb{N}$ ein Fixpunkt $z_k^* \in D$ von T_k. Daher gilt $y_k(0, z_k^*) = y_k(\tau, z_k^*)$, $k \in \mathbb{N}$. Wegen $z_k^* \in D$ für alle $k \in \mathbb{N}$ und aufgrund der Kompaktheit der Menge D existiert eine konvergente Teilfolge $z_{k_m}^* \to x_0 \in D$ für $m \to \infty$. Wir betrachten nun das Anfangswertproblem

$$\begin{cases} \dot{y} = f(t, y), \\ y(0) = x_0, \end{cases} \quad t \in [0, \tau]. \tag{4.11}$$

Da die Lösung $y(t)$ von (4.11) nach Satz 4.1.2 stetig von den Daten abhängt, folgt aus Korollar 4.1.4 die gleichmäßige Konvergenz $y_{k_m}(t) \to y(t)$ auf $[0, \tau]$, denn $f_{k_m}(t, x) \to f(t, x)$ gilt gleichmäßig auf $[0, \tau] \times D$. Ferner ist $y(0) = y(\tau)$, da

$$y(\tau) = \lim_{m \to \infty} y_{k_m}(\tau) = \lim_{m \to \infty} y_{k_m}(0) = x_0 = y(0).$$

Die periodische Fortsetzung $x_*(t)$ von $y(t)$ auf $\mathbb{R}$ ist die gesuchte τ-periodische Lösung von (4.11). $\qquad\qquad\square$

4.3   Differenzierbarkeit der Lösungen nach Daten

4.3.1   Autonome Systeme

Wir untersuchen zunächst das autonome Anfangswertproblem

$$\begin{cases} \dot{x} = f(x), \\ x(0) = y, \end{cases} \tag{4.12}$$

mit $f \in C^1(G, \mathbb{R}^n)$, $G \subset \mathbb{R}^n$ offen und $y \in G$. Nach Proposition 2.1.5 und Satz 2.2.2 existiert eine eindeutig bestimmte Lösung $x = x(t, y)$, $x \in C^1(J_y, \mathbb{R}^n)$ auf dem maximalen Existenzintervall $J_y := [0, t_+(y))$ nach rechts.

Um die Frage der Differenzierbarkeit der Lösung $x(t, y)$ nach dem Anfangswert y zu beantworten, differenziert man zunächst formal die Differentialgleichung (4.12) nach y mit dem Ergebnis

$$\frac{\partial \dot{x}}{\partial y}(t, y) = \frac{\partial}{\partial y}\left(\frac{\partial x}{\partial t}(t, y)\right) = \frac{\partial}{\partial y} f(x(t, y)) = f'(x(t, y))\frac{\partial x}{\partial y}(t, y).$$

Andererseits gilt formal

$$\frac{\partial \dot{x}}{\partial y}(t, y) = \frac{\partial}{\partial y}\left(\frac{\partial x}{\partial t}(t, y)\right) = \frac{\partial}{\partial t}\left(\frac{\partial x}{\partial y}(t, y)\right).$$

Daraus erhält man die *lineare* Differentialgleichung

$$\frac{\partial}{\partial t}\left(\frac{\partial x}{\partial y}(t, y)\right) = f'(x(t, y))\frac{\partial x}{\partial y}(t, y)$$

für die Ableitung der Lösung nach dem Anfangswert y. Aus $x(0, y) = y$ folgt ferner $\frac{\partial x}{\partial y}(0, y) = I$. Mit $A(t, y) := f'(x(t, y))$ ist die Funktion $X = X(t, y) = \frac{\partial x}{\partial y}(t, y)$ also eine Lösung des Anfangswertproblems

$$\begin{cases} \dot{X} = A(t, y)X, \quad t \in J = [0, a], \\ X(0) = I. \end{cases} \tag{4.13}$$

Der folgende Satz zeigt, dass diese formale Rechnung legitim ist.

Satz 4.3.1. *Sei* $G \subset \mathbb{R}^n$ *offen,* $f \in C^1(G, \mathbb{R}^n)$ *und* $x(t, y)$ *sei die Lösung von* (4.12) *auf einem Intervall* $J = [0, a] \subset J_y$. *Dann ist die Abbildung* $(t, y) \mapsto x(t, y)$ *stetig differenzierbar und* $X = X(t, y) = \frac{\partial x}{\partial y}(t, y)$ *erfüllt das Anfangswertproblem* (4.13).

Beweis. Sei $y \in G$ fixiert und eine Kugel $B_\delta(y) \subset G$ um y mit Radius $\delta > 0$ gegeben. Ferner sei $h \in \mathbb{R}^n$ mit $|h| < \delta$ hinreichend klein, $X = X(t)$ sei die Lösung von (4.13) und $u_h(t)$ sei definiert durch

$$u_h(t) := x(t, y + h) - x(t, y) - X(t)h, \quad t \in J.$$

Man beachte, dass $x(t, y + h)$ nach Satz 4.2.3 auf J existiert sofern $\delta > 0$ hinreichend klein ist. Um nachzuweisen, dass $\frac{\partial x}{\partial y}(t, y)$ existiert, müssen wir zeigen, dass für jedes $\varepsilon > 0$ ein $\eta(\varepsilon) > 0$ existiert, sodass $|u_h(t)| \leq \varepsilon |h|$ für $|h| \leq \eta(\varepsilon)$ gilt. Dazu leiten wir eine Differentialgleichung für die Funktion $u_h(t)$ her.

$$\frac{\partial}{\partial t} u_h(t) = \dot{x}(t, y + h) - \dot{x}(t, y) - \dot{X}(t)h$$

$$= f(x(t, y + h)) - f(x(t, y)) - A(t, y)X(t)h$$

$$= A(t, y)u_h(t) + r_h(t),$$

wobei $r_h(t)$ durch

$$r_h(t) := f(x(t, y + h)) - f(x(t, y)) - A(t, y)[x(t, y + h) - x(t, y)]$$

gegeben ist. Die Funktion $u_h(t)$ erfüllt also das Anfangswertproblem

$$\begin{cases} \dot{u}_h = A(t, y)u_h + r_h(t), \quad t \in J, \\ u_h(0) = 0. \end{cases}$$

Die matrixwertige Funktion $X(t)$ ist ein Fundamentalsystem für die homogene Gleichung $\dot{u}_h = A(t, y)u_h$. Dann liefert (3.6) die eindeutige Lösung

$$u_h(t) = X(t) \int_0^t X^{-1}(s)r_h(s)\, ds, \ t \in J := [0, a].$$

Wegen $M_1 := \sup_{t \in J} |X(t)| < \infty$ und $M_2 := \sup_{t \in J} |X^{-1}(t)| < \infty$ gilt

$$|u_h(t)| \leq M_1 M_2 \int_0^t |r_h(s)| \, ds, \ t \in J.$$

Da die Funktion f stetig und lokal Lipschitz in x ist, folgt aus Satz 4.1.2 die gleichmäßige Konvergenz $x(t, y + h) \to x(t, y)$ auf J für $|h| \to 0$. Da $f \in C^1(G, \mathbb{R}^n)$ auf kompakten Mengen gleichmäßig differenzierbar ist, existiert zu jedem $\varepsilon \in (0, 1)$ ein $\eta(\varepsilon) > 0$, sodass

$$|r_h(t)| \leq \varepsilon |x(t, y + h) - x(t, y)| \quad \text{für alle } |h| \leq \eta(\varepsilon), t \in J,$$

gilt. Folglich gilt

$$|r_h(t)| \leq \varepsilon |u_h(t)| + \varepsilon |X(t)h| \leq \varepsilon |u_h(t)| + \varepsilon M_1 |h|, \quad t \in J,$$

und somit erhält man die Integralungleichung

$$|u_h(t)| \leq \varepsilon a M_1^2 M_2 |h| + \varepsilon M_1 M_2 \int_0^t |u_h(s)| \, ds, \ t \in J. \tag{4.14}$$

Das Lemma von Gronwall 2.4.1 liefert

$$|u_h(t)| \leq \varepsilon a M_1^2 M_2 |h| e^{\varepsilon M_1 M_2 t} \leq C \varepsilon |h|, \quad t \in J,$$

mit $C = a M_1^2 M_2 e^{M_1 M_2 a}$. Damit ist die Lösung $x(t, y)$ von (4.12) differenzierbar bezüglich y und $\frac{\partial x}{\partial y}(t, y)$ ist als Lösung von (4.13) nach Satz 4.1.2 stetig in y. $\square$

4.3.2   Nichtautonome Systeme

Betrachten wir nun das Anfangswertproblem

$$\begin{cases} \dot{x} = f(t, x, p), \\ x(\tau) = y, \end{cases} \tag{4.15}$$

wobei $f : G \to \mathbb{R}^n$ stetig differenzierbar in der offenen Menge $G \subset \mathbb{R} \times \mathbb{R}^n \times \mathbb{R}^k$ ist, sowie $(\tau, y, p) \in G$.

Zu zeigen ist, dass die Lösung $x(t; \tau, y, p)$ von (4.15) stetig differenzierbar nach (τ, y, p) ist. Dazu transformieren wir (4.15) in ein autonomes System, um die Ergebnisse aus dem vorangehenden Abschnitt anzuwenden. Sei

$$v := \begin{bmatrix} \tau \\ y \\ p \end{bmatrix} \in \mathbb{R}^{n+k+1} \quad \text{und} \quad u(s) := \begin{bmatrix} \tau + s \\ x(\tau + s; \tau, y, p) \\ p \end{bmatrix} \in \mathbb{R}^{n+k+1}, \ s \geq 0.$$

Der Term $\tau + s$ spielt hier die Rolle von t. Differenziert man $u(s)$, so erhält man

$$\partial_s u(s) = \begin{bmatrix} 1 \\ \dot{x}(\tau + s; \tau, v, p) \\ 0 \end{bmatrix} = \begin{bmatrix} 1 \\ f(\tau + s, x(\tau + s; \tau, v, p), p) \\ 0 \end{bmatrix}$$

$$= \begin{bmatrix} 1 \\ f(u_1(s), u_2(s), u_3(s)) \\ 0 \end{bmatrix} =: F(u(s)).$$

Da nach Voraussetzung $f \in C^1(G, \mathbb{R}^n)$ gilt, folgt $F \in C^1(G, \mathbb{R}^{n+k+1})$. Wegen $u(0) = v$ lautet das resultierende autonome System wie folgt:

$$\begin{cases} \partial_s u(s) = F(u(s)), \\ u(0) = v, \end{cases} \tag{4.16}$$

mit $v \in \mathbb{R} \times \mathbb{R}^n \times \mathbb{R}^k$. Dann folgt aus Satz 4.3.1, dass die Lösung $u(s, v)$ von (4.16), also auch die Lösung $x(t; \tau, y, p)$ von (4.15), stetig differenzierbar bezüglich v ist. Ferner gilt nach Satz 4.3.1, dass $\frac{\partial u}{\partial v}(s, v)$ das Anfangswertproblem (4.13) erfüllt, also gilt

$$\begin{cases} \frac{\partial}{\partial s}\left(\frac{\partial u}{\partial v}\right) = F'(u(s, v))\frac{\partial u}{\partial v}, \\ \frac{\partial u}{\partial v}(0) = I. \end{cases} \tag{4.17}$$

Wir wollen nun die einzelnen Differentialgleichungen bezüglich den Variablen (τ, y, p) aus (4.17) herleiten. Zur Abkürzung setzen wir $f = f(u_1, u_2, u_3)$ und $x = x(\tau + s; \tau, y, p)$. Dann gilt

$$F'(u) = \frac{\partial}{\partial u}\begin{bmatrix} 1 \\ f(u_1, u_2, u_3) \\ 0 \end{bmatrix} = \begin{bmatrix} 0 & 0 & 0 \\ \partial_t f & \partial_x f & \partial_p f \\ 0 & 0 & 0 \end{bmatrix}. \tag{4.18}$$

Für $\frac{\partial u}{\partial v}$ erhält man mit der Kettenregel

$$\frac{\partial u}{\partial v} = \begin{bmatrix} 1 & 0 & 0 \\ \partial_t x + \partial_\tau x & \partial_y x & \partial_p x \\ 0 & 0 & I \end{bmatrix}, \tag{4.19}$$

sodass sich für $\frac{\partial}{\partial s}\left(\frac{\partial u}{\partial v}\right)$ unter Beachtung von $\partial_s = \partial_t$ der folgende Ausdruck ergibt

$$\frac{\partial}{\partial s}\left(\frac{\partial u}{\partial v}\right) = \begin{bmatrix} 0 & 0 & 0 \\ \partial_t^2 x + \partial_t(\partial_\tau x) & \partial_t(\partial_y x) & \partial_t(\partial_p x) \\ 0 & 0 & 0 \end{bmatrix}. \tag{4.20}$$

Die Anfangsbedingung lautet

$$\frac{\partial u}{\partial v}(0) = \begin{bmatrix} 1 & 0 & 0 \\ \partial_t x(\tau) + (\partial_\tau x)(\tau) & (\partial_y x)(\tau) & (\partial_p x)(\tau) \\ 0 & 0 & I \end{bmatrix}. \tag{4.21}$$

Diese Matrix muss aber gerade gleich der Einheitsmatrix sein, das heißt, es gilt $\partial_t x(\tau) + (\partial_\tau x)(\tau) = 0$, $(\partial_y x)(\tau) = I$ und $(\partial_p x)(\tau) = 0$. Ferner ist $\partial_t x(\tau) = f(\tau, x(\tau), p) = f(\tau, y, p)$.

Setzt man (4.18), (4.19) und (4.20) in (4.17) ein, so erhält man das Differentialgleichungssystem

$$\begin{cases} \partial_t(\partial_\tau x) = \partial_x f(t, x, p)\partial_\tau x, \\ \partial_t(\partial_y x) = \partial_x f(t, x, p)\partial_y x, \\ \partial_t(\partial_p x) = \partial_x f(t, x, p)\partial_p x + \partial_p f(t, x, p), \end{cases} \tag{4.22}$$

denn $\partial_t^2 x(t) = \partial_t f(t, x(t), p) + \partial_x f(t, x(t), p)\partial_t x(t)$. Es gilt also der

Satz 4.3.2. *Sei $G \subset \mathbb{R} \times \mathbb{R}^n \times \mathbb{R}^k$ offen, $f \in C^1(G, \mathbb{R}^n)$ und $(\tau, y, p) \in G$. Dann ist die Lösung $x = x(t; \tau, y, p)$ von (4.15) stetig differenzierbar in allen Variablen (t, τ, y, p). Des Weiteren genügen die partiellen Ableitungen $(\partial_\tau x, \partial_y x, \partial_p x)$ dem Differentialgleichungssystem (4.22) mit den Anfangsbedingungen*

$$(\partial_\tau x)(\tau) = -f(\tau, y, p), \quad (\partial_y x)(\tau) = I, \quad (\partial_p x)(\tau) = 0.$$

Bemerkung Die Differentialgleichungen für die Ableitungen der Lösung nach den Parametern τ, y und p enthalten nicht die partielle Ableitung nach t. In der Tat ist unter den Voraussetzungen dieses Satzes die Lösung zweimal stetig differenzierbar bzgl. t, es gilt

$$\ddot{x}(t) = \partial_t f(t, x(t)) + \partial_x f(t, x(t)) f(t, x(t)).$$

Daher kann man Satz 4.3.2 mittels eines Approximationsarguments auf den Fall erweitern, dass f bzgl. t nur stetig ist. Auf die Details verzichten wir hier.

4.4 Dynamische Systeme

Definition 4.4.1. Sei (M, d) ein metrischer Raum. Eine Abbildung $\phi : \mathbb{R} \times M \to M$, $(t, x) \mapsto \phi(t, x)$ heißt **dynamisches System (Fluss)**, falls die folgenden Bedingungen erfüllt sind.

$(D1)$ $\phi(0, x) = x$, für alle $x \in M$;
$(D2)$ $\phi(t + s, x) = \phi(t, \phi(s, x))$, für alle $t, s \in \mathbb{R}$, $x \in M$ (Gruppeneigenschaft);
$(D3)$ ϕ ist stetig in $(t, x) \in \mathbb{R} \times M$.

Ersetzt man in dieser Definition $\mathbb{R}$ durch $\mathbb{R}_+$ so spricht man von einem **semidynamischen System** oder **Halbfluss** auf M und $(D2)$ heißt *Halbgruppeneigenschaft*.

Interpretation Die Abbildung ϕ beschreibt die Dynamik des Systems: Ist das System zum Zeitpunkt $t = 0$ in x, so befindet es sich zur Zeit $t = t_*$ in $\phi(t_*, x)$.

Beispiele.

(a) *Das mathematische Pendel.* Wir schreiben die nichtlineare Differentialgleichung zweiter Ordnung $\ddot{x} + \omega^2 \sin x = 0$ als System erster Ordnung

$$\begin{cases} \dot{u}_1 = u_2, \\ \dot{u}_2 = -\omega^2 \sin u_1. \end{cases} \tag{4.23}$$

Zu jedem Anfangswert $y \in M = \mathbb{R}^2$ existiert genau eine globale Lösung $u(t, y) = [u_1(t, y), u_2(t, y)]^\mathsf{T}$. Setze $\phi(t, y) = u(t, y)$, $t \in \mathbb{R}$, $y \in \mathbb{R}^2$. Dann definiert die Funktion ϕ ein dynamisches System, denn es gilt $\phi(0, y) = u(0, y) = y$, also (D1). Des Weiteren sind $u(t + s, y)$ und $u(t, u(s, y))$ Lösungen von (4.23) bezüglich t. Für $t = 0$ gilt $u(0 + s, y) = u(s, y) = u(0, u(s, y))$. Aus der Eindeutigkeit der Lösung folgt also

$$\phi(t + s, y) = u(t + s, y) = u(t, u(s, y)) = \phi(t, u(s, y)),$$

für alle $t, s \in \mathbb{R}$, $y \in \mathbb{R}^2$, also (D2). Die Eigenschaft (D3) folgt aus Satz 4.1.2.

(b) *Skaliertes Volterra–Lotka-Modell mit Sättigung*

$$\begin{cases} \dot{u} = u - \kappa u^2 - uv, \\ \dot{v} = -\varepsilon v + uv. \end{cases} \tag{4.24}$$

Sei $M = \mathbb{R}_+^2$. Für alle $z_0 := [u_0, v_0]^\mathsf{T} \in M$ existiert genau eine globale Lösung $z(t, z_0) := [u(t, z_0), v(t, z_0)]^\mathsf{T}$ von (4.24) nach rechts. Diese hängt nach Satz 4.1.2 stetig von z_0 ab. Wie in Beispiel (a) definiert dann die Funktion $\phi(t, z_0) := z(t, z_0)$ zumindest ein semidynamisches System. Man beachte, dass globale Existenz nach links hier nicht gilt!

Der Satz über stetige Abhängigkeit ergibt den

Satz 4.4.2. *Sei $G \subset \mathbb{R}^n$ offen, $f : G \to \mathbb{R}^n$ lokal Lipschitz und zu jedem Anfangswert $y \in G$ existiere die Lösung $x(t, y)$ des Anfangswertproblems*

$$\begin{cases} \dot{x} = f(x), \\ x(0) = y, \end{cases} \tag{4.25}$$

global, also für alle $t \in \mathbb{R}$. Dann definiert die Funktion $\phi(t, y) := x(t, y)$, $y \in G$, $t \in \mathbb{R}$, ein dynamisches System. Existieren die Lösungen wenigstens nach rechts global, so erhält man entsprechend einen Halbfluss.

Beweis. Die Eigenschaft (D1) ist wegen $\phi(0, y) = x(0, y) = y$ erfüllt. Aufgrund der Autonomie des Systems (4.25), sind $\phi(t + s, y) = x(t + s, y)$ und $\phi(t, \phi(s, y)) = x(t, x(s, y))$ ebenfalls Lösungen von (4.25) bzgl. t. Für $t = 0$ ergibt sich $x(0 + s, y) = x(s, y) = x(0, x(s, y))$. Aus der Eindeutigkeit der Lösung folgt $x(t + s, y) = x(t, x(s, y))$, also (D2). Schließlich gilt auch (D3), da $x(t, y) = \phi(t, y)$ nach Satz 4.1.2 stetig von y abhängt. $\qquad \square$

Bemerkungen 4.4.3.

1. Die Autonomie des Systems (4.25) ist notwendig, denn für ein zeitabhängiges f ist $x(t + s, y)$ im Allgemeinen keine Lösung von $\dot{x} = f(t, x)$, wie schon das Beispiel $\dot{x} = tx$, $x(0) = y$, zeigt.
2. Sei $\phi : \mathbb{R} \times M \to M$ ein dynamisches System. Ersetzt man $\mathbb{R}$ durch $\mathbb{Z}$, so spricht man von **diskreten** dynamischen Systemen. Entsprechend sind diskrete semidynamische Systeme erklärt.
3. Sei $y \in M$ fixiert. Dann nennt man $\gamma(y) := \{\phi(t, y) | t \in \mathbb{R}\}$ **Orbit** oder **Bahn** oder **Trajektorie** durch y. Entsprechend heißt $\gamma_+(y) = \phi(\mathbb{R}_+, y)$ positives Halborbit von y.

4. Ist $\phi(t, x)$ ein Halbfluss, und existiert $x_\infty := \lim_{t\to\infty} \phi(t, x_0)$ so ist x_∞ ein Fixpunkt des Halbflusses, also $\phi(t, x_\infty) = x_\infty$ für alle $t \geq 0$. Dies zeigt

$$\phi(t, x_\infty) = \phi(t, \lim_{s\to\infty} \phi(s, x_0)) = \lim_{s\to\infty} \phi(t, \phi(s, x_0)) = \lim_{s\to\infty} \phi(t+s, x_0) = x_\infty.$$

Daher sind Grenzwerte von globalen Lösungen einer autonomen Differentialgleichung $\dot{x} = f(x)$ für $t \to \infty$ stets stationäre Lösungen der Gleichung.

Übungen

4.1 Gegeben sei das Anfangswertproblem

$$(*) \quad \dot{x} = 3(x^2)^{1/3},$$

und für $n \in \mathbb{N}$ seien x_n die Lösung mit $x_n(0) = 1/n$ auf $\mathbb{R}_+$, y_n die Lösung mit Anfangswert $y_n(0) = -1/n$ auf $\mathbb{R}_-$. Zeigen Sie, dass diese global existieren und eindeutig bestimmt sind. Bestimmen Sie die Grenzwerte $\lim_{n\to\infty} x_n(t)$ und $\lim_{n\to\infty} y_n(t)$. Zeigen Sie, dass diese Grenzwerte die größte bzw. kleinste Lösung von $(*)$ mit $x(0) = 0$ sind.

4.2 Sei $\omega : \mathbb{R} \to \mathbb{R}$ lokal Lipschitz, $J = [a, b]$, und $\phi \in C^1(J)$ die Lösung von

$$\dot{\phi} = \omega(\phi), \phi(a) = \phi_0.$$

Es sei $\varphi \in C^1(J)$, und gelte

$$\dot{\varphi}(t) \leq \omega(\varphi(t)), \ t \in J, \ \varphi(a) \leq \phi_0.$$

Zeigen Sie $\varphi(t) \leq \phi(t)$ für alle $t \in J$.

Tipp: Die Behauptung zunächst im Falle strikter Ungleichungen beweisen; danach geeignet stören und mit dem Satz über stetige Abhängigkeit den allgemeinen Fall zeigen.

4.3 Sei $f : \mathbb{R}_+ \times \mathbb{R}^n \to \mathbb{R}$ stetig, lokal Lipschitz in x und gelte

$$(f(t, x)|x) \leq 0 \quad \text{für alle } t \in \mathbb{R}_+, |x| = R.$$

Sei $|x_0| \leq R$. Dann existiert die Lösung $x(t)$ von

$$\dot{x} = f(t, x), \ x(0) = x_0,$$

global und es gilt $|x(t)| \leq R$ für alle $t \geq 0$.

Tipp: Betrachten Sie zunächst $f_n(t, x) = f(t, x) - x/n$ und verwenden Sie stetige Abhängigkeit.

4.4 Das folgende System ist ein Modell für eine Population bestehend aus männlichen (x) und weiblichen (y) Singles, und Paaren (p), in der nur die Paare zur Fortpflanzung beitragen.

$$\dot{x} = -\mu_m x + (\beta_m + \tilde{\mu}_f + \sigma)p - \phi(x, y),$$

$$\dot{y} = -\mu_f y + (\beta_f + \tilde{\mu}_m + \sigma)p - \phi(x, y),$$

$$\dot{p} = -(\tilde{\mu}_m + \tilde{\mu}_f + \sigma)p + \phi(x, y).$$

Dabei bedeuten β_j die Geburtsraten, μ_j bzw. $\tilde{\mu}_j$ die Sterberaten der Singles bzw. der Paare, σ die Trennungsrate der Paare, und $\phi : \mathbb{R}_+^2 \to \mathbb{R}_+$ die sogenannte Paarbildungsfunktion.

Es sei ϕ lokal Lipschitz, monoton wachsend in beiden Variablen, und $\phi(x, y) = 0 \Leftrightarrow xy = 0$. Zeigen Sie, dass dieses System einen Halbfluss auf $\mathbb{R}_+^3$ erzeugt, also dass die Lösungen zu nichtnegativen Anfangswerten global nach rechts existieren, eindeutig bestimmt und nichtnegativ sind, und stetig von den Daten abhängen.

4.5 Sei $G \subset \mathbb{R}^n$ offen, $f : G \to \mathbb{R}^n$ lokal Lipschitz und $x \in C^1(\mathbb{R}_+; G)$ eine Lösung von

$$\dot{x} = f(x). \tag{4.26}$$

Es existiere der Grenzwert $\lim_{t \to \infty} x(t) =: x_\infty \in G$. Zeigen Sie, dass dann x_∞ stationäre Lösung von (4.26) ist, also $f(x_\infty) = 0$ gilt.

4.6 Das System

$$\dot{x} = g(x) - y, \quad x(0) = x_0,$$

$$\dot{y} = \sigma x - \gamma y, \quad y(0) = y_0,$$

mit $g(x) = -x(x - a)(x - b)$, $0 < a < b$, $\sigma, \gamma > 0$, heißt **FitzHugh-Nagumo-Gleichung**. Es spielt in der Theorie der Nervensysteme eine wichtige Rolle. Zeigen Sie, dass dieses Anfangswertproblem eindeutig und nach rechts global lösbar ist. Bestimmen Sie die Equilibria des Systems und skizzieren Sie das Phasendiagramm. Leiten Sie Differentialgleichungen für die Ableitung der Lösung nach σ her.

4.7 Das folgende System wurde von **Field und Noyes** zur Modellierung der **Belousov-Zhabotinski** Reaktion vorgeschlagen. Es wird gelegentlich auch *Oregonator* genannt.

$$\varepsilon \dot{x} = x + y - xy - \gamma x^2, \quad x(0) = x_0 \geq 0,$$

$$\dot{y} = 2\delta z - y - xy, \quad y(0) = y_0 \geq 0,$$

$$\beta \dot{z} = x - z, \quad z(0) = z_0 \geq 0,$$

wobei $\beta, \gamma, \delta, \varepsilon > 0$ Konstanten sind. Zeigen Sie, dass die Lösung eindeutig bestimmt ist, nichtnegativ bleibt, und nach rechts global existiert. Bestimmen Sie alle Equilibria in $\mathbb{R}_+^3$

4.8 Betrachten Sie das Randwertproblem

$$\ddot{x} + g(x) = 0, \quad x(0) = x(1) = 0,$$

wobei $g : \mathbb{R} \to \mathbb{R}$ lokal Lipschitz sei. Die **Shooting-Methode** zur Lösung solcher Randwertprobleme besteht darin, das entsprechende Anfangswertproblem mit $x(0) = 0$, $\dot{x}(0) = a$ zu lösen, und dann eine Nullstelle der Abbildung $\phi \in C^1(\mathbb{R})$ definiert durch $\phi(a) = x(1, a)$ zu suchen. Dabei bezeichnet $x(t, a)$ die Lösung dieses Anfangswertproblems. Beweisen Sie mit dieser Methode einen Existenzsatz im Fall eines beschränkten g: $|g(x)| \leq M$ für alle $x \in \mathbb{R}$.

Elementare Stabilitätstheorie

5

Sei $G \subset \mathbb{R}^n$ offen, $f : \mathbb{R} \times G \to \mathbb{R}^n$ stetig und lokal Lipschitz in x. In diesem Kapitel betrachten wir das Anfangswertproblem

$$\begin{cases} \dot{x} = f(t, x), \\ x(t_0) = x_0, \end{cases} \tag{5.1}$$

mit $t_0 \in \mathbb{R}$ und $x_0 \in G$. Einer der wichtigsten Begriffe in der Theorie der Differentialgleichungen ist der der *Stabilität*.

5.1 Stabilitätsdefinitionen

Sei $\tilde{x}(t)$, $t \geq t_0$ eine ausgezeichnete Lösung der Differentialgleichung (5.1) zum Anfangswert $\tilde{x}(t_0) = \tilde{x}_0$. Setze $y(t) := x(t) - \tilde{x}(t)$, wobei $x(t)$, $t \geq t_0$ die Lösung von (5.1) ist. Dann gilt

$$\dot{y}(t) = \dot{x}(t) - \dot{\tilde{x}}(t) = f(t, x(t)) - f(t, \tilde{x}(t)) = f(t, y(t) + \tilde{x}(t)) - f(t, \tilde{x}(t)).$$

Definiert man $g(t, y(t)) := f(t, y(t) + \tilde{x}(t)) - f(t, \tilde{x}(t))$, so erhält man die Differentialgleichung $\dot{y} = g(t, y)$ für die Funktion $y(t)$, wobei die Funktion g natürlich wieder lokal Lipschitz in y und stetig in t ist. Es gilt offensichtlich $g(t, 0) = 0$, das heißt, die Differentialgleichung $\dot{y} = g(t, y)$ besitzt die triviale Lösung $y_* = 0$ zum Anfangswert $y_*(t_0) = 0$. Daher genügt es den Fall $f(t, 0) = 0$ zu betrachten.

Definition 5.1.1. Sei $f : \mathbb{R} \times G \to \mathbb{R}^n$ stetig und lokal Lipschitz in x, mit $f(t, 0) = 0$ und $x(t, x_0)$, $t \geq t_0$, sei die Lösung des Anfangswertproblems (5.1).

© Springer Nature Switzerland AG 2019
J. W. Prüss, M. Wilke, *Gewöhnliche Differentialgleichungen und dynamische Systeme*, Grundstudium Mathematik, https://doi.org/10.1007/978-3-030-12362-8_5

1. Die triviale Lösung $x_* = 0$ heißt **stabil**, falls es zu jedem $\varepsilon > 0$ ein $\delta > 0$ gibt, sodass $\bar{B}_\delta(0) \subset G$, die Lösung $x(t, x_0)$ zu $x_0 \in \bar{B}_\delta(0)$ für alle $t \geq t_0$ existiert und

$$|x(t, x_0)| \leq \varepsilon, \quad \text{für alle } |x_0| \leq \delta, \quad \text{und } t \geq t_0,$$

   erfüllt ist.
2. $x_* = 0$ heißt **instabil**, falls x_* nicht stabil ist.
3. $x_* = 0$ heißt **attraktiv**, falls ein $\delta_0 > 0$ existiert, sodass $\bar{B}_{\delta_0}(0) \subset G$, die Lösung $x(t, x_0)$ zu $x_0 \in \bar{B}_\delta(0)$ für alle $t \geq t_0$ existiert, und

$$\lim_{t \to \infty} |x(t, x_0)| = 0 \text{ für alle } x_0 \in \bar{B}_{\delta_0}(0) \text{ gilt.}$$

4. $x_* = 0$ heißt **asymptotisch stabil**, falls $x_* = 0$ stabil **und** attraktiv ist.

Bemerkungen 5.1.2.

1. Die Stabilität der trivialen Lösung x_* ist die stetige Abhängigkeit der Lösung $x(t, x_0)$ vom Anfangswert x_0 *auf* $\mathbb{R}_+$ in einer Umgebung der trivialen Lösung, denn die Stabilitätsdefinition ist äquivalent zu

$$\lim_{|x_0| \to 0} |x(t, x_0)| = 0 \text{ gleichmäßig bezüglich } t \geq t_0.$$

2. Zwischen Stabilität und Attraktivität von x_* gelten *keine* allgemeingültigen Beziehungen. Genauer gilt
   (a) x_* stabil $\not\Rightarrow x_*$ attraktiv;
   (b) x_* attraktiv $\not\Rightarrow x_*$ stabil.
   Ein Beispiel zu (a) ist das mathematische Pendel, welches wir später noch diskutieren werden. Zu (b) war historisch Vinograd (1957) der erste, der ein zweidimensionales System angegeben hat, in dem alle Lösungen für $t \to \infty$ gegen Null gehen, aber die Nulllösung instabil ist, da es sog. homokline Orbits gibt; vgl. Abb. 5.1. Das Beispiel ist leider kompliziert, wir werden später ein einfacheres kennenlernen (vgl. Abschn. 9.2).

Abb. 5.1 Phasenportrait von Vinograd

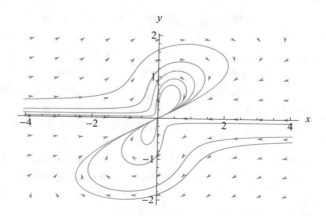

Beispiele.

(a) $\dot{x} = \alpha x$, $\quad \alpha \in \mathbb{R}$, $x \in \mathbb{R}^n$. Hier ist $x_* = 0$ die triviale Lösung der Differentialgleichung und die eindeutige Lösung zum Anfangswert $x(0) = x_0$ lautet $x(t, x_0) = x_0 e^{\alpha t}$. Offensichtlich ist die Lösung $x(t, x_0)$

- stabil für $\alpha \leq 0$, denn $|x(t, x_0)| = |x_0||e^{\alpha t}| \leq |x_0| \leq \delta := \varepsilon, t \geq 0$;
- instabil für $\alpha > 0$, denn $\lim_{t \to \infty} |x(t, x_0)| = \infty$, sofern $x_0 \neq 0$ ist;
- attraktiv für $\alpha < 0$, denn $\lim_{t \to \infty} |x(t, x_0)| = 0$ für alle $x_0 \in \mathbb{R}^n$.

(b) $\dot{x} = -x^3$, $\quad x \in \mathbb{R}$. Sei $x(0) = x_0 \in \mathbb{R} \setminus \{0\}$. Mit Trennung der Variablen erhält man die eindeutige Lösung

$$x(t, x_0) = \frac{\mathrm{sgn}(x_0)}{\sqrt{2t + 1/x_0^2}}, \quad t > -1/(2x_0^2).$$

Wie man sieht, existiert die Lösung für jedes $x_0 \neq 0$ global nach rechts, und für $|x_0| \leq \delta$ und $t \geq 0$ gilt

$$|x(t, x_0)| = \frac{1}{\sqrt{2t + 1/x_0^2}} \leq \frac{1}{\sqrt{1/x_0^2}} = |x_0| \leq \delta := \varepsilon.$$

Wegen $\lim_{t \to \infty} |x(t, x_0)| = 0$ ist die Lösung $x_* = 0$ auch asymptotisch stabil.

(c) *Das mathematische Pendel.* Linearisiert um die untere Ruhelage (also kleine Auslenkungen) lautet das Anfangswertproblem für das linearisierte Pendel

$$(P) \quad \begin{cases} \ddot{x} + \omega^2 x = 0, \\ x(0) = x_0, \ \dot{x}(0) = 0. \end{cases}$$

Die triviale Lösung $x_* = 0$ der Pendelgleichung beschreibt die untere Ruhelage des Pendels. Für kleine Abweichungen der Anfangswertes x_0 von $x_* = 0$, also $|x_0| \leq \delta$, bleibt die Lösung von (P) innerhalb einer ε-Umgebung von $x_* = 0$, denn mit $x(t, x_0) = x_0 \cos \omega t$ gilt

$$|x(t, x_0)| = |x_0||\cos \omega t| \leq |x_0| \leq \delta := \varepsilon$$

für alle $t \geq 0$. Die untere Ruhelage des linearisierten Pendels ist also stabil, aber nicht attraktiv, denn der Grenzwert $\lim_{t \to \infty} x(t)$ existiert nicht.

Wie wir später sehen werden, kann man bezüglich Stabilität von $x_* = 0$ der unteren Ruhelage des linearisierten Pendels keine Rückschlüsse auf die nichtlineare Differential-gleichung $\ddot{x} + \omega^2 \sin x = 0$ ziehen. Die untere Ruhelage ist aber auch für die nichtlineare Pendelgleichung stabil, wie wir später zeigen; siehe auch Abb. 1.8.

Die obere Ruhelage $x_* = \pi$ der nichtlinearen Pendelgleichung $\ddot{x} + \omega^2 \sin x = 0$ ist instabil, denn selbst für sehr kleine Abweichungen des Anfangswertes x_0 von π ergeben sich große Auslenkungen.

5.2 Ebene lineare autonome Systeme

Wir betrachten nun die autonome lineare Differentialgleichung

$$\dot{x} = Ax, \quad A = \begin{bmatrix} a_{11} & a_{12} \\ a_{21} & a_{22} \end{bmatrix} \in \mathbb{R}^{2 \times 2}. \tag{5.2}$$

Offensichtlich ist $x_* = [0, 0]^\mathsf{T}$ ein Equilibrium von (5.2). Ziel dieses Abschnittes ist, die Stabilitätseigenschaften der trivialen Lösung des Systems $\dot{x} = Ax$ mittels der Eigenwerte von A vollständig zu charakterisieren.

Dazu betrachten wir das charakteristische Polynom $p_A(\lambda)$ von A

$$p_A(\lambda) = \det(\lambda I - A) = \lambda^2 - p\lambda + q,$$

wobei $p = \operatorname{sp} A = a_{11} + a_{22}$ und $q = \det A = a_{11}a_{22} - a_{12}a_{21}$. Wir müssen nun anhand der beiden (nicht notwendigerweise verschiedenen) Eigenwerte λ_1, λ_2 diverse Fälle unterscheiden. Die Eigenwerte der Matrix A sind explizit gegeben durch

$$\lambda_{1,2} = \frac{p}{2} \pm \sqrt{\frac{p^2}{4} - q} = \frac{\operatorname{sp} A}{2} \pm \sqrt{\frac{(\operatorname{sp} A)^2}{4} - \det A}.$$

Wir unterscheiden zunächst 3 Grundfälle.

1. $\lambda_{1,2}$ sind reell und $\lambda_1 \neq \lambda_2$, falls $q < \frac{p^2}{4}$;
2. $\lambda_{1,2}$ sind reell und $\lambda_1 = \lambda_2$, falls $q = \frac{p^2}{4}$;
3. $\lambda_{1,2}$ sind konjugiert komplex ($\lambda_2 = \overline{\lambda_1}$), falls $q > \frac{p^2}{4}$.

Diese Fälle werden nun separat behandelt.

Zu 1: Zu verschiedenen Eigenwerten λ_1, λ_2 existieren zwei linear unabhängige Eigenvektoren v_1, v_2. Definieren wir eine Matrix C durch $C := [v_1, v_2]$, so gilt $\det C \neq 0$, aufgrund der linearen Unabhängigkeit von v_1, v_2. Also ist C invertierbar. Ferner gilt natürlich $AC = (\lambda_1 v_1, \lambda_2 v_2)$. Das gleiche Resultat erhält man aber, indem man C mit einer Diagonalmatrix $\text{diag}(\lambda_1, \lambda_2)$ multipliziert

$$C \, \text{diag}(\lambda_1, \lambda_2) = (\lambda_1 v_1, \lambda_2 v_2) = AC,$$

also gilt $\text{diag}(\lambda_1, \lambda_2) = C^{-1}AC$. Mit $x = Cy$ folgt

$$\dot{y} = C^{-1}\dot{x} = C^{-1}Ax = C^{-1}ACy$$

und wir haben das zu (5.2) äquivalente System

$$\dot{y} = By, \quad \text{mit } B := C^{-1}AC = \text{diag}(\lambda_1, \lambda_2) \tag{5.3}$$

erhalten, welches die entkoppelte Struktur

$$\dot{y}_1 = \lambda_1 y_1,$$
$$\dot{y}_2 = \lambda_2 y_2,$$

besitzt. Die Lösungen von (5.3) lauten

$$y_1(t) = k_1 e^{\lambda_1 t}, \; k_1 \in \mathbb{R},$$
$$y_2(t) = k_2 e^{\lambda_2 t}, \; k_2 \in \mathbb{R}. \tag{5.4}$$

Beim Übergang von (5.2) zu (5.3) bleiben die Eigenwerte erhalten und auch das globale Verhalten der Lösungen ändert sich nicht. Geometrische Objekte werden lediglich einer affinen Ähnlichkeitstransformation unterworfen. Die Trajektorien sind durch die Parametrisierung (5.4) gegeben. Anhand der Lage der Eigenwerte unterscheiden wir nun 5 Unterfälle; vgl. Abb. 5.2, 5.3 und 5.4.

$$(\alpha) \; \lambda_1 < 0 < \lambda_2 \quad : \; q < 0,$$
$$(\beta) \; \lambda_1, \lambda_2 < 0 \quad : \; 0 < q < p^2/4, \; p < 0,$$
$$(\gamma) \; \lambda_1, \lambda_2 > 0 \quad : \; 0 < q < p^2/4, \; p > 0,$$
$$(\delta) \; \lambda_1 < 0, \; \lambda_2 = 0 \; : \; q = 0, \; p < 0,$$
$$(\varepsilon) \; \lambda_1 > 0, \; \lambda_2 = 0 \; : \; q = 0, \; p > 0.$$

Abb. 5.2 (α) Sattelpunkt

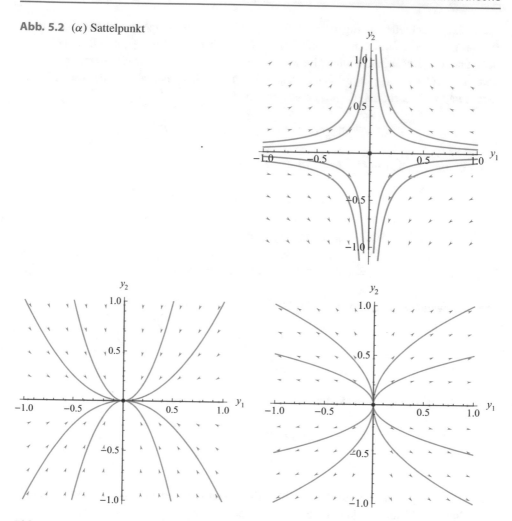

Abb. 5.3 Stabiler Knoten (β) und instabiler Knoten (γ)

Zu 2: Im Fall $q = p^2/4$ sind die Eigenwerte durch $\lambda_{1,2} = p/2 = \operatorname{sp} A/2$ gegeben. Es ergeben sich nun 2 Möglichkeiten:

2a: $\lambda = \lambda_{1,2}$ ist halbeinfach, das heißt, die geometrische Vielfachheit von λ ist gleich der algebraischen Vielfachheit, also gleich 2. Es existieren dann 2 linear unabhängige Eigenvektoren zum Eigenwert λ. Diesen Fall können wir wie in 1. behandeln. Man erhält

$$y_1(t) = k_1 e^{\lambda t}, \ k_1 \in \mathbb{R},$$
$$y_2(t) = k_2 e^{\lambda t}, \ k_2 \in \mathbb{R}.$$

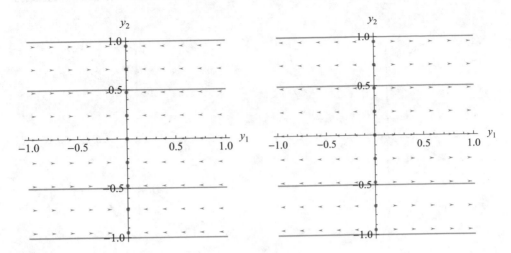

Abb. 5.4 Stabile Zustände (δ) und instabile Zustände (ε)

Die zugehörigen Phasenportraits nennt man *echte Knoten*, stabil für $\lambda < 0$, instabil für $\lambda > 0$. Im Fall $\lambda = 0$ ist $A = 0$, also der Fluss trivial.

2b: $\lambda = \lambda_{1,2}$ ist nicht halbeinfach, das heißt, es gibt nur einen Eigenvektor v zum Eigenwert λ. Die Matrix A lässt sich nun nicht mehr diagonalisieren. Gemäß Abschn. 3.3 löse man die Gleichung $(A - \lambda I)w = v$; das ergibt einen von v linear unabhängigen Vektor w. Wie in 1. definieren wir dann die Matrix C durch $C := [v, w]$. Es gilt

$$AC = (\lambda v, Aw) = (\lambda v, v + \lambda w) = C \begin{bmatrix} \lambda & 1 \\ 0 & \lambda \end{bmatrix}.$$

Die Matrix C leistet also eine Transformation der Matrix A auf Tridiagonalform

$$\begin{bmatrix} \lambda & 1 \\ 0 & \lambda \end{bmatrix} = C^{-1}AC.$$

Setzen wir wie im 1. Fall $x = Cy$, so erhalten wir für y das zu (5.2) äquivalente System

$$\dot{y} = By, \ B := C^{-1}AC = \begin{bmatrix} \lambda & 1 \\ 0 & \lambda \end{bmatrix}, \tag{5.5}$$

also

$$\dot{y}_1 = \lambda y_1 + y_2,$$
$$\dot{y}_2 = \lambda y_2.$$

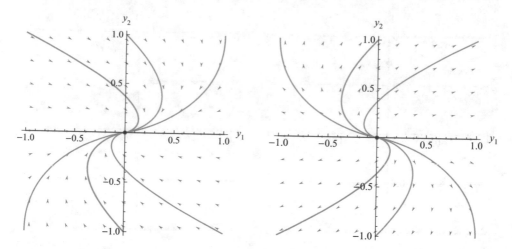

Abb. 5.5 Stabiler falscher Knoten (*a*) und instabiler falscher Knoten (*c*)

Abb. 5.6 Instabile Zustände
(*b*)

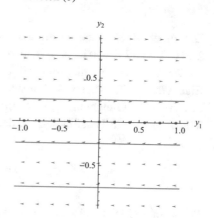

Die Lösungen dieses Systems lauten

$$y_1(t) = (k_1 + k_2 t)e^{\lambda t}, \ k_1, k_2 \in \mathbb{R},$$

$$y_2(t) = k_2 e^{\lambda t}, \ k_2 \in \mathbb{R}.$$

Es ergeben sich 3 Unterfälle für Fall 2b:

$$(a) \ \lambda < 0 \ : \ p < 0,$$

$$(b) \ \lambda = 0 \ : \ p = 0,$$

$$(c) \ \lambda > 0 \ : \ p > 0.$$

Abb. 5.5 und 5.6 zeigen das Verhalten der Trajektorien.

Zu 3: Wegen $\lambda_2 = \overline{\lambda_1}$ gilt $\lambda_1 \neq \lambda_2$. Die Matrix A lässt sich wie in Fall 1 (hier jedoch komplex) diagonalisieren. Man erhält so das System

$$\dot{u} = \lambda_1 u,$$

$$\dot{v} = \lambda_2 v.$$

Zur Deutung der Stabilität ist dieses komplexe System jedoch nicht so geeignet. Daher betrachtet man den Real- und Imaginärteil von u. Sei $\lambda_1 = \sigma + i\rho$ und o.B.d.A. gelte $\rho > 0$. Ist das nicht der Fall, so vertausche man λ_1 und λ_2. Seien ferner $y_1 = \operatorname{Re} u$ und $y_2 = \operatorname{Im} u$. Damit ergibt sich das reelle System

$$\dot{y}_1 = \sigma y_1 - \rho y_2,$$
$$\dot{y}_2 = \sigma y_2 + \rho y_1. \tag{5.6}$$

Bezüglich des Parameters σ unterscheiden wir nun wiederum 3 Unterfälle:

$$(1) \quad \sigma < 0 \ : \ p > 0,$$

$$(2) \quad \sigma = 0 \ : \ p = 0,$$

$$(3) \quad \sigma > 0 \ : \ p < 0.$$

Wir schreiben (5.6) mittels der Transformation $y_1 = r\cos\varphi$, $y_2 = r\sin\varphi$ und $r = r(t)$, $\varphi = \varphi(t)$ in Polarkoordinaten.

$$\dot{r}\cos\varphi - \dot{\varphi} r\sin\varphi = \sigma r\cos\varphi - \rho r\sin\varphi,$$

$$\dot{r}\sin\varphi + \dot{\varphi} r\cos\varphi = \sigma r\sin\varphi + \rho r\cos\varphi.$$

Daraus gewinnen wir das entkoppelte System

$$\begin{cases} \dot{r} = \sigma r, \\ \dot{\varphi} = \rho, \end{cases}$$

dessen Lösungen durch $r(t) = k_1 e^{\sigma t}$ und $\varphi(t) = \rho t + k_2$, $k_1, k_2 \in \mathbb{R}$, $\rho > 0$ gegeben sind. Man sieht sofort, dass sich für $\rho < 0$ lediglich die Laufrichtung der Phasenbahnen ändert. Das Stabilitätsverhalten hängt nur vom Vorzeichen von $\sigma \in \mathbb{R}$ ab. Die Phasenportraits für den Fall 3 sind in Abb. 5.7 und 5.8 wiedergegeben.

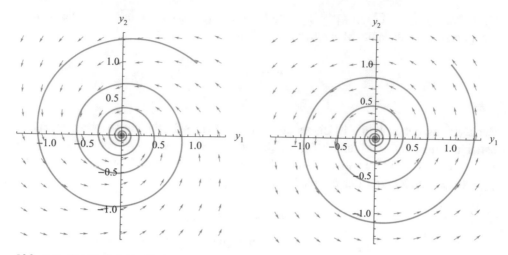

Abb. 5.7 Stabile Spirale (1) und instabile Spirale (3)

Abb. 5.8 Zentrum (2)

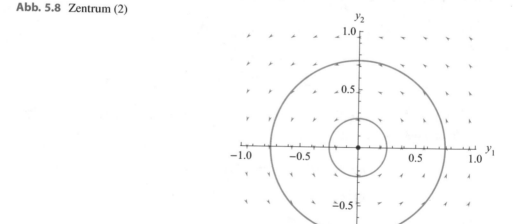

Bemerkungen 5.2.1.

1. Wie bereits erwähnt, wird die Matrix A einer affinen Ähnlichkeitstransformation unterzogen. In den ursprünglichen Koordinaten (x_1, x_2) haben die Trajektorien daher ein verzerrtes Aussehen. Des Weiteren können wir aus Fall 1, 2 und 3 schlussfolgern, dass (5.2) für $q = \det A > 0$ und $p = \operatorname{sp} A < 0$ asymptotisch stabil ist, und für $q < 0$ oder $p > 0$ instabil ist.
2. Ein Zentrum ist das Übergangsstadium zwischen stabilen und instabilen Spiralen. Falsche Knoten treten beim Übergang von Knoten zu Spiralen auf.

Abb. 5.9 Stabilitätsbereiche

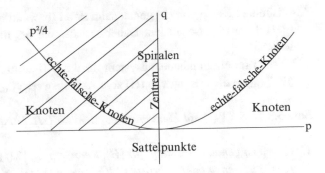

3. Die wichtigsten Fälle sind die Knoten, Spiralen und die Sattelpunkte. Diese sind nämlich **strukturell stabil**, d. h. invariant unter kleinen Störungen der Matrix A. Insbesondere sind echte und falsche Knoten sowie Zentren nicht strukturell stabil. Letztere spielen in der Verzweigungstheorie eine wichtige Rolle.

Die Ergebnisse unserer Betrachtung können wir in Abb. 5.9 zusammenfassen: Der schraffierte Bereich skizziert das Stabilitätsgebiet.

Die lineare Differentialgleichung 2. Ordnung

$$\ddot{x} + a\dot{x} + bx = 0,$$

mit konstanten Koeffizienten $a, b \in \mathbb{R}$ ist äquivalent zum ebenen linearen und autonomen System 1. Ordnung

$$\dot{z} = \begin{bmatrix} 0 & 1 \\ -b & -a \end{bmatrix} z, \quad z = [u, v]^{\mathsf{T}}.$$

Es gilt sp $A = -a$ und det $A = b$, also $p = -a$ und $q = b$.

5.3 Stabilität linearer Systeme

Gegeben sei das lineare Differentialgleichungssystem

$$(L) \quad \dot{x} = A(t)x + b(t),$$

wobei $A \in C([t_0, \infty), \mathbb{R}^{n \times n})$, $b \in C([t_0, \infty), \mathbb{R}^n)$ und es seien $x_*(t)$ und $x(t)$ Lösungen von (L). Dann ist $y(t) := x(t) - x_*(t)$ eine Lösung von

$$(H) \quad \dot{y} = A(t)y.$$

Also ist eine Lösung von (L) genau dann stabil (bzw. attraktiv), wenn die triviale Lösung von (H) diese Eigenschaft hat. Daher spricht man bei linearen Systemen von Stabilität schlechthin.

Es sei $Y(t)$ ein Fundamentalsystem für die Differentialgleichung (H), also ist $y(t) = Y(t)Y^{-1}(t_0)y_0$ die Lösung von (H) zum Anfangswert $y(t_0) = y_0$.

Satz 5.3.1. *Sei $Y(t)$ ein Fundamentalsystem für (H). Dann gilt*

1. *$y_* = 0$ ist genau dann stabil für (H), wenn $\sup_{t \geq t_0} |Y(t)| < \infty$ gilt;*
2. *$y_* = 0$ ist genau dann attraktiv für (H), wenn $|Y(t)| \to 0$ für $t \to \infty$ gilt.*

Insbesondere fallen die Begriffe attraktiv *und* asymptotisch stabil *für lineare Systeme zusammen.*

Beweis. Zu 1: Sei die Lösung $y_* = 0$ von (H) stabil. Laut Definition gilt also

$$\forall\, \varepsilon > 0\ \exists\, \delta > 0\ :\ |y(t)| \leq \varepsilon,\ \text{für alle } |y_0| \leq \delta,\ \text{und } t \geq t_0.$$

Speziell existiert für $\varepsilon = 1$ ein $\delta = \delta(1) > 0$, sodass

$$|y(t)| = |Y(t)Y^{-1}(t_0)y_0| \leq 1,$$

für $|y_0| \leq \delta$ und alle $t \geq t_0$. Sei nun $v \in \mathbb{R}^n$ beliebig und $y_0 := \delta Y(t_0)v/|Y(t_0)v|$. Dann folgt

$$|Y(t)v| = \delta^{-1}|Y(t_0)v||Y(t)Y(t_0)^{-1}y_0| \leq \delta^{-1}|Y(t_0)v| \leq (|Y(t_0)|/\delta)|v|.$$

Daher ist $|Y(t)|$ beschränkt durch $|Y(t_0)|/\delta$, für alle $t \geq t_0$.

Es gelte nun umgekehrt $|Y(t)| \leq M$, für alle $t \geq t_0$, mit einer Konstanten $M > 0$. Sei ferner $|y_0| \leq \delta$. Dann gilt

$$|y(t)| \leq |Y(t)||Y^{-1}(t_0)||y_0| \leq \delta M |Y^{-1}(t_0)| \leq \varepsilon,$$

falls $\delta \leq \varepsilon/(M|Y^{-1}(t_0)|)$.

Zu 2: Sei $y_* = 0$ asymptotisch stabil für (H). Dann existiert ein $\delta_0 > 0$, sodass $|y(t)| = |Y(t)Y^{-1}(t_0)y_0| \to 0$ für $t \to \infty$ und alle $|y_0| \leq \delta_0$. Wie in Teil I dieses Beweises erhalten wir $|Y(t)v| \to 0$ mit $t \to \infty$ für alle $v \in \mathbb{R}^n$. Daraus folgt $|Y(t)| \to 0$ für $t \to \infty$.

Umgekehrt gelte $|Y(t)| \to 0$ für $t \to \infty$. Dann gilt aber auch

$$|y(t)| \leq |Y(t)||Y^{-1}(t_0)||y_0| \to 0,$$

für $t \to \infty$ und alle $y_0 \in \mathbb{R}^n$ mit $|y_0| \le \delta_0$ und $\delta_0 > 0$ ist beliebig, aber fixiert. Daher ist $y_* = 0$ attraktiv für (H).

Offensichtlich existiert dann auch eine Konstante $M > 0$, sodass $|Y(t)| \le M$ für alle $t \ge t_0$ gilt. Aus dem ersten Teil des Beweises folgt somit, dass $y_* = 0$ auch stabil für (H) ist, also ist $y_* = 0$ asymptotisch stabil.   □

Für den Fall, dass $A(t)$ eine vom Parameter t unabhängige Koeffizientenmatrix $A \in \mathbb{R}^{n \times n}$ ist, erhält man aus Satz 5.3.1 das folgende Resultat.

Korollar 5.3.2. *Sei $A(t) \equiv A \in \mathbb{R}^{n \times n}$. Dann gelten*

1. *$y_* = 0$ ist genau dann stabil für (H), wenn gilt*

$$\begin{cases} \operatorname{Re} \lambda_j \le 0 \text{ für alle Eigenwerte } \lambda_j \text{ von } A, \\ \text{im Fall } \operatorname{Re} \lambda_j = 0 \text{ ist } \lambda_j \text{ halbeinfach;} \end{cases}$$

2. *$y_* = 0$ ist genau dann asymptotisch stabil für (H), wenn $\operatorname{Re} \lambda_j < 0$ für alle Eigenwerte von A gilt.*

Beweis. Dies folgt unmittelbar aus Lemma 3.3.2 bzw. Satz 3.3.4 und 5.3.1.   □

Ist $A \in \mathbb{R}^{n \times n}$, so heißt die Menge aller Eigenwerte $\sigma(A)$ *Spektrum* von A. Die Zahl

$$s(A) := \max\{\operatorname{Re} \lambda : \lambda \in \sigma(A)\}$$

wird *Spektralschranke* von A genannt. Damit kann man das Korollar kurz auch wie folgt formulieren: $y_* = 0$ *ist genau dann asymptotisch stabil wenn $s(A) < 0$ gilt, und $s(A) > 0$ impliziert Instabilität.* Der Fall $s(A) = 0$, also wenn es Eigenwerte auf der imaginären Achse gibt, erfordert weitere Informationen über diese, die über Stabilität und Instabilität entscheiden. Dieser Fall wird häufig *marginal stabil* genannt.

5.4   Das Prinzip der linearisierten Stabilität

Wir betrachten nun autonome Differentialgleichungen der Form

$$(N) \qquad \dot{x} = f(x),$$

mit $f \in C^1(\mathbb{R}^n, \mathbb{R}^n)$. Sei x_* ein Equilibrium von (N), also $f(x_*) = 0$. Unser Ziel ist es, die Stabilitätseigenschaften dieser speziellen Lösung zu charakterisieren. Es sei $x = x(t)$ eine Lösung von (N). Setzen wir $u(t) := x(t) - x_*$, so erhalten wir

$$\dot{u}(t) = \dot{x}(t) - \underbrace{\frac{d}{dt} x_*}_{=0} = \dot{x}(t) - \underbrace{f(x_*)}_{=0} = f(u(t) + x_*) - f(x_*) = f'(x_*)u(t) + r(u(t)),$$

mit

$$r(u) := f(u + x_*) - f(x_*) - f'(x_*)u = o(|u|), \quad \text{für } |u| \to 0.$$

Daher untersuchen wir das äquivalente *semilineare* System

$$(NL) \qquad \dot{u} = Au + r(u),$$

mit $A := f'(x_*) \in \mathbb{R}^{n \times n}$ und vergleichen dieses mit dem linearen System

$$(L) \qquad \dot{u} = Au.$$

Der folgende Satz enthält Implikationen der Stabilitätseigenschaften der trivialen Lösung $u_* = 0$ von (L) für die von x_* für (N).

Satz 5.4.1. *Sei $f \in C^1(\mathbb{R}^n, \mathbb{R}^n)$, x_* ein Equilibrium von (N), und $A := f'(x_*)$. Dann gelten die folgenden Aussagen:*

1. *Gilt $\operatorname{Re} \lambda_j < 0$ für alle Eigenwerte λ_j von A, so ist das Equilibrium x_* asymptotisch stabil für (N);*
2. *Existiert ein Eigenwert λ_j, mit $\operatorname{Re} \lambda_j > 0$, so ist x_* instabil für (N).*

Damit gilt für ein Equilibrium x_* von (N):

$$s(f'(x_*)) < 0 \;\Rightarrow\; x_* \text{ asymptotisch stabil}; \quad s(f'(x_*)) > 0 \;\Rightarrow\; x_* \text{ instabil.}$$

Daher ist die Spektralschranke von $f'(x_*)$ charakteristisch für Stabilität des Equilibriums x_* von (N).

Beweis. Zu 1: Sei $x = x(t)$ eine Lösung von (N). Dann löst $u(t) = x(t) - x_*$ das System (NL). Ferner sei $u(0) = u_0$. Wegen $f \in C^1(\mathbb{R}^n, \mathbb{R}^n)$ gilt:

$$\forall \rho > 0 \; \exists \eta(\rho) > 0 : \; |r(u)| \le \rho|u|, \text{ falls } |u| \le \eta. \tag{5.7}$$

Da $u = u(t)$ eine Lösung von (NL) ist, liefert die Formel der Variation der Konstanten die Darstellung

$$u(t) = e^{At}u_0 + \int_0^t e^{A(t-s)} r(u(s)) \, ds, \; t \ge 0. \tag{5.8}$$

Wir müssen zeigen:

$$\forall\, \varepsilon > 0 \; \exists\, \delta(\varepsilon) > 0 : \; |u(t)| \leq \varepsilon, \text{ falls } |u_0| \leq \delta,$$

für alle $t \geq 0$, und $\lim_{t \to \infty} |u(t)| = 0$. Nach Übung 3.8 existieren Konstanten $\omega > 0$ und $M \geq 1$, sodass

$$|e^{At}| \leq M e^{-\omega t},$$

für alle $t \geq 0$. Daraus folgt die Abschätzung

$$|u(t)| \leq |e^{At}||u_0| + \int_0^t |e^{A(t-s)}||r(u(s))|\, ds$$

$$\leq M e^{-\omega t}|u_0| + M \int_0^t e^{-\omega(t-s)}|r(u(s))|\, ds, \; t \geq 0.$$

Wir fixieren $\rho > 0$ so, dass $M\rho - \omega < 0$ gilt. Sei ferner $|u_0| \leq \delta < \eta$. Solange $|u(s)| \leq \eta$ für $0 \leq s \leq t$ gilt, können wir (5.7) anwenden und erhalten

$$|u(t)| \leq M e^{-\omega t}|u_0| + M \int_0^t e^{-\omega(t-s)}\rho|u(s)|\, ds.$$

Mit der Substitution $\phi(t) = e^{\omega t}|u(t)|$ folgt

$$\phi(t) \leq M|u_0| + M\rho \int_0^t \phi(s)\, ds,$$

und das Lemma von Gronwall 2.4.1 liefert

$$|u(t)| \leq M e^{(M\rho-\omega)t}|u_0|.$$

Aufgrund der Wahl von $\rho > 0$ gilt $M\rho - \omega < 0$, also

$$|u(t)| \leq |u_0|M \leq \delta M < \eta \quad \text{und} \quad |u(t)| < \varepsilon, \tag{5.9}$$

mit $\delta = \frac{1}{2M}\min\{\eta, \varepsilon\}$. Dies zeigt, dass es kein $t_* > 0$ geben kann, sodass $|u(t_*)| = \eta$ gilt. Nach dem Fortsetzungssatz 2.3.2 existiert die Lösung $u(t)$ also global nach rechts und wegen (5.9) ist $u_* = 0$ zudem stabil. Zusätzlich gilt aber auch

$$|u(t)| \leq M e^{(M\rho-\omega)t}|u_0| \to 0,$$

für $t \to \infty$. Daher ist $u_* = 0$ asymptotisch stabil für (NL), das heißt, x_* ist asymptotisch stabil für (N).

Zu 2: Seien $\lambda_k, k = 1, \ldots, r$, die verschiedenen Eigenwerte der Matrix A, geordnet nach aufsteigenden Realteilen. Wie wir in Kap. 3 gesehen haben, gilt dann die Spektralzerlegung

$$\mathbb{C}^n = N(\lambda_1) \oplus \cdots \oplus N(\lambda_r),$$

wobei $N(\lambda_k)$ den verallgemeinerten Eigenraum von λ_k bedeutet. Wenigstens der Eigenwert λ_r habe positiven Realteil. Wähle eine *Spektrallücke* $[\kappa - \sigma, \kappa + \sigma]$ mit $\sigma, \kappa > 0$ so, dass $\operatorname{Re} \lambda_r > \kappa + \sigma$ ist, und keine Eigenwerte Realteil in $[\kappa - \sigma, \kappa + \sigma]$ haben. Es sei s so gewählt, dass $\operatorname{Re} \lambda_s < \kappa - \sigma$ und $\operatorname{Re} \lambda_{s+1} > \kappa + \sigma$ gelten, und wir setzen $X_- := N(\lambda_1) \oplus \cdots \oplus N(\lambda_s)$, $X_+ := N(\lambda_{s+1}) \oplus \cdots \oplus N(\lambda_r)$, und bezeichnen mit $P_\pm$ die Projektion auf $R(P_\pm) = X_\pm$ längs $N(P_\pm) = X_\mp$. Dann lässt e^{At} die Räume $X_\pm$ invariant, und nach Übung 3.8, angewandt auf A in $X_\pm$, gibt es eine Konstante $M \geq 1$ mit

$$|P_- e^{At}| \leq M e^{(\kappa - \sigma)t}, \quad |P_+ e^{-At}| \leq M e^{-(\kappa + \sigma)t}, \quad \text{für alle } t \geq 0.$$

Angenommen, $u_* = 0$ sei stabil für (NL). Dann gibt es zu jedem $\varepsilon > 0$ ein $\delta > 0$, sodass die Lösung $u(t)$ von (NL) die Ungleichung $|u(t)| \leq \varepsilon$ für alle $t \geq 0$ erfüllt, sofern ihr Anfangswert $u(0) = u_0$ in $\bar{B}_\delta(0)$ liegt. Nach (5.7) gilt ferner $|r(u)| \leq \rho |u|$ für alle $u \in \bar{B}_\eta(0)$. Fixiere $\rho > 0$ (wird später gewählt) und setze $\varepsilon = \eta$ und $\delta = \delta(\eta)$.

Mit Variation der Konstanten gilt nun

$$u(t) = e^{At} u_0 + \int_0^t e^{A(t-s)} r(u(s)) ds, \quad t \geq 0. \tag{5.10}$$

Projiziert man diese Gleichung auf X_+ so erhält man

$$P_+ u(t) = P_+ e^{At} u_0 + \int_0^t P_+ e^{A(t-s)} r(u(s)) ds$$

$$= P_+ e^{At} v_0 - \int_t^\infty P_+ e^{-A(s-t)} r(u(s)) ds, \quad t \geq 0,$$

mit $v_0 = P_+ u_0 + \int_0^\infty P_+ e^{-As} r(u(s)) ds$. Man beachte dabei, dass $|r(u(s))| \leq \rho |u(s)| \leq \rho \eta$ für alle $s \geq 0$ gilt, und da $P_+ e^{-As}$ exponentiell fällt, existieren die Integrale in der letzten Darstellung von $P_+ u(t)$ und in der Definition von v_0 und sind beschränkt. Andererseits ist $P_+ e^{As}$ exponentiell wachsend, folglich ist $v_0 = 0$, da $u(t)$ beschränkt ist.

Daraus folgt

$$|P_+ u(t)| \leq M\rho \int_t^\infty e^{(\kappa + \sigma)(t-s)} |u(s)| ds, \quad t \geq 0,$$

und durch Anwendung von P_- auf die Darstellung (5.10) von $u(t)$ ebenso

$$|P_-u(t)| \leq Me^{(\kappa-\sigma)t}|P_-u_0| + M\rho \int_0^t e^{(\kappa-\sigma)(t-s)}|u(s)|ds, \quad t \geq 0.$$

Mit $P_+ + P_- = I$ folgt $|u(s)| \leq |P_+u(s)| + |P_-u(s)|$, und setzt man $\phi(t) = e^{-\kappa t}|P_-u(t)|$, $\psi(t) = e^{-\kappa t}|P_+u(t)|$, so erhält man das System von Integralungleichungen

$$\phi(t) \leq Me^{-\sigma t}|P_-u_0| + M\rho \int_0^t e^{-\sigma(t-s)}[\phi(s) + \psi(s)]ds, \quad t \geq 0,$$

$$\psi(t) \leq M\rho \int_t^\infty e^{-\sigma(s-t)}[\phi(s) + \psi(s)]ds, \quad t \geq 0. \qquad (5.11)$$

Addition dieser beiden Ungleichungen ergibt

$$\phi(t) + \psi(t) \leq Me^{-\sigma t}|P_-u_0| + M\rho \int_0^\infty e^{-\sigma|t-s|}[\phi(s) + \psi(s)]ds, \quad t \geq 0,$$

und nach Multiplikation mit $e^{-\sigma t/2}$ und Integration über $\mathbb{R}_+$

$$\int_0^\infty e^{-\sigma t/2}[\phi(t) + \psi(t)]dt$$

$$\leq \frac{2M}{3\sigma}|P_-u_0| + M\rho \int_0^\infty [\int_0^\infty e^{-\sigma t/2}e^{-\sigma|t-s|}dt][\phi(s) + \psi(s)]ds$$

$$\leq \frac{2M}{3\sigma}|P_-u_0| + \frac{8M\rho}{3\sigma} \int_0^\infty e^{-\sigma t/2}[\phi(t) + \psi(t)]dt.$$

Dabei haben wir die Integrationsreihenfolge vertauscht, was erlaubt ist, da der Integrand stetig und absolut integrierbar ist. Wählt man nun ρ so klein, dass $8M\rho/3\sigma \leq 1/2$ ist, so folgt die Abschätzung

$$\int_0^\infty e^{-\sigma t}[\phi(t) + \psi(t)]dt \leq \int_0^\infty e^{-\sigma t/2}[\phi(t) + \psi(t)]dt \leq \frac{4M}{3\sigma}|P_-u_0|.$$

Aus der Definition von v_0 und mit $v_0 = 0$ folgt nun

$$|P_+u_0| \leq M\rho \int_0^\infty e^{-\sigma t}[\phi(t) + \psi(t)]dt \leq \frac{4M^2\rho}{3\sigma}|P_-u_0| =: \gamma|P_-u_0|$$

Zusammengefasst haben wir aus der Stabilitätsannahme die Restriktion $|P_+u_0| \leq \gamma|P_-u_0|$ hergeleitet. Nur Lösungen mit Anfangswerten in $\bar{B}_\delta(0)$, die dieser Restriktion genügen, bleiben in der Kugel $\bar{B}_\varepsilon(0)$, was im Widerspruch zur Stabilitätsannahme steht. $\qquad\square$

Bemerkung 5.4.2. Satz 5.4.1 liefert keine Aussage im Fall Re $\lambda = 0$, für einen Eigenwert von A. Das zeigt schon das skalare Beispiel $\dot{x} = \beta x^3$ bzgl. der trivialen Lösung $x_* = 0$. Nach Beispiel (b) am Ende des Abschn. 5.1 ist $x_* = 0$ asymptotisch stabil, falls $\beta < 0$ und instabil, falls $\beta > 0$.

Beispiele.

(a) *Das mathematische Pendel.* Die obere Ruhelage, also der Punkt $(\pi, 0)$ ist ein Equilibrium der Pendelgleichung

$$\begin{cases} \dot{u} = v, \\ \dot{v} = -\omega^2 \sin u. \end{cases}$$

Mit $f(u, v) = [v, -\omega^2 \sin u]^\mathsf{T}$ gilt

$$f'(u, v) = \begin{bmatrix} 0 & 1 \\ -\omega^2 \cos u & 0 \end{bmatrix},$$

sodass

$$A := f'(\pi, 0) = \begin{bmatrix} 0 & 1 \\ \omega^2 & 0 \end{bmatrix}.$$

Die Eigenwerte der Matrix A lauten $\lambda_{1,2} = \pm\omega$, sodass für $\omega \neq 0$ ein positiver Eigenwert von A existiert. Nach Satz 5.4.1 ist die obere Ruhelage des mathematischen Pendels also instabil. Für die untere Ruhelage ergeben sich zwei imaginäre Eigenwerte von $f'(0)$, also ist Satz 5.4.1 nicht anwendbar.

(b) *Das Volterra–Lotka-Modell mit Sättigung*

$$(VL) \begin{cases} \dot{x} = ax - bxy - fx^2, \\ \dot{y} = -dy + cxy, \end{cases} \qquad a, b, c, d, f > 0.$$

Um die Equilibria von (VL) zu bestimmen, müssen wir das nichtlineare Gleichungssystem

$$ax - bxy - fx^2 = 0,$$

$$-dy + cxy = 0,$$

lösen. Für $y = 0$ folgt aus der ersten Gleichung $x_1 = 0$ und $x_2 = \frac{a}{f}$. Ist andererseits $y \neq 0$, so folgt aus der zweiten Gleichung $x = \frac{d}{c}$, woraus sich aus der ersten Gleichung $y = \frac{a}{b} - \frac{fd}{cb}$ ergibt.

Es existieren also die 3 Equilibria $E_1 = (0,0)$, $E_2 = \left(\frac{a}{f}, 0\right)$ und $E_3 = \left(\frac{d}{c}, \frac{a}{b} - \frac{fd}{cb}\right)$. Ferner gilt

$$f'(x, y) = \begin{bmatrix} a - by - 2fx & -bx \\ cy & -d + cx \end{bmatrix}.$$

Equilibrium E_1:

$$f'(0, 0) = \begin{bmatrix} a & 0 \\ 0 & -d \end{bmatrix}.$$

Die Eigenwerte der Matrix $f'(0, 0)$ lauten $\lambda_1 = a > 0$ und $\lambda_2 = -d < 0$. Nach Satz 5.4.1 ist das Equilibrium E_1 ein Sattelpunkt, also instabil.

Equilibrium E_2:

$$f'\left(\frac{a}{f}, 0\right) = \begin{bmatrix} -a & -\frac{ab}{f} \\ 0 & -d + \frac{ca}{f} \end{bmatrix}.$$

Die Eigenwerte sind in diesem Fall gegeben durch $\lambda_1 = -a < 0$ und $\lambda_2 = -d + \frac{ca}{f}$. Es gilt $\lambda_2 < 0$ genau dann, wenn $ac < df$. Hier ist E_2 für $ac < df$ asymptotisch stabil und im Fall $ac > df$ instabil.

Equilibrium E_3:

$$A := f'\left(\frac{d}{c}, \frac{a}{b} - \frac{fd}{cb}\right) = \begin{bmatrix} -\frac{df}{c} & -\frac{bd}{c} \\ \frac{ac-df}{b} & 0 \end{bmatrix}.$$

Aus Abschn. 5.2 wissen wir, dass $\operatorname{Re} \lambda_1, \operatorname{Re} \lambda_2 < 0$ genau dann gilt, wenn $\operatorname{sp} A < 0$ und $\det A > 0$. Es gilt $\operatorname{sp} A = -\frac{df}{c} < 0$ und

$$\det A = \frac{d}{c}(ac - df) \begin{cases} > 0, & \text{falls } ac > df, \\ < 0, & \text{falls } ac < df. \end{cases}$$

Freilich ist das *Koexistenzequilibrium E_3* biologisch nur für $ac > df$ sinnvoll und dann ist es asymptotisch stabil und E_2 instabil. Das Phasenportrait für den Koexistenz-Fall in (VL) ist in Abb. 5.10 mit $a = b = c = 2$, $d = f = 1$ dargestellt.

Abb. 5.10 Koexistenz im Volterra–Lotka-Modell

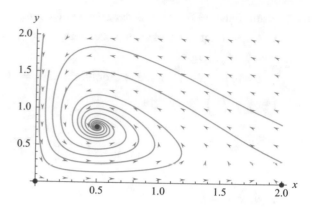

(c) *Konkurrenzmodelle.* Seien u, v die Populationsgrößen zweier Spezies, welche um dieselbe Nahrungsquelle konkurrieren. Das entsprechende System lautet

$$(K) \quad \begin{cases} \dot{u} = au - bu^2 - euv, \\ \dot{v} = cv - dv^2 - fuv, \end{cases} \quad a, b, c, d, e, f > 0.$$

Zur Bestimmung der Equilibria löse man das nichtlineare Gleichungssystem

$$(a - bu - ev)u = 0,$$
$$(c - dv - fu)v = 0.$$

Im Fall $u = 0$ bzw. $v = 0$ erhält man die 3 Gleichgewichtspunkte $E_1 = (0, 0)$, $E_2 = (0, \frac{c}{d})$ und $E_3 = (\frac{b}{a}, 0)$. Für $u \neq 0$, $v \neq 0$ existiert das *Koexistenzequilibrium*

$$\begin{bmatrix} u \\ v \end{bmatrix} = \frac{1}{bd - ef} \begin{bmatrix} d & -e \\ -f & b \end{bmatrix} \begin{bmatrix} a \\ c \end{bmatrix}.$$

Also gilt $E_4 = \left(\frac{ad - ec}{bd - ef}, \frac{bc - af}{bd - ef} \right)$. Ferner ist die Jacobi-Matrix gegeben durch

$$f'(u, v) = \begin{bmatrix} a - 2bu - ev & -eu \\ -fv & c - 2dv - fu \end{bmatrix}.$$

Equilibrium E_1:

$$f'(0, 0) = \begin{bmatrix} a & 0 \\ 0 & c \end{bmatrix}.$$

Da beide Eigenwerte größer als Null sind, ist E_1 instabil, ein instabiler Knoten.

Equilibrium E_2:

$$A := f'\left(0, \frac{c}{d}\right) = \begin{bmatrix} a - \frac{ec}{d} & 0 \\ -\frac{fc}{d} & -c \end{bmatrix}.$$

Es liegt asymptotische Stabilität von E_2 vor, falls sp $A < 0$ und det $A > 0$. Nun ist det $A > 0$ genau dann, wenn $ce > ad$ gilt; in diesem Fall ist sp $A < 0$.

Equilibrium E_3:
Eine ganz ähnliche Rechnung wie für das Equilibrium E_2 liefert die asymptotische Stabilität von E_3 für $af > bc$ und die Instabilität von E_3 für $af < bc$.

Equilibrium E_4:
Dieses Koexistenzequilibrium ist wegen den Populationsgrößen (u, v) nur dann sinnvoll, wenn *beide* Komponenten positiv sind. Sei $E_4 = (u_*, v_*)$. Wegen $0 = u_*(a - bu_* - ev_*)$ und $u_* > 0$, gilt $-bu_* = a - 2bu_* - ev_*$. Analog erhält man $-dv_* = c - 2dv_* - fu_*$. Daraus erhalten wir für die Jacobi-Matrix die Darstellung

$$A := f'(u_*, v_*) = \begin{bmatrix} -bu_* & -eu_* \\ -fv_* & -dv_* \end{bmatrix}.$$

Es gilt sp $A = -(bu_* + dv_*) < 0$, da $u_*, v_* > 0$ und det $A = u_* v_* (bd - ef) > 0$, falls $bd - ef > 0$. Nach Satz 5.4.1 ist das Equilibrium E_4 asymptotisch stabil, falls $bd - ef > 0$ und instabil, falls $bd - ef < 0$. Im Falle $b = 0$ oder $d = 0$ ist E_4 wegen $-ef < 0$ stets instabil und falls $e = 0$ oder $f = 0$, ist E_4 wegen $bd > 0$ stets asymptotisch stabil.

Die zugehörigen Phasenportraits sind in den Abb. 5.11 und 5.12 dargestellt.

In höheren Dimensionen sind die Nullstellen des charakteristischen Polynoms $p(\lambda) = \det(\lambda - A)$ nicht immer leicht zugänglich, daher sind Kriterien nützlich, die Re $\lambda_j < 0$ für alle Nullstellen λ_j von $p(\lambda)$ sicherstellen. Das bekannteste ist das Kriterium von *Routh-*

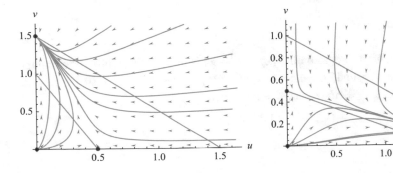

Abb. 5.11 Konkurrenzmodell: Keine Koexistenz

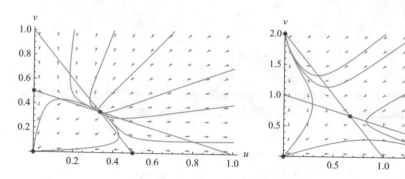

Abb. 5.12 Konkurrenzmodell: Koexistenz

Hurwitz, das hier ohne Beweis angegeben wird; siehe auch [9]. Um es formulieren zu können, schreibt man

$$p(\lambda) = a_1^0 \lambda^n + a_1^1 \lambda^{n-1} + a_2^0 \lambda^{n-2} + a_2^1 \lambda^{n-3} + \cdots .$$

Die Zeilen a_j^0 und a_j^1 werden weiter nach rechts durch Nullen aufgefüllt. Induktiv werden nun die Einträge der Routh-Matrix definiert mittels

$$a_j^{i+1} = a_{j+1}^{i-1} - r_i a_{j+1}^i, \quad r_i = \frac{a_1^{i-1}}{a_1^i}, \ i, j \geq 1,$$

sofern $a_1^i \neq 0$ ist, andernfalls wird $a_j^{i+1} = 0$ gesetzt. Nun gilt:

Satz 5.4.3 (Routh-Hurwitz-Kriterium). *Es sei die Routh-Hurwitz-Matrix $[a_j^i]_{ij}$ wie angegeben definiert. Dann sind äquivalent:*

(a) *Alle Nullstellen von $p(\lambda)$ haben negative Realteile.*
(b) *Es gilt $a_1^i > 0$ für alle $i = 1, \ldots, n$.*

Man beachte dabei $a_1^0 = 1$!

Speziell ergeben sich für $n = 3$, also für $p(\lambda) = \lambda^3 + a\lambda^2 + b\lambda + c$ die Stabilitätsbedingungen $a > 0, c > 0, ab > c$, und im Falle $n = 4$, also für $p(\lambda) = \lambda^4 + a\lambda^3 + b\lambda^2 + c\lambda + d$, die Relationen $a > 0, d > 0, ab > c, abc > c^2 + a^2 d$.

5.5 Ljapunov-Funktionen

Sei $f : G \to \mathbb{R}^n$ lokal Lipschitz, $G \subset \mathbb{R}^n$ offen und betrachte die autonome Differentialgleichung

$$\dot{x} = f(x). \tag{5.12}$$

Ein wichtiges Konzept in der Stabilitätstheorie von Differentialgleichungen ist das der Ljapunov-Funktion.

Definition 5.5.1.

1. Eine Funktion $V \in C(G; \mathbb{R})$ heißt **Ljapunov-Funktion** für (5.12), falls V entlang der Lösungen von (5.12) fallend ist, das heißt, die Funktion $\varphi(t) := (V \circ x)(t)$ ist für jede beliebige Lösung $x(t)$ von (5.12) fallend in t;
2. V heißt **strikte Ljapunov-Funktion** für (5.12), falls V entlang nichtkonstanter Lösungen von (5.12) streng fallend ist, das heißt, die Funktion $\varphi(t) := (V \circ x)(t)$ ist für jede beliebige nichtkonstante Lösung $x(t)$ von (5.12) streng fallend in t.

Beispiele für Ljapunov-Funktionen.

(a) Sei $x = x(t)$ eine Lösung von (5.12) und $V \in C^1(G; \mathbb{R})$. Die Kettenregel ergibt für die Funktion $\varphi(t) = (V \circ x)(t)$:

$$\dot{\varphi}(t) = (\nabla V(x(t))|\dot{x}(t)) = (\nabla V(x(t))|f(x(t))).$$

Also ist $V \in C^1(G; \mathbb{R})$ genau dann eine Ljapunov-Funktion, falls

$$(\nabla V(x)|f(x)) \leq 0 \quad \text{für alle } x \in G$$

gilt, und V ist eine strikte Ljapunov-Funktion, wenn

$$(\nabla V(x)|f(x)) < 0 \quad \text{für alle } x \in G \setminus \mathcal{E},$$

ist, wobei $\mathcal{E} = \{x \in G | f(x) = 0\} = f^{-1}(0)$ die Equilibriumsmenge von (5.12) bedeutet.

(b) Sei $n = 1$. Die Differentialgleichung $\dot{x} = f(x)$ besitzt eine Ljapunov-Funktion, denn falls $V = V(x)$ eine Stammfunktion zu $-f(x)$ ist, also $V'(x) = -f(x)$, so gilt

$$V'(x)f(x) = -f(x)^2 \leq 0.$$

Die Funktion V ist sogar eine strikte Ljapunov-Funktion.

Sei $n > 1$. Unter *Gradientensystemen* verstehen wir Systeme, bei denen die Funktion $-f(x)$ eine Stammfunktion $F \in C^1(G, \mathbb{R})$ besitzt, also $\nabla F(x) = -f(x)$. Setzt man $V(x) = F(x)$, so ist die Funktion V eine strikte Ljapunov-Funktion, denn es gilt

$$(\nabla V(x)|f(x)) = -(f(x)|f(x)) = -|f(x)|^2 \le 0,$$

und $f(x) = 0$ genau dann, wenn $x \in \mathcal{E}$.

(c) *Das gedämpfte Pendel*

$$\begin{cases} \dot{u} = v, \\ \dot{v} = -\alpha v - \omega^2 \sin u, \end{cases} \qquad \alpha \ge 0, \ \omega > 0.$$

Wir definieren $V(u, v) = \frac{1}{2}v^2 + \omega^2(1 - \cos u)$; dies ist das erste Integral für das ungedämpfte Pendel. Dann ist $V \in C^1(\mathbb{R}^2; \mathbb{R})$ eine Ljapunov-Funktion, denn es gilt

$$(\nabla V(u, v)|f(u, v)) = \left(\begin{bmatrix} \omega^2 \sin u \\ v \end{bmatrix} \middle| \begin{bmatrix} v \\ -\alpha v - \omega^2 \sin u \end{bmatrix} \right)$$

$$= v\omega^2 \sin u - \alpha v^2 - \omega^2 v \sin u = -\alpha v^2 \le 0,$$

für alle $v \in \mathbb{R}$. Mit Ausnahme der u-Achse gilt sogar $(\nabla V(u, v)|f(u, v)) < 0$, also $\varphi(t) = V(u(t), v(t))$ streng fallend. Angenommen, $\varphi(t)$ ist in einem nichttrivialem Intervall (a, b) nicht streng fallend; dann folgt $\dot{\varphi}(t) = 0$, also $v(t) = 0$ in (a, b), folglich $\dot{u}(t)$, und somit $u(t) = const$ in (a, b). Mit $\dot{v}(t) = 0$ folgt dann $\sin u(t) = 0$, d. h. diese Lösung muss ein Equilibrium sein. Daher ist V sogar eine strikte Ljapunov-Funktion.

(d) *Das Volterra–Lotka-System mit Sättigung*

$$(VLS) \quad \begin{cases} \dot{x} = ax - cxy - bx^2, \\ \dot{y} = -dy + exy, \end{cases} \qquad a, b, c, d, e > 0.$$

Das Koexistenzequilibrium im Quadranten $G = (0, \infty) \times (0, \infty) = (0, \infty)^2$ haben wir schon im vorigen Abschnitt bestimmt und auf Stabilität untersucht. Es lautet $x_* = \frac{d}{e}$ und $y_* = \frac{ae-bd}{ce}$. Wir definieren nun eine Funktion V durch

$$V(x, y) = \alpha(x - x_* \log \frac{x}{x_*}) + \beta(y - y_* \log \frac{y}{y_*}) \qquad \alpha, \beta \in \mathbb{R}.$$

Dann gilt

$$(\nabla V(x, y) | f(x, y)) = \left(\begin{bmatrix} \alpha(1 - x_*/x) \\ \beta(1 - y_*/y) \end{bmatrix} \Big| \begin{bmatrix} ax - bx^2 - cxy \\ -dy + cxy \end{bmatrix} \right)$$

$$= \alpha(x - x_*)(a - bx - cy) + \beta(y - y_*)(-d + ex)$$

$$= \alpha(x - x_*)[b(x_* - x) + c(y_* - y)] + \beta(y - y_*)e(x - x_*)$$

$$= -\alpha b(x - x_*)^2 + (\beta e - \alpha c)(y - y_*)(x - x_*).$$

Hier haben wir die Identitäten $a = bx_* + cy_*$ und $d = ex_*$ verwendet. Wir wählen $\alpha = e$ und $\beta = c$. Daraus folgt

$$(\nabla V(x, y) | f(x, y)) = -eb(x - x_*)^2 \le 0,$$

für alle $x, y \in \mathbb{R}$. Also ist die Funktion $V = V(x, y)$ eine Ljapunov-Funktion. Es gilt sogar $(\nabla V(x, y) | f(x, y)) < 0$ für alle $x \ne x_*$, also ist $\varphi(t) = V(x(t), y(t))$ streng fallend, sofern $x(t) \ne x_*$ ist. Für Zeitwerte t mit $x(t) = x_*$ ist aber

$$\dot{x}(t) = x_*(a - cy - bx_*) \ne 0,$$

sofern nicht auch $y = y_*$ ist. Daher verlässt eine nichtkonstante Lösung sofort die Menge $\{x = x_*\}$, und V ist damit sogar eine strikte Ljapunov-Funktion.

Ljapunov-Funktionen eignen sich zum Nachweis globaler Existenz der Lösungen von (5.12).

Proposition 5.5.2. *Sei $G \subset \mathbb{R}^n$ offen, $f : G \to \mathbb{R}^n$ lokal Lipschitz, $V \in C(G, \mathbb{R})$ eine Ljapunov-Funktion für (5.12) und es gelte*

1. $\lim_{|x| \to \infty} V(x) = \infty$, *falls G unbeschränkt ist: V ist* koerziv;
2. $\lim_{x \to \partial G} V(x) = \infty$.

Dann existiert jede Lösung von (5.12) global nach rechts. Ferner gelten

$$\sup_{t \ge 0} |x(t)| < \infty \quad \text{und} \quad \inf_{t \ge 0} \operatorname{dist}(x(t), \partial G) > 0.$$

Beweis. Sei $x(t)$ eine Lösung von (5.12) mit dem maximalen Existenzintervall $[0, t_+)$. Dann ist die Funktion $\varphi(t) := V(x(t))$ nach Voraussetzung monoton fallend für alle $t \in [0, t_+)$. Angenommen $x(t)$ ist nicht beschränkt. Dann existiert eine Folge $t_n \to t_+$ mit $|x(t_n)| \to \infty$ für $n \to \infty$. Nach Voraussetzung 1 gilt dann aber auch $V(x(t_n)) \to \infty$ für $n \to \infty$. Dies widerspricht aber der Monotonie von φ.

Angenommen $\operatorname{dist}(x(t_n), \partial G) \to 0$ für $t_n \to t_+$. Aus Voraussetzung 2 folgt dann wiederum $V(x(t_n)) \to \infty$ für $n \to \infty$, ein Widerspruch. Aus Satz 2.3.2 folgt $t_+ = \infty$, also die globale Existenz der Lösung nach rechts. $\qquad\qquad\qquad\qquad\qquad\qquad\qquad\qquad$ $\square$

Beispiele.

(a) *Das Volterra–Lotka-System mit Sättigung.* Sei $G = (0, \infty)^2$. Wie wir bereits gesehen haben, ist die Funktion

$$V(x, y) = e\left(x - x_* \log \frac{x}{x_*}\right) + c\left(y - y_* \log \frac{y}{y_*}\right)$$

eine Ljapunov-Funktion für das Volterra–Lotka-System mit Sättigung. Die Funktion V erfüllt ferner die Voraussetzungen aus Proposition 5.5.2 für $G = (0, \infty) \times (0, \infty)$. Also existieren die Lösungen global nach rechts und sind vom Rand weg beschränkt.

(b) *Das gedämpfte Pendel.* Sei $G = \mathbb{R}^2$. Die strikte Ljapunov-Funktion

$$V(u, v) = \frac{1}{2}v^2 + \omega^2(1 - \cos u)$$

erfüllt leider nicht die Bedingung 1 aus Proposition 5.5.2. Jedoch gilt $V(u, v) \to \infty$ für $|v| \to \infty$. Das impliziert $|\dot{u}(t)| = |v(t)| \leq M$ für alle $t \geq 0$. Aus der Differentialgleichung für das gedämpfte Pendel erhalten wir zunächst $|\ddot{u}(t)| \leq M$ für alle $t \geq 0$ und nach Multiplikation der Gleichung mit $\dot{u}$ und Integration bzgl. t weiterhin

$$\int_0^\infty \dot{u}(t)^2 dt < \infty.$$

Daraus folgt $v(t) = \dot{u}(t) \to 0$ für $t \to \infty$. Da die Ljapunov-Funktion V nichtnegativ ist, gilt $V(u(t), v(t)) \to V_\infty \geq 0$ für $t \to \infty$ und damit $\cos u(t) \to c_\infty \in [-1, 1]$ für $t \to \infty$. Für jedes $\varepsilon > 0$ existiert also ein $t_\varepsilon > 0$, sodass $|\cos u(t) - c_\infty| \leq \varepsilon$ falls $t \geq t_\varepsilon$. Für hinreichend kleines $\varepsilon > 0$ besteht das Urbild

$$\cos^{-1}\left([c_\infty - \varepsilon, c_\infty + \varepsilon]\right) = \{v \in \mathbb{R} : \cos v \in [c_\infty - \varepsilon, c_\infty + \varepsilon]\}$$

aus einer Vereinigung beschränkter *disjunkter* Intervalle. Daher gilt $|u(t)| \leq C$ für alle $t \geq 0$ mit einer geeigneten Konstante $C > 0$, da die Menge $u(\mathbb{R}_+)$ zusammenhängend ist.

Bevor wir zur sogenannten *direkten Methode* von Ljapunov kommen, benötigen wir eine Aussage, die die Asymptotik der Lösungen von (5.12) für $t \to \infty$ mit einer gegebenen Ljapunov-Funktion verbindet.

Lemma 5.5.3. *Sei $V \in C(G)$ eine strikte Ljapunov-Funktion für* (5.12), *sei $x(t, x_0)$ eine nach rechts globale Lösung von* (5.12) *mit $x(t_k, x_0) \to x_\infty \in G$ für eine Folge $t_k \to \infty$. Dann gilt $x_\infty \in \mathcal{E}$.*

Beweis. Die Funktion $\varphi(t) = V(x(t))$ ist fallend, daher existiert der Grenzwert

$$\varphi(\infty) = \lim_{t \to \infty} \varphi(t) = \lim_{k \to \infty} \varphi(t_k) = \lim_{k \to \infty} V(x(t_k, x_0)) = V(x_\infty),$$

da V stetig ist. Eindeutigkeit und stetige Abhängigkeit implizieren

$$\lim_{k \to \infty} x(t + t_k, x_0) = \lim_{k \to \infty} x(t, x(t_k, x_0)) = x(t, \lim_{k \to \infty} x(t_k, x_0)) = x(t, x_\infty),$$

für jedes feste t im maximalen Existenzintervall J_∞ von $x(\cdot, x_\infty)$. Die Stetigkeit von V liefert daher die Identität $\varphi(\infty) = V(x_\infty) = V(x(t, x_\infty))$, für alle $t \in J_\infty$. Da V eine strikte Ljapunov-Funktion ist, muss x_∞ daher ein Equilibrium von (5.12) sein. $\square$

Kennt man eine Ljapunov-Funktion zu (5.12), so kann man unter bestimmten Voraussetzungen auf das Stabilitätsverhalten eines Equilibriums $x_* \in G$ von (5.12) schließen.

Satz 5.5.4. *Sei $V \in C(G; \mathbb{R})$ eine Ljapunov-Funktion für* (5.12) *und x_* sei ein Equilibrium für* (5.12). *Dann gelten:*

1. *Ist x_* ein striktes Minimum von V, so ist x_* stabil für* (5.12).
2. *Ist x_* isoliert in $\mathcal{E} = f^{-1}(0)$, ein striktes Minimum von V und ist V eine strikte Ljapunov-Funktion, so ist x_* asymptotisch stabil für* (5.12).

Beweis. Zu 1: Sei $\varepsilon > 0$ gegeben, sodass $\bar{B}_\varepsilon(x_*) \subset G$ und $V(x) > V(x_*)$ für alle $x \in \bar{B}_\varepsilon(x_*) \setminus \{x_*\}$ gilt. Sei ferner

$$\eta := \min_{x \in \partial \bar{B}_\varepsilon(x_*)} V(x).$$

Offensichtlich gilt $V(x_*) < \eta$. Da V stetig ist, existiert ein $\delta \in (0, \varepsilon)$, sodass $V(x) < \eta$ für alle $x \in B_\delta(x_*)$. Für $x(0) = x_0$ mit $|x_0 - x_*| < \delta$ gilt demnach

$$V(x(t)) \leq V(x_0) < \eta, \tag{5.13}$$

solange die Lösung existiert, da die Komposition $V \circ x$ eine monoton fallende Funktion ist. Angenommen es existiert ein kleinstes $t_* > 0$ mit $|x(t_*) - x_*| = \varepsilon$. Dann gilt $V(x(t_*)) \geq \eta$, im Widerspruch zu (5.13). Die Lösung erreicht also niemals den Rand der Kugel $\bar{B}_\varepsilon(x_*)$. Daher existiert die Lösung global und es gilt $|x(t) - x_*| < \varepsilon$ für alle $t \geq 0$.

Zu 2: Seien $\delta > 0$ und $\varepsilon > 0$ wie im ersten Teil des Beweises, aber unter der zusätzlichen Bedingung gegeben, dass $\varepsilon > 0$ so klein ist, dass x_* das einzige Equilibrium in $\bar{B}_\varepsilon(x_*)$ ist. Angenommen die Lösung $x = x(t; x_0)$ von (5.12) zum Anfangswert $x_0 \in B_\delta(x_*)$ konvergiert nicht gegen das Equilibrium x_*. Dann existiert ein $\rho > 0$ und eine Folge $(t_n) \nearrow \infty$, sodass $|x(t_n; x_0) - x_*| > \rho$ für alle $n \in \mathbb{N}$. Aus Teil I des Beweises folgt, dass die Lösung $x(t; x_0)$ für alle $t \geq 0$ gleichmäßig beschränkt ist. Daraus folgt die Existenz einer Teilfolge $(t_{n_k}) \nearrow \infty$, sodass der Grenzwert

$$\lim_{k \to \infty} x(t_{n_k}; x_0) =: x_\infty \in \bar{B}_\varepsilon(x_*) \subset G,$$

existiert. Nach Lemma 5.5.3 ist $x_\infty \in \mathcal{E}$ ein Equilibrium von (5.12). Das ist ein Widerspruch dazu, dass x_* das einzige Equilibrium von (5.12) in $\bar{B}_\varepsilon(x_*)$ ist. $\qquad\square$

Bemerkung 5.5.5. Die Methode heißt *direkt*, da keine Algebra der Matrix $f'(x_*)$ (indirekte Methode), also keine Untersuchung der Eigenwerte notwendig ist. Das ist der große Vorteil gegenüber der indirekten Methode. Leider muss man aber dazu eine Ljapunov-Funktion kennen, was im Allgemeinen nicht immer der Fall ist. Dem gegenübergestellt ist die indirekte Methode natürlich universell anwendbar, sofern die rechte Seite f aus C^1 ist. Leider liefert aber diese Methode wiederum keine Aussagen über globales Verhalten.

Beispiele.

(a) *Bewegung eines Teilchens im Potentialfeld.* Sei $\phi = \phi(x)$ das Potential, $x = x(t) \in \mathbb{R}^3$ die Position des Teilchens zur Zeit t und m dessen Masse. Die Bewegung des Teilchens im Potentialfeld wird beschrieben durch die Differentialgleichung

$$m\ddot{x} = -\nabla\phi(x), \quad x \in \mathbb{R}^3.$$

Setzt man $q = x$ und $p = m\dot{x}$, so erhält man die Hamilton'sche Formulierung des Problems:

$$(H) \begin{cases} \dot{q} = \dot{x} = \frac{p}{m}, \\ \dot{p} = m\ddot{x} = -\nabla\phi(x) = -\nabla\phi(q). \end{cases}$$

Setze nun $V(q, p) = m\frac{|\dot{x}|_2^2}{2} + \phi(x) = \frac{|p|^2}{2m} + \phi(q)$, also ist V die Gesamtenergie des Systems. Sind dann $q = q(t)$ und $p = p(t)$ Lösungen von (H), so gilt

$$\frac{d}{dt}V(q(t), p(t)) = (\nabla\phi(q)|\dot{q}) + \frac{1}{m}(p|\dot{p}) = \frac{1}{m}(\nabla\phi(q)|p) + \frac{1}{m}(p| - \nabla\phi(q)) = 0.$$

Somit ist V also eine Ljapunov-Funktion, sogar ein erstes Integral für (H). Die Equilibria (q_*, p_*) ergeben sich aus den Gleichungen $p_* = 0$ und $\nabla\phi(q_*) = 0$. Wie man leicht nachrechnet, ist $(q_*, 0)$ genau dann ein striktes Minimum von V, wenn q_* ein striktes Minimum von ϕ ist. Aus Satz 5.5.4 folgt also, dass strikte Minima des Potentials ϕ stabile Ruhelagen eines Teilchens in dessen Kraftfeld sind. Man beachte, dass diese aufgrund der Energieerhaltung nicht asymptotisch stabil sein können.

Ist andererseits q_* ein Sattelpunkt oder ein lokales Maximum von ϕ, genauer besitzt $\nabla^2\phi(q_*)$ einen negativen Eigenwert μ, dann sind $\lambda = \pm\sqrt{-\mu/m}$ Eigenwerte der Linearisierung von (H) in $(q_*, 0)$. Das Prinzip der linearisierten Stabilität impliziert dann Instabilität des Equilibriums $(q_*, 0)$ von (H).

(b) *Das mathematische Pendel.* Dieses Beispiel ist ein Spezialfall von (a). Die Funktion $V(\dot{x}, x) = \frac{1}{2}\dot{x}^2 + \omega^2(1 - \cos x)$ ist eine Ljapunov-Funktion für die Differentialgleichung $\ddot{x} + \omega^2 \sin x = 0$. Der Punkt $(0, 0)$ ist ein Equilibrium des Pendels und zugleich ein striktes Minimum, denn es gilt

$$\nabla V(0,0) = \begin{bmatrix} \omega^2 \sin(0) \\ 0 \end{bmatrix} = \begin{bmatrix} 0 \\ 0 \end{bmatrix}$$

und

$$\nabla^2 V(0,0) = \begin{bmatrix} \omega^2 \cos(0) & 0 \\ 0 & 1 \end{bmatrix} = \begin{bmatrix} \omega^2 & 0 \\ 0 & 1 \end{bmatrix},$$

sodass die Hesse-Matrix $\nabla^2 V(0,0)$ positiv definit ist. Nach Satz 5.5.4 ist die untere Ruhelage des Pendels stabil, aber nicht asymptotisch stabil.

Andererseits ist V im Fall des gedämpften Pendels eine strikte Ljapunov-Funktion, also zeigt Satz 5.5.4, dass die untere Ruhelage für das gedämpfte Pendel asymptotisch stabil ist.

(c) *Das Volterra–Lotka-System mit Sättigung.* Wir hatten bereits gezeigt, dass die Funktion

$$V(x, y) = e\left(x - x_* \log \frac{x}{x_*}\right) + c\left(y - y_* \log \frac{y}{y_*}\right),$$

eine strikte Ljapunov-Funktion für das Volterra–Lotka-System mit Sättigung ist. Dabei ist (x_*, y_*) das Koexistenzequilibrium, welches durch $x_* = \frac{d}{e} > 0$ und $y_* = \frac{ae-bd}{ce} > 0$ gegeben ist. Es gilt

$$\nabla V(x_*, y_*) = \begin{bmatrix} e\left(1 - \frac{x_*}{x_*}\right) \\ c\left(1 - \frac{y_*}{y_*}\right) \end{bmatrix} = \begin{bmatrix} 0 \\ 0 \end{bmatrix},$$

und

$$\nabla^2 V(x_*, y_*) = \begin{bmatrix} \frac{e}{x_*} & 0 \\ 0 & \frac{c}{y_*} \end{bmatrix}.$$

Demnach ist die Hesse-Matrix $\nabla^2 V(x_*, y_*)$ wegen $c, e, x_*, y_* > 0$ positiv definit. Also ist (x_*, y_*) ein striktes Minimum von V und Satz 5.5.4 liefert die asymptotische Stabilität des Koexistenzequilibriums.

Ljapunov-Funktionen leisten aber noch viel mehr, sie geben nämlich auch Aufschluss über das asymptotische Verhalten von beliebigen beschränkten Lösungen.

Satz 5.5.6. *Sei V eine strikte Ljapunov-Funktion für* (5.12), *$K \subset G$ kompakt, $x(t) = x(t; x_0)$ sei eine Lösung von* (5.12) *mit $\{x(t; x_0)\}_{t \geq 0} \subset K$ und es sei $\mathcal{E} := f^{-1}(0) \subset G$ die Equilibriumsmenge von* (5.12). *Dann gilt*

$$\lim_{t \to \infty} \operatorname{dist}(x(t), \mathcal{E}) = 0.$$

Ist $\mathcal{E} \cap V^{-1}(\{\alpha\})$ diskret für jedes $\alpha \in \mathbb{R}$, so existiert der Grenzwert

$$\lim_{t \to \infty} x(t) =: x_\infty \in \mathcal{E}.$$

Beweis. Die erste Behauptung folgt aus Lemma 5.5.3. Sei nun $\mathcal{E} \cap V^{-1}(\alpha)$ für jedes $\alpha \in \mathbb{R}$ diskret. Angenommen der Grenzwert $\lim_{t \to \infty} x(t)$ existiert nicht. Wähle eine Folge $t_k \to \infty$ mit $x(t_k) \to x_\infty$ $(k \to \infty)$ und eine Folge $s_k \to \infty$ mit $x(s_k) \to y_\infty \neq x_\infty$ $(k \to \infty)$ und $t_k < s_k < t_{k+1}$. Mit $\alpha_\infty := V(x_\infty)$, wähle ein $\varepsilon > 0$ so klein, dass $\bar{B}_\varepsilon(x_\infty) \cap \mathcal{E} \cap V^{-1}(\alpha_\infty) = \{x_\infty\}$. Dies ist möglich, da $\mathcal{E} \cap V^{-1}(\alpha_\infty)$ diskret ist. Da $x(t)$ stetig ist und wegen $y_\infty \notin \bar{B}_\varepsilon(x_\infty)$ existiert ein $k_0 \in \mathbb{N}$, sodass die Funktion $x(t)$ den Rand der Kugel $\bar{B}_\varepsilon(x_\infty)$ in jedem der Intervalle (t_k, s_k) für alle $k \geq k_0$ trifft. Man erhält so eine Folge $r_k \to \infty$, mit $|x(r_k) - x_\infty| = \varepsilon$. Da aber der Rand der Kugel $\bar{B}_\varepsilon(x_\infty)$ kompakt ist, existiert eine konvergente Teilfolge $x(r_{k_l}) \to z_\infty$ und $|z_\infty - x_\infty| = \varepsilon$. Nach Lemma 5.5.3 gilt $z_\infty \in \mathcal{E} \cap V^{-1}(\alpha_\infty)$. Das ist aber ein Widerspruch dazu, dass $V^{-1}(\alpha_\infty) \cap \mathcal{E} \cap \bar{B}_\varepsilon(x_\infty) = \{x_\infty\}$ gilt. $\qquad\square$

Beispiele.

(a) *Das gedämpfte Pendel.* Die Funktion $V(u, v) = \frac{1}{2}v^2 + \omega^2(1 - \cos u)$ ist eine strikte Ljapunov-Funktion für das Pendelsystem mit Dämpfung

$$\begin{cases} \dot{u} = v, \\ \dot{v} = -\alpha v - \omega^2 \sin u, \end{cases} \qquad \alpha \geq 0, \ \omega > 0.$$

Die Equilibriumsmenge $\mathcal{E}$ ist durch $\mathcal{E} = \{(k\pi, 0) : k \in \mathbb{Z}\}$ gegeben, also diskret. Damit konvergiert jede Lösung dieses Systems gegen eine der Gleichgewichtslagen.

(b) *Das Volterra–Lotka-System mit Sättigung.* Die Menge der Equilibria $\mathcal{E}$ ist hier diskret. Wir wissen ferner, dass

$$V(x, y) = e(x - x_* \log \frac{x}{x_*}) + c(y - y_* \log \frac{y}{y_*})$$

eine strikte Ljapunov-Funktion für $(x, y) \in G \setminus \mathcal{E}$ ist. Die Lösungen existieren außerdem für jeden Anfangswert $x_0, y_0 > 0$ global und sind vom Rand weg beschränkt. Dann besagt Satz 5.5.6, dass die Lösung $(x(t), y(t))$ zum Anfangswert (x_0, y_0) für $t \to \infty$ konvergent ist, mit $(x(t), y(t)) \to (x_*, y_*)$. Die anderen Equilibria liegen auf dem Rand von $G = (0, \infty) \times (0, \infty)$, und sind damit instabil.

(c) *Teilchen im Potentialfeld mit Dämpfung.* In Verallgemeinerung von (a) betrachten wir nochmals die Gleichung für ein Teilchen im Potentialfeld

$$\ddot{x} + g(\dot{x}) + \nabla\phi(x) = 0,$$

wobei die lokale Lipschitz Funktion $g : \mathbb{R}^n \to \mathbb{R}^n$ eine Dämpfung beschreibt. Als Ljapunov-Funktion wählen wir wieder die Energie $V(x, \dot{x}) = \frac{1}{2}|\dot{x}|_2^2 + \phi(x)$. Dann ist

$$\frac{d}{dt} V(x, \dot{x}) = -(g(\dot{x})|\dot{x}),$$

folglich ist V eine strikte Ljapunov-Funktion, falls die Bedingung

$$(g(y)|y) > 0 \quad \text{für alle } y \in \mathbb{R}^n, \ y \neq 0,$$

erfüllt ist. Satz 5.5.6 impliziert nun die Konvergenz beschränkter Lösungen, sofern die kritischen Punkte von ϕ in jeder Niveaumenge $\phi^{-1}(\alpha)$ diskret sind. Man beachte auch, dass mit Proposition 5.5.2 jede Lösung beschränkt ist, sofern ϕ koerziv ist.

5.6 Dynamik von Viren

Wir betrachten eine virale Infektion einer Zellkultur. Zur Modellierung seien V die Anzahl der freien Viren, Z die der nicht infizierten Zellen und I die der infizierten Zellen. Nicht infizierte Zellen werden mit einer festen Rate $\lambda > 0$ bereitgestellt. Die freien Viren infizieren die gesunden Zellen mit der Rate rVZ. Dabei beschreibt die Infektionskontaktrate $r > 0$ die Effizienz dieses Vorgangs, also etwa die Häufigkeit mit der freie Viren nichtinfizierte Zellen aufspüren und in sie eindringen (oder ihr genetisches Material einführen), sowie den Anteil der erfolgreichen Infektionen. Die anderen Prozesse sollen jeweils nur von einer Spezies abhängen: Infizierte Zellen produzieren neue Viren und setzen sie mit Rate $k > 0$ pro Zelle frei. Die Sterberaten der drei Klassen seien gleich $\nu V, mZ$ und μI. Schließlich berücksichtigen wir die Möglichkeit, dass die Anwesenheit freier Viren die Zellproduktion mit der Rate bV anregt. Im übrigen können infizierte Zellen nicht gesunden. Somit erhalten wir das System

$$\dot{V} = kI - \nu V, \qquad t \geq 0,$$
$$\dot{Z} = \lambda - mZ + bV - rVZ, \qquad t \geq 0,$$
$$\dot{I} = rVZ - \mu I, \qquad t \geq 0, \tag{5.14}$$
$$V(0) = V_0, \quad Z(0) = Z_0, \quad I(0) = I_0.$$

Hierbei sind die Anfangswerte $V_0, Z_0, I_0 \geq 0$ und die Konstanten $\lambda, r, k, m, \mu, \nu > 0$ und $b \geq 0$ gegeben. Mittels des Satzes von Picard–Lindelöf zeigt man leicht, dass (5.14) eine eindeutige Lösung besitzt. Wir skalieren diese Lösung mittels

$$x(t) = \frac{r}{\mu} V(t/\mu), \quad y(t) = \frac{kr}{\mu^2} Z(t/\mu), \quad z(t) = \frac{kr}{\mu^2} I(t/\mu),$$
$$x_0 = \frac{rV_0}{\mu}, \quad y_0 = \frac{krZ_0}{\mu^2}, \quad z_0 = \frac{krI_0}{\mu^2}. \tag{5.15}$$

Ferner setzen wir $\xi = \nu\mu^{-1}, \sigma = kr\lambda\mu^{-3}, \rho = m\mu^{-1}$ und $\delta = bk\mu^{-2}$. Dann ergibt sich aus (5.14) das normalisierte System

$$\dot{x} = z - \xi x, \qquad t \geq 0,$$
$$\dot{y} = \sigma - \rho y + \delta x - xy, \qquad t \geq 0,$$
$$\dot{z} = xy - z, \qquad t \geq 0, \tag{5.16}$$
$$x(0) = x_0, \quad y(0) = y_0, \quad z(0) = z_0.$$

Wir formulieren nun das grundlegende Resultat über das qualitative Verhalten von (5.16), wobei wir annehmen, dass die Anfangswerte $x_0, y_0, z_0 \geq 0$ und die Konstanten $\xi, \sigma, \rho > 0$ und $\delta \geq 0$ gegeben sind.

Satz 5.6.1. *Es seien $\delta \in [0, \xi)$ und $(x_0, y_0, z_0) \in \mathbb{R}_+^3$. Dann besitzt das System (5.16) eine eindeutige, beschränkte, positive Lösung für alle $t \geq 0$. Ferner gibt es nur die Equilibria*

$$(\overline{x}, \overline{y}, \overline{z}) = (0, \sigma/\rho, 0) \quad und \quad (x_*, y_*, z_*) = \left(\frac{\sigma - \rho\xi}{\xi - \delta}, \xi, \xi \frac{\sigma - \rho\xi}{\xi - \delta} \right). \tag{5.17}$$

Sei $\sigma < \xi\rho$. Dann ist $(\overline{x}, \overline{y}, \overline{z})$ das einzige positive Equilibrium von (5.16). Es ist asymptotisch stabil und die Lösung von (5.16) konvergiert gegen $(\overline{x}, \overline{y}, \overline{z})$.

Sei $\sigma > \xi\rho$. Dann ist $(\overline{x}, \overline{y}, \overline{z})$ in $\mathbb{R}_+^3$ instabil, und (x_*, y_*, z_*) ist strikt positiv und asymptotisch stabil. Die Lösung konvergiert gegen (x_*, y_*, z_*), falls $x_0 + z_0 > 0$ ist.

Aus diesem Satz ergibt sich gemäß (5.15) unmittelbar die gewünschte Beschreibung des asymptotischen Verhaltens des Virenmodells (5.14). Zunächst beachte man, dass die Ungleichung $\delta < \xi$ zur Bedingung $kb < \mu\nu$ äquivalent ist. Diese Zusatzbedingung sichert die Beschränktheit der Lösung und schließt den unrealistischen Fall aus, dass die Viren die Produktion gesunder Zellen zu stark anregen. Sie gilt stets im Falle $b = 0$. Der obige Satz impliziert insbesondere, dass die *Reproduktionsrate* $\mathcal{R} = \frac{\sigma}{\xi\rho}$ das asymptotische Verhalten von (5.14) steuert: Ist $\mathcal{R} < 1$, dann konvergiert das System gegen das infektionsfreie Gleichgewicht und die Infektion erlischt. Ist $\mathcal{R} > 1$, dann konvergiert das System gegen das strikt positive endemische Gleichgewicht und die Infektion bleibt erhalten.

Beweis. Es ist klar, dass eine einzige lokale Lösung (x, y, z) von (5.16) existiert. Sie bleibt positiv, da die Positivitätsbedingung (P) erfüllt ist. Wir setzen $u = \alpha x + y + z$ und $\kappa = \min\{\rho, 1 - \alpha, \xi - \delta/\alpha\} > 0$ für ein $\alpha \in (0, 1)$ mit $\delta < \alpha\xi$, wobei wir die vorausgesetzte Relation $\delta < \xi$ verwenden. Dann folgt aus (5.16) die Ungleichung

$$\dot{u} = \sigma - (\alpha\xi - \delta)x - \rho y - (1 - \alpha)z \leq \sigma - \kappa u.$$

Durch Integration erhalten wir $u(t) \leq u(0) + \sigma/\kappa$. Auf Grund ihrer Positivität sind die Lösungen somit beschränkt und existieren also für alle Zeiten nach dem Fortsetzungssatz. Offenbar ist $(\overline{x}, \overline{y}, \overline{z}) = (0, \sigma/\rho, 0)$ eine stationäre Lösung von (5.16). Sei (x_*, y_*, z_*) ein weiteres Equilibrium. Da dann $z_* = \xi x_* \neq 0$ gelten muss, erhalten wir $y_* = \xi$, woraus $x_* = (\sigma - \rho\xi)/(\xi - \delta)$ folgt. Folglich ist (x_*, y_*, z_*) das einzige weitere Gleichgewicht, das genau für $\sigma > \rho\xi$ positiv und ungleich $(\overline{x}, \overline{y}, \overline{z})$ ist. Die rechte Seite von (5.16) ist durch

$$f(x, y, z) = (z - \xi x, \sigma - \rho y + \delta x - xy, xy - z)$$

gegeben. An den Equilibria erhalten wir die Linearisierungen

$$A = f'(\overline{x}, \overline{y}, \overline{z}) = \begin{pmatrix} -\xi & 0 & 1 \\ \delta - \sigma/\rho & -\rho & 0 \\ \sigma/\rho & 0 & -1 \end{pmatrix},$$

$$B = f'(x_*, y_*, z_*) = \begin{pmatrix} -\xi & 0 & 1 \\ \delta - \xi & -\rho - x_* & 0 \\ \xi & x_* & -1 \end{pmatrix}. \tag{5.18}$$

Das charakteristische Polynom von A ist $p_A(\lambda) = (\lambda + \rho)[\lambda^2 + (1 + \xi)\lambda + \xi - \sigma/\rho]$. Es hat die Nullstellen $\lambda_1 = -\rho$ und

$$\lambda_{2,3} = -\frac{1+\xi}{2} \pm \frac{1}{2}\sqrt{(1+\xi)^2 - 4(\xi - \sigma/\rho)}.$$

Gemäß dem Prinzip der linearisierten Stabilität ist also $(\overline{x}, \overline{y}, \overline{z})$ für $\sigma < \xi\rho$ asymptotisch stabil und für $\sigma > \xi\rho$ instabil. Die Instabilität in $\mathbb{R}^3_+$ folgt unmittelbar aus der unten gezeigten globalen Attraktivität von (x_*, y_*, z_*) im Falle $\sigma > \xi\rho$. Sei nun $\sigma > \xi\rho$. Das charakteristische Polynom von B ist durch $\lambda^3 + a_1\lambda^2 + a_2\lambda + a_3$ mit $a_1 = 1 + \xi + \rho + x_*$, $a_2 = (1+\xi)(\rho + x_*)$ und $a_3 = \sigma - \xi\rho$ gegeben. Weil $a_1a_2 > \xi x_* \geq (\xi - \delta)x_* = a_3 > 0$, zeigt das Routh–Hurwitz Kriterium, dass die Eigenwerte von B strikt negative Realteile haben. Somit ist (x_*, y_*, z_*) in diesem Fall asymptotisch stabil.

Wir wollen nun die behauptete globale asymptotische Stabilität mittels Ljapunov-Funktionen zeigen. Zuerst betrachten wir den Fall $\sigma < \rho\xi$ und das Equilibrium $(\overline{x}, \overline{y}, \overline{z}) = (0, \sigma/\rho, 0)$. Wir setzen

$$\Phi_0(x, y, z) = (y - \overline{y})^2/2 + (2\xi - \delta - \overline{y})(x + z) \tag{5.19}$$

für $x, y, z \geq 0$. Dann ergibt sich aus (5.16) und $\sigma = \rho\overline{y}$

$$\dot{\Phi}_0(x, y, z) = (y - \overline{y})(\rho\overline{y} - \rho y + \delta x - xy) + (2\xi - \delta - \overline{y})(xy - \xi x)$$

$$= -\rho(y - \overline{y})^2 - x[y^2 - 2\xi y + \delta\overline{y} + \xi(2\xi - \delta - \overline{y})]$$

$$= -\rho(y - \overline{y})^2 - x[(y - \xi)^2 + (\xi - \overline{y})(\xi - \delta)].$$

Aus $\xi - \overline{y} = (\xi\rho - \sigma)/\rho > 0$ folgt somit, dass Φ_0 eine Ljapunov-Funktion auf $\mathbb{R}^3_+$ ist. Gilt $\dot{\Phi}_0(x, y, z) = 0$ längs einer Lösung, dann erhalten wir $y = \sigma/\rho$ und $x = 0$. Daraus ergibt sich aber $z = 0$, sodass Φ_0 eine strikte Ljapunov-Funktion ist. Somit folgt die Konvergenzaussage in diesem Fall aus Satz 5.5.6.

Nun untersuchen wir (x_*, y_*, z_*) unter der Bedingung $\sigma > \xi\rho$. Zunächst betrachten wir die schon für das Volterra–Lotka Modell verwendeten Funktionen $\phi_c(u) = u - c\ln u$ für $u > 0$, und setzen $\phi_1 = \phi_{x_*}$, $\phi_2 = \phi_{y_*}$ und $\phi_3 = \phi_{z_*}$. Aus $\dot{\phi}_c(u) = \dot{u}(1 - c/u)$, (5.16) und (5.17) ergeben sich

$$\dot{\phi}_1(x) = (z - \xi x)\left(1 - \frac{x_*}{x}\right) = z - \frac{zx_*}{x} - \xi x + \xi x_*,$$

$$\dot{\phi}_2(y) = (\rho y_* - \delta x_* + x_* y_* - \rho y + \delta x - xy)(1 - y_*/y)$$

$$= -\frac{\rho}{y}(y - y_*)^2 + \frac{\delta}{y}(x - x_*)(y - y_*) - xy + \xi x + \xi x_* - \frac{\xi^2 x_*}{y}$$

$$= -(y - y_*)^2\frac{\rho + x}{y} - (x - x_*)(y - y_*)\frac{\xi - \delta}{y} \tag{5.20}$$

$$\dot{\phi}_3(z) = (xy - z)\left(1 - \frac{\xi x_*}{z}\right) = xy - z - \frac{\xi xyx_*}{z} + \xi x_*.$$

Wir definieren $\Psi(x, y, z) = \phi_1(x) + \phi_2(y) + \phi_3(z)$ und erhalten

$$\dot{\Psi}(x, y, z) = -\frac{\rho}{y}(y - y_*)^2 + \frac{\delta}{y}(x - x_*)(y - y_*) - x_*\left[\frac{z}{x} + \frac{\xi^2}{y} + \frac{\xi xy}{z} - 3\xi\right].$$

In Hinblick auf den Term $[\cdots]$, setzen wir $a = z/x > 0$ und $b = \xi^2/y > 0$ und betrachten die Funktion $\varphi(a, b) = a + b + \frac{\xi^3}{ab} - 3\xi$. Man sieht leicht, dass $\nabla\varphi$ in $(0, \infty)^2$ nur für $a = b = \xi$ verschwindet und dass $\varphi(\xi, \xi) = 0$ ein striktes lokales Minimum ist. Ferner konvergiert φ gegen unendlich, wenn (a, b) gegen die Koordinatenachsen oder gegen ∞ strebt. Also ist φ positiv und somit $-x_*[\cdots] \leq 0$. Gleichung (5.20) zeigt, dass wir den vorzeichenwechselnden Summanden $\frac{\delta}{y}(x - x_*)$ $(y - y_*)$ eliminieren können, wenn wir ein geeignetes Vielfaches von ϕ_2 zu Ψ addieren. Demgemäß setzen wir

$$\Phi_*(x, y, z) = \Psi(x, y, z) + \frac{\delta}{\xi - \delta}\phi_2(y) \tag{5.21}$$

und erhalten nach unseren obigen Rechnungen

$$\dot{\Phi}_*(x, y, z) = -\frac{\delta x + \xi\rho}{y(\xi - \delta)}(y - y_*)^2 - x_*\left[\frac{z}{x} + \frac{\xi^2}{y} + \frac{\xi xy}{z} - 3\xi\right] \leq 0.$$

Also ist Φ_* eine Ljapunov-Funktion auf $(0, \infty)^3$. Ist $\dot{\Phi}_*(x, y, z) = 0$ längs einer Lösung, dann folgt $y = y_* = \xi$. Die zweite Gleichung in (5.16) impliziert somit $x = x_*$, woraus sich mit der ersten Gleichung $z = \xi x_* = z_*$ ergibt. Somit ist Φ_* eine strikte Ljapunov-Funktion. Wenn (x, y, z) gegen die Koordinatenebenen oder gegen unendlich strebt, dann konvergiert auch $\Phi_*(x, y, z)$ gegen unendlich. Somit sind die Mengen $N_c = \{x, y, z > 0 : \Phi_*(x, y, z) \leq c\}$ für $c \in \mathbb{R}$ positiv invariant und kompakt. Zu einem strikt positiven Anfangswert gibt es ein c, sodass (x_0, y_0, z_0) und (x_*, y_*, z_*) in N_c liegen. Nach Satz 5.5.6 konvergiert nun die zu (x_0, y_0, z_0) gehörende Lösung gegen das einzige Equilibrium (x_*, y_*, z_*) in N_c.

Wir betrachten abschließend einen Anfangswert (x_0, y_0, z_0) auf dem Rand von $\mathbb{R}_+^3$ mit $x_0 + z_0 > 0$, wobei weiterhin $\sigma > \xi\rho$ gelte. Zunächst zeigt die zweite Gleichung in (5.16), dass für kleine $t > 0$ die Komponente $y(t)$ strikt positiv ist, auch wenn y_0 gleich 0 sein sollte. Wir können also annehmen, dass $y_0 > 0$ gilt. Dann folgt aus (5.16), dass $f_1(0, y_0, z_0)$, $f_2(x_0, 0, z_0)$ und $f_3(x_0, y_0, 0)$ strikt positiv sind. Somit tritt die Lösung für $t > 0$ in $(0, \infty)^3$ ein und konvergiert dann gegen (x_*, y_*, z_*). $\qquad\square$

Übungen

5.1 Sei $f \in C(\mathbb{R})$ lokal Lipschitz, $f(0) = 0$, und $f(x) \neq 0$ für $0 < |x| < r$. Betrachten Sie die DGL $\dot{x} = f(x)$. Charakterisieren Sie mit Hilfe von Vorzeichenbedingungen an die Funktion f im Intervall $(-r, r)$ die Stabilität, asymptotische Stabilität und Instabilität der stationären Lösung $x_*(t) \equiv 0$.

5.2 Betrachten Sie die Ruhelagen $(x, \dot{x}) = (0, 0)$ und $(x, \dot{x}) = (\pi, 0)$ des Pendels

$$\ddot{x} + \omega^2 \sin x = 0.$$

Zeigen Sie, dass die erste stabil aber nicht asymptotisch stabil, und die zweite instabil ist.

5.3 Untersuchen Sie die Stabilitätseigenschaften der stationären Lösungen der FitzHugh-Nagumo-Gleichung (vgl. Übung 4.6).

5.4 Bestimmen Sie die Equilibria des Brusselators (vgl. Übung 2.4) und untersuchen Sie deren Stabilitätseigenschaften.

5.5 Untersuchen Sie die Stabilitätseigenschaften der stationären Lösungen des Oregonators (vgl. Übung 4.7).

5.6 Diese Aufgabe bezieht sich auf das Paarbildungsmodell (vgl. Übung 4.4). Die Funktion $\phi(u, v)$ sei aus $C^1(\mathbb{R}^2)$ und homogen, d. h. $\phi(tu, tv) = t\phi(u, v)$ für alle $t, u, v \in \mathbb{R}$. Alle im Modell auftretenden Parameter β_j, μ_j, $\widetilde{\mu}_j$, σ seien streng positiv. Unter welchen Bedingungen an die Parameter des Modells ist die triviale Lösung asymptotisch stabil bzw. instabil?

5.7 Sei $H : \mathbb{R}^{2n} \to \mathbb{R}$ aus C^2. Das zu H gehörige **Hamilton-System** ist definiert durch

$$\dot{q} = H_p(q, p), \tag{5.22}$$

$$\dot{p} = -H_q(q, p).$$

Zeigen Sie, dass $H(q, p)$ eine Ljapunov-Funktion für (5.22) ist. Wann ist ein Equilibrium von (5.22) stabil, wann asymptotisch stabil?

5.8 Das System

$$\dot{x} = -\lambda xy - \mu x + \mu a,$$

$$\dot{y} = \lambda xy - \mu y - \gamma y, \tag{5.23}$$

$$\dot{z} = \gamma y - \mu z,$$

mit $\lambda, \mu, \gamma, a > 0$ ist ein *SIR-Endemiemodell*, bei der die Infektion nicht vererbt wird. Zeigen Sie, dass dieses System im Fall $a\lambda > \mu + \gamma$ genau ein nichttriviales (endemisches) Equilibrium $(x_*, y_*, z_*) \in (0, \infty)^3$ besitzt, und dass die Funktion

$$V(x, y, z) = x - x_* \log(x) + y - y_* \log(y)$$

eine Ljapunov-Funktion für (5.23) auf $(0, \infty)^3$ ist. Was können Sie über die Stabilität von (x_*, y_*, z_*) sagen?

5.9 Sei $a > 0$. Das lineare System

$$\dot{x}_0 = a(x_1 - x_0),$$

$$\dot{x}_i = a(x_{i+1} + x_{i-1} - 2x_i), \quad i = 1, \ldots, n, \qquad (5.24)$$

$$\dot{x}_{N+1} = a(x_N - x_{N+1}),$$

entsteht durch räumliche Diskretisierung der Diffusionsgleichung $\partial_t u = b\partial_y^2 u$ für $(t, x) \in \mathbb{R}_+ \times [0, 1]$ mit Neumannschen Randbedingungen $\partial_y u(t, 0) = \partial_y u(t, 1) = 0$. Zeigen Sie, dass

$$V(x) = \sum_{i=1}^{N+1} (x_i - x_{i-1})^2$$

eine strikte Ljapunov-Funktion für (5.24) ist.

5.10 Das *Holling-Modell*

$$\dot{u} = u(1 - \lambda u) - vf(u),$$

$$\dot{v} = -\mu v - v^2 + vf(u),$$

ist ein weiteres Modell zur Beschreibung von Räuber-Beute Populationen. Dabei ist $f : \mathbb{R}_+ \to \mathbb{R}$ aus C^1 streng wachsend mit $f(0) = 0$, und $\mu > 0, \lambda \geq 0$ sind Konstanten. Untersuchen Sie die (nichtnegativen) Equilibria des Systems. Unter welchen Bedingungen gibt es Koexistenz und wie ist das Stabilitätsverhalten der Equilibria?

5.11 Zeigen Sie, dass das *SEIS* Epidemie-Modell

$$\dot{S} = \lambda - mS + bI - rIS, \qquad t \geq 0,$$

$$\dot{E} = rIS - \mu E - aE, \qquad t \geq 0,$$

$$\dot{I} = aE - vI - bI, \qquad t \geq 0,$$

$$S(0) = S_0, \quad E(0) = E_0, \quad I(0) = I_0,$$

nach geeigneter Skalierung äquivalent zum Virenmodell aus Abschn. 5.6 ist. Formulieren Sie die entsprechenden Resultate für dieses Modell. Welche Zahl ist hier der Schwellenwert?

Teil II

Dynamische Systeme

Existenz und Eindeutigkeit II

6

Sei $G \subset \mathbb{R}^{n+1}$ offen, $(t_0, x_0) \in G$, $f : G \to \mathbb{R}^n$ stetig, und betrachte das Anfangswertproblem

$$\dot{x} = f(t, x), \ x(t_0) = x_0. \tag{6.1}$$

Wir wissen aus Teil I, dass (6.1) lokal eindeutig lösbar ist, und dass sich die Lösungen auf ein maximales Existenzintervall fortsetzen lassen, sofern f lokal Lipschitz in x ist. Auch sind uns aus Kap. 2 bereits einige Kriterien für globale Existenz bekannt.

Ziel dieses Kapitels ist die Erweiterung solcher Resultate auf den Fall allgemeiner stetiger rechter Seiten f.

6.1 Der Existenzsatz von Peano

Bezüglich der lokalen Existenz von Lösungen des Anfangswertproblems (6.1) für allgemeine stetige rechte Seiten f gilt der

Satz 6.1.1 (Existenzsatz von Peano). *Sei $G \subset \mathbb{R}^{n+1}$ offen, $f : G \to \mathbb{R}^n$ stetig und $(t_0, x_0) \in G$. Dann existiert ein $\delta > 0$ und eine Funktion $x \in C^1(J_\delta; \mathbb{R}^n)$ mit $J_\delta := [t_0 - \delta, t_0 + \delta]$, sodass $(t, x(t)) \in G$ für alle $t \in J_\delta$ gilt, und $x = x(t)$ löst (6.1) im Intervall J_δ.*

Beweis. Seien $\delta_0 > 0$ und $r > 0$ so fixiert, dass $J_{\delta_0} \times \bar{B}_r(x_0) \subset G$ gilt, und setze $M := \max\{|f(t, x)| : (t, x) \in J_{\delta_0} \times \bar{B}_r(x_0)\}$. Zunächst approximieren wir f gleichmäßig auf kompakten Teilmengen von G durch eine Folge von C^1-Funktionen $f_k \in C^1(G, \mathbb{R}^n)$, die daher lokal Lipschitz in x sind. Ohne Beschränkung der Allgemeinheit

© Springer Nature Switzerland AG 2019
J. W. Prüss, M. Wilke, *Gewöhnliche Differentialgleichungen und dynamische Systeme*, Grundstudium Mathematik, https://doi.org/10.1007/978-3-030-12362-8_6

sei $|f_k(t, x)| \leq M + 1$ für alle $(t, x) \in J_{\delta_0} \times \bar{B}_r(x_0)$ und $k \in \mathbb{N}$. Nach dem Satz von Picard–Lindelöf besitzen die Anfangswertprobleme

$$\dot{x} = f_k(t, x), \quad t \in J_\delta, \ x(t_0) = x_0,$$

jeweils eindeutige Lösungen $x_k \in C^1(J_\delta; \mathbb{R}^n)$ auf einem gemeinsamen Existenzintervall $J_\delta = [t_0 - \delta, t_0 + \delta]$, und die Werte der Lösungen bleiben in der Kugel $\bar{B}_r(x_0)$. Dabei sind $r > 0$ wie oben und $\delta = \min\{\delta_0, r/(M + 1)\}$. Die Folge $(x_k) \subset C^1(J_\delta; \mathbb{R}^n)$ ist daher gleichmäßig beschränkt, aber auch gleichgradig stetig, denn ihre Ableitungen $\dot{x}_k(t) = f_k(t, x_k(t))$ sind beschränkt durch $M + 1$. Der Satz von Arzelà-Ascoli liefert daher eine auf J_δ gleichmäßig konvergente Teilfolge $x_{k_m} \to x$. Die x_k genügen den Integralgleichungen

$$x_k(t) = x_0 + \int_{t_0}^t f_k(s, x_k(s))\,ds, \quad t \in J_\delta,$$

also erhält man nach Grenzübergang

$$x(t) = x_0 + \int_{t_0}^t f(s, x(s))\,ds, \quad t \in J_\delta.$$

Daher ist der Grenzwert der Folge (x_{k_m}) eine Lösung von (6.1) auf J_δ. $\qquad\square$

6.2   Nichtfortsetzbare Lösungen

Für allgemeines stetiges f kann man die Fortsetzbarkeit von Lösungen bis zum Rand von G nicht direkt wie in Abschn. 2.2 zeigen. Das Existenzintervall einer Lösung hängt aufgrund der Nichteindeutigkeit nicht nur von (t_0, x_0) ab, sondern auch von der Lösung selbst. Daher sind wir gezwungen, das *Zornsche Lemma* zu verwenden. Dazu betrachten wir die Menge $\mathcal{L}$ aller Lösungen von (6.1), die eine gegebene, auf einem Intervall $J_a \ni t_0$ definierte Lösung x_a fortsetzen. Genauer ist $\mathcal{L}$ durch

$$\mathcal{L} = \{(J, x) : x \in C^1(J; \mathbb{R}^n) \text{ löst (6.1) auf } J \supset J_a \ni t_0, \ x|_{J_a} = x_a\}$$

definiert; J ist dabei ein Intervall, welches das gegebene Intervall J_a enthält. Auf dieser Menge führen wir eine Ordnungsrelation wie folgt ein:

$$(J_1, x_1) \leq (J_2, x_2) \quad \Leftrightarrow \quad J_1 \subset J_2, \ x_2|_{J_1} = x_1.$$

Man überzeugt sich leicht, dass diese Relation reflexiv, symmetrisch und transitiv ist, also ist sie eine teilweise Ordnung auf $\mathcal{L}$. Ist nun $V \subset \mathcal{L}$ eine vollständig geordnete Teilmenge von $\mathcal{L}$, so ist das Supremum $\sup V := (J_*, x_*) \in \mathcal{L}$ durch $J_* = \bigcup_{v \in V} J_v$, und $x_* = x_v$

auf J_v, $v = (J_v, x_v) \in V$ gegeben. Das Zornsche Lemma besagt dann, dass es ein maximales Element in $\mathcal{L}$ gibt. Die maximalen Elemente von $\mathcal{L}$ sind also Paare (J_*, x_*) mit der Eigenschaft, dass x_* das Anfangswertproblem auf J_* löst, und dass es kein Element $(J, x) \in \mathcal{L}$ gibt, das echt größer als (J_*, x_*) ist. Also gibt es kein $(J, x) \in \mathcal{L}$ mit $J \supset J_*$, $J \neq J_*$, und $x_*|_J = x$. Solche Elemente (J_*, x_*) von $\mathcal{L}$ nennt man **nichtfortsetzbare** Lösungen von (6.1). Das Zornsche Lemma stellt somit die Existenz nichtfortsetzbarer Lösungen sicher, und jede Lösung ist Restriktion einer nichtfortsetzbaren Lösung.

Der Fortsetzungssatz charakterisiert das Existenzintervall nichtfortsetzbarer Lösungen.

Satz 6.2.1 (Fortsetzungssatz). *Sei $G \subset \mathbb{R}^{n+1}$ offen, $f : G \to \mathbb{R}^n$ stetig und $(t_0, x_0) \in G$. Dann existiert zu jeder auf einem Intervall J definierten Lösung $x(t)$ von (6.1), eine nichtfortsetzbare Lösung x_m mit $x_m|_J = x$. x_m ist auf einem Intervall (t_-, t_+) definiert, dessen rechter Endpunkt t_+ durch die folgenden Alternativen charakterisiert ist.*

1. $t_+ = \infty$: *$x_m(t)$ ist eine globale Lösung nach rechts.*
2. $t_+ < \infty$ *und* $\liminf_{t \to t_+} \operatorname{dist}((t, x_m(t)), \partial G) = 0$.
3. $t_+ < \infty$ *und* $\liminf_{t \to t_+} \operatorname{dist}((t, x_m(t)), \partial G) > 0$, $\lim_{t \to t_+} |x_m(t)| = \infty$.

Entsprechendes gilt für den linken Endpunkt t_-.

Der Beweis kann analog zu Abschn. 2.3 geführt werden, wenn man anstelle des Satzes von Picard–Lindelöf den Satz von Peano und zusätzlich den Satz von Arzelà-Ascoli verwenden.

6.3 Stetige Abhängigkeit

Gegeben sei eine Lösung $x(t)$ von (6.1) auf ihrem maximalen Existenzintervall (t_-, t_+). Es bezeichne $\operatorname{graph}_J(x) := \{(t, x(t)) : t \in J\} \subset G$, wobei $J = [a, b] \subset (t_-, t_+)$ ein kompaktes Teilintervall mit $t_0 \in (a, b)$ ist.

Definition 6.3.1. Die gegebene Lösung $x(t)$ heißt **stetig abhängig** von (t_0, x_0, f), falls es zu jedem Intervall $J = [a, b] \subset (t_-, t_+)$, mit $t_0 \in (a, b)$, eine kompakte Umgebung $K \subset G$ von $\operatorname{graph}_J(x)$ gibt, sodass gilt: Zu jedem $\varepsilon > 0$ existiert ein $\delta > 0$ derart, dass jede Lösung $y(t)$ des Anfangswertproblems $\dot{y} = g(t, y)$, $y(\tau_0) = y_0$, $(\tau_0, y_0) \in K$, für alle $t \in [a, b]$ existiert und der Ungleichung

$$|x(t) - y(t)| \leq \varepsilon, \quad \text{für alle } t \in [a, b]$$

genügt, sofern $g \in C(K, \mathbb{R}^n)$, und

$$|\tau_0 - t_0| \leq \delta, \quad |x_0 - y_0| \leq \delta, \quad \sup_{(s,z) \in K} |f(s, z) - g(s, z)| \leq \delta$$

erfüllt ist.

Damit können wir das Hauptresultat dieses Abschnittes formulieren.

Satz 6.3.2. *Sei* $G \subset \mathbb{R}^{n+1}$ *offen,* $f : G \to \mathbb{R}^n$ *stetig und* $(t_0, x_0) \in G$. *Die nichtfortsetzbare Lösung* $x(t)$ *von*

$$\dot{x} = f(t, x), \; x(t_0) = x_0, \tag{6.2}$$

sei eindeutig bestimmt. Dann hängt $x(t)$ *stetig von den Daten* (t_0, x_0, f) *ab.*

Beweis. Sei $y(t)$ eine Lösung des Anfangswertproblems $\dot{y} = g(t, y)$, $y(\tau_0) = y_0$. Wie in Kap. 2 schreiben wir die Anfangswertprobleme für $x(t)$ und $y(t)$ als äquivalente Integralgleichungen

$$x(t) = x_0 + \int_{t_0}^t f(s, x(s)) \, ds, \qquad y(t) = y_0 + \int_{\tau_0}^t g(s, y(s)) \, ds.$$

Wähle $\alpha > 0$ und $\eta > 0$, sodass die Menge K definiert durch

$$K := \{(t, y) : t \in [a - \eta, b + \eta], |x(t) - y| \le \alpha\}$$

die Inklusion $K \subset G$ erfüllt, wobei η so klein ist, dass außerdem $[a - \eta, b + \eta] \subset (t_-, t_+)$ gilt. Offensichtlich ist K kompakt. Sei $|t_0 - \tau_0| \le \delta$, $|x_0 - y_0| \le \delta$ sowie $|f(t, x) - g(t, x)| \le \delta$ für alle $(t, x) \in K$, wobei $\delta \le \delta_0 := \min\{1, \eta/2, \alpha/2\}$ ist. Dann ist $(\tau_0, y_0) \in K$, und mit $M := \sup\{|f(t, x)| : (t, x) \in K\}$ gilt $|g(t, x)| \le M + 1$ auf K.

Wir zeigen zunächst, dass jede Lösung von $\dot{y} = g(t, y)$, $y(\tau_0) = y_0$ auf $J = [a, b]$ existiert, mit $\text{graph}_J(y) \subset K$, sofern $\delta > 0$ klein genug ist. Angenommen es gibt Folgen $\tau_{0k} \to t_0$, $y_{0k} \to x_0$, $g_k \to f$ gleichmäßig auf K, und Lösungen $y_k(t)$ von $\dot{y}_k = g_k(t, y_k)$, $y_k(\tau_{0k}) = y_{0k}$, auf Intervallen $J_k = [a_k, b_k] \subset J$, sodass $(t, y_k(t)) \in K$ für alle $t \in J_k$ gilt, und $|y_k(b_k) - x(b_k)| = \alpha$ oder $|y_k(a_k) - x(a_k)| = \alpha$ ist. O.B.d.A. nehmen wir den ersten Fall an. Sei $a_\infty = \limsup a_k$, $b_\infty = \liminf b_k$. Wir können durch Übergang zu einer Teilfolge z. B. $b_k \to b_\infty$ annehmen. Die Lösungen y_k existieren nach Abschn. 6.1 mindestens auf den Intervallen $[\tau_{0k} - \delta_1, \tau_{0k} + \delta_1]$, wobei $\delta_1 > 0$ von k unabhängig ist, sofern k hinreichend groß ist. Daher gilt $a_\infty \le t_0 - \delta_1 < t_0 + \delta_1 \le b_\infty$. Sei $\rho \in (0, (b_\infty - a_\infty)/2)$ beliebig, aber fixiert. Für hinreichend große k gilt dann $J_\rho := [a_\infty + \rho, b_\infty - \rho] \subset J_k$. Die Funktionen y_k sind auf dem Intervall J_ρ beschränkt, und mit $|g_k| \le M + 1$ auch ihre Ableitungen, also sind sie gleichgradig stetig. Nach dem Satz von Arzelà-Ascoli besitzen sie eine gleichmäßig konvergente Teilfolge $y_{k_m} \to y$. Grenzübergang in den Integralgleichungen für die y_{k_m} zeigt, dass $y(t)$ eine Lösung von (6.2) ist, also $y \equiv x$ auf J_ρ, da nach Voraussetzung x die einzige Lösung von (6.2) ist. Nun gilt mit $|\dot{x}|, |\dot{y}_{k_m}| \le M + 1$

$$\alpha = |y_{k_m}(b_{k_m}) - x(b_{k_m})|$$

$$\leq |y_{k_m}(b_{k_m}) - y_{k_m}(b_\infty - \rho)| + |y_{k_m}(b_\infty - \rho) - x(b_\infty - \rho)|$$

$$+ |x(b_\infty - \rho) - x(b_{k_m})| \leq 2(M+1)(b_{k_m} - b_\infty + \rho) + \varepsilon,$$

sofern $m \geq m(\varepsilon)$ hinreichend groß ist. Wähle nun $\varepsilon < \alpha/3$, $\rho < \alpha/(6(M+1))$ und schließlich $m \geq m(\varepsilon)$ so groß, dass $|b_{k_m} - b_\infty| < \alpha/(6(M+1))$ gilt. Mit dieser Wahl erhält man einen Widerspruch, also war die Annahme falsch. Ist also $\delta \leq \delta_0$ hinreichend klein, so existiert jede Lösung $y(t)$ von $\dot{y} = g(t, y)$, $y(\tau_0) = y_0$ auf $J = [a, b]$ und erfüllt $\text{graph}_J(y) \subset K$.

Sei jetzt $\tau_k \to t_0$, $y_{0k} \to x_0$, sowie $g_k \to f$ gleichmäßig auf K, und seien $y_k(t)$ Lösungen von $\dot{y} = g_k(t, y)$, $y(\tau_k) = y_{0k}$, auf $[a, b]$. Da sowohl die y_k als auch ihre Ableitungen $\dot{y}_k = g_k(t, y_k)$ auf $[a, b]$ gleichmäßig beschränkt sind, sind sie gleichgradig stetig, also gibt es nach dem Satz von Arzelà-Ascoli eine gleichmäßig konvergente Teilfolge $y_{k_m} \to y$. Durch Grenzübergang in der Integralgleichung für y_{k_m} sieht man, dass y das Anfangswertproblem (6.2) löst, also $y = x$, da dies nach Voraussetzung die einzige Lösung von (6.2) ist. Daraus folgt nun unmittelbar die gleichmäßige Konvergenz der ganzen Folge gegen die Lösung x von (6.2). $\qquad\square$

Die Formulierung der stetigen Abhängigkeit mittels Folgen lautet:

Korollar 6.3.3. *Sei $G \subset \mathbb{R}^{n+1}$ offen, $(t_0, x_0) \in G$, f, $f_k : G \to \mathbb{R}^n$ stetig, und es sei $x(t)$ die eindeutige Lösung von (6.2) auf dem maximalen Existenzintervall (t_-, t_+). Es gelte*

$$t_k \to t_0, \ x_{0_k} \to x_0 \ und \ f_k(t, x) \to f(t, x),$$

gleichmäßig auf kompakten Teilmengen von G. Sei $[a, b] \subset (t_-, t_+)$. Dann besitzt das Anfangswertproblem

$$\dot{x}_k = f_k(t, x_k), \quad x_k(t_k) = x_{0_k}, \ t \in [a, b], \tag{6.3}$$

für hinreichend großes k mindestens eine Lösung auf $[a, b]$, und es gilt

$$x_k(t) \to x(t),$$

gleichmäßig auf $[a, b]$ für $k \to \infty$.

6.4   Differentialungleichungen

Wie wir in Teil I gesehen haben, sind Differentialungleichungen ein wichtiges Hilfsmittel und werden auch in diesem Teil häufig verwendet. Es ist daher wichtig, solche Ungleichungen möglichst allgemein zu formulieren.

Sei $\omega : [a, b) \times \mathbb{R} \to \mathbb{R}$ stetig, und betrachte das Anfangswertproblem

$$\dot{\rho} = \omega(t, \rho), \quad t \in [a, b), \ \rho(a) = \rho_0. \tag{6.4}$$

Die **Maximallösung** ρ^* von (6.4) wird wie folgt definiert: Betrachte das Problem

$$\dot{\rho}_k = \omega(t, \rho_k) + \frac{1}{k}, \quad t \in [a, b), \ \rho_k(a) = \rho_0 + \frac{1}{k}. \tag{6.5}$$

Sei $\rho(t)$ eine Lösung von (6.4) und ρ_k eine von (6.5). Nach Lemma 2.4.2 folgt dann die Ungleichung $\rho(t) < \rho_k(t)$ für alle $t \in [a, b)$, für die beide Lösungen existieren. Ebenso erhält man $\rho_k(t) < \rho_l(t)$, sofern $k > l$ ist. Daher ist die Folge $(\rho_k(t))$ fallend in k, nach unten beschränkt durch $\rho(t)$, also konvergent gegen eine Funktion $\rho^*(t)$. Betrachtung der entsprechenden Integralgleichungen ergibt, dass $\rho^*(t)$ eine Lösung von (6.4) ist, und dass *jede* andere Lösung $\rho(t)$ von (6.4) die Relation $\rho(t) \leq \rho^*(t)$ erfüllt, solange beide Lösungen existieren. Dieses $\rho^*(t)$ heißt **Maximallösung** von (6.4) und ist unabhängig von der gewählten Folge $(1/k)$.

Wir benötigen ferner die **Dini-Ableitungen**, die wie folgt definiert sind:

$$D_+\rho(t) := \liminf_{h \to 0_+} \frac{\rho(t + h) - \rho(t)}{h}$$

heißt rechte untere Dini-Ableitung von $\rho(t)$. Man beachte, dass diese definiert ist, auch wenn $\rho(t)$ nicht differenzierbar ist, sofern man die Werte $\pm\infty$ zulässt. Ersetzt man in dieser Definition den lim inf durch lim sup, so erhält man die rechte obere Dini-Ableitung $D^+\rho(t)$ von ρ. Entsprechend sind die linke obere Dini-Ableitung durch

$$D^-\rho(t) := \limsup_{h \to 0_+} \frac{\rho(t) - \rho(t - h)}{h},$$

und analog die linke untere Dini-Ableitung $D_-\rho(t)$ definiert.

Lemma 6.4.1. *Sei* $\omega : [a, b) \times \mathbb{R} \to \mathbb{R}$ *stetig,* $\varphi : [a, b) \to \mathbb{R}$ *stetig und* $\rho^*(t)$ *sei die Maximallösung von* $\dot{\rho} = \omega(t, \rho)$, $\rho(a) = \rho_0$. *Es gelte*

$$\begin{cases} D_+\varphi(t) \leq \omega(t, \varphi(t)) \ \textit{für alle } t \in [a, b) \ \textit{mit } \varphi(t) > \rho^*(t), \\ \varphi(a) \leq \rho_0. \end{cases} \tag{6.6}$$

Dann gilt $\varphi(t) \leq \rho^*(t)$ für alle $t \in [a, b)$ mit $\rho^*(t) < \infty$.

Beweis. Sei $\rho_k(t)$ eine Lösung von $\dot\rho = \omega(t, \rho) + 1/k$, $\rho(a) = \rho_0 + 1/k$. Wir zeigen $\varphi(t) \leq \rho_k(t)$ für alle $t \in [a, b)$, für die $\rho_k(t)$ endlich ist.

Angenommen, dieses wäre falsch. Dann gibt es ein $t_0 \in (a, b)$ und ein $\delta > 0$ mit $\varphi(t_0) = \rho_k(t_0)$ und $\varphi(t) > \rho_k(t)$ für $t_0 < t < t_0 + \delta$. Nun gilt für $0 < h < \delta$

$$\frac{\varphi(t_0 + h) - \varphi(t_0)}{h} > \frac{\rho_k(t_0 + h) - \varphi(t_0)}{h} = \frac{\rho_k(t_0 + h) - \rho_k(t_0)}{h},$$

folglich

$$D_+\varphi(t_0) \geq \dot\rho_k(t_0) = \omega(t_0, \rho_k(t_0)) + 1/k > \omega(t_0, \rho_k(t_0)) = \omega(t_0, \varphi(t_0)).$$

Andererseits gilt aber $\varphi(t_0) = \rho_k(t_0) > \rho^*(t_0)$, also nach Voraussetzung $D_+\varphi(t_0) \leq \omega(t_0, \varphi(t_0))$, was einen Widerspruch bedeutet.

Mit $k \to \infty$ konvergiert $\rho_k(t)$ punktweise gegen die Maximallösung $\rho^*(t)$, folglich gilt $\varphi(t) \leq \rho^*(t)$ und die Behauptung ist bewiesen. $\qquad\square$

Resultate über Differentialungleichungen wie Lemma 6.4.1 lassen sich für den Nachweis globaler Existenz verwenden. Das nächste Korollar ist dafür ein Beispiel.

Korollar 6.4.2. *Seien $\omega : [t_0, \infty) \times \mathbb{R} \to \mathbb{R}$, $f : [t_0, \infty) \times \mathbb{R}^n \to \mathbb{R}^n$ stetig, und gelte*

$$|f(t, x)| \leq \omega(t, |x|) \text{ für } t \in [t_0, \infty), \ x \in \mathbb{R}^n,$$

wobei $|\cdot|$ eine beliebige Norm auf $\mathbb{R}^n$ sei. Es bezeichne $\rho^*(t)$ die Maximallösung von

$$\dot\rho = \omega(t, \rho), \quad t \in [t_0, \infty), \ \rho(t_0) = |x_0|, \ x_0 \in \mathbb{R}^n,$$

und sie existiere auf dem ganzen Intervall $[t_0, \infty)$. Dann existiert jede nichtfortsetzbare Lösung $x(t)$ von (6.2) global nach rechts.

Beweis. Für $\varphi(t) = |x(t)|$ gilt auf dem rechtsseitigen Existenzintervall $J = [t_0, t_+)$ von x

$$D_+\varphi(t) = \liminf_{h \to 0_+} \frac{1}{h}(|x(t + h)| - |x(t)|) \leq |\dot x(t)| = |f(t, x(t))|$$

$$\leq \omega(t, |x(t)|) = \omega(t, \varphi(t)).$$

Folglich impliziert Lemma 6.4.1 die Abschätzung $|x(t)| = \varphi(t) \leq \rho^*(t) < \infty$. Der Fortsetzungssatz ergibt die Behauptung. $\qquad\square$

Die Aussage in Korollar 6.4.2 gilt auch nach links, wie man mittels Zeitumkehr zeigt.

Allerdings sind Normabschätzungen in Anwendungen meist zu stark. Um einseitige Bedingungen zu erhalten, sei $|\cdot|$ eine Norm auf $\mathbb{R}^n$ und $|x^*|_* := \max\{(x|x^*) : |x| \le 1\}$ die dazu duale Norm. In Abschn. 7.3 zeigen wir, dass zu jedem $y \in \mathbb{R}^n$ mit $|y| = 1$ ein $y^* \in \mathbb{R}^n$ existiert, mit $(x|y^*) \le 1$ für alle $x \in \bar{B}_1(0)$ und $(y|y^*) = |y| = 1$. Daraus folgt

$$|y^*|_* = \max_{|x| \le 1} (x|y^*) \le 1 = (y|y^*) \le |y^*|_*,$$

also $|y^*|_* = 1$. Damit ist die folgende Definition sinnvoll:

$$[x, y] := \min\{(x|y^*) : (y|y^*) = |y|, |y^*|_* = 1\}, \quad x, y \in \mathbb{R}^n.$$

Die Klammer lässt sich für konkrete Normen wie die l_p-Normen $|\cdot|_p$ leicht angeben. So ist für die euklidische Norm $|\cdot|_* = |\cdot|_2$ und $[x, y]_2 = (x|y)/|y|_2$, sofern $y \ne 0$, und $[x, 0]_2 = -|x|_2$. Später verwenden wir die Klammer für die Norm $|\cdot|_1$. Hierfür ergibt sich

$$|\cdot|_* = |\cdot|_\infty \quad \text{und} \quad [x, y]_1 = \sum_{y_k \ne 0} x_k \operatorname{sgn} y_k - \sum_{y_k = 0} |x_k|.$$

Ist nun $x(t)$ differenzierbar, so wähle ein $x^* \in \mathbb{R}^n$ mit $|x^*|_* = 1$ und $(x(t)|x^*) = |x(t)|$; damit erhalten wir

$$D^-|x(t)| = \limsup_{h \to 0_+} \frac{1}{h}(|x(t)| - |x(t-h)|) = \limsup_{h \to 0_+} \frac{1}{h}((x(t)|x^*) - |x(t-h)||x^*|_*)$$

$$\le \limsup_{h \to 0_+} \frac{1}{h}((x(t)|x^*) - (x(t-h)|x^*)) = (\dot{x}(t)|x^*),$$

also nach Übergang zum Minimum die wichtige Relation

$$D^-|x(t)| \le [\dot{x}(t), x(t)] = [f(t, x(t)), x(t)] \tag{6.7}$$

für Lösungen von (6.1). Dies erfordert nur einseitige Abschätzungen an f, verlangt aber die linksseitige Dini-Ableitung.

Korollar 6.4.3. *Seien $\omega : [t_0, \infty) \times \mathbb{R} \to \mathbb{R}$, $f : [t_0, \infty) \times \mathbb{R}^n \to \mathbb{R}^n$ stetig, und gelte*

$$[f(t, x), x] \le \omega(t, |x|) \text{ für } t \in [t_0, \infty), \ x \in \mathbb{R}^n,$$

wobei $|\cdot|$ eine beliebige Norm auf $\mathbb{R}^n$ sei. Es bezeichne $\rho^*(t)$ die Maximallösung von

$$\dot{\rho} = \omega(t, \rho), \quad t \in [t_0, \infty), \ \rho(t_0) = |x_0|, \ x_0 \in \mathbb{R}^n,$$

und sie existiere auf dem ganzen Intervall $[t_0, \infty)$. *Dann existiert jede nichtfortsetzbare Lösung* $x(t)$ *von* (6.2) *global nach rechts.*

Es gilt $[x, y] \leq |x|$ für alle $x, y \in \mathbb{R}^n$; daher ist Korollar 6.4.2 ein Spezialfall von Korollar 6.4.3. Der Beweis verläuft genau wie der von Korollar 6.4.2; man verwendet dabei das folgende Lemma.

Lemma 6.4.4. *Sei* $\omega : [a, b) \times \mathbb{R} \to \mathbb{R}$ *stetig,* $\varphi : [a, b) \to \mathbb{R}$ *stetig und* $\rho^*(t)$ *sei die Maximallösung von* $\dot{\rho} = \omega(t, \rho)$, $\rho(a) = \rho_0$. *Es gelte*

$$
\begin{cases}
D^- \varphi(t) \leq \omega(t, \varphi(t)) \text{ für alle } t \in (a, b) \text{ mit } \varphi(t) > \rho^*(t), \\
\varphi(a) \leq \rho_0.
\end{cases}
\tag{6.8}
$$

Dann gilt $\varphi(t) \leq \rho^*(t)$ *für alle* $t \in [a, b)$ *mit* $\rho^*(t) < \infty$.

Der Beweis dieses Lemmas ist ähnlich zu dem von Lemma 6.4.1; vgl. Übung 6.8.

6.5   Eindeutigkeit

Sei $G \subset \mathbb{R}^{n+1}$ offen und $(t_0, x_0) \in G$. Ist $f : G \to \mathbb{R}^n$ nur stetig, so müssen die Lösungen nicht eindeutig durch ihren Anfangswert bestimmt sein, wie wir schon in Kap. 1 gesehen haben. Um zu Kriterien zu kommen, die Eindeutigkeit implizieren, verwenden wir nochmals Differentialungleichungen. Es seien x und $\bar{x}$ zwei Lösungen von (6.1) auf einem Intervall $[t_0, t_1]$. Wir setzen dann $\phi(t) = |x(t) - \bar{x}(t)|$, wobei $|\cdot|$ eine beliebige Norm sei, und erhalten mit (6.7)

$$
D^- \phi(t) \leq [\dot{x}(t) - \dot{\bar{x}}(t), x(t) - \bar{x}(t)]
$$
$$
= [f(t, x(t)) - f(t, \bar{x}(t)), x(t) - \bar{x}(t)], \quad t \in [t_0, t_1].
$$

Gilt nun eine einseitige Abschätzung der Form

$$
[f(t, x) - f(t, \bar{x}), x - \bar{x}] \leq \omega(t, |x - \bar{x}|), \quad t \geq t_0, \ (t, x), (t, \bar{x}) \in G,
$$

mit einer stetigen Funktion $\omega : [t_0, \infty) \times \mathbb{R} \to \mathbb{R}$, so folgt weiter

$$
D^- \phi(t) \leq \omega(t, \phi(t)), \quad t \in [t_0, t_1], \quad \phi(t_0) = 0.
$$

Lemma 6.4.4 impliziert dann

$$|x(t) - \bar{x}(t)| = \phi(t) \leq \rho^*(t), \quad t \in [t_0, t_1],$$

sofern die Maximallösung von $\dot{\rho} = \omega(t, \rho)$, $\rho(t_0) = 0$ auf $[t_0, t_1]$ existiert. Die Forderung $\rho^* \equiv 0$ impliziert dann $\phi(t) = 0$, d. h. $x(t) = \bar{x}(t)$ für alle $t \in [t_0, t_1]$. Diese Argumente ergeben den folgenden Eindeutigkeitssatz für (6.2).

Satz 6.5.1. *Seien* $f : G \to \mathbb{R}^n$ *und* $\omega : [t_0, \infty) \times \mathbb{R} \to \mathbb{R}$ *stetig, sei* $| \cdot |$ *eine beliebig fixierte Norm auf* $\mathbb{R}^n$, *und gelte*

$$[f(t, x) - f(t, \bar{x}), x - \bar{x}] \leq \omega(t, |x - \bar{x}|), \quad t \geq t_0, \ (t, x), (t, \bar{x}) \in G.$$

Es sei ferner $\rho^* \equiv 0$ *die Maximallösung von*

$$\dot{\rho} = \omega(t, \rho), \quad t \geq t_0, \quad \rho(t_0) = 0.$$

Dann ist die Lösung von (6.2) eindeutig bestimmt.

Man beachte, dass für ω in diesem Satz notwendigerweise $\omega(t, 0) = 0$ gelten muss. Das wichtigste Beispiel für ein solches ω ist die Funktion $\omega(t, \rho) = L\rho$; dies bedeutet eine einseitige Lipschitz-Bedingung an f. Aufgrund von $[x, y] \leq |x|$ sind Bedingungen der Form

$$|f(t, x) - f(t, \bar{x})| \leq \omega(t, |x - \bar{x}|), \quad (t, x), (t, \bar{x}) \in G,$$

stärker als die im Satz geforderte einseitige Bedingung. Andererseits ergeben letztere nur Eindeutigkeit nach rechts, die Normabschätzung aber auch Eindeutigkeit nach links.

Zusammenfassend beinhaltet Satz 6.5.1 eine wesentliche Verallgemeinerung des Eindeutigkeitssatzes aus Kap. 2, der auf der Lipschitz-Bedingung beruht. Dies soll jetzt durch zwei Anwendungen belegt werden.

6.6   Anwendungen

(a) Chemische Kinetik Wir betrachten eine irreversible Reaktion $A + B \to P$ in einem ideal durchmischten Rührkessel mit Zu- und Abstrom. Es bezeichnen x_1 bzw. x_2 die Konzentration von A bzw. B im Reaktor, die Reaktionsrate sei durch eine Funktion $r : \mathbb{R}_+^2 \to \mathbb{R}$ gegeben, die stetig und in beiden Variablen wachsend sei und $r(0, x_2) = r(x_1, 0) = 0$ erfülle, wie z. B. $r(x_1, x_2) = k x_1^{\alpha_1} x_2^{\alpha_2}$, mit Konstanten $k, \alpha_1, \alpha_2 > 0$. In der Chemie ist r häufig eine Bruttokinetik; dabei können auch Exponenten $\alpha_k < 1$ auftreten. Daher ist r zwar stetig, aber im allgemeinen nicht lokal Lipschitz. Zu- und Abstrom werden durch Terme der Form $a_i - x_i$ modelliert ($a_i > 0$), und die Gleichung für das Produkt x_3 kann weggelassen werden, da r hier nicht von x_3 abhängt. Das führt auf das folgende Anfangswertproblem für $x = (x_1, x_2)$:

$$\dot{x}_1 = a_1 - x_1 - r(x_1, x_2), \quad x_1(0) = x_{01} > 0,$$

$$\dot{x}_2 = a_2 - x_2 - r(x_1, x_2), \quad x_2(0) = x_{02} > 0. \tag{6.9}$$

Da nur positive Lösungen interessant sind, wählen wir hier $G = (0, \infty)^2$. Existenz ist mit Hilfe des Satzes von Peano klar, da r, also auch die rechte Seite von (6.9) stetig ist. Wir interessieren uns vornehmlich für Eindeutigkeit, denn ist diese gewährleistet, so impliziert die Positivitätsbedingung (P) aus Kap. 4 Positivität der Lösungen, und dann erhält man mit $r \geq 0$ auch globale Existenz, also einen Halbfluss auf G und auch auf $\mathbb{R}^2_+$. Sei die rechte Seite von (6.9) mit f bezeichnet. Dann haben wir bzgl. der l_1-Norm $|\cdot|_1$ nach Abschn. 6.4

$$[f(x) - f(\bar{x}), x - \bar{x}]_1 = \sum_{x_k \neq \bar{x}_k} (f_k(x) - f_k(\bar{x})) \operatorname{sgn}(x_k - \bar{x}_k)$$

$$- \sum_{x_k = \bar{x}_k} |f_k(x) - f_k(\bar{x})|$$

$$\leq -|x - \bar{x}|_1 - (r(x) - r(\bar{x})) \sum_{x_k \neq \bar{x}_k} \operatorname{sgn}(x_k - \bar{x}_k) \leq 0.$$

Denn ist $x_1 > x_2$ und $\bar{x}_1 > \bar{x}_2$, so ist die verbleibende Summe gleich 2, und $r(x) \geq r(\bar{x})$ aufgrund der Monotonie von r; ebenso wird der Fall $x_1 < x_2$ und $\bar{x}_1 < \bar{x}_2$ behandelt. Gilt hingegen $(x_1 - \bar{x}_1)(x_2 - \bar{x}_2) < 0$, so ist die Summe Null. Die Grenzfälle folgen entsprechend. In diesem Fall kann man also z. B. $\omega \equiv 0$ wählen, oder $\omega(t, \rho) = -\rho$. Jedenfalls ist die Voraussetzung des Eindeutigkeitssatzes 6.5.1 erfüllt und die Lösungen von (6.9) sind eindeutig bestimmt.

(b) Ein Modell zur Paarbildung Wir betrachten eine zweigeschlechtliche Population, die aus weiblichen Singles s_f, männlichen Singles s_m und Paaren p besteht. Im diesem Modell können Singles verschiedenen Geschlechts Paare bilden, nur Paare produzieren Nachwuchs, jede der Arten wird irgendwann sterben, und Paare können sich trennen. Diese Modellannahmen führen auf das folgende System von gewöhnlichen Differentialgleichungen für die Evolution von s_m, s_f und p in der Zeit:

$$\dot{s}_f = -\mu_f s_f + (\beta_f + \tilde{\mu}_m + \sigma)p - \phi(s_f, s_m),$$

$$\dot{s}_m = -\mu_m s_m + (\beta_m + \tilde{\mu}_f + \sigma)p - \phi(s_f, s_m), \tag{6.10}$$

$$\dot{p} = -(\tilde{\mu}_f + \tilde{\mu}_m + \sigma)p + \phi(s_f, s_m).$$

Hierin bezeichnet die Konstante $\mu_j > 0$, $j \in \{f, m\}$, die Sterberate der unverheirateten Frauen ($j = f$) bzw. Männer ($j = m$), entsprechend $\tilde{\mu}_j > 0$, $j \in \{f, m\}$, die Sterberate der verheirateten Frauen bzw. Männer und β_j, $j \in \{f, m\}$, die Geburtenraten. $\sigma \geq 0$ steht für die Scheidungsrate, und ϕ ist die sogenannte *Paarbildungsfunktion*. Der Term $\phi(s_f, s_m)$ gibt an, wie viele Paare aus s_f weiblichen und s_m männlichen Singles pro Zeiteinheit gebildet werden. Demographische Beobachtungen legen nahe, dass ϕ die folgenden drei plausiblen Eigenschaften besitzen sollte:

(ϕ1) $\phi : \mathbb{R}_+ \times \mathbb{R}_+ \to \mathbb{R}_+$; $\phi(x, y) = 0 \Leftrightarrow xy = 0$ für alle x, $y \geq 0$.

(ϕ2) ϕ ist stetig; $\phi(\cdot, y)$ und $\phi(x, \cdot)$ sind monoton wachsend für alle x, $y \geq 0$.

(ϕ3) ϕ ist positiv homogen , d. h. $\phi(\alpha x, \alpha y) = \alpha \phi(x, y)$ für alle α, x, $y \geq 0$.

Typische Beispiele für Funktionen ϕ mit den Eigenschaften (ϕ1)–(ϕ3) sind die *Minimumfunktion*

$$\phi_1(x, y) = \kappa \min\{x, y\},$$

das harmonische Mittel

$$\phi_2(x, y) = \begin{cases} 2\kappa \, \frac{xy}{x+y} & : (x, y) \neq (0, 0) \\ 0 & : (x, y) = (0, 0) \end{cases}$$

und *das geometrische Mittel*

$$\phi_3(x, y) = \kappa \sqrt{xy},$$

wobei κ jeweils eine positive Konstante ist. Es gilt $\phi_1 \leq \phi_2 \leq \phi_3$, und $\phi_i(x, y) = \kappa x$, $i = 1, 2, 3$, falls $x = y$. Insbesondere das geometrische Mittel ist zwar stetig aber nicht lokal Lipschitz, daher ist die Frage nach der Eindeutigkeit der Lösungen von (6.10) von Bedeutung. Wir schränken uns auch hier auf den positiven Bereich $G = (0, \infty)^3$ ein, der allein modellmäßig interessant ist.

Dazu seien zwei Lösungen (s_f, s_m, p) und $(\bar{s}_f, \bar{s}_m, \bar{p})$ gegeben. Wir verwenden zunächst (6.7) für die ersten zwei Gleichungen des Systems, also für $s = (s_f, s_m)$ in der Norm $|\cdot|_1$, und erhalten wie in (a)

$$D^- |s(t) - \bar{s}(t)|_1 \leq [\dot{s}(t) - \dot{\bar{s}}(t), s(t) - \bar{s}(t)]$$

$$\leq -\mu_f |s_f(t) - \bar{s}_f(t)| - \mu_m |s_m(t) - \bar{s}_m(t)|$$

$$+ (\tilde{\beta}_f + \tilde{\beta}_m) |p(t) - \bar{p}(t)|$$

$$\leq -\mu |s(t) - \bar{s}(t)|_1 + \tilde{\beta} |p(t) - \bar{p}(t)|,$$

da die Paarbildungsfunktion ϕ in beiden Variablen wachsend ist. Hierbei bezeichnen $\mu = \min\{\mu_f, \mu_m\}$, $\tilde{\beta}_f = \beta_f + \tilde{\mu}_m + \sigma$, $\tilde{\beta}_m = \beta_m + \tilde{\mu}_f + \sigma$, und $\tilde{\beta} = \tilde{\beta}_f + \tilde{\beta}_m$. Durch Addition der Gleichungen für s_f und p erhält man ebenso

$$D^- |s_f(t) + p(t) - (\bar{s}_f(t) + \bar{p}(t))|$$
$$\leq -\mu_f |s_f(t) + p(t) - (\bar{s}_f(t) + \bar{p}(t))| + |\beta_f - \tilde{\mu}_f + \mu_f| |p(t) - \bar{p}(t)|.$$

Schließlich addiert man beide Ungleichungen und erhält mit

$$\psi(t) = |s_f(t) - \bar{s}_f(t)| + |s_m(t) - \bar{s}_m(t)| + |s_f(t) + p(t) - (\bar{s}_f(t) + \bar{p}(t))|$$

die Differentialungleichung

$$D^- \psi(t) \leq L |p(t) - \bar{p}(t)| \leq L\psi(t), \quad t \geq 0, \quad \psi(0) = 0,$$

mit einer Konstanten $L > 0$. Lemma 6.4.4 impliziert $\psi \equiv 0$, also Eindeutigkeit der Lösungen von (6.10).

Dieses Beispiel zeigt, dass man nicht immer mit Satz 6.5.1 direkt ans Ziel gelangt, aber häufig Lemma 6.4.4 dem entsprechenden Problem angepasst verwenden kann. Es sei bemerkt, dass in beiden Beispielen Normabschätzungen nicht ausreichen, um Eindeutigkeit ohne Zusatzannahmen zu erhalten, einseitige Abschätzungen sind hier essentiell.

Übungen

6.1 Sei $\omega : \mathbb{R}_+ \to \mathbb{R}_+$ stetig, $\omega(0) = 0$, und gelte $\int_{0+}^1 \frac{ds}{\omega(s)} = \infty$; solche Funktionen werden gelegentlich *Osgood-Funktionen* genannt. Zeigen Sie, dass die Maximallösung von

$$\dot{\rho} = \omega(\rho), \quad t \geq 0, \quad \rho(0) = 0$$

identisch Null ist.

6.2 Wie verhalten sich Dini-Ableitungen bei Summen, Produkten und Quotienten stetiger Funktionen?

6.3 Sei $J \subset \mathbb{R}$ ein nichttriviales offenes Intervall und $\rho : J \to \mathbb{R}$ differenzierbar in $t_0 \in J$, mit $\rho'(t_0) \geq 0$, und $g : \mathbb{R} \to \mathbb{R}$ lokal Lipschitz. Zeigen Sie

$$\mathrm{D}\, g(\rho(t_0)) = (\mathrm{D}\, g)(\rho(t_0))\rho'(t_0),$$

wobei D eine der vier Dini-Ableitungen bezeichnet.

6.4 Sei $|\cdot|$ eine Norm auf $\mathbb{R}^n$, man fixiere $x, y \in \mathbb{R}^n$ und setze $\varphi(t) = |y + tx|$. Dann ist

$$[x, y] = D^-\varphi(0) = D_-\varphi(0) = \lim_{t \to 0_+} \frac{|y| - |y - tx|}{t}.$$

6.5 Berechnen Sie die Klammer $[\cdot, \cdot]$ für die l_p-Normen auf $\mathbb{R}^n$, wobei $p \in [1, \infty]$.

6.6 Sei $Q \in \mathbb{R}^{n \times n}$ symmetrisch und positiv definit, und sei $|x|_Q = \sqrt{(Qx|x)}$ die erzeugte Norm auf $\mathbb{R}^n$. Bestimmen Sie die entsprechende Klammer $[\cdot, \cdot]_Q$.

6.7 Seien $\varphi, \psi : [a, b] \to \mathbb{R}_+$ stetig und gelte $D_+\varphi(t) \leq \psi(t)$ für alle $t \in [a, b]$, $\varphi(a) = \varphi_0$. Dann folgt

$$\varphi(t) \leq \varphi_0 + \int_a^t \psi(\tau)d\tau, \quad t \in [a, b].$$

6.8 Beweisen Sie Lemma 6.4.4.

Invarianz

7

Sei $G \subset \mathbb{R}^n$ offen, $f : \mathbb{R} \times G \to \mathbb{R}^n$ stetig. Wir betrachten das AWP

$$\begin{cases} \dot{x} = f(t, x), \\ x(t_0) = x_0, \end{cases} \tag{7.1}$$

wobei $x_0 \in G$ und $t_0 \in \mathbb{R}$ sei. Im ganzen Kapitel nehmen wir Eindeutigkeit der Lösungen nach rechts an. Sei $x(t; t_0, x_0)$ die Lösung von (7.1) auf dem maximalen Intervall $J_+(t_0, x_0) := [t_0, t_+(t_0, x_0))$.

7.1 Invariante Mengen

Eines der wichtigsten Konzepte in der qualitativen Theorie gewöhnlicher Differentialgleichungen ist der Begriff der invarianten Menge.

Definition 7.1.1. Sei $D \subset G$. D heißt **positiv invariant** für (7.1), falls die Lösung $x(t; t_0, x_0) \in D$ für alle $t \in J_+(t_0, x_0)$ erfüllt, sofern $x_0 \in D$ ist. Entsprechend wird **negativ invariant** definiert, falls die Lösungen von (7.1) eindeutig nach links sind, und D heißt **invariant**, wenn D sowohl positiv als auch negativ invariant ist.

Es ist nicht schwer eine notwendige Bedingung für die positive Invarianz von D anzugeben. Denn ist D positiv invariant, und ist $x_0 \in D$ beliebig, so gilt für hinreichend kleine $h > 0$

$$\mathrm{dist}(x_0 + hf(t_0, x_0), D) \leq |x_0 + hf(t_0, x_0) - x(t_0 + h; t_0, x_0)|_2$$

© Springer Nature Switzerland AG 2019
J. W. Prüss, M. Wilke, *Gewöhnliche Differentialgleichungen und dynamische Systeme*, Grundstudium Mathematik, https://doi.org/10.1007/978-3-030-12362-8_7

und mit

$$x(t_0 + h; t_0, x_0) = x_0 + \int_{t_0}^{t_0+h} \dot{x}(s; t_0, x_0) \, ds, \qquad \dot{x}(t_0; t_0, x_0) = f(t_0, x_0)$$

erhält man zu jedem $\varepsilon > 0$ ein $\delta > 0$, sodass

$$\text{dist}(x_0 + hf(t_0, x_0), D) \leq \left| h\dot{x}(t_0) - \int_{t_0}^{t_0+h} \dot{x}(s) \, ds \right|_2 \leq \varepsilon h,$$

sofern $h \in (0, \delta]$ ist. Wir haben gezeigt, dass die positive Invarianz von D die sogenannte **Subtangentialbedingung**

$$(S) \begin{cases} \text{Für alle } t \in \mathbb{R}, \ x \in D \text{ gilt} \\ \lim_{h \to 0_+} \frac{1}{h} \text{dist}(x + hf(t, x), D) = 0. \end{cases}$$

nach sich zieht. Man beachte, dass (S) unabhängig von der gewählten Norm ist, da auf $\mathbb{R}^n$ alle Normen äquivalent sind.

Erfreulicherweise ist (S) auch hinreichend für positive Invarianz. Zunächst wollen wir uns jedoch (S) genauer ansehen. Es ist klar, dass

$$\lim_{h \to 0_+} \frac{1}{h} \text{dist}(x + hf(t, x), D) = 0$$

für alle $x \in \text{int } D$ trivialerweise erfüllt ist; (S) ist eine Bedingung in den Randpunkten von D und wird deshalb manchmal **Randbedingung** genannt. Um die geometrische Bedeutung von (S) zu klären, benötigen wir die.

Definition 7.1.2. Sei $D \subset \mathbb{R}^n$ abgeschlossen und $x \in \partial D$. Ein Vektor $y \in \mathbb{R}^n$, $y \neq 0$, heißt **äußere Normale** an D in x, falls $B_{|y|_2}(x + y) \cap D = \emptyset$ ist. Die Menge der äußeren Normalen in x sei mit $\mathcal{N}(x)$ bezeichnet.

Äußere Normalen müssen nicht unbedingt existieren, wie das Beispiel einer einspringenden Ecke zeigt.

Lemma 7.1.3. *Sei D abgeschlossen, $x \in \partial D$ und $z \in \mathbb{R}^n$. Dann impliziert die Bedingung*

$$\lim_{h \to 0_+} \frac{1}{h} \text{dist}(x + hz, D) = 0,$$

dass $(z|y) \leq 0$ für alle $y \in \mathcal{N}(x)$ gilt.

Beweis. Sei $x \in \partial D$, $z \in \mathbb{R}^n$, $y \in \mathcal{N}(x)$ und gelte $\lim_{h \to 0_+} \frac{1}{h} \text{dist}(x + hz, D) = 0$. Angenommen $(z|y) > 0$. Dann folgt $x + hz \in B_{|y|_2}(x + y)$ für $0 < h \leq h_1 \leq (z|y)/|z|_2^2$, denn es ist sogar

$$|x + hz - (x + y)|_2^2 = |hz - y|_2^2 = h[h|z|_2^2 - 2(z|y)] + |y|_2^2$$

$$\leq h[h_1|z|_2^2 - 2(z|y)] + |y|_2^2 \leq |y|_2^2 - h(z|y) = |y|_2^2(1 - h\alpha)$$

$$\leq |y|_2^2(1 - \frac{\alpha}{2}h)^2,$$

mit $\alpha := (y|z)/|y|_2^2 > 0$. Aus der Ungleichung von Cauchy-Schwarz folgt $1 - \alpha h \geq 0$ für alle $0 < h \leq h_1$, also $1 - \alpha h/2 > 0$. Sei nun $\varepsilon \in (0, \alpha|y|_2/2)$ gegeben. Dann existiert ein $\delta(\varepsilon) > 0$ mit $\text{dist}(x + hz, D) \leq \varepsilon h$ für alle $h \in (0, \delta)$. O.B.d.A. dürfen wir dabei $\delta \leq h_1$ annehmen. Folglich erhalten wir für $h \in (0, \delta)$ die Abschätzung

$$\varepsilon h \geq \text{dist}(x + hz, D) = |x + hz - p(h)|_2 = |x + hz - (x + y) - (p(h) - (x + y))|_2$$

$$\geq |p(h) - x - y|_2 - |hz - y|_2 \geq |y|_2 - |y|_2(1 - \alpha h/2) = \alpha h|y|_2/2,$$

mit $p(h) \in \partial D$, also $\varepsilon \geq \alpha|y|_2/2$. Das ist ein Widerspruch zur Wahl von ε. $\qquad\square$

Die geometrische Bedeutung von (S) dürfte nun klar sein: erreicht eine Lösung den Rand von D, so zwingt die Bedingung (S) sie zum Umkehren, da der Winkel zwischen $\dot{x}(t)$ und jeder äußeren Normalen in $x(t) \in \partial D$ stets $\geq \pi/2$ ist.

Das Hauptergebnis dieses Abschnittes ist der

Satz 7.1.4. *Sei $G \subset \mathbb{R}^n$ offen, $f : \mathbb{R} \times G \to \mathbb{R}^n$ stetig und $D \subset G$ abgeschlossen. Dann sind äquivalent:*

1. *D ist positiv invariant für (7.1);*
2. *f und D erfüllen die Subtangentialbedingung (S).*

Beweis. Unter Annahme der Subtangentialbedingung (S) genügt es zu zeigen, dass es zu jedem $(t_0, x_0) \in \mathbb{R} \times D$ eine lokale Lösung von (7.1) in D gibt. Eindeutigkeit der Lösungen impliziert dann, das auch die maximale Lösung in D nach rechts in D bleibt.

Dazu seien $t_0 \in \mathbb{R}$, $x_0 \in D$ gegeben und gelte (S). Wähle eine Kugel $\bar{B}_r(x_0) \subset G$, setze $M := \max\{|f(t, x)| : t \in [t_0, t_0 + 1], x \in \bar{B}_r(x_0) \cap D\}$, und sei $a := \min\{1, r/(M + 1)\}$. Wir zeigen, dass es auf dem Intervall $[t_0, t_0 + a]$ eine Lösung $x(t)$ von (7.1) gibt, sodass $x(t) \in D$ für alle $t \in [t_0, t_0 + a]$ gilt. Dazu konstruieren wir eine endliche Folge von Punkten $(t_j, x_j) \in [t_0, t_0 + a] \times [D \cap \bar{B}_r(x_0)]$, die den Graphen der Lösung approximieren sollen, wie folgt. Sei $\varepsilon \in (0, 1)$. Der erste Punkt (t_0, x_0) ist der gegebene Anfangspunkt. Die weiteren Punkte werden nun induktiv definiert. Sei (t_j, x_j) bereits konstruiert. Aus (S) in diesem Punkt folgt, dass es $h_{j+1} > 0$ und $x_{j+1} \in D$ gibt mit

$$\mathrm{dist}(x_j + h_{j+1} f(t_j, x_j), D) = |x_j + h_{j+1} f(t_j, x_j) - x_{j+1}| \le \varepsilon h_{j+1}. \qquad (7.2)$$

Wir wählen dieses $h_{j+1} \le \varepsilon$ maximal, sodass

$$|f(s, x) - f(t_j, x_j)| \le \varepsilon \text{ für alle } |s - t_j| \le h_{j+1}, \ |x - x_j| \le h_{j+1}(M+1) \qquad (7.3)$$

erfüllt ist, und setzen $t_{j+1} := t_j + h_{j+1}$.

Nun ist nach (7.2) $|x_{k+1} - x_k| \le h_{k+1}(M+1)$ für alle $k \in \{0, \dots, j\}$ und daher

$$|x_{j+1} - x_0| \le \sum_{k=0}^{j} |x_{k+1} - x_k| \le (M+1) \sum_{k=0}^{j} h_{k+1}$$

$$= (M+1) \sum_{k=0}^{j} (t_{k+1} - t_k) \le a(M+1) \le r,$$

also auch $x_{j+1} \in \bar{B}_r(x_0) \cap D$, sofern $t_{j+1} \le t_0 + a$ gilt.

Das Verfahren bricht ab, wenn $t_{j+1} \ge t_0 + a$ ist. Angenommen, es existieren unendlich viele t_j mit $t_j \le t_0 + a$. Dann haben wir $t_j \nearrow t_* \le t_0 + a$, und wegen

$$|x_{j+l} - x_j| \le \sum_{k=0}^{l-1} |x_{j+k+1} - x_{j+k}| \le (M+1)(t_{j+l} - t_j) \to 0,$$

auch $x_j \to x_* \in D \cap \bar{B}_r(x_0)$. Da f auf $[t_0, t_0 + a] \times [D \cap \bar{B}_r(x_0)]$ gleichmäßig stetig ist, gilt (7.3) mit einem gleichmäßigen $h_* > 0$, und (S) bzw. (7.3) ergeben eventuell nach Verkleinerung von h_*,

$$\mathrm{dist}(x_* + h_* f(t_*, x_*), D) \le \varepsilon h_*/3$$

bzw.

$$|f(s, x) - f(t_j, x_j)| \le \varepsilon/3 \text{ für alle } |s - t_j| \le h_*, \ |x - x_j| \le h_*(M+1).$$

Es folgt

$$\mathrm{dist}(x_j + h_* f(t_j, x_j), D) \le \mathrm{dist}(x_* + h_* f(t_*, x_*), D)$$

$$+ h_* |f(t_j, x_j) - f(t_*, x_*)| + |x_j - x_*|$$

$$\le \varepsilon h_*/3 + \varepsilon h_*/3 + \varepsilon h_*/3$$

$$= \varepsilon h_*,$$

sofern $|x_j - x_*| \leq \varepsilon h_*/3$ und $|t_j - t_*| \leq h_*$ gilt, d. h. falls j groß genug ist. Für alle hinreichend großen j gilt daher $h_{j+1} \geq h_*$, denn h_{j+1} ist maximal. Dies impliziert aber $t_{j+1} \to \infty$ für $j \to \infty$, ein Widerspruch. Das Verfahren bricht also nach endlich vielen Schritten ab.

Wir definieren nun die Treppen $\bar{x}_\varepsilon(t) = x_j$ und $\bar{f}_\varepsilon(t) = f(t_j, x_j)$ für $t \in [t_j, t_{j+1})$, und den Spline $x_\varepsilon(t)$ als den durch diese Punktfolge definierten Polygonzug, also

$$x_\varepsilon(t) = \frac{t - t_j}{h_{j+1}} x_{j+1} + \frac{t_{j+1} - t}{h_{j+1}} x_j, \quad t_j \leq t < t_{j+1}.$$

Es gilt dann nach (7.2)

$$|\dot{x}_\varepsilon| = |x_{j+1} - x_j|/h_{j+1} \leq M + 1,$$

und

$$|x_\varepsilon(t) - x_j| \leq |x_{j+1} - x_j| \leq h_{j+1}(M + 1) \leq \varepsilon(M + 1), \quad t \in [t_j, t_{j+1}).$$

Für $t \in [t_j, t_{j+1})$ gilt ferner

$$\int_{t_0}^{t} \bar{f}_\varepsilon(s)ds = \sum_{k=0}^{j} \int_{t_k}^{t_{k+1}} f(t_k, x_k)ds - (t_{j+1} - t)f(t_j, x_j)$$

$$= \sum_{k=0}^{j} f(t_k, x_k)h_{k+1} - (t_{j+1} - t)f(t_j, x_j),$$

also erhalten wir mit $r_k = x_{k+1} - x_k - h_{k+1}f(t_k, x_k)$ die Identität

$$x_\varepsilon(t) = x_0 + \int_{t_0}^{t} \bar{f}_\varepsilon(s)ds + \sum_{k=0}^{j} r_k - \frac{t_{j+1} - t}{h_{j+1}}(x_{j+1} - x_j - h_{j+1}f(t_j, x_j)),$$

für $t \in [t_j, t_{j+1})$. Folglich gilt $|x_\varepsilon(t) - x_0 - \int_{t_0}^{t} \bar{f}_\varepsilon(s)ds| \leq \varepsilon a$, wie man aus (7.2) leicht sieht. Die Funktionen x_{ε_k}, $\varepsilon_k = 1/k$, sind auf dem Intervall $[t_0, t_0 + a]$ gleichmäßig beschränkt und Lipschitz mit Konstante $M + 1$, also sind sie gleichgradig stetig. Nach dem Satz von Arzelà-Ascoli besitzt die Folge x_{ε_k} eine gleichmäßig konvergente Teilfolge $x_{\varepsilon_{k_m}} \to x$, mit einer stetigen D-wertigen Grenzfunktion $x(t)$. Die Treppenfunktionen $\bar{x}_{\varepsilon_{k_m}}(t)$ konvergieren ebenfalls gleichmäßig gegen die Grenzfunktion $x(t)$, und da f auf der kompakten Menge $[t_0, t_0 + a] \times [D \cap \bar{B}_r(x_0)]$ gleichmäßig stetig ist, gilt außerdem $\bar{f}_{\varepsilon_{k_m}}(t) \to f(t, x(t))$ gleichmäßig. Also erhalten wir die Integralgleichung

$$x(t) = x_0 + \int_{t_0}^{t} f(s, x(s))ds, \quad t \in [t_0, t_0 + a],$$

und somit ist $x(t)$ eine Lösung von (7.1), mit $x(t) \in D$ für alle $t \in [t_0, t_0 + a]$. $\qquad\square$

Bemerkungen 7.1.5.

1. Man beachte, dass der Beweis dieses Satzes f nur auf $\mathbb{R} \times D$ verwendet. Im Fortsetzungssatz gilt dann die Alternative, dass $x(t)$ nach rechts global existiert oder einen blow up hat. Insbesondere existiert sie global, falls D selbst beschränkt ist. Man beachte auch, dass die Menge D klein sein kann, in dem Sinne, dass sie keine inneren Punkte besitzt. So kann $D = \Sigma$ z. B. eine k-dimensionale Mannigfaltigkeit sein, darauf gehen wir in Kap. 13 näher ein.

2. Sind die Lösungen von (7.1) nicht eindeutig, so ist die Subtangentialbedingung (S) äquivalent zur Existenz *mindestens* einer Lösung in D. Diese Eigenschaft von D nennt man **positiv schwach invariant**. Es kann aber Lösungen geben, die in D starten, aber D sofort verlassen. Ein Standardbeispiel dafür ist $\dot{x} = -3x^{2/3}$ mit $D = \mathbb{R}_+$, $t_0 = 0$, $x_0 = 0$; vgl. Abschn. 1.5.

3. Ist f lokal Lipschitz, so kann man den Beweis von Satz 7.1.4 kürzer gestalten. Dazu sei $t \in J_+(t_0, x_0)$ und

$$\varphi(t) := \text{dist}(x(t), D) = |x(t) - y_t|,$$

mit einem $y_t \in D$. Für $h > 0$ und mit

$$\rho(h) = \sup\{|f(s, x(s)) - f(t, x(t))| : t \le s \le t + h\}$$

folgt

$$\varphi(t + h) = \text{dist}(x(t + h), D)$$

$$= \text{dist}((y_t + hf(t, y_t)) + (x(t) - y_t) + \int_t^{t+h} (f(s, x(s)) - f(t, y_t))ds, D)$$

$$\le \text{dist}(y_t + hf(t, y_t), D) + |x(t) - y_t| + h|f(t, x(t)) - f(t, y_t)| + h\rho(h).$$

Wähle $\eta > 0$ so klein, dass $x(t), y_t \in \bar{B}_r(x_0) \subset G$ für alle $t \in [t_0, t_0 + \eta] \subset J_+(t_0, x_0)$ gilt. Dann ergeben die Subtangentialbedingung (S) und $\rho(h) \le \varepsilon$ für $0 < h \le \delta$ ($\delta, \eta > 0$ hinreichend klein)

$$\varphi(t + h) \le \varepsilon h + \varphi(t) + Lh\varphi(t) + \varepsilon h.$$

Dabei bezeichnet $L > 0$ die Lipschitz-Konstante für f in der Kugel $\bar{B}_r(x_0)$. Mit $h \to 0+$ folgt daraus

$$D^+\varphi(t) \leq 2\varepsilon + L\varphi(t),$$

und dann mit $\varepsilon \to 0+$ die Differentialungleichung

$$D^+\varphi(t) \leq L\varphi(t), \quad t \in [t_0, t_0 + \eta],$$

für ein hinreichend kleines $\eta > 0$. Der Anfangswert lautet $\varphi(t_0) = 0$, da $x(t_0) = x_0 \in D$. Lemma 6.4.1 impliziert $\varphi(t) = 0$ für alle $t \in [t_0, t_0 + \eta]$, also $x(t) \in D$, da D abgeschlossen ist. Dies zeigt die positive Invarianz von D.

7.2 Invarianzkriterien

Bevor wir zu Anwendungen von Satz 7.1.4 kommen, wollen wir erneut die Subtangential-bedingung (S) diskutieren.

Satz 7.2.1. *Sei $\phi \in C^1(\mathbb{R}^n, \mathbb{R})$ und gelte $\nabla\phi(x) \neq 0$ für alle $x \in \phi^{-1}(a)$, d. h. a ist regulärer Wert für ϕ. Dann sind äquivalent:*

1. $D = \phi^{-1}((-\infty, a])$ *ist positiv invariant für* (7.1).
2. $(f(t, x)|\nabla\phi(x)) \leq 0$ *für alle $t \in \mathbb{R}$, $x \in \phi^{-1}(a) = \partial D$.*

Beweis. Es gelte 1. Seien $t \in \mathbb{R}$, $x \in \partial D$ fixiert und sei $z = f(t, x)$. Nach Satz 7.1.4 gilt für f und D die Subtangentialbedingung (S), d. h. es existiert eine Funktion $p(h) \in D$, sodass für jedes $\varepsilon \in (0, 1)$ ein $\delta > 0$ existiert, mit $|x + hz - p(h)|_2 \leq \varepsilon h$ für alle $h \in (0, \delta]$. Da ϕ nach Voraussetzung C^1 ist, existiert zu $\varepsilon \in (0, 1)$ ein $\rho > 0$, sodass

$$|\phi(p(h)) - \phi(x) - (\nabla\phi(x)|p(h) - x)| \leq \varepsilon|p(h) - x|_2$$

gilt, falls $|p(h) - x|_2 \leq \rho$. Wegen $|p(h) - x|_2 \leq (1 + |z|_2)h$ nehmen wir im Weiteren $0 < h \leq \min\{\delta, \rho/(1 + |z|_2)\}$ an. Nun ist $\phi(x) = a$ und $\phi(p(h)) \leq a$. Folglich erhalten wir

$$(\nabla\phi(x)|z) = \left(\nabla\phi(x)\Big|z - \frac{p(h) - x}{h}\right) + \left(\nabla\phi(x)\Big|\frac{p(h) - x}{h}\right)$$

$$\leq |\nabla\phi(x)|_2\varepsilon + \frac{1}{h}|\phi(p(h)) - \phi(x) - (\nabla\phi(x)|p(h) - x)|$$

$$\leq |\nabla\phi(x)|_2\varepsilon + \varepsilon(1 + |z|_2)$$

$$\leq C\varepsilon,$$

für alle h mit $0 < h \leq \min\{\delta, \rho/(1 + |z|_2)\}$. Da $\varepsilon \in (0, 1)$ beliebig war, folgt die Behauptung.

Sei nun 2. erfüllt und $t_0 \in \mathbb{R}$, $x_0 \in D$ fixiert. Wir betrachten die gestörte DGL

$$\dot{x} = f(t, x) - \varepsilon \nabla \phi(x).$$

Nach dem *Satz von Peano* existiert mindestens eine Lösung $x_\varepsilon(t)$ mit $x_\varepsilon(t_0) = x_0$. Sei $\varphi(t) = \phi(x_\varepsilon(t))$; es gilt $\varphi(t_0) = \phi(x_0) \leq a$, sowie

$$\dot{\varphi}(t) = (\nabla \phi(x_\varepsilon(t)) | \dot{x}_\varepsilon(t)) = (\nabla \phi(x_\varepsilon(t)) | f(t, x_\varepsilon(t))) - \varepsilon |\nabla \phi(x_\varepsilon(t))|^2.$$

Angenommen, $x_\varepsilon(t) \notin D$ für ein $t > t_0$; dann existiert ein $t_1 \geq t_0$ mit $x_\varepsilon(t) \in D$ für $t \leq t_1$, $x_\varepsilon(t_1) \in \partial D$. Hier gilt nun

$$\dot{\varphi}(t_1) \leq -\varepsilon |\nabla \phi(x_\varepsilon(t_1))|_2^2 < 0,$$

da a regulärer Wert von ϕ ist, also mit

$$\dot{\varphi}(t_1) = \lim_{h \to 0_+} \frac{\varphi(t_1) - \varphi(t_1 - h)}{h} = \lim_{h \to 0_+} \frac{a - \varphi(t_1 - h)}{h} \geq 0$$

ein Widerspruch. Daher bleibt $x_\varepsilon(t)$ solange in D, wie die Lösung existiert. Für $\varepsilon \to 0$ konvergiert $x_\varepsilon(t)$ gleichmäßig auf kompakten Intervallen gegen $x(t)$, die Lösung von (7.1). Daher ist D positiv invariant. $\qquad\square$

Korollar 7.2.2. *Seien* $\phi_1, \ldots, \phi_k \in C^1(\mathbb{R}^n, \mathbb{R})$ *und* $a_j \in \mathbb{R}$ *regulärer Wert von* ϕ_j, $j = 1, \ldots, k$. *Gilt dann*

$$(f(t, x) | \nabla \phi_j(x)) \leq 0 \quad \text{für alle } x \in \phi_j^{-1}(a_j), \ j = 1, \ldots, k, \ t \geq 0,$$

so ist

$$D = \bigcap_{j=1}^{k} \phi_j^{-1}((-\infty, a_j])$$

positiv invariant.

Beweis. Nach Satz 7.2.1 ist $D_j = \phi_j^{-1}((-\infty, a_j])$ positiv invariant bzgl. (7.1); damit ist auch $D = \bigcap_{j=1}^{k} D_j$ positiv invariant. $\qquad\square$

7.3 Konvexe invariante Mengen

In diesem Abschnitt betrachten wir abgeschlossene Mengen, die positiv invariant für (7.1) sind, unter der Zusatzannahme der Konvexität. Zur Erinnerung: $D \subset \mathbb{R}^n$ heißt **konvex**, wenn mit $x, y \in D$ auch die Verbindungsstrecke zwischen x und y zu D gehört, also

$$x, y \in D \implies tx + (1 - t)y \in D \quad \text{für alle } t \in (0, 1).$$

Im Folgenden benötigen wir einige Eigenschaften konvexer Mengen, insbesondere die Existenz der **metrischen Projektion** auf D.

Lemma 7.3.1. *Sei $D \subset \mathbb{R}^n$ abgeschlossen und konvex. Dann existiert zu jedem $u \in \mathbb{R}^n$ genau ein $Pu \in D$ mit* $\text{dist}(u, D) = |u - Pu|_2$. *$P : \mathbb{R}^n \to D$ ist **nichtexpansiv**, d. h. Lipschitz mit Konstante 1 und es gilt*

$$(u - Pu \mid v - Pu) \leq 0 \quad \text{für alle } u \in \mathbb{R}^n,\ v \in D. \tag{7.4}$$

Ferner ist $u - Pu \in \mathcal{N}(Pu)$ für alle $u \in \mathbb{R}^n$, die Funktion $\phi(u) := \frac{1}{2}\text{dist}(u, D)^2$ ist stetig differenzierbar, und es gilt

$$\nabla \phi(u) = u - Pu, \quad \text{für alle } u \in \mathbb{R}^n.$$

Beweis. Sei $u \in \mathbb{R}^n$ gegeben. Ist $u \in D$, so setzen wir $Pu = u$. Sei nun $u \notin D$. Dann existiert eine Folge $x_n \in D$ mit

$$|u - x_n|_2 \to \text{dist}(u, D);$$

da x_n beschränkt ist, existiert eine Teilfolge $x_{n_k} \to x \in D$ und es gilt $\text{dist}(u, D) = |u - x|_2$. Wir zeigen, dass x dadurch eindeutig bestimmt ist. Dazu sei $y \in D$ mit $\text{dist}(u, D) = |u - y|_2$. Es gilt dann aufgrund der Konvexität von D

$$\text{dist}(u, D)^2 \leq \left| u - \frac{x + y}{2} \right|_2^2 = \frac{|u - x|_2^2}{4} + \frac{|u - y|_2^2}{4} + \frac{1}{2}(u - x \mid u - y)$$

$$\leq \frac{1}{4}(|u - x|_2 + |u - y|_2)^2 = \text{dist}(u, D)^2,$$

also $|u - \frac{x+y}{2}|_2 = \text{dist}(u, D)$. Es folgt $(u - x \mid u - y) = |u - x|_2 |u - y|_2$ und daher $u - x = u - y$, also $x = y$, denn $|u - x|_2 = |u - y|_2$. Setzt man nun $Pu = x$, so ist $P : \mathbb{R}^n \to D$ wohldefiniert.

Wir zeigen (7.4). Es gilt für alle $w \in D$

$$|u - Pu|_2^2 = \operatorname{dist}(u, D)^2 \leq |u - w|_2^2 = |(u - Pu) + (Pu - w)|_2^2$$
$$= |u - Pu|_2^2 + 2(u - Pu|Pu - w) + |Pu - w|_2^2,$$

folglich

$$(u - Pu|w - Pu) \leq \frac{1}{2}|w - Pu|_2^2,$$

für alle $w \in D$. Mit $v \in D$ ist auch $w = tv + (1 - t)Pu \in D$, $t \subset (0, 1)$, da D konvex ist, und es gilt $w - Pu = t(v - Pu)$. Nach Division durch t erhält man

$$(u - Pu|v - Pu) \leq \frac{t}{2}|v - Pu|_2^2.$$

Für $t \to 0_+$ ergibt sich die Relation (7.4).

Als nächstes zeigen wir, dass P nichtexpansiv ist. Dazu seien $u, y \in \mathbb{R}^n$; setzt man $v = Py$ in (7.4), so erhält man

$$(u - Pu|Py - Pu) \leq 0,$$

also

$$|Py - Pu|_2^2 \leq (Py - u|Py - Pu) = \underbrace{(y - Py|Pu - Py)}_{\leq 0 \text{ nach } (7.4)} + (y - u|Py - Pu)$$

$$\leq |y - u|_2|Py - Pu|_2,$$

woraus $|Py - Pu|_2 \leq |y - u|_2$ für alle $u, y \in \mathbb{R}^n$ folgt.

Die Differenzierbarkeit von ϕ sieht man folgendermaßen. Es ist zum Einen

$$\phi(x + h) - \phi(x) - (x - Px|h)$$

$$= \frac{1}{2}|h + Px - P(x + h)|_2^2 + (x - Px|Px - P(x + h)) \geq 0,$$

und zum Anderen

$$\phi(x + h) - \phi(x) - (x - Px|h)$$

$$= \left[|h|_2^2 - |P(x + h) - Px|_2^2\right]/2 + (x + h - P(x + h)|Px - P(x + h)) \leq \frac{|h|_2^2}{2},$$

wie eine kurze Rechnung und (7.4) zeigen. Damit sind alle Behauptungen des Lemmas bewiesen.   □

Bemerkungen 7.3.2.

1. Gl. (7.4) ist sogar charakteristisch für die metrische Projektion P, denn es gilt die Implikation: Für $x \in D$ und $u \in \mathbb{R}^n$ mit $(u - x \mid v - x) \leq 0$ für alle $v \in D$, folgt $x = Pu$. Es gelte also (7.4). Dann ist

$$|u - x|_2^2 = (u - x \mid u - x) = (u - x \mid v - x) + (u - x \mid u - v) \leq |u - x|_2 |v - u|_2,$$

also $|u - x|_2 \leq |u - v|_2$, für alle $v \in D$, falls $u \neq x$ gilt. Daraus folgt $x = Pu$. Für $u = x \in D$ ist $Pu = u = x$.

2. Ist $D \subset \mathbb{R}^n$ abgeschlossen und konvex, dann ist $\mathcal{N}(x)$ für jedes $x \in \partial D$ nichtleer. Dies sieht man folgendermaßen. Sei $x \in \partial D$. Wähle eine Folge $(x_n) \subset \mathbb{R}^n \setminus D$ mit $x_n \to x$. Dann gilt

$$v_n := \frac{x_n - Px_n}{|x_n - Px_n|_2} \in \mathcal{N}(Px_n).$$

Die Folge (v_n) besitzt eine konvergente Teilfolge $v_{n_k} \to v$ und $v \in \mathcal{N}(x)$. Diese äußere Normale erfüllt $(z \mid v) \leq (x \mid v)$ für alle $z \in D$; sie definiert damit eine Stützhyperebene an D in $x \in \partial D$.

3. Sei $D = \bar{B}_R(x_0)$ eine euklidische Kugel. Dann ist die metrische Projektion durch

$$Px = \begin{cases} x, & |x - x_0|_2 \leq R, \\ x_0 + R \frac{x - x_0}{|x - x_0|_2}, & |x - x_0|_2 > R, \end{cases}$$

also durch die *radiale Projektion* gegeben. Insbesondere ist die radiale Projektion nichtexpansiv.

Für allgemeinere abgeschlossene D ist die Umkehrung von Lemma 7.1.3 leider falsch, da es mitunter nicht genügend viele äußere Normalen gibt. Für konvexe Mengen jedoch ist sie richtig, wie wir nun zeigen werden.

Lemma 7.3.3. *Sei $D \subset \mathbb{R}^n$ abgeschlossen und konvex und sei $z \in \mathbb{R}^n$, $x \in \partial D$. Dann sind äquivalent:*

1. $\lim_{h \to 0_+} \frac{1}{h} \mathrm{dist}(x + hz, D) = 0$;
2. $(z \mid y) \leq 0$ *für alle $y \in \mathcal{N}(x)$.*

Beweis. Wir haben nur noch 2. $\Rightarrow$ 1. zu zeigen. Gelte also 2., aber wir nehmen an, 1. sei falsch. Dann existiert ein $\varepsilon_0 > 0$ und eine Folge $h_n \to 0_+$ mit

$$\varepsilon_0 h_n \leq \operatorname{dist}(x + h_n z, D) \leq h_n |z|_2.$$

Es folgt

$$\varepsilon_0 \leq \left| \frac{x - P(x + h_n z)}{h_n} + z \right| \leq |z|_2;$$

daher existiert eine Teilfolge, welche wir wieder mit h_n bezeichnen, derart, dass $h_n \to 0_+$ und

$$y_n := \frac{x - P(x + h_n z)}{h_n} + z \to y$$

gilt; insbesondere ist $y \neq 0$. Dieses y ist eine äußere Normale an D in x, denn mit (7.4) erhalten wir für $v \in D$

$$0 \leq (y_n | P(x + h_n z) - v) \to (y | x - v),$$

also $(y | x - v) \geq 0$, und daher

$$|x + y - v|_2^2 = |x - v|_2^2 + 2(x - v | y) + |y|_2^2 \geq |y|_2^2, \quad \text{für alle } v \in D,$$

d. h. $B_{|y|_2}(x + y) \cap D = \emptyset$, also $y \in \mathcal{N}(x)$. Außerdem ergibt (7.4) mit $v = x$ und $u = x + h_n z$ die Ungleichung

$$(x + h_n z - P(x + h_n z) | x - P(x + h_n z)) \leq 0,$$

also nach Division durch h_n^2 und mit $n \to \infty$

$$(y | y - z) \leq 0, \quad \text{d. h.} \quad (z | y) \geq |y|_2^2 > 0,$$

was einen Widerspruch zu 2. bedeutet. $\qquad \square$

Als direkte Folgerung aus Satz 7.1.4 und Lemma 7.3.3 erhalten wir den

Satz 7.3.4. *Sei $D \subset G$ abgeschlossen und konvex. Dann sind äquivalent:*

1. *D ist positiv invariant für (7.1);*
2. *$(f(t, x) | y) \leq 0$ für alle $t \in \mathbb{R}$, $x \in \partial D$, $y \in \mathcal{N}(x)$.*

Ist $D \subset G$ abgeschlossen, positiv invariant und beschränkt, so existieren alle in D startenden Lösungen global nach rechts; das ist eine direkte Konsequenz des Satzes über die Fortsetzbarkeit von Lösungen. Ist D außerdem konvex, so können wir noch mehr sagen.

Satz 7.3.5. *Sei $D \subset G$ abgeschlossen, beschränkt und konvex und sei D positiv invariant für (7.1). Dann gilt:*

1. *Ist f τ-periodisch in t, so existiert mindestens eine τ-periodische Lösung $x_*(t)$ von (7.1) in D.*
2. *Ist f autonom, so besitzt (7.1) mindestens ein Equilibrium x_* in D.*

Beweis.

1. Definiere eine Abbildung $T : D \to D$ durch $Tx_0 = x(\tau; 0, x_0)$; da D positiv invariant ist, gilt $TD \subset D$. T ist stetig nach dem Satz über die stetige Abhängigkeit. Da D abgeschlossen, beschränkt und konvex ist, liefert der Fixpunktsatz von Brouwer einen Fixpunkt $x_0 \in D$ von T, d. h. $Tx_0 = x_0$. Die Lösung $x(t; 0, x_0)$ erfüllt daher $x_0 = x(\tau; 0, x_0)$, also gilt auch $x(t; 0, x_0) = x(t + \tau; 0, x_0)$, da f τ-periodisch in t ist. Damit ist $x(t; 0, x_0)$ eine periodische Lösung von (7.1).
2. Setze $\tau_n = 2^{-n}$; da f autonom ist, ist f insbesondere τ_n-periodisch, nach (i) existieren daher τ_n-periodische Lösungen $x_n(t)$ von (7.1) in D. Die Folge $(x_n)_{n \in \mathbb{N}} \subset C([0, 1], D)$ ist beschränkt, da D beschränkt ist; sie ist aber auch gleichgradig stetig, da $\dot{x}_n = f(x_n)$ und f auf D beschränkt ist. Der Satz von Arzelà-Ascoli ergibt eine gleichmäßig konvergente Teilfolge $x_{n_k} \to x_\infty$; es ist $\dot{x}_\infty = f(x_\infty)$ und $x_\infty \in D$, wie man anhand der äquivalenten Integralgleichung sieht. Wir zeigen, dass $x_\infty(t)$ sogar konstant ist. Dazu muss man nur beachten, dass jedes $x_n(t)$ τ_m-periodisch für $n \geq m$ ist; mit $n \to \infty$ folgt daher: $x_\infty(t)$ ist τ_m-periodisch für alle $m \in \mathbb{N}$. Das heißt aber

$$x_\infty(0) = x_\infty(k\tau_m) \quad \text{für alle } k \in \{0, \ldots, 2^m\}, \ m \in \mathbb{N};$$

die Menge $\{k2^{-m} : k \in \{0, \ldots, 2^m\}, \ m \in \mathbb{N}\}$ ist dicht in $[0, 1]$, folglich muss $x_\infty(t)$ konstant sein. $\qquad\square$

7.4   Positiv homogene autonome Systeme

Im Abschn. 6.6 hatten wir ein Modell zur Paarbildung kennengelernt, das auf ein homogenes System führte. Hier wollen wir solche *positiv homogenen Systeme* allgemein untersuchen. Dazu betrachten wir das autonome Problem

$$\dot{x} = f(x), \quad t \ge 0, \quad x(0) = x_0, \tag{7.5}$$

wobei $f : \mathbb{R}^n \to \mathbb{R}^n$ stetig und quasipositiv sei (vgl. Abschn. 4.2). Wir nehmen ferner wieder Eindeutigkeit der Lösungen nach rechts an. Dann ist der Standardkegel $K := \mathbb{R}^n_+$ positiv invariant für (7.5). Die Funktion f heißt **positiv homogen**, wenn $f(\alpha x) = \alpha f(x)$ für alle $\alpha \ge 0$ und $x \in \mathbb{R}^n_+$ gilt. Insbesondere ist dann $f(0) = 0$, also 0 ein Equilibrium für (7.5), das triviale Equilibrium.

Homogene Differentialgleichungen erlauben nichttriviale **Exponentiallösungen** der Form $x_*(t) = e^{\lambda_* t} z_*$, mit $\lambda_* \in \mathbb{R}$ und $z_* \in K$, $z_* \ne 0$. Denn aufgrund der positiven Homogenität von f gilt für ein solches $x_*(t)$

$$\lambda_* e^{\lambda_* t} z_* = \dot{x}_*(t) = f(x_*(t)) = f(e^{\lambda_* t} z_*) = e^{\lambda_* t} f(z_*),$$

also ist $x_*(t)$ genau dann eine Lösung von (7.5), wenn das Paar (z_*, λ_*) Lösung des *nichtlinearen Eigenwertproblems*

$$f(z_*) = \lambda_* z_* \tag{7.6}$$

ist. Aufgrund der positiven Homogenität ist mit (z_*, λ_*) auch jedes $(\alpha z_*, \lambda_*)$, $\alpha \ge 0$ eine Lösung von (7.6). Daher ist es naheliegend eine Normierung einzuführen. Dazu sei $\mathbf{e} = [1, 1, \ldots, 1]^{\mathsf{T}}$. Ist nun $x(t)$ eine nichttriviale Lösung von (7.5) in K, so gilt $\rho(t) := (x(t)|\mathbf{e}) > 0$, und damit ist $z(t) := x(t)/\rho(t)$ wohldefiniert. Die Zerlegung $x(t) = \rho(t) z(t)$ ergibt

$$\dot{\rho}(t) z(t) + \rho(t) \dot{z}(t) = \dot{x}(t) = f(x(t)) = f(\rho(t) z(t)) = \rho(t) f(z(t)),$$

aufgrund der Homogenität von f. Ferner gilt

$$\dot{\rho}(t) = (\dot{x}(t)|\mathbf{e}) = (f(x(t))|\mathbf{e}) = (f(\rho(t)z(t))|\mathbf{e}) = \rho(t)(f(z(t))|\mathbf{e}),$$

folglich

$$\dot{z}(t) = f(z(t)) - (f(z(t))|\mathbf{e})z(t),$$

also ist z von ρ entkoppelt. Die Funktion ρ ergibt sich durch Integration zu

$$\rho(t) = \rho_0 \exp\{ \int_0^t (f(z(s))|\mathbf{e})ds \},$$

wenn $z(t)$ bekannt ist. Daher ist das System (7.5) auf $K \setminus \{0\}$ mit positiv homogenem f äquivalent zu

$$\dot{z} = f(z) - (f(z)|\mathsf{e})z, \quad t \geq 0, \quad z(0) = z_0, \tag{7.7}$$

mit der Nebenbedingung $(z(t)|\mathsf{e}) = 1$. Setzt man nun $\mathbb{D} := \{z \in K : (z|\mathsf{e}) = 1\}$, das ist das *Standardsimplex* im $\mathbb{R}^n$, so ist $\mathbb{D} \subset K$ abgeschlossen, konvex und beschränkt, sowie positiv invariant für (7.7). Nach Satz 7.3.5 besitzt das System (7.7) mindestens ein Equilibrium z_* in $\mathbb{D}$. Das bedeutet aber $f(z_*) = (f(z_*)|\mathsf{e})z_*$, also ist (z_*, λ_*) eine nichttriviale Lösung des Eigenwertproblems (7.6) mit zugehörigem Eigenwert $\lambda_* := (f(z_*)|\mathsf{e})$.

Satz 7.4.1. *Sei $f : \mathbb{R}^n \to \mathbb{R}^n$ stetig, quasipositiv und positiv homogen, und seien die Lösungen von (7.5) eindeutig nach rechts. Dann sind (7.5) auf $\mathbb{R}_+^n \setminus \{0\}$ und (7.7) auf dem Standardsimplex $\mathbb{D}$ in $\mathbb{R}^n$ äquivalent, und zwar mittels der Transformation*

$$x = \rho z, \quad (z|\mathsf{e}) = 1.$$

Das System (7.7) besitzt mindestens ein Equilibrium $z_* \in \mathbb{D}$, das nichtlineare Eigenwertproblem die Lösung (z_*, λ_*) mit $\lambda_* = (f(z_*)|\mathsf{e})$, und (7.5) hat die Schar $\alpha e^{\lambda_* t} z_*$ $(\alpha > 0)$ nichttrivialer Exponentiallösungen.

Ist ferner f positiv, gilt also $f(\mathbb{D}) \subset \mathbb{R}_+^n$, so ist $\lambda_* \geq 0$, und ist f strikt positiv, gilt also $f(\mathbb{D}) \subset \operatorname{int} \mathbb{R}_+^n$, so sind $\lambda_* > 0$ und $z_* \in \operatorname{int} \mathbb{R}_+^n$.

Dieses Resultat ist ohne weitere Voraussetzungen auf das (nichtlineare!) Paarbildungsmodell aus Abschn. 6.6 anwendbar. Man erhält damit exponentielle, sog. *persistente* Lösungen für dieses Modell.

Eine weitere Bemerkung ist die Folgende. Sei $f \in C^1(\mathbb{R}^n; \mathbb{R}^n)$ positiv homogen. Dann gilt für alle $\lambda > 0$,

$$f'(\lambda x)x = \frac{d}{d\lambda} f(\lambda x) = \frac{d}{d\lambda}[\lambda f(x)] = f(x).$$

Mit $\lambda \to 0_+$ folgt damit $f(x) = f'(0)x$, d.h. f ist linear, und wenn f quasipositiv ist, dann auch $f'(0)$. Dies zeigt, dass wir hier nicht sehr weit vom linearen Fall entfernt sind.

Aber selbst im Spezialfall $f(x) = Ax$, mit einer **quasipositiven** Matrix $A \in \mathbb{R}^{n \times n}$, d.h. $a_{ij} \geq 0$, $i \neq j$, ist das Resultat interessant. Satz 7.4.1 liefert uns dann nämlich einen positiven Eigenvektor $z_* \in \mathbb{R}_+^n$ von A zum reellen Eigenwert $\lambda_* = (Az_*|\mathsf{e})$. Ist A positiv, d.h. $a_{ij} \geq 0$, dann ist $\lambda_* \geq 0$, und ist A strikt positiv, d.h. $a_{ij} > 0$, dann sind $\lambda_* > 0$ und $z_* \in \operatorname{int} \mathbb{R}_+^n$. Dies ist ein zentraler Teil des Satzes von Perron und Frobenius, den wir nun formulieren wollen. Dazu benötigen wir den Begriff der Irreduzibilität.

Definition 7.4.2. Eine Matrix $A \in \mathbb{R}^{n \times n}$ heißt **reduzibel**, falls es eine Permutationsmatrix P gibt mit

$$P^{-1}AP = \begin{bmatrix} A_1 & 0 \\ \mathbb{B} & A_2 \end{bmatrix}.$$

Andernfalls nennt man A **irreduzibel**.

Man überlegt sich leicht, dass A genau dann irreduzibel ist, wenn es zu jeder echten Teilmenge I von $\{1, \ldots, n\}$ Indizes $i \in I$ und $k \notin I$ gibt mit $a_{ik} \neq 0$. Damit ist klar, dass A genau dann irreduzibel ist, wenn die transponierte Matrix A^{T} diese Eigenschaft hat. Eine reduzible Matrix lässt sich mittels einer Permutationsmatrix P auf Block-Dreiecksform bringen, wobei die Blöcke auf der Hauptdiagonalen irreduzibel sind.

Satz 7.4.3 (Perron-Frobenius).

1. (a) *Sei $A \in \mathbb{R}^{n \times n}$ positiv. Dann ist $\lambda = r(A)$ Eigenwert von A mit einem positiven Eigenvektor $v \in \mathbb{R}_+^n$.*
   (b) *Ist A positiv und irreduzibel, dann ist v strikt positiv, also $v \in \operatorname{int} \mathbb{R}_+^n$, $r(A)$ algebraisch einfach, und kein weiterer Eigenwert besitzt einen positiven Eigenvektor.*
   (c) *Ist A strikt positiv, dann gilt $|\lambda| < r(A)$ für alle $\lambda \in \sigma(A) \setminus \{r(A)\}$.*
2. (a) *Sei A quasipositiv. Dann ist $\lambda = s(A)$ Eigenwert von A mit einem positiven Eigenvektor v.*
   (b) *Ist A quasipositiv und irreduzibel, dann ist v strikt positiv, $s(A)$ algebraisch einfach, und kein weiterer Eigenwert besitzt einen positiven Eigenvektor. Ferner gilt $\operatorname{Re} \lambda < s(A)$ für alle $\lambda \in \sigma(A) \setminus \{s(A)\}$.*

Beweis.

1.(a) Für $s > r = r(A)$ gilt $(s - A)^{-1} = \sum_{k=0}^{\infty} s^{-(k+1)} A^k$, also ist $(s - A)^{-1}$ positiv. Angenommen $r \notin \sigma(A)$; dann ist $(z - A)^{-1}$ holomorph in einer Umgebung von r, also stetig, daher existiert $(r - A)^{-1}$ und ist positiv. Sei $\mu \in \mathbb{C}$ ein Eigenwert von A, $|\mu| = r$ und sei $w \neq 0$ ein dazugehöriger Eigenvektor. Definiere $y \in \mathbb{R}_+^n$ mittels der Einträge $y_i = |w_i|$; es gilt dann $r y_i = |\mu w_i| = |(Aw)_i| \leq (Ay)_i$, also ist $(A - r)y \geq 0$. Durch Anwendung von $(r - A)^{-1}$ folgt $0 \leq y \leq 0$, also $y = 0$ im Widerspruch zur Annahme $w \neq 0$. Daher ist r Eigenwert von A.

Um zu sehen, dass es zu r einen positiven Eigenvektor gibt, beachte man, dass die Resolvente $(s - A)^{-1}$ eine rationale Matrixfunktion ist. $s = r$ ist ein Pol für $(s - A)^{-1}$ mit der Ordnung $l \geq 1$, also haben wir

$$R := \lim_{s \to r_+} (s - r)^l (s - A)^{-1} \geq 0, \quad R \neq 0,$$

da $(s - A)^{-1}$ für $s > r$ positiv ist, und es gilt $AR = rR$, denn $A(s - A)^{-1} = s(s - A)^{-1} - I$. Wähle ein $w \in \mathbb{R}_+^n$ mit $v := Rw \neq 0$, also $v \geq 0$. Dann gilt $Av = rv$ und v ist positiv.

1.(b) Ist A irreduzibel und v positiver Eigenvektor zum Eigenwert $r := r(A)$, so ist v strikt positiv. Denn ist $I := \{i : v_i = 0\} \neq \emptyset$, so gibt es aufgrund der Irreduzibilität von A Indizes $i \in I$ und $j \notin I$ mit $a_{ij} > 0$. Folglich erhält man den Widerspruch

$$0 = rv_i = \sum_{k=1}^{n} a_{ik} v_k \geq a_{ij} v_j > 0,$$

also ist $I = \emptyset$, d.h. v ist strikt positiv. Da A^T ebenfalls irreduzibel ist, gibt es einen strikt positiven Eigenvektor v^* von A^T zum Eigenwert r. Insbesondere ist $(v|v^*) > 0$, also kann man $(v|v^*) = 1$ annehmen. Damit steht v_* senkrecht auf allen Eigenräumen $E(\mu)$ von A, $\mu \neq r$, und so kann es keine weiteren positiven Eigenvektoren zu Eigenwerten $\mu \neq r$ geben.

Um zu zeigen, dass r einfach ist, sei $Aw = rw$ ein weiterer Eigenvektor; durch Übergang zu $w - (w|v^*)v$ kann man $(w|v^*) = 0$ annehmen, also ist $w \notin \mathbb{R}_+^n$. Da v strikt positiv ist, gilt $w + tv \in \text{int}\,\mathbb{R}_+^n$ für große $t \in \mathbb{R}_+$, also gibt es ein $t_0 > 0$ mit $w_0 := w + t_0 v \in \partial\mathbb{R}_+^n$. Ist $w_0 \neq 0$ so ist w_0 positiver Eigenvektor von A, und somit $w_0 \in \text{int}\,\mathbb{R}_+^n$, was aber nicht sein kann, da mindestens eine Komponente von w_0 Null sein muss. Also ist $w_0 = 0$, und daher sind w und v linear abhängig. Somit ist r geometrisch einfach. Sei nun $Aw - rw = v$; Skalarmultiplikation mit v^* ergibt dann den Widerspruch

$$1 = (v|v^*) = (Aw - rw|v^*) = (w|A^\mathsf{T}v^* - rv^*) = 0,$$

also ist r halbeinfach und daher algebraisch einfach.

1.(c) Sei A strikt positiv und sei $Aw = \lambda w$, $w \neq 0$, $\lambda \neq r$. Definiere den Vektor y durch $y_i = |w_i|$. Dann folgt

$$|\lambda| y_i = |\lambda w_i| = |\sum_{k=1}^{n} a_{ik} w_k| < \sum_{k=1}^{n} a_{ik} y_k = (Ay)_i,$$

da $a_{ij} > 0$ für alle $i, j = 1, \ldots, n$ gilt, und w kein Vielfaches eines positiven Vektors ist. Durch Multiplikation mit v_i^* und Summation über i ergibt sich

$$|\lambda|(y|v^*) < (Ay|v^*) = r(y|v^*),$$

also $|\lambda| < r$, da $w \neq 0$ also y positiv und v^* strikt positiv ist.

2. Wir kennen schon die Identität $r(e^A) = e^{s(A)}$ aus Übung 3.10., die für alle Matrizen A gilt. Ferner folgt aus Übung 7.13., dass e^A positiv ist, falls A quasipositiv ist,

und e^A ist strikt positiv, falls A außerdem irreduzibel ist. Damit kann man 1. auf e^A anwenden, und alle Behauptungen in 2. folgen aus dem Satz 11.1.1 über den Funktionalkalkül, den wir in Kap. 11 beweisen.

$\square$

7.5 Differentialungleichungen und Quasimonotonie

Als weitere Anwendung der Invarianz abgeschlossener Mengen betrachten wir Differentialungleichungen der Form

$$\begin{cases} \dot{x}_i - f_i(t, x) \le \dot{y}_i - f_i(t, y), \\ x_i(t_0) \le y_i(t_0), \end{cases} \quad t \in J = [t_0, t_1], \; i = 1, \dots, n. \tag{7.8}$$

Unter welcher Voraussetzung an $f : \mathbb{R}_+ \times G \to \mathbb{R}^n$ gilt dann

$$x_i(t) \le y_i(t), \quad t \in J, \; i = 1, \dots, n \; ?$$

Um zu sehen, was diese Frage mit Invarianz zu tun hat, setzen wir $u(t) = y(t) - x(t)$, $t \in J$; es ist dann $u_i(t_0) \ge 0$, $i = 1, \dots, n$, also $u(t_0) \in \mathbb{R}_+^n$. Wir möchten $u(t) \in \mathbb{R}_+^n$ für alle $t \in J$ zeigen, d. h. die Invarianz von $\mathbb{R}_+^n$ bzgl. einer noch zu definierenden DGL für $u(t)$. Nun ist

$$\dot{u}(t) = \dot{y}(t) - \dot{x}(t) = f(t, y(t)) - f(t, x(t))$$
$$+ [\dot{y}(t) - f(t, y(t)) - (\dot{x}(t) - f(t, x(t)))]$$
$$= f(t, u(t) + x(t)) - f(t, x(t)) + d(t) =: g(t, u(t)),$$

wobei

$$d(t) = \dot{y}(t) - f(t, y(t)) - (\dot{x}(t) - f(t, x(t))) \in \mathbb{R}_+^n \text{ für alle } t \in J$$

gilt. Ist also $\mathbb{R}_+^n$ positiv invariant für $\dot{u} = g(t, u)$, so folgt $u(t) \in \mathbb{R}_+^n$, für alle $t \in J$. Nach dem Positivitätskriterium ist $\mathbb{R}_+^n$ positiv invariant für diese Gleichung, falls $g_i(t, u) \ge 0$ für alle $u \ge 0$ mit $u_i = 0$ gilt. Dabei beachte man, dass die Lösungen von $\dot{u} = g(t, u)$ eindeutig sind, falls f lokal Lipschitz in x ist, oder allgemeiner die Eindeutigkeitsbedingung aus Satz 6.5.1 erfüllt. Da $d_i(t) \ge 0$ ist, werden wir daher auf die folgende Definition geführt.

Definition 7.5.1. Sei $f : J \times G \to \mathbb{R}^n$. Die Funktion f heißt **quasimonoton** (wachsend), falls für alle $t \in J$, $x, y \in G$, $i = 1, \dots, n$ gilt

$$(QM) \quad x \leq y, \ x_i = y_i \implies f_i(t, x) \leq f_i(t, y).$$

Beispiele. $f(t, x) = A(t)x$ mit $A(t) \in \mathbb{R}^{n \times n}$ ist quasimonoton, falls $a_{ij}(t) \geq 0$ für alle $i \neq j$ gilt, also $A(t)$ quasipositiv ist. Ist f stetig differenzierbar in x, so ist f genau dann quasimonoton, wenn die Matrix $\partial_x f(t, x)$ in jedem Punkt (t, x) quasipositiv ist. Für $n = 1$ ist *jedes* f quasimonoton. In Worten: f ist quasimonoton, wenn jede Komponentenfunktion f_i in allen x_j mit $j \neq i$ monoton wachsend ist.

Fassen wir unser Ergebnis zusammen im folgenden

Satz 7.5.2. *Sei* $f : [t_0, t_1] \times G \to \mathbb{R}^n$ *stetig und quasimonoton, und sei die Eindeutigkeitsbedingung aus Satz 6.5.1 erfüllt. Seien* $x, y : [t_0, t_1] \to G$ *stetig differenzierbar und gelte*

$$\dot{x}_i(t) - f_i(t, x(t)) \leq \dot{y}_i(t) - f_i(t, y(t)),$$
$$x_i(t_0) \leq y_i(t_0),$$

$$t \in [t_0, t_1], \ i = 1, \ldots, n.$$

Dann gilt $x_i(t) \leq y_i(t)$ *für alle* $t \in [t_0, t_1]$, $i = 1, \ldots, n$.

In vielen Fällen ist es angemessen, andere Ordnungen auf $\mathbb{R}^n$ als die Standardordnung zu verwenden. Es ist nicht schwer, das Analogon von Satz 7.5.2 zu formulieren, indem man Invarianz allgemeiner Kegel betrachtet.

Definition 7.5.3. Eine Menge $K \subset \mathbb{R}^n$ heißt **Kegel**, wenn K abgeschlossen, konvex und positiv homogen (d. h. $\lambda K \subset K$ für alle $\lambda \geq 0$) ist. Ein Vektor $v \in K$, $v \neq 0$ wird **positiv** genannt. Ein Kegel K heißt **echt**, wenn außerdem $K \cap (-K) = \{0\}$ gilt. Ist K ein Kegel, so heißt

$$K^* = \{x^* \in \mathbb{R}^n : (x|x^*) \geq 0, \ \text{für alle} \ x \in K\}$$

der zu K **duale Kegel**.

Der duale Kegel ist tatsächlich ein Kegel, wie man leicht nachprüft. Man beachte, dass $x \in K$ genau dann gilt, wenn $(x|x^*) \geq 0$ für alle $x^* \in K^*$ erfüllt ist; insbesondere ist $K^{**} = K$. Dies sieht man z. B. folgendermaßen: Sei P die metrische Projektion auf K, und $x \in \mathbb{R}^n$ mit $(x|x^*) \geq 0$ für alle $x^* \in K^*$. Dann gilt nach Lemma 7.3.1 $(x - Px|k) \leq (x - Px|Px)$ für alle $k \in K$. Setzt man $k = \tau v$ mit $v \in K$ und schickt $\tau \to \infty$, so erhält man $(x - Px|v) \leq 0$ für alle $v \in K$, also $Px - x \in K^*$, und andererseits gilt mit $k = 0$ die Ungleichung $(x - Px|Px) \geq 0$. Es folgt $(Px - x|Px - x) = (Px - x|Px) - (Px - x|x) \leq 0$, also $x = Px \in K$.

Sei K ein Kegel im $\mathbb{R}^n$; mittels

$$x \overset{K}{\le} y \quad \Longleftrightarrow \quad y - x \in K$$

wird auf $\mathbb{R}^n$ eine teilweise Ordnung definiert mit den Eigenschaften

(α) $x \overset{K}{\le} y$ und $y \overset{K}{\le} z$ $\Longrightarrow$ $x \overset{K}{\le} z$ (Transitivität)

(β) $\alpha \ge 0$, $x \overset{K}{\le} y$ $\Longrightarrow$ $\alpha x \overset{K}{\le} \alpha y$ (Homogenität)

(γ) $x \overset{K}{\le} y$, $z \in \mathbb{R}^n$ $\Longrightarrow$ $x + z \overset{K}{\le} y + z$ (Additivität);

(δ) $x_n \overset{K}{\le} y_n$, $x_n \to x$, $y_n \to y \Rightarrow x \overset{K}{\le} y$ (Abgeschlossenheit);

ist K außerdem echt, so gilt auch

(ϵ) $x \overset{K}{\le} y$ und $y \overset{K}{\le} x$ $\Longrightarrow$ $x = y$ (Symmetrie).

Umgekehrt überlegt man sich auch leicht, dass eine teilweise Ordnung $\le$ auf $\mathbb{R}^n$ mittels $K := \{x \in \mathbb{R}^n : x \ge 0\}$ einen Kegel definiert, falls (α), (β), (γ), (δ) gelten; (ϵ) ist dann äquivalent zur Echtheit des Kegels. Die Bedeutung des dualen Kegels klärt

Lemma 7.5.4. *Sei $K \subset \mathbb{R}^n$ ein Kegel. Dann gilt für $x \in \partial K$:*

$$\mathcal{N}(x) = \{z \in \mathbb{R}^n \setminus \{0\} : -z \in K^* \text{ und } (x|z) = 0\}.$$

Insbesondere ist K genau dann positiv invariant für (7.1), *wenn*

$$(f(t,x)|z) \ge 0, \quad \text{für alle } x \in \partial K, \ z \in K^* \text{ mit } (x|z) = 0$$

erfüllt ist.

Beweis. „$\supset$" Sei $-z \in K^*$. Wir zeigen, dass z äußere Normale an K in $x \in \partial K$ ist, falls außerdem $(x|z) = 0$ gilt. Angenommen, es ist $u \in B_{|z|_2}(x + z) \cap K$. Es folgt dann

$$0 \le (u| - z) = (u - x - z| - z) + (x + z| - z) \le |u - (x+z)|_2|z|_2 - |z|_2^2 < 0,$$

ein Widerspruch, folglich gilt $z \in \mathcal{N}(x)$.

„$\subset$" Sei nun umgekehrt $z \in \mathcal{N}(x)$. Dann gilt

$$|x + z - u|_2 \ge |z|_2, \quad \text{für alle } u \in K,$$

also

$$|x - u|_2^2 + 2(x - u|z) \geq 0. \tag{7.9}$$

Setzt man $u = x + ty$, $y \in K$ beliebig, $t > 0$, so ergibt (7.9) nach Division durch t

$$t|y|^2 - 2(y|z) \geq 0,$$

also mit $t \to 0_+$ $(y|z) \leq 0$ für alle $y \in K$, d.h. $-z \in K^*$.

Setzt man $u = (1 - t)x$ in (7.9) und dividiert durch $t \in (0, 1)$, so ergibt sich entsprechend

$$t|x|^2 + 2(x|z) \geq 0,$$

also mit $t \to 0_+$ auch $(x|z) \geq 0$, d.h. $(x|z) = 0$.

Die zweite Behauptung folgt unmittelbar aus Satz 7.3.4.   □

Um die geeignete Verallgemeinerung der Quasimonotonie zu erhalten, bemerken wir zunächst, dass $(\mathbb{R}_+^n)^* = \mathbb{R}_+^n$ gilt. Nun ist für $K = \mathbb{R}_+^n$ die Bedingung

$$x \leq y, \quad x_i = y_i \quad \Longrightarrow \quad f_i(t, x) \leq f_i(t, y)$$

dann und nur dann erfüllt, wenn

$$x \leq y, \quad z \in K^* \quad \text{mit} \quad (x|z) = (y|z) \quad \Longrightarrow \quad (f(t, x)|z) \leq (f(t, y)|z)$$

gilt. Diese Beobachtung ergibt die

Definition 7.5.5. Sei $K \subset \mathbb{R}^n$ ein Kegel, $\overset{K}{\leq}$ die erzeugte Ordnung, und sei $f : J \times G \to \mathbb{R}^n$. Dann heißt f **quasimonoton** (bzgl. K), falls für alle $t \in J$, $x, y \in G$ gilt:

$$(QM) \quad x \overset{K}{\leq} y, \ z \in K^*, \ (x - y|z) = 0 \quad \Longrightarrow \quad (f(t, y) - f(t, x)|z) \geq 0.$$

Unter Verwendung von Satz 7.3.4 können wir nun Satz 7.5.2 direkt auf allgemeine Kegel bzw. Ordnungen übertragen.

Satz 7.5.6. *Sei* $f : [t_0, t_1] \times G \to \mathbb{R}^n$ *stetig und sei die Eindeutigkeitsbedingung aus Satz 6.5.1 erfüllt. Sei* $K \subset \mathbb{R}^n$ *ein Kegel,* $\overset{K}{\leq}$ *die von K erzeugte Ordnung, und sei* f *quasimonoton bzgl. K. Seien* $x, y : [t_0, t_1] \to G$ *stetig differenzierbar und gelte*

$$\begin{cases} \dot{x}(t) - f(t, x(t)) \overset{K}{\leq} \dot{y}(t) - f(t, y(t)), \\[2mm] \qquad\qquad x(t_0) \overset{K}{\leq} y(t_0), \end{cases} \qquad t \in [t_0, t_1].$$

Dann gilt $\quad x(t) \overset{K}{\leq} y(t) \quad$ *für alle* $t \in [t_0, t_1]$.

7.6 Autonome quasimonotone Systeme

Sei $f : \mathbb{R}^n \to \mathbb{R}^n$ stetig und quasimonoton bezüglich eines echten Kegels K mit induzierter Ordnung $\overset{K}{\leq}$. Wir betrachten in diesem Abschnitt das autonome System

$$\begin{cases} \dot{x} = f(x), \\ x(0) = x_0, \end{cases} \tag{7.10}$$

und nehmen an, dass die Lösungen eindeutig sind. Gegeben seien $\underline{x}_0 \overset{K}{\leq} \overline{x}_0$, mit

$$f(\underline{x}_0) \overset{K}{\geq} 0 \quad \text{und} \quad f(\overline{x}_0) \overset{K}{\leq} 0;$$

$\underline{x}_0$ heißt **Sub-Equilibrium**, $\overline{x}_0$ **Super-Equilibrium** von (7.10). Setze

$$D = [\underline{x}_0, \overline{x}_0] := \{x \in \mathbb{R}^n : \underline{x}_0 \overset{K}{\leq} x \overset{K}{\leq} \overline{x}_0\}.$$

D heißt das von $\underline{x}_0$ und $\overline{x}_0$ erzeugte **Ordnungsintervall**. Aus Satz 7.5.6 folgt, dass D positiv invariant für (7.10) ist; denn ist $x_0 \in D$, so gilt $\underline{x}_0 \overset{K}{\leq} x_0 \overset{K}{\leq} \overline{x}_0$, und die Lösung $x(t)$ mit Anfangswert $x(0) = x_0$ erfüllt

$$\dot{x} - f(x) = 0 \overset{K}{\geq} -f(\underline{x}_0), \quad \dot{x} - f(x) = 0 \overset{K}{\leq} -f(\overline{x}_0),$$

folglich $\underline{x}_0 \overset{K}{\leq} x(t) \overset{K}{\leq} \overline{x}_0$ für alle $t \geq 0$, d. h. $x(t) \in D$ für alle $t \geq 0$.

Echte Kegel haben gute Eigenschaften, wie das folgende Lemma zeigt.

Lemma 7.6.1. *Sei* $K \subset \mathbb{R}^n$ *ein Kegel mit der erzeugten Ordnung* $\overset{K}{\leq}$. *Dann sind äquivalent:*

1. K *ist ein echter Kegel;*

2. K *ist* normal, *d. h. es gibt* $\gamma > 0$, *sodass aus* $0 \overset{K}{\leq} x \overset{K}{\leq} y$ *folgt:* $|x| \leq \gamma |y|$;

3. *Aus* $x_n \overset{K}{\leq} y_n \overset{K}{\leq} z_n$ *und* $x_n \to x_\infty \leftarrow z_n$ *folgt* $y_n \to x_\infty$;

4. *Ordnungsintervalle* $[a, b] = \{x \in \mathbb{R}^n : a \overset{K}{\leq} x \overset{K}{\leq} b\}$ *sind kompakt;*

5. $x \in K$, $(x|x^*) = 0$ *für alle* $x^* \in K^*$ *impliziert* $x = 0$;

6. *int* $K^* \neq \emptyset$;

7. *es gibt ein* $x_0^* \in K^*$ *mit* $(x|x_0^*) > 0$ *für alle* $0 \neq x \in K$, *also einen* strikt positiven *dualen Vektor.*

Ist dies der Fall, so sind monotone ordnungsbeschränkte Folgen konvergent.

Beweis.

(i) Sei K ein echter Kegel, aber nicht normal. Dann gibt es Folgen $0 \overset{K}{\leq} x_n \overset{K}{\leq} y_n$ mit $|x_n| > n|y_n|$. Setze $u_n = x_n/|x_n|$, $v_n = y_n/|x_n|$; dann gibt es eine Teilfolge mit $u_{n_k} \to u_\infty \neq 0$ und es gilt $v_n \to 0$. Da K abgeschlossen ist, ist einerseits $u_\infty \in K$, aber andererseits auch $-u_\infty = \lim_{k \to \infty}(v_{n_k} - u_{n_k}) \in K$, im Widerspruch zur Echtheit von K. Also impliziert 1. K normal, also 2.

(ii) Sei $x_n \overset{K}{\leq} y_n \overset{K}{\leq} z_n$ und $x_n \to x_\infty \leftarrow z_n$. Ist K normal, so folgt $|y_n - x_n| \leq \gamma|z_n - x_n| \to 0$, also auch $y_n \to x_\infty$. Daher folgt 3. aus 2.

(iii) Es gelte 3. Angenommen, es existiert ein unbeschränktes Ordnungsintervall $[a, b]$. Dann gibt es eine Folge $x_n \in [a, b]$ mit $|x_n| \to \infty$. Setze $u_n = x_n/|x_n|$; dann gilt $a/|x_n| \overset{K}{\leq} u_n \overset{K}{\leq} b/|x_n|$ also mit 3. $u_n \to 0$ im Widerspruch zu $|u_n| = 1$. Daher folgt 4. aus 3.

(iv) Gelte 4. Das Ordnungsintervall $[0, 0] = \{x \in \mathbb{R}^n : 0 \overset{K}{\leq} x \overset{K}{\leq} 0\}$ ist gleich $K \cap (-K)$. Ist $v \in K \cap (-K)$, dann auch tv für alle $t \in \mathbb{R}$, also ist $[0, 0] = K \cap (-K)$ genau dann beschränkt, wenn $K \cap (-K) = \{0\}$ ist, also wenn der Kegel echt ist. Daher ist 4. äquivalent zu 1.

(v) Es ist $x_0 \in K \cap (-K)$ dann und nur dann, wenn $(x_0|x^*) = 0$ für alle $x^* \in K^*$ gilt. Dies zeigt die Äquivalenz von 1. und 5.

(vi) Ist $x^* \in K^*$ strikt positiv, also $(x|x^*) > 0$ für alle $x \in K \setminus \{0\}$, dann schon uniform positiv, d. h. es gibt eine Konstante $c > 0$ mit $\phi(x) := (x|x^*) \geq c|x|$ für alle $x \in K$. Denn $\phi(x)$ hat auf $K \cap \partial B_1(0)$ ein strikt positives Minimum. Andererseits ist ein $x^* \in K^*$ genau dann uniform positiv, wenn $x^* \in \text{int } K^*$ gilt. Dies zeigt die Äquivalenz von 6. und 7.

(vii) Sei $x^* \in K^*$ strikt positiv und $x_0 \in K \cap (-K)$, $x_0 \neq 0$. Dann gilt $0 < (x_0|x^*) < 0$, ein Widerspruch. Also impliziert 6., dass K echt ist. Umgekehrt sei K echt. Da $K^* \cap \partial B_1(0)$ kompakt ist, gibt es eine dichte Folge $\{x_k^*\} \subset K^* \cap \partial B_1(0)$. Setze $x^* = \sum_{k=1}^{\infty} k^{-2} x_k^*$; offenbar ist $x^* \in K^*$ wohldefiniert. Ist nun $(x|x^*) = 0$ für ein $x \in K$, so folgt $(x|x_k^*) = 0$ für alle k, also aufgrund der Dichtheit der Folge sogar $(x|y^*) = 0$ für alle $y^* \in K^*$. Dies impliziert mit 5. aber $x = 0$, also ist x^* strikt positiv. $\square$

Da K nach Voraussetzung echt ist, ist das Ordnungsintervall D nach Lemma 7.6.1 beschränkt, also kompakt und konvex. Daher folgt aus Satz 7.3.5 die Existenz eines Equilibriums $x_\infty \in D$. Es gilt aber noch viel mehr. Dazu betrachten wir die speziellen Lösungen $\underline{x}(t)$ und $\overline{x}(t)$ von (7.10) zu den Anfangswerten $\underline{x}_0$ bzw. $\overline{x}_0$. Diese bleiben in D, und für jede andere in D startende Lösung $x(t)$ gilt $\underline{x}(t) \overset{K}{\leq} x(t) \overset{K}{\leq} \overline{x}(t)$, $t > 0$. Folglich erhalten wir

$$\underline{x}(t) \overset{K}{\leq} \underline{x}(t+h) \overset{K}{\leq} \overline{x}(t+h) \overset{K}{\leq} \overline{x}(t), \ t, h > 0,$$

d. h. $\underline{x}(t)$ ist monoton wachsend und $\overline{x}(t)$ monoton fallend bzgl. der Ordnung $\overset{K}{\leq}$. Diese Funktionen besitzen daher nach Lemma 7.6.1 Grenzwerte $\underline{x}_\infty$ und $\overline{x}_\infty$, welche Equilibria von (7.10) sind. Insbesondere ist $D_\infty = [\underline{x}_\infty, \overline{x}_\infty]$ wieder positiv invariant und jede in D startende Lösung konvergiert gegen D_∞, d. h. D_∞ ist *global attraktiv* in D. Ferner liegen alle Equilibria von (7.10) (aus D) und auch alle periodischen Lösungen von (7.10) in D_∞.

Gilt weiter $\underline{x}_\infty = \overline{x}_\infty$, d. h. (7.10) besitzt nur ein Equilibrium in D, dann konvergieren alle in D startenden Lösungen gegen dieses Equilibrium x_∞, d. h. x_∞ ist global attraktiv in D. Wir haben somit den folgenden Satz bewiesen.

Satz 7.6.2. *Sei $f : \mathbb{R}^n \to \mathbb{R}^n$ stetig und quasimonoton bezüglich eines echten Kegels K und seien $\underline{x}_0 \overset{K}{\leq} \overline{x}_0$ Sub- bzw. Superequilibria für (7.10). Dann ist $D = [\underline{x}_0, \overline{x}_0]$ positiv invariant, und es existieren Equilibria $\underline{x}_\infty \overset{K}{\leq} \overline{x}_\infty$ in D derart, dass für alle Equilibria $x_\infty \in D$ von (7.10) gilt: $x_\infty \in D_\infty = [\underline{x}_\infty, \overline{x}_\infty]$. D_∞ ist positiv invariant und global attraktiv in D. Besitzt (7.10) höchstens ein Equilibrium $x_\infty \in D$, so ist x_∞ global attraktiv in D.*

Dieses Resultat wollen wir jetzt verwenden, um das qualitative Verhalten der chemischen Kinetik aus Abschn. 6.6 zu untersuchen.

Beispiel. Chemische Kinetik. Wir betrachten das System

$$\dot{x}_1 = a_1 - x_1 - r(x_1, x_2), \quad x_1(0) = x_{01} > 0,$$
$$\dot{x}_2 = a_2 - x_2 - r(x_1, x_2), \quad x_2(0) = x_{02} > 0, \tag{7.11}$$

aus Abschn. 6.6, wobei $a_i > 0$ und $r : \mathbb{R}_+^2 \to \mathbb{R}$ stetig und wachsend in beiden Variablen, $r(x_1, 0) = r(0, x_2) = 0$, sind. O.B.d.A. kann man $a_2 \geq a_1$ annehmen, ansonsten vertausche man x_1 und x_2. Wir hatten schon gezeigt, dass dieses System einen globalen Halbfluss auf $D := \mathbb{R}_+^2$ erzeugt. Es gibt genau ein Equilibrium in int D, das durch die Gleichungen $x_2 = a_2 - a_1 + x_1$ und $r(x_1, a_2 - a_1 + x_1) = a_1 - x_1$ bestimmt ist; die letzte Gleichung besitzt genau eine Lösung $x \in (0, a_1)$, da r in beiden Variablen wachsend ist. Das System ist quasimonoton bzgl. der vom Kegel $K = \{(x_1, x_2) \in \mathbb{R}^2 : x_1 \geq 0, \ x_2 \leq 0\}$

induzierten Ordnung. Man sieht leicht, dass $\overline{x} = (b_1, 0)$ ein Super-Equilibrium ist, sofern $b_1 \geq a_1$ ist, und ebenso ist $\underline{x} = (0, b_2)$ ein Sub-Equilibrium, wenn $b_2 \geq a_2$ ist, es gilt $\underline{x} \overset{K}{\leq} \overline{x}$. Jeder Anfangswert $x_0 \in D$ liegt in einem dieser Ordnungsintervalle. Daher ist Satz 7.6.2 anwendbar, und das Equilibrium ist global asymptotisch stabil in D.

7.7 Ein Klassenmodell für Epidemien

Die mathematische Modellierung von Infektionskrankheiten erfordert häufig eine weitergehende Differenzierung der Populationsklassen S der Suszeptiblen und I der Infektiösen. Im Folgenden betrachten wir ganz allgemein n Unterklassen der Population mit jeweils S_k Infizierbaren und I_k Infektiösen, $k = 1, \ldots, n$. Ferner nehmen wir an, dass die Individuen die Klasse nicht wechseln können und berücksichtigen keine Geburts- und Sterbevorgänge. Folglich ist die Anzahl $S_k + I_k =: N_k > 0$ der k-ten Unterklasse konstant. Ferner sei $a_k > 0$ die (pro Kopf) Gesundungsrate der k-ten Unterklasse und r_{kl} die Kontaktrate der Infektion eines Infizierbaren der Klasse k durch einen Infektiösen der l-ten Klasse. Damit ergibt sich das System

$$\dot{I}_k = -a_k I_k + \sum_{l=1}^{n} r_{kl} S_k I_l$$

$$= -a_k I_k + \sum_{l=1}^{n} r_{kl} N_k I_l - \sum_{l=1}^{n} r_{kl} I_k I_l$$

für $k \in \{1, \ldots, n\}$, wobei wir $S_k = N_k - I_k$ eingesetzt haben. Wir normalisieren die Variablen, indem wir $v_k = I_k / N_k$ und $b_{kl} = r_{kl} N_l \geq 0$ setzen, und erhalten so das System

$$\dot{v}_k = -a_k v_k + \sum_{l=1}^{n} b_{kl} v_l - \sum_{l=1}^{n} b_{kl} v_k v_l , \quad t \geq 0, \ k = 1, \ldots, n, \tag{7.12}$$

$$v_k(0) = v_k^0 , \quad k = 1, \ldots, n.$$

Wir nehmen ferner an, dass die Population bezüglich der Infektion *irreduzibel* ist, das heißt:

$$\text{Für jede echte Teilmenge } J \neq \emptyset \text{ von } \{1, \ldots, n\}, \tag{7.13}$$

$$\text{existieren } l \in J, \ k \in \{1, \cdots, n\} \setminus J \text{ mit } b_{kl} > 0. \tag{7.14}$$

Diese wesentliche Annahme besagt, dass eine gegebene Gruppe J von Unterklassen stets mindestens eine der nicht in J enthaltenen Unterklassen infizieren kann. Andernfalls könnte man die Gruppe J und ihr Komplement getrennt behandeln.

Wir fassen die Komponenten zu den Vektoren $v = [v_1, \ldots, v_n]^\mathsf{T}$ und $v^0 = [v_1^0, \ldots, v_n^0]^\mathsf{T}$ zusammen. Ferner definieren wir die $n \times n$–Matrix $A = [a_{kl}]$ durch $a_{kl} = b_{kl}$ für $k \neq l$ und $a_{kk} = b_{kk} - a_k$, sowie die nichtlinearen Abbildungen

$$g(v) = \left(\sum_{l=1}^n b_{kl} v_k v_l \right)_{k=1,\ldots,n} \qquad \text{und} \qquad f(v) = Av - g(v).$$

Man beachte, dass auf Grund der angenommenen Irreduzibilität der Population die Matrix A und damit auch ihre Transponierte A^T irreduzibel sind. Mit diesen Vereinbarungen lässt sich das System (7.12) als

$$\dot{v} = Av - g(v), \quad t \geq 0, \qquad v(0) = v^0, \tag{7.15}$$

schreiben. In unserem Modell sind dabei nur Anfangswerte v^0 im Einheitswürfel $W_n = [0, 1]^n$ von Interesse.

Die Existenz einer eindeutigen positiven Lösung von (7.12) ergibt sich leicht aus dem Satz von Picard–Lindelöf und dem Positivitätssatz. Sei $x \in \partial W_n$ ein Vektor, der nicht auf den Koordinatenhyperebenen liegt, und sei ν eine äußere Normale an ∂W_n in x. Dann gilt $\nu_k = 0$, wenn $x_k \in (0, 1)$, und $\nu_k \geq 0$, wenn $x_k = 1$ ist. Somit folgt die Ungleichung

$$(\nu | f(x)) = \sum_{x_k=1} \left(-a_k \nu_k + \sum_{l=1}^n b_{kl} x_l \nu_k - \sum_{l=1}^n b_{kl} x_l \nu_k \right) \leq 0.$$

Damit ist W_n nach Satz 7.3.4 positiv invariant, und da W_n beschränkt ist, existieren alle in W_n startenden Lösungen global nach rechts und bleiben in W_n.

Sei nun $v^0 \neq 0$ und $t > 0$. Wenn $v_k(t)$ für ein k gleich 1 wäre, dann wäre t ein lokales Maximum und $\dot{v}_k(t)$ müsste gleich 0 sein. Andererseits folgte aus (7.12), dass $\dot{v}_k(t)$ strikt negativ wäre. Also sind alle Komponenten von $v(t)$ strikt kleiner als 1. Wir nehmen an, dass mindestens eine Komponente von $v(t)$ gleich 0 sei. Da 0 eine stationäre Lösung ist, können nicht alle Komponenten von $v(t)$ verschwinden. Weil die Population irreduzibel ist, gibt es also Indizes $k, j \in \{1, \ldots, n\}$ mit $b_{kj} > 0$, $v_k(t) = 0$ und $v_j(t) > 0$. Aus der Differentialgleichung (7.12) und der schon gezeigten Positivität von $v(t)$ folgt nun

$$\dot{v}_k(t) = \sum_{l=1}^n b_{kl} v_l(t) > 0.$$

Wieder ergibt sich ein Widerspruch, also sind alle Komponenten von $v(t)$ größer Null. Daher gilt $v(t) \in \text{int } W_n$, sofern $t > 0$ und $v_0 \in W_n$, $v_0 \neq 0$ ist, d. h. die nichttriviale Lösungen gehen instantan ins Innere von W_n.

Da die Matrix A^T quasipositiv und irreduzibel ist, hat sie nach dem Satz von Perron–Frobenius einen strikt positiven Eigenvektor y zum Eigenwert $s(A) = s(A^\mathsf{T})$. Wir setzen nun $\Phi(x) = (x|y)$ für $x \in W_n$. Mit $\delta = \min_k y_k > 0$ gilt zunächst

$$\delta |x|_1 \leq \Phi(x) \leq |y|_\infty |x|_1. \tag{7.16}$$

Die Differentialgleichung (7.15) impliziert

$$\dot{\Phi}(v) = (Av|y) - (g(v)|y) = s(A)\Phi(v) - \sum_{k,l=1}^n b_{kl} y_k v_k v_l \tag{7.17}$$

für $v \in W_n$. Seien $s(A) \leq 0$ und $v^0 \neq 0$. Dann ist $s(A)\Phi(v) \leq 0$ und die Doppelsumme ist für $t > 0$ strikt positiv. Also ist $\dot{\Phi}(v)$ für $v \in W_n \setminus \{0\}$ strikt negativ. Somit ist Φ eine strikte Ljapunov-Funktion auf W_n und (7.15) hat außer 0 kein weiteres Equilibrium v_* in W_n. Mit Satz 5.5.6 folgt $v(t) \to 0$ für $t \to \infty$, und die Ungleichung (7.16) zeigt auch die Stabilität des Equilibriums $\overline{v} = 0$.

Damit haben wir den ersten Teil des Hauptresultats dieses Abschnitts gezeigt, das wie folgt lautet:

Satz 7.7.1. *Das System* (7.12) *sei irreduzibel im Sinne von* (7.13) *und sei v Lösung von* (7.12) *mit $v(0) = v^0 \in W_n = [0,1]^n$. Dann gelten die folgenden Aussagen, wobei A vor* (7.15) *definiert wurde.*

(i) *Sei $s(A) \leq 0$. Dann konvergiert $v(t)$ für $t \to \infty$ gegen das einzige Equilibrium $\overline{v} = 0$ in W^n. $\overline{v}$ ist global asymptotisch stabil in W_n, die Infektion stirbt aus.*

(ii) *Seien $s(A) > 0$ und $v^0 \neq 0$. Dann konvergiert $v(t)$ für $t \to \infty$ gegen das einzige Equilibrium v_* in $W^n \setminus \{0\}$, v_* ist global asymptotisch stabil in $W_n \setminus \{0\}$. Dabei liegt v_* in $(0,1)^n$, die Infektion bleibt also in allen Unterklassen erhalten.*

Beweis. Wir müssen nur noch den zweiten Teil zeigen. Dazu verwenden wir Satz 7.6.2; im Folgenden sei also $s(A) > 0$.

Seien $0 \leq v \leq w \leq e = [1, \dots, 1]^\mathsf{T}$, $k \in \{1, \dots, n\}$ und $v_k = w_k$. Dann gilt

$$f_k(v) = -a_k w_k + (1 - w_k) \sum_{l=1}^n b_{kl} v_l \leq f_k(w),$$

sodass (7.12) quasimonoton ist. Die Funktion e ist ein Super-Equilibrium von (7.12), da $f(e)$ negativ ist. Nach dem Satz von Perron–Frobenius hat A einen strikt positiven Eigenvektor z zum Eigenwert $s(A)$. Setze $\zeta = \min_k z_k > 0$; dann ist

$$f_k(\eta z) = \eta s(A) z_k - \eta^2 \sum_{l=1}^n b_{kl} z_k z_l \geq \eta(\zeta s(A) - \eta |B| |z|_\infty |z|_1) \geq 0,$$

sofern $\eta > 0$ genügend klein gewählt wird. Daher ist ηz ein Sub-Equilibrium, für jedes $\eta \in (0, \eta_0)$.

Wir nehmen an, dass es zwei stationäre Lösung v_* und v' in $W_n \setminus \{0\}$ gäbe; beide strikt positiv. Wir können annehmen, dass $m = \max_k v_{*k}/v'_k > 1$ und dass $m = v_{*1}/v'_1$. Dann ergeben sich die Ungleichungen $v_{*1} > v'_1$ und $v_{*1} \geq v'_1 v_{*k}/v'_k$ für $k = 2, \ldots, n$. Aus

$$0 = -a_1 v_{*1} + (1 - v_{*1}) \sum_{k=1}^{n} b_{1l} v_{*l}$$

folgt die Identität

$$0 = -a_1 v'_1 + (1 - v_{*1}) \sum_{k=1}^{n} b_{1l} v_{*l} \frac{v'_1}{v_{*1}}.$$

Andererseits haben wir

$$0 = -a_1 v'_1 + (1 - v'_1) \sum_{k=1}^{n} b_{1l} v'_l.$$

Es gelten $1 - v_{*1} < 1 - v'_1$ und $v'_1 v_{*l}/v_{*1} \leq v'_l$, und es gibt ein j mit $b_{1j} > 0$ auf Grund der Annahme (7.13). Somit führen die obigen Gleichungen auf einen Widerspruch, und es folgt $v' = v_*$.

Satz 7.6.2 impliziert daher, dass jede Lösung $v(t)$ mit Anfangswert $v_0 \in [\eta z, \mathsf{e}]$ gegen das eindeutige Equilibrium konvergiert. Lösungen werden instantan positiv, sind dann also in einem der Ordnungsintervalle $[\eta z, \mathsf{e}]$; damit konvergieren alle Lösungen $v(t)$ mit Startwert $v_0 \in W_n$, $v_0 \neq 0$, gegen das nichttriviale Equilibrium. $\quad\square$

Übungen

7.1 Berechnen Sie die äußeren Normalen für die Kugeln in den l_p-Normen, $1 \leq p \leq \infty$.

7.2 Sei $Q \in \mathbb{R}^{n \times n}$ symmetrisch und positiv definit, und sei $|x|_Q := \sqrt{(Qx|x)}$ die induzierte Norm auf $\mathbb{R}^n$. Berechnen Sie die äußeren Normalen der Einheitskugel in dieser Norm. Sehen Sie den Bezug zur entsprechenden Klammer $[\cdot, \cdot]_Q$? (Vgl. Abschn. 6.4.)

7.3 *Endliche Markov-Prozesse.* Sei $A = [a_{ij}]$ eine *Markov-Matrix*, d. h. A ist quasipositiv, und $\sum_{i=1}^{n} a_{ij} = 0$, $j = 1, \ldots, n$. Zeigen Sie, dass $\mathbb{R}^n_+$ und die Hyperebene $(x|\mathsf{e}) = c$ positiv invariant für $\dot{x} = Ax$ sind. Daher ist auch das Standardsimplex $\mathbb{D} = \{x \in \mathbb{R}^n_+ : (x|\mathsf{e}) = 1\}$, also die Menge der Wahrscheinlichkeitsverteilungen, positiv invariant. Zeigen Sie, dass es mindestens ein $x_* \in \mathbb{D}$ mit $Ax_* = 0$ gibt.

7.4 Es seien die Mengen K_j definiert durch

$$K_1 = \{x \in \mathbb{R}^3 : x_1^2 + x_2^2 \leq x_3^2\}, \qquad K_2 = \{x \in \mathbb{R}^3 : x_1^2 + x_2^2 \leq x_3^2, \ x_3 \geq 0\},$$

$$K_3 = \{x \in \mathbb{R}^3 : x_1 \geq 0, \ x_2 = x_3 = 0\}, \quad K_4 = \{x \in \mathbb{R}^3 : x_3 \geq 0\}.$$

Welche dieser Mengen sind Kegel, welche sind echt? Berechnen Sie die dualen Kegel, welche davon sind echt und welche haben innere Punkte? Interpretieren Sie Quasimonotonie bzgl. der Kegel.

7.5 Sei $f : \mathbb{R}_+ \times \mathbb{R}^n \to \mathbb{R}^n$ stetig und stetig differenzierbar bzgl. $x \in \mathbb{R}^n$. Zeigen Sie, dass f genau dann quasimonoton bzgl. des Standardkegels $\mathbb{R}_+^n$ ist, wenn $\partial_x f(t, x)$ für alle $t \geq 0, x \in \mathbb{R}^n$ quasipositiv ist.

7.6 Diskutieren Sie achsenparallele positiv invariante Rechtecke des FitzHugh-Nagumo-Systems (vgl. Übung 4.6).

7.7 Betrachten Sie das SIS-Klassenmodell aus Abschn. 7.7 für den Fall zweier Klassen weiblicher, bzw. männlicher, heterosexueller Individuen. Dann gilt $b_{11} = b_{22} = 0$,

$$A = \begin{bmatrix} -a_1 & b_{12} \\ b_{21} & -a_2 \end{bmatrix}.$$

Untersuchen Sie die Equilibria und das asymptotische Verhalten dieses Modells.

7.8 Wenden Sie die Ergebnisse über homogene Systeme aus Abschn. 7.4 auf das Paar-bildungsmodell aus Abschn. 6.6 an. Unter welchen Bedingungen gibt es exponentiell wachsende persistente Lösungen?

7.9 Untersuchen Sie die Existenz und Eigenschaften der metrischen Projektionen für kompakte konvexe Mengen bzgl. der l_p-Normen, für $p \in [1, \infty]$, $p \neq 2$. Für welche p ist sie einwertig, für welche stetig, für welche Lipschitz?

7.10 Betrachten Sie das Holling-Modell

$$\dot{u} = u - \lambda u^2 - v f(u), \quad \dot{v} = -\mu v + v f(u),$$

wobei $\mu, \lambda > 0$ und $f : \mathbb{R}_+ \to \mathbb{R}$ aus C^2 streng wachsend mit $f(0) = 0$ sei. Zeigen Sie, dass es genau dann ein Koexistenz-Equilibrium gibt, wenn $\mu < \lim_{s \to \infty} f(s)$ gilt, und beweisen Sie mit Invarianz-Techniken, dass dann alle Lösungen mit positiven Anfangswerten beschränkt sind.

7.11 Formulieren und beweisen Sie das Analogon zu Satz 7.4.1 über homogene Systeme für einen echten Kegel mit inneren Punkten.

7.12 Formulieren und beweisen Sie das Analogon zu Satz 7.4.3 von Perron und Frobenius für einen echten Kegel mit inneren Punkten. Wie sollte man *irreduzibel* für solche Kegel definieren?

7.13 Sei A eine $n \times n$-Matrix. Zeigen Sie:

(a) Ist A quasipositiv, so ist e^A positiv.

(b) Ist A quasipositiv und irreduzibel, so ist e^A strikt positiv.

Ljapunov-Funktionen und Stabilität

8

Es sei $G \subset \mathbb{R}^n$ offen, $f : \mathbb{R}_+ \times G \to \mathbb{R}^n$ stetig. Wir betrachten das Anfangswertproblem

$$\begin{cases} \dot{x} = f(t, x), \\ x(t_0) = x_0, \end{cases} \quad t \geq t_0, \tag{8.1}$$

wobei $t_0 \geq 0$ und $x_0 \in G$ sind. Lösungen sind in diesem Kapitel nicht notwendig eindeutig. Ist $x(t)$ eine nichtfortsetzbare Lösung, so sei ihr Existenzintervall mit $J(x)$ bezeichnet, sowie $J_+(x) = J(x) \cap [t_0, \infty)$.

Wir haben bereits in Kap. 5 die Bedeutung von Funktionen $V(x)$ mit der Eigenschaft, dass $\varphi(t) = V(x(t))$ für jede Lösung $x(t)$ von (8.1) fallend ist, kennengelernt. Dieses Kapitel dient der Vertiefung der Theorie der Ljapunov-Funktionen.

8.1 Ljapunov-Funktionen

In diesem Abschnitt sollen einige grundsätzliche Eigenschaften und Beispiele für solche Funktionen V diskutiert werden. Wir beginnen mit der

Definition 8.1.1. Sei $V : \mathbb{R}_+ \times G \to \mathbb{R}$ stetig. V heißt **Ljapunov-Funktion** für (8.1), falls die Funktion

$$\varphi(t) = V(t, x(t)), \quad t \in J_+(x), \tag{8.2}$$

fallend ist, für jede Lösung $x(t)$ von (8.1).

© Springer Nature Switzerland AG 2019
J. W. Prüss, M. Wilke, *Gewöhnliche Differentialgleichungen und dynamische Systeme*, Grundstudium Mathematik, https://doi.org/10.1007/978-3-030-12362-8_8

Da man die Lösungen von (8.1) im Allgemeinen nicht kennt, ist es praktisch unmöglich direkt zu zeigen, dass ein V eine Ljapunov-Funktion ist – das liegt auch daran, dass V in Definition 8.1.1 nur als stetig vorausgesetzt wurde. Ist hingegen V aus $C^1(\mathbb{R}_+ \times G)$, dann ist es auch die in (8.2) definierte Funktion φ und die Kettenregel ergibt

$$\dot{\varphi}(t) = (\partial_t V)(t, x(t)) + (\nabla_x V(t, x(t)) | \dot{x}(t))$$

$$= (\partial_t V)(t, x(t)) + (\nabla_x V(t, x(t)) | f(t, x(t))).$$

Die rechte Seite dieser Beziehung hängt wie V und f nur von t und x ab, es ist daher sinnvoll, die folgende Funktion zu definieren

$$\dot{V}(t, x) = (\partial_t V)(t, x) + (\nabla_x V(t, x) | f(t, x)), \quad t \in \mathbb{R}_+, \ x \in G. \tag{8.3}$$

$\dot{V}$ heißt **orbitale Ableitung** von V längs Lösungen von (8.1). Es ist klar, dass $V \in C^1$ genau dann eine Ljapunov-Funktion für (8.1) ist, wenn $\dot{V}(t, x) \leq 0$ für alle $t \in \mathbb{R}_+, x \in G$ gilt. Man beachte, dass diese Charakterisierung nicht mehr die Kenntnis der Lösungen von (8.1) voraussetzt, sondern nur von den Funktionen V und f Gebrauch macht.

Da man in Anwendungen nicht immer mit C^1-Ljapunov-Funktionen auskommt, ist es zweckmäßig den Begriff der orbitalen Ableitung allgemeiner zu halten.

Ist $V : \mathbb{R}_+ \times G \to \mathbb{R}$ stetig, so definieren wir

$$\dot{V}(t, x) = \limsup_{h \to 0_+} \frac{1}{h} [V(t + h, x + hf(t, x)) - V(t, x)], \quad t \geq 0, \ x \in G; \tag{8.3'}$$

$\dot{V}(t, x)$ heißt wieder **orbitale Ableitung** von V längs (8.1). Wie zuvor hängt $\dot{V}$ nur von V und f ab (sowie von t und x), verwendet also ebenfalls nicht die Lösungen von (8.1). Leider ist es in dieser Allgemeinheit nicht mehr richtig, dass $\dot{V}(t, x) \leq 0$ auf $\mathbb{R}_+ \times G$ äquivalent dazu ist, dass V eine Ljapunov-Funktion für (8.1) ist. Schränkt man sich aber auf Funktionen V ein, die lokal Lipschitz in x sind, so ist die Situation besser, denn es gilt das

Lemma 8.1.2. *Sei $V : \mathbb{R}_+ \times G \to \mathbb{R}$ stetig und lokal Lipschitz in x. Dann sind äquivalent:*

1. *V ist eine Ljapunov-Funktion für (8.1);*
2. *Es gilt $\dot{V}(t, x) \leq 0$ für alle $t \geq 0$, $x \in G$.*

Ist dies der Fall, und $x(t)$ eine Lösung von (8.1), so erfüllt $\varphi(t) := V(t, x(t))$ die Gleichung

$$D^+ \varphi(t) = \dot{V}(t, x(t)) \tag{8.4}$$

für alle $t \in J_+(x)$.

Beweis. Mit Lemma 6.4.1 genügt es, die Relation (8.4) zu zeigen. Dazu sei eine Lösung $x(t)$ von (8.1) sowie ein $t \in J_+(x)$ fixiert. Wähle $U = [t, t + \delta) \times B_\delta(x(t)) \subset \mathbb{R}_+ \times G$ derart, dass

$$|V(s, x) - V(s, y)| \leq L|x - y|$$

für alle $s \in [t, t + \delta)$, $x, y \in B_\delta(x(t))$ gilt und sei $h_0 > 0$ so gewählt, dass $h_0 < \delta$ und $x[t, t + h_0] \subset B_\delta(x(t))$ sowie $h_0|f(t, x(t))| < \delta$ erfüllt sind. Nun gilt für $h \leq h_0$

$$\varphi(t + h) - \varphi(t) = V(t + h, x(t + h)) - V(t, x(t))$$
$$= V(t + h, x(t) + hf(t, x(t))) - V(t, x(t)) + R(h)$$

mit

$$R(h) = V(t + h, x(t + h)) - V(t + h, x(t) + hf(t, x(t))).$$

Es folgt

$$|R(h)| \leq L|x(t + h) - x(t) - hf(t, x(t))|$$
$$= L \left| \int_t^{t+h} (\dot{x}(s) - \dot{x}(t)) \, ds \right| = o(h),$$

da $x(t)$ eine C^1-Lösung ist. Daraus folgt die Behauptung. $\qquad\square$

Der Zusammenhang mit Invarianz von Mengen wird im folgenden Korollar deutlich.

Korollar 8.1.3. *Sei V eine autonome Ljapunov-Funktion für (8.1). Dann sind die Mengen $D = V^{-1}((-\infty, \alpha]) \subset G$ positiv invariant für (8.1).*

Beweis. Ist $t_0 \geq 0$, $x_0 \in D$, also $V(x_0) \leq \alpha$, so gilt auch $V(x(t)) \leq V(x_0) \leq \alpha$ für alle $t \geq t_0$, da $\varphi(t) = V(x(t))$ in t fallend ist. $\qquad\square$

Eine Ljapunov-Funktion gibt daher im Gegensatz zu Satz 7.2.1 nicht nur eine positiv invariante Menge, sondern eine ganze Familie derer! Auch sei bemerkt, dass *alle* in D startenden Lösungen in D bleiben, D ist also nicht nur schwach positiv invariant, sondern positiv invariant!

Wir betrachten nun einige einfache Beispiele für Ljapunov-Funktionen.

Beispiele.

1. $V(x) = \frac{1}{2}|x|_2^2$; $\dot{V}(x) = (\nabla V(x)|f(t, x)) = (x|f(t, x))$.
   V ist genau dann eine Ljapunov-Funktion, wenn $(x|f(t, x)) \leq 0$ für alle $t \geq 0$, $x \in G$ gilt.

2. $V(x) = x_i$; $\dot{V}(x) = (\nabla V(x)|f(t,x)) = (e_i|f(t,x)) = f_i(t,x)$, $i \in \{1,\ldots,n\}$.
   V ist genau dann eine Ljapunov-Funktion, wenn $f_i(t,x) \leq 0$ für alle $t \geq 0$, $x \in G$,
   $i \in \{1,\ldots,n\}$.

3. Die folgenden Funktionen lassen wir dem Leser zur Übung:

$$V(x) = |x|_\infty = \max_{i=1,\ldots,n} |x_i| \, ; \qquad V(x) = |x|_1 = \sum_{i=1}^{n} |x_i|,$$

$$V(x) = \max_{i=1,\ldots,n} x_i \, ; \qquad\qquad V(x) = \sum_{i=1}^{n} x_i.$$

4. *Gradientensysteme.* Es sei $\phi \in C^1(G)$, $f(x) = -\nabla\phi(x)$ und V gegeben durch
   $V(x) = \phi(x)$. Dann erhält man für die orbitale Ableitung $\dot{V}(x) = (\nabla\phi(x)|-\nabla\phi(x)) = -|\nabla\phi(x)|_2^2 \leq 0$.

5. *Hamilton-Systeme.* Gegeben sei eine stetig differenzierbare Funktion $H : \mathbb{R}^n \times \mathbb{R}^n \to \mathbb{R}$.
   Das $2n$-dimensionale System

$$\dot{q} = \partial_p H(q,p), \quad q(0) = q_0,$$

$$\dot{p} = -\partial_q H(q,p), \quad p(0) = p_0,$$

heißt **Hamilton-System**, und spielt in der *Hamiltonschen Mechanik* die zentrale Rolle.
Um den Bezug zu früheren Beispielen herzustellen, betrachten wir die Gleichung für
die Bewegung eines Teilchens in einem Potentialfeld, also $m\ddot{x} = -\nabla\phi(x)$. Setzt man
$q = x$, $p = m\dot{x}$ und $H(p,q) = p^2/2m + \phi(q)$, so erhält man die entsprechende
Hamiltonsche Formulierung des Problems.

Sei nun $(q(t), p(t))$ eine Lösung des Hamilton Systems. Dann gilt für $\varphi(t) :=$
$H(q(t), p(t))$

$$\dot{\varphi} = (\partial_q H(q,p)|\dot{q}) + (\partial_p H(q,p)|\dot{p})$$

$$= (\partial_q H(q,p)|\partial_p H(q,p)) + (\partial_p H(q,p)| - \partial_q H(q,p)) = 0,$$

also ist die Hamilton Funktion H ein erstes Integral, insbesondere eine Ljapunov-
Funktion. In der Hamiltonschen Mechanik ist H die Energie des Systems.

6. Allgemeiner ist jedes erste Integral eines Systems $\dot{x} = f(x)$ eine Ljapunov-Funktion.

Um einen direkten Bezug zwischen dem Prinzip der linearisierten Stabilität und Ljapunov-
Funktionen herzustellen, betrachten wir die **Ljapunov-Gleichung** für Matrizen $A \in \mathbb{R}^{n \times n}$

$$A^\mathsf{T} Q + QA = -I. \tag{8.5}$$

Sei nämlich die Gleichung $\dot{x} = Ax$ asymptotisch stabil. Dann gibt es Konstanten $\omega > 0$ und $M \geq 1$, sodass $|e^{At}| \leq Me^{-\omega t}$ für $t \geq 0$ gilt. Damit können wir

$$Q := \int_0^\infty e^{A^T t} e^{At} dt$$

definieren und das Integral konvergiert absolut. Nun ist Q symmetrisch, und es ist

$$(Qx|x) = \int_0^\infty |e^{At}x|^2 dt > 0, \quad \text{für alle } x \neq 0,$$

also ist Q positiv definit und definiert daher mittels $|x|_Q := \sqrt{(Qx|x)}$ eine Norm auf $\mathbb{R}^n$. Wir berechnen

$$A^T Q + QA = \int_0^\infty \frac{d}{dt}[e^{A^T t} e^{At}] dt = -I,$$

d. h. Q ist eine Lösung der Ljapunov-Gleichung.

Umgekehrt sei Q eine symmetrische, positiv definite Lösung der Ljapunov-Gleichung. Dann gibt es positive Konstanten c_1, c_2 mit

$$c_1 |x|_2^2 \leq (Qx|x) \leq c_2 |x|_2^2, \quad x \in \mathbb{R}^n.$$

Ist nun $x(t)$ die Lösung von $\dot{x} = Ax$ mit Anfangswert x_0, dann gilt

$$\frac{d}{dt}(Qx(t)|x(t)) = (Q\dot{x}(t)|x(t)) + (Qx(t)|\dot{x}(t))$$

$$= ([A^T Q + QA]x(t)|x(t)) = -|x(t)|_2^2 \leq -c_2^{-1}(Qx(t)|x(t)), \quad t > 0,$$

d. h. die Funktion $V(x) = (Qx|x)$ ist eine strikte Ljapunov-Funktion für $\dot{x} = Ax$, also ist $\varphi(t) = V(x(t))$ strikt fallend entlang nichtkonstanter Lösungen von $\dot{x} = Ax$. Mehr noch, es folgt dann nämlich

$$|x(t)|_2^2 \leq (1/c_1)(Qx(t)|x(t)) \leq (1/c_1)e^{-t/c_2}(Qx_0|x_0) \leq (c_2/c_1)e^{-t/c_2}|x_0|_2^2,$$

für $t > 0$, d. h. die Gleichung $\dot{x} = Ax$ ist asymptotisch stabil. Wir formulieren dieses Resultat wie folgt.

Satz 8.1.4. *Sei $A \in \mathbb{R}^{n \times n}$. Dann sind äquivalent:*

1. *Die Gleichung $\dot{x} = Ax$ ist asymptotisch stabil.*
2. *Die Ljapunov-Gleichung $A^T Q + QA = -I$ besitzt eine symmetrische positiv definite Lösung.*

Ist dies der Fall, dann gilt mit einer Konstanten $\gamma > 0$

$$[Ax, x]_Q \leq -\gamma |x|_Q, \quad x \neq 0,$$

und die Kugeln $\bar{B}_r(0)$ *bzgl. der Norm* $|x|_Q = \sqrt{(Qx|x)}$ *sind positiv invariant. Dabei bezeichnet* $[\cdot, \cdot]$ *die Klammer aus Abschn.* 6.4.

Das Vektorfeld Ax zeigt also bzgl. der Kugeln $B_r(0)$ in der Norm $|\cdot|_Q$ strikt nach innen. Diese Eigenschaft bleibt auch für gestörte Vektorfelder $f(x) = Ax + g(x)$ erhalten, sofern $g(x) = o(|x|)$ und $r > 0$ hinreichend klein ist.

8.2   Stabilität

Wir betrachten die DGL

$$\dot{x} = f(t, x), \tag{8.6}$$

wobei $G \subset \mathbb{R}^n$ offen und $f : \mathbb{R}_+ \times G \rightarrow \mathbb{R}^n$ stetig ist. Dabei lassen wir auch hier Nichteindeutigkeit der Lösungen zu. Das Existenzintervall einer nichtfortsetzbaren Lösung $x(t)$ von (8.6) bezeichnen wir mit $J(x)$ und es sei $J_+(x) = J(x) \cap [t_0, \infty)$. Es sei ferner $x_*(t)$ eine ausgezeichnete Lösung mit Anfangswert $x_*(t_0) = x_{0*}$, die auf $\mathbb{R}_+$ existiert und als bekannt angenommen wird. Durch die Transformation

$$y(t) = x(t) - x_*(t)$$

geht $x_*(t)$ in die triviale Lösung $y_*(t) \equiv 0$ von

$$\dot{y} = f(t, y + x_*(t)) - f(t, x_*(t)) = g(t, y)$$

über; daher können wir im folgenden stets

$$f(t, 0) = 0 \tag{8.7}$$

annehmen, sodass die ausgezeichnete Lösung die triviale Lösung $x_*(t) \equiv 0$ ist.

Definition 8.2.1. Sei $t_0 \geq 0$ fixiert. Die triviale Lösung $x_*(t) \equiv 0$ von (8.6) heißt

1. **stabil**, falls es zu jedem $\varepsilon > 0$ ein $\delta = \delta(\varepsilon, t_0) > 0$ gibt, sodass jede Lösung $x(t)$ von (8.6) $|x(t)| \leq \varepsilon$ für alle $t \in J_+(x)$ erfüllt, sofern ihr Anfangswert $x(t_0) = x_0 \in \bar{B}_\delta(0) \subset G$ erfüllt.
2. **instabil**, falls sie nicht stabil ist.

3. **attraktiv**, falls es eine Kugel $\bar{B}_{\delta_0}(0) \subset G$ gibt, sodass jede nichtfortsetzbare Lösung $x(t)$ mit Anfangswert $x(t_0) = x_0 \in \bar{B}_{\delta_0}(0)$ global nach rechts existiert und $x(t) \to 0$ für $t \to \infty$ erfüllt.

4. **asymptotisch stabil**, falls sie stabil und attraktiv ist.

Bemerkungen 8.2.2.

1. Sind die Lösungen von (8.6) eindeutig bestimmt, so stimmen diese Definitionen mit denen in Abschn. 5.1 überein.

2. Ist $x_*(t) \equiv 0$ stabil, so existiert jede nichtfortsetzbare Lösung $x(t)$ mit Anfangswert $x_0 \in \bar{B}_\delta(0) \subset G$ global nach rechts. Dies folgt direkt aus dem Fortsetzungssatz.

3. Ist die triviale Lösung stabil, dann auch eindeutig. Das ist direkte Konsequenz der Definition. Stabilität einer Lösung bedeutet deren stetige Abhängigkeit vom Anfangswert auf **ganz** $[t_0, \infty)$.

4. Ist die triviale Lösung instabil, dann kann es in jeder Kugel $\bar{B}_\delta(0)$ einen Anfangswert x_0 geben, sodass eine nichtfortsetzbare Lösung mit diesem Anfangswert nicht global nach rechts existiert.

5. Weder folgt aus Stabilität die Attraktivität, noch umgekehrt, wie wir schon in Kap. 5 gesehen haben.

In manchen Situationen ist es wünschenswert, eine Gleichmäßigkeit bzgl. der Anfangszeit t_0 zu haben. Dies führt auf die folgende Begriffsbildungen, die analog zu Definition 8.2.1 sind.

Definition 8.2.3. Die triviale Lösung $x_*(t) \equiv 0$ heißt

1. **uniform stabil**, falls es zu jedem $\varepsilon > 0$ ein $\delta = \delta(\varepsilon) > 0$ unabhängig von $t_0 \geq 0$ gibt, sodass jede Lösung $x(t)$ von (8.6) $|x(t)| \leq \varepsilon$ für alle $t \in J_+(x)$ erfüllt, sofern ihr Anfangswert $x(t_0) = x_0 \in \bar{B}_\delta(0) \subset G$ erfüllt.

2. **uniform attraktiv**, falls es ein $\delta_0 > 0$ gibt, sodass jede nichtfortsetzbare Lösung $x(t)$ mit Anfangswert $x(t_0) = x_0 \in \bar{B}_{\delta_0}(0)$ global nach rechts existiert, und $x(t) \to 0$ für $t - t_0 \to \infty$ gleichmäßig in $(t_0, x_0) \in \mathbb{R}_+ \times \bar{B}_{\delta_0}(0)$ erfüllt.

3. **uniform asymptotisch stabil**, falls sie uniform stabil und uniform attraktiv ist.

Bemerkung. Offenbar sind *uniform stabil*, *uniform attraktiv* und *uniform asymptotisch stabil* stärkere Begriffe als *stabil*, *attraktiv* und *asymptotisch stabil*. Ist allerdings f τ-periodisch in t oder sogar autonom, so impliziert *stabil* schon *uniform stabil*. Hingegen ist selbst im autonomen Fall *uniform attraktiv* stärker als *attraktiv*, da *uniform attraktiv* eine Gleichmäßigkeit bzgl. x_0 enthält, *attraktiv* jedoch nicht; vgl. Bsp. 2 in Abschn. 9.2. Sind hingegen die Lösungen eindeutig, ist f τ-periodisch oder autonom, so impliziert asymptotisch stabil auch uniform asymptotisch stabil; vgl. Übung 8.7.

Zur Illustration dieser Konzepte betrachten wir nochmals das lineare System

$$\dot{x} = A(t)x + b(t), \tag{8.8}$$

wobei $A \in C(\mathbb{R}_+; \mathbb{R}^{n \times n})$ und $b \in C(\mathbb{R}_+, \mathbb{R}^n)$ sind. Ist $x_*(t)$ irgendeine Lösung von (8.8) und $x(t)$ eine weitere, so erfüllt $y(t) = x(t) - x_*(t)$ die homogene Gleichung

$$\dot{y} = A(t)y.$$

Hat $x_*(t)$ daher eine der eben eingeführten Stabilitätseigenschaften bzgl. (8.8), so hat die triviale Lösung der homogenen Gleichung

$$\dot{x} = A(t)x \tag{8.9}$$

diese ebenfalls, und umgekehrt. Es ist daher sinnvoll zu sagen, dass (8.9) (bzw. (8.8)) diese Eigenschaft hat.

Die Lösungen von (8.9) sind durch

$$x(t; t_0, x_0) = X(t)X^{-1}(t_0)x_0 \tag{8.10}$$

gegeben, wobei $X(t)$ ein Fundamentalsystem von (8.9) ist, d. h. eine globale Lösung der Matrix-Differentialgleichung

$$\dot{X} = A(t)X, \ t \in \mathbb{R}_+. \tag{8.11}$$

Nun gilt der

Satz 8.2.4. *Sei $X(t)$ ein Fundamentalsystem für (8.9) Dann gelten:*

1. *Gl. (8.9) ist stabil $\iff |X(t)| \leq C$ für $t \geq 0$.*
2. *Gl. (8.9) ist attraktiv $\iff$ (8.9) ist asymptotisch stabil $\iff \lim_{t\to\infty} |X(t)| = 0$.*
3. *Gl. (8.9) ist uniform stabil $\iff |X(t)X^{-1}(s)| \leq C$ für $s \leq t$, $s, t \geq 0$.*
4. *Gl. (8.9) ist uniform attraktiv $\iff |X(t+s)X^{-1}(s)| \to 0$ für $t \to \infty$ gleichmäßig in $s \geq 0$.*
5. *Gl. (8.9) ist uniform asymptotisch stabil $\iff$ es gibt ein $\alpha > 0$ mit $|X(t)X^{-1}(s)| \leq Ce^{-\alpha(t-s)}$ für $s \leq t$, $s, t \geq 0$.*

Beweis. 1. und 2. hatten wir schon Abschn. 5.3 gezeigt. 3., 4. und 5. beweist man ähnlich (vgl. Übung 8.1). $\qquad \square$

8.3 Ljapunovs direkte Methode

Es sei $f : \mathbb{R}_+ \times B_r(0) \to \mathbb{R}^n$ stetig und gelte $f(t, 0) \equiv 0$. Wir wollen nun die Verwendung von Ljapunov-Funktionen aufzeigen, um Stabilitätseigenschaften der trivialen Lösung $x_*(t) \equiv 0$ von (8.6) zu erhalten. Es sei also $V : \mathbb{R}_+ \times B_r(0) \to \mathbb{R}$ eine Ljapunov-Funktion, genauer sei V stetig, lokal Lipschitz in x und es gelte

$$\dot{V}(t, x) = \limsup_{h \to 0_+} \frac{1}{h} \left[V(t + h, x + hf(t, x)) - V(t, x) \right] \leq 0$$

für alle $t \geq 0$, $x \in B_r(0)$.

Das Wesentliche an der **direkten Methode** von Ljapunov sind Invarianzsätze der folgenden Art.

Lemma 8.3.1. *Sei $G \subset B_r(0)$ ein Gebiet, V eine Ljapunov-Funktion für (8.6) und $\alpha \in \mathbb{R}$. Außerdem gelte*

1. *$V(t_0, x_0) < \alpha$ für ein $(t_0, x_0) \in \mathbb{R}_+ \times G$;*
2. *$V(t, x) \geq \alpha$ auf $\mathbb{R}_+ \times \partial G$.*

Dann existiert jede nichtfortsetzbare Lösung $x(t)$ von (8.6) mit Anfangswert $x(t_0) = x_0$ global nach rechts, und es gilt $x(t) \in G$ für alle $t \geq 0$.

Beweis. Sei $x(t) = x(t; t_0, x_0)$ und $\varphi(t) = V(t, x(t))$, $t \geq t_0$. Dann ist $\varphi(t)$ monoton fallend auf dem Existenzintervall $J_+(x)$ von $x(t)$, also erhält man $\varphi(t) < \alpha$ für alle $t \in J_+(x)$, denn $\varphi(t_0) < \alpha$. Wäre nun $x(t_1) \notin G$ für ein $t_1 > t_0$, so gäbe es ein kleinstes $t_2 \geq t_0$ mit $x(t_2) \in \partial G$. Dann folgt aber aus 2.

$$\varphi(t_2) = V(t_2, x(t_2)) \geq \alpha > \varphi(t_2),$$

also ein Widerspruch. Die Lösung bleibt also in G, ist somit beschränkt, und existiert nach dem Fortsetzungssatz global nach rechts. Damit ist das Lemma bewiesen. $\qquad\square$

Wir benötigen als nächstes die

Definition 8.3.2. Sei $W : \mathbb{R}_+ \times B_r(0) \to \mathbb{R}_+$ gegeben mit $W(t, 0) \equiv 0$.

1. W heißt **positiv definit**, falls es eine stetige, streng wachsende Funktion $\psi : \mathbb{R}_+ \to \mathbb{R}_+$ mit $\psi(0) = 0$ gibt, so, dass gilt

$$W(t, x) \geq \psi(|x|), \quad \text{für alle } t \geq 0, x \in B_r(0).$$

2. W heißt **negativ definit**, falls $-W$ positiv definit ist.

Für den Spezialfall $W(t, x) = (Ax|x)$, mit $A \in \mathbb{R}^{n \times n}$ symmetrisch, gilt, dass A genau dann positiv definit ist, wenn die dazugehörige quadratische Form positiv definit im Sinne von Definition 8.3.2 ist. (vgl. Übung 8.2).

Der Hauptsatz der direkten Methode von Ljapunov ist der

Satz 8.3.3. *Sei $V : \mathbb{R}_+ \times B_r(0) \to \mathbb{R}$ stetig, lokal Lipschitz in x, eine Ljapunov-Funktion für (8.6) mit $V(t, 0) \equiv 0$. Dann gelten die folgenden Aussagen:*

1. *Ist V positiv definit, so ist $x_* = 0$ stabil für (8.6).*
2. *Ist V positiv definit und gilt $\lim_{x \to 0} V(t, x) = 0$ gleichmäßig auf $\mathbb{R}_+$, so ist $x_* = 0$ uniform stabil für (8.6).*
3. *Ist V positiv definit, $\dot{V}$ negativ definit und ist f beschränkt auf $\mathbb{R}_+ \times B_r(0)$, so ist $x_* = 0$ asymptotisch stabil für (8.6).*
4. *Ist V positiv definit, $\dot{V}$ negativ definit und gilt $\lim_{x \to 0} V(t, x) = 0$ gleichmäßig auf $\mathbb{R}_+$, so ist $x_* = 0$ uniform asymptotisch stabil für (8.6).*

Beweis. Zu 1.: Es ist $V(t, x) \geq \psi(|x|)$ auf $\mathbb{R}_+ \times B_r(0)$, also gilt für ein $\varepsilon \in (0, r)$ die Ungleichung $V(t, x) \geq \psi(\varepsilon) = \alpha$ auf $\mathbb{R}_+ \times \partial B_\varepsilon(0)$. Da nun $V(t, 0) \equiv 0$ und V stetig ist, existiert zu jedem $t_0 \geq 0$ ein $\delta = \delta(t_0, \varepsilon)$, mit $V(t_0, x_0) < \alpha$, für alle $|x_0| \leq \delta$. Lemma 8.3.1 impliziert dann $x(t) \in G := B_\varepsilon(0)$ für alle $t \geq t_0$, für jede nichtfortsetzbare Lösung von (8.6) mit Anfangswert $x(t_0) = x_0$. Also ist $x_* \equiv 0$ stabil.

Zu 2.: Gilt außerdem $\lim_{x \to 0} V(t, x) = 0$ gleichmäßig auf $\mathbb{R}_+$, so lässt sich $\delta = \delta(\varepsilon)$ im Beweisschritt 1 unabhängig von t_0 wählen. Daher ist $x_* = 0$ dann sogar uniform stabil.

Zu 3.: Es genügt zu zeigen, dass $x_* = 0$ attraktiv ist, denn die Stabilität folgt schon aus 1. Nach Voraussetzung gilt $\dot{V}(t, x) \leq -\chi(|x|)$, wobei χ stetig und streng wachsend ist. Es sei nun o.B.d.A. $\chi = \psi$, da $\min\{\psi(s), \chi(s)\}$ wieder stetig und streng wachsend ist und $-\chi(s) \leq -\min\{\psi(s), \chi(s)\}$, sowie $\psi(s) \geq \min\{\psi(s), \chi(s)\}$ gilt. Sei $t_0 \geq 0$ fixiert und wähle $\delta_0 = \delta(t_0, r/2)$ aus 1.; dann ist $V(t_0, x_0) < \alpha = \psi(r/2)$ für alle $|x_0| \leq \delta_0$. Für eine beliebige nichtfortsetzbare Lösung $x(t)$ mit $x(t_0) = x_0$ gilt nun mit $\varphi(t) = V(t, x(t))$

$$D^+\varphi(t) = \dot{V}(t, x(t)) \leq -\psi(|x(t)|), \quad t \geq t_0,$$

also nach Übung 6.7

$$\varphi(t) \leq \varphi(t_0) - \int_{t_0}^{t} \psi(|x(s)|) \, ds, \quad t \geq t_0.$$

Nun ist $\varphi(t_0) < \alpha$ und $\varphi(t) = V(t, x(t)) \geq \psi(|x(t)|)$, daher erfüllt $\rho(t) = \psi(|x(t)|)$ die Integralungleichung

$$\rho(t) + \int_{t_0}^{t} \rho(s) \, ds < \alpha, \quad t \geq t_0, \tag{8.12}$$

also ist $\int_{t_0}^{\infty} \rho(s)\,ds \leq \alpha < \infty$, da $\rho \geq 0$ ist. Nach Voraussetzung ist f beschränkt, folglich ist $x(t)$ global Lipschitz in t und wegen der Stabilität von $x_* = 0$ daher $\rho(t)$ gleichmäßig stetig. Daraus erhält man $\rho(t) \to 0$ für $t \to \infty$ und schließlich $|x(t)| = \psi^{-1}(\rho(t)) \to 0$ für $t \to \infty$, da $\psi^{-1}(s)$ ebenfalls stetig und streng wachsend ist.

Zu 4.: Gilt außerdem $\lim_{x\to 0} V(t,x) = 0$ gleichmäßig auf $\mathbb{R}_+$, so ist $\delta_0 = \delta(r/2)$ nach Beweisschritt 2 unabhängig von t_0. Sei $\varepsilon > 0$ gegeben; wir haben zu zeigen, dass es ein $T = T(\varepsilon)$ gibt mit

$$|x(t)| \leq \varepsilon \quad \text{für alle} \quad t \geq t_0 + T, \ |x_0| \leq \delta_0;$$

daraus folgt die uniforme Attraktivität und mit 2. die uniforme asymptotische Stabilität. Setze

$$\kappa(s) = \sup_{\substack{t\in\mathbb{R}_+ \\ |x|<s}} V(t,x) + \psi(s), \quad 0 < s < r.$$

$\kappa(s)$ ist streng wachsend und es gilt $\kappa(s) \to 0$ für $s \to 0$, da $\lim_{x\to 0} V(t,x) = 0$ gleichmäßig für $t \in \mathbb{R}_+$ gilt. Ferner haben wir

$$\sigma(t) := \psi \circ \kappa^{-1}(V(t,x(t))) \leq \psi \circ \kappa^{-1}(\kappa(|x(t)|)) = \psi(|x(t)|) = \rho(t),$$

und daher mit (8.12)

$$\sigma(t) + \int_{t_0}^{t} \sigma(s)\,ds < \alpha, \quad t \geq t_0. \tag{8.13}$$

Beachte, dass mit $\varphi(t) = V(t,x(t))$ auch $\sigma(t)$ fallend ist. Setze $\eta = \psi \circ \kappa^{-1} \circ \psi(\varepsilon)$ und $T \geq \frac{\alpha}{\eta}$. Wäre nun $\sigma(t_0 + T) \geq \eta$, dann auch $\sigma(s) \geq \eta$ für alle $s \leq t_0 + T$, da σ fällt, also ergibt sich mit (8.13)

$$\alpha > \eta + \eta T \geq \eta + \alpha,$$

das heißt ein Widerspruch, da $\eta > 0$ ist. Folglich ist $\sigma(t_0 + T) < \eta$ und daher $\sigma(t) < \eta$ für alle $t \geq t_0 + T$, woraus folgt

$$|x(t)| = \psi^{-1}(\psi(|x(t)|)) \leq \psi^{-1}(V(t,x(t))) = (\psi^{-1} \circ \kappa \circ \psi^{-1})(\sigma(t))$$

$$\leq (\psi^{-1} \circ \kappa \circ \psi^{-1})(\eta) = \varepsilon.$$

Daher ist $x_* = 0$ uniform attraktiv. $\qquad\qquad\qquad\qquad\qquad\qquad\qquad \square$

8.4   Limesmengen und das Invarianzprinzip

In diesem und den folgenden Abschnitten schränken wir uns auf autonome Funktionen $f(t, x) \equiv f(x)$ und entsprechend auf autonome Ljapunov-Funktionen ein, und wollen für diesen einfacheren Fall das asymptotische Verhalten der Lösungen des Anfangswertproblems

$$\dot{x} = f(x), \quad t \geq 0, \quad x(0) = x_0, \tag{8.14}$$

untersuchen. Dabei sei $f : G \to \mathbb{R}^n$ stetig, $G \subset \mathbb{R}^n$ offen. Wir lassen auch hier Nichteindeutigkeit der Lösungen zu.

Sei zunächst $x : \mathbb{R}_+ \to \mathbb{R}^n$ eine beliebige stetige Funktion. Dann nennt man $\gamma_+(x) :=$ $x(\mathbb{R}_+)$ **Bahn** oder **Orbit** der Funktion x. Die Menge

$$\omega_+(x) := \{ y \in \mathbb{R}^n : \text{ es gibt eine Folge } t_k \to \infty \text{ mit } x(t_k) \to y \}$$

heißt (positive) **Limesmenge** von x. Offensichtlich gilt $\overline{\gamma_+(x)} = \gamma_+(x) \cup \omega_+(x)$. Des Weiteren ist $\omega_+(x)$ abgeschlossen. Denn ist $(y_k) \subset \omega_+(x)$, $y_k \to y$, so wähle zu $k \in \mathbb{N}$ ein $t_k \in \mathbb{R}_+$, $t_k \geq k$, mit $|y_k - x(t_k)| \leq 1/k$. Dann folgt

$$|y - x(t_k)| \leq |y - y_k| + |y_k - x(t_k)| \leq |y - y_k| + 1/k \to 0$$

für $k \to \infty$, also ist auch $y \in \omega_+(x)$. Mit Bolzano–Weierstraß ist die Limesmenge $\omega_+(x)$ genau dann nichtleer, wenn $\underline{\lim}_{t \to \infty} |x(t)| < \infty$ ist.

Proposition 8.4.1. *Sei $x : \mathbb{R}_+ \to \mathbb{R}^n$ stetig, und sei $\gamma_+(x)$ beschränkt. Dann ist $\omega_+(x)$ nichtleer, kompakt, zusammenhängend, und es gilt*

$$\lim_{t \to \infty} \text{dist}(x(t), \omega_+(x)) = 0.$$

Beweis. Nach dem Satz von Bolzano–Weierstraß existiert eine konvergente Folge $x(t_k) \to y$, mit $t_k \to \infty$, für $k \to \infty$. Daher ist $\omega_+(x)$ nichtleer. $\omega_+(x)$ ist abgeschlossen, und $\omega_+(x) \subset \overline{\gamma_+(x)}$ beschränkt, also kompakt.

Angenommen es gibt eine Folge $t_k \to \infty$ mit $\text{dist}(x(t_k), \omega_+(x)) \geq \varepsilon_0 > 0$, für alle $k \in \mathbb{N}$. Dann existiert wieder nach Bolzano–Weierstraß eine konvergente Teilfolge $x(t_{k_l}) \to y \in \omega_+(x)$ für $l \to \infty$, was im Widerspruch zu $\varepsilon_0 > 0$ steht.

Wir zeigen schließlich, dass $\omega_+(x)$ zusammenhängend ist. Wäre dies falsch, so gäbe es kompakte disjunkte ω_1, ω_2 mit $\omega_+(x) = \omega_1 \cup \omega_2$, die beide nichtleer sind. Wähle $y_1 \in \omega_1$, $y_2 \in \omega_2$ sowie Folgen (t_k), $(s_k) \to \infty$ mit $t_k < s_k < t_{k+1}$, sodass $x(t_k) \to y_1$ und $x(s_k) \to y_2$ gilt. Da $\varepsilon_0 := \text{dist}(\omega_1, \omega_2) > 0$ ist, existiert zu jedem k ein $r_k \in (t_k, s_k)$ mit $\text{dist}(x(r_k), \omega_i) \geq \varepsilon_0/3 > 0$, $i = 1, 2$. Da $(x(r_k))$ beschränkt ist, gibt es

Abb. 8.1 Der Grenzzyklus im
Beispiel

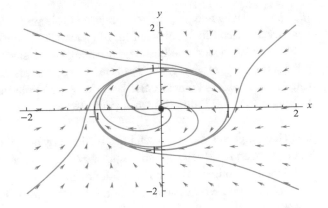

folglich eine konvergente Teilfolge $x(r_{k_l}) \to v \in \omega_+(x) = \omega_1 \cup \omega_2$, im Widerspruch zu
$\text{dist}(x(r_k), \omega_i) \geq \varepsilon_0/3 > 0$, $i = 1, 2$. $\square$

Hier interessieren wir uns natürlich für Funktionen $x : \mathbb{R}_+ \to \mathbb{R}^n$, die Lösungen
einer Differentialgleichung $\dot{x} = f(x)$ sind. Die Limesmenge gibt Aufschluss über das
asymptotische Verhalten einer Lösung.

Beispiel.

$$\begin{cases} \dot{x} = y - (x^2 + y^2 - 1)x, \\ \dot{y} = -x - (x^2 + y^2 - 1)y, \end{cases} \quad \text{oder in Polarkoordinaten} \quad \begin{cases} \dot{r} = -r(r^2 - 1), \\ \dot{\varphi} = -1. \end{cases}$$

$(0, 0)$ ist ein Equilibrium dieses Systems und für $r = 1$ haben wir ein periodisches Orbit.
Gilt $(x_0, y_0) \neq (0, 0)$, so ist $\omega_+(x_0, y_0) = \partial B_1(0)$, denn es ist $\dot{r} > 0$ für $r < 1$ und $\dot{r} < 0$
für $r > 1$.

Limesmengen beschränkter Lösungen von (8.14) haben eine außerordentlich wichtige
Eigenschaft.

Proposition 8.4.2. *Sei $x : \mathbb{R}_+ \to G$ eine beschränkte Lösung von (8.14) und sei $\omega_+(x) \subset$
G. Dann besteht $\omega_+(x)$ aus globalen Lösungen von (8.14), also Lösungen auf $\mathbb{R}$, d. h.
$\omega_+(x)$ ist* **schwach invariant** *für (8.14). Insbesondere sind kompakte Limesmengen positiv
und negativ invariant, wenn die Lösungen von (8.14) eindeutig sind.*

Beweis. Sei $y \in \omega_+(x)$ gegeben. Wähle eine wachsende Folge $t_k \to \infty$ mit $x(t_k) \to y$.
Wir fixieren ein beliebiges kompaktes Intervall $[a, b] \subset \mathbb{R}$, und wählen ein k_0 mit $t_{k_0} + a \geq$
0. Dann sind die Funktionen $y_k(s) := x(t_k + s)$ für $k \geq k_0$ auf $[a, b]$ wohldefiniert und
Lösungen von $\dot{x} = f(x)$. Sie sind beschränkt, und haben beschränkte Ableitungen auf

$[a, b]$, da f stetig und $\overline{\gamma_+(x)} \subset G$ kompakt ist; sie sind daher gleichgradig stetig. Der Satz von Arzelà-Ascoli liefert eine auf $[a, b]$ gleichmäßig konvergente Teilfolge $y_{k_m} \to z$. Die Funktion z ist wieder eine Lösung, ihr Anfangswert ist $z(0) = y$, und für jedes $s \in [a, b]$ gilt $z(s) \leftarrow y_{k_m}(s) = x(t_{k_m} + s)$ für $m \to \infty$, woraus $z(s) \in \omega_+(x)$ für alle $s \in [a, b]$ folgt. Nun ist $\omega_+(x)$ kompakt, also lässt sich z nach links und nach rechts zu einer globalen Lösung $z : \mathbb{R} \to \mathbb{R}^n$ mit $z(\mathbb{R}) \subset \omega_+(x)$ fortsetzen.   □

Das Hauptergebnis dieses Abschnittes ist der folgende Satz, der etwas über die Lage der Limesmengen in Gegenwart einer Ljapunov-Funktion aussagt. Um den Satz formulieren zu können, benötigen wir den Begriff der maximalen schwach-invarianten Teilmenge: Sei $D \subset G$ beliebig. Wir betrachten dann die Menge aller vollständigen Orbits in D, also der Lösungen $x(t)$ von (8.14) auf $\mathbb{R}$, die in D liegen, also $\gamma(x) = x(\mathbb{R}) \subset D$ erfüllen. Die **maximale schwach-invariante Teilmenge** M_D von D ist definiert als die Vereinigung all dieser Orbits.

Satz 8.4.3 (Invarianzprinzip von La Salle). *Sei $G \subset \mathbb{R}^n$ offen, $V : G \to \mathbb{R}$ sei eine Ljapunov-Funktion für $\dot{x} = f(x)$ und V sei lokal Lipschitz. Ferner sei $M = \{x \in G : \dot{V}(x) = 0\}$, und M sei die maximale schwach-invariante Teilmenge von M. Sei x eine globale Lösung nach rechts, sodass $\overline{\gamma_+(x)} \subset G$ kompakt ist. Dann gilt $\omega_+(x) \subset M$, also insbesondere $\mathrm{dist}(x(t), M) \to 0$ für $t \to \infty$.*

Beweis. Wir zeigen als erstes, dass V auf $\omega_+(x)$ konstant ist. Die Funktion $\varphi(t) = V(x(t))$ ist nach Voraussetzung monoton fallend, also existiert wegen der Kompaktheit von $\overline{\gamma_+(x)}$ der Grenzwert $\varphi(\infty) = \lim_{t \to \infty} \varphi(t)$. Sind nun $y, z \in \omega_+(x)$, so gilt $x(t_k) \to y$, $x(s_k) \to z$, folglich $\varphi(t_k) \to \varphi(\infty) = V(y)$ aber auch $\varphi(s_k) \to \varphi(\infty) = V(z)$, da V stetig ist. Es folgt $V(y) = V(z)$, d. h. V ist auf $\omega_+(x)$ konstant.

Wäre nun $\dot{V}(y) < 0$ für ein $y \in \omega_+(x)$, so würde für jede Lösung $x(t)$ mit Anfangswert $x(0) = y$ gelten $V(x(t)) < V(y)$ für $t > 0$. Da nun nach Proposition 8.4.2 durch jeden Punkt in $\omega_+(x) \subset G$ eine Lösung in $\omega_+(x)$ verläuft, ergäbe dies einen Widerspruch zur Konstanz von V auf $\omega_+(x)$. Folglich gilt $\omega_+(x) \subset \mathcal{M}$ und da $\omega_+(x)$ schwach invariant ist, auch $\omega_+(x) \subset M$, aufgrund der Maximalität von M.   □

Zum Abschluss dieses Abschnittes führen wir noch einige Begriffe ein.

Definition 8.4.4. Ein $x_0 \in G$ wird von $M \subset G$ angezogen, falls $x(t) \to M$ für $t \to \infty$ für jede Lösung von (8.14) gilt. Die Menge

$$A^+(M) = \{x_0 \in G : x(t) \to M, \ t \to \infty, \ \text{für jede Lösung von (8.14)}\}$$

heißt **Anziehungsbereich** (oder auch Attraktivitätsbereich) von M. Schließlich heißt die Menge M **Attraktor** (oder attraktiv), falls $A^+(M)$ eine Umgebung von M ist. Gilt sogar $A^+(M) = G$, so heißt M **globaler Attraktor** für (8.1).

Man beachte, dass $A^+(M)$ stets invariant ist. Es gilt $\omega_+(x) \subset \overline{M}$ für alle $x_0 \in A^+(M)$, und jede Lösung von (8.14). Der globale Attraktor im Beispiel bzgl. $G = \mathbb{R}^2 \setminus \{0\}$ ist der Einheitskreis $\partial B_1(0)$. Als Folgerung zu Satz 8.4.3 erhalten wir folgendes Resultat über den globalen Attraktor von (8.14).

Korollar 8.4.5. *Sei $G \subset \mathbb{R}^n$ offen, $V : G \to \mathbb{R}$ lokal Lipschitz eine Ljapunov-Funktion für $\dot{x} = f(x)$, und sei $\mathcal{M} = \{x \in G : \dot{V}(x) = 0\}$, sowie M die maximale schwach-invariante Teilmenge von $\mathcal{M}$. Sei G positiv invariant, und jede Lösung sei nach rechts beschränkt. Dann ist M der globale Attraktor für (8.14) in G.*

Dieses Resultat lässt sich auf *partielle Ljapunov-Funktionen* verallgemeinern.

Satz 8.4.6. *Sei $G \subset \mathbb{R}^n$ offen, $V : G \to \mathbb{R}$ lokal Lipschitz mit*

$$V(x) \to \infty \quad \text{für } \operatorname{dist}(x, \partial G) \to 0 \ \text{oder } |x| \to \infty, \tag{8.15}$$

und mit einem $\alpha \in \mathbb{R}$ gelte

$$\dot{V}(x) < 0 \ \text{für alle } x \in G \ \text{mit } V(x) > \alpha. \tag{8.16}$$

Sei $D = \{x \in G; \ V(x) \le \alpha\}$ und M die maximale schwach invariante Teilmenge von D. Dann existieren alle in G startenden Lösungen von (8.14) global in G. Die Menge $D \subset G$ ist kompakt und positiv invariant, und M ist globaler Attraktor für (8.14) in G.

Beweis. Aufgrund von (8.15) ist $D \subset G$ kompakt, vgl. Proposition 5.5.2.

Sei $x_0 \in D$, $x(t)$ eine nicht fortsetzbare Lösung von (8.14) nach rechts in G mit Existenzintervall $[0, t_+)$, und sei $\varphi(t) = V(x(t))$. Dann ist $\varphi(0) \le \alpha$, und aus Lemma 8.1.2 folgt $D^+\varphi(t) \le 0$ für alle $t \in [0, t_+)$ mit $\varphi(t) > \alpha$. Lemma 6.4.1 für $\omega = 0$ und $\rho^*(t) = \alpha$ zeigt, dass $\varphi(t) \le \alpha$ in $[0, t_+)$ gilt. Also gilt $x(t) \in D$ für alle $t \in [0, t_+)$ und mit Kompaktheit von D ist daher $t_+ = \infty$. Folglich ist $\omega_+(x) \ne \emptyset$ in D enthalten, und daher $\omega_+(x) \subset M$.

Sei andererseits $x_0 \in G \setminus D$, also $V(x_0) > \alpha$, und $x(t)$ eine nicht fortsetzbare Lösung von (8.14) in G mit Existenzintervall $[0, t_+)$. Es gibt dann zwei Möglichkeiten: Erstens könnte die Lösung in endlicher Zeit $t_0 < t_+$ in D eintreten, also $x(t_0) \in D$. Wie bereits gezeigt, existiert $x(t)$ dann global und konvergiert gegen M. Zweitens könnte $x(t) \notin D$ für alle $t \in [0, t_+)$ gelten, also $\varphi(t) := V(x(t)) > \alpha$ für alle $t \in [0, t_+)$. Da V in $G \setminus D$ eine Ljapunov-Funktion ist, existiert die Lösung mit Proposition 5.5.2 global und ist beschränkt. Nun ist $\dot{V} < 0$ auf $G \setminus D$, also gilt zunächst $\mathcal{E} \subset D$. Angenommen, es existiert ein $y \in \omega_+(x)$ mit $y \in G \setminus D$. Dann folgt $y \in \mathcal{E} \subset D$ aus Lemma 5.5.3, ein Widerspruch. Also gilt $\omega_+(x) \subset D$, was schließlich $\omega_+(x) \subset M$ nach sich zieht, da die positive Limesmenge schwach invariant ist.

Daher existieren alle in G startenden Lösungen global nach rechts in G, und M ist globaler Attraktor für (8.14) in G. $\square$

Beispiel. Das *FitzHugh-Nagumo System* in der Elektro-Physiologie lautet folgendermaßen:

$$\dot{x} = g(x) - y,$$
$$\dot{y} = \sigma x - \gamma y. \tag{8.17}$$

Dabei sind $\gamma, \sigma > 0$ Konstanten, und $g : \mathbb{R} \to \mathbb{R}$ ist stetig mit $g(0) = 0$. Typischerweise ist g eine kubische Funktion mit 3 Nullstellen $0 < a < b$, also z. B. $g(x) = -x(x - a)(x - b)$. Hier nehmen wir lediglich an, dass es ein $r > 0$ gibt mit

$$g(x)x < 0 \quad \text{für } |x| \geq r.$$

Der Existenzsatz von Peano 6.1.1 zeigt, dass dieses System lokal lösbar ist, allerdings müssen die Lösungen nicht eindeutig sein. Wir wählen $G = \mathbb{R}^2$ und als partielle Ljapunov-Funktion $V(x, y) = x^2/2 + y^2/2\sigma$. Es ist

$$\dot{V}(x, y) = (\nabla V(x, y) | f(x, y)) = g(x)x - (\gamma/\sigma)y^2, \quad (x, y) \in \mathbb{R}^2,$$

also $\dot{V}(x, y) < 0$ für alle $|x| \geq r$, $y \in \mathbb{R}$. Betrachte nun die Levelmenge $V^{-1}(\alpha)$; es folgt für $|x| \leq r$ und $(x, y) \in V^{-1}(\alpha)$

$$\dot{V}(x, y) = g(x)x - (\gamma/\sigma)y^2 = g(x)x + \gamma x^2 - 2\alpha\gamma < 0,$$

sofern $\alpha > \alpha_0 := \max\{g(x)x + \gamma x^2 : |x| \leq r\}/2\gamma$ gilt. Daher ergibt Satz 8.4.6 globale Existenz nach rechts und einen globalen Attraktor $M \subset D = V^{-1}(-\infty, \alpha_0]$. Die gesamte Dynamik des Sytems findet daher innerhalb der Ellipse $x^2/2 + y^2/2\sigma \leq \alpha_0$ statt.

Unter stärkeren Annahmen kann man sogar eine strikte Ljapunov-Funktion Φ auf *ganz* $\mathbb{R}^2$ konstruieren. Dazu schreibt man das System als Gleichung zweiter Ordnung

$$\ddot{x} + q'(x)\dot{x} + \gamma p(x) = 0,$$

falls $g \in C^1(\mathbb{R})$, wobei $q(x) = \gamma x - g(x)$ und $p(x) = (\sigma/\gamma)x - g(x)$ sind. Die Transfomation $z = \dot{x} + q(x)$ ergibt dann das System

$$\dot{x} = z - q(x), \quad \dot{z} = -\gamma p(x).$$

Definiere $\phi(x, z) = z^2/2 + \gamma P(x)$, wobei P eine Stammfunktion von p ist. Es gilt nun für die orbitale Ableitung von ϕ

$$\dot{\phi}(x, z) = \gamma p(x)(z - q(x)) - \gamma p(x)z = -\gamma p(x)q(x) \leq 0,$$

falls $p(x)q(x) \geq 0$ für alle $x \in \mathbb{R}$ ist. In den Variablen x, y wird die Ljapunov-Funktion ϕ wegen $z = \gamma x - y$ zu

$$\Phi(x, y) = \phi(x, \gamma x - y) = \frac{1}{2}(\gamma x - y)^2 + \frac{\sigma}{2}x^2 - \gamma G(x),$$

wobei $G(x)$ eine Stammfunktion für $g(x)$ ist.

Ist nun $p \equiv q$, also $\gamma = \sigma/\gamma$, so folgt $\dot{\Phi}(x, y) = -\gamma q^2(x)$, also ist Φ in diesem Fall eine strikte Ljapunov-Funktion, falls die Nullstellenmenge von q diskret ist, denn es ist $(x_*, y_*) \in \mathcal{E}$ genau dann, wenn $q(x_*) = 0$ und $y_* = (\sigma/\gamma)x_*$. Daher konvergiert jede Lösung gegen ein Equilibrium, sofern die Nullstellenmenge von q diskret ist.

Im allgemeinen Fall $\gamma \neq \sigma/\gamma$ ist die Bedingung $p(x)q(x) \geq 0$ äquivalent zu

$$0 \leq \gamma x p(x) \cdot x q(x) = (\sigma x^2 - \gamma g(x)x)(\gamma x^2 - g(x)x),$$

also, falls zum Beispiel

$$xg(x) \leq \min\{\gamma, \sigma/\gamma\}x^2, \quad x \in \mathbb{R}.$$

Ist diese (zu) starke Bedingung erfüllt, dann ist Φ auch eine strikte Ljapunov-Funktion, sofern die Nullstellen von q und p diskret sind, also konvergieren auch in diesem Fall alle Lösungen gegen ein Equilibrium.

Man beachte, dass für kubisches $g(x) = -x(x-a)(x-b)$, $0 < a < b$, und für $\gamma < \sigma/\gamma$ einzig das triviale Equilibrium $(0, 0)$ existiert, was in der Elektrophysiologie in der Regel nicht der Fall ist. Wir werden auf das FitzHugh-Nagumo System später zurückkommen.

8.5 Mathematische Genetik

Wir betrachten eine (große) Population von diploiden Organismen, die sich geschlechtlich gemäß den Mendelschen Gesetzen fortpflanzen. Es bezeichnen $i = 1, \ldots, n$ eine (haploide) Chromosomenbesetzung mit Genen, die möglich sind, x_{ij} die Anzahl der Zygoten, die den i-ten und den j-ten Satz im Zellkern tragen und x_i die Anzahl der Gameten mit Satz i. Identifiziert man ein Zygotum mit den entsprechenden zwei Gameten, so gilt die Beziehung

$$x_i = 2x_{ii} + \sum_{j \neq i} x_{ij} + \sum_{j \neq i} x_{ji}.$$

Nimmt man Symmetrie in x_{ij} an, so gilt daher

$$x_i = 2\sum_j x_{ij}, \quad x := \sum_i x_i = 2\sum_{i,j} x_{ij},$$

x ist die Gesamtanzahl der Gameten. Biologisch interessant sind die Häufigkeiten

$$p_{ij} = 2\frac{x_{ij}}{x}, \quad p_i = \frac{x_i}{x},$$

und es sind die p_i, für die wir eine Differentialgleichung herleiten möchten.

Bezeichnet m_{ij} die Fitness der (i, j)-Zygoten, so gilt unter Ausschließung von Mutation und Rekombination, also bei reiner Selektion

$$\dot{x}_{ij} = m_{ij}x_{ij}.$$

Da $[x_{ij}]_{i,j}$ symmetrisch ist, kann man auch $M := [m_{ij}]_{i,j}$ als symmetrisch annehmen. Für die Ableitung von p_i gilt

$$\dot{p}_i = \frac{d}{dt}\left(\frac{x_i}{x}\right) = \frac{\dot{x}_i}{x} - \frac{\dot{x}}{x}p_i$$

$$= 2\sum_j \frac{\dot{x}_{ij}}{x} - 2\sum_{k,j} \dot{x}_{kj}\frac{p_i}{x} = \sum_j m_{ij}p_{ij} - p_i \sum_{k,j} m_{kj}p_{kj}.$$

Um die p_{ij} durch die p_i ausdrücken zu können, macht man nun die *Hardy-Weinberg Annahme*: $p_{ij} = p_i p_j$ für alle i, j.

Biologisch wird diese Annahme meist als Zufallspaarung gedeutet. Sie ist nicht unumstritten, wir werden ihr aber folgen.

Die Hardy-Weinberg Annahme impliziert nun die Gleichung

$$\dot{p}_i = p_i \sum_j m_{ij}p_j - p_i \sum_{k,j} p_k m_{kj}p_j.$$

Mit $p = [p_i]_i$ und $P = \mathrm{diag}(p_i)$, so erhält man die *Fisher-Wright-Haldane-Gleichung*

$$(FWH) \qquad \dot{p} = PMp - W(p)p = f(p),$$

wobei $W(p) = (p|Mp)$ gesetzt wurde. Setzt man $\mathbf{e} = [1, \dots, 1]^\mathsf{T}$, so ist $p = P\mathbf{e}$ und man erhält die äquivalente Form

$$(FWH) \qquad \dot{p} = P(Mp - W(p)\mathbf{e}) = f(p).$$

Wir wollen nun die bisher erarbeiteten Methoden auf (FWH) anwenden. Zunächst ist $\mathbb{R}^n_+$ invariant, wie auch $\mathrm{int}\,\mathbb{R}^n_+$ und jeder Teilrand von $\mathbb{R}^n_+$ von der Form $\{p \in \mathbb{R}^n_+ : p_{i_1} = \cdots = p_{i_k} = 0\}$ und auch $\{p \in \mathbb{R}^n_+ : p_{i_1} = \cdots = p_{i_k} = 0, \ p_j > 0, \ j \neq i_1, \dots, i_k\}$, denn $p_i = 0$ impliziert $f_i(p) = 0$.

Biologisch interessant ist vor allem das Standardsimplex $\mathbb{D} = \{p \in \mathbb{R}_+^n : (p|\mathsf{e}) = 1\}$, da p eine Wahrscheinlichkeitsverteilung repräsentieren soll. Wir untersuchen daher die Invarianz von $\mathbb{D}$. Dazu sei $p(t)$ eine Lösung in $\mathbb{R}_+^n$ auf dem maximalen Intervall $J(p)$ mit $p(0) = p_0 \in \mathbb{D}$. Wir setzen $\varphi(t) = (p(t)|\mathsf{e})$ und $h(t) = W(p(t))$. Es ist dann wegen (FWH)

$$\dot{\varphi}(t) = h(t)(1 - \varphi(t)), \ t \in J,$$

folglich $\varphi(t) \equiv 1$, wegen der Eindeutigkeit der Lösung dieser DGL und da $\varphi(0) = 1$ ist. Daher ist $\mathbb{D}$ positiv invariant und ebenso $\mathbb{D}^\circ = \{p \in \operatorname{int} \mathbb{R}_+^n : (p|\mathsf{e}) = 1\}$.

Sei $V(p) = -W(p)$. Wir zeigen, dass V eine Ljapunov-Funktion auf $\mathbb{D}$ für (FHW) ist. Dazu sei $q = Mp$; mit $p = P\mathsf{e}$ und $W(p) = (Mp, p) = (q|p) = (Pq|\mathsf{e})$ gilt dann

$$
\begin{aligned}
\dot{V}(t) &= -(\nabla W(p)|f(p)) = -2(Mp|PMp) + 2W(p)(Mp, p) \\
&= -2(Pq|q) + 2(Pq|\mathsf{e})^2 \\
&\leq -2(Pq|q) + 2(Pq|q)(P\mathsf{e}|\mathsf{e}) \\
&= -2(Pq|q) + 2(Pq|q) = 0,
\end{aligned}
$$

da P positiv semidefinit ist. Ferner ist $\dot{V} = 0$ dann und nur dann, wenn $P^{1/2}q$ und $P^{1/2}\mathsf{e}$ linear abhängig sind, also wenn α, β existieren mit $\alpha P^{1/2}q + \beta P^{1/2}\mathsf{e} = 0$, $|\alpha| + |\beta| \neq 0$. Daraus folgt $\alpha PMp + \beta p = 0$, also $\alpha \neq 0$, da $p \neq 0$ ist und schließlich $PMp = \lambda p$, $(p|\mathsf{e}) = 1$, d. h. $\lambda = (Mp|p) = W(p)$. Folglich gilt $\dot{V} = 0$ genau dann, wenn $p \in \mathcal{E} = \{p \in \mathbb{D} : f(p) = 0\}$, d. h. es ist $\mathcal{M} = \mathcal{E}$. In der Literatur heißt diese Aussage *Fundamentaltheorem von Fisher*.

Aus Satz 8.4.3 folgt nun $p(t) \to \mathcal{E}, t \to \infty$ für alle $p_0 \in \mathbb{D}$. Ferner gilt sogar $p(t) \to p_\infty \in \mathcal{E}$, falls $\mathcal{E} \cap W^{-1}(\alpha)$ für jedes $\alpha \in \mathbb{R}$ diskret ist, wie Satz 5.5.6 zeigt.

8.6   Gradientenartige Systeme

Wir betrachten das autonome System

$$\dot{x} = f(x), \quad t \geq 0, \quad x(0) = x_0 \in G, \tag{8.18}$$

wobei $G \subset \mathbb{R}^n$ offen, $f : G \to \mathbb{R}^n$ stetig ist. Nichteindeutigkeit von Lösungen ist also zugelassen.

Definition 8.6.1. Die autonome DGL (8.18) heißt **gradientenartig**, falls es eine strikte Ljapunov-Funktion für (8.18) gibt, also eine stetige Funktion $V : G \to \mathbb{R}$ mit der Eigenschaft, dass $\varphi(t) = V(x(t))$ entlang jeder nichtkonstanten Lösung $x(t)$ von (8.18) streng fällt.

Selbstverständlich ist jedes Gradientensystem

$$\dot{x} = -\nabla \phi(x) \tag{8.19}$$

mit $\phi \in C^1(G; \mathbb{R})$ gradientenartig, denn $V(x) = \phi(x)$ ergibt $\dot{V}(x) = -|\nabla \phi(x)|_2^2$. Allerdings haben wir bereits in Kap. 5 Beispiele von gradientenartigen Systemen kennengelernt, die keine Gradientensysteme sind: Das gedämpfte Pendel und das Volterra–Lotka-Modell mit Sättigung.

Wir können nun den Satz 5.5.6 hinsichtlich der Regularität von f und V verallgemeinern, und gleichzeitig einen einfacheren Beweis angeben.

Satz 8.6.2 (Konvergenzsatz). *Sei* (8.18) *gradientenartig und bezeichne* $\mathcal{E} = f^{-1}(0)$ *die Equilibriumsmenge von* (8.18). *Sei* $K \subset G$ *kompakt und sei* $x(t)$ *eine beschränkte Lösung von* (8.18) *auf* $\mathbb{R}_+$ *mit* $\gamma_+(x) \subset K$. *Dann gilt*

$$\lim_{t \to \infty} \text{dist}(x(t), \mathcal{E}) = 0.$$

Ist außerdem $\mathcal{E} \cap V^{-1}(\alpha)$ *diskret für jedes* $\alpha \in \mathbb{R}$, *so gilt sogar*

$$\lim_{t \to \infty} x(t) = x_\infty,$$

für ein $x_\infty \in \mathcal{E}$. *Es gibt keine nichttrivialen periodischen Lösungen.*

Beweis. Da nach Voraussetzung $K \supset \gamma_+(x)$ und K eine kompakte Teilmenge von G ist, ist die Limesmenge $\omega_+(x)$ der Lösung nichtleer, kompakt, zusammenhängend, und es gilt $\omega_+(x) \subset K \subset G$. Da $\varphi(t) = V(x(t))$ fallend ist, existiert $\varphi_\infty = \lim_{t \to \infty} \varphi(t)$, also ist V auf $\omega_+(x)$ konstant.

Da nach Proposition 8.4.2 durch jeden Punkt von $\omega_+(x)$ eine Lösung verläuft, und V längs nicht konstanten Lösungen streng fällt, kann $\omega_+(x)$ nur aus Equilibria bestehen, d. h. $\omega_+(x) \subset \mathcal{E}$. Damit ist

$$\lim_{t \to \infty} \text{dist}(x(t), \mathcal{E}) \leq \lim_{t \to \infty} \text{dist}(x(t), \omega_+(x)) = 0,$$

also die erste Behauptung bewiesen. Ist nun $\mathcal{E} \cap V^{-1}(\varphi_\infty)$ diskret, so ist $\omega_+(x) \subset \mathcal{E} \cap V^{-1}(\varphi_\infty)$ einpunktig, da $\omega_+(x)$ nach Proposition 8.4.1 zusammenhängend ist. Dies zeigt die zweite Behauptung. Gäbe es schließlich eine nichtkonstante τ-periodische Lösung $x(t)$, so würde sich der Widerspruch $V(x(0)) = V(x(\tau)) < V(x(0))$ ergeben, also ist auch die letzte Behauptung bewiesen. □

In Satz 5.5.4 hatten wir gesehen, dass Equilibria x_*, die strikte Minima einer Ljapunov-Funktion V sind, stabil, und sogar asymptotisch stabil sind, falls x_* zusätzlich isoliert in $\mathcal{E}$ und V eine strikte Ljapunov-Funktion ist. Ist hingegen x_* kein Minimum und die Ljapunov-Funktion strikt, dann ist x_* instabil.

Satz 8.6.3 (Cetaev-Krasovskij). *Sei* $V : G \to \mathbb{R}$ *stetig,* $x_* \in G$ *ein Equilibrium von* (8.18), *und sei* $V(x_*) = 0$. *Für ein* $r_0 > 0$ *gelte* $\mathcal{E} \cap B_{r_0}(x_*) \subset V^{-1}[0, \infty)$,

$$V^{-1}(-\infty, 0) \cap B_r(x_*) \neq \emptyset, \quad \text{für jedes } r \in (0, r_0),$$

und sei V *eine strikte Ljapunov-Funktion auf* $V^{-1}(-\infty, 0) \cap B_{r_0}(x_*)$. *Dann ist* x_* *für* (8.18) *instabil.*

Beweis. Setze $G_0 = V^{-1}(-\infty, 0)$ und $G_\varepsilon = G_0 \cap B_\varepsilon(x_*)$. Angenommen, x_* wäre stabil. Dann gibt es zu $\varepsilon > 0$ ein $\delta > 0$, sodass für jede Lösung $x(t)$ von (8.18) $x(t) \in B_\varepsilon(x_*)$ für alle $t \geq 0$ gilt, sofern der Anfangswert x_0 in $B_\delta(x_*)$ liegt. Fixiere ein $\varepsilon \in (0, r_0)$, und sei o.B.d.A. $\delta < \varepsilon$. Dann gibt es nach Voraussetzung ein $x_0 \in G_\delta = G_0 \cap B_\delta(x_*)$, folglich erfüllt die Funktion $\varphi(t) := V(x(t))$ die Bedingung $\varphi(0) < 0$. Da V eine Ljapunov-Funktion in $G_{r_0} = G_0 \cap B_{r_0}(x_*)$ ist, gilt $\varphi(t) \leq \varphi(0) < 0$ für alle $t \geq 0$, also insbesondere $x(t) \in G_\varepsilon$ für alle $t \geq 0$, wegen der Stabilitätsannahme. Daher ist $x(t)$ beschränkt, also ist die positive Limesmenge $\omega_+(x) \subset B_{r_0}(x_*) \cap V^{-1}(-\infty, \varphi(0))$ nichtleer. Da V eine strikte Ljapunov-Funktion in G_{r_0} ist, gilt $\omega_+(x) \subset \mathcal{E} \cap B_{r_0}(x_*)$. Daher gibt es ein Equilibrium $x_\infty \in B_{r_0}(x_*) \cap V^{-1}(-\infty, \varphi(0))$, im Widerspruch zur Voraussetzung. $\square$

Man beachte, dass die Voraussetzung $\mathcal{E} \cap B_{r_0}(x_*) \subset V^{-1}[0, \infty)$ in Satz 8.6.3 insbesondere dann erfüllt ist, wenn x_* in $\mathcal{E}$ isoliert ist, d.h. $\mathcal{E} \cap B_{r_0}(x_*) = \{x_*\}$ für ein $r_0 > 0$ oder wenn V auf der Menge $\mathcal{E}$ der Equilibria lokal konstant ist.

8.7 Chemische Reaktionssysteme

In diesem Abschnitt wollen wir allgemeine Reaktionssysteme mit sog. *Massenwirkungskinetik* betrachten. Dazu seien n Substanzen A_i gegeben, mit Konzentrationen c_i, die wir zu einem Vektor c zusammenfassen. Zwischen diesen Spezies mögen nun m Reaktionen stattfinden, diese werden mit dem Index j versehen. Die j-te Reaktion lässt sich durch ein Schema der Form

$$\sum_{i=1}^n v_{ij}^+ A_i \underset{k_j^-}{\overset{k_j^+}{\rightleftharpoons}} \sum_{i=1}^n v_{ij}^- A_i, \quad j = 1, \dots, m,$$

beschreiben. Die Konstanten $k_j^\pm$ sind die Geschwindigkeitskonstanten der Hin- bzw. der Rückreaktion; sind beide positiv, so ist die Reaktion reversibel, ist $k_j^+ > 0$ aber $k_j^- = 0$, dann heißt die Reaktion irreversibel. Man beachte, dass wir aufgrund der Symmetrie im Reaktionsschema $k_j^+ > 0$ annehmen können. Die Zahlen $v_{ij}^{\pm}$ heißen *stöchiometrische Koeffizienten* der Reaktion. Dies sind natürliche Zahlen oder 0, v_{ij}^+ gibt an wieviele Mol an A_i bei der Hinreaktion verbraucht werden, v_{ij}^- wieviele Mol entstehen. Eine Substanz A_k heißt *Produkt* in der j-ten Reaktion, falls $v_{kj}^- > 0$ ist, A_k heißt in dieser Reaktion *Edukt*, falls $v_{kj}^+ > 0$ ist. Der Vektor v_j mit den Einträgen $v_{ij} = v_{ij}^+ - v_{ij}^-$ heißt *Stöchiometrie* der j-ten Reaktion.

Die Reaktionsrate $r_j(c)$ der j-ten Reaktion unter der Annahme von Massenwirkungskinetik wird nun analog zur Gleichgewichtsreaktion modelliert, sie lautet dann

$$r_j(c) = -k_j^+ \Pi_{i=1}^n c_i^{v_{ij}^+} + k_j^- \Pi_{i=1}^n c_i^{v_{ij}^-}, \quad j = 1, \ldots, m,$$

oder in Kurzform

$$r_j(c) = -k_j^+ c^{v_j^+} + k_j^- c^{v_j^-}, \quad j = 1, \ldots, m.$$

Befindet sich die j-te Reaktion im Gleichgewicht, so gilt das Massenwirkungsgesetz

$$\frac{\Pi_{i=1}^n c_i^{v_{ij}^+}}{\Pi_{i=1}^n c_i^{v_{ij}^-}} = \frac{k_j^-}{k_j^+} =: K_j, \quad j = 1, \ldots, m,$$

oder in Kurzform

$$c^{v_j} = K_j, \quad j = 1, \ldots, m.$$

Das die Kinetik beschreibende Differentialgleichungssystem ergibt sich nun zu

$$\dot{c}_i = \sum_{j=1}^m v_{ij} r_j(c_1, \ldots, c_n), \quad c_i(0) = c_{i0}, \ i = 1, \ldots, n,$$

oder in Vektorschreibweise

$$\dot{c} = \sum_{j=1}^m v_j r_j(c), \quad c(0) = c_0. \tag{8.20}$$

Fasst man die Reaktionsraten $r_j(c)$ zu einem Vektor $r(c)$ zusammen und definiert die $n \times m$-Matrix N durch die Einträge v_{ij}, so kann man (8.20) noch kompakter als

$$\dot{c} = N r(c), \quad c(0) = c_0, \tag{8.21}$$

formulieren. Reaktionen, die der Massenwirkungskinetik genügen, nennt man in der Chemie *Elementarreaktionen*, im Gegensatz zu sog. *Bruttokinetiken*, die aus Vereinfachungen resultieren. Die Reaktionsraten $k_j^{\pm}$ sind i. Allg. noch temperaturabhängig, hier haben wir uns auf den *isothermen, homogenen Fall* beschränkt, d.h. es wird angenommen, dass die Temperatur stets konstant ist, und dass die Substanzen ideal durchmischt sind. Andernfalls müsste man auch eine Temperaturbilanz mitführen und Transportwiderstände wie Diffusion berücksichtigen.

Außerdem haben wir in diesem Abschnitt angenommen, dass das betrachtete Reaktionssystem isoliert ist, also keine Substanzen zu- oder abgeführt werden. Man spricht dann von einem abgeschlossenen System oder *Batch-System*. In offenen Systemen müssen Zu- und Abströme ebenfalls modelliert werden. Zum Beispiel hat man im Falle konstanter Zuströme und entsprechender paritätischer Abströme auf der rechten Seite von (8.21) einen Term der Form $(c^f - c)/\tau$ zu addieren, wobei $\tau > 0$ Verweilzeit des Reaktors genannt wird, bzw. $\gamma = 1/\tau$ Durchflussrate. Dabei ist die i-te Komponente $c_i^f \geq 0$ von c^f die Konzentration der Substanz A_i im Zustrom, dem *Feedstrom*.

Da die Funktionen r_j Polynome in c sind, ergibt der Satz von Picard und Lindelöf die lokale Existenz und Eindeutigkeit einer Lösung von (8.20). Wir überprüfen als nächstes die Positivitätsbedingung. Dazu sei $c_k = 0$, sowie $c_i \geq 0$ für alle anderen i. Ist A_k Edukt in der j-ten Reaktion, so folgt $r_j(c) = k_j^- c^{v_j^-} \geq 0$ sowie $v_{kj} > 0$. Ist A_k hingegen Produkt, dann ist $r_j(c) \leq 0$ und $v_{kj} < 0$. Es folgt in beiden Fällen $v_{kj}r_j(c) \geq 0$, für alle j, also $\dot{c}_k \geq 0$. Damit ist das Positivitätskriterium erfüllt, und folglich gilt $c_i(t) \geq 0$ für alle $t \geq 0$ und $i = 1, \ldots, n$, sofern die Anfangswerte c_{i0} sämtlich nichtnegativ sind. Es ist aber auch int $\mathbb{R}_+^n$ positiv invariant; dies sieht man folgendermaßen. Mit

$$h_k(c) = \sum_{v_{kj}^+ > 0} v_{kj}^+ k_j^- c^{v_j^-} + \sum_{v_{kj}^- > 0} v_{kj}^- k_j^+ c^{v_j^+} \geq 0,$$

und

$$g_k(c) = \sum_{v_{kj}^+ > 0} v_{kj}^+ k_j^+ c^{v_j^+ - e_k} + \sum_{v_{kj}^- > 0} v_{kj}^- k_j^- c^{v_j^- - e_k} \geq 0,$$

folgt

$$\dot{c}_k = -c_k g_k(c) + h_k(c) \geq -\omega c_k,$$

da $h_k(c) \geq 0$ und $\omega = \max_{t \in [0,a]} g_k(c(t)) < \infty$ ist. Es folgt $c_k(t) \geq e^{-\omega t} c_{0k}$, also $c_k(t) > 0$ für alle $t \in [0, a]$ sofern $c_{0k} > 0$ ist. Dabei ist $0 < a < t_+(c_0)$ beliebig.

Sei $S = R(N) = \text{span}\{v_1, \ldots, v_m\}$; dieser Teilraum des $\mathbb{R}^n$ heißt *stöchiometrischer Teilraum* des Reaktionssystems. Aus (8.20) folgt nun $\dot{c}(t) \in S$ für alle t, also

$$c(t) \in c_0 + S, \quad t \in J,$$

wobei J das maximale Existenzintervall einer Lösung bezeichne. Der affine Teilraum $c_0 + S$ heißt die zum Anfangswert c_0 gehörige *Kompatibilitätsklasse* des Reaktionssystems, diese ist daher invariant für (8.20). Die Dimension von S sei im Folgenden mit s bezeichnet, es ist natürlich $s \leq m$ und $s \leq n$, aber sogar $s < n$.

Dies sieht man folgendermaßen. Es sei $\beta_i > 0$ die Molmasse der Substanz A_i, β der Vektor mit den Einträgen β_i. Bei chemischen Reaktionen bleibt die Gesamtmasse erhalten. Dies bedeutet

$$(\nu_j | \beta) = \sum_{i=1}^{n} \nu_{ij} \beta_i = 0, \quad j = 1, \ldots, m,$$

also ist $\beta \in R(N)^{\perp}$, insbesondere ist $s < n$. Ferner haben wir

$$\frac{d}{dt}(\beta | c) = (\beta | \dot{c}) = (\beta | Nr(c)) = 0,$$

also ist $(\beta | c(t)) \equiv (\beta | c_0)$. Daraus folgt mit Hilfe der Positivität der $c_i(t)$ und $\beta_i > 0$, dass alle $c_i(t)$ beschränkt bleiben, womit Lösungen für alle positive Zeiten existieren. Daher erzeugt (8.20) einen Halbfluss auf $\mathbb{R}_+^n$ und auf $\mathrm{int}\,\mathbb{R}_+^n$.

Wir fixieren eine Basis $\{e_1, \ldots, e_{n-s}\}$ von $R(N)^{\perp}$ und fassen diese Vektoren in der $n \times (n-s)$-Matrix E^{T} zusammen. Es gilt also $EN = 0$, d. h. $\ker E = R(N)$. Da man $e_1 = \beta$ wählen kann und alle $\beta_i > 0$ sind, kann man annehmen, dass E nur positive Einträge hat; evtl. addiere man zu den e_j geeignete Vielfache von $e_1 = \beta$. Durch Anwendung von E auf (8.20) erhält man $Ec(t) = Ec_0 =: u_0$ für alle $t \geq 0$, wir haben also $n-s$ Erhaltungssätze.

Die Equilibria von (8.20) sind die Lösungen des nichtlinearen algebraischen Gleichungssystems

$$Nr(c) = 0. \tag{8.22}$$

Da die Kompatibilitätsklassen $(c_0 + S) \cap \mathbb{R}_+^n$ abgeschlossen, beschränkt, konvex und positiv invariant sind, impliziert Satz 7.3.5 die Existenz mindestens eines Equilibriums in jeder dieser Kompatibilitätsklassen, allerdings müssen diese nicht eindeutig sein. *Echte Equilibria* sind nun solche, in denen jede einzelne Reaktion im Gleichgewicht ist, also Lösungen c_* von $r(c) = 0$. Diese können auch auf dem Rand von $\mathbb{R}_+^n$ liegen, wir interessieren uns hier nur für solche im Inneren von $\mathbb{R}_+^n$, die also $c_i > 0$ für alle $i = 1, \ldots, n$ erfüllen; diese werden im Folgenden *positive echte Equilibria* genannt.

Ist nun c_* ein positives echtes Equilibrium, so folgt $c_*^{\nu_j} = K_j$ für alle j, insbesondere gilt $\log K_j = (\nu_j | \log c_*)$, wobei $\log c$ den Vektor mit den Komponenten $\log(c_i)$ bezeichnet. Dies ist ein lineares Gleichungssystem für $\log c_*$, das nicht immer lösbar ist. Nummeriert man die ν_j so, dass die ersten s Vektoren linear unabhängig sind, dann erhält man die Verträglichkeitsbedingungen

$$v_j = \sum_{k=1}^{s} \alpha_{jk} v_k, \quad \Pi_{k=1}^{s} K_k^{\alpha_{jk}} = K_j, \quad j = s+1, \ldots, m. \qquad (8.23)$$

Ist $s = m < n$, so gibt es stets ein solches c_*, sofern alle $K_j > 0$ sind, und dann ist auch $c_{*i} > 0$ für alle i. Sind nun alle Reaktionen reversibel, gilt also $K_j > 0$ für alle $j = 1, \ldots, m$, und sind die Verträglichkeitsbedingungen erfüllt, so existiert ein positives echtes Equilibrium.

Hierbei werden also irreversible Reaktionen ausgeschlossen. Wir nehmen im Folgenden an, dass ein solches positives echtes Equilibrium c_* existiert.

Sei jetzt $\bar{c}$ ein weiteres positives echtes Equilibrium in der gleichen Kompatibilitäts-klasse; dann folgt $E(c_* - \bar{c}) = 0$, also $c_* - \bar{c} \in R(N)$, und $(v_j | \log c_* - \log \bar{c}) = 0$ für alle j, also $\log c_* - \log \bar{c} \in R(N)^{\perp}$. Dies impliziert

$$0 = (c_* - \bar{c} | \log c_* - \log \bar{c}) = \sum_{i=1}^{n} (c_{*i} - \bar{c}_i)(\log c_{*i} - \log \bar{c}_i),$$

also $c_{*i} = \bar{c}_i$ für alle i, da $\log$ streng wachsend ist. Dies zeigt, dass es in jeder Kompatibilitätsklasse höchstens ein positives echtes Equilibrium geben kann.

Nun definieren wir die Funktion

$$\Phi(c) := \sum_{i=1}^{n} [c_i \log(c_i/c_{*i}) - (c_i - c_{*i})], \quad c_i > 0, \ i = 1, \ldots, n.$$

Es ist $\partial_k \Phi(c) = \log[c_k/c_{*k}]$, und $\Phi''(c) = \text{diag}(1/c_k)$, folglich ist $c = c_*$ das einzige Minimum von Φ, und es ist strikt. Mit $K_j = c_*^{v_j}$ erhält man für eine Lösung $c(t)$, die den Rand von $\mathbb{R}_+^n$ nicht trifft,

$$\frac{d}{dt} \Phi(c) = (\Phi'(c) | \dot{c}) = \sum_{j=1}^{m} (v_j | \log[c/c_*]) r_j(c)$$

$$= \sum_{j=1}^{m} (v_j | \log[c/c_*]) k_j^+ (K_j c^{v_j^-} - c^{v_j^+})$$

$$= \sum_{j=1}^{m} k_j^+ c_*^{v_j^+} [(c/c_*)^{v_j^-} - (c/c_*)^{v_j^+}] \log(c/c_*)^{v_j}$$

$$= -\sum_{j=1}^{m} k_j^+ c^{v_j^-} c_*^{v_j} [(c/c_*)^{v_j} - 1] \log(c/c_*)^{v_j} \leq 0,$$

da log streng wachsend ist. Ferner impliziert $\dot{\Phi}(c) = 0$ aus diesem Grund $(c/c_*)^{\nu_j} = 1$, also $c^{\nu_j} = K_j$ für alle j, d. h. c ist ein weiteres echtes Equilibrium. Daher ist

$$\{c \in \operatorname{int}\mathbb{R}_+^n :\ \dot{\Phi}(c) = 0\} \subset \{c \in \operatorname{int}\mathbb{R}_+^n :\ c^{\nu_j} = K_j,\ j = 1, \ldots, m\} =: \mathcal{E}.$$

Die positiv invariante Menge $(c_0 + S) \cap \mathbb{R}_+^n$ ist beschränkt und abgeschlossen, also ist die Limesmenge $\omega_+(c_0) \subset (c_0 + S) \cap \mathbb{R}_+^n$ nichtleer, kompakt und zusammenhängend. Es gibt nun zwei Möglichkeiten. Die erste ist $\omega_+(c_0) \subset \partial\mathbb{R}_+^n$, diese wollen wir hier nicht weiter diskutieren. Die zweite Möglichkeit ist $\omega_+(c_0) \cap \operatorname{int}\mathbb{R}_+^n \neq \emptyset$. Dann gilt

$$\emptyset \neq \omega_+(c_0) \cap \operatorname{int}\mathbb{R}_+^n \subset \{c \in \operatorname{int}\mathbb{R}_+^n :\ \dot{\Phi}(c) = 0\} \subset \mathcal{E},$$

also gibt es mindestens ein positives echtes Equilibrium $\bar{c}$ in der Kompatibilitätsklasse $c_0 + S$. Dieses ist eindeutig bestimmt, also $\omega_+(c_0) = \{\bar{c}\}$, da $\omega_+(c_0)$ zusammenhängend ist.

Damit haben wir den folgenden Satz bewiesen:

Satz 8.7.1.

1. *Das System* (8.20) *besitzt zu jedem Anfangswert* $c_0 \in \mathbb{R}_+^n$ *genau eine globale Lösung für* $t \geq 0$. *Diese erfüllt* $c(t) \in \mathbb{R}_+^n \cap (c_0 + S)$, *wobei* $S = R(N)$ *den stöchiometrischen Teilraum des Reaktionssystems bezeichnet. Ist* $c_0 \in \operatorname{int}\mathbb{R}_+^n$, *dann gilt auch* $c(t) \in \operatorname{int}\mathbb{R}_+^n$ *für alle* $t > 0$.
2. *In jeder Kompatibilitätsklasse* $\mathbb{R}_+^n \cap (c_0 + S)$ *gibt es mindestens ein Equilibrium.*
3. *Das System* (8.20) *besitzt genau dann ein positives echtes Equilibrium* c_*, *wenn* $K_j > 0$ *für alle* $j = 1, \ldots, m$ *gilt, und die Verträglichkeitsbedingungen* (8.23) *erfüllt sind.*
4. *Es existiere ein positives echtes Equilibrium* c_*, *also eine Lösung von* $r(c) = 0$ *mit* $c_{*i} > 0$ *für alle* i. *Dann gilt die Alternative:*
   (a) $\omega_+(c_0) \subset \partial\mathbb{R}_+^n$, *d. h.* $c(t)$ *konvergiert gegen* $\partial\mathbb{R}_+^n$ *für* $t \to \infty$;
   (b) *Es gibt genau ein positives echtes Equilibrium* $\bar{c} \in c_0 + S$, *und* $c(t)$ *konvergiert für* $t \to \infty$ *gegen* $\bar{c}$.

Es gibt keine nichttrivialen periodischen Lösungen.

Existiert ein solches c_* nicht, dann ist die Dynamik des Systems (8.20) wesentlich komplizierter.

8.8 Die Methode von Lojasiewicz

Sei $G \subset \mathbb{R}^n$ offen, $f : G \to \mathbb{R}^n$ stetig, und sei V eine differenzierbare, strikte Ljapunov-Funktion für $\dot{x} = f(x)$. Wir hatten in Abschn. 8.6 Konvergenz beschränkter Lösungen bewiesen, sofern die Equilibriumsmenge $\mathcal{E} = f^{-1}(0)$ in jeder Niveaumenge von V diskret ist. Diese Annahme ist wesentlich, wie in den folgenden Beispielen gezeigt wird.

Beispiel 1. Sei $G := \mathbb{R}^2 \setminus \{0\}$ und betrachte das System

$$\begin{aligned} \dot{x} &= (x + y)(1 - \sqrt{x^2 + y^2}), \\ \dot{y} &= (y - x)(1 - \sqrt{x^2 + y^2}). \end{aligned} \qquad (8.24)$$

In Polarkoordinaten liest sich (8.24) als

$$\begin{aligned} \dot{r} &= -r(r - 1), \\ \dot{\theta} &= r - 1. \end{aligned}$$

Daher ist die Menge der Equilibria $\mathcal{E}$ von (8.24) in G durch den Einheitskreis gegeben, also nicht diskret. Die Lösungen lassen sich explizit angeben zu

$$r(t) = \frac{r_0}{r_0 + (1 - r_0)e^{-t}}, \quad \theta(t) = \theta_0 + \log(r_0 + (1 - r_0)e^{-t}), \quad t \in \mathbb{R}_+.$$

Daher gilt $r(t) \to 1$ und $\theta(t) \to \theta_0 + \log(r_0)$ für $t \to \infty$, d.h. alle Lösungen sind konvergent. Man sieht ferner leicht, dass $V(x, y) = V(r) = (r-1)^2$ eine strikte Ljapunov-Funktion in G ist, denn es gilt

$$\dot{V}(r) = (\nabla V(x, y) | f(x, y)) = -2r(r - 1)^2, \quad (x, y) \in G.$$

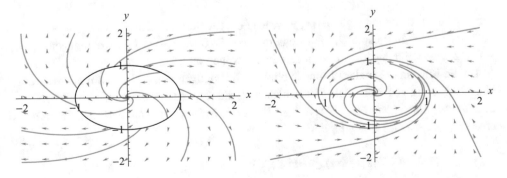

Abb. 8.2 Phasenportraits zu den Beispielen

Beispiel 2. Sei wieder $G := \mathbb{R}^2 \setminus \{0\}$ und betrachte das System

$$
\begin{aligned}
\dot{x} &= -x(\sqrt{x^2 + y^2} - 1)^3 - y(\sqrt{x^2 + y^2} - 1)^2, \\
\dot{y} &= -y(\sqrt{x^2 + y^2} - 1)^3 + x(\sqrt{x^2 + y^2} - 1)^2.
\end{aligned} \tag{8.25}
$$

In Polarkoordinaten wird (8.25) zu

$$
\begin{aligned}
\dot{r} &= -r(r - 1)^3, \\
\dot{\theta} &= (r - 1)^2.
\end{aligned}
$$

Auch in diesem Beispiel ist die Menge der Equilibria $\mathcal{E}$ in G durch den Einheitskreis gegeben, also nicht diskret. Man überzeugt sich leicht, dass $V(x, y) := (r - 1)^2$ auch hier eine strikte Ljapunov-Funktion ist, denn es gilt

$$
\dot{V}(r) = (\nabla V(x, y) | f(x, y)) = -2r(r - 1)^4 < 0, \quad r \neq 1.
$$

Insbesondere gilt auch hier $r(t) \to 1$ für $t \to \infty$. Mittels Separation der Variablen erhält man

$$
\frac{d\theta}{dr} = -\frac{1}{r(r - 1)} = \frac{1}{r} - \frac{1}{r - 1},
$$

folglich $\theta(r) = c_0 - \ln(|r - 1|/r)$. Damit spiralen die Lösungen für $t \to \infty$, also für $r \to 1$ gegen den Einheitskreis. In diesem Beispiel konvergieren die Lösungen also nicht.

Welche zusätzlichen Eigenschaften sind in solchen Situationen für Konvergenz der Lösungen entscheidend? Dazu definieren wir

$$
\alpha(x, y) := \frac{(\nabla V(x, y) | f(x, y))}{|\nabla V(x, y)|_2 |f(x, y)|_2}, \quad (x, y) \in G.
$$

Eine einfache Rechnung ergibt $\alpha_1(x, y) = -1/\sqrt{2}$ für Beispiel 1, und $\alpha_2(x, y) = -|r - 1|$ $/\sqrt{1 + (r - 1)^2}$ in Beispiel 2. Man sieht, dass $\alpha_2 \to 0$ für $r \to 1$ gilt, wohingegen $\alpha_1 = -1/\sqrt{2}$, also strikt negativ, insbesondere in der Nähe von $\mathcal{E}$ ist.

Da die Limesmengen der Lösungen ohnehin Teilmengen von $\mathcal{E}$ sind, kommt es nur auf eine Umgebung von $\mathcal{E}$ an. Daher ist es plausibel, die folgende Bedingung zu fordern: *Es gibt eine Umgebung $U \subset G$ von $\mathcal{E}$, sodass es zu jeder kompakten Teilmenge K von U eine Konstante $c(K) > 0$ gibt, mit*

$$
(W) \quad (\nabla V(x) | f(x)) \le -c(K) |\nabla V(x)|_2 |f(x)|_2, \quad \text{für alle } x \in K.
$$

Man beachte, dass Gradientensysteme diese Bedingung stets erfüllen, und zwar auf ganz G mit Konstante $c = c(G) = 1$.

Sei jetzt $x(t)$ eine globale beschränkte nichtkonstante Lösung von $\dot{x} = f(x)$, und sei $K := \overline{x(\mathbb{R}_+)} \subset G$. Dann gibt es aufgrund von $\omega_+(x) \subset \mathcal{E}$ ein $t_1 \geq 0$ mit $\overline{x([t_1, \infty))} \subset U$, also können wir o.B.d.A. $t_1 = 0$ annehmen. Sei $a \in \omega_+(x)$ beliebig fixiert. V ist auf $\omega_+(x)$ konstant, also $V(y) = V(a)$ auf $\omega_+(x)$, und $V(x(t)) > V(a)$ für alle $t \geq 0$, da V eine strikte Ljapunov-Funktion ist. Sei $\theta \in (0, 1]$ fixiert und setze $\Psi(t) = (V(x(t)) - V(a))^\theta$; man beachte, dass Ψ wohldefiniert ist. Dann erhalten wir mit (W)

$$-\frac{d}{dt}\Psi(t) = -\theta(V(x(t)) - V(a))^{\theta-1}\frac{d}{dt}V(x(t)) = -\theta\frac{(\nabla V(x(t))|f(x(t)))}{(V(x(t)) - V(a))^{1-\theta}}$$

$$\geq \theta c(K)|f(x(t))|_2 \frac{|\nabla V(x(t))|_2}{(V(x(t)) - V(a))^{1-\theta}}$$

$$\geq \theta c(K)|\dot{x}(t)|_2 m,$$

sofern wir wüssten, dass

$$\frac{|\nabla V(x(t))|_2}{(V(x(t)) - V(a))^{1-\theta}} \geq m > 0$$

gilt. Nehmen wir an dem sei so. Dann ergibt Integration über $\mathbb{R}_+$

$$\theta c(K)m \int_0^N |\dot{x}(t)|_2 dt \leq -\int_0^N \dot{\Psi}(s)ds = \Psi(0) - \Psi(N) \to \Psi(0) < \infty,$$

also ist $|\dot{x}(\cdot)|_2 \in L_1(\mathbb{R}_+)$. Das impliziert nun für $t > \bar{t} \geq 0$

$$|x(t) - x(\bar{t})|_2 \leq \int_{\bar{t}}^t |\dot{x}(s)|_2 ds \to 0, \quad \text{für } t, \bar{t} \to \infty,$$

also existiert der Grenzwert $\lim_{t\to\infty} x(t) =: x_\infty$ und $x_\infty \in \mathcal{E}$.

Diese Argumentationskette ist die *Methode von Lojasiewicz*. Sie beruht in zentraler Weise auf der

Lojasiewicz-Ungleichung. *Sei* $V : G \to \mathbb{R}$ *aus* C^1. *Wir sagen, dass für* V *die* Lojasiewicz-Ungleichung *gilt, wenn es zu jedem kritischen Punkt* $a \in G$ *von* V *Konstanten* $\theta_a \in (0, 1/2]$, $m_a > 0$ *und* $\delta_a > 0$ *gibt, derart, dass*

$$m_a|V(x) - V(a)|^{1-\theta_a} \leq |\nabla V(x)|_2, \quad \text{für alle } x \in B_{\delta_a}(a) \subset G,$$

erfüllt ist.

Lojasiewicz selbst hat gezeigt, dass diese Ungleichung gilt, wenn V in G reell analytisch ist. In regulären Punkten von V ist sie trivialerweise erfüllt.

Um den Beweis mit Hilfe der Lojasiewicz-Ungleichung abzuschließen, überdecken wir die kompakte Menge $\omega_+(x) \subset \mathcal{E}$, durch endlich viele Kugeln $B_{\delta_i}(a_i)$ mit $a_i \in \omega_+(x)$, sodass die Lojasiewicz-Ungleichung in diesen Kugeln mit Konstanten $m_i > 0$ und $\theta_i \in (0, 1/2]$ gilt. Setzt man dann $U_0 = \bigcup_i B_{\delta_i}(a_i)$, $\theta = \min \theta_i$, und $m = \min m_i$, so gilt die Lojasiewicz-Ungleichung auf U_0 und beliebigem $a \in \omega_+(x)$, denn V ist auf $\omega_+(x)$ konstant. Die Lösung $x(t)$ bleibt nach endlicher Zeit in $U \cap U_0$, also o.B.d.A. für alle $t \geq 0$, und damit ist der obige Beweis vollständig. Wir fassen zusammen:

Satz 8.8.1. *Sei $G \subset \mathbb{R}^n$ offen, $f : G \to \mathbb{R}^n$ stetig, $V \in C^1(G; \mathbb{R})$ eine strikte Ljapunov-Funktion für $\dot{x} = f(x)$, und sei $\mathcal{E} = f^{-1}(0) \subset G$ die Equilibriumsmenge. Es gelte die Bedingung (W) und V erfülle die Lojasiewicz-Ungleichung in einer Umgebung $U \subset G$ von $\mathcal{E}$. Dann konvergiert jede globale beschränkte Lösung $x(t)$ mit $\overline{x(\mathbb{R}_+)} \subset G$ gegen ein Equilibrium.*

Die Lojasiewicz-Technik lässt sich auch verwenden, um die Stabilitätsaussage in Satz 5.5.4, der für isolierte Equilibria gedacht ist, auf den allgemeinen Fall zu erweitern. Das Resultat lautet wie folgt.

Satz 8.8.2. *Sei $G \subset \mathbb{R}^n$ offen, $f : G \to \mathbb{R}^n$ stetig, $V \in C^1(G; \mathbb{R})$ eine strikte Ljapunov-Funktion für $\dot{x} = f(x)$, die die Winkelbedingung (W) und die Lojasiewicz-Ungleichung in einer Umgebung $U \subset G$ von $\mathcal{E} = f^{-1}(0)$ erfüllt. Sei $x_* \in \mathcal{E}$ ein Equilibrium, das lokales Minimum von V ist.*

Dann ist $x_* \in \mathcal{E}$ für die Gleichung $\dot{x} = f(x)$ stabil, und sogar asymptotisch stabil, wenn x_* in $\mathcal{E}$ isoliert ist.

Beweis. Wähle ein $r > 0$ so, dass $V(x) \geq V(x_*) =: \alpha$ für $x \in \bar{B}_r(x_*) \subset U$ gilt. Ist nun $V(x_0) = \alpha$, dann ist $V(x(t)) = \alpha$ für jede Lösung mit Anfangswert $x_0 \in \bar{B}_\delta(x_*)$, $\delta \in (0, r)$, also $x(t) \equiv x_0 \in \mathcal{E}$, da V nach Voraussetzung eine strikte Ljapunov-Funktion ist. Sei $\varepsilon \in (0, r)$ gegeben, $x_0 \in \bar{B}_\delta(x_*)$, $\delta \in (0, \varepsilon)$, mit $V(x_0) > \alpha$, und $x(t)$ eine nichtfortsetzbare Lösung von $\dot{x} = f(x)$ mit Anfangswert x_0 und Existenzintervall $[0, t_+)$. Definiere

$$t_1 := \sup\{t \in (0, t_+) : |x(s) - x_*|_2 \leq \varepsilon, \ s \in [0, t]\}.$$

Sei zunächst $V(x(t)) > \alpha$ für alle $t \in [0, t_1)$. Dann ist $\varphi(t) = (V(x(t)) - \alpha)^\theta$ in $[0, t_1)$ wohldefiniert, stetig differenzierbar und wie zuvor liefert die Lojasiewicz-Technik eine Konstante $C > 0$ mit

$$|x(t) - x_*|_2 \leq |x_0 - x_*|_2 + \int_0^t |\dot{x}(s)|_2 ds \leq |x_0 - x_*|_2 - C \int_0^t \dot{\varphi}(s) ds$$

$$= |x_0 - x_*|_2 + C(\varphi(0) - \varphi(t)) \leq |x_0 - x_*|_2 + C(V(x_0) - V(x_*))^\theta,$$

für alle $t \in [0, t_1)$. Wähle $\delta \in (0, \varepsilon/4)$, so dass $x_0 \in \bar{B}_\delta(x_*)$ die Bedingung $(V(x_0) - V(x_*))^\theta \leq \varepsilon/4C$ erfüllt. Dann folgt aus obiger Abschätzung die Ungleichung

$$|x(t) - x_*|_2 \leq \delta + \varepsilon/4 \leq \varepsilon/2 < \varepsilon, \quad t \in [0, t_1),$$

also gilt $t_1 = t_+$. Nach dem Fortsetzungssatz ist dann $t_+ = \infty$ und außerdem gilt $x(t) \in \bar{B}_\varepsilon(x_*)$ für alle $t \geq 0$.

Sollte es andererseits ein erstes $t_0 < t_1$ geben, mit $\varphi(t_0) = 0$, dann ist $V(x(t)) = \alpha$ für alle $t \geq t_0$, also $x(t) \equiv x(t_0)$ ein Equilibrium. Also bleibt die Lösung auch in diesem Fall in der Kugel $\bar{B}_\varepsilon(x_*)$. Daher ist $x_* \in \mathcal{E}$ für die Gleichung $\dot{x} = f(x)$ stabil. Die verbleibende Behauptung folgt aus Satz 8.6.2. $\quad\square$

Beispiel 3. Als Anwendung betrachten wir ein Teilchen im Potentialfeld mit Dämpfung. Sei $\phi : \mathbb{R}^n \to \mathbb{R}$ aus C^2 und $g : \mathbb{R}^n \to \mathbb{R}^n$ sei aus C^1, mit $g(0) = 0$. Das Problem

$$\ddot{u} + g(\dot{u}) + \nabla\phi(u) = 0, \tag{8.26}$$

$$u(0) = u_0, \quad \dot{u}(0) = u_1,$$

ist mit $x = [x_1, x_2]^\mathsf{T} = [u, \dot{u}]^\mathsf{T}$ äquivalent zum System $\dot{x} = f(x)$, wobei

$$f(x) = [\dot{u}, -g(\dot{u}) - \nabla\phi(u)]^\mathsf{T} = [x_2, -g(x_2) - \nabla\phi(x_1)]^\mathsf{T}$$

ist. Die Equilibriumsmenge $\mathcal{E}$ dieses Systems besteht aus Paaren der Form $(x_1, 0)$, wobei x_1 kritischer Punkt von ϕ ist, also $\nabla\phi(x_1) = 0$. Als Ljapunov-Funktion betrachten wir zunächst die Energie

$$V_0(x) = \frac{1}{2}|x_2|_2^2 + \phi(x_1).$$

Diese ist eine strikte Ljapunov-Funktion falls $(g(y)|y) > 0$ für alle $y \in \mathbb{R}^n$, $y \neq 0$ ist. Man beachte, dass jede Lösung von (8.26) nach rechts beschränkt ist, sofern ϕ koerziv ist, also $\phi(u) \to \infty$ für $|u|_2 \to \infty$ gilt, und nur $(g(y)|y) \geq 0$ für alle $y \in \mathbb{R}^n$ ist. Die Funktion V_0 bringt die Lösungen in die Nähe der Equilibriumsmenge. Sie ist allerdings nicht gut genug, um die Lojasiewicz-Technik anwenden zu können. Daher betrachten wir nun die modifizierte Energie

$$V(x) = \frac{1}{2}|x_2|_2^2 + \phi(x_1 + \varepsilon x_2);$$

wobei $\varepsilon \in (0, 1]$ später gewählt wird. Wir können uns auf eine kompakte Umgebung $K \times \bar{B}_\rho(0) \subset \mathbb{R}^n \times \mathbb{R}^n$ von $\mathcal{E} \cap B_R(0) \subset \mathbb{R}^{2n}$ einschränken, da jede Lösung nach rechts beschränkt ist und gegen $\mathcal{E}$ konvergiert. Man beachte, dass g auf $\bar{B}_\rho(0)$ global Lipschitz mit einer Konstante $L > 0$ ist. Für $x = (x_1, x_2) \in K \times \bar{B}_\rho(0)$ erhalten wir daraus

$$|f(x)|_2 \leq |x_2|_2 + |g(x_2)|_2 + |\nabla\phi(x_1)|_2 \leq C(|x_2|_2 + |\nabla\phi(x_1)|_2),$$

wobei wir zusätzlich verwendet haben, dass $g(0) = 0$ ist. Als nächstes ist

$$\nabla V(x) = \begin{bmatrix} \nabla\phi(x_1 + \varepsilon x_2) \\ x_2 + \varepsilon\nabla\phi(x_1 + \varepsilon x_2) \end{bmatrix}$$

also

$$|\nabla V(x)|_2 \leq C(|\nabla\phi(x_1)|_2 + |x_2|_2),$$

für $(x_1, x_2) \in K \times \bar{B}_\rho(0)$, denn $\nabla\phi$ ist Lipschitz mit Konstante $M > 0$ auf

$$K + \bar{B}_\rho(0) = \{y = y_1 + y_2 \in \mathbb{R}^n : y_1 \in K, \ y_2 \in \bar{B}_\rho(0)\}.$$

In den obigen Abschätzungen ist $C > 0$ eine generische Konstante, welche stetig von ε, L und M abhängt. Schließlich ist

$$\begin{aligned}
-(\nabla V(x)|f(x)) &= (g(x_2) + \nabla\phi(x_1)) \cdot (x_2 + \varepsilon\nabla\phi(x_1 + \varepsilon x_2)) - x_2 \cdot \nabla\phi(x_1 + \varepsilon x_2) \\
&= g(x_2) \cdot x_2 + \varepsilon|\nabla\phi(x_1)|_2^2 + \varepsilon g(x_2) \cdot \nabla\phi(x_1) \\
&\quad + (\nabla\phi(x_1) - \nabla\phi(x_1 + \varepsilon x_2)) \cdot (x_2 - \varepsilon\nabla\phi(x_1) - \varepsilon g(x_2)) \\
&\geq \gamma|x_2|_2^2 + \varepsilon|\nabla\phi(x_1)|_2^2 - \varepsilon L|x_2|_2|\nabla\phi(x_1)|_2 \\
&\quad - \varepsilon M|x_2|_2((1 + \varepsilon L)|x_2|_2 + \varepsilon|\nabla\phi(x_1)|_2),
\end{aligned}$$

falls $(g(y)|y) \geq \gamma|y|_2^2$ für $y \in \bar{B}_\rho(0)$ mit einem $\gamma > 0$. Die Youngsche Ungleichung ergibt daher

$$-(\nabla V(x)|f(x)) \geq c(|x_2|_2^2 + |\nabla\phi(x_1)|_2^2) \geq c|f(x)|_2|\nabla V(x)|_2,$$

für alle $x = (x_1, x_2) \in K \times B_\rho(0)$, sofern $\varepsilon \in (0, 1]$ hinreichend klein gewählt wird. Daher ist auch die Winkelbedingung (W) erfüllt.

Man beachte, dass die Menge $\mathcal{E}$ der Equilibria genau aus den kritischen Punkten von V besteht. Um die Lojasiewicz-Ungleichung für V zu zeigen, nehmen wir an, sie sei für ϕ erfüllt. Sei $a = (a_1, 0) \in \mathcal{E}$, also insbesondere $\nabla V(a) = 0$ und sei $x = (x_1, x_2) \in B_\delta(a_1, 0) \subset \mathbb{R}^{2n}$, mit $\delta > 0$ so klein, dass $|x_2|_2 \leq 1$ und $|\nabla\phi(x_1)|_2 \leq 1$ ist. Dann gilt für hinreichend kleines $\varepsilon > 0$

$$(V(x) - V(a))^{1-\theta} \leq C[|x_2|_2^{2(1-\theta)} + |\phi(x_1 + \varepsilon x_2) - \phi(a_1)|^{1-\theta}]$$

$$\leq C[|x_2|_2 + |\nabla\phi(x_1 + \varepsilon x_2)|_2] \leq C|\nabla V(x)|_2,$$

da $2(1 - \theta) \geq 1$ ist. Damit liefert Satz 8.8.1 das folgende Korollar.

Korollar 8.8.3. *Sei $\phi \in C^2(\mathbb{R}^n; \mathbb{R})$ koerziv und derart, dass ϕ die Lojasiewicz Ungleichung erfüllt, $g \in C^1(\mathbb{R}^n; \mathbb{R}^n)$, genüge den Bedingungen $g(0) = 0$,*

$$(g(y)|y) > 0, \ y \neq 0, \quad (g(y)|y) \geq \gamma|y|_2^2, \ y \in \bar{B}_\rho(0),$$

mit $\gamma, \rho > 0$. Dann konvergiert jede Lösung von (8.26) *gegen einen kritischen Punkt von ϕ.*

Ein Equilibrium $x_* = (u_*, 0) \in \mathcal{E}$ ist stabil, wenn u_* ein lokales Minimum von ϕ ist, und asymptotisch stabil, wenn x_* zusätzlich in $\mathcal{E}$ isoliert ist.

Ist $x_* = (u_*, 0) \in \mathcal{E}$, u_* kein lokales Minimum von ϕ und existiert ein $r_0 > 0$ mit

$$\phi(u) \geq \phi(u_*), \ \text{für alle} \ (u, 0) \in \mathcal{E} \cap B_{r_0}(u_*, 0),$$

so ist x_* instabil.

Beweis. Wir beweisen noch die Stabilitätsaussagen. Ist u_* ein lokales Minimum von ϕ, dann ist $x_* = (u_*, 0)$ ein lokales Minimum von V, also impliziert Satz 8.8.2 die Stabilität von x_*. Ist andererseits u_* kein lokales Minimum von ϕ, so ist $(u_*, 0)$ auch kein lokales Minimum von V. Wegen $V(\mathcal{E} \cap B_{r_0}(x_*)) \subset [V(x_*), \infty)$ für ein $r_0 > 0$, liefert Satz 8.6.3 die Instabilität von x_*. $\qquad\square$

Beispiel 4. Es sei $g(y) = y$, und $\phi(u) = \frac{1}{2k}(|u|_2^2 - 1)^k$ mit $k \geq 2$. Die Menge der kritischen Punkte von ϕ ist gegeben durch $\{0\} \cup \partial B_1(0)$. Da ϕ als Polynom reell analytisch ist, gilt die Lojasiewicz-Ungleichung für ϕ. Es gilt $(g(y)|y) = |y|_2^2$ und offenbar ist ϕ koerziv. Also konvergiert nach Korollar 8.8.3 jede Lösung $u(t)$ gegen einen kritischen Punkt von ϕ.

Sei $k \geq 2$ gerade. Dann ist jedes $u_* \in \partial B_1(0)$ ein lokales Minimum von ϕ, also ist jedes Equilibrium $(u_*, 0)$, $u_* \in \partial B_1(0)$ nach Satz 8.8.2 stabil. Der kritische Punkt $u_* = 0$ ist ein lokales Maximum von ϕ und das Equilibrium $(0, 0)$ ist isoliert in der Menge der Equilibria. Satz 8.6.3 liefert daher die Instabilität von $(0, 0)$.

Ist hingegen $k \geq 2$ ungerade, so ist $u_* \in \partial B_1(0)$ kein lokales Minimum von ϕ, also ist jedes Equilibrium $(u_*, 0)$, $u_* \in \partial B_1(0)$ instabil nach Satz 8.6.3, denn ϕ ist konstant auf $\partial B_1(0)$. Andererseits ist $u_* = 0$ für ungerades k ein lokales Minimum von ϕ, also ist das Equilibrium $(0, 0)$ in diesem Fall stabil nach Satz 8.8.2.

Beispiel 5. Mittels der Lojasiewicz-Technik lassen sich die Aussagen über *Mathematische Genetik* in Abschn. 8.5 verschärfen. Dort hatten wir gesehen, dass $V(p) = -W(p)$ eine strikte Ljapunov-Funktion ist. Auf der invarianten Menge $\mathbb{D}$ erfüllt V auch die Lojasiewicz-Ungleichung

$$|V(p) - V(a)|^{1-\theta} \leq c|P_0 \nabla V(p)|_2, \quad p \in B_r(a) \cap \mathbb{D},$$

da V ein Polynom ist, also reell analytisch. Dabei ist $P_0 = I - \frac{1}{n}\mathbf{e} \otimes \mathbf{e}$ die orthogonale Projektion auf $\mathbb{D}$. Wir zeigen nun die Winkelbedingung (W) auf jeder kompakten Teilmenge K von $\mathbb{D}^0$, dem relativen Inneren von $\mathbb{D}$, also $\mathbb{D}^\circ := \{p \in \mathbb{D} : p_k > 0, \ k = 1, \dots, n\}$. Dazu setzen wir $u = Mp - W(p)\mathbf{e}$, um die Relationen

$$-P_0 \nabla V(p) = 2P_0 Mp = 2P_0(Mp - W(p)\mathbf{e}) = 2P_0 u,$$

$$f(p) = P(Mp - W(p)\mathbf{e}) = Pu,$$

und

$$-(P_0 \nabla V(p)|f(p)) = 2(P_0 u|Pu) = 2(u|Pu)$$

zu erhalten, denn es ist $(\mathbf{e}|Pu) = (p|u) = (p|Mp - W(p)\mathbf{e}) = 0$. Daraus folgt

$$-(P_0 \nabla V(p)|f(p)) = 2(u|Pu) = 2\sum_{k=1}^{n} p_k u_k^2 \geq 2\min\{p_k\}|u|_2^2$$

$$\geq 2m|u|_2^2 \geq 2mc|P_0 u|_2|Pu|_2 = mc|f|_2|P_0 \nabla V(p)|_2,$$

sofern $\min p_k \geq m > 0$ ist. Nun liefert Satz 8.8.2, dass ein *Polymorphismus*, also ein Equilibrium $p_* \in \mathbb{D}^\circ$ stabil ist, wenn $W(p)$ in p_* ein lokales Maximum in $\mathbb{D}$ besitzt, und asymptotisch stabil ist, wenn $p_* \in \mathbb{D}^\circ$ zusätzlich in $\mathcal{E}$ isoliert ist.

Ist das Equilibrium $p_* \in \mathbb{D}^\circ$ kein lokales Maximum von W und existiert ein $r_0 > 0$, so dass $B_{r_0}(p_*) \subset \mathbb{D}^\circ$ und $W(p) \leq W(p_*)$ für alle Equilibria $p \in \mathcal{E} \cap B_{r_0}(p_*)$, so ist $p_* \in \mathbb{D}^\circ$ nach Satz 8.6.3 instabil.

Weiter zeigt Satz 8.8.1, dass eine Lösung $p(t)$ mit $\min_k p_k(t) \geq m > 0$ für alle $t \geq 0$ gegen einen Polymorphismus konvergiert.

8.9   Ljapunov-Funktionen und Konvergenzraten

In den vorherigen Abschnitten haben wir gesehen, wie man Ljapunov Funktionen verwenden kann, um Konvergenz von Lösungen für $t \to \infty$ zu zeigen. Es stellt sich nun die Frage, inwieweit diese Konvergenzaussagen auch quantitativer Natur sind, also ob man etwas über Konvergenzraten aussagen kann. Bevor wir diese Diskussion beginnen, hat man das folgende Beispiel zur Kenntnis zu nehmen, welches zeigt, dass die Konvergenz einer Lösung gegen ein Equilibrium beliebig schlecht sein kann.

Beispiel 1. Im Falle $n = 1$ betrachten wir die DGL $\dot{x} = f(x)$ mit

$$f(x) = \begin{cases} -e^{-1/x^2}/2x^3 & , \; x \neq 0, \\ 0 & , \; x = 0. \end{cases}$$

Es ist wohlbekannt, dass $f \in C^\infty(\mathbb{R})$ gilt. Ferner ist die triviale Lösung $x_* = 0$ asymptotisch stabil, denn $f(x) > 0$ für $x < 0$ und $f(x) < 0$ für $x > 0$. Natürlich ist $V(x) = x^2/2$ eine strikte Ljapunov Funktion, mit $V'(0) = 0$ und $V''(0) = 1$. Die Lösung der Differentialgleichung mit Anfangswert $x(0) = x_0 = (\log c)^{-1/2}, c > 1$, ist durch die Funktion $x(t) = (\log(c + t))^{-1/2}$ für $t \geq 0$ gegeben, die zwar für $t \to \infty$ gegen $x_* = 0$ konvergiert, aber schwächer als jede Potenzfunktion $t \mapsto t^{-\alpha}, \alpha > 0$.

Wir bereiten diesen Abschnitt mit einem Lemma vor, welches für sich genommen schon interessant ist.

Lemma 8.9.1. *Sei $\varphi : \mathbb{R}_+ \to \mathbb{R}_+$ stetig, $\varphi(0) = 1$ und gelte*

(H1) $\varphi(t) \leq c\varphi(s), t \geq s \geq 0$,
(H2) $\int_t^\infty \varphi^{1+\alpha}(s)ds \leq T\varphi(t), t \geq 0$,
   mit Konstanten $c, T > 0$ und $\alpha \geq 0$. Dann gilt

$$\varphi(t) \leq \begin{cases} (ec)e^{-t/T}, & t \geq T, \; \alpha = 0, \\ c(1+\alpha)^{1/\alpha}(1+\alpha t/T)^{-1/\alpha}, & t \geq T, \; \alpha > 0. \end{cases}$$

Die Konvergenzraten sind optimal.

Beweis.

(i) Sei zunächst $\alpha = 0$ und setze $\psi(t) = \int_t^\infty \varphi(s)ds$. Dann folgt aus **(H2)**

$$\dot{\psi}(t) = -\varphi(t) \leq -\psi(t)/T,$$

also $\psi(t) \leq e^{-t/T}\psi(0) \leq Te^{-t/T}$ für alle $t \geq 0$. Für $t \geq T$ ergibt nun **(H1)**

$$T\varphi(t) \leq c \int_{t-T}^t \varphi(s)ds \leq c\psi(t - T) \leq cTe^{-(t-T)/T} = ecTe^{-t/T}, \quad t \geq T.$$

(ii) Im Fall $\alpha > 0$ setze $\psi(t) = \int_t^\infty \varphi^{1+\alpha}(s)ds$. Hier folgt aus **(H2)**

$$-\dot{\psi}(t) = \varphi^{1+\alpha}(t) \geq \psi^{1+\alpha}(t)/T^{1+\alpha},$$

also

$$\frac{d}{dt}\psi^{-\alpha}(t) = -\alpha\psi^{-(1+\alpha)}(t)\dot{\psi}(t) \geq \alpha/T^{1+\alpha},$$

und nach Integration

$$\psi^{-\alpha}(t) > \psi^{-\alpha}(0) + \alpha t/T^{1+\alpha} \geq T^{-\alpha}(1 + \alpha t/T),$$

da $\psi(0) \leq T\varphi(0) = T$ nach (H2). Daraus folgt

$$\psi(t) = \int_t^\infty \varphi^{1+\alpha}(s)ds \leq T(1+\alpha t/T)^{-1/\alpha}, \quad t \geq 0.$$

(iii) Im Fall $\alpha > 0$ ergibt die Bedingung (H1) für $t \geq rT$ ($r > 0$ wird später gewählt)

$$rT\varphi^{1+\alpha}(t) \leq c^{1+\alpha}\int_{t-rT}^t \varphi^{1+\alpha}(s)ds \leq$$

$$\leq c^{1+\alpha}\psi(t-rT) \leq c^{1+\alpha}T(1-\alpha r + \alpha t/T)^{-1/\alpha},$$

wobei die letzte Abschätzung aus (ii) folgt. Setze nun $r = (1+\alpha t/T)/(1+\alpha)$. Dann gilt

$$\varphi^{1+\alpha}(t) \leq (c^{1+\alpha}/r)(1-\alpha/(1+\alpha) + (\alpha t/T)(1-\alpha/(1+\alpha)))^{-1/\alpha}$$

$$= c^{1+\alpha}(1+\alpha)^{\frac{1+\alpha}{\alpha}}(1+\alpha t/T)^{-\frac{1+\alpha}{\alpha}},$$

also folglich

$$\varphi(t) \leq c(1+\alpha)^{1/\alpha}(1+\alpha t/T)^{-1/\alpha}, \quad t \geq T,$$

d. h. die Behauptung im Fall $\alpha > 0$.
Die Optimalität der Raten belegen die Beispiele $\varphi(t) = e^{-t/T}$ für $\alpha = 0$ und $\varphi(t) = (1+t)^{-1/\alpha}$ im Fall $\alpha > 0$.

$\square$

Man beachte, dass Bedingung (H1) in diesem Lemma insbesondere dann erfüllt ist, wenn $\varphi(t)$ fallend ist. Die Normierung $\varphi(0) = 1$ kann leicht durch eine Skalierung erreicht werden, welche nicht die Konvergenzraten verändert.

Wir betrachten nun die autonome Gleichung

$$\dot{x} = f(x), \tag{8.27}$$

wobei $f : G \to \mathbb{R}^n$ lokal Lipschitz ist, $G \subset \mathbb{R}^n$ offen. Sei $a \in \mathcal{E} := f^{-1}(0)$ ein Equilibrium, und sei $x(t)$ eine Lösung von (8.27) die für $t \to \infty$ gegen a konvergiert. Sei weiter $V \in C^1(G; \mathbb{R})$ eine Ljapunov-Funktion für (8.27). Dann haben wir für $\varphi(t) = V(x(t))$ die Relation

$$\dot{\varphi}(t) = (\nabla V(x(t))|f(x(t))) \le 0, \quad t \ge 0.$$

Um etwas über die Konvergenzrate von $x(t) \to a$ für $t \to \infty$ aussagen zu können, gelte

$$- (\nabla V(x)|f(x)) \ge c_a |x - a|_2^{2+\alpha}, \quad x \in \overline{B_r(a)} \subset G, \tag{8.28}$$

mit Konstanten $c_a, r > 0$ und einem $\alpha \ge 0$. Durch Verschiebung von V kann man $V(a) = 0$ annehmen, sowie $x(t) \in B_r(a)$ für alle $t \ge 0$, also ist $\varphi(t) \ge 0$ für alle $t \ge 0$. Integration von t bis ∞ ergibt die Ungleichung

$$c_a \int_t^\infty |x(s) - a|_2^{2+\alpha} ds \le \varphi(t), \quad t \ge 0.$$

Ist weiter $V \in C^2(G; \mathbb{R})$ und $\nabla V(a) = 0$, so folgt mittels Taylor Entwicklung

$$|V(x)| = |V(x) - V(a) - (\nabla V(a)|x - a)| \le M|x - a|_2^2, \quad x \in B_r(a),$$

mit $M = \max\{\|\nabla^2 V(y)\| : y \in \overline{B_r(a)}\}$. Wir erhalten so die Ungleichung

$$(c_a/M^{1+\alpha/2}) \int_t^\infty \varphi^{1+\alpha/2}(s) ds \le \varphi(t), \quad t \ge 0.$$

Lemma 8.9.1 ergibt dann $\varphi(t) \to 0$ für $t \to \infty$ exponentiell im Fall $\alpha = 0$ bzw. polynomiell mit Rate $2/\alpha$ für $\alpha > 0$. Um etwas über die Konvergenzrate von $x(t)$ gegen a für $t \to \infty$ sagen zu können, beachte man, dass

$$\frac{d}{dt}|x(t) - a|_2^2 = 2(x(t) - a|f(x(t))) = 2(x(t) - a|f(x(t)) - f(a)) \ge -2L|x(t) - a|_2^2,$$

wobei L die Lipschitz-Konstante von f im Kompaktum $\overline{B_r(a)} \subset G$ bezeichnet. Dies impliziert

$$|x(s) - a|_2^2 \ge e^{-2L(s-t)}|x(t) - a|_2^2, \quad s \ge t \ge 0,$$

also

$$\varphi(t) \geq c_a \int_t^\infty |x(s) - a|_2^{2+\alpha} ds \geq \left(c_a \int_t^\infty e^{-(2+\alpha)L(s-t)} ds \right) |x(t) - a|_2^{2+\alpha}$$

$$= \frac{c_a}{(2+\alpha)L} |x(t) - a|_2^{2+\alpha},$$

für alle $t \geq 0$. Daher gilt $x(t) \to a$ für $t \to \infty$ exponentiell falls $\alpha = 0$ und polynomiell mit Rate $2/[(2+\alpha)\alpha]$ falls $\alpha > 0$ ist. Wir fassen zusammen.

Satz 8.9.2. *Sei $G \subset \mathbb{R}^n$ offen, $f : G \to \mathbb{R}^n$ lokal Lipschitz, und $V \in C^2(G; \mathbb{R})$ eine Ljapunov-Funktion für (8.27). Sei $a \in \mathcal{E} = f^{-1}(0)$ ein Equilibrium mit $V(a) = 0$, $\nabla V(a) = 0$ und sei $x(t)$ eine nach rechts globale Lösung von (8.27) in G mit $x(t) \to a$ für $t \to \infty$, und es gelte (8.28).*

Dann konvergiert $x(t)$ gegen a im Fall $\alpha = 0$ exponentiell, und im Fall $\alpha > 0$ polynomial mit Rate $2/[(2+\alpha)\alpha]$.

Man beachte, dass die Bedingung $\nabla V(a) = 0$ gilt, falls f in a differenzierbar und $f'(a)$ invertierbar ist. Dies ist für alle Ljapunov-Funktionen im Equilibrium a richtig, denn die Bedingung $(\nabla V(x)|f(x)) \leq 0$ in G impliziert $(\nabla V(a)|f'(a)v) = 0$ für alle $v \in \mathbb{R}^n$, also folgt $\nabla V(a) = 0$. Des Weiteren sei bemerkt, dass dann $V \in C^2(G; \mathbb{R})$ die Ungleichung

$$0 \leq -(\nabla V(x)|f(x)) = -(\nabla V(x) - \nabla V(a)|f(x) - f(a))$$

$$\leq |\nabla V(x) - \nabla V(a)|_2 |f(x) - f(a)|_2 \leq C_a |x - a|_2^2, \quad x \in \overline{B_r(a)} \subset G,$$

nach sich zieht, wobei die Konstante $C_a > 0$ das Produkt der Lipschitz-Konstanten von ∇V und f in $\overline{B_r(a)}$ ist. Dies erklärt die Form des Exponenten $2 + \alpha$ in (8.28).

Beispiel 2. Betrachte das Volterra-Lotka Modell mit Sättigung aus Abschn. 5.5. Wie dort gezeigt wurde, ist die Funktion

$$V_0(x, y) = e(x - x_* \log(x/x_*)) + c(y - y_* \log(y/y_*)), \quad x, y > 0,$$

eine strikte Ljapunov-Funktion in $G = (0, \infty)^2$, mit der *Dissipationsrate*

$$(\nabla V_0(x, y)|f(x, y)) = -eb(x - x_*)^2, \quad x, y > 0.$$

Diese Rate ist leider nicht stark genung, um Satz 8.9.2 anwenden zu können. Aber eine kleine Modifikation leistet das Gewünschte in einer Kugel um das nichttriviale Equilibrium, nämlich

$$V_\varepsilon(x, y) = V_0(x, y) + \varepsilon(x - x_*)(y - y_*), \quad |x - x_*|_2, |y - y_*|_2 < r.$$

Wählt man $\varepsilon > 0$ und $r > 0$ klein genug, dann ist (8.28) mit $\alpha = 0$ erfüllt, also konvergieren die Lösungen exponentiell gegen das Koexistenzequilibrium (x_*, y_*) für $t \to \infty$.

An Satz 8.9.2 ist bemerkenswert, dass keinerlei Informationen über die Linearisierung $f'(a)$ benötigt werden, diese muss nicht einmal existieren. Ist andererseits $f \in C^1$ und $\sigma(f'(a)) \subset \mathbb{C}_-$, dann zeigt das Prinzip der linearisierten Stabilität exponentielle Konvergenz. Diese Aussage werden wir in Kap. 10 auf sogenannte *normal stabile* bzw. *normal hyperbolische* Equilibria ausdehnen.

Die Bedingung (8.28) impliziert insbesondere, dass das Equilibrium a in $\mathcal{E} = f^{-1}(0)$ isoliert ist. Falls das nicht der Fall sein sollte, so bietet sich die Lojasiewicz-Technik aus Abschn. 8.8 als Ausweg an: Es sei also nun $V \in C^1(G; \mathbb{R})$ eine Ljapunov-Funktion für (8.27), welche die Lojasiewicz-Ungleichung und die Winkelbedingung (W) aus Abschn. 8.8 erfüllt, und es sei wie bisher $a \in \mathcal{E}$ mit $V(a) = 0$, und $x(t) \to a$ eine Lösung von (8.27). Durch Zeitverschiebung kann $x(t) \in B_r(a)$ für alle $t \geq 0$ angenommen werden, also gilt insbesondere $\varphi(t) \geq 0$ für alle $t \geq 0$. Dann folgt nach der Herleitung in Abschn. 8.8

$$|x(t) - a|_2 \leq \int_t^\infty |\dot{x}(s)|_2 ds \leq \varphi^\theta(t), \quad t \geq t_0.$$

In diesem Fall genügt es daher, die Konvergenzrate von $\varphi(t) \to 0$ für $t \to \infty$ zu betrachten. Dazu nehmen wir an, dass

$$|f(x)|_2 \geq c_a |\nabla V(x)|_2^{1+\gamma}, \quad x \in B_r(a), \tag{8.29}$$

mit Konstanten $c_a, r > 0$ und $\gamma \geq 0$ gilt. Diese Bedingung ist für einen Gradientenfluss $f(x) = -\nabla V(x)$ trivialerweise mit $\gamma = 0$ erfüllt. Bedingung (8.29) ergibt mit $c_r = c(\bar{B}_r(a))$ aus der Winkelbedingung (W) und den Konstanten $m > 0, \theta \in (0, 1/2]$ aus der Lojasiewicz-Ungleichung die Abschätzung

$$\dot{\varphi}(t) = (\nabla V(x(t)) | f(x(t)) \leq -c_r |\nabla V(x(t))|_2 |f(x(t))|_2$$
$$\leq -c_r c_a |\nabla V(x(t))|_2^{2+\gamma} \leq -c_r c_a m V(x(t))^{(1-\theta)(2+\gamma)},$$

also nach Integration von t bis ∞

$$c_1 \int_t^\infty \varphi^{1+\alpha}(s) ds \leq \varphi(t), \quad t \geq 0,$$

wobei $c_1 = c_r c_a m$ und $\alpha = (1 - \theta)(2 + \gamma) - 1 \geq \gamma/2$. Lemma 8.9.1 impliziert nun $\varphi(t) \to 0$ exponentiell für $\alpha = 0$, d. h. für $\theta = 1/2, \gamma = 0$, und ansonsten polynomial mit Rate $1/\alpha$. Dies ergibt das zweite Resultat über Konvergenzraten.

Satz 8.9.3. *Sei $G \subset \mathbb{R}^n$ offen, $f : G \to \mathbb{R}^n$ lokal Lipschitz, und $V \in C^1(G; \mathbb{R})$ eine Ljapunov-Funktion für (8.27), welche die Lojasiewicz-Ungleichung mit Konstante $\theta \in (0, 1/2]$ und die Winkelbedingung (W) erfüllt. Sei $a \in \mathcal{E} = f^{-1}(0)$ ein Equilibrium, $V(a) = 0$, $x(t)$ eine Lösung von (8.27) in G mit $x(t) \to a$ für $t \to \infty$, und gelte (8.29).*

Dann konvergiert $x(t)$ gegen a exponentiell, falls $\gamma = 0$, $\theta = 1/2$ sind, und andernfalls polynomial mit Rate $1/[(1 - \theta)\gamma + 1 - 2\theta]$.

Beispiel 3. Betrachte nochmals das Teilchen im Potentialfeld mit Dämpfung wie im Abschn. 8.8. Es gilt in der Nähe eines Equilibriums $a = (u, 0)$ (u ist kritischer Punkt von ϕ)

$$|\nabla V(x)|_2^2 = |x_2 + \varepsilon \nabla \phi(x_1 + \varepsilon x_2)|_2^2 + |\nabla \phi(x_1 + \varepsilon x_2)|_2^2$$

$$\leq 2|x_2|_2^2 + (2\varepsilon + 1)|\nabla \phi(x_1 + \varepsilon x_2)|_2^2$$

$$\leq 2|x_2|_2^2 + 2(2\varepsilon + 1)(\varepsilon M|x_2|_2^2 + |\nabla \phi(x_1)|_2^2)$$

$$\leq C_1(|\nabla \phi(x_1)|_2^2 + |x_2|_2^2) \leq C_2(|\nabla \phi(x_1) + g(x_2)|_2^2 + |x_2|_2^2) = C_2|f(x)|_2^2,$$

wobei $C_1 > 0$ sich stetig aus $\varepsilon > 0$ und der Lipschitz-Konstanten $M > 0$ von $\nabla \phi$ auf $B_r(u)$ zusammensetzt und $C_2 > 0$ ist wiederum stetig abhängig von C_1 und der Lipschitz-Konstanten von g auf $B_r(0)$. Es folgt die Ungleichung (8.29) mit $\gamma = 0$ in einer Kugel um a, folglich impliziert Satz 8.9.3 exponentielle Konvergenz von $x(t) \to a$ für $t \to \infty$, wenn θ für ϕ gleich $1/2$ ist, und für $\theta \in (0, 1/2)$ ist die Konvergenz polynomiell mit der Rate $1/(1 - 2\theta)$.

Übungen

8.1 Führen Sie den Beweis von Satz 8.2.4 aus.

8.2 Sei $\psi : \mathbb{R}_+ \to \mathbb{R}_+$ stetig wachsend, $\psi(0) = 0$ und $\psi(s) > 0$ für $s > 0$. Konstruieren Sie eine Funktion $\psi_0 : \mathbb{R}_+ \to \mathbb{R}_+$ stetig, streng wachsend, $\psi_0(0) = 0$ und $\psi(s) \geq \psi_0(s)$ für $s > 0$.

8.3 Sei $W(x) = (Ax|x)$, mit $A \in \mathbb{R}^{n \times n}$ symmetrisch. Zeigen Sie, dass die Matrix A genau dann positiv definit ist, wenn die dazugehörige quadratische Form $W(x)$ positiv definit im Sinne von Definition 8.3.2 ist.

8.4 Die Funktionen $V_1(x) = |x|_\infty$, $V_2(x) = \max\{x_k : k = 1, \ldots, n\}$, $V_3(x) = |x|_1$ sind nicht differenzierbar. Berechnen Sie $\dot{V}_j(x)$. Vergleichen Sie das Ergebnis für V_3 mit dem für die differenzierbare Funktion $V_4(x) = \sum_j x_j$.

8.5 Zeigen Sie, dass positiv definite Lösungen der Ljapunov-Gleichung $A^{\mathsf{T}}Q + QA = -I$ eindeutig bestimmt sind.

8.6 Es sei das lineare System $\dot{x} = A(t)x$ gegeben. Sei $A(t)$ von der Form $A(t) = D(t) + B(t)$ mit stetigen Funktionen $D, B : \mathbb{R} \to \mathbb{R}^{n \times n}$, wobei $D(t)$ diagonal, negativ semidefinit und $B(t)$ schiefsymmetrisch, also $B(t) = -B(t)^\mathsf{T}$ für alle $t \in \mathbb{R}$ seien. Konstruieren Sie eine Ljapunov-Funktion für das System, und untersuchen Sie seine Stabilitätseigenschaften.

8.7 Sei $f(t, x)$ τ-periodisch in t, lokal Lipschitz in x, und sei das System $\dot{x} = f(t, x)$ mit $f(t, 0) \equiv 0$ gegeben. Zeigen Sie für die triviale Lösung, dass dann *stabil* bereits *uniform stabil*, und *asymptotisch stabil* schon *uniform asymptotisch stabil* implizieren.

8.8 Untersuchen Sie die Fisher-Wright-Haldane-Gleichung aus Abschn. 8.5 für die Fitnessmatrizen

$$F = \begin{bmatrix} 1 & 2 & 1 \\ 2 & 3 & 1 \\ 1 & 1 & 1 \end{bmatrix}, \begin{bmatrix} 2 & 4 & 5 \\ 4 & 1 & 3 \\ 5 & 3 & 1 \end{bmatrix}, \begin{bmatrix} 2 & 4 & 1 \\ 4 & 3 & 1 \\ 1 & 1 & 5 \end{bmatrix}, \begin{bmatrix} 1 & 5 & 6 \\ 5 & 4 & 2 \\ 6 & 2 & 4 \end{bmatrix}$$

und skizzieren Sie die zugehörigen Phasenportraits im Standardsimplex.

8.9 Sei $V : (-a, a) \to \mathbb{R}$ aus C^1, und $V(0) = V'(0) = 0$.

  (i) Zeigen Sie die Lojasiewicz-Ungleichung für V in 0, sofern V eine analytische Fortsetzung auf eine Kugel $B_r(0) \subset \mathbb{C}$ besitzt, und dass dann $\theta = 1/m$ mit $m = \min\{k \in \mathbb{N} : V^{(k)}(0) \neq 0\}$ gewählt werden kann.

  (ii) Geben Sie Funktionen $V \in C^\infty(-a, a)$ an, die die Lojasiewicz-Ungleichung nicht erfüllen.

8.10 Sei $V : \mathbb{R}^n \to \mathbb{R}$ aus C^2, $V(0) = \nabla V(0) - 0$ und sei $\nabla^2 V(0)$ nicht singulär. Zeigen Sie, dass V die Lojasiewicz-Ungleichung in einer Kugel $B_r(0)$ mit $\theta = 1/2$ erfüllt.

Ebene autonome Systeme 9

Wir betrachten in diesem Kapitel den speziellen, aber wichtigen zweidimensionalen autonomen Fall. Dazu seien $G \subset \mathbb{R}^2$ offen, $f : G \to \mathbb{R}^2$ stetig, und die Differentialgleichung

$$\dot{x} = f(x) \tag{9.1}$$

gegeben. Wir nehmen im ganzen Kapitel an, dass die Lösungen von (9.1) durch ihre Anfangswerte eindeutig bestimmt sind. So ist $x(t; x_0)$ die Lösung von (9.1) mit Anfangswert $x(0) = x_0 \in G$. Die Menge der Equilibria wird wie zuvor mit $\mathcal{E}$ bezeichnet, also

$$\mathcal{E} := f^{-1}(0) = \{x \in G : f(x) = 0\}.$$

Im Gegensatz zum n-dimensionalen Fall mit $n \geq 3$ sind die Limesmengen der Lösungen im Fall $n = 2$ sehr gut verstanden. So sagt das *Poincaré-Bendixson-Theorem*, dass eine Limesmenge, die kein Equilibrium enthält, schon Orbit einer periodischen Lösung ist. Was macht den Fall $n = 2$ so besonders? Die Antwort darauf ist der *Jordansche Kurvensatz*, der besagt, dass eine *Jordan-Kurve*, also eine geschlossene, stetige, doppelpunktfreie Kurve, die Ebene in zwei disjunkte offene, zusammenhängende Teilmengen zerlegt, in ihr Inneres und in ihr Äußeres.

9.1 Transversalen

Das zentrale Hilfsmittel in der Poincaré-Bendixson-Theorie ist das Konzept der *Transversalen*.

© Springer Nature Switzerland AG 2019
J. W. Prüss, M. Wilke, *Gewöhnliche Differentialgleichungen und dynamische Systeme*, Grundstudium Mathematik, https://doi.org/10.1007/978-3-030-12362-8_9

Definition 9.1.1. Ein Segment $L = \{\tau y_0 + (1 - \tau)y_1 : \tau \in [0, 1]\}$ mit $y_0 \neq y_1$, heißt **Transversale** für das Vektorfeld f, falls

$$f(x) \neq \lambda(y_1 - y_0) \quad \text{für alle } \lambda \in \mathbb{R}, \ x \in L, \tag{9.2}$$

erfüllt ist.

In anderen Worten, L ist eine Transversale, falls kein Equilibrium auf L liegt, und die Richtung der Transversalen von der von $f(x)$ für jedes $x \in L$ verschieden ist, d. h. $y_1 - y_0$ und $f(x)$ sind für jedes $x \in L$ linear unabhängig.

Bemerkung 9.1.2.

1. Ist $x \in G \setminus \mathcal{E}$, dann existiert eine Transversale durch x. Eine solche kann jede Richtung haben, mit Ausnahme von der von $\pm f(x)$. Dies folgt aus der Stetigkeit von f, da man Transversalen beliebig kurz wählen darf.
2. Das Segment $L = \{\tau y_0 + (1 - \tau)y_1 : \tau \in [0, 1]\}$ ist genau dann eine Transversale, wenn

$$(T) \quad (f(x)|z) \neq 0 \quad \text{für alle } x \in L, \ z \neq 0 \text{ mit } (y_1 - y_0|z) = 0,$$

erfüllt ist.
3. Ist L eine Transversale und $x_0 \in L$, so gilt $x(t; x_0) \notin L$ für alle $|t| \neq 0$ hinreichend klein. Dies bedeutet, wenn ein Orbit L trifft, dann kreuzt es L. Denn wäre $x(t_k, x_0) \in L$, für eine Folge $t_k \to 0$, so würde

$$\frac{(x(t_k, x_0) - x(0, x_0)|z)}{t_k} = 0$$

für alle $z \in \mathbb{R}^n$ mit $(y_1 - y_0|z) = 0$ gelten. Daraus folgt aber $(f(x_0)|z) = 0$, im Widerspruch zu (T).
4. Alle Orbits, die eine Transversale treffen, überqueren sie in der gleichen Richtung. Denn ist $z \neq 0$ orthogonal zu L, so hat die stetige Funktion $\varphi(\tau) := (f(\tau y_0 + (1 - \tau)y_1)|z)$ für alle $\tau \in [0, 1]$ das gleiche Vorzeichen.

Proposition 9.1.3. *Sei $L = \{\tau y_0 + (1 - \tau)y_1 : \tau \in [0, 1]\}$ eine Transversale für (9.1), und sei $x_0 \in L \cap G$ kein Endpunkt von L. Dann gibt es zu jedem $\varepsilon > 0$ eine Kugel $\bar{B}_\delta(x_0)$, sodass jede Lösung $x(t; x_1)$ mit Anfangswert $x_1 \in \bar{B}_\delta(x_0)$ die Transversale für ein $t_1 \in [-\varepsilon, \varepsilon]$ trifft.*

Beweis. Andernfalls gäbe es ein $\varepsilon_0 > 0$ und eine Folge $x_k \to x_0$, sodass $x(t, x_k) \notin L$ für alle $t \in [-\varepsilon_0, \varepsilon_0]$ gilt. Sei $z \neq 0$ orthogonal zu L; setze $\varphi_k(t) = (x(t, x_k) - x_0|z)$, und $\varphi_0(t) = (x(t, x_0) - x_0|z)$. Aus $x_k \to x_0$ folgt dann $\varphi_k \to \varphi_0$ gleichmäßig auf $[-\varepsilon_0, \varepsilon_0]$. Nach Annahme ist $x(t, x_k) \notin L$ also $\operatorname{sgn} \varphi_k(t)$ auf $[-\varepsilon_0, \varepsilon_0]$ konstant. Andererseits hat aber $\varphi_0(t)$ in $t = 0$ einen Vorzeichenwechsel, denn es ist $\varphi_0(0) = 0$ und $\dot{\varphi}_0(0) = (f(x_0)|z) \neq 0$. Damit haben wir einen Widerspruch erhalten. $\qquad \square$

Die folgende Proposition ist nicht ganz so leicht zu zeigen.

Proposition 9.1.4. *Sei* $L = \{\tau y_0 + (1 - \tau)y_1 : \tau \in [0, 1]\}$ *eine Transversale, und* $C = x[a, b]$ *ein Teilorbit der Lösung* $x(t)$ *für* (9.1)*. Dann gelten:*

1. $L \cap C$ *ist endlich, also* $L \cap C = \{x_1, \dots, x_m\}$*.*
2. *Ist* $x(t)$ *nicht periodisch und* $x(t_j) = \tau_j y_0 + (1 - \tau_j)y_1$*, mit* $t_1 < t_2 < \cdots < t_m$*, so gilt entweder* $\tau_1 < \tau_2 < \cdots < \tau_m$ *oder* $\tau_1 > \tau_2 > \cdots > \tau_m$*.*
3. *Ist* $x(t)$ *periodisch und* $C = \gamma(x)$ *das Orbit von* $x(t)$*, so ist* $L \cap C$ *höchstens einpunktig.*

Beweis.

1. Angenommen, $L \cap C$ wäre nicht endlich. Dann gäbe es eine Folge $(x_k) \subset L \cap C$, mit $x_k \to x_0 \in L \cap C$. Sei $x_k = x(t_k)$ und sei evtl. nach Übergang zu einer Teilfolge $t_k \to t_0 \in [a, b]$. Es folgt

$$\frac{x_k - x_0}{t_k - t_0} = \frac{x(t_k) - x(t_0)}{t_k - t_0} \to \dot{x}(t_0) = f(x_0),$$

also mit einem $z \neq 0$ orthogonal zu L

$$0 = \frac{(x_k - x_0|z)}{t_k - t_0} \to (f(x_0)|z),$$

d. h. $(f(x_0)|z) = 0$ für $x_0 \in L$, im Widerspruch zu (T).

2. Seien $x_j = x(t_j)$, $j = 1, 2, t_1 < t_2$ zwei aufeinanderfolgende Schnittpunkte der Lösung mit L, sei $x_j = \tau_j y_0 + (1 - \tau_j)y_1$, und es gelte o.B.d.A. $\tau_1 < \tau_2$, also $x_1 \neq x_2$. Der Kurvenbogen $x[t_1, t_2]$ und das Segment $S[\tau_1, \tau_2] = \{\tau y_0 + (1 - \tau)y_1 : \tau \in [\tau_1, \tau_2]\}$ stellen eine geschlossene doppelpunktfreie Kurve Γ im $\mathbb{R}^2$ dar; vgl. Abb. 9.1. Nach dem Jordanschen Kurvensatz teilt diese Kurve Γ die Ebene $\mathbb{R}^2$ in ein Innengebiet G_i und ein Außengebiet G_a, sodass $\mathbb{R}^2 = G_i \cup \Gamma \cup G_a$ gilt, wobei die Vereinigungen disjunkt sind. Wir betrachten nun die Lösung für $t \geq t_2$: die Lösung kann den Kurvenbogen $x[t_1, t_2]$ aufgrund der Eindeutigkeit der Lösungen nicht schneiden, und auf $S[\tau_1, \tau_2]$ zeigt das Vektorfeld f ins Außengebiet, denn $f(x_2)$ hat diese Eigenschaft, also gilt sie nach Bemerkung 9.1.2 auf ganz L. Daher ist G_a für diese Lösung positiv invariant, weshalb der nächste Schnittpunkt $x_3 = x(t_3)$ nur im Außengebiet G_a liegen kann, d. h. aber $\tau_3 > \tau_2$. Analog geht es für die negative Zeitrichtung.

Abb. 9.1 Transversale

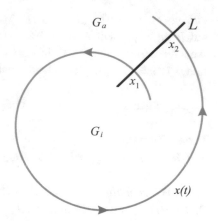

3. Ist $x(t_1) = x(t_2) \in L$ so ist $x(t)$ offensichtlich periodisch. Angenommen $x(t)$ ist periodisch und $x(t_1) \neq x(t_2)$. Dann müsste die Lösung für $t \geq t_2$ die Jordan-Kurve Γ aus dem 2. Teil des Beweises schneiden, was nicht möglich ist. Daher ist das Segment $S[\tau_1, \tau_2] = \{x_2\}$ trivial, und Γ ist das geschlossene Orbit von $x(t)$.

$\square$

Proposition 9.1.5. *Sei* $\overline{\gamma_+(x)} \subset G$ *kompakt, L eine Transversale für* (9.1), *und sei* $y \in L \cap \omega_+(x)$. *Dann gibt es eine wachsende Folge* $t_k \to \infty$ *mit* $x_k := x(t_k) \in L$ *und* $x_k \to y$.

Beweis. Da $y \in \omega_+(x)$ gilt, gibt es eine wachsende Folge $\bar{t}_k \to \infty$ mit $\bar{x}_k := x(\bar{t}_k) \to y$; o.B.d.A. kann man $\bar{t}_{k+1} \geq \bar{t}_k + 2$ annehmen. Nach Proposition 9.1.3 gibt es zu $\varepsilon = 1/m$ eine Kugel $\bar{B}_{\delta_m}(y)$ mit der Eigenschaft, dass es zu jedem $z \in \bar{B}_{\delta_m}(y)$ mindestens ein $t(z) \in [-1/m, 1/m]$ gibt mit $x(t(z), z) \in L$. Nun gilt für $k \geq k_m$, $m \in \mathbb{N}$ hinreichend groß, $x(\bar{t}_k) \in \bar{B}_{\delta_m}(y)$. O.B.d.A. gelte $k_{m+1} \geq k_m + 1$. Wir definieren nun eine Folge (t_m) durch $t_m = \bar{t}_{k_m} + t(\bar{x}_{k_m})$. Dann ist t_m wachsend, denn wegen $|t(\bar{x}_{k_m})| \leq 1/m$ gilt

$$t_{m+1} = \bar{t}_{k_{m+1}} + t(\bar{x}_{k_{m+1}}) \geq \bar{t}_{k_{m+1}} - \frac{1}{m+1}$$

$$\geq \bar{t}_{k_m} + 2 - \frac{1}{m+1}$$

$$\geq \bar{t}_{k_m} + 1 \geq \bar{t}_{k_m} + t(\bar{x}_{k_m}),$$

für alle $m \in \mathbb{N}$. Ferner gilt $t_m \to \infty$, sowie $x(t_m) \in L$ aber auch $x(t_m) \to y$, da $x(t_m) = x(t(\bar{x}_{k_m}), \bar{x}_{k_m})$ mit $|t(\bar{x}_{k_m})| \leq 1/m$ ist. $\square$

Eine interessante Folgerung aus Proposition 9.1.5 ist das

Korollar 9.1.6. *Sei $\overline{\gamma_+(x)} \subset G$ kompakt und L eine Transversale für* (9.1). *Dann ist $L \cap \omega_+(x)$ höchstens einpunktig.*

Beweis. Angenommen es seien $\bar{x}, \bar{z} \in L \cap \omega_+(x)$. Nach Proposition 9.1.5 gibt es Folgen $t_k \to \infty, s_k \to \infty, t_k < s_k < t_{k+1}$ mit $x_k = x(t_k), z_k = x(s_k) \in L$ und $x_k \to \bar{x}, z_k \to \bar{z}$. Da sich nach Proposition 9.1.4 die natürliche Ordnung auf $\gamma_+(x)$ auf die Ordnung der Schnittpunkte des Orbits mit L überträgt, folgt mit $x_k = \tau_k y_0 + (1 - \tau_k)y_1$ und $z_k = \sigma_k y_0 + (1 - \sigma_k)y_1$ die Relation $\tau_k < \sigma_k < \tau_{k+1}$. Das impliziert nun $\bar{x} = \bar{z}$. $\qquad\square$

9.2 Poincaré-Bendixson-Theorie

Wir beginnen mit einer Charakterisierung periodischer Lösungen mittels Limesmengen, die typisch zweidimensional ist.

Lemma 9.2.1. *Sei $\overline{\gamma_+(x)} \subset G$ kompakt. Die Lösung $x(t)$ von* (9.1) *ist genau dann periodisch, wenn $\gamma_+(x) \cap \omega_+(x) \neq \emptyset$ gilt. Ist dies der Fall so ist $\gamma_+(x) = \omega_+(x)$.*

Beweis. Ist $x(t)$ periodisch, so ist offensichtlich $\gamma_+(x) = \omega_+(x)$. Sei nun umgekehrt $y = x(t_0) \in \gamma_+(x) \cap \omega_+(x)$. Ist der Anfangswert x_0 von $x(t)$ ein Equilibrium, so gilt $x(t) = x_0$ für alle $t \geq 0$, also ist auch $y = x_0 \in \mathcal{E}$. Sei also $x_0 \notin \mathcal{E}$; dann ist aufgrund der Eindeutigkeit der Lösungen auch $y \notin \mathcal{E}$. Also gibt es nach Bemerkung 9.1.2 eine Transversale L durch y. Da $y \in \omega_+(x)$ ist, existiert nach Proposition 9.1.5 eine wachsende Folge $t_k \to \infty$ mit $x(t_k) \in L$ und $x(t_k) \to y$. Angenommen $x(t)$ ist nicht periodisch. Dann gelten mit der durch die natürliche Ordnung auf $\gamma_+(x)$ erzeugten Ordnung auf L für $t_k \geq t_0$, mit $y = \tau_0 y_0 + (1 - \tau_0)y_1$ und $x(t_k) = \tau_k y_0 + (1 - \tau_k)y_1$ die Relationen $\tau_0 < \tau_k < \tau_{k+1}$. Ferner gilt

$$|\tau_k - \tau_0||y_1 - y_0| = |x(t_k) - y| \to 0,$$

also auch $\tau_k \to \tau_0$ für $k \to \infty$, ein Widerspruch. Also ist die Lösung $x(t)$ periodisch. $\qquad\square$

Dieses Lemma ist in Dimensionen $n \geq 3$ falsch, wie das folgende Beispiel zeigt.

Beispiel. Der irrationale Fluss auf dem Torus. Betrachte das 3D-System

$$\begin{cases} \dot{u} = -v - \alpha \dfrac{uw}{\sqrt{u^2+v^2}}, & u(0) = 3, \\ \dot{v} = u - \alpha \dfrac{vw}{\sqrt{u^2+v^2}}, & v(0) = 0, \\ \dot{w} = \alpha(\sqrt{u^2 + v^2} - 2), & w(0) = 0, \end{cases} \tag{9.3}$$

wobei $\alpha \notin \mathbb{Q}$ irrational, $\alpha > 0$ ist. Die Lösung kann man explizit angeben:

$$u(t) = [2 + \cos(\alpha t)] \cos(t),$$

$$v(t) = [2 + \cos(\alpha t)] \sin(t),$$

$$w(t) = \sin(\alpha t).$$

Man überzeugt sich durch direktes Nachrechnen, das dies tatsächlich die Lösung von (9.3) ist. Es gilt nun

$$(u(t) - 2\cos(t))^2 + (v(t) - 2\sin(t))^2 + w(t)^2 = 1, \quad t \in \mathbb{R},$$

d. h. die Lösung liegt auf dem Torus $\mathbb{T}$, der durch

$$u(\phi, \theta) = [2 + \cos(\theta)] \cos(\phi),$$

$$v(\phi, \theta) = [2 + \cos(\theta)] \sin(\phi),$$

$$w(\phi, \theta) = \sin(\theta), \quad \phi, \theta \in [0, 2\pi],$$

parametrisiert ist. Nun gilt $\gamma_+(u, v, w) \subset \omega_+(u, v, w) = \mathbb{T}$, da α irrational ist, aber (u, v, w) ist nicht periodisch. Man nennt solche Funktionen *quasiperiodisch* da es 2 unabhängige "Perioden", nämlich 2π und $2\pi/\alpha$ gibt. Ist hingegen $\alpha \in \mathbb{Q}$, dann ist die Lösung periodisch; vgl. dazu Übung 9.8.

Wir können nun das Hauptresultat der Poincaré-Bendixson-Theorie beweisen.

Satz 9.2.2 (Poincaré-Bendixson). *Sei $\overline{\gamma_+(x)} \subset G$ kompakt, und sei $\omega_+(x) \cap \mathcal{E} = \emptyset$. Dann ist entweder $\omega_+(x) = \gamma_+(x)$, d. h. $x(t)$ ist eine periodische Lösung, oder aber $\omega_+(x)$ ist ein periodisches Orbit, ein* **Grenzzyklus**.

Beweis. Sei $x(t)$ nicht periodisch. Da $\omega_+(x)$ nichtleer und invariant ist, enthält $\omega_+(x)$ nach Proposition 8.4.2 ein vollständiges Orbit $\gamma(z)$. Da $\omega_+(z)$ ebenfalls nichtleer und kompakt ist, gibt es ein $y \in \omega_+(z) \subset \omega_+(x)$. Da nach Voraussetzung $y \notin \mathcal{E}$ ist, gibt es eine Transversale L durch y. Nach Korollar 9.1.6 ist $\omega_+(x) \cap L = \{y\}$. Andererseits, mit $y \in \omega_+(z)$ zeigt Proposition 9.1.5, dass $\gamma_+(z) \cap L$ nichtleer ist, folglich $y \in \omega_+(z) \cap \gamma_+(z)$, also ist $z(t)$ nach Lemma 9.2.1 ein periodisches Orbit.

Wir zeigen $\omega_+(x) = \gamma_+(z)$. Andernfalls gäbe es eine Folge $(y_k) \subset \omega_+(x) \setminus \gamma_+(z)$ mit $y_k \to \bar{y} \in \gamma_+(z)$, da $\omega_+(x)$ zusammenhängend ist. Wähle erneut eine Transversale $\bar{L}$ durch $\bar{y}$. Wieder gilt $\omega_+(x) \cap \bar{L} = \{\bar{y}\}$ nach Korollar 9.1.6, aber aus Proposition 9.1.3 folgt, dass es $|t_k| \leq 1$ gibt, sodass $x(t_k, y_k) \in \bar{L} \cap \omega_+(x)$, also $x(t_k, y_k) = \bar{y} \in \gamma_+(z)$ gilt. Aus der Eindeutigkeit der Lösungen folgt aber $x(t_k, y_k) \in \omega_+(x) \setminus \gamma(z)$, was einen Widerspruch bedeutet. Daher ist $\omega_+(x) = \gamma_+(z)$. $\square$

Wir notieren das folgende wichtige

Korollar 9.2.3. *Sei $\emptyset \neq K \subset G$ kompakt, $K \cap \mathcal{E} = \emptyset$ und $\gamma_+(x) \subset K$. Dann besitzt (9.1) mindestens eine periodische Lösung in K.*

An diesem Korollar ist bemerkenswert, dass man keine weiteren topologischen Eigenschaften wie etwa Konvexität von K braucht; vgl. Satz 7.3.5.

Für den Fall, dass $\omega_+(x)$ höchstens endlich viele Equilibria enthält, ergibt sich das folgende Bild.

Satz 9.2.4. *Sei $K \subset G$ kompakt, $\gamma_+(x) \subset K$ und $K \cap \mathcal{E}$ endlich.*
Dann gelten die Alternativen:

1. *$\omega_+(x) = \{x_\infty\}$ für ein $x_\infty \in \mathcal{E}$.*
2. *$\omega_+(x)$ ist ein periodisches Orbit.*
3. *$\omega_+(x)$ besteht aus endlich vielen Equilibria und außerdem aus (möglicherweise unendlich vielen) Orbits, die für $t \to \pm\infty$ gegen eines dieser Equilibria konvergieren.*

Beweis. Da nach Voraussetzung $K \cap \mathcal{E}$ endlich ist, gibt es höchstens endlich viele Equilibria in $\omega_+(x)$. Gilt $\omega_+(x) \subset \mathcal{E}$, dann ist $\omega_+(x) = \{x_\infty\}$ einpunktig, da zusammenhängend; dies ist Alternative 1.

Gibt es nun $x_1 \in \omega_+(x) \setminus \mathcal{E}$, so ist dieses x_1 Anfangspunkt eines vollständigen Orbits $\gamma(z) \subset \omega_+(x)$, da diese Menge invariant ist. $\omega_+(z)$ ist ebenfalls nichtleer; wir nehmen an es gibt ein $y \in \omega_+(z) \setminus \mathcal{E}$. Wähle eine Transversale L durch y. Nach Korollar 9.1.6 ist einerseits $\omega_+(x) \cap L = \{y\}$, andererseits $L \cap \gamma_+(z) \neq \emptyset$, woraus mit Lemma 9.2.1 folgt, dass z ein periodisches Orbit ist. Wie im Beweis von Satz 9.2.2 folgt nun $\omega_+(x) = \gamma_+(z)$; dies ist Alternative 2.

Im verbleibenden Fall hat jedes nichtkonstante Orbit $\gamma(z) \subset \omega_+(x)$ Grenzwerte $x_\infty^\pm \in \omega_+(x) \cap \mathcal{E}$; das ist die dritte Alternative. $\qquad\square$

Vollständige Orbits, die für $t \to \pm\infty$ Grenzwerte $x_\infty^\pm$ haben, heißen **heteroklin**, falls $x_\infty^- \neq x_\infty^+$ ist, und **homoklin** im Fall $x_\infty^- = x_\infty^+$. Ist insbesondere $\omega_+(x) \cap \mathcal{E} = \{x_\infty\}$, so besagt Satz 9.2.4, dass entweder $\omega_+(x) = \{x_\infty\}$ ist, oder $\omega_+(x)$ zusätzlich nur – möglicherweise mehr als ein – homokline Orbits mit Grenzwert x_∞ enthalten kann. Homokline Orbits kann man als Grenzfall periodischer Orbits mit Periode ∞ ansehen. Ist $\omega_+(x) \cap \mathcal{E}$ nicht diskret, so kann $\omega_+(x) \subset \mathcal{E}$ gelten, ohne dass $x(t)$ einen Grenzwert besitzt; vgl. Beispiel 2 in Abschn. 8.8.

Beispiel 1. *Der* **Brusselator** *von Prigogine und Nicolis.* Das System

$$\begin{cases} \dot{u} = a - bu + u^2 v - u, \\ \dot{v} = bu - u^2 v, \end{cases} \qquad (9.4)$$

wurde vom Nobelpreisträger I. Prigogine zusammen mit dem Mathematiker G. Nicolis verwendet um Mechanismen biologischer Strukturbildung zu erläutern. Hier wollen wir lediglich zeigen, dass dieses System für Parameterwerte $b > 1 + a^2, a > 0$, periodische Lösungen besitzt.

Sei $G = \mathbb{R}^2$. Zunächst sind sowohl der Standardkegel $\mathbb{R}^2_+$ als auch dessen Inneres $\operatorname{int}\mathbb{R}^2_+$ positiv invariant, da $f_1(0, v) = a > 0$ ist, und $f_2(u, 0) = bu \geq 0$ für $u \geq 0$ gilt, sowie > 0 falls $u > 0$ ist. Das einzige Equilibrium des Systems ist $(u_*, v_*) = (a, b/a) \in \operatorname{int}\mathbb{R}^2_+$. Die Linearisierung $A = f'(u_*, v_*)$ ergibt die Matrix

$$A = \begin{bmatrix} b - 1 & a^2 \\ -b & -a^2 \end{bmatrix}.$$

Es ist also $\operatorname{sp} A = b - 1 - a^2 > 0$ und $\det A = a^2 > 0$. Daher ist das Equilibrium (u_*, v_*) für $1 + a^2 < b < (1 + a)^2$ eine instabile Spirale und für $b > (1 + a)^2$ ein instabiler Knoten; für $b = (1 + a)^2$ ist es ein falscher Knoten. Da das Equilibrium (u_*, v_*) für $b > 1 + a^2$ in negativer Zeitrichtung asymptotisch stabil ist, ist die Kugel $\bar{B}_r(u_*, v_*)$ nach Satz 8.1.4 bezüglich der Norm $|\cdot|_Q$ negativ invariant, sofern $r > 0$ klein genug ist und das Vektorfeld f zeigt auf $\partial \bar{B}_r(u_*, v_*)$ bezüglich der Norm $|\cdot|_Q$ strikt nach außen. Wir können deshalb den Schluss ziehen, dass im Fall $b > 1 + a^2$ keine nichttriviale Lösung gegen dieses Equilibrium konvergiert. Man beachte außerdem, dass die instabile Mannigfaltigkeit zweidimensional ist, also eine Umgebung des Equilibriums (u_*, v_*) enthält (vgl. auch Kap. 10).

Um die Existenz einer periodischen Lösung zu zeigen, konstruieren wir zunächst eine positiv invariante Menge

$$K = \{(u, v) \in \mathbb{R}^2_+ : u + v \leq \alpha, \ v - u \leq \beta\},$$

mit $\alpha, \beta \geq 0$ wie folgt; vgl. Abb. 9.2. Sei $(u, v) \in \partial K$ mit $u + v = \alpha$; dann ist $y_1 = [1, 1]^\mathsf{T}$ ein Normalenvektor in diesen Punkten, und es gilt $(f(u, v)|y_1) = a - u \leq 0$, sofern $u \geq a$ ist. Gilt andererseits $(u, v) \in \partial K$ mit $v - u = \beta$, so sollte $u \leq a$ gelten. Dann ist in diesem Fall $y_2 = [-1, 1]^\mathsf{T}$ ein Normalenvektor, und es gilt $(f(u, v)|y_2) = (u - a) + 2u(b - uv) \leq 2u(b - uv) \leq 0$, sofern $b \leq uv$ ist. Weiter gilt $(f(u, v)|y_2) \leq u - a + 2bu = (1 + 2b)u - a \leq 0$, falls $u \leq a/(1 + 2b)$ gilt. Ist $v = u + \beta$, so gilt $uv \geq b$, falls $u \geq b/\beta$. Dies führt auf die Bedingung $b/\beta \leq a/(1 + 2b)$. Wählt man nun zunächst β so groß, dass $\beta \geq b(1 + 2b)/a$ ist, und dann $\alpha = 2a + \beta$, so ist $K \subset G$ positiv invariant. Da $K \subset G$ kompakt ist, folgt die Beschränktheit aller Lösungen, die in K starten. Deren Limesmengen sind in $K \setminus \{(u_*, v_*)\}$ enthalten, also gilt nach Satz 9.2.2, dass $\omega_+(x) \subset K$ ein periodisches Orbit ist. Dieses bildet eine geschlossene doppelpunktfreie C^1-Kurve, welche die Ebene in ein Innengebiet G_i und ein Außengebiet G_a zerteilt. Wir werden später sehen, dass das Innengebiet G_i das

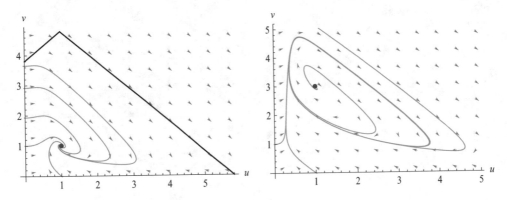

Abb. 9.2 Brusselator mit $a = 1, b = 1$, bzw. $b = 3$

Equilibrium enthält, die periodische Lösung also das Equilibrium umkreist. Man beachte auch, dass die positive Invarianz von K für $\beta \to \infty$ globale Existenz nach rechts, aller in $\mathbb{R}_+^2$ startenden Lösungen ergibt.

Beispiel 2. Ein homoklines Orbit; vgl. Abb. 9.3. Das System

$$\begin{cases} \dot{x} = x + xy - (x + y)(x^2 + y^2)^{1/2}, \\ \dot{y} = y - x^2 + (x - y)(x^2 + y^2)^{1/2}, \end{cases} \tag{9.5}$$

lautet in Polarkoordinaten

$$\dot{r} = r(1 - r), \quad \dot{\phi} = r(1 - \cos \phi).$$

Es besitzt genau zwei Equilibria, $(0, 0)$ ist ein instabiler echter Knoten, und $(1, 0)$ hat den stabilen Eigenwert -1 mit Eigenvektor e_1, und den Eigenwert 0 mit Eigenvektor e_2. Der Einheitskreis bildet ein homoklines Orbit. Weitere homokline Orbits können wegen der Monotonie der Funktion $r(t)$ für $r(0) \notin \{0, 1\}$ nicht existieren. Ebenso sieht man, dass es keine periodischen Orbits gibt. Aus Satz 9.2.4 folgt daher, dass $\omega_+(x_0, y_0)$ für jeden Startwert $(x_0, y_0) \neq (0, 0)$ entweder nur aus dem Equilibrium $(1, 0)$ besteht oder zusätzlich aus dem homoklinen Orbit. Letzteres ist allerdings nicht der Fall, da $\dot{\phi}(t) > 0$ gilt, solange $\phi(t) \neq 2k\pi, k \in \mathbb{Z}$. Somit konvergieren alle Lösungen mit Anfangswert $\neq (0, 0)$ für $t \to \infty$ gegen das Equilibrium $(1, 0)$. Es ist daher ein globaler Attraktor in $\mathbb{R}^2 \setminus \{(0, 0)\}$, aber aufgrund des homoklinen Orbits ist $(1, 0)$ instabil.

Abb. 9.3 Ein homoklines
Orbit

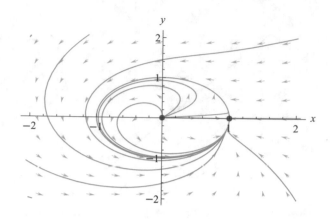

9.3 Periodische Lösungen

In diesem Abschnitt wollen wir uns mit Kriterien für Existenz oder Nichtexistenz periodischer Lösungen für (9.1) befassen, die auf der Poincaré-Bendixson-Theorie beruhen, aber auch andere Argumente verwenden.

Abgesehen von *gradientenartigen Systemen*, die nach Satz 8.6.2 in keiner Dimension nichttriviale periodische Lösungen besitzen, ist das bekannteste Kriterium für Nichtexistenz das *Negativ-Kriterium von Bendixson*, welches wir nun beweisen.

Satz 9.3.1. *Sei G einfach zusammenhängend, $\rho \in C^1(G; \mathbb{R})$, $f \in C^1(G; \mathbb{R}^2)$ und es gelte: Zu jeder offenen Teilmenge $\emptyset \neq U \subset G$ gibt es eine offene Teilmenge $\emptyset \neq V \subset U$ mit*

$$(N) \quad \operatorname{div}(\rho(x) f(x)) > 0, \quad \text{für alle } x \in V.$$

Dann besitzt (9.1) keine nichttrivialen periodischen Lösungen in G.

Beweis. Zunächst beachte man, dass die Voraussetzung (N) bereits die Eigenschaft $\operatorname{div}(\rho(x) f(x)) \geq 0$ für alle $x \in G$ nach sich zieht. Gäbe es nämlich ein $x_0 \in G$ mit $\operatorname{div}(\rho(x_0) f(x_0)) < 0$, so wäre die Menge

$$U := \{x \in G : \operatorname{div}(\rho(x) f(x)) < 0\} \subset G$$

nichtleer und aus Stetigkeitsgründen offen. Nach Voraussetzung (N) existiert eine nichtleere Menge $V \subset U$, so dass $\operatorname{div}(\rho(x) f(x)) > 0$ für alle $x \in V \subset U$ gilt, ein Widerspruch.

Angenommen, es gäbe eine nichtkonstante periodische Lösung von (9.1) in G. Es sei $\Gamma = \gamma_+(x)$ das Orbit dieser periodischen Lösung; Γ berandet nach dem Jordanschen

Kurvensatz das Innengebiet G_i von Γ. Da G einfach zusammenhängend ist, gilt $G_i \subset G$. Da der Rand Γ wenigstens aus C^1 ist, lässt sich der Gaußsche Integralsatz auf G_i anwenden. Es gilt daher nach (N)

$$0 < \int_{G_i} \operatorname{div}(\rho(x)f(x))dx = \int_{\Gamma} \rho(x)(f(x)|\nu(x))d\Gamma,$$

wobei $\nu(x)$ das Feld der äußeren Normalen an Γ bezeichnet. Nun ist das Vektorfeld $f(x)$ tangential an Γ, da Γ das Orbit einer Lösung von (9.1) ist, also gilt $(f(x)|\nu(x)) = 0$ für alle $x \in \Gamma$. Daher haben wir einen Widerspruch erhalten, d. h. (9.1) besitzt keine echte periodische Lösung. $\square$

Beispiel 1. Als einfaches Beispiel betrachten wir die nichtlineare Schwingungsgleichung

$$\ddot{u} + h(u)\dot{u} + g(u) = 0.$$

Dabei seien g und h stetig differenzierbar auf $\mathbb{R}$. Mit $x = (x_1, x_2) = (u, \dot{u})$ ist dieses Problem äquivalent zu (9.1), wobei $f(x) = [x_2, -h(x_1)x_2 - g(x_1)]^\mathsf{T}$ ist. Equilibria sind die Punkte $(u_*, 0)$ mit $g(u_*) = 0$. Nun ist $\operatorname{div} f(x) = -h(x_1) < 0$, sofern die Dämpfung $h(u)$ für alle u positiv ist. Satz 9.3.1 impliziert mit $\rho \equiv -1$, dass es keine nichttrivialen periodischen Lösungen geben kann.

Beispiel 2. Der Brusselator. Wir hatten im vorhergehenden Abschnitt gesehen, dass der Brusselator für $b > 1 + a^2$ mindestens eine echte periodische Lösung besitzt. Das Negativkriterium von Bendixson zeigt andererseits, dass es für $b \leq 1 + a^2$ keine echten periodischen Lösungen geben kann. Denn es gilt

$$\operatorname{div}(\rho(x)f(x)) < 0, \quad x \in \operatorname{int} \mathbb{R}_+^2, \ u \neq a,$$

wobei $\rho(x) = u^{-2}e^{2(\frac{1}{a}-a)(u+v)}$, $x = [u, v]^\mathsf{T}$, ist; vgl. Übung 9.9. Daher ist das Equilibrium $(a, b/a)$ nach dem Satz von Poincaré-Bendixson für $b \leq 1 + a^2$ global attraktiv in $\mathbb{R}_+^2$ und für $b < 1 + a^2$ sogar global asymptotisch stabil.

Ein weiteres negatives Kriterium, dass sich insbesondere auf Hamiltonsche Systeme

$$(H) \quad \dot{q} = \partial_p H(q, p), \quad \dot{p} = -\partial_q H(q, p),$$

anwenden lässt, ist komplementär zu gradientenartigen Systemen. Man beachte, dass im Fall $H \in C^2$ die Identität

$$\operatorname{div}[\partial_p H(q, p), -\partial_q H(q, p)]^\mathsf{T} = 0$$

gilt.

Satz 9.3.2. *Sei* $\Phi \in C^1(G; \mathbb{R})$ *ein erstes Integral für (9.1), d. h. es gilt* $\dot{\Phi} \equiv 0$ *auf* G. Φ *sei auf keiner offenen Teilmenge* U *von* G *konstant. Dann besitzt (9.1) keinen Grenzzyklus in* G.

Man beachte, dass dieser Satz *keine* Aussagen über *periodische* Lösungen macht, sondern nur über *Grenzzyklen*. Der harmonische Oszillator $\ddot{x} + x = 0$ hat nur periodische Lösungen, aber keinen Grenzzyklus.

Beweis. Angenommen, $\Gamma = \omega_+(x_0) \subset G$ wäre ein Grenzzyklus; setze $x(t) := x(t, x_0)$. Sei $K \subset G$ eine kompakte Umgebung von Γ, die kein Equilibrium enthält. Da $\text{dist}(x(t), \Gamma) \to 0$ für $t \to \infty$ gilt, ist $x(t) \in K$ für $t \geq t_0$, sofern t_0 groß genug gewählt ist. Wähle eine Transversale L durch einen Punkt $y \in \Gamma$, und sei $x(t_1), x(t_2) \in L$ mit $t_2 > t_1 \geq t_0$ zwei aufeinanderfolgende Schnittpunkte der Lösung $x(t)$ mit L. Definiere D als den Bereich der durch Γ, die Transversale L und durch den Kurvenbogen $x[t_1, t_2]$ berandet wird. Dann ist $D \subset K$ kompakt und positiv invariant für (9.1). Nach dem Satz von Poincaré-Bendixson haben alle Lösungen, die in D starten, den Grenzzyklus Γ als Limesmenge. Da Φ entlang Lösungen konstant ist, gilt nun $\Phi(x) = \Phi(y)$ für alle $x \in D$; da aber $\text{int } D \neq \emptyset$ ist, ergibt dies einen Widerspruch zur Annahme, dass Φ auf keiner offenen Menge konstant ist. $\qquad \square$

Das Argument im Beweis von Satz 9.3.2 zeigt, dass ein Grenzzyklus wenigstens "einseitig" als Menge asymptotisch stabil ist.

Ein positives Kriterium für die Existenz eines Grenzzyklus haben wir bereits im Beispiel des Brusselators kennengelernt. Wir formulieren es allgemeiner als.

Satz 9.3.3. *Sei* $f \in C^1(G; \mathbb{R}^2)$, $K \subset G$ *kompakt und positiv invariant, und gelte* $K \cap \mathcal{E} = \{x_*\}$ *mit* $\text{Re} \, \sigma(f'(x_*)) > 0$. *Dann besitzt (9.1) mindestens einen Grenzzyklus in* K.

Beweis. Da x_* in negativer Zeitrichtung asymptotisch stabil ist, ist die Kugel $\bar{B}_r(x_*)$ bzgl. der Norm $| \cdot |_\varrho$ aus Satz 8.1.4 negativ invariant, das Vektorfeld f zeigt auf $\partial B_r(x_*)$ bezüglich der Norm $| \cdot |_\varrho$ strikt nach außen, sofern $r > 0$ hinreichend klein ist. Daher ist die Menge $D := K \setminus B_r(x_*)$ positiv invariant und auf $\partial B_r(x_*)$ startende Lösungen sind nicht periodisch. Satz 9.2.2 impliziert die Behauptung. $\qquad \square$

9.4   Lienard-Gleichung

Lienard-Gleichung nennt man eine Gleichung der Form

$$(L) \quad \ddot{x} + h(x)\dot{x} + g(x) = 0.$$

Dabei sind die $h, g : \mathbb{R} \to \mathbb{R}$ aus C^1. Wir setzen

$$H(x) = \int_0^x h(s)ds, \quad G(x) = \int_0^x g(s)ds, \quad x \in \mathbb{R}.$$

Die auf den ersten Blick unkonventionelle Transformation $y = \dot{x} + H(x)$ überführt (L) in das System

$$(LT) \quad \begin{cases} \dot{x} = y - H(x), \\ \dot{y} = -g(x). \end{cases}$$

Die Equilibria von (L) bestehen aus Punkten der Form $(x_*, 0)$, die Equilibria für (LT) sind von der Form $(x_*, H(x_*))$, wobei in beiden Fällen $g(x_*) = 0$ gilt.

Typischerweise ist $g(x)$ eine Rückstellkraft, die das System in die triviale Gleichgewichtslage $x = 0$, also $(0, 0)$ für (LT) bringen will. Daher sind die folgenden Annahmen für $g(x)$ sinnvoll:

(G1) $g(x)x > 0$ für alle $x \neq 0$,
(G2) $G(x) \to \infty$ für $|x| \to \infty$.

Dann ist offenbar $\mathcal{E} = \{(0, 0)\}$. Als Ljapunov-Funktion wählen wir den Ansatz $V(x, y) = \frac{1}{2}y^2 + G(x)$. Offenbar ist V aufgrund von (G1) positiv definit, und es gilt $V(x, y) \to \infty$ für $x^2 + y^2 \to \infty$, wegen (G2), also ist V koerziv. Für $\dot{V}$ ergibt sich die Beziehung

$$\dot{V}(x, y) = -g(x)H(x) = -(xg(x)) \cdot \frac{1}{x}H(x),$$

folglich gilt $\dot{V}(x, y) \leq 0$ genau dann, wenn $xH(x) \geq 0$ ist.

Die Linearisierung von (LT) im Equilibrium $(0, 0)$ ergibt die Matrix

$$A = \begin{bmatrix} -h(0) & 1 \\ -g'(0) & 0 \end{bmatrix},$$

also sp $A = -h(0)$, und det $A = g'(0)$. Daher ist $(0, 0)$ kein Sattelpunkt des Systems (LT), falls wir zusätzlich $g'(0) > 0$ annehmen.

Der Reibungskoeffizient hat in Anwendungen typischerweise die Eigenschaft

$$(HS) \quad xH(x) > 0, \quad x \in \mathbb{R}, \ x \neq 0,$$

oder er erfüllt

$$(H) \quad h(0) < 0, \quad xH(x) > 0, \quad \text{für alle } |x| \geq a.$$

Das Verhalten des Systems (LT) ist in diesen Fällen wesentlich verschieden.

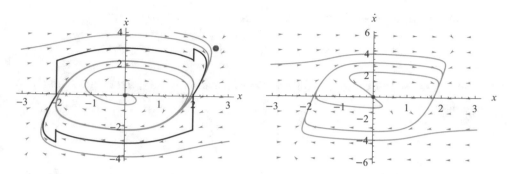

Abb. 9.4 van der Pol-Oszillator mit $\mu = 1$ und $\mu = 3$

Wir setzen zunächst (HS) voraus, d. h. es liegt stets Dämpfung vor. Dann gilt $\dot{V} \leq 0$ auf $\mathbb{R}^2$, also ist $(0, 0)$ nach Satz 8.3.3 stabil. Alle Lösungen existieren global und sind beschränkt, da V koerziv ist. Nun ist $\dot{V}(x, y) = 0$ genau dann, wenn $x = 0$ ist. Dann ist aber $\dot{x} = y \neq 0$ mit Ausnahme des Equilibriums $(0, 0)$, daher ist V in diesem Fall eine strikte Ljapunov-Funktion. Also ist das System (LT) gradientenartig, und mit Satz 8.6.2 konvergiert jede Lösung gegen das triviale Equilibrium.

Sei nun (H) erfüllt. Dann gilt sp $A = -h(0) > 0$, also ist das Equilibrium $(0, 0)$ instabil, genauer ein instabiler Knoten oder eine instabile Spirale. Wir wollen Satz 9.3.3 anwenden. Dazu besteht die Hauptarbeit darin, eine kompakte positive invariante Menge zu finden. Dann impliziert Satz 9.3.3 die Existenz eines Grenzzyklus. Zunächst sei bemerkt, dass das Vektorfeld $f(x, y) = [y - H(x), -g(x)]^{\mathsf{T}}$ für $x = 0$ horizontal ist, es ist für $y > 0$ nach rechts und für $y < 0$ nach links gerichtet. Für $x = a > 0$ gilt $H(a) > 0$ und $g(a) > 0$, also liegt $f(a, y)$ im 4. Quadranten falls $y > H(a)$ und im 3. Quadranten für $y < H(a)$. Analog gilt für $x = -a < 0$ $H(-a) < 0$ und $g(-a) < 0$, d. h. $f(-a, y)$ liegt im 1. Quadranten für $y > H(-a)$ und im 2. Quadranten wenn $y < H(-a)$ ist. Damit zeigt das Vektorfeld in den vertikalen Streifen $-a < x < a$ hinein, wenn $x = a$ und $y < H(a)$ bzw. $x = -a$ und $y > H(-a)$ gelten, ansonsten zeigt es aus dem Streifen hinaus.

(i) Wir setzen

$$c_0 = \sup_{|x| \leq a} |g(x)|, \quad c_1 = \sup_{|x| \leq a} |H(x)|,$$

fixieren ein $R > c_1$, und betrachten die in $(0, R)$ startende Lösung von (LT). Aufgrund von $0 \geq \dot{y}(t) \geq -c_0$ folgt $R \geq y(t) \geq R - c_0 t$, für $t \geq 0$, jedenfalls solange $x(t) \leq a$ gilt. Daher ist $y(t) \geq c_1$, solange $t \leq t_* := (R - c_1)/c_0$ ist. Andererseits gilt $\dot{x}(t) \geq y(t) - c_1 \geq R - c_1 - c_0 t$, solange $x(t) \leq a$ ist, und für solche t ist $x(t) \geq (R - c_1)t - c_0 t^2/2$. Die rechte Seite dieser Ungleichung hat für $t = t_*$ ein Maximum, dessen Wert $(R - c_1)^2/(2c_0)$ beträgt. Gilt daher $a < (R - c_1)^2/(2c_0)$, so erreicht $x(t)$ nach dem Zwischenwertsatz den Wert a für ein $t = t_1(R) \in (0, t_*)$.

Setzt man nun $z = t_1(R)/(R - c_1)$, so folgt $a/(R - c_1)^2 \geq z - c_0 z^2/2$, und mit $z \leq t_*/(R - c_1) = 1/c_0$ gilt daher $t_1(R)/(R - c_1) \to 0$ mit $R \to \infty$. Deshalb gibt es zu jedem $\eta > 0$ ein $R(\eta) > c_1$ mit $t_1(R) \leq \eta(R - c_1)$ für alle $R \geq R(\eta)$. Es folgt

$$R \geq y(t_1(R)) \geq R - c_0 t_1(R) \geq R - \eta c_0(R - c_1), \quad \text{für } R \geq R(\eta).$$

Aus dieser Abschätzung folgt leicht

$$R \geq y(t_1(R)) > c_1 \geq H(a),$$

falls $\eta \in (0, 1/c_0)$ gilt. Die Lösung bleibt also oberhalb der Schaltkurve $y = H(x)$.

Das gleiche Argument lässt sich auf die in $(0, -R)$ startende Lösung anwenden, und ebenso gilt es für negative Zeiten. Diese Lösungen für $R = R(\eta)$ liefern den oberen und unteren Rand der gesuchten Menge K.

(ii) Als nächstes betrachten wir die Lösung mit Anfangswert $(x(0), y(0)) = (a, R)$, $R > c_1$. Diese startet in den Bereich $x \geq a$ hinein. Dort ist V eine Ljapunov-Funktion, also ist $\varphi(t) := V(x(t), y(t)) \leq V(a, R)$. Wir behaupten, dass es ein erstes $t_2(R) > 0$ gibt mit $x(t_2) = a$, die Lösung kehrt also in den Streifen $|x| \leq a$ zurück. Wäre dies nicht der Fall, so würde $x(t) > a$ für alle Zeiten gelten, die Lösung ist aber beschränkt, besitzt daher eine nichttriviale Limesmenge, welche nach dem Satz von Poincaré-Bendixson ein periodisches Orbit sein müsste. Dies kann aber nicht sein, da $y(t)$ in $x \geq a$ streng fallend ist. Daher gibt es dieses erste $t_2(R)$ mit $x(t) > a$ in $(0, t_2(R))$ und $x(t_2(R)) = a$.

(iii) Offenbar muss $y(t_2(R)) \leq H(a)$ gelten, aufgrund von $\dot{x}(t_2(R)) \leq 0$. Wir wollen $y(t_2(R)) \geq -R + \delta$ zeigen. Allerdings benötigen wir dafür die folgende Zusatzannahme:

$$(H') \quad \varliminf_{|x| \to \infty} |H(x)| =: H_\infty > 0.$$

Nun gilt

$$\frac{1}{2} y(t_2)^2 - \frac{1}{2} R^2 = \varphi(t_2) - \varphi(0) = \int_0^{t_2} \dot{\varphi}(t) dt$$

$$= -\int_0^{t_2} g(x(t)) H(x(t)) dt = -\int_{y(t_2)}^{R} H(x(y)) dy.$$

Die Zusatzannahme (H') in Verbindung mit (H) ergibt $H(x) \geq \delta_0$ für $x \geq a$. Daraus folgt

$$y(t_2)^2 - R^2 = -2 \int_{y(t_2)}^{R} H(x(y)) dy \leq -2\delta_0(R - y(t_2)),$$

also $y(t_2) \geq -R + 2\delta_0$. Wählt man also $\delta < 2\delta_0$ so folgt die Behauptung. Analog geht man an der linken Seite des Streifens vor.

(iv) Die kompakte Menge ist nun die von diesen 4 Lösungen und 4 vertikalen Segmenten berandete Menge; vgl. Abb. 9.4. Man beachte, dass auf diesen Segmenten, also z. B. $S_1 = \{(a, y) : R \geq y \geq x(t_1(R))\}$, das Vektorfeld f nach K hinein zeigt, da dort $y > H(a)$ gilt. Die Konstruktion ist abgeschlossen, und Satz 9.3.3 ergibt das folgende Resultat:

Satz 9.4.1. *Es seien* $g, h \in C^1(\mathbb{R}; \mathbb{R})$ *mit den folgenden Eigenschaften:.*

$$(G_0) \quad g'(0) > 0, \quad xg(x) > 0 \text{ für alle } x \neq 0, \quad \lim_{|x| \to \infty} G(x) = \infty.$$

$$(H_0) \quad h(0) < 0, \quad xH(x) > 0 \text{ für alle } |x| > a, \quad \underline{\lim}_{|x| \to \infty} |H(x)| > 0.$$

Dann besitzt die Lienard-Gleichung (L) *mindestens einen Grenzzyklus.*

Für $g(x) = x$ und $h(x) = \mu(x^2 - 1)$ $(\mu > 0)$ heißt (L) *van-der-Pol-Gleichung.* Offensichtlich sind die Voraussetzungen (G_0) und (H_0) in diesem Fall erfüllt.

9.5   Biochemische Oszillationen

Differentialgleichungen der folgenden Form treten in der Modellierung gewisser biochemischer Systeme auf.

$$\begin{aligned} \dot{u} &= v - f(u, v), \\ \dot{v} &= \eta v - \mu v + f(u, v), \end{aligned} \tag{9.6}$$

wobei $v, \mu, \eta > 0$ Konstanten sind, und $f \in C^1(\mathbb{R}^2; \mathbb{R})$ die folgenden Eigenschaften hat:

$$\begin{aligned} \partial_u f(u, v) > 0, \quad \partial_v f(u, v) > 0, \quad u, v > 0; \\ f(0, v) \leq 0, \quad f(u, 0) \geq 0, \quad u, v \geq 0. \end{aligned} \tag{9.7}$$

Da nach Voraussetzung f lokal Lipschitz ist, erzeugt (9.6) einen lokalen Fluss in $\mathbb{R}^2$. Die zweite Bedingung in (9.7) stellt sicher, dass der Standardkegel $\mathbb{R}_+^2$ positiv invariant ist. Denn ist $u = 0$, so folgt $\dot{u} = v - f(0, v) > 0$, und ebenso impliziert $v = 0$ die Ungleichung $\dot{v} = \eta v + f(u, 0) > 0$, das Positivitätskriterium ist also erfüllt.

Um nun globale Existenz der Lösungen nach rechts zu zeigen, genügt es, Anfangswerte $u_0 > 0$, $v_0 > 0$ zu betrachten, da jede auf dem Rand von $\mathbb{R}_+^2$ startende Lösung sofort ins Innere des Standardkegels strebt. Wir konstruieren nun für $0 < \varepsilon < \eta v/\mu$ und $R > 0$ eine Familie von Mengen $D_{\varepsilon, R} \subset \mathbb{R}_+^2$ wie folgt; man fertige dazu eine Skizze an. Zunächst sei

u_ε als Lösung von $v = f(u, \varepsilon)$ definiert. Dazu nehmen wir $v < \lim_{u \to \infty} f(u, v)$ für jedes $v > 0$ an. Da $f(0, \varepsilon) \leq 0$ und $f(\cdot, \varepsilon)$ streng wachsend ist, existiert u_ε und ist eindeutig bestimmt. Beginne mit der horizontalen Geraden (u, ε) für $0 \leq u \leq R$ und $R \geq u_\varepsilon$. Auf dieser Strecke ist das Vektorfeld $(v - f(u, v), \eta v - \mu v + f(u, v))$ nach oben gerichtet. Dann folgen wir der Vertikalen (R, v) von $v = \varepsilon$ bis $v = v_* = (1 + \eta)v/\mu$. Auf Grund der Monotonie von f gilt auf dieser Strecke $v - f(u, v) \leq v - f(u_\varepsilon, \varepsilon)$, also zeigt das Vektorfeld nach links. Danach folgen wir der Geraden $u + v = c$, mit $c = R + (1 + \eta)v/\mu$ bis zum Schnittpunkt mit der Ordinate, also $(0, c)$. Durch Addition der Komponenten des Vektorfeldes erhält man auf dieser Strecke $(1 + \eta)v - \mu v \leq 0$, da hier $v \geq v_*$ gilt. Also zeigt das Vektorfeld auch auf dieser Strecke in $D_{\varepsilon, R}$ hinein. Schließlich folgt man der Vertikalen von $(0, c)$ zurück zum Ausgangspunkt. Auf diese Weise haben wir beschränkte, konvexe und abgeschlossene Teilmengen von $\mathbb{R}_+^2$ konstruiert, die positiv invariant für (9.6) sind. Durch geeignete Wahl von $\varepsilon > 0$ und $R > 0$ kann man nun für den Anfangswert $(u_0, v_0) \in D_{\varepsilon, R}$ erreichen, die zugehörige Lösung bleibt in $D_{\varepsilon, R}$, ist also nach rechts beschränkt und existiert damit auch global nach rechts.

Als nächstes berechnen wir die Equilibria (u_*, v_*) von (9.6). Durch Addition der Gleichungen ergibt sich $v_* = (1 + \eta)v/\mu > 0$. Das entsprechende u_* ist Lösung von $f(u, v_*) = v$. Da $f(\cdot, v_*)$ streng wachsend und $f(0, v_*) \leq 0$ ist, gibt es genau eine Lösung u_* dieser Gleichung, sofern $v < \lim_{u \to \infty} f(u, v_*)$ gilt.

Die Stabilität dieses Equilibriums bestimmt man wie immer mittels Linearisierung A der rechten Seite von (9.6) in (u_*, v_*). Dies führt auf die Matrix

$$A = \begin{bmatrix} -\partial_u f(u_*, v_*) & -\partial_v f(u_*, v_*) \\ \partial_u f(u_*, v_*) & \partial_v f(u_*, v_*) - \mu \end{bmatrix}.$$

Die Determinante von A ist

$$\det A = \mu \partial_u f(u_*, v_*) > 0,$$

und für die Spur ergibt sich

$$\mathrm{sp}\, A = \partial_v f(u_*, v_*) - \partial_u f(u_*, v_*) - \mu.$$

Daher ist (u_*, v_*) kein Sattelpunkt, sondern eine (stabile oder instabile) Spirale bzw. ein (stabiler oder instabiler) Knoten.

Da jede in einem Punkt $(u_0, v_0) \in \mathbb{R}_+^2$ startende Lösung in $\mathbb{R}_+^2$ bleibt und nach rechts beschränkt ist, ist ihre Limesmenge $\omega_+(u_0, v_0)$ nichtleer, und trifft den Rand von $\mathbb{R}_+^2$ nicht, da sie invariant ist. Gl. (9.6) besitzt genau ein Equilibrium, also gilt nach dem Satz von Poincaré-Bendixson entweder $\omega_+(u_0, v_0) = \{(u_*, v_*)\}$ oder $\omega_+(u_0, v_0)$ ist ein periodisches Orbit. Ein homoklines Orbit kommt hier nicht in Frage, da dann (u_*, v_*) ein Sattelpunkt sein müsste. Insbesondere existiert im Fall $\mathrm{sp}\, A > 0$ mindestens eine periodische Lösung, und jede Lösung (ausgenommen das Equilibrium (u_*, v_*)) konvergiert für $t \to \infty$ gegen eine periodische Lösung. Damit hat das System in diesem Fall oszillatorisches Verhalten. Wir fassen zusammen.

Satz 9.5.1. *Es seien $v, \mu, \eta > 0$ Konstanten. Das Vektorfeld $f \in C^1(\mathbb{R}^2; \mathbb{R})$ erfülle die Bedingungen $\lim_{u \to \infty} f(u, v) > v$ für alle $v > 0$, und*

$$\partial_u f(u, v) > 0, \quad \partial_v f(u, v) > 0, \quad u, v > 0;$$

$$f(0, v) \leq 0, \quad f(u, 0) \geq 0, \quad u, v \geq 0. \tag{9.8}$$

Dann erzeugt das System (9.6) einen globalen Halbfluss auf $\mathbb{R}_+^2$. Es existiert genau ein Equilibrium $(u_*, v_*) \in \mathbb{R}_+^2$, und es ist $u_*, v_* > 0$. Sei

$$\gamma_* := \partial_v f(u_*, v_*) - \partial_u f(u_*, v_*) - \mu.$$

Ist $\gamma_* < 0$, so ist (u_*, v_*) asymptotisch stabil, für $\gamma_* > 0$ hingegen instabil. Im Falle $\gamma_* > 0$ konvergiert jede Lösung in $\mathbb{R}_+^2$ gegen ein periodisches Orbit (natürlich mit Ausnahme des Equilibriums).

Wir betrachten zum Abschluss zwei

Beispiele.

(a) $f(u, v) = uv^2$; dies ist ein vereinfachtes *Sel'kov-Modell*. Hier haben wir

$$u_* = \frac{\mu^2}{(1 + \eta)^2 v}, \quad v_* = (1 + \eta)\frac{v}{\mu},$$

und

$$\gamma_* = 2u_* v_* - v_*^2 - \mu = \mu\frac{1 - \eta}{1 + \eta} - (1 + \eta)^2\frac{v^2}{\mu^2}.$$

Für $\eta \geq 1$ ist $\gamma_* < 0$, aber für $\eta < 1$ ist $\gamma_* > 0$ genau dann, wenn $\mu^3 > v^2(1 + \eta)^3/(1 - \eta)$ erfüllt ist. Abb. 9.5 zeigt das Phasendiagramm für dieses Modell.

(b) $f(u, v) = u(1 + v)^2$; diese Funktion tritt im *Goldbeter–Lefever-Modell* auf. Da $f(u, 0) > 0$ ist, kann man hier auch den Fall $\eta = 0$ betrachten. Dann sind

$$u_* = \frac{v\mu^2}{(\mu + v)^2}, \quad v_* = \frac{v}{\mu},$$

und

$$\gamma_* = \mu\frac{v - \mu}{\mu + v} - \frac{(\mu + v)^2}{\mu^2}.$$

Für $v \leq \mu$ ist hier $\gamma_* < 0$, für $v > \mu$ ist $\gamma_* > 0$ genau dann, wenn $(1 + v/\mu)^3 < \mu(v/\mu - 1)$ gilt.

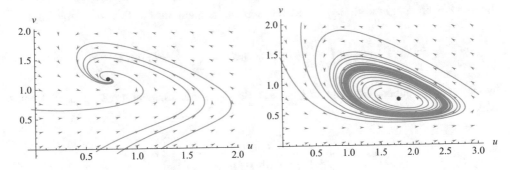

Abb. 9.5 Biochemischer Oszillator

9.6 Der Index isolierter Equilibria

Sei $f \in C^1(G; \mathbb{R}^2)$. Ist $a \in \mathbb{R}^2$, $a \neq 0$, so definieren wir $\varphi(a)$ als den Winkel den a mit $e_1 = [1, 0]^\mathsf{T}$ bildet. Sei nun $\Gamma \subset G \setminus \mathcal{E}$ eine rechts-orientierte C^1-*Jordan-Kurve*, also geschlossen und doppelpunktfrei. Wir definieren den **Index** von f bzgl. Γ als die Änderung des normierten Winkels $\frac{\varphi(f(x))}{2\pi}$ bei einem Umlauf längs der Kurve Γ:

$$\mathrm{ind}(f, \Gamma) := \frac{1}{2\pi} \int_\Gamma d(\varphi \circ f) = \frac{1}{2\pi} \int_0^1 \frac{d}{ds} \varphi(f(\sigma(s))) ds, \tag{9.9}$$

wobei $\sigma : [0, 1] \to \mathbb{R}^2$ eine C^1-Parametrisierung von Γ bezeichnet. Hierbei ist die Funktion $x \mapsto \varphi(f(x))$ als stetig anzusehen, der Winkel $\varphi(f(x))$ kann also beliebige Werte in $\mathbb{R}$ annehmen. Mit anderen Worten: Der Index von f bzgl. Γ ist die Windungszahl der Kurve $f(\Gamma)$ um 0.

Lemma 9.6.1. *Sei* $f \in C^1(G; \mathbb{R}^2)$, $\Gamma \subset G \setminus \mathcal{E}$ *eine* C^1-*Jordan-Kurve mit Innengebiet* $\Omega \subset G$, *und sei* $\Omega \cap \mathcal{E} = \emptyset$. *Dann ist* $\mathrm{ind}(f, \Gamma) = 0$.

Beweis. Ist $f_1(x) > 0$, so ist

$$\varphi(f(x)) = \arctan\left(\frac{f_2(x)}{f_1(x)}\right) + 2k\pi,$$

wobei $k \in \mathbb{Z}$ konstant ist, solange $f_1(x) > 0$ gilt. Es folgt

$$\frac{d}{ds}\varphi(f(\sigma(s))) = \frac{1}{1 + (f_2/f_1)^2} \frac{d}{ds} \frac{f_2}{f_1} = \frac{f_1 \dot{f}_2 - \dot{f}_1 f_2}{f_1^2 + f_2^2}$$

$$= \frac{1}{f_1^2 + f_2^2} \left(\begin{bmatrix} f_1 \partial_2 f_2 - (\partial_2 f_1) f_2 \\ (\partial_1 f_1) f_2 - f_1 \partial_1 f_2 \end{bmatrix} \middle| \begin{bmatrix} \dot{\sigma}_2 \\ -\dot{\sigma}_1 \end{bmatrix} \right).$$

Diese Darstellung gilt auch in den anderen Bereichen, nicht nur für $f_1 > 0$. Damit folgt

$$\mathrm{ind}(f, \Gamma) = \frac{1}{2\pi} \int_0^1 \frac{d}{ds} \varphi(f(\sigma(s))) ds = \frac{1}{2\pi} \int_\Gamma (g(x)|\nu(x)) d\sigma,$$

wobei $\nu(x)$ die äußere Normale an $\Gamma = \partial\Omega$, $d\sigma$ das Linienelement auf Γ, und $g(x)$ das Vektorfeld

$$g(x) = \frac{1}{f_1^2 + f_2^2} \begin{bmatrix} f_1 \partial_2 f_2 - (\partial_2 f_1) f_2 \\ (\partial_1 f_1) f_2 - f_1 \partial_1 f_2 \end{bmatrix}(x)$$

bezeichnen. Der Divergenzsatz impliziert daher

$$\mathrm{ind}(f, \Gamma) = \frac{1}{2\pi} \int_\Gamma (g(x)|\nu(x)) d\sigma = \frac{1}{2\pi} \int_\Omega \mathrm{div}\, g(x) dx = 0,$$

da g aufgrund von $f(x) \neq 0$ in Ω wohldefiniert ist, und wie eine einfache Rechnung zeigt, $g \in C^1$ die Relation $\mathrm{div}\, g(x) = 0$ in Ω erfüllt, sofern $f \in C^2$ ist. Das Lemma ist somit für $f \in C^2$ bewiesen. Da sich jedes $f \in C^1(G; \mathbb{R}^2)$ auf kompakten Teilmengen von G gleichmäßig durch C^2-Funktionen approximieren lässt, ist die Behauptung des Lemmas auch für $f \in C^1$ richtig.   □

Sei nun f nur noch stetig in G. Approximiere f durch eine Folge von C^1-Funktionen f_k, gleichmäßig auf kompakten Teilmengen von G. Dann gilt

$$\mathrm{ind}(f_k, \Gamma) = \frac{1}{2\pi} [\varphi(f_k(\sigma(1))) - \varphi(f_k(\sigma(0)))] \to \frac{1}{2\pi} [\varphi(f(\sigma(1))) - \varphi(f(\sigma(0)))],$$

und dies ist unabhängig von der gewählten Folge f_k. Damit ist $\mathrm{ind}(f, \Gamma)$ für alle $f \in C(G; \mathbb{R}^2)$ mittels

$$\mathrm{ind}(f, \Gamma) = \frac{1}{2\pi} [\varphi(f(\sigma(1))) - \varphi(f(\sigma(0)))]$$

definiert, sofern $\Gamma \cap \mathcal{E} = \emptyset$ ist. Hierbei bezeichnet $\sigma : [0, 1] \to \mathbb{R}^2$ nach wie vor eine C^1-Parametrisierung von Γ. Es ist klar, dass $\mathrm{ind}(f, \Gamma)$ Werte in $\mathbb{Z}$ annimmt und stetig von f abhängt. Daher gilt Lemma 9.6.1 auch für $f \in C(G; \mathbb{R}^2)$.

Schließlich beseitigen wir noch die Glattheitsannahme an Γ. Dazu sei Γ eine stetige Jordan-Kurve mit $\Gamma \cap \mathcal{E} = \emptyset$. Wir approximieren Γ von innen her durch eine Folge von C^1-Jordan-Kurven Γ_k. Ist $k \geq k_0$, mit k_0 hinreichend groß, so ist $\mathrm{ind}(f, \Gamma_k)$ wohldefiniert, und mit Lemma 9.6.1 unabhängig von k. Daher definieren wir

$$\mathrm{ind}(f, \Gamma) := \mathrm{ind}(f, \Gamma_k), \quad k \geq k_0.$$

Lemma 9.6.1 bleibt so für alle stetigen Jordan-Kurven und $f \in C(G; \mathbb{R}^2)$ mit $\Gamma \cap \mathcal{E} = \emptyset$ richtig.

Damit können wir nun den Index eines isolierten Equilibriums von (9.1) einführen. Es sei $x_* \in \mathcal{E}$ isoliert. Wähle eine Jordan-Kurve Γ_* um den Punkt x_*, derart, dass kein weiteres Equilibrium innerhalb oder auf Γ_* liegt, und setze

$$\text{ind}(f, x_*) := \text{ind}(f, \Gamma_*).$$

Diese Zahl heißt **Index** des isolierten Equilibriums x_* von f. Aufgrund von Lemma 9.6.1 ist diese Definition unabhängig von der speziellen Wahl von Γ_*. Eine direkte Folgerung aus Lemma 9.6.1 und der Definition des Index ist das

Korollar 9.6.2. *Sei $\Gamma \subset G \setminus \mathcal{E}$ eine Jordan-Kurve mit Innengebiet $\Omega \subset G$, und sei $\Omega \cap \mathcal{E} = \{x_1, \dots, x_m\}$ endlich. Dann gilt*

$$\text{ind}(f, \Gamma) = \sum_{j=1}^{m} \text{ind}(f, x_j).$$

Der folgende Satz – *Hopfscher Umlaufsatz* genannt –, hat wichtige Konsequenzen für periodische Lösungen von (9.1).

Satz 9.6.3 (Hopfscher Umlaufsatz). *Sei $\Gamma \subset G \setminus \mathcal{E}$ eine C^1-Jordan-Kurve, und gelte $(f(x)|v(x)) = 0$ auf Γ, wobei $v(x)$ die äußere Normale an Γ bezeichne. Dann gilt $\text{ind}(f, \Gamma) = 1$. Ist das Innengebiet von Γ in G enthalten, so gibt es dort mindestens ein Equilibrium.*

Beweis. Wir können o.B.d.A. $|f(x)|_2 = 1$ auf Γ annehmen, und das Koordinatensystem so wählen, dass Γ im ersten Quadranten liegt, und die x-Achse im Punkt $(a, 0)$ berührt. Sei die Parametrisierung $x(s)$ von Γ über die Bogenlänge s, so orientiert, dass $\dot{x}(s) = f(x(s))$ gilt, sowie $x(0) = (a, 0) = x(l)$ ist; es gilt dann $\dot{x}(0) = [1, 0]^\mathsf{T} = e_1$.

Wir konstruieren ein Vektorfeld $g(s, t)$ auf dem Dreieck $T = \{(s, t) : 0 \leq s \leq t \leq l\}$ wie folgt:

$$\begin{cases} g(s, s) = f(x(s)), & s \in [0, l] \\ g(0, l) = -e_1 = [-1, 0]^\mathsf{T} \\ g(s, t) = \frac{x(t) - x(s)}{|x(t) - x(s)|}, & s \neq t. \end{cases}$$

Das Vektorfeld g ist auf T stetig und verschwindet in keinem Punkt, denn es gilt $|g(s, t)|_2 = 1$, für alle $(s, t) \in T$. Daher gilt $\text{ind}(g, \partial T) = 0$ nach Lemma 9.6.1. Die Änderung des Winkels zwischen $g(s, s) = f(x(s))$ und e_1 von 0 nach le $:= [l, l]^\mathsf{T}$, also $\text{ind}(f, \Gamma)$, ist daher gleich der Änderung des Winkels entlang der Vertikalen von 0 nach

le_2 plus der Änderung längs der Horizontalen von le_2 nach le. Sei $\theta(s, t)$ dieser Winkel. Es ist $\theta(0, 0) = 0$ da $g(0, 0) = \dot{x}(0) = e_1$ ist. Da Γ im ersten Quadranten liegt, ist $0 \leq \theta(0, t) \leq \pi$, und $\theta(0, l) = \pi$. Daher ist die Änderung längs der Vertikalen von $(0, 0)$ nach $(0, l)$ gleich π. Ebenso sieht man, dass längs der Horizontalen von $(0, l)$ nach (l, l) $\pi \leq \theta(s, l) \leq 2\pi$ ist, und $\theta(l, l) = 2\pi$, da $g(l, l) = \dot{x}(l) = e_1$ ist. Daher ist $\text{ind}(f, \Gamma) = 1$. $\square$

Wir formulieren nun die Konsequenzen des Hopfschen Umlaufsatzes für das zweidimensionale autonome System (9.1).

Satz 9.6.4. *Sei* $\Gamma \subset G$ *ein periodisches Orbit von (9.1) und sei ihr Innengebiet* $\Omega \subset G$. *Dann gelten die folgenden Aussagen:*

1. $\text{ind}(f, \Gamma) = 1$;
2. $\Omega \cap \mathcal{E} \neq \emptyset$;
3. *Ist* $\mathcal{E}$ *diskret, so ist* $\Omega \cap \mathcal{E} = \{x_1, \ldots, x_m\}$ *endlich, und es gilt*

$$\sum_{j=1}^{m} \text{ind}(f, x_j) = 1.$$

Insbesondere gibt es im Innengebiet Ω *von* Γ *mindestens ein Equilibrium.*

Beweis.

1. Da $\Gamma = \gamma_+(x)$ ein periodisches Orbit von (9.1) ist, gilt $\dot{x}(t) = f(x(t))$, d. h. Γ ist C^1 und $f(x)$ ist tangential an Γ, sowie $\neq 0$. Der Hopfsche Umlaufsatz ergibt die Behauptung.
2. Lemma 9.6.1 zeigt, dass wenigstens ein Equilibrium von f im Innengebiet Ω von Γ liegen muss.
3. Es ist $\mathcal{E} \cap \Omega = \mathcal{E} \cap \overline{\Omega}$ kompakt. Da $\mathcal{E}$ diskret ist, gibt es zu jedem $x_* \in \mathcal{E}$ eine Kugel $B_{r_*}(x_*)$ die keine weiteren Equilibria enthält. Da diese Kugeln $\mathcal{E} \cap \Omega$ überdecken, genügen bereits endlich viele, d. h. $\mathcal{E} \cap \Omega$ ist endlich. Die letzte Behauptung folgt aus dem Hopfschen Umlaufsatz und aus Korollar 9.6.2.

$\square$

Als nächstes berechnen wir den Index eines nicht ausgearteten Equilibriums.

Proposition 9.6.5. *Sei* $f \in C^1(G; \mathbb{R}^2)$ *und sei* $x_* \in \mathcal{E}$ *nicht ausgeartet, es gelte also* $\det f'(x_*) \neq 0$. *Dann ist* $\text{ind}(f, x_*) = \text{sgn} \det f'(x_*)$. *Insbesondere gilt* $\text{ind}(f, x_*) = -1$ *genau dann, wenn* x_* *ein Sattelpunkt ist. Für Knoten, Spiralen und Zentren gilt hingegen* $\text{ind}(f, x_*) = 1$.

Beweis. Es sei o.B.d.A. $x_* = 0$ und $\varepsilon > 0$ hinreichend klein gegeben. Mit $A = f'(0)$ ist für $|x| = r$

$$|\tau Ax + (1-\tau)f(x)| = |Ax - (1-\tau)(Ax - f(x))| \geq |Ax| - |Ax - f(x)|$$

$$\geq |A^{-1}|^{-1}r - \varepsilon r > 0,$$

sofern $r > 0$ hinreichend klein ist. Daher ist $g_\tau(x) := \tau Ax + (1-\tau)f(x) \neq 0$ auf $\partial B_r(0)$. Da die Funktion

$$\psi(\tau) := \mathrm{ind}(g_\tau, \partial B_r(0))$$

stetig ist und Werte in $\mathbb{Z}$ hat, folgt $\psi(0) = \psi(1)$, also $\mathrm{ind}(f, 0) = \mathrm{ind}(A\cdot, 0)$. Daher genügt es die lineare Abbildung Ax zu betrachten.

Für das im Beweis von Lemma 9.6.1 definierte Vektorfeld $g(x)$ erhalten wir

$$g(x) = \frac{\det A}{|Ax|_2^2} \begin{bmatrix} x_1 \\ x_2 \end{bmatrix}.$$

Folglich ist für $\Gamma = \partial B_r(0)$ mit $v(x) = r^{-1}[x_1, x_2]^{\mathsf{T}}$

$$\mathrm{ind}(A\cdot, 0) = \frac{r \det A}{2\pi} \int_\Gamma \frac{d\sigma}{|Ax|_2^2} = \frac{\det A}{2\pi} \int_{|x|_2=1} \frac{d\sigma}{|Ax|_2^2}.$$

Da $\mathrm{ind}(A\cdot, 0)$ eine ganze Zahl ist und stetig in den Einträgen a_{ij} von A, ist diese Zahl konstant, solange $\det A$ nicht das Vorzeichen wechselt. Ist nun $\det A > 0$ und $a_{11}a_{22} > 0$, so ergibt $a_{12}, a_{21} \to 0$ und $a_{11}, a_{22} \to \mathrm{sgn}\, a_{11}$ den Index $\mathrm{ind}(A\cdot, 0) = 1$; gilt nun $a_{11}a_{22} \leq 0$, dann ergibt $a_{11}, a_{22} \to 0$ und $a_{12} \to \mathrm{sgn}\, a_{12}, a_{21} \to \mathrm{sgn}\, a_{21}$ wiederum $\mathrm{ind}(A\cdot, 0) = 1$. Ebenso argumentiert man im Fall $\det A < 0$, um dann $\mathrm{ind}(A\cdot, 0) = -1$ zu erhalten. Damit ist die Proposition bewiesen. $\qquad\square$

Eine interessante Folgerung ist

Korollar 9.6.6. *Sei $G \subset \mathbb{R}^2$ offen und einfach zusammenhängend, $f \in C^1(G; \mathbb{R}^2)$ und es sei jedes Equilibrium $x_* \in \mathcal{E}$ ein Sattelpunkt, es gelte also $\det f'(x_*) < 0$. Dann besitzt (9.1) keine periodische Lösung in G.*

Beweis. Wäre Γ ein periodisches Orbit, so wäre $\mathrm{ind}(f, \Gamma) = 1$ nach Satz 9.6.4 Nach Voraussetzung und mit dem Satz über inverse Funktionen ist $\mathcal{E}$ diskret, also folgt aus Satz 9.6.4 und Proposition 9.6.5.

$$1 = \text{ind}(f, \Gamma) = \sum_{j=1}^{m} \text{ind}(f, x_j) = \sum_{j=1}^{m}(-1) = -m < 0,$$

ein Widerspruch.   □

Eine weitere Folgerung beinhaltet die Existenz eines Equilibriums.

Korollar 9.6.7. *Sei $G \subset \mathbb{R}^2$ offen und einfach zusammenhängend, $f \in C^1(G; \mathbb{R}^2)$, und sei $\emptyset \neq K \subset G$ kompakt und positiv invariant. Dann besitzt (9.1) mindestens ein Equilibrium in G.*

Beweis. Sei $x_0 \in K$; da K positiv invariant und kompakt ist, ist die Limesmenge $\omega_+(x_0)$ nichtleer. Enthält sie kein Equilibrium, dann ist sie nach dem Satz von Poincaré-Bendixson ein periodisches Orbit. Da G einfach zusammenhängend ist, liegt das Innengebiet dieses Orbits in G. Nach Satz 9.6.4 gibt es dort mindestens ein Equilibrium.   □

Übungen

9.1   Die Gleichung $\ddot{x} + a\dot{x} + bx + cx^3 = 0$ heißt *Duffing-Gleichung*. Man zeige:
   (a) Ist $a \neq 0$, so gibt es keine periodische Lösung.
   (b) Ist $a = 0$, so gibt es keinen Grenzzyklus.

9.2   Die Gleichung $\ddot{x} + \mu(x^2 - 1)\dot{x} + x = 0$ heißt *van-der-Pol-Gleichung*. Man zeige, dass diese Gleichung für $\mu \geq 0$ mindestens eine periodische Lösung besitzt.

9.3   Man zeige, dass Satz 9.4.1 im Falle $g'(0) = 0$ richtig bleibt.
   Tipp: $V(x)$ ist eine Ljapunov-Funktion nahe 0 für den Rückwärtsfluss.

9.4   Die Lienard-Gleichung besitzt *genau* eine periodische Lösung, falls zusätzlich zu den Voraussetzungen von Satz 9.4.1 die folgenden Bedingungen erfüllt sind: $h(x)$ ist gerade, $g(x)$ ungerade, $H(x) < 0$ für $0 < x < a$, $H(x) > 0$ für $x > a$, und $H(x) \to \infty$ wachsend für $a < x \to \infty$.

9.5   Erfüllt $H(x)$ die Bedingung (H_0) aus Satz 9.4.1, so besitzt die Gleichung $\ddot{y} + H(\dot{y}) + y = 0$ mindestens eine periodische Lösung.
   Tipp: Setzen Sie $x = -\dot{y}$.

9.6   Seien $f, g \in C(G; \mathbb{R}^2)$, $\Gamma \subset G$ eine Jordan-Kurve, und gelte

$$\alpha f(x) + \beta g(x) \neq 0, \quad \text{für alle } x \in \Gamma, \; \alpha, \beta \geq 0, \; (\alpha, \beta) \neq (0, 0).$$

Dann sind $\text{ind}(f, \Gamma)$ und $\text{ind}(g, \Gamma)$ wohldefiniert und es gilt $\text{ind}(f, \Gamma) = \text{ind}(g, \Gamma)$.

9.7   Sei $\Gamma \subset G$ ein periodisches Orbit für (9.1), $f \in C^1(G; \mathbb{R}^2)$, und sei $x_* \in \Omega \subset G$, dem Innengebiet von Γ, ein Sattelpunkt, also $\det f'(x_*) < 0$. Ist die Menge $\mathcal{E}$ der Equilibria nicht ausgeartet, so gibt es mindestens drei Equilibria von (9.1) in Ω.

9.8 Führen sie die Details im Torus-Beispiel aus Abschn. 9.2 aus.

Tipp: Approximationssatz von Kronecker.

9.9 Verifizieren Sie die Bedingung $\mathrm{div}(\rho(x)f(x)) < 0$ im Beispiel 2 in Abschn. 9.3.

9.10 Zeigen Sie die Konvergenz der Lösungen in Beispiel 2 aus Abschn. 9.2 mittels der Lojasiewicz-Technik.

Linearisierung und invariante Mannigfaltigkeiten

10

In diesem Kapitel untersuchen wir das Verhalten von Lösungen der autonomen Differentialgleichung

$$\dot{z} = f(z) \tag{10.1}$$

in der Nähe eines Equilibriums. Dazu sei $G \subset \mathbb{R}^n$ offen, $f \in C^1(G; \mathbb{R}^n)$ und $z_* \in G$ mit $f(z_*) = 0$. Im Weiteren schreiben wir kurz $|x| = |x|_2$ für einen Vektor $x \in \mathbb{R}^n$.

10.1 Sattelpunkte autonomer Systeme

Wir nennen z_* einen **Sattelpunkt**, falls die Matrix $A = f'(z_*) \in \mathbb{R}^{n \times n}$ keine Eigenwerte auf der imaginären Achse hat, aber jeweils mindestens einen mit positivem und negativem Realteil. Wähle $R > 0$, sodass $B_R(z_*) \subset G$ gilt. Wir setzen wieder $x = z - z_*$, $h(x) = f(x + z_*) - f'(z_*)x$, $x \in B_R(0)$ und betrachten das Verhalten der Gleichung

$$\dot{x} = Ax + h(x) \tag{10.2}$$

in der Nähe von $x_* = 0$, wobei $A = f'(z_*)$. Man beachte, dass nach Konstruktion $h \in C^1(B_R(0); \mathbb{R}^n)$ und $h(0) = h'(0) = 0$ gilt. Abb. 10.1 zeigt anschaulich, wie sich das Phasenportrait in der Nähe des Sattelpunktes $x_* = 0$ ändert, wenn man vom linearen Problem

$$\dot{y} = Ay \tag{10.3}$$

© Springer Nature Switzerland AG 2019
J. W. Prüss, M. Wilke, *Gewöhnliche Differentialgleichungen und dynamische Systeme*, Grundstudium Mathematik, https://doi.org/10.1007/978-3-030-12362-8_10

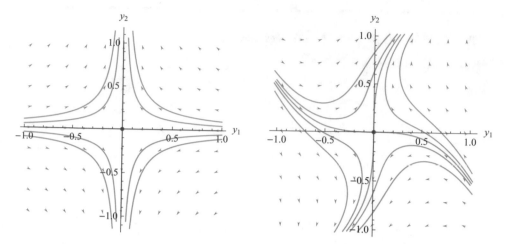

Abb. 10.1 Linearer und nichtlinearer Sattelpunkt

zum nichtlinearen Problem (10.2) übergeht. Die gesamten Trajektorien werden durch die Nichtlinearität $h = h(x)$ verbogen, um so stärker, je weiter man sich vom Sattelpunkt entfernt. Die topologischen Eigenschaften des Flusses bleiben dabei allerdings erhalten. Dieses Verhalten ist nicht nur an den zweidimensionalen Fall gebunden, wie wir gleich sehen werden.

Dazu benötigen wir jedoch noch eine Bezeichnung. Der **Morse-Index** $k \in \mathbb{N}$ eines Sattelpunktes $z_* \in G$ von (10.1) wird durch die Anzahl der Eigenwerte von $A = f'(z_*)$ mit positivem Realteil (Vielfachheit mitgezählt) definiert.

Wir kommen nun zur genauen Beschreibung nichtlinearer Sattelpunkte. Der nachfolgende Satz ist dabei für Equilibria von (10.1) formuliert.

Satz 10.1.1. *Sei $G \subset \mathbb{R}^n$ offen, $f \in C^1(G; \mathbb{R}^n)$ und sei $z_* \in G$ ein Sattelpunkt von (10.1). Setze*

$$\mathcal{M}_s = \{y \in G : z(t, y) \text{ existiert auf } \mathbb{R}_+ \text{ und } \lim_{t \to \infty} z(t, y) = z_*\},$$

und

$$\mathcal{M}_u = \{y \in G : z(t, y) \text{ existiert auf } \mathbb{R}_- \text{ und } \lim_{t \to -\infty} z(t, y) = z_*\}.$$

Ferner bezeichnen wir mit X_s bzw. X_u die von den stabilen bzw. instabilen Eigenwerten von $A = f'(z_*)$ aufgespannten Teilräume des $\mathbb{R}^n$, deren Dimensionen durch $\dim X_s = n - k$ und $\dim X_u = k$ gegeben sind, wobei k der Morse-Index von z_* ist. Dann gilt

1. $\mathcal{M}_s$ *bzw.* $\mathcal{M}_u$ *sind* C^1*-Mannigfaltigkeiten der Dimension* $n - k$ *bzw.* k, *welche durch* z_* *verlaufen, d. h.* $z_* \in \mathcal{M}_s \cap \mathcal{M}_u$.
2. *Die Tangentialräume von* $\mathcal{M}_s$ *bzw.* $\mathcal{M}_u$ *in* z_* *sind* X_s *bzw.* X_u; *insbesondere schneiden sich* $\mathcal{M}_s$ *und* $\mathcal{M}_u$ *in* z_* *transversal.*
3. *Die Mannigfaltigkeiten* $\mathcal{M}_s$ *und* $\mathcal{M}_u$ *sind invariant bezüglich* (10.1).
4. *Es gibt Zahlen* $0 < \delta \le \rho$ *derart, dass für alle* $y \in B_\delta(z_*)$ *gilt*

$$y \notin \mathcal{M}_s \Longrightarrow |z(t, y) - z_*| > \rho, \text{ für mindestens ein } t > 0,$$

und

$$y \notin \mathcal{M}_u \Longrightarrow |z(t, y) - z_*| > \rho, \text{ für mindestens ein } t < 0.$$

Beweis. Es genügt, alle Behauptungen für die *stabile Mannigfaltigkeit* $\mathcal{M}_s$ zu beweisen, denn durch Zeitumkehr ergeben sich die entsprechenden Aussagen für die *instabile Mannigfaltigkeit* $\mathcal{M}_u$. Sei P_s die Projektion auf den Teilraum X_s längs X_u, d. h. es gilt $R(P_s) = X_s$ und $N(P_s) = X_u$; ferner sei $P_u = I - P_s$. Dann existieren Konstanten $M \ge 1, \eta > 0$, sodass die Abschätzungen

$$|e^{At} P_s| \le M e^{-\eta t} \text{ und } |e^{-At} P_u| \le M e^{-\eta t}$$

für alle $t > 0$ gelten. Wir wählen nun $r > 0$ so klein, dass die Abschätzung

$$|h(x)| \le \frac{\eta}{2M} |x|, \quad \text{für } |x| \le r$$

erfüllt ist und zeigen zunächst, dass $\mathcal{M}_s$ die C^1-Eigenschaft in einer Kugel um $z_* \in G$ besitzt.

Dazu betrachten wir die Integralgleichung

$$u(t) = e^{At} x + \int_0^t e^{A(t-s)} P_s h(u(s)) ds - \int_t^\infty e^{A(t-s)} P_u h(u(s)) ds, \tag{10.4}$$

wobei $x \in X_s$ ist. Um die Existenz einer Lösung von (10.4) zu sichern, verwenden wir den Satz über implizite Funktionen, den wir aus [27, Theorem 15.1, Corollary 15.1] zitieren.

Satz 10.1.2 (über implizite Funktionen). *Seien* X, Y, Z *Banach-Räume,* $\mathcal{U} \subset X$, $\mathcal{V} \subset Y$ *Umgebungen von* $x_0 \in X$ *und* $y_0 \in Y$, $F : \mathcal{U} \times \mathcal{V} \to Z$ *stetig, und stetig differenzierbar bezüglich* y. *Ferner gelte* $F(x_0, y_0) = 0$ *und* $F_y^{-1}(x_0, y_0) \in \mathcal{B}(Z, Y)$. *Dann existieren Kugeln* $B_\delta(x_0) \subset \mathcal{U}$, $B_\rho(y_0) \subset \mathcal{V}$ *und genau eine stetige Abbildung* $\Phi : B_\delta(x_0) \to B_\rho(y_0)$, *sodass* $\Phi(x_0) = y_0$ *und* $F(x, \Phi(x)) = 0$ *für alle* $x \in B_\delta(x_0)$ *gilt.*

In $B_\delta(x_0) \times B_\rho(y_0)$ besitzt die Gleichung $F(x, y) = 0$ keine weiteren Lösungen. Gilt für ein $m \in \mathbb{N} \cup \{\infty, \omega\}$ zusätzlich $F \in C^m(\mathcal{U} \times \mathcal{V})$, so ist auch $\Phi \in C^m(B_\delta(x_0))$.

Wir definieren einen Banachraum U durch

$$U := \{u \in C(\mathbb{R}_+; \mathbb{R}^n) : \|u\|_\eta = \sup_{t \geq 0} |u(t)| e^{\eta t/2} < \infty\}.$$

Nach Übung 10.1 ist die Abbildung $H : X_s \times B_r^U(0) \to U$, definiert durch

$$H(x, u)(t) = u(t) - e^{At} x - \int_0^t e^{A(t-s)} P_s h(u(s)) ds + \int_t^\infty e^{A(t-s)} P_u h(u(s)) ds$$

stetig differenzierbar bezüglich $(x, u) \in X_s \times B_r^U(0)$. Es gilt $D_x H(x, u)(t) = -e^{At} P_s$ und für $v \in U$ ist

$$D_u H(x, u)v(t) = v(t) - \int_0^t e^{A(t-s)} P_s h'(u(s)) v(s) ds + \int_t^\infty e^{A(t-s)} P_u h'(u(s)) v(s) ds.$$

Insbesondere ist $H(0, 0) = 0$ und $D_u H(0, 0) = I$, denn nach Voraussetzung gilt $h(0) = h'(0) = 0$. Nach dem Satz über implizite Funktionen existieren nun Zahlen $\delta > 0$ und $\rho \in (0, r)$, und eine Funktion $\Phi \in C^1\left(B_\delta^{X_s}(0); B_\rho^U(0)\right)$, mit $H(x, \Phi(x)) = 0$ für alle $x \in B_\delta^{X_s}(0)$. Ferner ist $\Phi(x)$ die einzige Lösung von $H(x, u) = 0$ in $B_\rho^U(0)$. Differenzieren wir die Gleichung $H(x, \Phi(x)) = 0$ bezüglich $x \in B_\delta^{X_s}(0)$, so erhalten wir die Identität

$$(D_x H)(x, \Phi(x)) + (D_u H)(x, \Phi(x))\Phi'(x) = 0, \quad x \in B_\delta^{X_s}(0).$$

Insbesondere gilt also $\Phi'(0)(t) = e^{At} P_s$, da $\Phi(0) = 0$ ist. Wir setzen $u(t; x) = \Phi(x)(t)$. Dann ist u eine Lösung der Integralgleichung (10.4) und es gilt

$$u(t, x) = e^{At}\left(x - \int_0^\infty e^{-As} P_u h(u(s, x)) ds\right) + \int_0^t e^{A(t-s)} h(u(s, x)) ds. \tag{10.5}$$

Da ferner $u(t, x) \to 0$ für $t \to +\infty$ gilt, ist $z(t) = z_* + u(t, x)$ eine Lösung von (10.1) mit $z(0) = z_* + u(0, x) = z_* + x - q(x) \in \mathcal{M}_s$. Hierbei ist $q(x)$ durch

$$q(x) = \int_0^\infty e^{-As} P_u h(u(s, x)) ds$$

gegeben, das heißt $q(x) \in R(P_u) = X_u$ und es gilt

$$q'(x) = \int_0^\infty e^{-As} P_u h'(\Phi(x)(s))\Phi'(x)(s) ds,$$

also mit $h'(0) = 0$ insbesondere $q'(0) = 0$. Wir haben damit durch die Abbildung

$$B_\delta^{X_s}(0) \ni x \mapsto z_* + x - q(x) \in \mathbb{R}^n$$

eine C^1-Mannigfaltigkeit $\mathcal{M}_s^* \subset \mathcal{M}_s$ definiert, die wegen $q'(0) = 0$ den Raum X_s als Tangentialraum in $x = 0$ bzw. $z = z_*$ besitzt.

Ist nun $z(t) = x(t) + z_*$ eine Lösung von (10.1) mit $|x(t)| \leq \rho$ für alle $t \geq 0$ und gilt $|x(0)| < \delta$, dann existiert das Integral

$$\int_t^\infty e^{A(t-s)} P_u h(x(s)) ds,$$

denn es gilt die Abschätzung

$$\left| \int_t^\infty e^{A(t-s)} P_u h(x(s)) ds \right| \leq \int_t^\infty e^{\eta(t-s)} \frac{\eta}{2} \rho \, ds = \rho/2.$$

Folglich ist

$$P_u x(t) = e^{At} P_u x(0) + \int_0^t e^{A(t-s)} P_u h(x(s)) ds$$

$$= e^{At} \left(P_u x(0) + \int_0^\infty e^{-As} P_u h(x(s)) ds \right) - \int_t^\infty e^{A(t-s)} P_u h(x(s)) ds,$$

und da die Funktion $P_u x(t)$ nach Voraussetzung beschränkt ist, erhält man notwendigerweise

$$P_u x(0) + \int_0^\infty e^{-As} P_u h(x(s)) ds = 0.$$

Daher gilt

$$x(t) = e^{At} P_s x(0) + \int_0^t e^{A(t-s)} P_s h(x(s)) ds - \int_t^\infty e^{A(t-s)} P_u h(x(s)) ds,$$

das heißt $x(t)$ ist eine Lösung von (10.4) in $B_\rho(0)$. Mittels der Eindeutigkeit der Lösungen von (10.4) in $BUC(\mathbb{R}_+; \mathbb{R}^n)$, dem Raum der beschränkten gleichmäßig stetigen Funktionen auf $\mathbb{R}_+$, erhalten wir nun $x(t) = u(t, P_s x(0))$ und daher auch

$$x(0) = u(0, P_s x(0)) = P_s x(0) - q(P_s(x(0))),$$

das heißt $z(0) \in \mathcal{M}_s^*$. Dadurch ist die Mannigfaltigkeit $\mathcal{M}_s^*$ innerhalb von $\mathcal{M}_s$ lokal um z_* charakterisiert.

Allerdings stimmt es im Allgemeinen nicht, dass $\mathcal{M}_s \cap \bar{B}_\rho(z_*) = \mathcal{M}_s^*$ gilt. Man wähle zum Beispiel ein System, welches ein homoklines Orbit besitzt; vgl. Abb. 1.9. Man bezeichnet $\mathcal{M}_s^*$ auch als die *lokale* stabile Mannigfaltigkeit, während $\mathcal{M}_s$ die *globale* stabile Mannigfaltigkeit darstellt.

Um zu sehen, dass $\mathcal{M}_s$ eine C^1-Mannigfaltigkeit ist, sei $y_0 \in \mathcal{M}_s \setminus \{z_*\}$ beliebig fixiert. Es existiert dann ein $t_0 > 0$ mit der Eigenschaft $z(t_0, y_0) =: z_0 \in \mathcal{M}_s^*$. Folglich gilt $z_0 = x_0 - q(x_0) + z_*$, mit einem $x_0 \in B_\delta^{X_s}(0)$. Die Abbildung $y \mapsto z(t_0, y)$ ist ein Diffeomorphismus einer Umgebung von y_0 auf eine Umgebung von z_0, mit der Inversen $y \mapsto z(-t_0, y)$. Damit ist die Komposition $g(x) := z(-t_0, x - q(x) + z_*)$ ein Homöomorphismus einer Umgebung von $x_0 \in X_s$ auf eine Teilmenge von $\mathcal{M}_s$, welche y_0 enthält. Definiert man die Topologie durch die von solchen Umgebungen erzeugte, so wird $\mathcal{M}_s$ zu einer C^1-Mannigfaltigkeit. $\qquad\Box$

Man beachte, dass im Allgemeinen die Topologie auf $\mathcal{M}_s$ *nicht* die von $\mathbb{R}^n$ induzierte ist, vgl. Abb. 1.9. Gilt hingegen $\mathcal{M}_s \cap \mathcal{M}_u = \{z_*\}$, dann stimmt die Topologie auf $\mathcal{M}_s$ mit der von $\mathbb{R}^n$ induzierten überein, vgl. Übung 10.2. Der Beweis von Satz 10.1.1 zeigt, dass die Konvergenzrate der Lösungen auf $\mathcal{M}_s$ bzw. $\mathcal{M}_u$ für $t \to +\infty$ bzw $t \to -\infty$ exponentiell ist.

10.2 Ebene Wellen für Reaktions-Diffusionsgleichungen

In der Biologie, der Chemie und in der Biochemie spielen Wechselwirkungen zwischen Wachstum bzw. Reaktion und Transportprozessen wie Konvektion oder Diffusion eine zentrale Rolle. Ein typisches Beispiel für die Modellierung von Reaktions-Diffusionsprozessen bildet das System partieller Differentialgleichungen

$$\partial_s u(s, \xi) = D\Delta_\xi u(s, \xi) + f(u(s, \xi)), \quad s \in \mathbb{R}, \ \xi \in \mathbb{R}^N, \tag{10.6}$$

wobei D eine symmetrische positiv definite $\mathbb{R}^{n\times n}$-Matrix, die Diffusionsmatrix ist, $\Delta_\xi = \sum_{j=1}^N \partial_{\xi_j}^2$ den Laplace-Operator in den Raumvariablen $\xi \in \mathbb{R}^N$ bezeichnet, und $f \in C^1(\mathbb{R}^n; \mathbb{R}^n)$ die Reaktionen repräsentiert.

Eine *ebene Welle* für (10.6) ist eine Lösung der Form

$$u(s, \xi) = x((k|\xi) - cs), \quad s \in \mathbb{R}, \ \xi \in \mathbb{R}^N, \tag{10.7}$$

wobei $k \in \mathbb{R}^N$, $|k|_2 = 1$, den Wellenvektor, also die Ausbreitungsrichtung der Welle beschreibt, und $c \geq 0$ die Ausbreitungsgeschwindigkeit bedeutet.

Setzt man ein solches u in (10.6) ein, so sieht man dass u genau dann eine Lösung von (10.6) ist, wenn x die gewöhnliche Differentialgleichung

$$D\ddot{x}(t) + c\dot{x}(t) + f(x(t)) = 0, \quad t \in \mathbb{R}, \tag{10.8}$$

löst. Jede globale Lösung von (10.8) ergibt damit eine ebene Welle für (10.6). Aufgrund der Rotationssymmetrie des Laplace-Operators kann hier der Wellenvektor k beliebig gewählt werden.

Es ist offensichtlich, dass Equilibria x_* von (10.8), also Lösungen der algebraischen Gleichung $f(x) = 0$, genau den zeitlich und räumlich konstanten Lösungen von (10.6) entsprechen, und Lösungen von (10.8) mit $c = 0$ sind die ebenen *stationären Wellen*, solche mit $c > 0$ die ebenen *fortschreitenden Wellen* von (10.6). Von Interesse sind nun bestimmte beschränkte Wellen, also beschränkte globale Lösungen von (10.8), insbesondere

- **Wellenfronten:** Dies sind genau die heteroklinen Orbits von (10.8), also Lösungen $x(t)$ derart, dass

$$\lim_{t \to \pm\infty} x(t) = x_\infty^\pm, \quad x_\infty^- \neq x_\infty^+$$

  existieren;
- **Pulswellen:** Dies sind genau die homoklinen Orbits von (10.8), also Lösungen $x(t)$ derart, dass

$$\lim_{t \to \pm\infty} x(t) = x_\infty$$

  existiert;
- **Wellenzüge:** Dies sind genau die periodischen Orbits von (10.8), also τ-periodische Lösungen $x(t)$, mit minimaler Periode $\tau > 0$.

Daher sind solche Lösungen von (10.8) besonders relevant. Häufig kommen weitere Einschränkungen hinzu, wie Positivität, falls der Vektor u Konzentrationen oder Populationsdichten beschreibt. Betrachten wir ein berühmtes Beispiel.

Beispiel. Die Fisher-Gleichung (Kolmogoroff, Piscounoff 1937). Gegeben sei die Fisher-Gleichung

$$\partial_s u = \Delta u + f(u), \tag{10.9}$$

wobei $f \in C^1(\mathbb{R}; \mathbb{R})$, $f(0) = f(1) = 0$, $f(\tau) > 0$ für $\tau \in (0, 1)$, $f'(0) > 0$, $f'(1) < 0$. Ein typisches Beispiel für f ist die Funktion $f(\tau) = \tau(1 - \tau)$; in diesem Fall beschreibt (10.9) die Ausbreitung einer Population, die logistisch wächst, mittels Diffusion. Die Variable u bedeutet die Größe der Population in x zur Zeit t. Wir suchen eine *Wellenfront* von 1 nach 0, also eine streng fallende Funktion $z(t)$, die das Problem

$$\ddot{z} + c\dot{z} + f(z) = 0, \quad \text{mit} \quad \lim_{t \to -\infty} z(t) = 1, \ \lim_{t \to \infty} z(t) = 0$$

löst. In anderen Worten, gesucht ist ein $c \in \mathbb{R}_+$, sodass das System erster Ordnung

Abb. 10.2 Heteroklines Orbit
für die Fisher-Gleichung

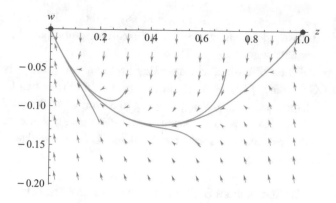

$$\dot{z} = w,$$
$$\dot{w} = -cw - f(z),$$
(10.10)

ein heteroklines Orbit besitzt, welches die Equilibria $(1, 0)$ und $(0, 0)$ miteinander verbindet; vgl. Abb. 10.2.

Zunächst schauen wir uns die Linearisierungen $A(x, y)$ von (10.10) in den beiden Equilibria an. Es gilt

$$A(0, 0) = \begin{bmatrix} 0 & 1 \\ -f'(0) & -c \end{bmatrix},$$

also sp $A(0, 0) = -c$ und det $A(0, 0) = f'(0) > 0$. Folglich ist $(0, 0)$ nach dem Prinzip der linearisierten Stabilität für $c > 0$ stets asymptotisch stabil; genauer eine stabile Spirale für $0 < c < 2\sqrt{f'(0)}$ und ein stabiler Knoten für $c \geq 2\sqrt{f'(0)}$. Daher ist $c \geq c^* := 2\sqrt{f'(0)}$ notwendig für die Existenz einer Wellenfront für (10.9). Linearisierung von (10.10) in $(1, 0)$ ergibt

$$A(1, 0) = \begin{bmatrix} 0 & 1 \\ -f'(1) & -c \end{bmatrix},$$

also sp $A(1, 0) = -c < 0$ und det $A(1, 0) = f'(1) < 0$, das heißt $(1, 0)$ ist stets ein Sattelpunkt. Nach Satz 10.1.1 existiert die instabile Mannigfaltigkeit $\mathcal{M}_u$, die in $(1, 0)$ gerade den Tangentialraum X_u besitzt, der vom positiven Eigenwert von $A(1, 0)$ aufgespannt wird; es gilt

$$X_u = \text{span}\{[1, \sqrt{c^2/4 - f'(1)} - c/2]^{\mathsf{T}}\}.$$

Da beide Komponenten des Eigenvektors streng positiv sind, liegt der nach links unten gerichtete Teil der instabilen Mannigfaltigkeit $\mathcal{M}_u$ lokal im Dreieck G, das von den Ecken $(0, 0)$, $(1, 0)$ und $(1, -\alpha)$ aufgespannt wird. Aus Übung 10.3 folgt, dass G positiv invariant für (10.10) ist, falls man $\alpha > 0$ geeignet wählt. Daraus folgt, dass der untere Teil der instabilen Mannigfaltigkeit das Dreieck G nicht mehr verlässt. Wegen $\dot{z} \leq 0$ existieren keine periodischen Lösungen von (10.10) in G. Aus Satz 9.2.4 folgt, dass die instabile Mannigfaltigkeit $\mathcal{M}_u$ das gesuchte heterokline Orbit ist, denn es gibt keine weiteren Equilibria in int G.

Dieses Resultat war damals eine große Überraschung. Um zu verstehen warum, nehmen wir jetzt an, dass f ein Potential besitzt, also $f = \nabla\phi$, wobei $\phi \in C^2(\mathbb{R}^n; \mathbb{R})$ ist. Man beachte, dass wir in diesem Fall für $D = I$ genau die Gleichung für das gedämpfte Teilchen im Potentialfeld erhalten! Dann ist $V(x, \dot{x}) = \frac{1}{2}(D\dot{x}|\dot{x}) + \phi(x)$ eine Ljapunov-Funktion für (10.8), die für $c > 0$ sogar strikt ist. Daher kann es dann keine echten periodischen Lösungen und auch keine homoklinen Orbits geben, also keine fortschreiten-den Wellenzüge und Pulse für (10.6). Ist ferner f linear, also $f(x) = Ax$, A symmetrisch, so gibt es überhaupt keine beschränkten Lösungen von (10.8), insbesondere auch keine Wellenfronten. Daher sind *Diffusionswellen* ein speziell nichtlineares Phänomen!

Erfüllt das Potential nun zusätzlich die Lojasiewicz-Ungleichung, dann impliziert Korollar 8.8.3, dass jede beschränkte Lösung, die auf einer instabilen Mannigfaltigkeit eines Sattelpunktes von (10.8) liegt, ein heteroklines Orbit für (10.8) ist, also eine Wellenfront für (10.6) darstellt.

10.3 Das Hartman-Grobman Theorem

Sei $z_* \in G$ ein Sattelpunkt für (10.1) und $A := f'(z_*)$. Nach Satz 10.1.1 verhält sich der von (10.2) erzeugte lokale Fluss in einer Umgebung $B_R(0) \subset \mathbb{R}^n$ wie der lineare Fluss, welcher durch die DGL $\dot{x} = Ax$ erzeugt wird.

Sei nun zunächst $r : \mathbb{R}^n \to \mathbb{R}^n$ beschränkt und *global* Lipschitz mit $r(0) = 0$. Wir betrachten das Anfangswertproblem

$$\dot{x} = Ax + r(x), \quad t \in \mathbb{R}, \quad x(0) = y, \tag{10.11}$$

wobei $\sigma(A) \cap i\mathbb{R} = \emptyset$ und $\sigma(A) \cap \mathbb{C}_\pm \neq \emptyset$ (wir nennen $A \in \mathbb{R}^{n \times n}$ dann *hyperbolisch*). Dieses Problem erzeugt nach den Resultaten aus Kap. 2 einen *globalen* Fluss auf $\mathbb{R}^n$, den wir mit $x(t; y)$ bezeichnen.

Im Weiteren werden wir zeigen, dass es eine *konjugierende Abbildung* $\Phi : \mathbb{R}^n \to \mathbb{R}^n$ stetig und bijektiv, also einen Homeomorphismus gibt, mit der Eigenschaft $\Phi(0) = 0$ und

$$x(t; \Phi(y)) = \Phi(e^{At}y), \quad t \in \mathbb{R}, \ y \in \mathbb{R}^n.$$

Mit anderen Worten: Der Fluss verhält sich unter den obigen Voraussetzungen an r *global* wie der lineare Fluss $e^{At}y$. P. Hartman und D. Grobman haben unabhängig voneinander gezeigt, dass ein solches Φ tatsächlich existiert, sofern die Lipschitz-Konstante $\eta > 0$ von r hinreichend klein ist.

Satz 10.3.1 (Hartman-Grobman). *Sei* $A \in \mathbb{R}^{n \times n}$ *hyperbolisch,* $r : \mathbb{R}^n \to \mathbb{R}^n$ *beschränkt und global Lipschitz mit Lipschitz-Konstante* $\eta > 0$, $r(0) = 0$, *und sei* $\eta > 0$ *hinreichend klein.*

Dann gibt es einen Homeomorphismus $\Phi : \mathbb{R}^n \to \mathbb{R}^n$ *mit* $\Phi(0) = 0$ *und*

$$x(t; \Phi(y)) = \Phi(e^{At}y), \quad t \in \mathbb{R}, \ y \in \mathbb{R}^n, \tag{10.12}$$

wobei $x(t; y)$ *die eindeutige Lösung von* (10.11) *bezeichnet. Der Homeomorphismus* Φ *ist von der Form* $\Phi = id + g$, *mit einer Abbildung* $g \in BUC(\mathbb{R}^n; \mathbb{R}^n)$, *und ist in dieser Klasse eindeutig bestimmt.*

Eine lokale Version dieses Satzes schließt sich am Ende dieses Abschnittes an. Zur Vorbereitung des Beweises von Satz 10.3.1 betrachten wir das lineare Problem

$$\dot{x} = Ax + f, \quad t \in \mathbb{R}, \tag{10.13}$$

wobei A hyperbolisch ist und $f : \mathbb{R} \to \mathbb{R}^n$ stetig und beschränkt. Der *Greensche Kern* $G_A(t)$ für (10.13) ist definiert durch

$$G_A(t) := \begin{cases} e^{At} P_s, \ t > 0, \\ -e^{At} P_u, \ t < 0. \end{cases} \tag{10.14}$$

Dabei bezeichnen P_s und P_u wie in Abschn. 10.1 die Projektionen auf den stabilen bzw. instabilen Teilraum von A. Da $\sigma(A) \cap i\mathbb{R} = \emptyset$ ist, besitzt die homogene Gl. (10.13) mit $f = 0$ keine beschränkten nichttrivalen Lösungen, also ist die beschränkte Lösung von (10.13) eindeutig bestimmt. Für $f \in BC(\mathbb{R}; \mathbb{R}^n)$ definieren wir eine Abbildung $t \mapsto x(t)$ durch

$$x(t) = \int_{\mathbb{R}} G_A(s) f(t-s) ds = \int_{-\infty}^{t} e^{A(t-s)} P_s f(s) ds - \int_{t}^{\infty} e^{A(t-s)} P_u f(s) ds, \quad t \in \mathbb{R}. \tag{10.15}$$

Der Greensche Kern hat die Eigenschaft

$$|G_A(t)| \le M e^{-\omega|t|}, \quad t \in \mathbb{R} \setminus \{0\},$$

mit Konstanten $M \ge 1$ und $\omega > 0$, also gilt

$$|G_A|_{L_1(\mathbb{R})} = \int_{-\infty}^{\infty} |G_A(t)| dt \le 2M/\omega.$$

Nach der letzten Abschätzung ist $x(t)$ für jedes $t \in \mathbb{R}$ wohldefiniert und eine direkte Rechnung zeigt, dass $x(t)$ die beschränkte Lösung von (10.13) ist.

Ist außerdem $f \in BUC(\mathbb{R}; \mathbb{R}^n)$ oder $f \in Lip(\mathbb{R}; \mathbb{R}^n)$ (f ist global Lipschitz auf $\mathbb{R}$) oder $f \in BC^1(\mathbb{R}; \mathbb{R}^n)$, so haben x und $\dot{x}$ dieselben Eigenschaften, und ist f zusätzlich eine τ-periodische Funktion, dann auch x; dies folgt sofort aus der Definition von $x(t)$.

Bevor wir nun den Beweis des Satzes führen, wollen wir die Grundidee erläutern. Dazu sei die konjugierende Abbildung $\Phi = id + g$ bereits bekannt, mit einem beschränkten und stetig differenzierbarem g. Dann ergibt (10.12)

$$\dot{x}(t; \Phi(y)) = \Phi'(e^{At}y)Ae^{At}y = Ax(t; \Phi(y)) + r(x(t; \Phi(y)))$$

$$= A\Phi(e^{At}y) + r(\Phi(e^{At}y)),$$

also für $t = 0$

$$\Phi'(x)Ax = A\Phi(x) + r(\Phi(x)), \quad x \in \mathbb{R}^n,$$

und somit

$$g'(x)Ax = Ag(x) + r(x + g(x)), \quad x \in \mathbb{R}^n.$$

Es folgt für die Funktion $u(t) = g(e^{At}y)$

$$\dot{u}(t) = g'(e^{At}y)Ae^{At}y = Au(t) + r(e^{At}y + u(t)), \quad t \in \mathbb{R},$$

und da r und g beschränkt sind,

$$u(t) = \int_{\mathbb{R}} G_A(s)r(e^{A(t-s)}y + g(e^{A(t-s)}y))ds, \quad t \in \mathbb{R}.$$

Setzt man in dieser Relation $t = 0$ so erhält man

$$g(y) = \int_{\mathbb{R}} G_A(s)r(e^{-As}y + g(e^{-As}y))ds, \quad y \in \mathbb{R}^n. \tag{10.16}$$

Dies ist eine Funktionalgleichung für die gesuchte Funktion $g(y)$, und bildet den Ausgangspunkt des folgenden Beweises.

Beweis von Satz 10.3.1.

(i) Wir zeigen jetzt die Existenz und Eindeutigkeit einer beschränkten und gleichmäßig stetigen Lösung von (10.16) mittels des Banachschen Fixpunktsatzes. Dazu sei $X = BUC(\mathbb{R}^n; \mathbb{R}^n)$ ausgerüstet mit der Supremums-Norm und T definiert durch

$$(Tg)(x) = \int_{\mathbb{R}} G_A(s)r(e^{-As}x + g(e^{-As}x))ds, \quad x \in \mathbb{R}^n, g \in X.$$

Da r beschränkt ist, ist Tg für jedes $g \in X$ eine wohldefinierte Funktion auf $\mathbb{R}^n$, und es gilt

$$|(Tg)(x)| \leq |G_A|_{L_1(\mathbb{R})} |r|_\infty \leq 2M|r|_\infty/\omega, \quad x \in \mathbb{R}^n,$$

also ist Tg beschränkt. Sei $\eta > 0$ die globale Lipschitz-Konstante von r. Dann gilt

$$|(Tg)(x) - (Tg)(\bar{x})| \leq \int_{\mathbb{R}} |G_A(s)| |r(e^{-As}x + g(e^{-As}x)) - r(e^{-As}\bar{x} + g(e^{-As}\bar{x}))| ds$$

$$\leq \int_{|s| \leq N} |G_A(s)| \eta (|e^{-As}(x - \bar{x})| + |g(e^{-As}x) - g(e^{-As}\bar{x})|) ds$$

$$+ \int_{|s| \geq N} |G_A(s)| ds\, 2|r|_\infty.$$

Zu gegebenem $\varepsilon > 0$ wähle zunächst ein N so groß, dass die Norm des zweiten Integrals $\leq \varepsilon/2$ wird (das geht, da $G_A \in L_1(\mathbb{R})$) und fixiere dieses N. Da g gleichmäßig stetig ist, existiert ein $\delta \in (0, \varepsilon/(4C))$, so dass

$$|g(y) - g(\bar{y})| \leq \varepsilon/(4C), \quad \text{falls} \quad |y - \bar{y}| \leq \delta,$$

wobei $C = 2M\eta/\omega$. Zu fixiertem N, definiere $M_N = \sup\{|e^{-As}| : |s| \leq N\}$. Dann ist die Norm des ersten Integrals ebenfalls $\leq \varepsilon/2$, sofern $|x - \bar{x}| \leq \delta/M_N$ gilt. Dieses Argument zeigt, dass die Funktion $x \mapsto (Tg)(x)$ auf $\mathbb{R}^n$ gleichmäßig stetig ist.

Daher ist $T : X \to X$ eine wohldefinierte Selbstabbildung. Die Kontraktionseigenschaft von T erhält man wie folgt.

$$|(Tg)(x) - (T\bar{g})(x))| \leq \int_{\mathbb{R}} |G_A(s)| \eta |g(e^{-As}x) - \bar{g}(e^{-As}x)| ds$$

$$\leq |G_A|_{L_1(\mathbb{R})} \eta |g - \bar{g}|_\infty,$$

also

$$|Tg - T\bar{g}|_\infty \leq |G_A|_{L_1(\mathbb{R})} \eta |g - \bar{g}|_\infty \leq \frac{2\eta M}{\omega} |g - \bar{g}|_\infty, \quad g, \bar{g} \in X.$$

Ist nun $\eta < \omega/(2M)$, dann ist T eine strikte Kontaktion, also besitzt T einen eindeutigen Fixpunkt $g \in X = BUC(\mathbb{R}^n; \mathbb{R}^n)$ und dies ist die eindeutige Lösung der Funktionalgleichung (10.16) in X.

Man kann sogar noch mehr sagen: Sei $X_0 := \{g \in X : g(0) = 0\}$ ausgerüstet mit der Supremums-Norm. Dann zeigt man wie oben, dass T eine Kontraktion auf X_0 ist. Ferner gilt $T : X_0 \to X_0$, da

$$(Tg)(0) = \int_{\mathbb{R}} G_A(s) r(g(0)) ds = 0,$$

für alle $g \in X_0$, wegen $r(0) = 0$. Nun ist X_0 ein abgeschlossener Teilraum von X, also ist $(X_0, |\cdot|_\infty)$ vollständig und damit besitzt T genau einen Fixpunkt in X_0.

(ii) Sei $g \in BUC(\mathbb{R}^n; \mathbb{R}^n)$ die Lösung von (10.16) und $\Phi := id + g$, d. h. $\Phi(y) = y + g(y)$ für $y \in \mathbb{R}^n$. Wir zeigen, dass Φ die gesuchte Abbildung ist. Ersetzt man y in (10.16) durch $e^{At}y$, so folgt

$$\Phi(e^{At}y) = e^{At}y + \int_{\mathbb{R}} G_A(s) r(e^{A(t-s)}y + g(e^{A(t-s)}y)) ds$$

$$= e^{At}y + \int_{\mathbb{R}} G_A(t-s) r(\Phi(e^{As}y)) ds.$$

Mit der Definition von $G_A(t)$ und mit (10.16) folgt daraus

$$\Phi(e^{At}y) = e^{At}\Phi(y) + \int_0^t e^{A(t-s)} r(\Phi(e^{As}y)) ds, \quad t \in \mathbb{R},$$

wobei hier auch die Eigenschaft $P_s + P_u = id$ eingeht. Also ist $u(t) := \Phi(e^{At}y)$ die eindeutige Lösung des Anfangswertproblems

$$\dot{u} = Au + r(u), \quad t \in \mathbb{R}, \quad u(0) = \Phi(y).$$

Die Eindeutigkeit der Lösungen von (10.11) ergibt daher

$$\Phi(e^{At}y) = x(t; \Phi(y)), \quad t \in \mathbb{R},$$

also erfüllt Φ die Relation (10.12).

(iii) Als nächstes beweisen wir die Eindeutigkeitsaussage im Satz. Sei daher $\Phi = id + g$ mit (10.12) und $g \in BUC(\mathbb{R}^n; \mathbb{R}^n)$ gegeben. Dann erhält man mit der Definition von $G_A(t)$ und der Eigenschaft $P_s + P_u = id$

$$\Phi(e^{At}y) = x(t; \Phi(y)) = e^{At}\Phi(y) + \int_0^t e^{A(t-s)} r(\Phi(e^{As}y)) ds$$

$$= e^{At} \left(\Phi(y) - \int_{\mathbb{R}} G_A(s) r(\Phi(e^{-As}y)) ds \right) + \int_{\mathbb{R}} G_A(s) r(\Phi(e^{A(t-s)}y)) ds.$$

Setzt man $k(y) := \int_{\mathbb{R}} G_A(s) r(\Phi(e^{-As}y)) ds$, so folgt

$$(g - k)(e^{At}y) = e^{At}(g(y) - k(y)), \quad y \in \mathbb{R}^n, \ t \in \mathbb{R},$$

also genügt $f(y) := g(y) - k(y)$ dem Invarianzgesetz

$$f(e^{At}y) = e^{At}f(y), \quad t \in \mathbb{R}, \ y \in \mathbb{R}^n, \tag{10.17}$$

und zudem ist f beschränkt, denn g und k haben diese Eigenschaft. Schreibt man $f(y) = e^{-At}f(e^{At}y)$ und wendet die Projektionen P_s bzw. P_u an, so folgt mit $t \to -\infty$ bzw. $t \to +\infty$, dass $f(y) = 0$ für alle $y \in \mathbb{R}^n$ gilt, also

$$g(y) = k(y) = \int_{\mathbb{R}} G_A(s)r(\Phi(e^{-As}y))ds = \int_{\mathbb{R}} G_A(s)r(e^{-As} + g(e^{-As}y))ds.$$

Daher ist $g \in BUC(\mathbb{R}^n; \mathbb{R}^n) = X$ stets eine bzw. die Lösung von (10.16) in X und damit ist $\Phi = id + g$ eindeutig bestimmt in dieser Klasse.

(iv) Es bleibt noch zu zeigen, dass $\Phi = id + g$ mit g aus (10.16) ein Homeomorphismus ist. Wir setzen $\Psi = id - h$ wobei h durch

$$h(y) = \int_{\mathbb{R}} G_A(s)r(x(-s; y))ds, \quad y \in \mathbb{R}^n,$$

definiert ist, und zeigen zunächst, dass Ψ eine Linksinverse für Φ ist. Dazu betrachten wir die Komposition

$$\Psi \circ \Phi(y) = \Psi(\Phi(y)) = \Phi(y) - h(\Phi(y)).$$

Die Funktionalgleichung für g, die Definition von h und (10.12) ergeben

$$\Psi(\Phi(y)) = y + g(y) - \int_{\mathbb{R}} G_A(s)r(x(-s; \Phi(y))ds$$

$$= y + g(y) - \int_{\mathbb{R}} G_A(s)r(\Phi(e^{-As}y))ds = y,$$

also ist Ψ surjektiv und Φ injektiv.

(v) Im letzten Schritt zeigen wir die globale Injektivität von Ψ. Dazu verwenden wir nochmals die Definition von $G_A(s)$ und erhalten mit $P_s + P_u = id$

$$e^{At}\Psi(y) = e^{At}y - e^{At}h(y) = e^{At}y - e^{At}\int_{\mathbb{R}} G_A(s)r(x(-s; y))ds$$

$$= e^{At}y + \int_0^t e^{A(t-s)}r(x(s; y))ds - \int_{\mathbb{R}} G_A(t-s)r(x(s; y))ds$$

$$= x(t; y) - \int_{\mathbb{R}} G_A(t-s)r(x(s; y))ds,$$

also

$$x(t; y) = e^{At}\Psi(y) + \int_{\mathbb{R}} G_A(t-s)r(x(s; y))ds, \quad t \in \mathbb{R}, \ y \in \mathbb{R}^n. \tag{10.18}$$

Sei nun $\Psi(y) = \Psi(\bar{y})$, und setze $v(t) = x(t; y)$ sowie $\bar{v}(t) = x(t; \bar{y})$. Dann folgt aus (10.18)

$$v(t) - \bar{v}(t) = \int_{\mathbb{R}} G_A(t-s)(r(v(s)) - r(\bar{v}(s)))ds,$$

also ist $v(t) - \bar{v}(t)$ beschränkt mit $|v - \bar{v}|_\infty \le 2|r|_\infty |G_A|_{L_1(\mathbb{R}_+)}$. Die globale Lipschitz-Stetigkeit von r liefert dann die Abschätzung

$$|v - \bar{v}|_\infty \le |G_A|_{L_1}\eta|v - \bar{v}|_\infty \le (2\eta M/\omega)|v - \bar{v}|_\infty,$$

d. h. $|v - \bar{v}|_\infty = 0$ sofern $\eta < \omega/(2M)$ gilt, dies ist dieselbe Bedingung an η, die wir für den Existenzbeweis von g in (i) verwendet haben. Folglich ist in diesem Fall $v(t) = \bar{v}(t)$ für alle $t \in \mathbb{R}$, insbesondere für $t = 0$ also $y = v(0) = \bar{v}(0) = \bar{y}$. Somit ist Ψ global injektiv, also nach (iv) bijektiv mit $\Psi^{-1} = \Phi$. $\qquad\square$

Das Hartman-Grobman Theorem lässt sich auch lokal formulieren. Dazu sei $D \subset \mathbb{R}^n$ offen mit $0 \in D$ und $r \in C^1(D; \mathbb{R}^n)$ mit $r(0) = r'(0) = 0$ gegeben. Fixiere eine Kugel $B_R(0) \subset D$ so dass $\sup\{|r'(x)| : |x| < R\} =: \eta < \omega/(2M)$ gilt, und setze $\tilde{r} = r \circ P$, wobei P die metrische Projektion auf $\bar{B}_R(0)$ bezeichnet. Dann ist $\tilde{r}$ beschränkt und global Lipschitz mit Konstante η, da die metrische Projektion nichtexpansiv ist; vgl. Abschn. 7.3. Also gibt es nach dem Satz von Hartman-Grobman eine konjugierende Abbildung für (10.11) mit $\tilde{r}$ anstelle von r. Nun gilt aufgrund der Eindeutigkeit der Lösungen $x(t; y) = \tilde{x}(t; y)$ sofern $\tilde{x}(t; y) \in B_R(0)$ ist (dies ist insbesondere erfüllt, falls $y \in B_R(0)$ und $t \in (-\delta, \delta)$ mit einem hinreichend kleinen $\delta > 0$). Dieses Argument ergibt das folgende Korollar.

Korollar 10.3.2. *Sei $A \in \mathbb{R}^{n \times n}$ hyperbolisch, $D \subset \mathbb{R}^n$ offen mit $0 \in D$ und $r \in C^1(D; \mathbb{R}^n)$ mit $r(0) = r'(0) = 0$. Dann gibt es eine Kugel $B_R(0) \subset D$ und einen Homeomorphismus Φ auf $\mathbb{R}^n$ mit $x(t; \Phi(y)) = \Phi(e^{At}y)$, für alle $y \in \mathbb{R}^n$ und $t \in \mathbb{R}$, für die $x(t; \Phi(y)) \in B_R(0)$ gilt.*

Man beachte, dass wir hier für Φ keine Eindeutigkeit erhalten, da r auf verschiedene Weisen zu einem $\tilde{r}$ fortgesetzt werden kann.

10.4   Normal stabile Equilibria

Sei $G \subset \mathbb{R}^n$ offen und $f \in C^1(G; \mathbb{R}^n)$. Wir haben bereits in Abschn. 5.4 gesehen, dass man das Stabilitätsverhalten eines Equilibriums $z_* \in G$ der Differentialgleichung

$$\dot{z} = f(z) \tag{10.19}$$

mittels der Eigenwerte der Jacobi-Matrix $f'(z_*) \in \mathbb{R}^{n \times n}$ lokal charakterisieren kann. Dabei mussten wir den Fall ausschließen, dass mindestens ein Eigenwert λ von $f'(z_*)$ mit $\operatorname{Re} \lambda = 0$ existiert. In diesem Abschnitt wollen wir nun Kriterien angeben, unter denen man auch im Fall $0 \in \sigma(A)$ auf Stabilität des Equilibriums z_* von (10.19) schließen kann. Wir werden außerdem zeigen, dass die Lösung $z(t)$ gegen ein Equilibrium z_∞ konvergiert, welches aber im Allgemeinen von z_* verschieden ist.

Sei $\mathcal{E} \subset G$ die Menge der Equilibria von (10.19), das heißt $z_* \in \mathcal{E}$ genau dann, wenn $f(z_*) = 0$. Für ein $z_* \in \mathcal{E}$ werden wir im Weiteren annehmen, dass z_* in einer m-dimensionalen C^1-Mannigfaltigkeit von Equilibria enthalten ist. Das heißt, es existiert eine offene Menge $U \subset \mathbb{R}^m$, $0 \in U$ und eine C^1-Funktion $\Psi : U \to \mathbb{R}^n$, sodass die folgenden Bedingungen erfüllt sind.

- $\Psi(U) \subset \mathcal{E}$, $\Psi(0) = z_*$,
- Rang $\Psi'(0) = m$.

Wir werden sehen, dass sich in einer Umgebung von z_* keine anderen Equilibria befinden, als jene, die durch die Abbildung Ψ gegeben sind, d. h. $\mathcal{E} \cap B_{r_1}(z_*) = \Psi(U)$ für ein $r_1 > 0$.

Ist z eine Lösung von (10.19), so löst die Funktion $u = z - z_*$ die Differentialgleichung

$$\dot{u} = Au + h(u), \tag{10.20}$$

mit $A := f'(z_*)$ und

$$h(u) := f(u + z_*) - f(z_*) - f'(z_*)u.$$

Man beachte, dass aufgrund der Voraussetzung $h \in C^1(\tilde{G}, \mathbb{R}^n)$ und $h(0) = h'(0) = 0$ gilt, wobei $\tilde{G} = G - z_*$ ist. Mittels der verschobenen Funktion $\psi(\zeta) = \Psi(\zeta) - z_*$ erhalten wir ferner eine Gleichung für die Equilibria von (10.20)

$$-A\psi(\zeta) = h(\psi(\zeta)), \ \zeta \in U. \tag{10.21}$$

Es folgt $-A\psi'(\zeta) = h'(\psi(\zeta))\psi'(\zeta)$, also $-A\psi'(0) = h'(0)\psi'(0) = 0$, das heißt $\mathsf{T}_{z_*}\mathcal{E} \subset N(A)$, wobei $\mathsf{T}_{z_*}\mathcal{E}$ den Tangentialraum von $\mathcal{E}$ in z_* bezeichnet. Das Hauptresultat dieses Abschnittes ist der

Satz 10.4.1. *Sei z_* ein Equilibrium von (10.19), $f \in C^1(G, \mathbb{R}^n)$ und es sei $A = f'(z_*)$. Angenommen z_* ist* normal stabil, *das heißt*

1. *In einer Umgebung von z_* ist die Menge der Equilibria $\mathcal{E}$ eine C^1-Mannigfaltigkeit der Dimension $m \in \mathbb{N}$,*
2. $T_{z_*}\mathcal{E} = N(A)$,
3. *0 ist ein halbeinfacher Eigenwert von A, das heißt $\mathbb{C}^n = N(A) \oplus R(A)$,*
4. $\sigma(A) \setminus \{0\} \subset \{\mu \in \mathbb{C} : \mathrm{Re}\,\mu < 0\}$.

Dann ist z_* stabil und es existiert ein $\delta > 0$, sodass die eindeutige Lösung $z(t)$ von (10.19) zum Anfangswert z_0 mit $|z_0 - z_*| \leq \delta$ für alle $t \geq 0$ existiert und für $t \to \infty$ exponentiell gegen ein $z_\infty \in \mathcal{E}$ konvergiert.

Beweis. Der Beweis des Satzes gliedert sich in mehrere Teile.

(a) Wir setzen $X_c = N(A)$ und $X_s = R(A)$. Sei P_c die Projektion auf $R(P_c) = X_c$ längs $N(P_c) = X_s$ und P_s sei die Projektion auf $R(P_s) = X_s$ längs $N(P_s) = X_c$. Insbesondere gilt also $P_c + P_s = I$. Ferner bezeichne $A_l = AP_l$ den Teil der Matrix A in X_l, $l \in \{c, s\}$. Beachte, dass $A_c = 0$ wegen $R(P_c) = N(A)$ gilt. Aus den Voraussetzungen 1. und 2. folgt außerdem

$$\dim X_c = \dim N(A) = \dim T_{z_*}(\mathcal{E}) = m.$$

(b) Betrachte die Abbildung

$$g : U \subset \mathbb{R}^m \to X_c, \quad g(\zeta) := P_c \psi(\zeta).$$

Nach Konstruktion gilt $g \in C^1(U, X_c)$ und $g'(0) = P_c \psi'(0) : \mathbb{R}^m \to X_c$ ist ein Isomorphismus. Nach dem Satz von der inversen Funktion ist g daher ein C^1-Diffeomorphismus von einer Umgebung der 0 in $\mathbb{R}^m$ auf eine Umgebung $B_{\rho_0}^{X_c}(0)$ der 0 in X_c, denn $g(0) = 0$. Die inverse Abbildung $g^{-1} : B_{\rho_0}^{X_c}(0) \to \mathbb{R}^m$ ist also C^1 und $g^{-1}(0) = 0$. Wir setzen $\Phi(x) := \psi(g^{-1}(x))$ für $x \in B_{\rho_0}^{X_c}(0)$. Dann gilt

$$\Phi \in C^1(B_{\rho_0}^{X_c}(0), \mathbb{R}^n), \quad \Phi(0) = 0, \quad \{\Phi(x) + z_* : x \in B_{\rho_0}^{X_c}(0)\} = \mathcal{E} \cap W,$$

wobei W eine geeignete Umgebung von z_* in $\mathbb{C}^n$ ist. Offensichtlich gilt dann

$$P_c \Phi(x) = ((P_c \circ \psi) \circ g^{-1})(x) = (g \circ g^{-1})(x) = x, \quad x \in B_{\rho_0}^{X_c}(0),$$

das heißt $\Phi(x) = P_c\Phi(x) + P_s\Phi(x) = x + P_s\Phi(x)$ für $x \in B_{\rho_0}^{X_c}(0)$. Mittels der Abbildung $\phi(x) := P_s\Phi(x)$ erhalten wir also

$$\phi \in C^1(B_{\rho_0}^{X_c}(0), X_s), \quad \phi(0) = \phi'(0) = 0, \tag{10.22}$$

und

$$\{x + \phi(x) + z_* : x \in B_{\rho_0}^{X_c}(0)\} = \mathcal{E} \cap W.$$

Die Eigenschaft $\phi'(0) = 0$ folgt aus der Tatsache $R(\Psi'(0)) \subset N(A) = X_c$ und $P_s X_c = 0$ (nach Voraussetzung 2 gilt sogar $R(\Psi'(0)) = N(A)$). Die Mannigfaltigkeit $\mathcal{E}$ kann also durch den verschobenen Graph der Funktion ϕ in einer Umgebung von z_* dargestellt werden. Wenden wir die Projektionen P_c und P_s auf (10.21) an und verwenden wir $x + \phi(x) = \psi(g^{-1}(x))$ für $x \in B_{\rho_0}^{X_c}(0)$, so erhalten wir die äquivalenten Gleichungen

$$P_c h(x + \phi(x)) = 0, \quad P_s h(x + \phi(x)) = -A_s\phi(x), \quad x \in B_{\rho_0}^{X_c}(0), \tag{10.23}$$

für die Equilibria von (10.20). Im Weiteren wählen wir $\rho_0 > 0$ so klein, dass die Abschätzungen

$$|\phi'(x)| \le 1, \quad |\phi(x)| \le |x| \tag{10.24}$$

für alle $x \in B_{\rho_0}^{X_c}(0)$ gelten. Dies gelingt offenbar immer durch die Eigenschaft (10.22).
(c) Mittels der neuen Variablen

$$x = P_c u = P_c(z - z_*),$$

$$y = P_s u - \phi(P_c u) = P_s(z - z_*) - \phi(P_c(z - z_*)),$$

erhalten wir nun das folgende System in $X_c \times X_s$,

$$\begin{cases} \dot{x} = T(x, y), & x(0) = x_0, \\ \dot{y} = A_s y + R(x, y), & y(0) = y_0, \end{cases} \tag{10.25}$$

mit $x_0 = P_c u_0$ und $y_0 = P_s u_0 - \phi(P_c u_0)$ und den Funktionen

$$T(x, y) = P_c h(x + \phi(x) + y),$$

$$R(x, y) = P_s h(x + \phi(x) + y) + A_s\phi(x) - \phi'(x)T(x, y).$$

Aus (10.23) folgt

$$T(x, y) = P_c \left(h(x + \phi(x) + y) - h(x + \phi(x)) \right),$$

$$R(x, y) = P_s \left(h(x + \phi(x) + y) - h(x + \phi(x)) \right) - \phi'(x) T(x, y),$$

(10.26)

insbesondere gilt

$$T(x, 0) = R(x, 0) = 0 \quad \text{für alle} \quad x \in B_{\rho_0}^{X_c}(0),$$

das heißt, die Menge der Equilibria $\mathcal{E}$ von (10.19) nahe z_* wurde auf die Menge $B_{\rho_0}^{X_c}(0) \times \{0\} \subset X_c \times X_s$ reduziert. Das System (10.25) heißt *Normalform* von (10.19) nahe des normal stabilen Equilibriums z_*.

(d) Wegen $h \in C^1(\tilde{G}, \mathbb{R}^n)$ und $h(0) = h'(0) = 0$, existiert zu jedem $\eta > 0$ ein $r = r(\eta) > 0$, sodass die Abschätzung

$$|h(u_1) - h(u_2)| \leq \eta |u_1 - u_2|, \quad u_1, u_2 \in B_r(0),$$

(10.27)

gilt. Im Weiteren treffen wir die Annahme $r \in (0, 3\rho_0]$. Mit $u_1 = x + \phi(x) + y$ und $u_2 = x + \phi(x)$ erhalten wir aus (10.24), (10.26) und (10.27)

$$|T(x, y)|, |R(x, y)| \leq C \eta |y|,$$

(10.28)

für alle $x \in \bar{B}_\rho^{X_c}(0)$, $y \in \bar{B}_\rho^{X_s}(0)$ und alle $\rho \in (0, r/3)$, wobei $C > 0$ eine gleichmäßige Konstante ist. Nach dem Existenz- und Eindeutigkeitssatz besitzt das Problem (10.20) zu jedem $u_0 \in B_\delta(0)$ mit $\delta \in (0, r)$ eine eindeutige lokale Lösung $u(t)$, welche sich nach dem Fortsetzungssatz auf ein maximales Existenzintervall $[0, t_+)$ fortsetzen lässt. Wir zeigen im Weiteren, dass die Lösung $u(t)$ global existiert und stabil ist. Sei $u_0 \in B_\delta(0)$, $N := |P_c| + |P_s|$ mit $N\delta < \rho < \rho_0$. Dann gilt mit (10.24)

$$x_0 = P_c u_0 \in B_{N\delta}^{X_c} \quad \text{und} \quad y_0 = P_s u_0 - \phi(x_0) \in B_{N\delta}^{X_s}.$$

Ferner definieren wir

$$t_1 := t_1(x_0, y_0) := \sup\{t \in (0, t_+) : |x(\tau)|_{X_c}, |y(\tau)|_{X_s} \leq \rho, \ \tau \in [0, t]\},$$

wobei $(x(t), y(t))$ die eindeutige Lösung von (10.25) zum Anfangswert (x_0, y_0) bezeichnet. Angenommen $t_1 < t_+$. Nach der Formel der Variation der Konstanten gilt für die Lösung $y(t)$ der zweiten Gleichung von (10.25) zum Anfangswert y_0 die Darstellung

$$y(t) = e^{A_s t} y_0 + \int_0^t e^{A_s(t-s)} R(x(s), y(s)) ds, \quad t \in [0, t_1].$$

Wegen $\sigma(A_s) = \sigma(A) \setminus \{0\}$, Voraussetzung 4. und (10.28) erhalten wir mit einem $\omega > 0$ die Abschätzung

$$|y(t)| \leq M e^{-\omega t}|y_0| + MC\eta \int_0^t e^{-\omega(t-s)}|y(s)|ds,$$

für alle $t \in [0, t_1]$, wobei $M = M(\omega) > 0$ eine Konstante ist. Das Lemma von Gronwall liefert daher

$$|y(t)| \leq M|y_0|e^{(MC\eta-\omega)t}, \quad t \in [0, t_1].$$

Im Folgenden sei nun $\eta > 0$ so klein, dass $MC\eta < \omega/2$ gilt, also

$$|y(t)| \leq M|y_0|e^{-\omega t/2}, \quad t \in [0, t_1].$$

Wir benutzen dieses Resultat für eine geeignete Abschätzung der Lösung $x(t)$. Integration der ersten Gleichung in (10.25) ergibt

$$|x(t)| \leq |x_0| + \int_0^t |T(x(s), y(s))|ds \leq |x_0| + C\eta \int_0^t |y(s)|ds$$

$$\leq |x_0| + MC\eta|y_0| \int_0^t e^{-\omega s/2}ds = |x_0| + 2MC\eta|y_0|(1 - e^{-\omega t/2})/\omega$$

$$\leq |x_0| + C_1|y_0|,$$

für alle $t \in [0, t_1]$ mit $C_1 := 2MC\eta/\omega > 0$. Also gilt

$$|x(t)| + |y(t)| \leq |x_0| + (C_1 + M)|y_0| \leq (1 + C_1 + M)N\delta, \quad t \in [0, t_1].$$

Wähle nun $\delta \leq \rho/[2N(1 + C_1 + M)]$. Es folgt

$$|x(t)| + |y(t)| \leq \rho/2$$

für alle $t \in [0, t_1]$, was aber offensichtlich der Definition von t_1 widerspricht. Wir können daher den Schluss $t_1 = t_+$ treffen und wegen (10.24) gilt

$$|u(t)| \leq |x(t)| + |\phi(x(t))| + |y(t)| \leq \rho/2 + \rho/2 + \rho/2 = 3\rho/2 < r/2,$$

für alle $t \in [0, t_+)$. Dies zeigt , dass die Lösung $u = u(t)$ von (10.20) zum Anfangswert $u_0 \in B_\delta(0)$ die Kugel $B_r(0)$ nie verlässt, das heißt sie existiert für alle $t \geq 0$ und das triviale Equilibrium $u = 0$ von (10.20) bzw. $z = z_*$ von (10.19) ist stabil, denn zu hinreichend kleinem $r > 0$ existiert ein $\delta > 0$, sodass $z(t) \in B_r(z_*)$ für alle $t \geq 0$, sofern $z_0 \in B_\delta(z_*)$.

(e) Wir zeigen schließlich, dass die Lösung $z(t)$ von (10.19) für $t \rightarrow \infty$ exponentiell gegen ein $z_\infty \in \mathcal{E}$ konvergiert. Aus den Abschätzungen von Schritt (d) erhalten wir

$$|y(t)| \leq M|y_0|e^{-\omega t/2},$$

und

$$|x(t)| + |y(t)| \leq \rho/2,$$

für alle $t \geq 0$. Daher existiert der Grenzwert

$$\lim_{t \to \infty} \int_0^t T(x(s), y(s))ds = \int_0^\infty T(x(s), y(s))ds \in X_c.$$

Integration der ersten Gleichung in (10.25) ergibt

$$\lim_{t \to \infty} x(t) = x_0 + \int_0^\infty T(x(s), y(s))ds =: x_\infty \in X_c,$$

und es folgt

$$|x(t) - x_\infty| = \left| \int_t^\infty T(x(s), y(s))ds \right|$$

$$\leq C\eta \int_t^\infty |y(s)|ds$$

$$\leq 2MC\eta|y_0|e^{-\omega t/2}/\omega, \quad t \geq 0.$$

Die Funktion $x(t)$ konvergiert also exponentiell gegen x_∞ in X_c. Daher existiert der Grenzwert

$$\lim_{t \to \infty} u(t) = \lim_{t \to \infty} (x(t) + \phi(x(t)) + y(t)) = x_\infty + \phi(x_\infty) =: u_\infty$$

und $u_\infty + z_*$ ist ein Equilibrium von (10.19). Für die Konvergenzrate von $u(t) \rightarrow u_\infty$ für $t \rightarrow \infty$ ergibt sich nach dem Mittelwertsatz und (10.24)

$$|u(t) - u_\infty| = |x(t) + \phi(x(t)) + y(t) - x_\infty - \phi(x_\infty)|$$

$$\leq |x(t) - x_\infty| + |\phi(x(t)) - \phi(x_\infty)| + |y(t)|$$

$$\leq 4MC\eta|y_0|e^{-\omega t/2}/\omega + M|y_0|e^{-\omega t/2}$$

$$= L|y_0|e^{-\omega t/2}, \quad t \geq 0.$$

Damit konvergiert $z(t)$ exponentiell gegen $z_\infty := u_\infty + z_* \in \mathcal{E}$ für $t \to \infty$. $\square$

Beispiel. Sei $G = \mathbb{R}^2 \setminus \{0\}$. Betrachte das ebene System

$$\dot{x} = (x + y)(1 - \sqrt{x^2 + y^2}),$$

$$\dot{y} = (y - x)(1 - \sqrt{x^2 + y^2}).$$

$$(10.29)$$

Durch Übergang zu Polarkoordinaten (r, θ), erhalten wir

$$\dot{r} = -r(r - 1),$$

$$\dot{\theta} = r - 1.$$

Die Menge der Equilibria von (10.29) ist also der Einheitskreis und für jeden Anfangswert $(x_0, y_0) \in G$ gilt $r(t) \to 1$ für $t \to \infty$. Das Phasenportrait ist rotationsinvariant, das heißt, es genügt, sich auf ein Equilibrium, sagen wir $z_* = (0, 1)$, einzuschränken. Es bezeichne $f(x, y)$ die rechte Seite von (10.29). Offensichtlich gilt $f \in C^1(G, \mathbb{R}^2)$ und

$$A = f'(z_*) = \begin{bmatrix} 0 & -1 \\ 0 & -1 \end{bmatrix}.$$

Die Matrix A besitzt die beiden Eigenwerte 0 und -1 mit dazu gehörigen Eigenvektoren $[1, 0]^\mathsf{T}$ und $[1, 1]^\mathsf{T}$. Der Eigenwert 0 ist halbeinfach und der Kern $N(A)$ ist gerade der Tangentialraum $\mathsf{T}_{z_*}\mathcal{E}$ an $\mathcal{E}$ in z_*. Also ist z_* normal stabil und Satz 10.4.1 impliziert, dass jede Lösung, welche hinreichend nahe bei z_* startet, für $t \to \infty$ exponentiell gegen einen Punkt auf dem Einheitskreis konvergiert. Außerdem ist z_* stabil (siehe auch Abschn. 8.8).

Wir geben nun noch zwei Beispiele an, die zeigen, dass man auf die Bedingungen 2 und 3 aus Satz 10.4.1 nicht verzichten kann.

Beispiele.

(a) Sei $G = \mathbb{R}^2 \setminus \{0\}$ und betrachte das System

$$\dot{x} = -x(\sqrt{x^2 + y^2} - 1)^3 - y(\sqrt{x^2 + y^2} - 1)^m,$$

$$\dot{y} = -y(\sqrt{x^2 + y^2} - 1)^3 + x(\sqrt{x^2 + y^2} - 1)^m.$$

$$(10.30)$$

Durch Übergang zu Polarkoordinaten (r, θ), erhalten wir das entkoppelte System

$$\dot{r} = -r(r-1)^3,$$

$$\dot{\theta} = (r-1)^m.$$

Zunächst untersuchen wir den Fall $m = 1$. Die Menge der Equilibria ist wieder durch den Einheitskreis gegeben. Wie im Beispiel zuvor führen wir die Stabilitätsanalyse nur für das Equilibrium $z_* = (0, 1)$ durch. Es gilt

$$A = f'(z_*) = \begin{bmatrix} 0 & -1 \\ 0 & 0 \end{bmatrix},$$

wobei $f(x, y)$ die rechte Seite von (10.30) bezeichnet. Daher ist $\lambda = 0$ ein Eigenwert von A mit algebraischer Vielfachheit 2 und dem Eigenraum $N(A) = \mathrm{span}\{(1, 0)\} = \mathrm{T}_{z_*}\mathcal{E}$. Der Eigenwert $\lambda = 0$ ist also *nicht* halbeinfach, das heißt, die Voraussetzung 3 aus Satz 10.4.1 ist nicht erfüllt. Hier konvergieren die Lösungen nicht, vgl. Beispiel 1 aus Abschn. 8.8.

(b) In diesem Beispiel betrachten wir wieder das System (10.30), aber hier mit $m = 2$. In diesem Fall ist $\mathcal{E}$ wieder der Einheitskreis und für die Linearisierung in $z_* = (0, 1)$ gilt

$$A = f'(z_*) = \begin{bmatrix} 0 & 0 \\ 0 & 0 \end{bmatrix}.$$

Damit ist $\lambda = 0$ ein Eigenwert mit der algebraischen Vielfachheit 2 und es gilt $N(A) = \mathbb{R}^2$, d. h. $\lambda = 0$ ist halbeinfach. Nun ist aber augenscheinlich die Bedingung 2 aus Satz 10.4.1 nicht erfüllt, denn $\mathrm{T}_{z_*}\mathcal{E} = \mathrm{span}\{(1, 0)\} \subsetneq \mathbb{R}^2$. Wie Beispiel 2 aus Abschn. 8.8 zeigt, konvergieren die Lösungen nicht.

10.5 Normal hyperbolische Equilibria

Wir wollen nun den Fall untersuchen, dass das Spektrum $\sigma(A)$ der Linearisierung $A = f'(z_*)$ von (10.19) auch Eigenwerte mit positivem Realteil enthält. Also nehmen wir im Weiteren an, dass sich $\sigma(A)$ wie folgt zerlegen lässt:

$$\sigma(A) = \{0\} \cup \sigma_s \cup \sigma_u, \quad \sigma_j \neq \emptyset, \ j \in \{u, s\},$$

mit $\sigma_s \subset \{\mu \in \sigma(A) : \mathrm{Re}\,\mu < 0\}$ und $\sigma_u \subset \{\mu \in \sigma(A) : \mathrm{Re}\,\mu > 0\}$. In dieser Situation können wir das folgende Resultat beweisen.

Satz 10.5.1. *Sei z_* ein Equilibrium von* (10.19), $f \in C^1(G, \mathbb{R}^n)$ *und es sei* $A = f'(z_*)$. *Angenommen z_* ist **normal hyperbolisch**, das heißt*

1. *In einer Umgebung von z_* ist die Menge der Equilibria $\mathcal{E}$ eine C^1 Mannigfaltigkeit der Dimension $m \in \mathbb{N}$,*
2. $T_{z_*}\mathcal{E} = N(A)$,
3. *0 ist ein halbeinfacher Eigenwert von A, das heißt $\mathbb{C}^n = N(A) \oplus R(A)$,*
4. $\sigma(A) \cap i\mathbb{R} = \{0\}$ *und* $\sigma_j \neq \emptyset$, $j \in \{u, s\}$.

Dann ist z_* instabil. Zu jedem hinreichend kleinen $\rho > 0$ existiert ein $\delta \in (0, \rho]$, sodass die Lösung $z(t)$ von (10.19) *zum Anfangswert $z_0 \in B_\delta(z_*)$ genau eine der beiden folgenden Eigenschaften besitzt.*

- $\mathrm{dist}(z(t^*), \mathcal{E}) > \rho$ *für ein $t^* > 0$, oder*
- $z(t)$ *existiert für alle $t \geq 0$ und $z(t) \to z_\infty \in \mathcal{E}$ exponentiell für $t \to \infty$.*

Beweis. Die Instabilität von z_* folgt sofort aus Satz 5.4.1. Wegen Voraussetzung 3 können wir den Raum $\mathbb{C}^n$ wie folgt zerlegen:

$$\mathbb{C}^n = N(A) \oplus N(\lambda_2) \oplus \ldots \oplus N(\lambda_{r_1}) \oplus N(\lambda_{r_1+1}) \oplus \ldots \oplus N(\lambda_{r_2}),$$

wobei $2 \leq r_1 < r_2$, $\mathrm{Re}\,\lambda_j < 0$ für $j \in \{2, \ldots, r_1\}$ und $\mathrm{Re}\,\lambda_j > 0$ für $j \in \{r_1 + 1, \ldots, r_2\}$. Seien P_c, P_s, P_u die zugehörigen Projektionen auf $X_c = N(A)$, $X_s = N(\lambda_2) \oplus \ldots \oplus N(\lambda_{r_1})$ und $X_u = N(\lambda_{r_1+1}) \oplus \ldots \oplus N(\lambda_{r_2})$, das heißt $P_c + P_s + P_u = I$. Ferner bezeichne $A_l = AP_l$ den Teil der Matrix A in X_l, $l \in \{c, s, u\}$. Wegen $R(P_c) = N(A)$ gilt wieder $A_c \equiv 0$. Für ein Element $v \in \mathbb{C}^n$ verwenden wir im Weiteren die Norm

$$|v| = |P_c v| + |P_s v| + |P_u v|. \tag{10.31}$$

Sei ferner Φ die im Beweisschritt (b) von Satz 10.4.1 gewonnene Abbildung und wir definieren $\phi_l(x) = P_l \Phi(x)$ für alle $x \in B_{\rho_0}^{X_c}(0)$. Dann gilt

$$\phi_l \in C^1(B_{\rho_0}^{X_c}(0), X_l), \quad \phi_l(0) = \phi_l'(0) = 0, \quad l \in \{s, u\} \tag{10.32}$$

und

$$\{x + \phi_s(x) + \phi_u(x) + z_* : x \in B_{\rho_0}^{X_c}(0)\} = \mathcal{E} \cap W,$$

für eine geeignete Umgebung W von z_*. Von nun an sei $\rho_0 > 0$ so klein gewählt, dass die Abschätzungen

$$|\phi_l'(x)| \leq 1, \quad |\phi_l(x)| \leq |x|, \quad l \in \{s, u\}, \tag{10.33}$$

für alle $x \in B_{\rho_0}^{X_c}(0)$ gelten. Wenden wir die Projektionen P_l, $l \in \{c, s, u\}$ auf die stationäre Gl. (10.21) an, so erhalten wir das System von Gleichungen

$$P_c h(x + \phi_s(x) + \phi_u(x)) = 0,$$

$$P_l h(x + \phi_s(x) + \phi_u(x)) = -A_l \phi_l(x), \quad x \in B_{\rho_0}^{X_c}(0), \ l \in \{s, u\}. \tag{10.34}$$

Wir definieren die neuen Variablen

$$x = P_c u, \quad y = P_s u - \phi_s(x) \quad \text{und} \quad v = P_u u - \phi_u(x).$$

Diese Definitionen ergeben die *Normalform* von (10.19) in $X_c \times X_s \times X_u$ in der Nähe des *normal hyperbolischen* Equilibriums z_* zu

$$\begin{cases} \dot{x} = T(x, y, v), & x(0) = x_0, \\ \dot{y} = A_s y + R_s(x, y, v), & y(0) = y_0, \\ \dot{v} = A_u v + R_u(x, y, v), & v(0) = v_0, \end{cases} \tag{10.35}$$

wobei die Funktionen T, R_s und R_u durch

$$T(x, y, v) = P_c(h(x + y + v + \phi_s(x) + \phi_u(x)) - h(x + \phi_s(x) + \phi_u(x))),$$

und

$$R_l(x, y, v) = P_l(h(x + y + v + \phi_s(x) + \phi_u(x)) - h(x + \phi_s(x) + \phi_u(x)))$$
$$- \phi_l'(x)T(x, y, v), \ l \in \{s, u\},$$

gegeben sind. Aus diesen Darstellungen folgt $T(x, 0, 0) = R_l(x, 0, 0) = 0$, $l \in \{s, u\}$, für alle $x \in B_{\rho_0}^{X_c}(0)$, das heißt, die Menge der Equilibria $\mathcal{E}$ nahe z_* wurde auf die Menge $B_{\rho_0}^{X_c}(0) \times \{0\} \times \{0\} \subset X_c \times X_s \times X_u$ zurückgeführt.

Sei nun $\eta > 0$ gegeben. Dann existiert ein $r = r(\eta) > 0$, sodass aus (10.27) die Abschätzung

$$|T(x, y, v)|, |R_l(x, y, v)| \leq C\eta(|y| + |v|), \ l \in \{s, u\}, \tag{10.36}$$

für alle $x, y, v \in \bar{B}_{3\rho}^{X_l}(0)$, $l \in \{c, s, u\}$ mit $3\rho \in (0, r/5)$ folgt. Ohne Beschränkung der Allgemeinheit dürfen wir $r \leq 5\rho_0$ annehmen. Sei

$$z(t) = x(t) + y(t) + v(t) + \phi_s(x(t)) + \phi_u(x(t)) + z_*$$

die Lösung von (10.19) zum Anfangswert $z_0 \in B_\delta(z_*)$, $\delta \leq \rho$ mit dem Existenzintervall $[0, t_+)$. Dann existiert entweder ein $t^* \in (0, t_+)$ mit $\mathrm{dist}(z(t^*), \mathcal{E}) > \rho$ oder $\mathrm{dist}(z(t), \mathcal{E}) \leq \rho$ für alle $t \in [0, t_+)$. Wir betrachten den letzteren Fall und setzen

$$t_1 := t_1(x_0, y_0, v_0) := \sup\{t \in (0, t_+) : |z(\tau) - z_*| \leq 3\rho, \ \tau \in [0, t]\}.$$

Angenommen es gilt $t_1 < t_+$. Aus (10.31) folgt zunächst $|x(t)| \leq 3\rho$ für alle $t \in [0, t_1]$. Wegen (10.33) gilt aber auch

$$|z(t) - z_*| \geq |x(t)| + |y(t) + \phi_s(x(t))|$$
$$\geq |x(t)| - |\phi_s(x(t))| + |y(t)| \geq |y(t)|, \ t \in [0, t_1],$$

also $|y(t)| \leq 3\rho$; entsprechend erhält man auch $|v(t)| \leq 3\rho$ für alle $t \in [0, t_1]$. Da $\mathcal{E}$ abgeschlossen ist, gibt es für jedes $z \in B_{3\rho}(z_*)$ ein $\bar{z} \in \mathcal{E}$, mit der Eigenschaft $\mathrm{dist}(z, \mathcal{E}) = |z - \bar{z}|$. Gilt zusätzlich $\mathrm{dist}(z, \mathcal{E}) \leq \rho$, so erhalten wir aus der Dreiecksungleichung die Abschätzung $|\bar{z} - z_*| < 4\rho$. Für $4\rho \leq \rho_0$ existiert daher ein $\bar{x} \in B_{\rho_0}^{X_c}(0)$, mit $\bar{z} = \bar{x} + \phi_s(\bar{x}) + \phi_u(\bar{x}) + z_*$. Aus diesen Überlegungen und mit (10.33), erhalten wir somit die verbesserte Abschätzung

$$\rho \geq \mathrm{dist}(z(t), \mathcal{E}) = |z(t) - \bar{z}(t)|$$
$$= |x(t) - \bar{x}(t)| + |y(t) + \phi_s(x(t)) - \phi_s(\bar{x}(t))|$$
$$+ |v(t) + \phi_u(x(t)) - \phi_u(\bar{x}(t))|$$
$$\geq |x(t) - \bar{x}(t)| + |y(t)| - |\phi_s(x(t)) - \phi_s(\bar{x}(t))| \geq |y(t)|,$$

für alle $t \in [0, t_1]$; entsprechend erhält man auch die verbesserte Abschätzung $|v(t)| \leq \rho$ für alle $t \in [0, t_1]$.

Wir werden uns zunächst mit der Gleichung für $v(t)$ befassen. Da die Matrix A_u nur Eigenwerte mit positivem Realteil besitzt, integrieren wir die Gleichung für $v(t)$ bezüglich t rückwärts, das heißt, wir verwenden die Lösungsdarstellung

$$v(t) = e^{A_u(t-t_1)}v(t_1) - \int_t^{t_1} e^{A_u(t-s)} R_u(x(s), y(s), v(s))ds, \ t \in [0, t_1]. \tag{10.37}$$

Aus (10.36) und der Eigenschaft $|v(t_1)| \leq \rho$ ergibt sich

$$|v(t)| \leq M e^{\omega(t-t_1)}\rho + \eta MC \int_t^{t_1} e^{\omega(t-s)}(|y(s)| + |v(s)|)ds, \ t \in [0, t_1].$$

Integration von 0 bis t_1 ergibt

$$|v|_{L_1(0,t_1)} \leq M\rho/\omega + (\eta MC/\omega)(|y|_{L_1(0,t_1)} + |v|_{L_1(0,t_1)}). \tag{10.38}$$

Im nächsten Schritt leiten wir eine Abschätzung für $|y|_{L_1(0,t_1)}$ her. Dazu integrieren wir die Gleichung für $y(t)$. Es folgt

$$|y(t)| \leq Me^{-\omega t}|y_0| + \eta MC \int_0^t e^{-\omega(t-s)}(|y(s)| + |v(s)|)ds, \quad t \in [0, t_1],$$

und nach einer weiteren Integration von 0 bis t_1

$$|y|_{L_1(0,t_1)} \leq M|y_0|/\omega + (\eta MC/\omega)(|y|_{L_1(0,t_1)} + |v|_{L_1(0,t_1)}). \tag{10.39}$$

Addition von (10.38) und (10.39) ergibt

$$|y|_{L_1(0,t_1)} + |v|_{L_1(0,t_1)} \leq M|y_0|/\omega + M\rho/\omega + (2\eta MC/\omega)(|y|_{L_1(0,t_1)} + |v|_{L_1(0,t_1)}).$$

Wähle $\eta > 0$ zusätzlich so klein, dass $2\eta MC/\omega \leq 1/2$ gilt. Dann folgt

$$|y|_{L_1(0,t_1)} + |v|_{L_1(0,t_1)} \leq 2M(\rho + |y_0|)/\omega. \tag{10.40}$$

Nun wenden wir uns der Gleichung für $x(t)$ zu. Mit Hilfe von (10.36) erhalten wir aus (10.40) für alle $t \in [0, t_1]$ die Abschätzung

$$|x(t)| \leq |x_0| + \int_0^t |T(x(s), y(s), v(s))|ds$$

$$\leq |x_0| + \eta C(|y|_{L_1(0,t)} + |v|_{L_1(0,t)}) \leq |x_0| + 2\eta MC(\rho + |y_0|)/\omega.$$

Wir wählen zuerst $\eta > 0$, dann $|x_0|$ hinreichend klein und erhalten somit wegen $|y(t)|, |v(t)| \leq \rho$ für alle $t \in [0, t_1]$ die Ungleichung $|z(t) - z_*| < 3\rho$, welche für alle $t \in [0, t_1]$ gilt. Das bedeutet aber einen Widerspruch zur Definition von t_1, also gilt $t_1 = t_+$. Ferner können wir sagen, dass im Fall $\text{dist}(z(t), \mathcal{E}) \leq \rho$, $t \geq 0$, die Lösungen $x(t), y(t), v(t)$ global existieren und die Abschätzung

$$|x(t)|, |y(t)|, |v(t)| \leq 3\rho,$$

für alle $t \geq 0$ gilt. Die Gleichung für $y(t)$ und (10.36) ergeben

$$|y(t)| \leq Me^{-\omega t}|y_0| + \eta MC \int_0^t e^{-\omega(t-s)}(|y(s)| + |v(s)|)ds. \tag{10.41}$$

Da $|v(t)| \leq 3\rho$ für alle $t \geq 0$ gilt und $e^{A_u(t-t_1)} \to 0$ exponentiell für $t_1 \to \infty$, folgt aus (10.37) die Lösungsdarstellung

$$v(t) = -\int_t^\infty e^{A_u(t-s)} R_u(x(s), y(s), v(s))ds,$$

also mit (10.36)

$$|v(t)| \leq \eta MC \int_t^\infty e^{\omega(t-s)}(|y(s)| + |v(s)|)ds. \tag{10.42}$$

Aus (10.41) und (10.42) erhalten wir für $\varphi(t) := |y(t)| + |v(t)|$ die nicht-kausale Integralungleichung

$$\varphi(t) \le ce^{-\omega t} + \beta \int_0^\infty e^{-\omega|t-s|}\varphi(s)ds =: \mu(t), \quad t \ge 0, \tag{10.43}$$

mit $c := M|y_0|$ und $\beta := \eta CM$. Im Weiteren wollen wir nun zeigen, dass $\varphi(t)$ eine Abschätzung der Form $\varphi(t) \le be^{-\alpha t}$ für geeignete $\alpha > 0$ und $b > 0$ erfüllt. Dazu beachte man zunächst, dass $\mu(t)$ eine beschränkte positive Lösung der linearen inhomogenen Differentialgleichung zweiter Ordnung

$$-\ddot{\mu} + \omega^2\mu = 2\omega\beta\varphi \tag{10.44}$$

ist, mit $\mu(t) \ge \varphi(t) \ge 0$. Subtraktion des Terms $2\omega\beta\mu$ in (10.44) liefert

$$-\ddot{\mu} + \omega_1^2\mu = 2\omega_1\beta\psi, \tag{10.45}$$

wobei $\omega_1 := (\omega^2 - 2\omega\beta)^{1/2} > 0$ für $\beta < \omega/2$, also $\eta > 0$ hinreichend klein, und $\psi(t) := \omega(\varphi(t) - \mu(t))/\omega_1$ gilt. Jede beschränkte Lösung von (10.45) besitzt nach dem Superpositionsprinzip die Darstellung

$$\mu(t) = be^{-\omega_1 t} + \beta \int_0^\infty e^{-\omega_1|t-s|}\psi(s)ds, \quad t \ge 0.$$

Wegen $\psi(t) \le 0$ folgt die Abschätzung

$$|y(t)| + |v(t)| = \varphi(t) \le \mu(t) \le be^{-\omega_1 t},$$

für alle $t \ge 0$, also insbesondere $y(t) \to 0$ und $v(t) \to 0$ exponentiell für $t \to \infty$. Schließlich können wir in der Lösungsdarstellung für $x(t)$ wegen (10.36) zur Grenze $t \to \infty$ übergehen und sehen, dass der Grenzwert

$$\lim_{t\to\infty} x(t) = x_0 + \int_0^\infty T(x(s), y(s), v(s))ds \in X_c$$

existiert. Damit ist

$$z_\infty = \lim_{t\to\infty}(x(t) + y(t) + v(t) + \phi_s(x(t)) + \phi_u(x(t))) + z_*$$

$$= x_\infty + \phi_s(x_\infty) + \phi_u(x_\infty) + z_*,$$

ein Equilibrium von (10.19). Ähnlich wie im Beweis zu Satz 10.4.1 sieht man, dass $z(t)$ exponentiell gegen z_∞ konvergiert. $\square$

Als direkte Folgerung aus Satz 10.5.1 und Satz 8.6.2 erhalten wir das folgende

Korollar 10.5.2. *Sei $G \subset \mathbb{R}^n$ offen, $K \subset G$ kompakt und sei $V \in C(G; \mathbb{R})$ eine strikte Ljapunov-Funktion für (10.19). Sei ferner $z(t)$ eine Lösung von (10.19) mit $\gamma_+(z) \subset K$,* *welche ein normal stabiles oder ein normal hyperbolisches Equilibrium z_* in ihrer Limesmenge $\omega_+(z)$ hat. Dann konvergiert $z(t)$ für $t \to \infty$ gegen $z_* \in \mathcal{E}$. Liegt $z(t)$ ferner in der instabilen Mannigfaltigkeit eines Sattelpunktes, so ist $z(t)$ ein heteroklines Orbit.*

Beweis. Nach Satz 8.6.2 gilt $\mathrm{dist}(z(t), \mathcal{E}) \to 0$ für $t \to \infty$, d. h. wir können die Distanz der Lösung zur Menge der Equilibria für hinreichend großes t kontrollieren. Ferner existiert zu dem normal stabilen bzw. normal hyperbolischen Equilibrium $z_* \in \omega_+(z)$ eine Folge (t_k), sodass $z(t_k) \to z_*$ für $k \to \infty$ gilt. Wählt man nun t_k hinreichend groß, so impliziert Satz 10.4.1 bzw. Satz 10.5.1 die erste Behauptung. Da V eine strikte Ljapunov-Funktion ist, folgt die zweite Behauptung aus Satz 10.1.1. $\qquad\square$

10.6 Teilchen im Potentialfeld mit Dämpfung

Seien $\phi : \mathbb{R}^n \to \mathbb{R}$ aus C^2 und $g : \mathbb{R}^n \to \mathbb{R}^n$ aus C^1, mit $g(0) = 0$. Das Problem

$$\ddot{u} + g(\dot{u}) + \nabla\phi(u) = 0,$$
$$u(0) = u_0, \quad \dot{u}(0) = u_1,$$

(10.46)

ist mit $x := [x_1, x_2]^\mathsf{T} := [u, \dot{u}]^\mathsf{T}$ äquivalent zum System $\dot{x} = f(x)$, wobei

$$f(x) = [\dot{u}, -g(\dot{u}) - \nabla\phi(u)]^\mathsf{T} = [x_2, -g(x_2) - \nabla\phi(x_1)]^\mathsf{T}$$

ist. Die Menge $\mathcal{E}$ der Equilibria dieses Systems besteht aus Paaren der Form $(x_1, 0)$, wobei x_1 kritischer Punkt von ϕ ist. Als Ljapunov-Funktion betrachten wir die Energie

$$V(x) = \frac{1}{2}|x_2|_2^2 + \phi(x_1);$$

die Beziehung

$$\frac{d}{dt}V(x(t)) = -(g(x_2(t))|x_2(t)) = -(g(\dot{u}(t))|\dot{u}(t))$$

längs Lösungen zeigt, dass V ein Ljapunov-Funktion ist, sofern $(g(y)|y) \geq 0$ für alle $y \in \mathbb{R}^n$; sie ist strikt, wenn $(g(y)|y) > 0$ für alle $y \in \mathbb{R}^n$, $y \neq 0$ gelten. Ist weiter ϕ koerziv, gilt also $\phi(u) \to \infty$ für $|u| \to \infty$, so ist jede Lösung beschränkt, und ihre Limesmengen sind somit nichtleer und liegen in $\mathcal{E}$.

Wir untersuchen nun, unter welchen Zusatzbedingungen ein Equilibrium $x_* = (u_*, 0)$ normal stabil bzw. normal hyperbolisch ist. Dazu untersuchen wir die Menge der kritischen Punkte von ϕ nahe bei u_*. Hier gibt es prinzipiell zwei Fälle zu unterscheiden:

(a) $\nabla^2\phi(u_*)$ ist nicht singulär. In diesem Fall ist das Equilibrium isoliert in $\mathcal{E}$.

(b) $\nabla^2\phi(u_*)$ ist singulär. In diesem Fall ist u_* typischerweise nicht isoliert, die kritischen Punkte von ϕ bilden eine Mannigfaltigkeit. Wir nennen u_* *nicht ausgeartet*, wenn der Tangentialraum dieser Mannigfaltigkeit mit dem Kern von $\nabla^2\phi(u_*)$ übereinstimmt.

Sei konkreter $\phi(u) = \varphi(|u|_2^2)$, wobei $\varphi : \mathbb{R}_+ \to \mathbb{R}_+$ aus C^2 sei, mit $\varphi(1) = 0$, $\varphi'(1) = 0$, $\varphi''(1) > 0$, $\varphi'(r) \neq 0$ für $r \neq 1$. Die Einheitssphäre $\mathbb{S}^1$ besteht dann aus strikten Minima des Potentials, 0 ist ein lokales Maximum, und es gibt keine weiteren kritischen Punkte von ϕ. Das typische Beispiel ist das *Double-Well-Potential* $\phi(u) = \frac{1}{4}(|u|_2^2 - 1)^2$. In dieser Situation ist $\nabla\phi(u) = 2\varphi'(|u|_2^2)u$, und

$$\nabla^2\phi(u) = 2\varphi'(|u|_2^2)I + 4\varphi''(|u|_2^2)u \otimes u,$$

also ist $\nabla^2\phi(0) = 2\varphi'(0)I$ negativ definit da $\varphi'(0) < 0$ gilt, und $\nabla^2\phi(u) = 4\varphi''(1)u \otimes u$ für $u \in \mathbb{S}^1$. Damit ist 0 Eigenwert von $\nabla^2\phi(u)$ der geometrischen Vielfachheit $n-1$ für jedes $u \in \mathbb{S}^1$, und der Kern besteht aus allen Vektoren v mit $(u|v) = 0$; das ist genau der Tangentialraum an $\mathbb{S}^1$ in u. Die Annahme $\varphi''(1) > 0$ ist dabei wesentlich, ansonsten ist jeder Punkt auf der $\mathbb{S}^1$ ausgeartet. Insbesondere ist für $\phi(u) = \frac{1}{2k}(|u|_2^2 - 1)^k$ im Fall $k \geq 3$ jeder Punkt $u \in \mathbb{S}^1$ ausgeartet.

Um die Bedeutung von *nicht ausgeartet* im allgemeinen Fall genauer zu verstehen, sei $B = \nabla^2\phi(u_*)$, und sei $k = \dim N(B)$. Da B symmetrisch ist, gilt $\mathbb{C}^n = N(B) \oplus R(B)$ und die Zerlegung ist orthogonal. Wir wählen eine Basis $T = [\tau_1, \ldots, \tau_k]$ von $N(B)$ und eine Basis $N = [v_1, \ldots, v_{n-k}]$ von $R(B)$, und betrachten die Gleichung

$$h(r, s) := N^{\mathsf{T}}\nabla\phi(u_* + Tr + Ns) = 0.$$

$h : \mathbb{R}^k \times \mathbb{R}^{n-k} \to \mathbb{R}^{n-k}$ ist aus C^1, es gilt $h(0, 0) = 0$ und $\partial_s h(0, 0) = N^{\mathsf{T}}BN$ ist invertierbar. Der Satz über implizite Funktionen ergibt eine C^1-Funktion $s : B_\rho(0) \to \mathbb{R}^{n-k}$ mit $s(0) = 0$ und $h(r, s(r)) = 0$ für alle $r \in B_\rho(0)$. Ferner gilt $0 = N^{\mathsf{T}}BT + N^{\mathsf{T}}BNs'(0)$, also $s'(0) = 0$. Damit ist die Gleichung $\nabla\phi(u) = 0$ für die Equilibria nahe u_* äquivalent zu

$$T^{\mathsf{T}}\nabla\phi(u_* + Tr + Ns(r)) = 0, \tag{10.47}$$

und eine C^1-Parametrisierung der Lösungsmenge nahe u_* ist durch die Abbildung $r \mapsto u_* + Tr + Ns(r)$ gegeben. Nun kann man schließen, dass u_* genau dann nicht ausgeartet ist, wenn (10.47) für alle $r \in B_\delta(0) \subset \mathbb{R}^k$ mit einem $\delta > 0$ erfüllt ist.

Als nächstes betrachten wir die Linearisierung $A = f'(u_*, 0)$, also

$$A = \begin{bmatrix} 0 & I \\ -\nabla^2\phi(u_*) & -g'(0) \end{bmatrix}.$$

$\lambda = 0$ ist genau dann ein Eigenwert von A, falls $B = \nabla^2\phi(u_*)$ singulär ist. Der Kern von A besteht aus den Vektoren $[v, 0]^\mathsf{T}$, wobei $v \in N(B)$ ist. Sei als nächstes $[v, w]^\mathsf{T} \in N(A^2)$. Dann gelten

$$Bv + g'(0)w = 0 \quad \text{und} \quad Bw = 0.$$

Multiplikation der ersten Gleichung mit $\bar{w}$, der zweiten mit $\bar{v}$, und Subtraktion führt auf $(g'(0)w|w) = 0$. Die Annahme

$$(g'(0)y|y) \geq \eta|y|_2^2 \quad \text{für alle } y \in \mathbb{R}^n,$$

mit einem $\eta > 0$, ergibt dann $w = 0$ und somit auch $Bv = 0$, d. h. $[v, w]^\mathsf{T} \in N(A)$. Daher ist 0 halbeinfach.

Sei $\lambda = \sigma + i\rho$ ein Eigenwert von A mit Eigenvektor $[v, w]^\mathsf{T}$. Dann gilt $w = \lambda v$ und $\lambda w + g'(0)w + Bv = 0$, also

$$\lambda^2 v + \lambda g'(0)v + \nabla^2\phi(u_*)v = 0.$$

Multipliziere skalar mit $\bar{v}$ und zerlege in Real- und Imaginärteil, um

$$(\sigma^2 - \rho^2)|v|_2^2 + \sigma\,\mathrm{Re}(g'(0)v|v) - \rho\,\mathrm{Im}(g'(0)v|v) + (Bv|v) = 0,$$

und

$$2\sigma\rho|v|_2^2 + \rho\,\mathrm{Re}(g'(0)v|v) + \sigma\,\mathrm{Im}(g'(0)v|v) = 0$$

zu erhalten, denn die Matrix B ist symmetrisch. Ist nun die obige Annahme für $g'(0)$ erfüllt, so zeigt die zweite Gleichung, dass es auf der imaginären Achse außer $\lambda = 0$ keine Eigenwerte gibt. Daher ist das Equilibrium x_* normal hyperbolisch, falls u_* nicht ausgeartet ist.

Multiplikation der ersten Gleichung mit σ, der zweiten mit ρ und Addition führt auf

$$\sigma(\sigma^2 + \rho^2)|v|_2^2 + (\sigma^2 + \rho^2)\mathrm{Re}(g'(0)v|v) + \sigma(Bv|v) = 0.$$

Ist $B = \nabla^2\phi(u_*)$ positiv semidefinit, so zeigt diese Gleichung, dass es in der offenen rechten Halbebene, also für $\sigma > 0$, keine Eigenwerte gibt. In diesem Fall ist x_* daher normal stabil, falls u_* nicht ausgeartet ist. Wir fassen das Bewiesene in folgendem Satz zusammen.

Satz 10.6.1. *Sei $\phi \in C^2(\mathbb{R}^n; \mathbb{R})$, $g \in C^1(\mathbb{R}^n; \mathbb{R}^n)$, $g(0) = 0$ und es gelte mit einem $\eta > 0$*

$$(g'(0)y|y) \geq \eta|y|^2,$$

für alle $y \in \mathbb{R}^n$. Sei u_* ein kritischer Punkt von ϕ und $x_* = (u_*, 0) \in \mathcal{E}$ sei das zugehörige Equilibrium von (10.46). Dann gelten

1. *Ist $\nabla^2 \phi(u_*)$ nicht singulär, dann ist $x_* \in \mathcal{E}$ ein hyperbolischer Punkt von (10.46), also asymptotisch stabil, falls $\nabla^2 \phi(u_*)$ positiv definit und ein Sattelpunkt, falls $\nabla^2 \phi(u_*)$ indefinit ist.*
2. *Ist $\nabla^2 \phi(u_*)$ singulär, aber u_* nicht ausgeartet, dann ist $x_* \in \mathcal{E}$ normal hyperbolisch, und sogar normal stabil, falls $\nabla^2 \phi(u_*)$ positiv semidefinit ist.*
3. *Sei ϕ zusätzlich koerziv und gelte*

$$(g(y)|y) > 0$$

für alle $y \in \mathbb{R}^n \setminus \{0\}$. Dann konvergiert jede Lösung $x(t)$ von (10.46), die ein nichtsinguläres oder ein normal stabiles oder ein normal hyperbolisches Equilibrium in ihrer Limesmenge $\omega_+(x)$ hat, für $t \to \infty$ gegen ein Equilibrium.

Beweis. Die dritte Behauptung folgt direkt aus Korollar 10.5.2 im Falle eines normal stabilen oder normal hyperbolischen Equilibriums in $\omega_+(x)$. Liegt jedoch ein nichtsingulärer Punkt $(u_*, 0) \in \omega_+(x)$ vor, so ist $(u_*, 0)$ isoliert in $\mathcal{E}$, also gilt $\omega_+(x) = \{(u_*, 0)\}$, da $\omega_+(x)$ zusammenhängend ist. Daraus folgt die Konvergenz der Lösung $x(t)$ gegen $(u_*, 0)$. □

Man vergleiche dieses Resultat mit Korollar 8.8.3 aus Abschn. 8.8.

10.7   Die stabile und die instabile Faserung

Sei $G \subset \mathbb{R}^n$ nichtleer, offen und $f \in C^1(G; \mathbb{R}^n)$. In diesem Abschnitt wollen wir den von der Differentialgleichung

$$\dot{u} = f(u) \tag{10.48}$$

erzeugten Fluss in einer Umgebung eines normal hyperbolischen Equilibriums $u_* \in \mathcal{E} = f^{-1}(0)$ genauer untersuchen. Ist $u_* \in \mathcal{E}$ normal hyperbolisch, dann ist auch jedes $w \in \mathcal{E}$ in der Nähe von u_* normal hyperbolisch. Daher sollte es in jedem $w \in \mathcal{E} \cap B_r(u_*)$ eine stabile Mannigfaltigkeit $\mathcal{M}_s^w$ und eine instabile Mannigfaltigkeit $\mathcal{M}_u^w$ geben mit $\mathcal{M}_s^w \cap \mathcal{M}_u^w \cap B_r(u_*) = \{w\}$, und diese Mannigfaltigkeiten sollten stetig von w abhängen. Ihre Tangentialräume in w sollten die Bilder der Projektionen sein, die von den stabilen bzw. instabilen Teilräumen der Linearisisierung $f'(w)$ herrühren.

Unser Ziel ist es, diese Behauptungen zu beweisen. Die Familie der stabilen bzw. instabilen Mannigfaltigkeiten $\mathcal{M}_s^w$ und $\mathcal{M}_s^w$ bildet die *stabile bzw. instabile Faserung* $\mathcal{M}_s$ und $\mathcal{M}_u$ von (10.48) in einer Umgebung von u_*, und $\mathcal{M}_s^w$ bzw. $\mathcal{M}_u^w$ bilden die *Fasern*. Diese sind positiv und negativ invariant bzgl. des von (10.48) erzeugten Flusses, und daher sind die für $t \to \infty$ gegen w konvergierenden Lösungen genau die Lösungen mit Anfangswert $u_0 \in \mathcal{M}_s^w$ auf der stabilen Faserung; analoges gilt für $t \to -\infty$; vgl. Abb. 10.3. Im normal stabilen Fall ist die stabile Faserung eine Umgebung von u_*, wie Satz 10.3.1 zeigt.

Die Fasern der Faserungen sind C^1-Mannigfaltigkeiten, die aber nur stetig von $w \in \mathcal{E}$ abhängen, sofern $f \in C^1$ ist. Dieser Verlust an Regularität in Richtung von $\mathcal{E}$ ist unvermeidlich. Man sollte die Situation mit der Normalen ν_Γ einer Hyperfläche Γ im $\mathbb{R}^n$ vergleichen: ist $\Gamma \in C^k$, $k \geq 1$, dann ist $\nu_\Gamma \in C^{k-1}$. Allgemeiner werden wir sehen, dass $f \in C^k$ die Regularität $\mathcal{M}_i^w \in C^k$, $k \geq 1$, $i = s, u$ nach sich zieht, aber die Faserungen $\mathcal{M}_i$ sind nur in C^{k-1}.

Das Resultat über die stabile Faserung $\mathcal{M}_s$ lautet wie folgt.

Satz 10.7.1. *Sei $G \subset \mathbb{R}^n$ offen, $f \in C^1(G; \mathbb{R}^n)$, $u_* \in \mathcal{E} = f^{-1}(0) \subset G$ normal hyperbolisch.*

Dann gibt es ein $r > 0$ und eine stetige Abbildung $\lambda_s : B_r^{X_s}(0) \times B_r^{X_c}(0) \to \mathbb{R}^n$ mit $\lambda_s(0,0) = u_*$, so dass die Lösung $u(t)$ von (10.48) mit Anfangswert $u(0) = \lambda_s(y_0, \xi)$ global nach rechts existiert und

$$u(t) \to u_\infty(\xi) := u_* + \xi + \phi(\xi), \quad t \to \infty$$

mit exponentieller Rate erfüllt. Dabei parametrisiert die Abbildung $\xi \mapsto u_\infty(\xi)$ die Equilibriumsmenge $\mathcal{E}$ nahe u_*. Das Bild von λ_s definiert die **stabile Faserung** $\mathcal{M}_s$ *von (10.48) nahe u_*. Für ein fixiertes $\xi \in B_r^{X_c}(0)$ definieren die Funktionen*

$$\lambda_s^\xi : B_r^{X_s}(0) \to \mathbb{R}^n, \quad \lambda_s^\xi(y_0) := \lambda_s(y_0, \xi),$$

die **stabilen Fasern** $\mathcal{M}_s^\xi := \lambda_s^\xi(B_r^{X_s}(0))$ *der Faserung. Ferner gelten:*

Abb. 10.3 Faserungen bei $u_* \in \mathcal{E}$

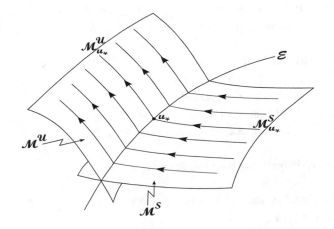

(i) *Ein Anfangswert $u_0 \in B_\delta(u_*)$ gehört genau dann zu $\mathcal{M}_s$, wenn die zugehörige Lösung $u(t)$ von (10.48) global nach rechts existiert und exponentiell gegen ein $u_\infty \in \mathcal{E}$ konvergiert.*

(ii) *Die Funktionen λ_s^ξ sind aus C^1 und $D_{y_0}\lambda_s$ ist stetig in (y_0, ξ).*

(iii) *Die Fasern $\mathcal{M}_s^\xi$ sind C^1-Mannigfaltigkeiten, die invariant für den von (10.48) erzeugten Fluss sind.*

(iv) *Der Tangentialraum von $\mathcal{M}_s^{u_\infty}$ in $u_\infty \in \mathcal{E}$ ist genau die Projektion des stabilen Teilraums der Linearisierung $f'(u_\infty)$.*

(v) *Ist u_* normal stabil, dann ist $\mathcal{M}_s$ eine Umgebung von u_*.*

Analoges gilt für die instabile Faserung.

Satz 10.7.2. *Sei $G \subset \mathbb{R}^n$ offen, $f \in C^1(G; \mathbb{R}^n)$, $u_* \in \mathcal{E} = f^{-1}(0) \subset G$ normal hyperbolisch.*

Dann gibt es ein $r > 0$ und eine stetige Abbildung $\lambda_u : B_r^{X_u}(0) \times B_r^{X_c}(0) \to \mathbb{R}^n$ mit $\lambda_u(0, 0) = u_*$, so dass die Lösung $u(t)$ von (10.48) mit Anfangswert $u(0) = \lambda_u(z_0, \xi)$ global nach links existiert und

$$u(t) \to u_\infty(\xi) := u_* + \xi + \phi(\xi), \quad t \to -\infty$$

mit exponentieller Rate erfüllt. Dabei parametrisiert die Abbildung $\xi \mapsto u_\infty(\xi)$ die Equilibriumsmenge $\mathcal{E}$ nahe u_*. Das Bild von λ_u definiert die **instabile Faserung** $\mathcal{M}_u$ *von (10.48) bei u_*. Für ein fixiertes $\xi \in B_r^{X_c}(0)$ definieren die Funktionen*

$$\lambda_u^\xi : B_r^{X_u}(0) \to \mathbb{R}^n, \quad \lambda_u^\xi(z_0) := \lambda_u(z_0, \xi),$$

die **instabilen Fasern** $\mathcal{M}_u^\xi := \lambda_u^\xi(B_r^{X_u}(0))$ *der Faserung. Ferner gelten:*

(i) *Ein Anfangswert $u_0 \in B_\delta(u_*)$ gehört genau dann zu $\mathcal{M}_u$, wenn die zugehörige Lösung $u(t)$ von (10.48) global nach links existiert und für $t \to -\infty$ exponentiell gegen ein $u_\infty \in \mathcal{E}$ konvergiert.*

(ii) *Die Funktionen λ_u^ξ sind aus C^1 und $D_{z_0}\lambda_u$ ist stetig in (z_0, ξ).*

(iii) *Die Fasern $\mathcal{M}_u^\xi$ sind C^1-Mannigfaltigkeiten, die invariant für den von (10.48) erzeugten Fluss sind.*

(iv) *Der Tangentialraum von $\mathcal{M}_u^{u_\infty}$ in $u_\infty \in \mathcal{E}$ ist genau die Projektion des instabilen Teilraums der Linearisierung $f'(u_\infty)$.*

Weitergehende Regularität von λ_i enthält das

Korollar 10.7.3. *Sei zusätzlich $f \in C^k$, $k \in \mathbb{N} \cup \{\infty\}$. Dann sind $\lambda_i \in C^{k-1}$, und $\lambda_i^\xi \in C^k$, $i \in \{s, u\}$.*

Die Konstruktion der Faserungen beruht auf der sogenannten *asymptotischen Normalform* von (10.48), die folgendermaßen definiert ist. Dazu seien P_l für $l \in \{s, c, u\}$ die Spektral-projektionen von $A = f'(u_*)$ wie in den Abschn. 10.4 and 10.5. Man parametrisiert wie dort die Equilibriumsmenge $\mathcal{E}$ nahe bei u_* mittels der Abbildung $\xi \mapsto u_* + \xi + \phi(\xi)$, $\xi \in B_R^{X^c}(0)$, wobei $\phi = \phi_s + \phi_u$ mit ϕ_l, $l \in \{s, u\}$, wie in (10.32) (man beachte $\phi_l(0) = \phi_l'(0) = 0$). Für die Abweichung $v = u - u_*$ vom Equilibrium u_* erhält man wie zuvor die zu (10.48) äquivalente DGL

$$\dot{v} = Av + h(v), \quad t > 0, \quad v(0) = v_0,$$

wobei $v_0 = u_0 - u_*$ und $h(v) = f(v + u_*) - f'(u_*)v$ für $v \in G - u_*$ mit $h(0) = h'(0) = 0$.
   Wir definieren nun die neuen Variablen

$$x = P_c v - \xi = P_c(u - u_*) - \xi,$$

$$y = P_s v - \phi_s(\xi) = P_s(u - u_*) - \phi_s(\xi), \qquad (10.49)$$

$$z = P_u v - \phi_u(\xi) = P_u(u - u_*) - \phi_u(\xi),$$

also gilt $u = x + y + z + u_* + \xi + \phi(\xi)$ bzw. $v = x + y + z + \xi + \phi(\xi)$. Mit $A_l := P_l A$ und

$$R_l(x, y, z, \xi) := P_l(h(x + y + z + \xi + \phi(\xi)) - h(\xi + \phi(\xi))), \quad l = c, s, u,$$

erhält man nach einer direkten Rechnung das zu (10.48) äquivalente System

$$\dot{x} = R_c(x, y, z, \xi), \quad x(0) = x_0 - \xi,$$

$$\dot{y} = A_s y + R_s(x, y, z, \xi), \quad y(0) = y_0 - \phi_s(\xi), \qquad (10.50)$$

$$\dot{z} = A_u z + R_u(x, y, z, \xi), \quad z(0) = z_0 - \phi_u(\xi),$$

wobei $x_0 = P_c(u_0 - u_*)$, $y_0 = P_s(u_0 - u_*)$, $z_0 = P_u(u_0 - u_*)$. Man beachte $R_l(0, 0, 0, \xi) = 0$ für alle $\xi \in B_R^{X^c}(0)$ und

$$D_{(x,y,z)} R_l(0, 0, 0, 0) = P_l h'(0) = 0.$$

Die Equilibriumsmenge $\mathcal{E}$ von (10.48) nahe u_* wird damit auf die Menge $\{(0, 0, 0)\} \times B_R^{X^c}(0)$ transformiert.

Zur Konstruktion der Faserungen findet der Satz über implizite Funktionen erneut Anwendung. Sei dazu $Y := X_s \times X_c$ und

$$\mathbb{X} := \{(x, y, z) \in C(\mathbb{R}_+; X_c \times X_s \times X_u) : \|(x, y, z)\|_\sigma < \infty\},$$

mit

$$\|(x, y, z)\|_\sigma := \sup_{t>0} e^{\sigma t} (|x(t)| + |y(t)| + |z(t)|),$$

wobei $\sigma \in (0, \omega)$ und $\omega > 0$ wird so gewählt, dass

$$|e^{A_s t}|_{\mathcal{B}(X_s)}, |e^{-A_u t}|_{\mathcal{B}(X_u)} \le M e^{-\omega t}$$

für alle $t \ge 0$ erfüllt ist. Wir definieren nun eine Abbildung $H_s : B_R^{\mathbb{X}}(0) \times B_R^Y(0) \to \mathbb{X}$ durch

$$H_s(x, y, z; y_0, \xi)(t) :=$$

$$:= \begin{bmatrix} x(t) + \int_t^\infty R_c(x(\tau), y(\tau), z(\tau), \xi) d\tau \\ y(t) - e^{A_s t}(y_0 - \phi_s(\xi)) - \int_0^t e^{A_s(t-\tau)} R_s(x(\tau), y(\tau), z(\tau), \xi) d\tau \\ z(t) + \int_t^\infty e^{A_u(t-\tau)} R_u(x(\tau), y(\tau), z(\tau), \xi) d\tau. \end{bmatrix} \qquad (10.51)$$

Dann ist $H_s : B_R^{\mathbb{X}}(0) \times B_R^Y(0) \to \mathbb{X}$ wohldefiniert, denn es gilt zum Beispiel

$$e^{\sigma t} \int_t^\infty R_c(x(\tau), y(\tau), z(\tau), \xi) d\tau = \int_t^\infty e^{\sigma(t-\tau)} e^{\sigma \tau} R_c(x(\tau), y(\tau), z(\tau), \xi) d\tau.$$

Nun ist $\tau \mapsto e^{\sigma\tau} R_c(x(\tau), y(\tau), z(\tau), \xi)$ beschränkt und $\tau \mapsto e^{\sigma(t-\tau)}$ integrierbar auf (t, ∞), also sind die Integrale endlich. Ferner ist H_s stetig, sowie stetig differenzierbar bezüglich der Variablen (x, y, z, y_0) (bezüglich der Variablen ξ ist H_s im Allgemeinen nur stetig). Offenbar gilt $H_s(0, 0, 0; 0, 0) = 0$ und die Ableitung $D_{(x,y,z)} H_s(0, 0, 0; 0, 0) = I_{\mathbb{X}}$ ist invertierbar. Der Satz über implizite Funktionen Satz 10.1.2 liefert die lokale, stetige, eindeutige Auflösung $\Lambda_s : B_r^Y(0) \to \mathbb{X}$ mit $\Lambda_s(0, 0) = (0, 0, 0)$ und

$$H_s(\Lambda_s(y_0, \xi); y_0, \xi) = 0, \quad (y_0, \xi) \in B_r^Y(0).$$

Ferner ist Λ_s stetig differenzierbar in y_0 aber leider nur stetig in ξ. Ist nun $f \in C^k$ für $k \in \mathbb{N} \cup \{\infty\}$, dann ist Λ_s aus C^{k-1}, und sogar aus C^k für festes ξ. Für $(x, y, z) = \Lambda_s(y_0, \xi) \in \mathbb{X}$ setzen wir

$$x_0 := \xi + x(0) = \xi - \int_0^\infty R_c(x(\tau), y(\tau), z(\tau), \xi) d\tau,$$

und

$$z_0 := \phi_u(\xi) + z(0) = \phi_u(\xi) - \int_0^\infty e^{-A_u s} R_u(x(\tau), y(\tau), z(\tau), \xi) d\tau.$$

Ist $(x, y, z) = \Lambda_s(y_0, \xi) \in \mathbb{X}$, so liefert die Gleichung $H(\Lambda_s(y_0, \xi); y_0, \xi) = 0$ die Identitäten

$$\dot{x}(t) = R_c(x(t), y(t), z(t), \xi), \ t > 0, \quad x(0) = x_0 - \xi,$$

$$\dot{y}(t) = A_s y(t) + R_s(x(t), y(t), z(t), \xi), \ t > 0, \quad y(0) = y_0 - \phi_s(\xi),$$

und

$$\dot{z}(t) = A_u y(t) + R_u(x(t), y(t), z(t), \xi), \ t > 0, \quad z(0) = z_0 - \phi_u(\xi),$$

also löst (x, y, z) das System (10.50). Dann ist

$$u(t) := u_* + x(t) + y(t) + z(t) + \xi + \phi(\xi)$$

für $t \geq 0$ eine Lösung von (10.48) und es gilt

$$\lim_{t \to \infty} u(t) = u_* + \xi + \phi(\xi) =: u_\infty \in \mathcal{E}$$

mit exponentieller Rate, da $(x, y, z) \in \mathbb{X}$. Die Abbildung $\lambda_s : B_r^Y(0) \to \mathbb{R}^n$, definiert durch

$$\lambda_s(y_0, \xi) := u(0) = u_* + x(0) + y(0) + z(0) + \xi + \phi(\xi)$$

$$= u_* + x(0) + y(0) + z(0) + \xi + \phi_s(\xi) + \phi_u(\xi) \tag{10.52}$$

$$= u_* + x_0 + y_0 + z_0,$$

bildet die stabile Faserung der stabilen Mannigfaltigkeit $\mathcal{M}_s$ nahe dem normal hyperbolischen Equilibrium u_* und

$$\mathcal{M}_s^\xi := \left\{ \lambda_s(y_0, \xi) : y_0 \in B_\delta^{X_s}(0) \right\}$$

sind die stabilen Fasern für $\xi \in B_\delta^{X_c}(0)$, wobei $\delta \in (0, r)$ so gewählt ist, dass $B_\delta^{X_s}(0) \times B_\delta^{X_c}(0) \subset B_r^Y(0)$ gilt.

Da $\lambda_s^\xi = \lambda_s(\cdot, \xi)$ für jedes $\xi \in B_\delta^{X_c}(0)$ stetig differenzierbar ist, sind die Fasern $\mathcal{M}_s^\xi$ C^1-Mannigfaltigkeiten. Ferner sind die Fasern invariant, da die DGL (10.48) invariant gegenüber Zeit-Translationen ist, also gelten (ii) & (iii). Die Charakterisierung (i) von $\mathcal{M}_s$

folgt dann aus der Konstruktion und der Eindeutigkeit der Auflösungsfunktion Λ_s. Um Aussage (iv) zu beweisen, beachte man, dass $D_{y_0}\Lambda_s(0,0)w_0 = [0, e^{-A_s t}w_0, 0]^T$ gilt, also $D_{y_0}\lambda_s(0,0) = I_{X_s}$. Daher ist der Tangentialraum von $\mathcal{M}_s^0$ in u_* genau die Projektion des stabilen Teilraums der Linearisierung $f'(u_*)$. Den allgemeinen Fall erhält man durch Vertauschung der Rollen von u_* und u_∞. Schließlich zeigt Satz 10.4.1, dass $\mathcal{M}_s$ eine Umgebung von u_* ist, falls u_* normal stabil ist, also gilt (v).

Zur Konstruktion der instabilen Faserung kehrt man die Zeitrichtung um und verwendet die Abbildung

$$H_u(x, y, z; z_0, \xi)(t) :=$$

$$:= \begin{bmatrix} x(t) - \int_{-\infty}^t R_c(x(\tau), y(\tau), z(\tau), \xi)d\tau \\ y(t) - \int_{-\infty}^t e^{A_s(t-\tau)} R_s(x(\tau), y(\tau), z(\tau), \xi)d\tau \\ z(t) - e^{A_u t}(z_0 - \phi_u(\xi)) + \int_t^0 e^{A_u(t-\tau)} R_u(x(\tau), y(\tau), z(\tau), \xi)d\tau. \end{bmatrix} \tag{10.53}$$

für $t \le 0$ auf dem Raum $\mathbb{X} \times Y$, wobei hier $Y = X_u \times X_c$ und

$$\mathbb{X} := \{(x, y, z) \in C(\mathbb{R}_-; X_c \times X_s \times X_u) : \|(x, y, z)\|_\sigma < \infty\},$$

mit

$$\|(x, y, z)\|_\sigma := \sup_{t<0} e^{-\sigma t}(|x(t)| + |y(t)| + |z(t)|).$$

Dabei ist $\sigma \in (0, \omega)$ und $\omega > 0$ kann wie zuvor gewählt werden.

Übungen

10.1 Es gelten die Bezeichnungen aus Satz 10.1.1. Zeigen Sie, dass die Abbildung $H : X_s \times B_r^U(0) \to U$, definiert durch

$$H(x, u)(t) = u(t) - e^{At}x - \int_0^t e^{A(t-s)} P_s h(u(s))ds + \int_t^\infty e^{A(t-s)} P_u h(u(s))ds$$

stetig differenzierbar bezüglich $(x, u) \in X_s \times B_r^U(0)$, $r > 0$, ist, wobei U den Banachraum

$$U = \{u \in C(\mathbb{R}_+; \mathbb{R}^n) : \|u\|_\eta = \sup_{t\ge 0} |u(t)|e^{\eta t/2} < \infty\}, \ \eta > 0$$

bezeichnet.

10.2 Seien $\mathcal{M}_s$ bzw. $\mathcal{M}_u$ die stabile bzw. instabile Mannigfaltigkeit aus Satz 10.1.1. Zeigen Sie, dass im Fall $\mathcal{M}_u \cap \mathcal{M}_s = \{z_*\}$ die Topologie auf $\mathcal{M}_s$ mit der von $\mathbb{R}^n$ übereinstimmt.

10.3 Sei $G \subset \mathbb{R}^2$ das Dreieck, welches durch die Punkte $(0, 0)$, $(1, 0)$ und $(1, -\alpha)$, $\alpha > 0$ aufgespannt wird. Zeigen Sie, dass das Dreieck G für die Fisher-Gleichung (10.9) invariant ist, falls man $\alpha > 0$ geeignet wählt.

10.4 Gegeben sei das System von Differentialgleichungen

$$(*) \qquad \dot{x} = \varphi(|x|_2)x,$$

mit einer C^1-Funktion $\varphi : [0, \infty) \to \mathbb{R}$.

(a) Bestimmen Sie alle Equilibria von $(*)$.

(b) Charakterisieren Sie normal stabil bzw. normal hyperbolisch für $(*)$.

10.5 Zeigen Sie für die Huxley-Gleichung

$$\partial_s u = \Delta u + f(u),$$

mit $f(r) = r(1 - r)(r - a)$, $r \in \mathbb{R}$, $a \in (0, 1/2)$ die Existenz einer Wellenfront.

Periodische Lösungen

11

In diesem Kapitel beschäftigen wir uns mit der Existenz periodischer Lösungen der Differentialgleichung

$$\dot{x} = A(t)x + b(t),$$

mit τ-periodischen Funktionen $A \in C(\mathbb{R}; \mathbb{R}^{n \times n})$ und $b \in C(\mathbb{R}; \mathbb{R}^n)$. Wir untersuchen ferner das Stabilitätsverhalten periodischer Lösungen der Differentialgleichung $\dot{x} = f(t, x)$ für τ-periodische Funktionen $f(t + \tau, x) = f(t, x)$, welche stetig in t und stetig differenzierbar in x sind. Wir werden sehen, dass sich das Stabilitätsverhalten grundlegend ändert, wenn man die Funktion $f(t, x)$ durch eine autonome Funktion $f(x)$ ersetzt.

Bevor wir mit der eigentlichen Existenz- und Stabilitätstheorie periodischer Lösungen starten können, benötigen wir den Funktionalkalkül und beweisen außerdem den spektralen Abbildungssatz für beschränkte lineare Operatoren in $\mathbb{C}^n$.

11.1 Der Funktionalkalkül

Sei $A \in \mathbb{C}^{n \times n}$ und $f : U \to \mathbb{C}$ holomorph in einer offenen Umgebung $U \supset \sigma(A)$. Diese Funktionen bilden eine Algebra, die wir mit $\mathcal{H}(U)$ bezeichnen. Für solche f lässt sich in eindeutiger Weise ein $f(A) \in \mathbb{C}^{n \times n}$ definieren. Die Abbildung $\Phi : \mathcal{H}(U) \to \mathbb{C}^{n \times n}$, $f \mapsto f(A)$, heißt *Funktionalkalkül*. Sie besitzt sehr schöne Eigenschaften, die in der Analysis sehr nützlich sind.

Ist $U = B_R(0) \supset \sigma(A)$ eine Kugel so besitzt $f \in \mathcal{H}(U)$ eine Potenzreihendarstellung $f(z) = \sum_{k \geq 0} f_k z^k$, deren Konvergenzradius $\geq R$ ist. Dann ist die Definition

$$f(A) = \sum_{k \geq 0} f_k A^k$$

© Springer Nature Switzerland AG 2019
J. W. Prüss, M. Wilke, *Gewöhnliche Differentialgleichungen und dynamische Systeme*, Grundstudium Mathematik, https://doi.org/10.1007/978-3-030-12362-8_11

natürlich, und diese Reihe ist absolut konvergent, da der Spektralradius $r(A)$ von A kleiner als R ist. Ein Beispiel, dass wir schon in Kap. 3 betrachtet haben, ist $f_t(z) = e^{zt}$, mittels der Exponentialreihe hatten wir ein Fundamentalsystem für die Gleichung $\dot{x} = Ax$ gefunden.

Allgemeiner hilft hier die folgende Konstruktion, die auf Funktionentheorie basiert. Sei $U \supset \sigma(A)$ fixiert. Wähle eine rechtsorientierte Jordan-Kurve $\Gamma \subset U \setminus \sigma(A)$ so, dass die Windungszahl $n(\Gamma, \lambda) = 1$ für jedes $\lambda \in \sigma(A)$ ist. Solche Kurven nennen wir *zulässig*. Γ muss nicht unbedingt zusammenhängend sein, z. B. könnte Γ aus r kleinen Kreisen um die Eigenwerte $\lambda_1, \ldots, \lambda_r$ von A bestehen. Für $f \in \mathcal{H}(U)$, definieren wir

$$f(A) = \frac{1}{2\pi i} \int_\Gamma f(z)(z - A)^{-1} dz. \tag{11.1}$$

Man beachte, dass die Resolvente $(z - A)^{-1}$ von A auf der *Resolventenmenge*, also der offenen Menge $\rho(A) = \mathbb{C} \setminus \sigma(A)$ wohldefiniert und holomorph ist. Daher ist diese Definition unabhängig von der speziellen Wahl von Γ, ein Dankeschön an den Integralsatz von Cauchy.

Ist f holomorph in $B_R(0)$, $R > r(A)$, so kann man als Kurve Γ den Kreis $\Gamma = \partial B_r(0)$ wählen, wobei $r(A) < r < R$ ist. Ist $f(z) = \sum_{k \geq 0} f_k z^k$ die Potenzreihe von f, so folgt

$$f(z) = \frac{1}{2\pi i} \int_\Gamma f(z)(z - A)^{-1} dz = \sum_{k \geq 0} f_k A_k = \sum_{k \geq 0} f_k A^k,$$

denn es ist

$$A_k := \frac{1}{2\pi i} \int_\Gamma z^k (z - A)^{-1} dz = A^k, \quad k \in \mathbb{N}_0,$$

was man leicht mittels der Identität $z(z - A)^{-1} = I + A(z - A)^{-1}$, dem Integralsatz von Cauchy und Induktion sieht. Daher ist die Definition von $f(A)$ in (11.1) konsistent mit der für Potenzreihen.

Die Abbildung $\Phi : \mathcal{H}(U) \to \mathbb{C}^{n \times n}$ definiert durch $\Phi(f) = f(A)$ ist offenbar linear und stetig. Sie ist aber auch multiplikativ und daher ein *Algebrenhomomorphismus*. Dies sieht man folgendermaßen: Sei Γ' eine weitere zulässige Kurve, sodass Γ innerhalb von Γ' liegt; es ist dann $n(\Gamma, z) = 0$ für alle $z \in \Gamma'$, und $n(\Gamma', z) = 1$ für alle $z \in \Gamma$. Sind nun $f, g \in \mathcal{H}(U)$, so gilt mit der Resolventengleichung $(z - A)^{-1}(w - A)^{-1} = (w - z)^{-1}[(z - A)^{-1} - (w - A)^{-1}]$, dem Satz von Fubini und dem Residuensatz:

$$f(A)g(A) = \frac{1}{(2\pi i)^2} \int_\Gamma \int_{\Gamma'} f(z)g(w)(z - A)^{-1}(w - A)^{-1} dw dz$$

$$= \frac{1}{(2\pi i)^2} \int_\Gamma \int_{\Gamma'} f(z)g(w)(w-z)^{-1}(z-A)^{-1}dwdz$$

$$- \frac{1}{(2\pi i)^2} \int_\Gamma \int_{\Gamma'} f(z)g(w)(w-z)^{-1}(w-A)^{-1}dwdz$$

$$= \frac{1}{(2\pi i)^2} \int_\Gamma f(z)[\int_{\Gamma'} g(w)(w-z)^{-1}dw](z-A)^{-1}dz$$

$$- \frac{1}{(2\pi i)^2} \int_{\Gamma'} g(w)[\int_\Gamma f(z)(w-z)^{-1}dz](w-A)^{-1}dw$$

$$= \frac{1}{2\pi i} \int_\Gamma f(z)g(z)(z-A)^{-1}dz = (f \cdot g)(A).$$

Insbesondere ist die Algebra $\Phi(\mathcal{H}(U)) \subset \mathbb{C}^{n\times n}$ kommutativ.

Die Tatsache, dass Φ ein Algebrenhomomorphismus ist, hat wichtige Konsequenzen. Dazu sei $\lambda \in \sigma(A)$ und $Av = \lambda v$, $v \neq 0$. Dann ist $(z-A)^{-1}v = (z-\lambda)^{-1}v$ für $z \in \rho(A)$. Folglich gilt mit der Cauchyformel

$$f(A)v = \frac{1}{2\pi i} \int_\Gamma f(z)(z-\lambda)^{-1}vdz = f(\lambda)v.$$

Damit ist $f(\lambda)$ Eigenwert von $f(A)$, d.h. es gilt $f(\sigma(A)) \subset \sigma(f(A))$. Sei umgekehrt $\mu \in \mathbb{C}$, $\mu \notin f(\sigma(A))$. Dann ist die Funktion $g(z) = 1/(\mu - f(z))$ in einer Umgebung U von $\sigma(A)$ holomorph, und mit der Multiplikativität des Funktionalkalküls erhalten wir

$$g(A)(\mu - f(A)) = [g \cdot (\mu - f)](A) = 1(A) = I,$$

also ist $\mu - f(A)$ invertierbar. Damit haben wir den *Spektralabbildungssatz* bewiesen:

$$\sigma(f(A)) = f(\sigma(A)), \quad \text{für alle } f \in \mathcal{H}(U). \tag{11.2}$$

Sei nun allgemeiner $(\lambda - A)^k v = 0$. Mittels Induktion folgt dann

$$(z-A)^{-1}v = \sum_{j=0}^{k-1}(-1)^j(z-\lambda)^{-j-1}(\lambda - A)^j v,$$

und daher mit Cauchy's Integralformel

$$f(A)v = \sum_{j=0}^{k-1}(-1)^j[\frac{1}{2\pi i}\int_\Gamma f(z)(z-\lambda)^{-j-1}dz](\lambda - A)^j v$$

$$= \sum_{j=0}^{k-1}(-1)^j \frac{f^{(j)}(\lambda)}{j!}(\lambda - A)^j v.$$

Speziell für $k = 2$ ergibt dies

$$(f(\lambda) - f(A))v = f'(\lambda)(\lambda - A)v, \quad (f(\lambda) - f(A))^2 v = (f'(\lambda))^2(\lambda - A)^2 v. \quad (11.3)$$

Es folgt $f(A)N((\lambda - A)^k) \subset N((\lambda - A)^k)$ für alle $k \in \mathbb{N}$, insbesondere lässt $f(A)$ alle verallgemeinerten Eigenräume von A invariant.

Sei nun jedes $\lambda \in \sigma(A)$ mit $f(\lambda) = \mu$ halbeinfach für A, und sei $f'(\lambda) \neq 0$ auf $f^{-1}(\mu) \cap \sigma(A)$. Ist $(\mu - f(A))^2 v = 0$, so folgt $(\mu - f(A))^2 v_j = 0$ für jedes $v_j \in N(\lambda_j)$, $f(\lambda_j) = \mu$, da die verallgemeinerten Eigenräume linear unabhängig sind. Gl. (11.3) impliziert $(\lambda_j - A)^2 v_j = 0$ also $(\lambda_j - A)v_j = 0$ und dann mit (11.3) auch $(\mu - f(A))v_j = 0$. Daher ist der Eigenwert μ halbeinfach für $f(A)$. Ebenso sieht man die Umkehrung: Ist $(\lambda - A)^2 v = 0$ für ein $\lambda \in f^{-1}(\mu)$, dann mit (11.3) $(\mu - f(A))^2 v = 0$. Ist μ halbeinfach für $f(A)$ so folgt $(\mu - f(A))v = 0$ und dann mit (11.3) und $f'(\lambda) \neq 0$ auch $(\lambda - A)v = 0$.

Wir fassen das bewiesene im folgenden Satz zusammen.

Satz 11.1.1. *Sei $A \in \mathbb{C}^{n \times n}$, und $U \supset \sigma(A)$ offen. Dann ist der Funktionalkalkül Φ : $\mathcal{H}(U) \to \mathbb{C}^{n \times n}$ definiert durch*

$$\Phi(f) = f(A) := \frac{1}{2\pi i} \int_\Gamma f(z)(z - A)^{-1} dz$$

ein Algebrenhomomorphismus. Die Abbildung Φ hat die folgenden Eigenschaften:

1. *$\Phi(\mathcal{H}(U))$ ist eine kommutative Unteralgebra von $\mathbb{C}^{n \times n}$.*
2. *Es gilt $\Phi(z^k) = A^k$ für alle $k \in \mathbb{N}_0$.*
3. *$f(A)N((\lambda - A)^k)) \subset N((\lambda - A)^k)$ für alle $k \in \mathbb{N}$, $\lambda \in \sigma(A)$, $f \in \mathcal{H}(U)$.*
4. *$\sigma(f(A)) = f(\sigma(A))$ für alle $f \in \mathcal{H}(U)$ (Spektralabbildungssatz).*
5. *Gelte $f'(\lambda) \neq 0$ für alle $\lambda \in f^{-1}(\mu) \cap \sigma(A)$.*
   (a) *μ ist genau dann halbeinfacher Eigenwert für $f(A)$, wenn jedes $\lambda \in f^{-1}(\mu) \cap \sigma(A)$ halbeinfach für A ist.*
   (b) *Es gilt $N(\mu - f(A)) = \bigoplus_{f(\lambda)=\mu} N(\lambda - A)$.*

11.2   Floquet-Theorie

Seien $A \in C(\mathbb{R}; \mathbb{R}^{n \times n})$ und $b \in C(\mathbb{R}; \mathbb{R}^n)$ τ-periodisch. In diesem Abschnitt untersuchen wir das lineare System

$$\dot{x} = A(t)x + b(t), \quad x(0) = x_0, \quad (11.4)$$

und das zugehörige lineare homogene System

$$\dot{y} = A(t)y, \quad y(0) = y_0. \quad (11.5)$$

Es sei $Y(t)$ ein reelles Fundamentalsystem für (11.5), es gelte also $\det Y(0) \neq 0$ und $\dot{Y}(t) = A(t)Y(t)$, $t \in \mathbb{R}$. Nach Lemma 3.1.2 erfüllt die Funktion $\varphi(t) = \det Y(t)$ die Differentialgleichung

$$\dot{\varphi} = \operatorname{sp} A(t)\varphi, \tag{11.6}$$

insbesondere ist $\varphi(t) \neq 0$ für alle $t \in \mathbb{R}$. Auf Grund der Periodizität von $A(t)$ ist $Z(t) = Y(t + \tau)$ wieder ein Fundamentalsystem für (11.5), denn es ist $\det Z(0) = \det Y(\tau) = \varphi(\tau) \neq 0$ und

$$\dot{Z}(t) = \dot{Y}(t + \tau) = A(t + \tau)Y(t + \tau) = A(t)Z(t), \ t \in \mathbb{R}.$$

Daher gibt es eine Matrix $M \in \mathbb{R}^{n \times n}$ mit der Eigenschaft $Y(t + \tau) = Y(t)M$ und $\det M \neq 0$. Ist $Z(t)$ ein weiteres Fundamentalsystem, so gilt einerseits $Z(t + \tau) = Z(t)\tilde{M}$ mit einer regulären Matrix $\tilde{M} \in \mathbb{R}^{n \times n}$ und andererseits $Z(t) = Y(t)C$, $\det C \neq 0$, folglich

$$Z(t + \tau) = Y(t + \tau)C = Y(t)MC = Z(t)C^{-1}MC = Z(t)\tilde{M}.$$

Die Matrix M ist also bis auf Ähnlichkeitstransformationen eindeutig bestimmt.

Sei $Y_0(t)$ das Fundamentalsystem von (11.5) mit $Y_0(0) = I$. Die zugehörige Matrix $M_0 = Y_0(\tau)$, die also der Relation $Y_0(t + \tau) = Y_0(t)M_0$ genügt, heißt **Monodromie-Matrix** von (11.5) und ihre Eigenwerte $\mu_1, \ldots, \mu_r$ heißen **Floquet-Multiplikatoren**. Man beachte, dass die Beziehung

$$\prod_{j=1}^{r} \mu_j^{\kappa_j} = \det Y_0(\tau) = e^{\int_0^\tau \operatorname{sp} A(t)dt} > 0, \tag{11.7}$$

gilt, wobei κ_j die algebraische Vielfachheit von μ_j angibt. Insbesondere sind alle Eigenwerte der Matrix M_0 von Null verschieden. Da $A(t)$ hier als reell angenommen wurde, ist die Anzahl aller negativen Eigenwerte μ_j (mit Vielfachheit gezählt) gerade. Ist v_j ein Eigenvektor von M_0 zum Eigenwert μ_j, so erfüllt die Lösung $y_j(t) = Y_0(t)v_j$ die Differentialgleichung (11.5) und es ist $y_j(\tau) = \mu_j v_j$. Man kann die Floquet-Multiplikatoren auch auf diese Weise definieren.

Für die eigentliche Floquet-Theorie benötigen wir nun die Tatsache, dass jede invertierbare Matrix M einen Logarithmus in folgendem Sinne besitzt: Es existiert eine Matrix $L \in \mathbb{C}^{n \times n}$ mit $M = e^L$. Die Matrix L ist im Allgemeinen nicht eindeutig bestimmt und komplex-wertig. Man erhält eine solche Matrix L mit dem Funktionalkalkül

$$\log M = \frac{1}{2\pi i} \int_\Gamma (z - M)^{-1} \log z\, dz. \tag{11.8}$$

Dabei ist z. B. $\log z$ der Hauptzweig des komplexen Logarithmus und Γ bezeichnet eine Jordan-Kurve, welche alle Eigenwerte $\lambda \in \sigma(M)$ rechtssinnig umrundet, sodass die 0 im Außengebiet von Γ liegt. Eine solche Kurve Γ existiert stets, da $\det M \neq 0$ gilt. Je nach Wahl von Γ erhält man unterschiedliche Logarithmen.

Wesentlich schwieriger gestaltet sich die Frage, ob eine reelle Matrix M mit $\det M \neq 0$ einen reellen Logarithmus besitzt. Schon das eindimensionale Beispiel $M = -1$ zeigt, dass die Antwort auf diese Frage im Allgemeinen negativ ausfällt. Tatsächlich ist $\det M > 0$ eine notwendige Bedingung für die Existenz eines reellen Logarithmus von M. Denn ist M reell und existiert eine reelle Matrix L mit $M = e^L$, so folgt $\det M = \det e^L = e^{\mathrm{sp}\, L} > 0$. Die Bedingung $\det M > 0$ ist aber keineswegs hinreichend, wie das Beispiel

$$M = \begin{bmatrix} -\alpha & 0 \\ 0 & -\beta \end{bmatrix}, \quad \alpha, \beta > 0, \ \alpha \neq \beta,$$

aus Übung 11.1 zeigt. Dass die Verhältnisse für Monodromie-Matrizen nicht besser sind, zeigt das

Beispiel.

$$\ddot{x} + (\cos^2 t - 2)\dot{x} + (2 - \cos^2 t + \sin t \cos t)x = 0.$$

Die dazugehörige Matrix für das äquivalente System erster Ordnung ist durch

$$A(t) = \begin{bmatrix} 0 & 1 \\ -2 + \cos^2 t - \sin t \cos t & 2 - \cos^2 t \end{bmatrix}$$

gegeben. Die Matrix $A(t)$ ist τ-periodisch, mit der Periode $\tau = \pi$. Man rechnet leicht nach, dass eine Lösung durch die Funktion $x_1(t) = e^t \cos t$ gegeben ist. Nun ist $\dot{x}_1(t) = e^t(\cos t - \sin t)$, also

$$\begin{bmatrix} x_1(\pi) \\ \dot{x}_1(\pi) \end{bmatrix} = e^\pi \begin{bmatrix} \cos \pi \\ \cos \pi \end{bmatrix} = -e^\pi \begin{bmatrix} 1 \\ 1 \end{bmatrix} = -e^\pi \begin{bmatrix} x_1(0) \\ \dot{x}_1(0) \end{bmatrix},$$

das heißt, $\mu_1 = -e^\pi$ ist ein Floquet-Multiplikator. Den zweiten Multiplikator erhält man aus dem Ansatz

$$\mu_1 \mu_2 = \det M = e^{\int_0^\pi \mathrm{sp}\, A(s)\,ds} = e^{2\pi - \int_0^\pi \cos^2 s\,ds} = e^{3\pi/2},$$

also $\mu_2 = -e^{\pi/2}$. Die Monodromie-Matrix M ist daher ähnlich zu

$$\begin{bmatrix} -e^\pi & 0 \\ 0 & -e^{\pi/2} \end{bmatrix},$$

und wie wir gerade gesehen haben, gibt es zu dieser Matrix keinen reellen Logarithmus.

Abb. 11.1 Integrationsweg Γ_1

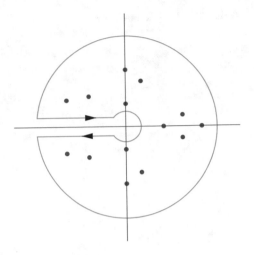

Es dürfte nun klar geworden sein, dass das Problem mit dem reellen Logarithmus bei den negativen Eigenwerten von M liegt. Besitzt M keine negativen Eigenwerte, so existiert stets zu reellem M ein reeller Logarithmus. Aus Übung 11.2 folgt, dass die Matrix definiert durch

$$\log M = \frac{1}{2\pi i} \int_{\Gamma_1} (\lambda - M)^{-1} \log \lambda d\lambda,$$

reell ist, wobei Γ_1 eine Jordan-Kurve bezeichnet, die alle Eigenwerte von M rechtssinnig umrundet, sodass $(-\infty, 0]$ im äußeren von Γ_1 liegt und Γ_1 symmetrisch zur reellen Achse ist; vgl. Abb. 11.1.

Wir haben somit die ersten zwei Aussagen des folgenden Lemmas erhalten.

Lemma 11.2.1.

1. *Sei $M \in \mathbb{C}^{n \times n}$ mit $\det M \neq 0$. Dann gibt es ein $L \in \mathbb{C}^{n \times n}$ mit $M = e^L$.*
2. *Sei $M \in \mathbb{R}^{n \times n}$ mit $\sigma(M) \cap (-\infty, 0] = \emptyset$ und $\det M > 0$. Dann gibt es ein $L \in \mathbb{R}^{n \times n}$ mit $M = e^L$.*
3. *Sei $M \in \mathbb{R}^{n \times n}$ mit $\det M > 0$. Genau dann existiert ein $L \in \mathbb{R}^{n \times n}$ mit $M = e^L$, wenn es ein $B \in \mathbb{R}^{n \times n}$ gibt, mit $B^2 = M$. Insbesondere gibt es zu jedem $M \in \mathbb{R}^{n \times n}$ mit $\det M \neq 0$ ein $R \in \mathbb{R}^{n \times n}$ mit $M^2 = e^R$.*

Beweis. Es bleibt nur noch die Aussage 3 zu beweisen. Seien $M, L \in \mathbb{R}^{n \times n}$ mit $M = e^L$. Dann leistet die Matrix $B = e^{\frac{1}{2}L} \in \mathbb{R}^{n \times n}$ das gewünschte, denn $B^2 = e^L = M$.

Sei umgekehrt $B \in \mathbb{R}^{n \times n}$ mit $B^2 = M \in \mathbb{R}^{n \times n}$ gegeben, sodass $\det M > 0$ ist. Wir definieren eine Projektion P_1 durch

$$P_1 = \frac{1}{2\pi i} \int_{\Lambda} (\lambda - B)^{-1} d\lambda,$$

Abb. 11.2 Integrationsweg Λ

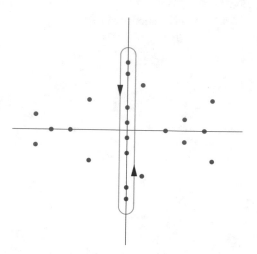

wobei Λ den in Abb. 11.2 gezeigten Integrationsweg in $\mathbb{C}$ bezeichnet und $P_2 = I - P_1$. Λ ist symmetrisch zur reellen Achse, also sind die Projektionen reell. Mit Hilfe von P_1 zerlegen wir den Raum $\mathbb{R}^n$ wie folgt. Es gilt $\mathbb{R}^n = X_1 \oplus X_2$ mit $X_1 = R(P_1)$ und $X_2 = R(P_2)$ und die Matrix B lässt die Räume X_j invariant, d. h. $BX_1 \subset X_1$, $BX_2 \subset X_2$. Ferner gilt $\sigma(B|_{X_1}) \subset i\mathbb{R} \setminus \{0\}$ und $\sigma(B|_{X_2}) \cap i\mathbb{R} = \emptyset$. Wegen $B^2 = M$, reduziert diese Zerlegung auch die Matrix M und es gilt $\sigma(M|_{X_1}) \subset (-\infty, 0)$ sowie $\sigma(M|_{X_2}) \cap (-\infty, 0] = \emptyset$. Nach Aussage 2 existiert für $M|_{X_2} \in \mathcal{B}(X_2)$ eine Matrix $L_2 \in \mathbb{R}^{n \times n}$ mit $M|_{X_2} = e^{L_2}$ und ebenso existiert nach 2. für $B|_{X_1} \in \mathcal{B}(X_1)$ ein $L_1 \in \mathbb{R}^{n \times n}$ mit $B|_{X_1} = e^{L_1}$, denn $\det M|_{X_2}$ und $\det B|_{X_1}$ sind positiv, da die Determinante das Produkt der Eigenwerte ist. Wir setzen $L = 2L_1 P_1 + L_2 P_2 = 2L_1 \oplus L_2$. Dann gilt

$$e^L = e^{2L_1} \oplus e^{L_2} = \left(e^{L_1}\right)^2 \oplus e^{L_2} = B^2 P_1 + M P_2 = M P_1 + M P_2 = M,$$

denn wegen $L P_j = P_j L$, $j = 1, 2$, zerlegen die Projektionen auch e^L. $\qquad\square$

Wir können nun den Hauptsatz der Floquet-Theorie formulieren.

Satz 11.2.2 (Floquet).

1. *Sei $A \in C(\mathbb{R}, \mathbb{C}^{n \times n})$ τ-periodisch und $Y_0(t)$ sei das Fundamentalsystem von (11.5) mit $Y_0(0) = I$. Dann existiert ein $B \in \mathbb{C}^{n \times n}$ und ein τ-periodisches $R \in C^1(\mathbb{R}, \mathbb{C}^{n \times n})$ derart, dass die Darstellung*

$$Y_0(t) = R(t)e^{Bt}, \quad t \in \mathbb{R} \tag{11.9}$$

gilt. Die Transformation $z(t) = R^{-1}(t)x(t)$ führt das System (11.4) in das System

$$\dot{z} = Bz + c(t), \quad z(0) = z_0 \tag{11.10}$$

über, mit $z_0 = x_0$ und $c(t) = R^{-1}(t)b(t)$. Es gilt ferner

$$\dot{R} = AR - RB, \quad t \in \mathbb{R}, \quad R(0) = I. \tag{11.11}$$

Ist $A(t)$ reell und kein Floquet-Multiplikator negativ, so können B und $R(t)$ reell gewählt werden.

2. *Sei $A \in C(\mathbb{R}, \mathbb{R}^{n \times n})$ τ-periodisch und $Y_0(t)$ das reelle Fundamentalsystem von (11.5) mit $Y_0(0) = I$. Dann existiert ein $B \in \mathbb{R}^{n \times n}$ und ein 2τ-periodisches $R \in C^1(\mathbb{R}, \mathbb{R}^{n \times n})$ derart, dass die reelle Darstellung*

$$Y_0(t) = R(t)e^{Bt}, \quad t \in \mathbb{R}, \tag{11.12}$$

gilt. Die Gl. (11.10) und (11.11) gelten auch in diesem Fall.

Beweis.

1. Sei $B = \frac{1}{\tau} \log M_0$ und $R(t) = Y_0(t)e^{-Bt}$. Dann ist R stetig differenzierbar bezüglich t und es gilt

$$R(t + \tau) = Y_0(t + \tau)e^{-B(t+\tau)} = Y_0(t)(M_0 e^{-B\tau})e^{-Bt} = Y_0(t)e^{-Bt} = R(t),$$

das heißt, R ist τ-periodisch. Ferner gilt

$$\dot{R}(t) = \dot{Y}_0(t)e^{-Bt} - Y_0(t)e^{-Bt}B = A(t)R(t) - R(t)B, \quad t \in \mathbb{R},$$

und die Transformation $z(t) = R^{-1}(t)x(t)$ ergibt die Differentialgleichung

$$\dot{z}(t) = \left(\frac{d}{dt}R^{-1}(t)\right)x(t) + R^{-1}(t)\dot{x}(t)$$

$$= -R^{-1}(t)\dot{R}(t)R^{-1}(t)x(t) + R^{-1}(t)(A(t)x(t) + b(t)) = Bz(t) + c(t).$$

2. Sei nun $A(t)$ reellwertig. Es gilt $Y_0(2\tau) = Y_0(\tau)M_0 = M_0^2$, da $Y_0(\tau) = M_0$ ist. Nach Lemma 11.2.1 existiert ein reeller Logarithmus $\log M_0^2$. Setzen wir nun $B = \frac{1}{2\tau} \log M_0^2 \in \mathbb{R}^{n \times n}$, so ist die reelle matrixwertige Funktion $R(t) = Y_0(t)e^{-Bt}$ 2τ-periodisch, denn

$$R(t + 2\tau) = Y_0(t + 2\tau)e^{-Bt}e^{-B2\tau} = Y_0(t)e^{-Bt}M_0^2 e^{-B2\tau} = R(t).$$

Die Transformation $z(t) = R^{-1}(t)x(t)$ liefert dann (11.10) und $R(t)$ erfüllt die reelle Differentialgleichung (11.11).

□

Aus der Darstellung $M_0 = e^{B\tau}$ und dem spektralen Abbildungssatz folgt die Beziehung $\mu = e^{\lambda\tau}$ für $\mu \in \sigma(M_0)$ und $\lambda \in \sigma(B)$. Die Eigenwerte von B heißen **Floquet-Exponenten** von (11.5). Im Gegensatz zu den Floquet-Multiplikatoren sind diese jedoch nur bis auf ganzzahlige Vielfache von $2\pi i/\tau$ eindeutig bestimmt.

Korollar 11.2.3. *Sei $A \in C(\mathbb{R}, \mathbb{R}^{n \times n})$ τ-periodisch und M_0 sei die Monodromie-Matrix von (11.5). Dann gilt:*

1. *$y = 0$ ist genau dann stabil für (11.5), wenn*
   (a) *$|\mu| \leq 1$ für alle $\mu \in \sigma(M_0)$ gilt;*
   (b) *$|\mu| = 1$ für $\mu \in \sigma(M_0)$ impliziert, dass μ halbeinfach ist.*
2. *$y = 0$ ist genau dann asymptotisch stabil für (11.5), wenn $|\mu| < 1$ für alle $\mu \in \sigma(M_0)$ gilt.*

Beweis. Wir überführen zunächst das System (11.5) mit Hilfe von Satz 11.2.2 in ein System mit einer reellen konstanten Koeffizientenmatrix B. Da $R(t)$ und $R^{-1}(t)$ stetig und beschränkt sind, folgen die Behauptungen aus Korollar 5.3.2 und der Eigenschaft $\sigma(M_0^2) = \sigma(M_0)^2 = e^{\sigma(B)2\tau}$. $\qquad\square$

11.3 Lineare periodische Gleichungen

In Anwendungen ist es im Allgemeinen schwierig, wenn nicht sogar unmöglich, die Floquet-Faktorisierung (11.9) zu erhalten. Bereits die Bestimmung der Floquet-Multiplikatoren und damit die Bestimmung der Matrizen M_0 und B erweist sich als kompliziert. Andererseits ist Satz 11.2.2 von großem theoretischen Interesse, da der Fall einer periodischen Matrix $A(t)$ auf den Fall einer konstanten Matrix zurückgeführt werden kann. Zur Illustration dieser Methode beweisen wir den

Satz 11.3.1. *Sei $A \in C(\mathbb{R}, \mathbb{R}^{n \times n})$ τ-periodisch und μ_j, $j \in \{1, \ldots, r\}$ seien die Floquet-Multiplikatoren von (11.5). Dann gelten die folgenden Aussagen.*

1. *Genau dann besitzt das System (11.5) eine nichttriviale τ-periodische Lösung, wenn $\mu_j = 1$ für ein $j \in \{1, \ldots, r\}$ gilt.*
2. *Genau dann besitzt das System (11.5) eine nichttriviale $m\tau$-periodische Lösung, wenn $\mu_j^m = 1$ für ein $j \in \{1, \ldots, r\}$ gilt. Das heißt, μ_j ist eine m-te Einheitswurzel.*
3. *Genau dann besitzt das System (11.5) eine nichttriviale beschränkte Lösung, wenn $|\mu_j| = 1$ für ein $j \in \{1, \ldots, r\}$ gilt.*
4. *Genau dann besitzt das System (11.4) zu jedem τ-periodischen $b \in C(\mathbb{R}, \mathbb{R}^n)$ genau eine τ-periodische Lösung, wenn $\mu_j \neq 1$ für alle $j \in \{1, \ldots, r\}$ gilt.*

5. *Genau dann besitzt das System* (11.4) *zu jedem beschränkten* $b \in C(\mathbb{R}, \mathbb{R}^n)$ *genau eine beschränkte Lösung, wenn* $|\mu_j| \neq 1$ *für alle* $j \in \{1, \ldots, r\}$ *gilt.*

Beweis. 1. Sei $y(t)$ eine nichttriviale τ-periodische Lösung von (11.5), also $y(t + \tau) = y(t)$ für alle $t \in \mathbb{R}$. Ist $Y_0(t)$ das Fundamentalsystem von (11.5) mit $Y_0(0) = I$, so gilt $y(t) = Y_0(t)y(0)$. Das impliziert aber $y(0) = y(\tau) = M_0 y(0)$. Daher ist $y(0)$ ein Eigenvektor von M_0 zum Eigenwert $\mu = 1$, denn wegen der Eindeutigkeit der Lösungen von (11.5) gilt $y(0) \neq 0$.

2. Sei umgekehrt $1 \in \sigma(M_0)$, $v \neq 0$ ein Eigenvektor zum Eigenwert $\mu = 1$ und sei $y(t) = Y_0(t)v$ die eindeutig bestimmte Lösung von (11.5) zum Anfangswert v. Es gilt

$$y(t + \tau) = Y_0(t + \tau)v = Y_0(t)M_0 v = Y_0(t)v = y(t),$$

das heißt, $y(t)$ ist τ-periodisch. Die Aussage 2 beweist man analog.

3. Für den Beweis dieser Aussage machen wir uns Satz 11.2.2 zunutze. Demnach können wir das System (11.5) mittels der Transformation $z(t) = R^{-1}(t)y(t)$ in das reelle autonome System $\dot{z} = Bz$ überführen. Ist nun $|\mu| = 1$ für ein $\mu \in \sigma(M_0)$, so ist $\mu^2 \in \sigma(M_0^2)$ und $|\mu^2| = 1$. Wegen $\sigma(M_0^2) = e^{2\tau\sigma(B)}$ existiert also ein $\lambda \in \sigma(B)$ mit $\mathrm{Re}\,\lambda = 0$. Sei $v \neq 0$ der zu diesem λ gehörige Eigenvektor. Dann ist $z(t) = e^{\lambda t}v = e^{i\,\mathrm{Im}\,\lambda t}v$ eine Lösung von $\dot{z} = Bz$ und es gilt $|z(t)| = |v|$, also ist $z(t)$ beschränkt. Damit ist aber $y(t) = R(t)z(t)$ eine beschränkte Lösung von (11.5).

Sei nun $y(t)$ eine nichttriviale beschränkte Lösung von (11.5). Dann ist $z(t)$ ebenfalls eine beschränkte Lösung von $\dot{z} = Bz$. Nach Satz 3.3.4 setzt sich die Lösung $z(t)$ als Linearkombination aus Termen der Form $p_j(t)e^{\lambda t}$, $\lambda \in \sigma(B)$, zusammen, wobei $p_j(t)$ Polynome vom Grad $j \leq m(\lambda) - 1$, $j \in \mathbb{N}_0$, mit Koeffizienten in $\mathbb{C}^n$ sind. Angenommen $\mathrm{Re}\,\lambda \neq 0$ für alle $\lambda \in \sigma(B)$. Dann gilt $|z(t)| \to \infty$ für $t \to \infty$ oder $t \to -\infty$, ein Widerspruch. Es existiert also ein $\lambda \in \sigma(B)$ mit $\mathrm{Re}\,\lambda = 0$. Wegen $\sigma(M_0)^2 = \sigma(M_0^2) = e^{2\tau\sigma(B)}$ ist die Aussage 3 bewiesen.

4. Sei $x(t)$ die einzige periodische Lösung von (11.4) zu gegebenem τ-periodischen $0 \neq b \in C(\mathbb{R}, \mathbb{R}^n)$. Angenommen $\mu_j = 1$ für ein $\mu_j \in \sigma(M_0)$, $j \in \{1, \ldots, r\}$. Dann existiert nach Aussage 1 eine nichttriviale τ-periodische Lösung $y(t)$ von (11.5). Damit ist aber $x_1(t) := x(t) + y(t)$ ebenfalls eine von $x(t)$ verschiedene τ-periodische Lösung von (11.4), ein Widerspruch zur Einzigkeit von $x(t)$. Also gilt $\mu_j \neq 1$ für alle $\mu_j \in \sigma(M_0)$, $j \in \{1, \ldots, r\}$.

Um die Hinlänglichkeit zu zeigen, betrachten wir die zu (11.5) äquivalente Differentialgleichung (11.10). Nach Voraussetzung gilt $\mu_j \neq 1$ für alle $j \in \{1, \ldots, r\}$, also $\lambda_j \neq 2\pi i m/\tau$, $m \in \mathbb{Z}$. Es ist klar, dass wir nur die Existenz einer τ-periodischen Lösung zeigen müssen, denn die Eindeutigkeit ist nach 1. klar. Die Lösungen von (11.10) sind gegeben durch

$$z(t) = e^{Bt}z_0 + \int_0^t e^{B(t-s)}c(s)\,ds.$$

Um eine τ-periodische Lösung zu erhalten, muss z_0 so bestimmt werden, dass $z(\tau) = z_0$ gilt. Das führt auf die Identität

$$z_0 = e^{B\tau} z_0 + \int_0^\tau e^{B(\tau - s)} c(s) ds.$$

Nach Satz 11.2.2 gilt $\sigma(e^{B\tau}) = \sigma(M_0)$, also $1 \notin \sigma(e^{B\tau})$. Daher ist die Matrix $I - e^{B\tau}$ invertierbar und wir können die obige Identität nach z_0 wie folgt auflösen

$$z_0 = (I - e^{B\tau})^{-1} \int_0^\tau e^{B(\tau - s)} c(s) ds.$$

Schließlich erhalten wir für die eindeutige periodische Lösung von (11.10) die Darstellung

$$z(t) = (I - e^{B\tau})^{-1} \left(\int_0^t e^{B(t - s)} c(s) ds + \int_t^\tau e^{B(t + \tau - s)} c(s) ds \right)$$
$$= \int_0^\tau G_\tau^0(t, s) c(s) ds,$$

wobei die Greensche Funktion G_τ^0 durch

$$G_\tau^0(t, s) = (I - e^{B\tau})^{-1} \begin{cases} e^{B(t - s)}, & s \leq t, \\ e^{B(\tau + t - s)}, & s > t, \end{cases} \quad s, t \in [0, \tau],$$

definiert ist. Für die τ-periodischen Lösungen von (11.4) ergibt sich daher die Darstellung

$$x(t) = \int_0^\tau R(t) G_\tau^0(t, s) R^{-1}(s) b(s) ds.$$

Die Funktion $G(t, s) := R(t) G_\tau^0(t, s) R^{-1}(s)$ heißt Greenscher Kern für die Differentialgleichung (11.4). Damit ist 4. bewiesen.

5. Die Notwendigkeit ist wegen 3. und der Einzigkeit klar. Gilt nun $|\mu_j| \neq 1$, so auch $\operatorname{Re} \lambda_j \neq 0$ für alle $j \in \{1, \ldots, r\}$. Es bezeichne P_s die Projektion auf den stabilen Teilraum X_s von (11.10), also das Erzeugnis aller stabilen Eigenwerte λ_j, längs dem instabilen Teilraum X_u. Ferner sei $P_u = I - P_s$. Wir setzen

$$G^0(t) = \begin{cases} e^{Bt} P_s, & t > 0, \\ -e^{Bt} P_u, & t < 0, \end{cases}$$

und

$$z(t) = \int_{-\infty}^{\infty} G^0(t-s)c(s)ds = \int_{-\infty}^{t} e^{B(t-s)} P_s c(s)ds - \int_{t}^{\infty} e^{B(t-s)} P_u c(s)ds.$$

Ist die Funktion $b = b(t)$ beschränkt, so auch $c = c(t)$. Folglich gilt mit einem $\eta > 0$

$$|z(t)| \le |c|_\infty \int_{-\infty}^{t} |e^{B(t-s)} P_s| ds + |c|_\infty \int_{t}^{\infty} |e^{B(t-s)} P_u| ds$$

$$\le |c|_\infty M \left(\int_{-\infty}^{t} e^{-\eta(t-s)} ds + \int_{t}^{\infty} e^{\eta(t-s)} ds \right) = 2|c|_\infty |M/\eta,$$

mit einer Konstanten $M > 0$, also ist $z(t)$ beschränkt. Des Weiteren löst $z(t)$ die Differentialgleichung (11.10), denn da man Differentiation und Integration aufgrund der absoluten Konvergenz der Integrale vertauschen darf, erhält man

$$\dot{z}(t) = P_s c(t) + \int_{-\infty}^{t} B e^{B(t-s)} P_s c(s)ds + P_u c(t) - \int_{t}^{\infty} B e^{B(t-s)} P_u c(s)ds$$

$$= Bz(t) + c(t),$$

wegen $P_s + P_u = I$. Für die beschränkten Lösungen von (11.4) ergibt sich nun

$$x(t) = \int_{-\infty}^{\infty} G(t, s)b(s)ds,$$

wobei $G(t, s) = R(t)G^0(s)R^{-1}(s)$ der Greensche Kern für (11.4) ist. Damit ist der Beweis des Satzes vollständig. $\qquad\square$

11.4 Stabilität periodischer Lösungen

Betrachte die Differentialgleichung

$$\dot{x} = f(t, x), \quad t \in \mathbb{R}, \tag{11.13}$$

wobei $f : \mathbb{R} \times G \to \mathbb{R}^n$, $G \subset \mathbb{R}^n$ offen, stetig in t, stetig differenzierbar bezüglich x und τ-periodisch in t sei. Es sei ferner $x_*(t)$ eine τ-periodische Lösung von (11.13) mit $x_*([0, \tau]) \subset G$. Wähle $r > 0$ so klein, dass $B_r(x_*(t)) \subset G$ für alle $t \in [0, \tau]$ gilt. Für die verschobene Funktion $y(t) = x(t) - x_*(t)$ ergibt sich dann

$$\dot{y} = A(t)y + h(t, y), \quad t \in \mathbb{R}. \tag{11.14}$$

Dabei ist $A(t) = \partial_x f(t, x_*(t))$ τ-periodisch und

$$h(t, y) = f(t, x_*(t) + y) - f(t, x_*(t)) - \partial_x f(t, x_*(t))y, \quad y \in B_r(0).$$

Aus dem Mittelwertsatz erhalten wir für die τ-periodische Funktion $h(t, y)$ die Abschätzung

$$|h(t, y)| \leq |y| \int_0^1 |\partial_x f(t, x_*(t) + \theta y) - \partial_x f(t, x_*(t))| d\theta,$$

woraus sich wegen der Stetigkeit und τ-Periodizität von $\partial_x f$ bezüglich t und der Stetigkeit und τ-Periodizität der fixierten Funktion $x_*(t)$ die Eigenschaft

$$h(t, y) = o(|y|) \text{ für } |y| \to 0, \text{ gleichmäßig in } t,$$

ergibt. Aus Satz 11.2.2 und 5.4.1 erhalten wir nun das folgende Resultat.

Satz 11.4.1. *Sei $f : \mathbb{R} \times G \to \mathbb{R}^n$ stetig, stetig differenzierbar bezüglich x, τ-periodisch in t und es sei $x_*(t)$ eine τ-periodische Lösung von (11.13) mit $x_*([0, \tau]) \subset G$. Ferner seien $A(t) = \partial_x f(t, x_*(t))$, und μ_j, $j \in \{1, \dots, r\}$ die Floquet-Multiplikatoren der homogenen Gleichung $\dot{y} = A(t)y$. Dann gelten die folgenden Aussagen.*

1. *x_* ist uniform asymptotisch stabil für (11.13), falls $|\mu_j| < 1$ für alle $j \in \{1, \dots, r\}$ gilt.*
2. *x_* ist instabil für (11.13), falls $|\mu_j| > 1$ für ein $j \in \{1, \dots, r\}$ gilt.*

Beweis. Sei $R \in C(\mathbb{R}, \mathbb{R}^{n \times n})$ die 2τ-periodische Funktion aus Satz 11.2.2. Mittels der Transformation $z(t) = R^{-1}(t)y(t)$ ergibt sich die zu (11.14) äquivalente reelle Gleichung

$$\dot{z} = Bz + g(t, z), \tag{11.15}$$

mit der Funktion $g(t, z) = R^{-1}(t)h(t, R(t)z)$. Es ist sofort ersichtlich, dass ebenfalls

$$g(t, z) = o(|z|) \text{ für } |z| \to 0, \text{ gleichmäßig in } t, \tag{11.16}$$

gilt. Wegen der Gleichmäßigkeit in (11.16) überträgt sich der Beweis von Satz 5.4.1 auf (11.15) und der Rest folgt aus der Identität $\sigma(M_0)^2 = \sigma(M_0^2) = e^{2\tau\sigma(B)}$. $\qquad \square$

Die erste Aussage von Satz 11.4.1 ist unbefriedigend für periodische Lösungen autonomer Gleichungen der Form

$$\dot{x} = f(x), \tag{11.17}$$

denn ist $x_*(t)$ eine τ-periodische, nichtkonstante Lösung von (11.17), so ist $\mu_1 = 1$ immer ein Floquet-Multiplikator für $A(t) = f'(x_*(t))$. Setzt man nämlich $u_*(t) = f(x_*(t))$, so ist $u_*(t) \not\equiv 0$ und stetig differenzierbar in t. Folglich ergibt (11.17)

$$\dot{u}_*(t) = f'(x_*(t))\frac{d}{dt}x_*(t) = A(t)f(x_*(t)) = A(t)u_*(t),$$

sowie $u_*(\tau) = f(x_*(\tau)) = f(x_*(0)) = u_*(0)$, also ist $u_*(t)$ eine nichttriviale τ-periodische Lösung der Differentialgleichung $\dot{y} = A(t)y$ und Satz 11.3.1 liefert $\mu_j = 1$ für ein $j \in \{1, \ldots, r\}$. Daher ist der erste Teil von Satz 11.4.1 nicht auf diese Situation anwendbar.

Es gilt sogar noch mehr. Eine nichtkonstante τ-periodische Lösung von (11.17) ist niemals asymptotisch stabil. Denn mit $x_*(t)$ ist $x_*(t + t_0)$ für ein beliebiges $t_0 \in \mathbb{R}$ wieder eine τ-periodische Lösung von (11.17). Folglich ist die Funktion

$$\varphi(t) = |x_*(t + t_0) - x_*(t)| \not\equiv 0$$

τ-periodisch, also $\varphi(t) \not\to 0$ für $t \to \infty$. Da aber für $t_0 \to 0$ der Wert $\varphi(0)$ hinreichend klein wird, kann $x_*(t)$ nicht asymptotisch stabil sein.

Diese Überlegungen zeigen, dass der bisher verwendete Stabilitätsbegriff hier nicht sinnvoll ist. Daher führt man die folgende Definition ein.

Definition 11.4.2. Sei $x_*(t)$ eine τ-periodische Lösung von (11.17) und $\gamma = x_*(\mathbb{R})$ sei ihr Orbit.

1. x_* heißt **orbital stabil**, wenn es zu jedem $\varepsilon > 0$ ein $\delta(\varepsilon) > 0$ gibt, mit $\mathrm{dist}(x(t), \gamma) \leq \varepsilon$ für alle $t \geq 0$, falls $\mathrm{dist}(x_0, \gamma) \leq \delta$.
2. x_* heißt **asymptotisch orbital stabil**, falls x_* orbital stabil und γ ein Attraktor für (11.17) ist.

Man beachte, dass orbitale Stabilität bzw. asymptotisch orbitale Stabilität für Equilibria mit den früheren Stabilitätsbegriffen zusammenfällt. Das folgende Ergebnis zeigt, dass der Begriff der orbitalen Stabilität das richtige Konzept für τ-periodische Lösungen autonomer Gleichungen ist.

Satz 11.4.3. *Sei $G \subset \mathbb{R}^n$ offen, $f \in C^1(G, \mathbb{R}^n)$ und sei $x_*(t)$ eine nichtkonstante τ-periodische Lösung von (11.17) mit dem Orbit γ. Ferner seien $\mu_1 = 1, \mu_2, \ldots, \mu_r$ die Floquet-Multiplikatoren von $A(t) = f'(x_*(t))$ mit $|\mu_j| < 1$ für $j \in \{2, \ldots, r\}$ und $\mu_1 = 1$ sei einfach. Dann ist x_* asymptotisch orbital stabil. Es existieren ein $\delta_0 > 0$ und eine stetige Funktion $a : \bar{B}_{\delta_0}(\gamma) \to \mathbb{R}/\mathbb{Z}\tau$ mit der Eigenschaft*

$$x_0 \in \bar{B}_{\delta_0}(\gamma) \implies |x(t + a(x_0), x_0) - x_*(t)| \to 0$$

*exponentiell für $t \to \infty$. $a(x_0)$ heißt **asymptotische Phase** von $x(t, x_0)$.*

In Worten bedeutet die Aussage des Satzes, dass es zu jedem Anfangswert x_0 nahe beim periodischen Orbit eine *Phase* $a(x_0)$ gibt, mit der Eigenschaft, dass sich $x(t, x_0)$ für $t \to \infty$ asymptotisch wie die phasenverschobene periodische Lösung $x_*(t - a(x_0))$ verhält.

Beweis von Satz 11.4.3. Wir führen den Beweis in mehreren Schritten.

(a) Zunächst konstruieren wir eine lokale Mannigfaltigkeit $\mathcal{M}_{loc}$ derart, dass alle Lösungen von (11.17) mit Anfangswert auf $\mathcal{M}_{loc}$ für $t \to \infty$ exponentiell gegen den Orbit γ der nichtkonstanten periodischen Lösung streben. Die Verschiebung $u(t) = x(t) - x_*(t)$ überführt (11.17) in das System

$$\dot{u} = A(t)u + g(t, u), \tag{11.18}$$

mit der τ-periodischen Koeffizientenmatrix $A(t) = f'(x_*(t))$ und

$$g(t, u) = f(x_*(t) + u) - f(x_*(t)) - f'(x_*(t))u.$$

Gemäß Satz 11.2.2 erhalten wir aus der Transformation $y(t) = R(t)^{-1}u(t)$ das System

$$\dot{y} = By + h(t, y), \tag{11.19}$$

mit $h(t, y) := R^{-1}(t)g(t, R(t)y)$ und einer konstanten reellen Koeffizientenmatrix B. Dabei ist $R(t)$ eine reelle 2τ-periodische Funktion mit $R(0) = I$ und es gilt $M_0^2 = e^{2B\tau}$, wobei M_0 die zu $A(t)$ gehörige Monodromie-Matrix bezeichnet. Aus den Bemerkungen zu Beginn dieses Abschnittes folgt außerdem

$$h(t, y) = o(|y|) \text{ für } |y| \to 0, \text{ gleichmäßig in } t.$$

Nach dem spektralen Abbildungssatz besitzt die Matrix B den einfachen Eigenwert $\lambda = 0$ und $r - 1$ Eigenwerte λ_j, $j \in \{2, \dots, r\}$, mit negativem Realteil. Ferner gilt die Spektralzerlegung

$$\mathbb{C}^n = N(B) \oplus N(\lambda_2) \oplus \cdots \oplus N(\lambda_r) =: X_c \oplus X_s.$$

Sei P_s die Projektion auf den Teilraum X_s längs $X_c = N(B)$, das heißt $R(P_s) = X_s$, $N(P_s) = X_c$, und sei $P_c = I - P_s$. Nach einer Translation und Rotation des Koordinatensystems können wir ferner annehmen, dass $x_*(0) = 0$ und $0 \neq f(0) \in R(P_c)$ gilt. Auf X_s und X_c gelten die Abschätzungen

$$|e^{Bt}P_s| \leq Me^{-\eta t} \text{ und } |e^{-Bt}P_c| \leq M,$$

für $t > 0$ mit Konstanten $M \geq 1$ und $\eta > 0$. Wir wählen ein $r > 0$ so klein, dass die Abschätzung

$$|h(t, y)| \leq \frac{\omega}{M}|y| \qquad (11.20)$$

für alle $|y| \leq r$, $t > 0$ und für festes $\omega \in (0, \eta)$ erfüllt ist. Betrachte die Integralgleichung

$$y(t) = e^{Bt}z + \int_0^t e^{B(t-s)} P_s h(s, y(s))ds - \int_t^\infty e^{B(t-s)} P_c h(s, y(s))ds, \qquad (11.21)$$

wobei $z \in X_s$ ist. Analog zum Beweis von Satz 10.1.1 existieren geeignete Zahlen $\delta, \rho > 0$, sodass die Integralgleichung (11.21) für jedes $z \in B_\delta^{X_s}(0)$ genau eine Lösung $y(t, z) \in B_\rho^U(0)$, $\rho < r$, besitzt, wobei U den Banachraum

$$U = \{u \in C(\mathbb{R}_+; \mathbb{R}^n) : |u|_\eta = \sup_{t \geq 0} |u(t)|e^{\eta t/2} < \infty\}$$

bezeichnet. Da die Lösung für $t \to \infty$ exponentiell fällt, ist $y(t, z)$ in t differenzierbar und $y(t, z)$ ist eine Lösung der Differentialgleichung (11.19) zum Anfangswert

$$y(0, z) = z - \int_0^\infty e^{-Bs} P_c h(s, y(s, z))ds =: z - q(z), \quad z \in B_\delta^{X_s}(0),$$

und es gilt $q(0) = q'(0) = 0$. Die Abbildung $B_\delta^{X_s}(0) \ni z \mapsto z - q(z)$ definiert eine lokale C^1-Mannigfaltigkeit $\mathcal{M}_{loc}$, welche wegen $q'(0) = 0$ den Tangentialraum X_s in $z = 0$ besitzt.

Aufgrund von $0 \neq f(0) \in X_c$ schneidet die periodische Lösung $x_*(t)$ die lokale Mannigfaltigkeit $\mathcal{M}_{loc}$ *transversal*. Wegen (11.20), $z \in X_s$ und $y \in U$, folgt aus Integration von (11.21) mit dem Satz von Fubini die Abschätzung

$$|e^{\eta t/4}y|_{L_1(\mathbb{R}_+)} \leq \left(\frac{4M}{3\eta}|z| + \frac{4}{3\eta}\omega|e^{\eta t/4}y|_{L_1(\mathbb{R}_+)} + \frac{4}{\eta}\omega|e^{\eta t/4}y|_{L_1(\mathbb{R}_+)}\right).$$

Für ein $0 < \omega \leq 3\eta/32$ erhalten wir somit

$$|e^{\eta t/4}y|_{L_1(\mathbb{R}_+)} \leq \frac{8M}{3\eta}|z|,$$

was in Kombination mit (11.21) die Abschätzung

$$|e^{\eta t/4}y(t)| \leq M|z| + \frac{16M\omega}{3\eta}|z| \leq M|z| + \frac{M}{2}|z| = \frac{3M}{2}|z| \qquad (11.22)$$

für alle $t \geq 0$ liefert. Wegen $|x(t) - x_*(t)| \leq |R(t)||y(t)|$ und $P_s x(0) = P_s y(0) = z$ erhalten wir

$$|x(t) - x_*(t)| \leq C \frac{3M}{2} |P_s| e^{-\eta t/4} |x(0)|, \qquad (11.23)$$

für alle $t \geq 0$, wobei $C := \max_{t \in [0, 2\tau]} |R(t)| > 0$ ist.

(b) Wir zeigen, dass alle Lösungen, welche hinreichend nahe beim Orbit γ starten, die lokale Mannigfaltigkeit $\mathcal{M}_{loc}$ in endlicher Zeit treffen. Sei ein Anfangswert $x_1 \in \gamma$ gegeben. Aus dem Beweis von Satz 4.1.2 folgt die Ungleichung

$$|x(t, x_0) - x_*(t, x_1)| \leq c_\tau |x_0 - x_1|,$$

für alle $t \in [0, 2\tau]$, falls die Differenz der Anfangswerte $|x_0 - x_1|$ hinreichend klein ist. Insbesondere existiert die Lösung $x(t, x_0)$ in diesem Fall für alle $t \in [0, 2\tau]$. Aufgrund der τ-Periodizität von $x_*(t)$ existiert zu jedem Anfangswert $x_1 \in \gamma$ ein erstes $t_1 \in [0, \tau]$, sodass $x_*(t_1, x_1) = 0$, also $x_*(t_1, x_1) \in \mathcal{M}_{loc}$. Ferner gilt für alle $t \in [0, 2\tau]$ die Abschätzung

$$|x(t, x_0)| = |x(t, x_0) - x_*(t_1, x_1)|$$

$$\leq |x(t, x_0) - x_*(t, x_1)| + |x_*(t, x_1) - x_*(t_1, x_1)| \leq c_\tau |x_0 - x_1| + c_\infty |t - t_1|,$$

wobei c_∞ durch $c_\infty = \max_{s \in [0, \tau]} |f(x_*(s))|$ definiert ist. Zu gegebenem $\varepsilon_0 > 0$ existieren daher Umgebungen $\mathcal{U}(t_1)$ und $\mathcal{U}(x_1)$, sodass $|x(t, x_0)| \leq \varepsilon_0$ für alle $(t, x_0) \in \mathcal{U}(t_1) \times \mathcal{U}(x_1)$ gilt. Im Weiteren sei $\varepsilon_0 < \delta/|P_s|$. Wir definieren eine Abbildung $F : \mathcal{U}(t_1) \times \mathcal{U}(x_1) \to X_c$ durch

$$F(t, x_0) = P_c x(t, x_0) + q(P_s x(t, x_0)).$$

Nach Satz 4.3.2 ist F stetig differenzierbar bezüglich $(t, x_0) \in \mathcal{U}(t_1) \times \mathcal{U}(x_1)$. Aus der Eindeutigkeit der Lösungen folgt ferner $F(t_1, x_1) = P_c x_*(t_1, x_1) + q(P_s x_*(t_1, x_1)) = 0$ und

$$\partial_t F(t_1, x_1) = P_c f(x_*(t_1, x_1)) + q'(P_s x_*(t_1, x_1)) P_s f(x_*(t_1, x_1))$$

$$= P_c f(0) + q'(0) P_s f(0) = f(0) \neq 0.$$

Wegen $\dim X_c = 1$, existieren nach dem Satz über implizite Funktionen Umgebungen $\mathcal{V}(x_1) \subset \mathcal{U}(x_1)$ und $\mathcal{V}(t_1) \subset \mathcal{U}(t_1)$ und eine eindeutig bestimmte Funktion $\varphi \in C^1(\mathcal{V}(x_1); \mathcal{V}(t_1))$ mit der Eigenschaft $F(\varphi(x_0), x_0) = 0$, $x_0 \in \mathcal{V}(x_1)$ und $\varphi(x_1) = t_1$. Dies ist aber äquivalent zu

$$x(\varphi(x_0), x_0) = P_s x(\varphi(x_0), x_0) - q(P_s x(\varphi(x_0), x_0)),$$

also $x(\varphi(x_0), x_0) \in \mathcal{M}_{loc} \cap \bar{B}_{\varepsilon_0}(0)$, $x_0 \in \mathcal{V}(x_1)$.

(c) Wir zeigen nun, dass die im letzten Schritt gewonnene lokal definierte Funktion φ Werte in $(0, 2\tau)$ annimmt. Dazu sei zunächst $x_1 = 0 \in \gamma$. Da x_* τ-periodisch ist, gilt $x_*(\tau, x_1) = 0$, also können wir $t_1 = \tau$ setzen. Nach Schritt (b) existiert eine Umgebung $\mathcal{V}_0$ von 0 und eine stetige Funktion $\varphi_0 : \mathcal{V}_0 \to \mathbb{R}$ mit $\varphi_0(0) = \tau$ und $x(\varphi_0(x_0), x_0) \in \mathcal{M}_{loc} \cap \bar{B}_{\varepsilon_0}(0)$, $x_0 \in \mathcal{V}_0$. Durch Verkleinern von $\mathcal{V}_0$ können wir $\varphi_0(x_0) \in (0, 2\tau)$ für alle $x_0 \in \mathcal{V}_0$ annehmen. Sei nun $x_1 \in \gamma \setminus \mathcal{V}_0 =: \gamma_0$. Dann existiert ein hinreichend kleines $\kappa > 0$ und ein $t_1 \in (\kappa, \tau - \kappa)$, sodass $x_*(t_1, x_1) = 0$. Ferner existieren eine Umgebung $\mathcal{V}_1$ von x_1 sowie eine stetige Funktion $\varphi_1 : \mathcal{V}_1 \to \mathbb{R}$, mit $\varphi_1(x_1) = t_1$ und $x(\varphi_1(x_0), x_0) \in \mathcal{M}_{loc} \cap \bar{B}_{\varepsilon_0}(0)$ für alle $x_0 \in \mathcal{V}_1$. Durch Verkleinern von $\mathcal{V}_1$ können wir weiterhin $\varphi_1(x_0) \in (0, \tau)$ für alle $x_0 \in \mathcal{V}_1$ annehmen.

Da die Menge γ_0 kompakt ist, existiert eine endliche Überdeckung $\{\mathcal{V}_k\}_{k=1}^N$ von γ_0, wobei die Mengen $\mathcal{V}_k$ Umgebungen von Punkten $x_k \in \gamma_0$, $k \in \{1, \ldots, N\}$ sind. Zu jedem $\mathcal{V}_k$ existiert eine stetige Funktion $\varphi_k : \mathcal{V}_k \to (0, \tau)$, mit $x(\varphi_k(x_0), x_0) \in \mathcal{M}_{loc} \cap \bar{B}_{\varepsilon_0}(0)$ für alle $x_0 \in \mathcal{V}_k$. Des Weiteren bildet die Menge

$$\mathcal{V} := \bigcup_{k=0}^N \mathcal{V}_k$$

eine Überdeckung des Orbits γ.

(d) In diesem Schritt zeigen wir die orbitale asymptotische Stabilität von x_*. Sei $\varepsilon > 0$ gegeben und $x_0 \in \bar{B}_\delta(\gamma) \subset \mathcal{V}$, wobei $\bar{B}_\delta(\gamma)$ durch

$$\bar{B}_\delta(\gamma) = \{x_0 \in \mathbb{R}^n : \mathrm{dist}(x_0, \gamma) \le \delta\}$$

definiert ist. Da $\mathcal{V}$ eine Überdeckung von γ ist, gilt $\bar{B}_\delta(\gamma) \subset \mathcal{V}$, falls $\delta > 0$ hinreichend klein gewählt wird. Nach Schritt (c) existiert ein $k \in \{0, \ldots, N\}$ mit $x_0 \in \mathcal{V}_k$ und $x(\varphi_k(x_0), x_0) \in \mathcal{M}_{loc} \cap \bar{B}_{\varepsilon_0}(0)$. Daraus folgt mit (11.23) die Abschätzung

$$|\tilde{x}(t) - x_*(t)| \le C\frac{3M}{2}|P_s|e^{-\eta t/4}|x(\varphi_k(x_0), x_0)| \le C\frac{3M}{2}|P_s|e^{-\eta t/4}\varepsilon_0, \ t \ge 0,$$

wobei $\tilde{x}(t)$ durch $\tilde{x}(t) := x(t + \varphi_k(x_0), x_0)$ definiert ist. Das impliziert einerseits die Attraktivität von γ und andererseits

$$\mathrm{dist}(x(t, x_0), \gamma) \le \varepsilon, \quad \text{für alle } t \ge \varphi_k(x_0),$$

falls $\varepsilon_0 > 0$ hinreichend klein ist. Für die orbitale Stabilität genügt es daher die Abschätzung $\mathrm{dist}(x(t, x_0), \gamma) \le \varepsilon$ für alle $t \in [0, 2\tau]$ zu zeigen, da nach Schritt (c) stets $\varphi_k(x_0) \in (0, 2\tau)$ für alle $x_0 \in \mathcal{V}_k$, $k = 1, \ldots, N$ gilt. Zu $x_0 \in \bar{B}_\delta(\gamma)$ finden wir ein $x_1 \in \gamma$ mit $|x_0 - x_1| \le \delta$. Sei $x_*(t, x_1)$ die Lösung von (11.17) mit $x_*(0, x_1) = x_1$. Aus der stetigen Abhängigkeit der Lösung vom Anfangswert erhalten wir wie in (b) die Abschätzung

$$|x(t, x_0) - x_*(t, x_1)| \le c_\tau|x_0 - x_1| \le c_\tau\delta,$$

für alle $t \in [0, 2\tau]$, wobei $c_\tau > 0$ eine von x_0 und x_1 unabhängige Konstante ist. Für hinreichend kleines $\delta > 0$ ergibt dies die orbitale Stabilität von x_*.

(e) Für jedes $x_0 \in \bar{B}_{\delta_0}(\gamma)$, $0 < \delta_0 < \delta$, existiert nach Schritt (c) ein $k \in \{0, \ldots, N\}$ mit $x_0 \in \mathcal{V}_k$ und

$$|x(t + \varphi_k(x_0), x_0) - x_*(t)| \to 0,$$

exponentiell für $t \to \infty$. Nach (c) gilt bereits $\varphi_k(x_0) \in (0, \tau)$ für $x_0 \in \mathcal{V}_k$, $k \neq 0$ und $\varphi_0(x_0) \in (0, 2\tau)$ für $x_0 \in \mathcal{V}_0$. Daraus folgt die Existenz einer Funktion $a : \bar{B}_{\delta_0}(\gamma) \to \mathbb{R}$, sodass

$$|x(t + a(x_0), x_0) - x_*(t)| \to 0, \tag{11.24}$$

exponentiell für $t \to \infty$ (es gilt sogar $R(a) \subset (0, 2\tau)$). Mit $s = t + k\tau$, $k \in \mathbb{Z}$, folgt aus der τ-Periodizität von x_*

$$|x(t + a(x_0) + k\tau, x_0) - x_*(t)| = |x(s + a(x_0), x_0) - x_*(s - k\tau)|$$

$$= |x(s + a(x_0), x_0) - x_*(s)| \to 0,$$

für $s \to \infty$. In diesem Sinne können wir alle Werte von $a(x_0)$, welche sich um ganzzahlige Vielfache von τ unterscheiden miteinander identifizieren, das heißt $a : \bar{B}_{\delta_0}(\gamma) \to \mathbb{R}/\mathbb{Z}\tau$, wobei $\mathbb{R}/\mathbb{Z}\tau$ den Quotientenraum von $\mathbb{R}$ modulo $\mathbb{Z}\tau$ bezeichnet. Es bleibt noch die Stetigkeit der Funktion a zu zeigen. Angenommen a ist nicht stetig in $x_0 \in \bar{B}_{\delta_0}(\gamma)$. Dann existiert eine Folge $x_n \to x_0$ für $n \to \infty$, sodass $a(x_n) \to a_0 \neq a(x_0) \in \mathbb{R}/\mathbb{Z}\tau$ gilt, das heißt $a_0 - a(x_0) \notin \mathbb{Z}\tau$. Nun gilt wegen (11.23)

$$|x(t + a(x_n), x_n) - x_*(t)| \leq Ce^{-\eta t/4}$$

für alle $t \geq 0$, wobei $C > 0$ eine von n unabhängige Konstante ist, da x_* nach Schritt (d) orbital asymptotisch stabil ist. Da die Lösung stetig vom Anfangswert abhängt folgt für $n \to \infty$

$$|x(t + a_0, x_0) - x_*(t)| \leq Ce^{-\eta t/4}, \quad t \geq 0.$$

Aus (11.24) erhalten wir somit die Abschätzung

$$|x_*(t - a_0) - x_*(t - a(x_0))| \leq 2Ce^{-\eta t/4}, \quad t \geq 0,$$

also

$$|x_*(-a_0) - x_*(-a(x_0))| = |x_*(k\tau - a_0) - x_*(k\tau - a(x_0))| \leq 2Ce^{-\eta k\tau/4} \to 0$$

für $k \to \infty$, ein Widerspruch.

$\square$

Unter gewissen Voraussetzungen kann man die Stabilitätseigenschaften einer nicht-konstanten periodischen Lösung von (11.17) auch ohne genaue Kenntnis der Floquet-Multiplikatoren bestimmen.

Korollar 11.4.4. *Sei* $f \in C^1(G; \mathbb{R}^n)$, $n \geq 2$, *und* x_* *eine nichtkonstante* τ*-periodische Lösung von* (11.17), $x_*([0, \tau]) \subset G$. *Ferner sei*

$$\triangle := \int_0^\tau (\operatorname{div} f)(x_*(t)) dt.$$

Dann gelten die folgenden Aussagen.

1. *Ist* $\triangle > 0$, *so ist* x_* *instabil.*
2. *Ist* $\triangle < 0$ *und* $n = 2$, *so ist* x_* *orbital asymptotisch stabil.*

Beweis. Wir betrachten die linearisierte Gleichung $\dot{y} = A(t)y$ mit $A(t) = f'(x_*(t))$. Offensichtlich gilt $(\operatorname{div} f)(x_*(t)) = \operatorname{sp} f'(x_*(t))$, also folgt aus (11.7)

$$\prod_{j=1}^r \mu_j^{\kappa_j} = e^{\int_0^\tau (\operatorname{div} f)(x_*(t)) dt},$$

wobei μ_j die Floquet-Multiplikatoren von $A(t)$ mit den algebraischen Vielfachheiten κ_j sind. Im ersten Fall existiert ein $j \in \{1, \dots, r\}$, mit $|\mu_j| > 1$. Die Instabilität von x_* folgt aus Satz 11.4.1. Im Fall $n = 2$ und $\triangle < 0$ gilt $\mu_1 \mu_2 < 1$. Ein Floquet-Multiplikator ist stets gleich Eins, also o.B.d.A. $\mu_1 = 1$. Daraus folgt $|\mu_2| < 1$ und Satz 11.4.3 liefert die zweite Aussage. $\square$

Beispiel. Sei $G = \mathbb{R}^2$ und betrachte das System

$$\dot{x} = y + x(1 - x^2 - y^2),$$

$$\dot{y} = -x + y(1 - x^2 - y^2),$$

welches die 2π-periodische Lösung $[x_*(t), y_*(t)]^\mathsf{T} = [\sin t, \cos t]^\mathsf{T}$ besitzt, vgl. Abschn. 8.4. Es gilt $\operatorname{div} f(x, y) = 2 - 4(x^2 + y^2)$, also

$$\int_0^{2\pi} (\operatorname{div} f)(x_*(t), y_*(t)) dt = -4\pi < 0.$$

Nach Korollar 11.4.4 ist $[x_*, y_*]^\mathsf{T}$ orbital asymptotisch stabil. Insbesondere besitzt jede Lösung, die in einer hinreichend kleinen Umgebung des Orbits γ von $[x_*, y_*]^\mathsf{T}$ startet eine asymptotische Phase. Man vergleiche dieses Resultat mit Abschn. 8.4.

11.5 Parameterabhängigkeit periodischer Lösungen

Als weitere Anwendung der Floquet-Theorie betrachten wir in diesem Abschnitt die parameterabhängige Gleichung

$$\dot{x} = f(t, x, \lambda),$$

in der Nähe einer gegebenen nichtkonstanten τ_*-periodischen Lösung $x_*(t)$ von $\dot{x} = f(t, x, \lambda_*)$, wenn f aus C^1, und $f(\cdot, x, \lambda)$ periodisch mit Periode τ_λ, $\tau_* = \tau_{\lambda_*}$, ist. Hierbei kann man annehmen, dass τ_* die minimale Periode von x_* ist; allerdings muss τ_* nicht unbedingt die minimale Periode von $f(\cdot, x, \lambda_*)$ sein, z. B. im wichtigen autonomen Fall $f(\cdot, x, \lambda) = g(x, \lambda)$.

Sei x_* ein Equilibrium von $\dot{x} = g(x, \lambda_*)$, gelte also $g(x_*, \lambda_*) = 0$. Ist $g \in C^1$ und gilt $\det \partial_x g(x_*, \lambda_*) \neq 0$, also $\lambda_1, \ldots, \lambda_r \neq 0$ für alle Eigenwerte von $\partial_x g(x_*, \lambda_*)$ dann impliziert der Satz über implizite Funktionen, dass es ein $\delta > 0$ und eine C^1-Funktion $x : (\lambda_* - \delta, \lambda_* + \delta) \to \mathbb{R}^n$ gibt mit $x(\lambda_*) = x_*$, und $g(x(\lambda), \lambda) = 0$ für alle $|\lambda - \lambda_*| < \delta$. In einer Umgebung U von (x_*, λ_*) gibt es keine weiteren Equilibria. Gilt ein ähnliches Resultat auch nahe einer periodischen Lösung?

Um diese Frage zu beantworten, ist es zweckmässig die Perioden auf 2π zu transformieren, welches man durch die Transformation $t \to \tau_\lambda t/2\pi$, $f(t, x, \lambda) \to f(\tau_\lambda t/2\pi, x, \lambda)$ erreichen kann. Setzt man nun $\omega(\lambda) = 2\pi/\tau_\lambda$ sowie $\omega_* = \omega(\lambda_*)$ so wird die Gleichung $\dot{x} = f(t, x, \lambda)$ zu

$$\omega(\lambda)\dot{x} = f(t, x, \lambda), \quad t \in \mathbb{R}. \tag{11.25}$$

Gesucht sind nun 2π-periodische Lösungen x_λ von (11.25) nahe bei x_* wenn λ in einer Umgebung von λ_* ist. Beachte, dass $\omega(\lambda)$ mit f aus C^1 ist, sofern f nichtautonom ist. Wir formulieren das erste Resultat für (11.25).

Satz 11.5.1. *Seien $f : \mathbb{R} \times \mathbb{R}^n \times \mathbb{R} \to \mathbb{R}^n$ und $\omega : \mathbb{R} \to (0, \infty)$ aus C^1, f sei 2π-periodisch in t, und $\omega(\lambda_*) = \omega_*$. Gegeben sei eine periodische Lösung $x_* : \mathbb{R} \to \mathbb{R}^n$ von $\omega_* \dot{x} = f(t, x, \lambda_*)$. Bezeichnet $A_*(t) = \partial_x f(t, x_*(t), \lambda_*)$, also $\omega_* \dot{y} = A_*(t)y$ die Linearisierung von (11.25) für $\lambda = \lambda_*$ in x_*, so sei keiner ihrer Floquet-Multiplikatoren $\mu_1^*, \ldots, \mu_r^*$ gleich Eins.*

Dann gibt es ein offenes Intervall $J \ni \lambda_*$, ein $r > 0$, und eine C^1-Funktion $x : \mathbb{R} \times J \to \mathbb{R}^n$, $x(\cdot, \lambda_*) = x_*$, sodass $x(\cdot, \lambda)$ die einzige 2π-periodische Lösung von (11.25) ist, die

$\sup_{t \in \mathbb{R}} |x(t, \lambda) - x_*(t)| < r$ *erfüllt. Kein Floquet-Multiplikator* $\mu_j(\lambda)$ *der linearisierten Probleme* $\omega(\lambda)\dot{y} = A_\lambda(t)y$, $A_\lambda(t) = \partial_x f(t, x(t, \lambda), \lambda)$, *ist gleich Eins. Gilt* $|\mu_j^*| < 1$ *für alle* j, *dann auch* $|\mu_k(\lambda)| < 1$ *für alle* k, *in diesem Fall sind die periodischen Lösungen* $x(\cdot, \lambda)$ *asymptotisch stabil für* (11.25).

Beweis. Der Beweis beruht auf dem Satz über implizite Funktionen und dem Resultat über lineare periodische Gleichungen, Satz 11.3.1. Dazu definieren wir die Banachräume X_j, $j = 0, 1$,

$$X_j := C_{per}^j(\mathbb{R}; \mathbb{R}^n) := \{x \in C^j(\mathbb{R}; \mathbb{R}^n) : x(t + 2\pi) = x(t), t \in \mathbb{R}\},$$

mit den Normen

$$\|x\|_0 := \sup_{t \in \mathbb{R}} |x(t)|, \quad \|x\|_1 := \sup_{t \in \mathbb{R}} |x(t)| + \sup_{t \in \mathbb{R}} |\dot{x}(t)|.$$

und die Abbildung $F : X_1 \times \mathbb{R} \to X_0$ mittels

$$F(x, \lambda)(t) = \omega(\lambda)\dot{x}(t) - f(t, x(t), \lambda), \quad t \in \mathbb{R}.$$

F ist wohldefiniert, aus C^1 und es gilt $F(x_*, \lambda_*) = 0$; allgemeiner sind die 2π-periodischen Lösungen von (11.25) genau die Lösungen von $F(x, \lambda) = 0$. Für die Linearisierung $L := \partial_x F(x_*, \lambda_*)$ erhalten wir

$$Lu(t) = \omega_* \dot{u}(t) - \partial_x f(t, x_*(t), \lambda_*)u(t) = \omega_* \dot{u}(t) - A_*(t)u(t), \quad t \in \mathbb{R}.$$

Da nach Voraussetzung alle Floquet-Multiplikatoren $\mu_j^* \neq 1$ sind, zeigt Satz 11.3.1, dass $L : X_1 \to X_0$ ein Isomorphismus ist. Die erste Behauptung folgt nun mit dem Satz über implizite Funktionen, die weiteren aus der stetigen Abhängigkeit der Eigenwerte einer Matrix von ihren Koeffizienten, und aus Satz 11.4.1. $\square$

Dieser Satz ist nicht auf den autonomen Fall anwendbar, da dann wenigstens ein Floquet-Multiplikator Eins ist; wie schon im Beweis des Stabilitätssatzes im vorhergehenden Abschnitt ist der autonome Fall schwieriger. Es sei also $f(t, x, \lambda) = g(x, \lambda)$; wir transformieren wieder auf Periode 2π und erhalten das Problem

$$\omega \dot{x} = g(x, \lambda), \quad t \in \mathbb{R}. \tag{11.26}$$

In diesem Fall ist die gesuchte Periode τ also auch $\omega = 2\pi/\tau$ nicht a priori bekannt, sie muss mitbestimmt werden. Dieser zusätzliche Freiheitsgrad kompensiert eine Dimension, also den algebraisch einfachen Floquet-Multiplikator Eins. Das Resultat für den autonomen Fall lautet wie folgt.

Satz 11.5.2. *Sei* $g : \mathbb{R}^n \times \mathbb{R} \to \mathbb{R}^n$ *aus* C^1. *Gegeben seien* $\omega_* > 0$ *und eine* 2π-*periodische Lösung* $x_* : \mathbb{R} \to \mathbb{R}^n$ *von* $\omega_* \dot{x} = g(x, \lambda_*)$. *Bezeichnet* $A_*(t) = \partial_x g(x_*(t), \lambda_*)$, *also* $\omega_* \dot{y} = A_*(t)y$ *die Linearisierung von* (11.26) *für* $\lambda = \lambda_*$ *in* x_*, *so sei* $\mu_0 = 1$ *algebraisch einfacher Floquet-Multiplikator.*

Dann gibt es ein offenes Intervall $J \ni \lambda_*$, *ein* $r > 0$, *und* C^1-*Funktionen* $\omega : J \to \mathbb{R}$, $x : \mathbb{R} \times J \to \mathbb{R}^n$, *mit* $\omega(\lambda_*) = \omega_*$, $x(\cdot, \lambda_*) = x_*$, *sodass* $x(\cdot, \lambda)$ *eine* 2π-*periodische Lösung von* (11.26) *ist, die* $\sup_{t \in \mathbb{R}} |x(t, \lambda) - x_*(t)| < r$ *erfüllt.* $x(\cdot, \lambda)$ *ist eindeutig bis auf Translationen.* $\mu_0 = 1$ *ist algebraisch einfacher Floquet-Multiplikator der linearisierten Probleme* $\omega(\lambda)\dot{y} = A_\lambda(t)y$, $A_\lambda(t) = \partial_x g(x(t, \lambda), \lambda)$. *Gilt* $|\mu_j^*| < 1$ *für alle* $j \neq 0$, *dann auch* $|\mu_k(\lambda)| < 1$ *für alle* $k \neq 0$, *in diesem Fall sind die periodischen Lösungen* $x(\cdot, \lambda)$ *asymptotisch orbital stabil für* (11.26).

Beweis. Neben den bereits genannten Problemen, die im autonomen Fall auftreten, sei daran erinnert, dass mit $x_*(\cdot)$ auch alle Translationen $x_*(\cdot + \sigma)$ 2π-periodische Lösungen von $\omega_* \dot{x} = g(x, \lambda_*)$ sind. Um dieser Nichteindeutigkeit aus dem Weg zu gehen, führen wir eine Nebenbedingung ein, die auf der Identität

$$\langle x_* | \dot{x}_* \rangle := \frac{1}{2\pi} \int_0^{2\pi} (x_*(t) | \dot{x}_*(t)) dt = \frac{1}{4\pi} \int_0^{2\pi} \frac{d}{dt} |x_*(t)|_2^2 dt = 0$$

beruht. Dabei ist

$$\langle u | v \rangle := \frac{1}{2\pi} \int_0^{2\pi} (u(t) | v(t)) dt$$

ein für unsere Zwecke geeignetes Innenprodukt auf X_j. Wir definieren die Abbildung $G : X_1 \times \mathbb{R} \times \mathbb{R} \to X_0 \times \mathbb{R}$ durch

$$G(x, \omega, \lambda) = (\omega \dot{x} - g(x, \lambda), \langle x | \dot{x}_* \rangle).$$

Diese Funktion ist aus C^1 und erfüllt $G(x_*, \omega_*, \lambda_*) = 0$. Die Linearisierung L von G bzgl. (x, ω) in $(x_*, \omega_*, \lambda_*)$ ist dann durch

$$L(y, \alpha) = (\omega_* \dot{y} - A_*(t)y + \alpha \dot{x}_*, \langle y | \dot{x}_* \rangle), \quad y \in X_1, \ \alpha \in \mathbb{R},$$

gegeben.

Um die Bijektivität von L zu zeigen, seien $b \in X_0$, $\beta \in \mathbb{R}$ gegeben. Die Gleichung $L(y, \alpha) = (b, \beta)$ ist äquivalent zu

$$\omega_* \dot{y} = A_*(t)y - \alpha \dot{x}_* + b(t), \quad y(0) = y(2\pi), \quad \langle y | \dot{x}_* \rangle = \beta.$$

Es bezeichne $Y_*(t)$ das Hauptfundamentalsystem zu $\omega_* \dot{z} = A_*(t)z$, also ist $M_* := Y_*(2\pi)$ die zugehörige Monodromiematrix. Dann ist $\dot{x}_*(t) = Y_*(t)v$ mit $v = \dot{x}_*(0) \neq 0$. Integration der Gleichung für y ergibt mittels Variation der Konstanten und $y_0 = y(0)$

$$y(t) = Y_*(t)y_0 - \frac{t\alpha}{\omega_*}Y_*(t)v + Y_*(t)\frac{1}{\omega_*}\int_0^t Y_*(s)^{-1}b(s)ds,$$

also für $t = 2\pi$

$$(I - M_*)y_0 + \frac{2\pi\alpha}{\omega_*}v = M_*\frac{1}{\omega_*}\int_0^{2\pi} Y_*(s)^{-1}b(s)ds. \tag{11.27}$$

Nun ist nach Voraussetzung $\mu_0 = 1$ einfacher Eigenwert von M_*, also $R(I - M_*) \oplus N(I - M_*) = \mathbb{R}^n$, und da $N(I - M_*) = \text{span}\{v\}$ gilt, gibt es genau ein $\alpha \in \mathbb{R}$ und mindestens ein $y_0 \in \mathbb{R}^n$, sodass (11.27) erfüllt ist. y_0 ist nicht eindeutig und kann durch $y_0 + \gamma v$ ersetzt werden. Dies erlaubt uns auch die Gleichung $\langle y|\dot{x}_* \rangle = \beta$ eindeutig zu lösen, denn

$$\beta = \langle y + \gamma \dot{x}_* | \dot{x}_* \rangle = \langle y | \dot{x}_* \rangle + \gamma \langle \dot{x}_* | \dot{x}_* \rangle$$

lässt sich eindeutig nach γ auflösen. Die Bijektivität von L ist damit bewiesen.

Der Satz über implizite Funktionen ist somit auf G im Punkt $(x_*, \omega_*, \lambda_*)$ anwendbar, und die erste Behauptung damit bewiesen.

Sei nun $u(t)$ eine weitere 2π-periodische Lösung von (11.26). Setze $\varphi(s) = \langle u(\cdot + s)|x_* \rangle = \langle u|x_*(\cdot - s)\rangle$; dann gilt $\varphi(0) = \varphi(2\pi)$, also gibt es nach dem Satz von Rolle ein $\xi \in \mathbb{R}$ mit

$$0 = \dot{\varphi}(\xi) = -\langle u|\dot{x}_*(\cdot - \xi)\rangle = -\langle u(\cdot + \xi)|\dot{x}_* \rangle,$$

d. h. die verschobene Funktion $u(\cdot + \xi)$ erfüllt die Nebenbedingung. Dies zeigt, dass die gefundenen 2π-periodischen Lösungen bis auf Translationen eindeutig sind. Die verbleibenden Behauptungen folgen wiederum aus der Stetigkeit der Eigenwerte und aus dem Stabilitätssatz 11.4.3. □

Beispiel. In der Elektro-Physiologie spielt das *FitzHugh-Nagumo* Modell mit externer Anregung eine wichtig Rolle. In diesem Beispiel betrachten wir das periodisch angeregte FitzHugh-Nagumo Modell

$$\begin{aligned} \dot{x} &= g(x) - y + \phi(t), \\ \dot{y} &= \sigma x - \gamma y + \psi(t), \end{aligned} \tag{11.28}$$

wobei $\sigma, \gamma > 0$ wie zuvor positive Konstanten sind, und $g \in C(\mathbb{R}; \mathbb{R})$ lokal Lipschitz, normiert durch $g(0) = 0$, sowie

$$g(x)x \leq -\delta x^2 \quad \text{für} \quad |x| \geq r_0,$$

mit Konstanten $r_0, \delta > 0$ erfüllt. Die externe Anregung wird durch die τ-periodischen Funktionen $\phi, \psi \in C(\mathbb{R}; \mathbb{R})$ beschrieben, mit $\tau > 0$. Wir suchen τ-periodische Lösungen des Systems (11.28).

Dazu betrachten wir wie in Abschn. 8.4 die Menge $D = \{(x, y) \in \mathbb{R}^2 : V(x, y) \leq \alpha\}$, mit $V(x, y) = x^2/2 + y^2/(2\sigma)$ und zeigen mit Hilfe von Satz 7.2.1, dass D positiv invariant ist, sofern $\alpha > 0$ hinreichend groß gewählt wird.

Sei $(x, y) \in V^{-1}(\alpha)$, also $x^2/2 + y^2/(2\sigma) = \alpha$. Es bezeichne $f(t, x, y)$ die rechte Seite von (11.28). Dann gilt für $|x| \geq r_0$

$$
\begin{aligned}
(\nabla V(x, y) | f(t, x, y)) &= g(x)x - (\gamma/\sigma)y^2 + \phi(t)x + \psi(t)y \\
&\leq -\delta x^2 - (\gamma/\sigma)y^2 + |\phi|_\infty |x| + |\psi|_\infty |y| \\
&\leq -\min\{\delta, \gamma\}(x^2 + y^2/\sigma) + \max\{|\phi|_\infty, |\psi|_\infty\}(|x| + |y|) \\
&\leq -2\min\{\delta, \gamma\}\alpha + \sqrt{2}(1 + \sqrt{\sigma})\max\{|\phi|_\infty, |\psi|_\infty\}\sqrt{\alpha},
\end{aligned}
$$

also $(\nabla V(x, y), f(t, x, y)) \leq 0$, für alle $t \in \mathbb{R}$ und $(x, y) \in V^{-1}(\alpha)$ mit $|x| \geq r_0$, falls $\alpha > 0$ hinreichend groß ist.

Andererseits erhält man für alle $t \in \mathbb{R}$ und $(x, y) \in V^{-1}(\alpha)$ mit $|x| \leq r_0$ die Abschätzung

$$(\nabla V(x, y) | f(t, x, y)) \leq \max_{|x| \leq r_0}\{g(x)x + \gamma x^2\} + |\phi|_\infty r_0 + |\psi|_\infty \sqrt{2\sigma}\sqrt{\alpha} - 2\gamma\alpha \leq 0,$$

falls $\alpha > 0$ hinreichend groß ist. Insgesamt gilt also $(\nabla V(x, y) | f(t, x, y)) \leq 0$ alle $t \in \mathbb{R}$ und alle $(x, y) \in V^{-1}(\alpha) = \partial D$. Nach Satz 7.2.1 ist D daher positiv invariant und alle in D startenden Lösungen existieren global nach rechts, da $D \subset \mathbb{R}^2$ kompakt ist.

Sei $z = (x, y)$ und es bezeichne $z(t, z_0)$ die Lösung von (11.28) zum Anfangswert $z_0 = (x_0, y_0)$. Für die durch $T : z_0 \mapsto z(\tau, z_0)$ definierte Poincaré-Abbildung gilt $T : D \to D$, denn D ist positiv invariant und T ist stetig aufgrund der stetigen Abhängigkeit der Lösung vom Anfangswert (Satz 4.1.2). Da $D \subset \mathbb{R}^2$ konvex ist, besitzt T nach dem Fixpunktsatz von Brouwer (Satz 4.2.3) mindestens einen Fixpunkt $z_0 \in D$, d. h. es gilt $z(\tau, z_0) = z_0$. Die τ-periodische Fortsetzung $\tilde{z}$ von z auf $\mathbb{R}$ ist dann eine τ-periodische Lösung von (11.28).

Übungen

11.1 Zeigen Sie, dass die Matrix

$$M = \begin{bmatrix} -\alpha & 0 \\ 0 & -\beta \end{bmatrix}, \quad \alpha, \beta > 0, \; \alpha \neq \beta,$$

keinen reellen Logarithmus besitzt, das heißt, es existiert kein $L \in \mathbb{R}^{n \times n}$ mit $M = e^L$.

11.2 Sei $M \in \mathbb{R}^{n \times n}$ mit $\det M > 0$ und $\sigma(M) \cap (-\infty, 0] = \emptyset$. Ferner sei Γ eine Jordan-Kurve, welche alle Eigenwerte von M umrundet, sodass $(-\infty, 0]$ im äußeren von Γ liegt und Γ symmetrisch zur reellen Achse ist; vgl. Abb. 11.1. Zeigen Sie, dass die Matrix

$$\log M = \frac{1}{2\pi i} \int_\Gamma (\lambda - M)^{-1} \log \lambda d\lambda,$$

reell ist.

11.3 Gegeben sei das System $\dot{x} = A(t)x$, mit

$$A(t) = \begin{bmatrix} -\sin(2t) & \cos(2t) - 1 \\ \cos(2t) + 1 & \sin(2t) \end{bmatrix},$$

und der speziellen Lösung $[x_1(t), x_2(t)]^\mathsf{T} = [e^{-t}(\cos t + \sin t), e^{-t}(\sin t - \cos t)]^\mathsf{T}$. Berechnen Sie die Floquet-Multiplikatoren von $A(t)$. Ist die triviale Lösung $x_* = 0$ stabil oder instabil?

11.4 Betrachten Sie das System $\dot{x} = A(t)x$, mit

$$A(t) = \begin{bmatrix} -1 + \frac{3}{2}\cos^2 t & 1 - \frac{3}{2}\sin t \cos t \\ -1 - \frac{3}{2}\sin t \cos t & -1 + \frac{3}{2}\sin^2 t \end{bmatrix},$$

und der speziellen Lösung $[x_1(t), x_2(t)]^\mathsf{T} = [e^{\frac{t}{2}}\cos t, -e^{\frac{t}{2}}\sin t]^\mathsf{T}$. Zeigen Sie, dass die Eigenwerte von $A(t)$ unabhängig von t sind und berechnen Sie sowohl die Eigenwerte, als auch die Floquet-Multiplikatoren von $A(t)$. Kann man aus der Lage der Eigenwerte von $A(t)$ Rückschlüsse auf die Stabilität der trivialen Lösung $x_* = 0$ ziehen?

11.5 Beweisen Sie die Aussage 5(b) aus Satz 11.1.1.

Verzweigungstheorie **12**

Sei $G \subset \mathbb{R}^n$ offen, $\Lambda \subset \mathbb{R}$ ein offenes Intervall und $f \in C^1(G \times \Lambda; \mathbb{R}^n)$. In diesem Kapitel betrachten wir die Differentialgleichung

$$\dot{x} = f(x, \lambda), \tag{12.1}$$

die einen zeitunabhängigen Parameter $\lambda \in \Lambda$ enthält.

12.1 Umkehrpunkte

Die Menge der Equilibria von (12.1) zu einem gegebenen $\lambda \in \Lambda$ wird mit $\mathcal{E}_\lambda$ bezeichnet, dies ist der λ- Schnitt der Menge

$$\mathcal{E} = \{(x, \lambda) \in G \times \Lambda : f(x, \lambda) = 0\}, \quad \mathcal{E}_\lambda = \{x \in G : f(x, \lambda) = 0\}.$$

Sei $(x_*, \lambda_*) \in \mathcal{E}$. Wir nennen (x_*, λ_*) **regulär** falls die Jacobi-Matrix $\partial_x f(x_*, \lambda_*)$ invertierbar ist, wenn also $\det \partial_x f(x_*, \lambda_*) \neq 0$ ist; andernfalls heißt (x_*, λ_*) **singulär**. Ist (x_*, λ_*) regulär, dann gibt es nach dem Satz über implizite Funktionen eine Kugel $B_\delta(\lambda_*)$ und eine C^1-Abbildung $x : B_\delta(\lambda_*) \to G$, sodass $x(\lambda_*) = x_*$ und $f(x(\lambda), \lambda) = 0$ für alle $\lambda \in B_\delta(\lambda_*)$ gilt. In einer Umgebung $B_r(x_*) \times B_\delta(\lambda_*) \subset G \times \Lambda$ sind dies die einzigen Lösungen der Gleichung $f(x, \lambda) = 0$. Die Menge $\{(x(\lambda), \lambda) : \lambda \in B_\delta(\lambda_*)\}$ nennt man einen **Lösungszweig** der Gleichung $f(x, \lambda) = 0$ (genauer: ein Stück eines Lösungszweiges).

Die Funktion $x(\lambda)$ ist Lösung einer Differentialgleichung, nämlich von

$$\partial_x f(x(\lambda), \lambda) x'(\lambda) + \partial_\lambda f(x(\lambda), \lambda) = 0,$$

© Springer Nature Switzerland AG 2019
J. W. Prüss, M. Wilke, *Gewöhnliche Differentialgleichungen und dynamische Systeme*, Grundstudium Mathematik, https://doi.org/10.1007/978-3-030-12362-8_12

mit Anfangswert $x(\lambda_*) = x_*$. Daher kann man nach dem Fortsetzungssatz den Lösungszweig auf ein maximales Intervall fortsetzen. Allerdings kommt hier zu den üblichen
Obstruktionen, nämlich $|x(\lambda)| \to \infty$ oder $\mathrm{dist}(x(\lambda), \partial G) \to 0$, eine weitere hinzu,
nämlich die Jacobi-Matrix $\partial_x f(x(\lambda), \lambda)$ kann singulär werden: Die Lösung kann sich
verzweigen.

Haben alle Eigenwerte von $\partial_x f(x_*, \lambda_*)$ negative Realteile, so ist x_* asymptotisch stabil
für (12.1) mit $\lambda = \lambda_*$. Da die Eigenwerte einer Matrix stetig von ihren Koeffizienten
abhängen, ist $x(\lambda)$ ebenfalls asymptotisch stabil für λ in der Nähe von λ_*, und bleibt es
bis mindestens ein Eigenwert die imaginäre Achse überquert. Generisch gibt es zwei Fälle
die von Interesse sind:

1. Ein einfacher reeller Eigenwert geht durch Null; hier wird die Jacobi-Matrix singulär.
2. Ein Paar einfacher komplex-konjugierter Eigenwerte überquert simultan die imaginäre
   Achse.

Diese zwei Fälle wollen 'wir in diesem Kapitel im Detail diskutieren.

Sei $(x_*, \lambda_*) \in \mathcal{E}$ singulär, also $A_* := \partial_x f(x_*, \lambda_*)$ nicht invertierbar. Dann ist A_* nicht
surjektiv. Der einfachste Fall ist nun der, dass noch $\mathrm{span}\{R(A_*), b_*\} = \mathbb{R}^n$ gilt, wobei wir
$b_* := \partial_\lambda f(x_*, \lambda_*)$ gesetzt haben. Solch einen Punkt (x_*, λ_*) nennt man **Umkehrpunkt**
für die Gleichung $f(x, \lambda) = 0$. Das folgende Beispiel illustriert die Situation.

Beispiel. Betrachte die eindimensionale Gleichung

$$\dot{x} = x(\lambda - (x - 1)^2).$$

Ein Equilibrium ist $x = 0$, das triviale. Ist $\lambda > 0$ so finden wir zwei weitere nämlich $x =
1 \pm \sqrt{\lambda}$. Davon ist $1 - \sqrt{\lambda}$ instabil falls $\lambda \in (0, 1)$ (ein Sattelpunkt in einer Dimension) und
$1 + \sqrt{\lambda}$ stabil für alle $\lambda > 0$ (ein stabiler Knoten in einer Dimension). Der Punkt $(1, 0)$ ist
ein Umkehrpunkt: Es gilt $\partial_x f(1, 0) = 0$ und $\partial_\lambda f(1, 0) = 1$. Das Verzweigungsdiagramm
ist in Abb. 12.1 dargestellt.

Wir wollen zeigen, dass dieses einfache eindimensionale Beispiel schon den allgemeinen Fall beinhaltet.

Dazu sei (x_*, λ_*) ein Umkehrpunkt. Dann ist der Rang von A_*, also die Dimension von
$R(A_*)$ gleich $n - 1$, und $N(A_*)$ ist eindimensional. Wir zerlegen nun $\mathbb{R}^n = N(A_*) \oplus Y$,
d. h. Y ist ein $n - 1$-dimensionaler, zu $N(A^*)$ komplementärer Unterraum. Man beachte,
dass $A_* Y = R(A_*)$ ist. Wir zerlegen demgemäß $x = su_0 + y$, wobei $u_0 \in N(A_*), u_0 \neq 0$
fixiert ist, $s \in \mathbb{R}$ und $y \in Y$. Um die Lösungsmenge von $f(x, \lambda) = 0$ in der Nähe von
(x_*, λ_*) zu beschreiben, betrachten wir nun die Funktion

$$g(s, y, \mu) := f(su_0 + y + x_*, \mu + \lambda_*), \quad (s, y, \mu) \in (-a, a) \times \{B_r(0) \cap Y\} \times (-b, b),$$

Abb. 12.1 Sattel-
Knoten-Verzweigung

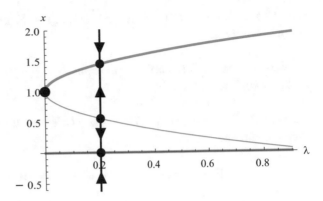

wobei $a, b, r > 0$ klein genug gewählt sind. Mit f ist auch g in C^1. Wir wollen die Gleichung $g(s, y, \mu) = 0$ nach (y, μ) auflösen. Dazu verwenden wir den Satz über implizite Funktionen im Punkt $(0, 0, 0)$. Die Ableitung von g nach (y, μ) in diesem Punkt ist

$$\partial_{(y,\mu)} g(0) \begin{bmatrix} v \\ \sigma \end{bmatrix} = \partial_x f(x_*, \lambda_*) v + \partial_\lambda f(x_*, \lambda_*) \sigma = A_* v + b_* \sigma.$$

Da $\text{span}\{R(A_*), b_*\} = \mathbb{R}^n$ ist, ist $\partial_{(y,\mu)} g(0)$ surjektiv, also aus Dimensionsgründen invertierbar. Daher liefert der Satz über implizite Funktionen eine C^1-Funktion $s \mapsto (y(s), \mu(s))$, $s \in (-\delta, \delta)$, mit $y(0) = \mu(0) = 0$ und die einzigen Lösungen von $f(x, \lambda) = 0$ in einer Umgebung von (x_*, λ_*) sind $(s u_0 + y(s) + x_*, \mu(s) + \lambda_*)$, $|s| < \delta$. Weiter folgt aus $f(s u_0 + y(s) + x_*, \mu(s) + \lambda_*) = 0$ die Relation

$$0 = \partial_x f(s u_0 + y(s) + x_*, \mu(s) + \lambda_*)(u_0 + y'(s)) + \partial_\lambda f(s u_0 + y(s) + x_*, \mu(s) + \lambda_*) \mu'(s),$$

also mit $A(s) = \partial_x f(s u_0 + y(s) + x_*, \mu(s) + \lambda_*)$ und $b(s) = \partial_\lambda f(s u_0 + y(s) + x_*, \mu(s) + \lambda_*)$,

$$A(s)(u_0 + y'(s)) + \mu'(s) b(s) = 0, \quad s \in (-\delta, \delta). \tag{12.2}$$

Speziell in $s = 0$ ergibt sich mit $u_0 \in N(A_*)$

$$A_* y'(0) + \mu'(0) b_* = 0,$$

folglich ist $\mu'(0) = 0$ wegen $b_* \notin R(A_*)$, und dann auch $y'(0) = 0$, da A_* auf Y injektiv ist. Daher liegt $\lambda(s) = \mu(s) + \lambda_*$ für kleine s typischerweise auf einer Seite von λ_*, was den Namen *Umkehrpunkt* erläutert. Wir fassen zusammen.

Satz 12.1.1. *Sei* $f \in C^1(G \times \Lambda; \mathbb{R}^n)$, $(x_*, \lambda_*) \in \mathcal{E}$, *und sei* $A_* := \partial_x f(x_*, \lambda_*)$ *nicht invertierbar. Es gelte:*

1. $N(A_*) = \text{span}\{u_0\}$ *ist eindimensional, und*
2. $b_* := \partial_\lambda f(x_*, \lambda_*) \notin R(A_*)$.

Dann sind alle Lösungen der Gleichung $f(x, \lambda) = 0$ *in einer Umgebung von* (x_*, λ_*) *durch die Menge*

$$\{(x(s) := su_0 + y(s) + x_*, \lambda(s) := \mu(s) + \lambda_*) : |s| < \delta\}$$

gegeben, wobei $y : (-\delta, \delta) \to R(A_*)$ *und* $\mu : (-\delta, \delta) \to \mathbb{R}$ *aus* C^1 *eindeutig bestimmt sind, und* $y(0) = y'(0) = 0$, $\mu(0) = \mu'(0) = 0$ *erfüllen.*

$\sigma_* = 0$ ist Eigenwert von A_* mit Eigenvektor $u_0 \neq 0$. Es sei $u_0^* \neq 0$ ein Eigenvektor der adjungierten A_*^T zum Eigenwert 0, mit $(u_0|u_0^*) = 1$. Letzteres ist eine zusätzliche Annahme, die bedeutet, dass $\sigma_* = 0$ halbeinfach, also algebraisch einfacher Eigenwert von A_* ist. Wir zeigen, dass es dann eine Eigenwertkurve $s \mapsto (\sigma(s), u(s), u^*(s))$ gibt mit $\sigma(0) = 0$, $u(0) = u_0$, $u^*(0) = u_0^*$, und $A(s)u(s) = \sigma(s)u(s)$, $A^\mathsf{T}(s)u^*(s) = \sigma(s)u^*(s)$, und $(u(s)|u^*(s)) = 1$. Da wir dieses Ergebnis häufiger benötigen werden, formulieren wir es allgemein als

Lemma 12.1.2. *Sei* $A \in C^m((-a, a); \mathbb{R}^{n \times n})$, $a > 0$, $m \geq 0$, *und sei* $A_* := A(0)$. *Es gelte* $N(A_*) = \text{span}\{u_0\}$, $N(A_*^\mathsf{T}) = \text{span}\{u_0^*\}$ *und* $(u_0|u_0^*) = 1$. *Dann gibt es ein* $\delta > 0$ *und Funktionen* $u, u^* \in C^m((-\delta, \delta); \mathbb{R}^n)$, $\sigma \in C^m((-\delta, \delta); \mathbb{R})$, *mit* $u(0) = u_0$, $u^*(0) = u_0^*$, $\sigma(0) = 0$, *sodass*

$$A(s)u(s) = \sigma(s)u(s), \quad A^\mathsf{T}(s)u^*(s) = \sigma(s)u^*(s), \quad (u(s)|u^*(s)) = 1,$$

für alle $s \in (-\delta, \delta)$ *gilt.*

Beweis. Definiere $g : \mathbb{R}^n \times \mathbb{R} \times (-a, a) \to \mathbb{R}^n \times \mathbb{R}$ mittels

$$g(u, \sigma, s) = \begin{bmatrix} A(s)u - \sigma u \\ (u|u_0^*) - 1 \end{bmatrix}.$$

Dann ist $g \in C^m$, $g(u_0, 0, 0) = 0$ und

$$L := \partial_{(u, \sigma)} g(u_0, 0, 0) = \begin{bmatrix} A_* & -u_0 \\ u_0^{*\mathsf{T}} & 0 \end{bmatrix}.$$

Wir zeigen, dass L injektiv, also bijektiv ist. Dazu sei $L[v, \rho]^\mathsf{T} = 0$, also $A_* v = \rho u_0$ und $(v|u_0^*) = 0$. Es folgt

$$\rho = \rho(u_0|u_0^*) = (A_* v|u_0^*) = (v|A_*^\mathsf{T} u_0^*) = 0,$$

folglich $A_* v = 0$, d.h. $v = \alpha u_0$ mit einem $\alpha \in \mathbb{R}$. Dies impliziert schließlich auch $\alpha = \alpha(u_0|u_0^*) = (v|u_0^*) = 0$. Der Satz über implizite Funktion liefert nun C^m-Funktionen $u(s), \sigma(s)$ mit $u(0) = u_0$, $\sigma(0) = 0$ und $A(s)u(s) = \sigma(s)u(s)$, $(u(s)|u_0^*) = 1$ auf einem Intervall $(-\delta_1, \delta_1)$.

Um $u^*(s)$ zu finden, betrachten wir die Funktion $h : \mathbb{R}^n \times (-\delta_1, \delta_1) \to \mathbb{R}^n$ definiert durch

$$h(v, s) = A^\mathsf{T}(s)v - \sigma(s)v + ((u(s)|v) - 1)u_0^*.$$

Es ist $h(u_0^*, 0) = A_*^\mathsf{T} u_0^* - ((u_0|u_0^*) - 1)u_0^* = 0$, und $L := \partial_v h(u_0^*, 0) = A_*^\mathsf{T} + u_0^* \otimes u_0$ ist injektiv, also bijektiv. Denn $Lv = 0$ impliziert $A_*^\mathsf{T} v + (u_0|v)u_0^* = 0$, also nach Skalarmultiplikation mit u_0 folgt $(u_0|v) = 0$, sowie $A_*^\mathsf{T} v = 0$, d.h. $v = \beta u_0^*$, $\beta \in \mathbb{R}$, und dann auch $v = 0$. Der Satz über implizite Funktion liefert uns eine Funktion $u^*(s)$ der Klasse C^m auf einem evtl. kleineren Intervall $(-\delta, \delta)$ mit

$$0 = A^\mathsf{T}(s)u^*(s) - \sigma(s)u^*(s) + ((u(s)|u^*(s)) - 1)u_0^*, \quad s \in (-\delta, \delta), \quad u^*(0) = u_0^*.$$

Skalarmultiplikation mit $u(s)$ ergibt dann $(u(s)|u^*(s)) = 1$, da $(u(s)|u_0^*) = 1$ ist, folglich auch $A^\mathsf{T}(s)u^*(s) = \sigma(s)u^*(s)$. $\qquad\square$

In der Situation des Umkehrpunktes gibt die Relation $A(s)u(s) = \sigma(s)u(s)$ nach Multiplikation mit $u^*(s)$ die Beziehung $\sigma(s) = (A(s)u(s)|u^*(s))$. Andererseits führt (12.2) nach Multiplikation mit $u^*(s)$ auf

$$(b(s)|u^*(s))\mu'(s) = -(A(s)(u_0 + y'(s))|u^*(s)) = -\sigma(s)(u_0 + y'(s)|u^*(s)),$$

also

$$\mu'(s) = -\sigma(s)l(s), \quad s \in (-\delta, \delta), \tag{12.3}$$

mit der Funktion $l(s) := (u_0 + y'(s)|u^*(s))/(b(s)|u^*(s))$, die wegen $b_* \notin R(A_*) = N(A_*^\mathsf{T})^\perp$ für kleine $|s|$ wohldefiniert ist, und $l(0) = 1/(b_*|u_0^*) \neq 0$ erfüllt.

Sei jetzt zusätzlich $f \in C^m$, $m \geq 2$. Differenziert man die Gleichung

$$f(su_0 + y(s) + x_*, \mu(s) + \lambda_*) = 0$$

ein zweites Mal, so erhält man in $s = 0$ die Beziehung

$$b_* \mu''(0) + A_* y''(0) + \partial_x^2 f(x_*, \lambda_*) u_0 u_0 = 0,$$

also nach Skalarmultiplikation mit u_0^*

$$(b_* | u_0^*) \mu''(0) = -(\partial_x^2 f(x_*, \lambda_*) u_0 u_0 | u_0^*).$$

Man beachte, dass $(b_* | u_0^*) \neq 0$ ist, sodass diese Beziehung $\mu''(0)$ eindeutig definiert. Nun differenzieren wir die Eigenwertgleichung nach s und erhalten in $s = 0$

$$\sigma'(0) u_0 = A_* u'(0) + A'(0) u_0.$$

Nach Skalarmultiplikation mit u_0^* und wegen

$$A(s) = \partial_x f(s u_0 + y(s) + x_*, \mu(s) + \lambda_*)$$

erhalten wir schließlich

$$\sigma'(0) = (A'(0) u_0 | u_0^*) = (\partial_x^2 f(x_*, \lambda_*) u_0 u_0 | u_0^*).$$

Daraus folgt die zentrale Relation

$$\sigma'(0) = -(b_* | u_0^*) \mu''(0). \tag{12.4}$$

Diese Beziehung zeigt, dass im generischen Fall $\mu''(0) \neq 0$ die Lösungszweige für $s > 0$ bzw. $s < 0$ unterschiedliches Stabilitätsverhalten haben: auf dem einen Zweig ist $\sigma(s) < 0$ auf dem anderen $\sigma(s) > 0$. Sind alle anderen Eigenwerte von A_* in der offenen linken Halbebene, so ist $x(s) := s u_0 + y(s) + x_*$ auf dem einen Zweig ein Sattelpunkt, auf dem anderen ein stabiler Knoten für (12.1). Deshalb werden Verzweigungspunkte dieser Art in Anlehnung an den 2D-Fall in der Literatur auch als **Sattel-Knoten Verzweigungen** bezeichnet.

Satz 12.1.3. *Es seien die Voraussetzungen von Satz 12.1.1 erfüllt, zusätzlich seien $f \in C^2$, und 0 ein halbeinfacher Eigenwert für A_*. Ferner sei $u_0^* \in N(A_*^\mathsf{T})$ mit $(u_0 | u_0^*) = 1$, O.B.d.A. gelte $(b_* | u_0^*) > 0$, und es sei $\sigma(A_*) \setminus \{0\} \subset \mathbb{C}_-$, sowie*

$$\gamma := (\partial_x^2 f(x_*, \lambda_*) u_0 u_0 | u_0^*) > 0.$$

Dann gelten für (12.1) die folgenden Stabilitätsaussagen:

1. *Der Zweig* $\{(su_0 + y(s), \mu(s) + \lambda_*) : -\delta < s < 0\}$ *besteht aus asymptotisch stabilen Equilibria.*
2. *Der Zweig* $\{(su_0 + y(s), \mu(s) + \lambda_*) : 0 < s < \delta\}$ *besteht aus instabilen Equilibria.*

Entsprechendes gilt im Fall $\gamma < 0$ wobei s durch $-s$ zu ersetzen ist.
Für $\gamma < 0$ gilt $s\lambda'(s) > 0$, d. h. beide Zweige sind **superkritisch**. *Im Fall $\gamma > 0$ gilt $s\lambda'(s) < 0$, d. h. beide Zweige sind* **subkritisch**.

12.2 Pitchfork-Verzweigung

In vielen Anwendungen ist die triviale Lösung $x(\lambda) = 0$ für alle λ gegeben, d. h. es gilt $f(0, \lambda) = 0$ für alle $\lambda \in \Lambda$. Typischerweise resultiert diese Eigenschaft aus einer Normierung des Systems, das triviale Equilibrium repräsentiert dessen Normalzustand. In dieser Situation ist $\partial_\lambda f(0, \lambda) = 0$, daher kann ein singulärer Punkt $(0, \lambda_*)$ kein Umkehrpunkt sein. Das folgende Beispiel zeigt was hier passiert.

Beispiel. Betrachte die Gleichung $\dot{x} = x(\lambda - x^2)$. Hier haben wir für alle $\lambda \in \mathbb{R}$ das triviale Equilibrium $x = 0$, und für $\lambda > 0$ zusätzlich $x = \pm\sqrt{\lambda}$. Damit sieht das Verzweigungsdiagramm wie eine Heugabel, englisch pitchfork, aus. Für $\lambda = 0$ ist $x = 0$ asymptotisch stabil. Die Linearisierung in $x = 0$ ist durch $A = \lambda$ gegeben, also ist $x = 0$ für $\lambda < 0$ ebenfalls asymptotisch stabil und für $\lambda > 0$ ist $x = 0$ instabil; es ist $\partial_\lambda \partial_x f(0, \lambda) \equiv 1$. Die beiden nichttrivialen Zweige sind superkritisch, beide sind asymptotisch stabil für alle $\lambda > 0$. Das entsprechende Verzweigungsdiagramm ist in Abb. 12.2 wiedergegeben.

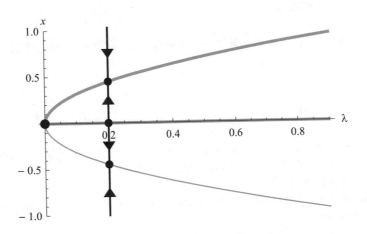

Abb. 12.2 Pitchfork-Verzweigung

Sei nun $f(0, \lambda) \equiv 0$, und sei $(0, \lambda_*)$ ein singulärer Punkt, also $A_* := \partial_x f(0, \lambda_*)$ nicht invertierbar. Wir interessieren uns für weitere Lösungen der Gleichung

$$f(x, \lambda) = 0$$

in der Nähe von $(0, \lambda_*)$. Dazu wählen wir ein Komplement Y zum Kern $N(A_*)$, und ein Komplement Z zum Bild von $R(A_*)$, es gelten also $N(A_*) \oplus Y = \mathbb{R}^n$ und $R(A_*) \oplus Z = \mathbb{R}^n$, und bezeichnen die dazugehörigen Projektionen mit P und Q; es ist also $R(P) = N(A_*)$, $N(P) = Y$, und $N(Q) = R(A_*)$, $R(Q) = Z$. Setzt man nun $u = Px$, $y = (I - P)x$, so ist die Gleichung $f(x, \lambda) = 0$ äquivalent zum System

$$(I - Q)f(u + y, \lambda) = 0, \quad Qf(u + y, \lambda) = 0.$$

Da A_* auf Y injektiv ist, ist $A_* : Y \to R(A_*)$ ein Isomorphismus. Also kann man die erste dieser Gleichungen nach y auflösen. Dazu setzen wir

$$g(u, y, \mu) := (I - Q)f(u + y, \mu + \lambda_*), \quad (u, y, \mu) \in B_r^{N(A_*)}(0) \times B_r^Y(0) \times (-b, b).$$

Der Bildbereich von g liegt in $R(A_*)$; man beachte, dass $\dim R(A_*) = \dim Y$ gilt. Nun ist $\partial_y g(0, 0, 0) = (I - Q)A_* = A_*$ ein Isomorphismus von Y auf $R(A_*)$. Ist also $f \in C^1$, so gibt es ein $\delta \in (0, \min\{r, b\})$, und eine C^1-Funktion $y : B_\delta^{N(A_*)}(0) \times (-\delta, \delta) \to Y$, so dass $y(0, 0) = 0$ ist, und

$$(I - Q)f(u + y(u, \mu), \mu + \lambda_*) = 0, \quad \text{für alle } u \in B_\delta^{N(A_*)}(0), \; |\mu| < \delta,$$

gilt. In einer Umgebung von 0 gibt es keine weiteren Lösungen. Weiter erhalten wir mittels Differentiation bezüglich μ und u

$$(I - Q)\partial_x f(u + y(u, \mu), \mu + \lambda_*)\partial_\mu y(u, \mu) + (I - Q)\partial_\lambda f(u + y(u, \mu), \mu + \lambda_*) = 0,$$

und

$$(I - Q)\partial_x f(u + y(u, \mu), \mu + \lambda_*)[I_{N(A_*)} + \partial_u y(u, \mu)] = 0,$$

und somit $(I - Q)A_*\partial_\mu y(0, 0) = 0$, also $\partial_\mu y(0, 0) = 0$, sowie $(I - Q)A_*\partial_u y(0, 0) = 0$, also $\partial_u y(0, 0) = 0$, da A_* auf $N(A_*)$ verschwindet. Ferner ist $y(0, \mu) \equiv 0$, da $f(0, \lambda) \equiv 0$ angenommen wurde, und $y(u, \mu)$ eindeutig ist.

Setzt man nun die Funktion $y(u, \mu)$ in die zweite Gleichung ein, so erhält man die reduzierte Gleichung

$$h(u, \mu) := Qf(u + y(u, \mu), \mu + \lambda_*) = 0. \tag{12.5}$$

Diese Gleichung bestimmt die Lösungsmenge in der Nähe von $(0, \lambda_*)$, sie heißt **Verzwei-gungsgleichung** des Problems. Man beachte, dass $h(0, 0) = 0$ aber auch $\partial_u h(0, 0) = 0$ und $\partial_\mu h(0, 0) = 0$ gilt. Wegen $\dim N(A_*) < n$ liegt der Vorteil dieser Reduktion in der Verkleinerung der Dimension des Problems, ohne Lösungen aufzugeben. Eine Lösung von (12.5) ist nach wie vor die triviale $(0, \mu)$, da $y(0, \mu) \equiv 0$ ist; durch die Auflösung nach y ist auch diese Lösung nicht verloren gegangen.

Im Allgemeinen ist die Verzweigungsgleichung nicht leicht zu analysieren, insbesondere wenn $N(A_*)$ mehrdimensional ist. Der einfachste nichttriviale, aber auch der wichtigste, ist der eindimensionale Fall, also $\dim N(A_*) = \dim Z = 1$. Dazu sei wieder $N(A_*) = \text{span}\{u_0\}$. Die Idee, welche weitere Lösungen liefert, besteht darin, die triviale Lösung "heraus zu dividieren". Dazu setzen wir

$$g(s, \mu) = \begin{cases} h(su_0, \mu)/s & \text{für } s \neq 0, \\ \partial_u h(0, \mu)u_0 & \text{für } s = 0. \end{cases}$$

Aufgrund von $h(0, \mu) = 0$ ist g wohldefiniert; allerdings geht eine Differenzierbarkeitsstufe verloren, aber man überzeugt sich leicht, dass g in C^1 ist, wenn f zur Klasse C^2 gehört.

Die verbleibende Gleichung ist $g(s, \mu) = 0$, und diese wollen wir nach μ auflösen. Wie im vorhergehenden Abschnitt parametrisieren wir nichttriviale Lösungen über den Kern von A_*. Nun ist $g(0, 0) = \partial_u h(0, 0)u_0 = 0$ und $\partial_\mu g(0, 0) = \partial_\mu \partial_u h(0, 0)u_0$, sofern h, also f aus C^2 ist. Mit dem Satz über implizite Funktionen lässt sich die Verzweigungsgleichung daher nach μ auflösen sofern

$$\partial_\mu \partial_u h(0, 0)u_0 = Q\partial_\lambda \partial_x f(0, \lambda_*)u_0 \neq 0$$

erfüllt ist. Da $N(Q) = R(A_*)$ ist, lässt sich diese Bedingung auch folgendermaßen formulieren:

$$\partial_\lambda \partial_x f(0, \lambda_*)u_0 \notin R(A_*). \tag{12.6}$$

Wir fassen das Bewiesene in folgendem Satz zusammen:

Satz 12.2.1. *Sei* $f \in C^2(G \times \Lambda; \mathbb{R}^n)$ *und* $f(0, \lambda) = 0$ *für alle* $\lambda \in \Lambda$. *Sei* $A_* := \partial_x f(0, \lambda_*)$ *nicht invertierbar, und gelte:*

1. $N(A_*) = \text{span}\{u_0\}$ *ist eindimensional, und*
2. $\partial_\lambda \partial_x f(0, \lambda_*)u_0 \notin R(A_*)$.

Dann sind alle nichttrivialen Lösungen der Gleichung $f(x, \lambda) = 0$ *in einer Umgebung von* $(0, \lambda_*)$ *durch*

$$\{(x(s) := su_0 + y(s), \lambda(s) := \mu(s) + \lambda_*) : |s| < \delta\}$$

gegeben, wobei $y : (-\delta, \delta) \to Y$ *und* $\mu : (-\delta, \delta) \to \mathbb{R}$ *aus* C^1 *eindeutig bestimmt sind, und* $y(0) = y'(0) = 0$, $\mu(0) = 0$ *erfüllen.*

Aus Gründen, die wir gleich sehen werden, heißt (12.6) **Transversalitätsbedingung**. Nun kann man auch den Namen *Pitchfork* für diesen Verzweigungstyp verstehen: die triviale Lösung bildet den Stiel und die mittlere Zinke der Heugabel, die abzweigenden Lösungen bilden die zwei äußeren Zinken.

Zur Untersuchung der Stabilität der Equilibria in der Nähe des Verzweigungspunktes, wenden wir Lemma 12.1.2 zweimal an. Dazu setzen wir wie im vorigen Abschnitt wieder voraus, dass 0 halbeinfach für A_* ist, und wählen ein $u_0^* \in N(A_*^\mathsf{T})$ mit $(u_0|u_0^*) = 1$. Man beachte, dass in diesem Fall $\mathbb{R}^n = N(A_*) \oplus R(A_*)$ gilt. An der trivialen Lösung setzen wir $A(\mu) = \partial_x f(0, \mu + \lambda_*)$ und erhalten eine Eigenwertkurve $(u(\mu), u^*(\mu), \sigma(\mu))$ mit $(u(\mu)|u^*(\mu)) \equiv 1$, $\sigma(0) = 0$, $u(0) = u_0$ und $u^*(0) = u_0^*$. Aus $A(\mu)u(\mu) = \sigma(\mu)u(\mu)$ folgt mit Differentiation nach μ und Multiplikation mit $u^*(\mu)$ die Relation

$$\sigma'(\mu) = (A'(\mu)u(\mu)|u^*(\mu)), \quad |\mu| < \mu_0.$$

Für $\mu = 0$ ergibt dies

$$\sigma'(0) = (A'(0)u_0|u_0^*) = (\partial_\lambda \partial_x f(0, \lambda_*)u_0|u_0^*), \tag{12.7}$$

was mit $u_0^* \perp R(A_*)$ und der Transversalitätsbedingung (12.6) die Bedingung $\sigma'(0) \neq 0$ impliziert. Damit haben wir eine geometrische Interpretation der Transversalitätsbedingung erhalten: in $\lambda = \lambda_*$ überquert ein einfacher reeller Eigenwert von $\partial_x f(0, \lambda)$ bei wachsendem λ die imaginäre Achse mit nichttrivialer Geschwindigkeit.

Am nichttrivialen Lösungszweig setzen wir $B(s) = \partial_x f(su_0 + y(s), \mu(s) + \lambda_*)$, und erhalten eine Eigenwertkurve $(v(s), v^*(s), \theta(s))$ mit $v(0) = u_0$, $v^*(0) = u_0^*$ und $\theta(0) = 0$. Differenziert man die Gleichung $B(s)v(s) = \theta(s)v(s)$ und multipliziert mit $v^*(s)$, so folgt

$$\theta'(s) = (B'(s)v(s)|v^*(s)) = (\partial_x^2 f(su_0 + y(s), \mu(s) + \lambda_*)(u_0 + y'(s))v(s)|v^*(s))$$
$$+ (\partial_\lambda \partial_x f(su_0 + y'(s), \mu(s) + \lambda_*)\mu'(s)v(s)|v^*(s)),$$

also mit $s = 0$

$$\theta'(0) = (\partial_x^2 f(0, \lambda_*)u_0 u_0|u_0^*) + (\partial_\lambda \partial_x f(0, \lambda_*)u_0|u_0^*)\mu'(0)$$
$$= (\partial_x^2 f(0, \lambda_*)u_0 u_0|u_0^*) + \sigma'(0)\mu'(0).$$

Andererseits ergibt zweimalige Differentiation von $f(su_0 + y(s), \mu(s) + \lambda_*) = 0$ in $s = 0$ die Relation

$$\partial_x^2 f(0, \lambda_*) u_0 u_0 + 2\mu'(0) \partial_\lambda \partial_x f(0, \lambda_*) u_0 + A_* y''(0) = 0. \tag{12.8}$$

Multiplikation mit $u_0^* \in N(A_*^\mathsf{T})$ impliziert

$$(\partial_x^2 f(0, \lambda_*) u_0 u_0 | u_0^*) + 2\sigma'(0) \mu'(0) = 0,$$

folglich gilt

$$\theta'(0) = -\sigma'(0) \mu'(0). \tag{12.9}$$

Daraus kann man den folgenden Schluss ziehen: Es seien für $\mu < 0$ alle Eigenwerte von $A(\mu)$ in der linken Halbebene, und in $\lambda = \lambda_*$ wird die triviale Lösung durch die Transversalitätsbedingung instabil, also $\sigma'(0) > 0$; die Verzweigung sei **transkritisch**, also $\mu'(0) \neq 0$. Dann besteht der *superkritische* Zweig aus asymptotisch stabilen Equilibria für (12.1), der *subkritische* Zweig hingegen aus instabilen.

Ist nun $\mu'(0) = 0$, was in Anwendungen häufig vorkommt, so ist (12.9) nicht aussagekräftig genug, wir benötigen ein feineres Argument. Dazu definieren wir eine Funktion $k(s)$ mittels

$$k(s) = \begin{cases} \partial_\lambda f(su_0 + y(s), \mu(s) + \lambda_*)/s & \text{für } s \neq 0 \\ \partial_\lambda \partial_x f(0, \lambda_*) u_0 & \text{für } s = 0. \end{cases}$$

Die Funktion $k(s)$ ist stetig, und es gilt nun mit

$$B(s)(u_0 + y'(s)) + \partial_\lambda f(su_0 + y(s), \mu(s) + \lambda_*) \mu'(s) = 0$$

nach Multiplikation mit $v^*(s)$ für $s \neq 0$

$$(k(s)|v^*(s)) s \mu'(s) = -(B(s)(u_0 + y'(s))|v^*(s)) = -(u_0 + y'(s)|B^\mathsf{T}(s) v^*(s))$$
$$= -\theta(s)(u_0 + y'(s)|v^*(s)).$$

Da $(u_0 + y'(s)|v^*(s)) \to 1$ für $s \to 0$ gilt, ist somit

$$\varphi(s) := (k(s)|v^*(s))/(u_0 + y'(s)|v^*(s))$$

für hinreichend kleines $|s|$ wohldefiniert, und es folgt die zentrale Beziehung

$$\theta(s) = -s\mu'(s)\varphi(s), \quad |s| < s_0, \tag{12.10}$$

wobei $\varphi(s)$ stetig und $\varphi(0) = \sigma'(0) > 0$ ist. Damit gilt die Stabilitätsaussage, die wir für den transkritischen Fall getroffen haben, auch im Fall $\mu'(0) = 0$. Es ergibt sich so folgendes Bild für die Stabilität der abzweigenden Lösungen.

Satz 12.2.2. *Es seien die Voraussetzungen von Satz 12.2.1 erfüllt und zusätzlich sei 0 ein halbeinfacher Eigenwert von A_*. Ferner sei $u_0^* \in N(A_*^\mathsf{T})$ mit $(u_0|u_0^*) = 1$, und es sei $\sigma(A_*) \setminus \{0\} \subset \mathbb{C}_-$, sowie $(\partial_\lambda \partial_x f(0, \lambda_*)u_0|u_0^*) > 0$. Dann gelten für (12.1) die folgenden Stabilitätsaussagen für $|s| < s_0$:*

1. *Superkritische Zweige, d. h. $s\lambda'(s) > 0$, bestehen aus asymptotisch stabilen Equilibria.*
2. *Subkritische Zweige, d. h. $s\lambda'(s) < 0$ bestehen aus instabilen Equilibria.*

Um zu sehen, ob ein Zweig sub- oder superkritisch ist, differenzieren wir die Gleichung $f(x(s), \lambda(s)) = 0$ zweimal nach s, wobei $x(s) = su_0 + y(s)$ und $\lambda(s) = \mu(s) + \lambda_*$ ist. Nach Multiplikation mit $v^*(s)$ erhält man

$$0 = (\partial_x^2 f(x(s), \lambda(s))x'(s)x'(s)|v^*(s)) + 2(\partial_\lambda \partial_x f(x(s), \lambda(s))x'(s)|v^*(s))\lambda'(s)$$
$$+ (B(s)x''(s)|v^*(s)) + (\partial_\lambda^2 f(x(s), \lambda(s))\lambda'(s)^2|v^*(s))$$
$$+ (\partial_\lambda f(x(s), \lambda(s))\lambda''(s)|v^*(s)),$$

also in $s = 0$

$$(\partial_x^2 f(0, \lambda_*)u_0 u_0|u_0^*) + 2(\partial_\lambda \partial_x f(0, \lambda_*)u_0|u_0^*)\lambda'(0) = 0.$$

Wegen $(\partial_\lambda \partial_x f(0, \lambda_*)u_0|u_0^*) > 0$ ist der abzweigende Zweig genau dann transkritisch, wenn $(\partial_x^2 f(0, \lambda_*)u_0 u_0|u_0^*) \neq 0$ ist. Gilt nun andererseits $(\partial_x^2 f(0, \lambda_*)u_0 u_0|u_0^*) = 0$, also

$$\partial_x^2 f(0, \lambda_*)u_0 u_0 \in N(A_*^\mathsf{T})^\perp = R(A_*),$$

so existiert wegen $\mathbb{R}^n = N(A_*) \oplus R(A_*)$ ein eindeutiges $w_0 \in R(A_*)$, als Lösung der Gleichung

$$A_* w_0 + \partial_x^2 f(0, \lambda_*)u_0 u_0 = 0.$$

Aus (12.8) folgt somit $w_0 = y''(0) \in R(A_*)$. Nochmalige Ableitung der Gleichung $f(x(s), \lambda(s)) = 0$ nach s und Multiplikation mit $u_0^*(s)$ ergibt dann – sofern f aus C^3 ist – in $s = 0$

$$3\lambda''(0)(\partial_\lambda \partial_x f(0, \lambda_*)u_0|u_0^*) = -(\partial_x^3 f(0, \lambda_*)u_0 u_0 u_0|u_0^*) - 3(\partial_x^2 f(0, \lambda_*)u_0 w_0|u_0^*).$$

$$(12.11)$$

Aus dieser Beziehung lässt sich nun im generischen Fall ablesen, ob die Verzweigung sub- oder superkritisch ist.

12.3 Hopf-Verzweigung

In diesem Abschnitt betrachten wir (12.1) in der Situation $f(0, \lambda) \equiv 0$, wobei diesmal ein Paar einfacher, komplex konjugierter Eigenwerte $\sigma_\pm(\lambda)$ für $\lambda = \lambda_*$ die imaginäre Achse überquert, es gilt also $\sigma_\pm(\lambda_*) = \pm i\omega_0$, mit einem $\omega_0 > 0$. Die linearisierte Gleichung $\dot{x} = A_* x$, mit $A_* = \partial_x f(0, \lambda_*)$, besitzt dann die periodischen Lösungen $e^{i\omega_0 t}\varphi$ und $e^{-i\omega_0 t}\bar{\varphi}$ mit Periode $\tau_0 = 2\pi/\omega_0$. Daher erwartet man, dass in dieser Situation periodische Lösungen von der Trivialen abzweigen. Diese Art der Verzweigung wird **Hopf-Verzweigung** genannt.

Beispiel. Der *Brusselator* von Prigogine und Nicolis (vgl. Abschn. 9.3 und Abb. 12.3) besitzt im positiven Quadranten $\mathbb{R}_+^2$ genau ein Equilibrium nämlich $(a, b/a)$. Die Linearisierung des Modells in diesem Punkt ergibt die Matrix

$$A = \begin{bmatrix} b - 1 & a^2 \\ -b & -a^2 \end{bmatrix},$$

also ist sp $A = b - (1 + a^2)$ und det $A = a^2 > 0$. Daher sind die Eigenwerte für sp $A = 0$, also für $b = 1 + a^2$ rein imaginär und natürlich algebraisch einfach. Fasst man b als Verzweigungsparameter auf, so findet für $b = 1 + a^2$ eine Hopf-Verzweigung statt, wie wir später sehen werden.

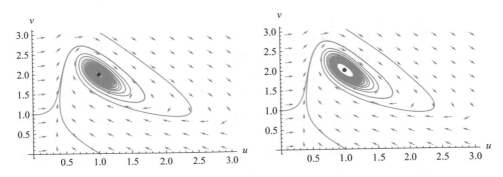

Abb. 12.3 Brusselator mit $a = 1, b = 1,99$ bzw. $b = 2,01$

Satz 12.3.1. *Sei* $f \in C^2(G \times \Lambda; \mathbb{R}^n)$ *mit* $f(0, \lambda) \equiv 0$ *gegeben, und setze* $A_* = \partial_x f(0, \lambda_*)$ *und* $L_* = \partial_\lambda \partial_x f(0, \lambda_*)$. *Ferner seien die folgenden Bedingungen für ein* $\omega_0 > 0$ *erfüllt:*

1. $i\omega_0$ *ist algebraisch einfacher Eigenwert von* A_*, $A_*\varphi = i\omega_0\varphi$, $A_*^{\mathsf{T}}\varphi^* = -i\omega_0\varphi^*$, *und es gelte* $(\varphi|\varphi^*) = 1$.
2. *Es gilt* $\operatorname{Re}(L_*\varphi|\varphi^*) \neq 0$.
3. *Keine Vielfachen* $ik\omega_0$ *mit* $k \in \mathbb{Z}$, $k \notin \{-1, 1\}$, *sind Eigenwerte von* A_*.

Dann gibt es ein $\delta > 0$ *und* C^1-*Funktionen* $\tau : [0, \delta) \to (0, \infty)$, $\lambda : [0, \delta) \to \Lambda$, $x : \mathbb{R} \times [0, \delta) \to \mathbb{R}^n$, *derart dass* $x(\cdot; s)$ *eine* $\tau(s)$-*periodische Lösung von* (12.1) *für* $\lambda = \lambda(s)$ *ist. Es gelten* $\tau(0) = 2\pi/\omega_0$, $\lambda(0) = \lambda_*$, $x(\cdot, 0) \equiv 0$. *In einer Umgebung* $B_r(0) \times (\lambda_* - a, \lambda_* + a)$ *von* $(0, \lambda_*)$ *gibt es bis auf Phasenverschiebungen* $x(\cdot + \alpha; s)$ *keine weiteren nichttrivialen periodischen Lösungen mit Periode bei* $\tau_0 = 2\pi/\omega_0$.

Der Beweis dieses Satzes ist konzeptionell und technisch deutlich schwieriger als die der Verzweigungssätze in den vorhergehenden Abschnitten, da hier nicht Equilibria, also Vektoren im $\mathbb{R}^n$, sondern periodische Funktionen gesucht sind. Das Problem wird dadurch unendlichdimensional!

Bedingung 2. nennt man auch hier *Transversalitätsbedingung*, wir werden später sehen warum das gerechtfertigt ist. Bedingung 3. rührt daher, dass mit $\pm i\omega_0$ auch Eigenwerte $ki\omega_0$ τ_0-periodische Lösungen der linearisierten Gleichung $\dot{x} = A_*x$ liefern, was hier für $k \notin \{-1, 1\}$ ausgeschlossen werden soll.

Da (12.1) bezüglich t translationsinvariant ist, sind mit $x(t; s)$ auch $x(t + \alpha; s)$ periodische Lösungen, die aber dasselbe Orbit haben wie $x(t; s)$. In diesem Satz sind die periodischen Orbits eindeutig, die periodischen Lösungen sind nur bis auf Translationen, also Phasenverschiebungen eindeutig bestimmt.

Beweis.

(i) Zunächst beachte man, dass mit $i\omega_0$ auch $-i\omega_0$ Eigenwert von A_* ist, mit Eigenvektor $\bar{\varphi}$ und adjungiertem Eigenvektor $\bar{\varphi}^*$. Es ist

$$i\omega_0(\varphi|\bar{\varphi}^*) = (A_*\varphi|\bar{\varphi}^*) = (\varphi|A_*^{\mathsf{T}}\bar{\varphi}^*) = (\varphi|i\omega_0\bar{\varphi}^*) = -i\omega_0(\varphi|\bar{\varphi}^*),$$

also $(\varphi|\bar{\varphi}^*) = 0$; ebenso gilt auch $(\bar{\varphi}|\varphi^*) = \overline{(\varphi|\bar{\varphi}^*)} = 0$. Da die Periode der gesuchten periodischen Lösungen von vornherein nicht bekannt ist, ist es zweckmäßig, auf Periode 2π zu normieren. Daher betrachten wir anstelle von (12.1) die normierte Gleichung

$$\omega\dot{x} = f(x, \lambda). \tag{12.12}$$

Die Periode τ ist dann gegeben durch $\tau = 2\pi/\omega$; gesucht ist nun auch noch ω.

(ii) Es bezeichne $X_0 := C_{per}(\mathbb{R}; \mathbb{C}^n)$ den Raum aller $\mathbb{C}^n$-wertigen, stetigen, 2π-periodischen Funktionen, und $X_1 := C^1_{per}(\mathbb{R}; \mathbb{C}^n)$ den Raum der stetig differenzierbaren Funktionen aus X_0. Versehen mit den Maximumsnormen $|x|_{X_0} = |x|_\infty$ bzw. $|x|_{X_1} = |x|_\infty + |\dot{x}|_\infty$ sind dies Banachräume. Wir untersuchen als erstes die Gleichung

$$\omega_0 \dot{x} = A_* x + b(t), \quad t \in \mathbb{R}, \tag{12.13}$$

bei gegebenem $b \in X_0$ im Raum X_1. Diese Gleichung hat einen zweidimensionalen Kern $\mathcal{N}$, der durch $\psi(t) = e^{it}\varphi$ und $\bar{\psi}(t) = e^{-it}\bar{\varphi}$ aufgespannt wird. Wir bezeichnen den Raum der Funktionen $b \in X_0$, sodass (12.13) eine Lösung in X_1 besitzt, mit $\mathcal{R}$.

Die Lösung von (12.13) mit Anfangswert $x(0) = x_0$ ist mit der Formel der Variation der Konstanten durch

$$x(t) = e^{A_* t/\omega_0} x_0 + \int_0^t e^{A_*(t-r)/\omega_0} b(r)/\omega_0 \, dr, \quad t \in \mathbb{R},$$

gegeben. Diese Lösung ist genau dann 2π-periodisch, wenn

$$(I - e^{2\pi A_*/\omega_0}) x_0 = \int_0^{2\pi} e^{A_*(2\pi-r)/\omega_0} b(r)/\omega_0 \, dr$$

gilt. Da $e^{A_* t/\omega_0}\varphi = \psi(t)$ und $e^{A_* t/\omega_0}\bar{\varphi} = \bar{\psi}(t)$ sind, die homogene Gl. (12.13) aufgrund von Annahmen 1. und 3. keine weiteren unabhängigen 2π-periodischen Lösungen besitzt, ist der Kern von $I - e^{2\pi A_*/\omega_0}$ durch

$$N(I - e^{2\pi A_*/\omega_0}) = \text{span}\{\varphi, \bar{\varphi}\}$$

gegeben, und der Orthogonalraum des Bildes von $I - e^{2\pi A_*/\omega_0}$ ist

$$R(I - e^{2\pi A_*/\omega_0})^\perp = N(I - e^{2\pi A_*^T/\omega_0}) = \text{span}\{\varphi^*, \bar{\varphi}^*\}.$$

Damit besitzt (12.13) genau dann eine Lösung in X_1 wenn

$$\left(\int_0^{2\pi} e^{A_*(2\pi-r)/\omega_0} b(r) \, dr \,\big|\, \varphi^* \right) = \left(\int_0^{2\pi} e^{A_*(2\pi-r)/\omega_0} b(r) \, dr \,\big|\, \bar{\varphi}^* \right) = 0$$

erfüllt ist. Wir setzen nun $\psi^*(t) = e^{it}\varphi^* = e^{-A_*^T t/\omega_0}\varphi^*$ und $\bar{\psi}^*(t) = e^{-it}\bar{\varphi}^* = e^{-A_*^T t/\omega_0}\bar{\varphi}^*$. Dann sind die Lösbarkeitsbedingungen wegen

$$\left(\int_0^{2\pi} e^{A_*(2\pi-r)/\omega_0} b(r) \, dr \,\big|\, \varphi^* \right) = \int_0^{2\pi} (b(r) \,|\, e^{A_*^T(2\pi-r)/\omega_0}\varphi^*) \, dr = \int_0^{2\pi} (b(r) \,|\, \psi^*(r)) \, dr$$

und der analogen Identität mit $\bar{\varphi}^*$ äquivalent zu

$$\int_0^{2\pi} (b(r)|\psi^*(r))dr = \int_0^{2\pi} (b(r)|\bar{\psi}^*(r))dr = 0.$$

Gilt nun $b \in \mathcal{R}$, d. h. b erfüllt die Lösbarkeitsbedingungen, dann existiert eine Lösung von (12.13). Damit hat der beschränkte lineare Operator $\omega_0 \frac{d}{dt} - A_* : X_1 \to X_0$ den Kern $\mathcal{N}$ und das Bild $\mathcal{R}$; man beachte, dass $\mathcal{R}$ abgeschlossen ist.

(iii) Zur Abkürzung führen wir das Skalarprodukt

$$\langle u|v \rangle := \frac{1}{2\pi} \int_0^{2\pi} (u(t)|v(t))dt, \quad u, v \in X_0,$$

ein, und definieren $P : X_0 \to X_0$ mittels

$$Pu := \langle u|\psi^* \rangle \psi + \langle u|\bar{\psi}^* \rangle \bar{\psi}, \quad u \in X_0.$$

Offensichtlich ist $P : X_0 \to X_0$ eine stetige Projektion in X_0 mit Bild $R(P) = \mathcal{N}$. Andererseits gilt $b \in \mathcal{R}$ genau dann, wenn $\langle b|\psi^* \rangle = \langle b|\bar{\psi}^* \rangle = 0$ ist, d. h. es gilt $N(P) = \mathcal{R}$. Damit haben wir die Zerlegung

$$X_0 = N(P) \oplus R(P) = \mathcal{R} \oplus \mathcal{N},$$

und mit X_0 ist auch $\mathcal{R} \subset X_0$ ein Banachraum, da $\mathcal{R}$ abgeschlossen ist. Da $\mathcal{N} \subset X_1$ gilt, ist P auch eine Projektion in X_1 und es gelten $R(P|_{X_1}) = \mathcal{N}$, $N(P|_{X_1}) = \mathcal{R}_1$, sowie $X_1 = \mathcal{N} \oplus \mathcal{R}_1$. Daher ist die Einschränkung S_0 des Operators $\omega_0 \frac{d}{dt} - A_*$ auf $\mathcal{R}_1 := \mathcal{R} \cap X_1$ ein Isomorphismus von $\mathcal{R}_1$ auf $\mathcal{R}$. Man beachte, dass $\overline{Pu} = P\bar{u}$ gilt, also ist mit u auch Pu reell. Ebenso ist die Lösung $S_0^{-1}b$ reell, wenn $b \in \mathcal{R}$ reell ist.

(iv) Von nun an sei o.B.d.A. $\lambda_* = 0$. Wir zerlegen die Funktion f wie folgt.

$$f(x, \lambda) = f(0, \lambda) + \partial_x f(0, \lambda)x + \tilde{r}(x, \lambda)$$
$$= A_* x + \lambda L_* x + r(x, \lambda),$$

wobei r wieder aus C^2 ist, und $r(0, 0) = \partial_x r(0, 0) = \partial_\lambda r(0, 0) = \partial_\lambda \partial_x r(0, 0) = 0$ erfüllt. Dann ist (12.12) äquivalent zu

$$\omega \dot{x} - A_* x - \lambda L_* x = r(\lambda, x).$$

Wir wählen nun den Ansatz

$$x = s(\psi + \bar{\psi}) + sy, \quad \langle y|\psi^* \rangle = \langle y|\bar{\psi}^* \rangle = 0.$$

Dabei ist mit y auch x reell, denn es ist $\psi + \bar\psi = 2\mathrm{Re}\,\psi$. In die letzte Gleichung eingesetzt ergibt dieser Ansatz nach Division durch $s > 0$

$$i(\omega - \omega_0)\psi - i(\omega - \omega_0)\bar\psi + \omega\dot y - A_* y - \lambda L_*(\psi + \bar\psi + y) = r_0(s, \lambda, y),$$

mit

$$r_0(s, \lambda, y) := \begin{cases} r(s(\psi + \bar\psi) + sy, \lambda)/s, & s \neq 0, \\ \partial_x r(0, \lambda)(\psi + \bar\psi + y), & s = 0. \end{cases}$$

Man beachte, dass r_0 eine Differenzierbarkeitsstufe weniger besitzt als r, aber immer noch aus C^1 ist, und es gilt $r_0(0, 0, 0) = \partial_y r_0(0, 0, 0) = \partial_\lambda r_0(0, 0, 0) = 0$. Nun ist

$$\langle L_*\psi | \psi^* \rangle = (L_*\varphi | \varphi^*) =: \gamma, \quad \langle \overline{L_*\psi} | \bar\psi^* \rangle = \bar\gamma, \quad \langle \psi | \bar\psi^* \rangle = \langle \bar\psi | \psi^* \rangle = 0,$$

und nach partieller Integration auch $\langle \dot y | \psi^* \rangle = \langle \dot y | \bar\psi^* \rangle = 0$, sowie $\langle A_* y | \psi^* \rangle = \langle A_* y | \bar\psi^* \rangle = 0$. Nach Anwendung von ψ^* und $\bar\psi^*$ und $I - P$ erhält man daher das äquivalente System

$$i(\omega - \omega_0) - \lambda\gamma = \langle r_0(s, \lambda, y) | \psi^* \rangle + \lambda\langle L_* y | \psi^* \rangle$$

$$-i(\omega - \omega_0) - \lambda\bar\gamma = \langle r_0(s, \lambda, y) | \bar\psi^* \rangle + \lambda\langle L_* y | \bar\psi^* \rangle \qquad (12.14)$$

$$S_0 y + (\omega - \omega_0)\dot y = \lambda(I - P)L_*(\psi + \bar\psi + y) + (I - P)r_0(s, \lambda, y).$$

Hierbei ist die 2. Gleichung die komplex-konjugierte der 1., also redundant. Die letzte Gleichung, also

$$S_0 y + (\omega - \omega_0)\dot y = \lambda(I - P)L_*(\psi + \bar\psi + y) + (I - P)r_0(s, \lambda, y), \qquad (12.15)$$

lässt sich mit Hilfe des Satzes über implizite Funktionen im reellen Banachraum $\mathcal{R}_1$ nach y auflösen, denn ihre Ableitung nach y im Punkt $(s, \omega, \lambda, y) = (0, \omega_0, 0, 0)$ ist S_0 und nach Beweisschritt (iii) ist $S_0 : \mathcal{R}_1 \to \mathcal{R}$ ein Isomorphismus. Wir erhalten so eine C^1-Funktion $y : (-\delta, \delta) \times (\omega_0 - \delta, \omega_0 + \delta) \times (-\delta, \delta) \to \mathcal{R}_1$ mit $y(0, \omega_0, 0) = 0$ sowie $\partial_\omega y(0, \omega_0, 0) = 0$. Setzt man $y(s, \omega, \lambda)$ in die erste Gleichung aus (12.14) ein, so erhält man die *Verzweigungsgleichung*:

$$i(\omega - \omega_0) - \lambda\gamma = g(s, \omega, \lambda), \qquad (12.16)$$

wobei

$$g(s, \omega, \lambda) = \langle r_0(s, \lambda, y(s, \omega, \lambda)) | \psi^* \rangle + \lambda\langle L_* y(s, \omega, \lambda) | \psi^* \rangle$$

ist. Aufspalten in Real- und Imaginärteil ergibt das zweidimensionale reelle System

$$-\lambda \operatorname{Re} \gamma = \operatorname{Re} g(s, \omega, \lambda), \tag{12.17}$$

$$(\omega - \omega_0) - \lambda \operatorname{Im} \gamma = \operatorname{Im} g(s, \omega, \lambda), \tag{12.18}$$

Dieses System kann man nun mit Hilfe des Satzes über implizite Funktionen nach ω und λ auflösen. Denn dessen Ableitung nach ω und λ im Punkt $(0, \omega_0, 0)$ ist die Matrix

$$C := \begin{bmatrix} 0 & -\operatorname{Re} \gamma \\ 1 & -\operatorname{Im} \gamma \end{bmatrix},$$

deren Determinate $\det C = \operatorname{Re} \gamma$ ist, also nach Voraussetzung 2. $\det C \neq 0$. Damit erhalten wir Funktionen $\omega, \lambda : (-s_0, s_0) \to \mathbb{R}$ aus C^1 mit $\omega(0) = \omega_0$, $\lambda(0) = 0 = \lambda_*$, und es gibt keine weiteren Lösungen in einer Umgebung von (ω_0, λ_*). Der Satz ist damit bewiesen. $\qquad\square$

Um die Richtung der Verzweigung zu bestimmen, muss man zur Kenntnis nehmen, dass $\lambda'(0) = \omega'(0) = 0$ ist; vgl. Abschn. 12.5. Daher differenzieren wir die Gleichung $-\lambda(s)\operatorname{Re} \gamma = \operatorname{Re} g(s, \omega(s), \lambda(s))$ zweimal nach s und werten sie in $s = 0$ aus. Zunächst ergibt der Hauptsatz der Differential- und Integralrechnung die Darstellung

$$g(s, \omega, \lambda) = \langle \int_0^1 (\partial_x r(\sigma s(\psi + \bar{\psi} + y), \lambda)(\psi + \bar{\psi} + y)|\psi^*)d\sigma \rangle + \lambda \langle L_* y|\psi^* \rangle.$$

Nach Einsetzen der Funktionen $\lambda(s), \omega(s), y = y(s, \omega(s), \lambda(s))$ ergibt eine einfache, aber längere Rechnung für $s = 0$ die Identität

$$-3\lambda''(0)\operatorname{Re} \gamma = \operatorname{Re}[\langle \partial_x^3 f(0, \lambda_*)\varphi\varphi\bar{\varphi}|\varphi^* \rangle + 3\langle \partial_x^2 f(0, \lambda_*)y'(0)(\psi + \bar{\psi})|\psi^* \rangle$$
$$+ 3\langle \partial_x^2 f(0, \lambda_*)(\psi + \bar{\psi})y'(0)|\psi^* \rangle]. \tag{12.19}$$

Dabei beachte man, dass $y'(0)$ als Lösung des aus (12.15) resultierenden Problems

$$S_0 y'(0) = \frac{1}{2}\partial_x^2 f(0, \lambda_*)(\psi + \bar{\psi})(\psi + \bar{\psi})$$

eindeutig bestimmt ist. Die Beziehung (12.19) ermöglicht die Bestimmung der Verzweigungsrichtung. Natürlich müssen wir hierbei $f \in C^3$ voraussetzen, damit diese Argumentation erlaubt ist.

12.4 Periodische Lösungen Hamiltonscher Systeme

Als Anwendung der Hopf-Verzweigung zeigen wir ein klassisches Resultat über periodische Lösungen Hamiltonscher Systeme, das auf Ljapunov zurückgeht. Dazu betrachten wir das Hamilton-System

$$\dot{q} = \partial_p H(q, p), \quad \dot{p} = -\partial_q H(q, p), \tag{12.20}$$

mit einer Hamilton-Funktion $H \in C^3(\mathbb{R}^{2n}; \mathbb{R})$. Es ist bequem, dieses System in der Gleichung $\dot{x} = J\nabla H(x)$ zusammenzufassen, wobei $x = (q, p)$ und

$$J = \begin{bmatrix} 0 & I \\ -I & 0 \end{bmatrix}$$

sind. Die Matrix J heißt *Symplektik* und hat die Eigenschaften $J^\mathsf{T} = J^{-1} = -J$, $(Jx|x) = 0$ für reelle x und $(Jz|z) \in i\mathbb{R}$ für komplexe z. Wir betrachten das Hamilton-System in der Nähe eines Equilibriums $x_* = (q_*, p_*)$, also eines kritischen Punktes von H. Es gilt das folgende Resultat:

Satz 12.4.1. *Sei $U \subset \mathbb{R}^{2n}$ offen, $H \in C^3(U; \mathbb{R})$, und $x_* \in U$ ein kritischer Punkt von H. Es sei $i\omega$ ein algebraisch einfacher Eigenwert von $A_* := J\nabla^2 H(x_*)$, $\omega > 0$, und kein Eigenwert $\mu \neq \pm i\omega$ von A_* sei auf der imaginären Achse. Dann besitzt das Hamilton-System $\dot{x} = J\nabla H(x)$ in einer Umgebung $B_r(x_*) \subset U$ von x_* eine eindeutige einparametrige Schar periodischer Lösungen.*

Beweis. Die Idee besteht darin, Satz 12.3.1 auf die Gleichung $\dot{x} = f(x, \lambda)$ im Punkt $(x_*, 0)$ anzuwenden, wobei $f(x, \lambda) = J\nabla H(x) + \lambda\nabla H(x)$ ist. Offenbar ist $\partial_x f(x_*, 0) = A_*$ und $\partial_x \partial_\lambda f(x_*, 0) = \nabla^2 H(x_*) =: L_*$. O.B.d.A. kann man $x_* = 0$ annehmen. Die Annahmen 1. und 3. von Satz 12.3.1 sind nach Voraussetzung erfüllt, wir verifizieren nun 2. Es seien φ und φ^* wie in Satz 12.3.1 definiert. Dann gelten $J\nabla^2 H(0)\varphi = i\omega\varphi$ und

$$\nabla^2 H(0) J^\mathsf{T} \varphi^* = (J\nabla^2 H(0))^\mathsf{T} \varphi^* = -i\omega\varphi^*,$$

folglich

$$J\nabla^2 H(0) J^\mathsf{T} \varphi^* = -i\omega J\varphi^* = i\omega J^\mathsf{T}\varphi^*,$$

und somit $J^\mathsf{T}\varphi^* = \alpha\varphi$, da $i\omega$ einfach ist. Ferner ist $\alpha \neq 0$ da sonst $\varphi^* = 0$ wäre, im Widerspruch zu $(\varphi|\varphi^*) = 1$. Nun folgt

$$(L_*\varphi|\varphi^*) = (\nabla^2 H(0)\varphi|\varphi^*) = (J\nabla^2 H(0)\varphi|J\varphi^*) = i\omega(\varphi| - J^\mathsf{T}\varphi^*) = -i\omega\bar{\alpha}|\varphi|_2^2.$$

Danach wäre die Annahme 2. in Satz 12.3.1 erfüllt, falls $\operatorname{Im}\alpha \neq 0$ ist. Es gilt

$$1 = (\varphi|\varphi^*) = (J\varphi|J\varphi^*) = -(J\varphi|\alpha\varphi) = -\bar{\alpha}(J\varphi|\varphi).$$

Da der Term $(J\varphi|\varphi)$ rein imaginär ist, gilt $\alpha \in i\mathbb{R} \setminus \{0\}$. Nach Satz 12.3.1 findet also eine Hopf-Verzweigung statt, und wir finden eine eindeutige Schar periodischer Orbits $\gamma(s)$, Perioden $\tau(s)$, und Parameter $\lambda(s)$, wobei $s \in (0,\delta)$ ist.

Der Clou des Beweises ist nun der, dass $\lambda(s) = 0$ für alle s gilt, d. h. die periodischen Orbits gehören zu Lösungen des Hamilton Systems. In der Tat ist nach Voraussetzung $J\nabla^2 H(0)$ nichtsingulär, also auch $\nabla^2 H(0)$. Dies impliziert, dass $x_* = 0$ ein isolierter kritischer Punkt von H ist, also $\nabla H(x) \neq 0$ in einer punktierten Umgebung $B_r(0) \setminus \{0\}$. Weiter gilt

$$\dot{H}(x) = (J\nabla H(x)|\nabla H(x)) + \lambda|\nabla H(x)|_2^2 = \lambda|\nabla H(x)|_2^2,$$

also ist die Funktion $-\lambda H(x)$ für $\lambda \neq 0$ eine strikte Ljapunov-Funktion für $\dot{x} = f(x,\lambda)$. Damit hat diese Gleichung für $\lambda \neq 0$ keine nichtkonstanten periodischen Lösungen. Daher muss $\lambda(s) = 0$ für alle $s \in (0,\delta)$ gelten. $\qquad\square$

12.5 Stabilität bei Hopf-Verzweigung

(i) Es seien die Voraussetzungen von Satz 12.3.1 erfüllt. Da $i\omega$ algebraisch einfacher Eigenwert von A_* ist, gibt es nach einer einfachen Modifikation von Lemma 12.1.2 eine C^1-Eigenwertkurve $(\sigma(\lambda), \phi(\lambda), \phi^*(\lambda))$, $\lambda \in (\lambda_* - \eta, \lambda_* + \eta)$, sodass $\sigma(\lambda_*) = i\omega_0$, $\phi(\lambda_*) = \varphi$, $\phi^*(\lambda_*) = \varphi^*$, $(\phi(\lambda)|\phi^*(\lambda)) = 1$, und

$$A(\lambda)\phi(\lambda) = \sigma(\lambda)\phi(\lambda), \quad A^{\mathsf{T}}(\lambda)\phi^*(\lambda) = \bar{\sigma}(\lambda)\phi^*(\lambda), \quad \lambda \in (\lambda_* - \eta, \lambda_* + \eta),$$

gelten. Differentiation nach λ und Multiplikation mit $\phi^*(\lambda)$ ergibt

$$(A'(\lambda)\phi(\lambda)|\phi^*(\lambda)) = \sigma'(\lambda),$$

also für $\lambda = \lambda_*$

$$\operatorname{Re}\sigma'(\lambda_*) = \operatorname{Re}(L_*\varphi|\varphi^*),$$

da $A'(\lambda) = \partial_\lambda\partial_x f(0,\lambda)$, also $A'(\lambda_*) = L_*$ ist. Daher ist Bedingung 2. aus Satz 12.3.1 äquivalent zu $\operatorname{Re}\sigma'(\lambda_*) \neq 0$, d. h. der Eigenwert $\sigma(\lambda)$ überquert die imaginäre Achse für $\lambda = \lambda_*$ mit nichttrivialer Geschwindigkeit. Dies rechtfertigt die Bezeichnung *Transversalitätsbedingung* auch im Fall der Hopf-Verzweigung.

Sind alle Eigenwerte von A_* mit Ausnahme von $\pm i\omega_0$ in der offenen linken Halbebene, und gilt $\operatorname{Re}\sigma'(\lambda_*) > 0$, so ist das triviale Equilibrium von (12.1) für $\lambda_* - \eta < \lambda < \lambda_*$ asymptotisch stabil, für $\lambda_* < \lambda < \lambda_* + \eta$ instabil, verliert also in $\lambda = \lambda_*$ seine Stabilität. Wir nehmen im Folgenden $\operatorname{Re}\sigma'(\lambda_*) > 0$ an.

(ii) Ersetzt man s durch $-s$ so ergibt sich $-s(\psi(t) + \bar\psi(t)) = s(\psi(t+\pi) + \bar\psi(t+\pi))$, d. h. eine Phasenverschiebung um π. Mit der Transformation $\tau y(t) = -y(t+\pi)$ sieht man nun die Symmetrie

$$r_0(-s, \lambda, \tau y) = \tau r_0(s, \lambda, y),$$

und daher gilt aufgrund der Eindeutigkeit der Lösungen von (12.15) die Symmetrie $y(-s, \lambda, \omega) = \tau y(s, \lambda, \omega)$. Da außerdem $g(-s, \omega, \lambda) = g(s, \omega, \lambda)$ ist, folgt $\omega(-s) = \omega(s)$ und $\lambda(-s) = \lambda(s)$, und die periodischen Lösungen $x(\cdot; s) = s(\psi + \bar\psi + y(s))$ sind für negative s lediglich die um π phasenverschobenen für $|s|$. Daher genügt es tatsächlich nur den Zweig für $s > 0$ zu betrachten, denn der Zweig für $s < 0$ gibt keine weiteren Lösungen. Insbesondere sind $\lambda'(0) = \omega'(0) = 0$. Dies impliziert, dass die periodische Lösung sehr schnell abzweigt. Denn ihre Amplitude ist proportional zu s. Hingegen ist für kleine s die Änderung des Parameters $\lambda(s)$ ebenso wie der Frequenz $\omega(s)$ und daher auch der Periode $\tau(s) = 2\pi/\omega(s)$ proportional zu s^2. Diese Größen ändern sich also verglichen mit der Amplitude nur langsam in der Nähe des Verzweigungspunktes.

(iii) Um die Stabilität der abzweigenden Lösungen zu untersuchen, verwenden wir die *Floquet-Theorie* aus Abschn. 11.2. Da die Gl. (12.1) autonom ist, ist ein Floquet-Multiplikator stets gleich eins, und er ist algebraisch zweifach aber halbeinfach für $s = 0$. Daher ist der zweite Floquet-Multiplikator $\mu(s)$ reell, und seine Lage entscheidet über die Stabilität der abzweigenden periodischen Lösungen, denn wegen $\sigma(A_*) \setminus \{\pm i\omega_0\} \subset \mathbb{C}_-$ befinden sich alle anderen Floquet-Multiplikatoren für $s = 0$ strikt innerhalb des Einheitskreises, also auch für kleine positive s. Daher müssen wir $\mu(s)$ studieren; man beachte, dass auch $\mu'(0) = 0$ aufgrund der Symmetrie $\mu(-s) = \mu(s)$ gilt.

Wir betrachten daher das Problem

$$\omega(s)\dot u(t) = B(t; s)u(t), \quad t \in [0, 2\pi], \quad u(2\pi) = \mu(s)u(0), \tag{12.21}$$

wobei $B(t; s) = \partial_x f(x(t; s), \lambda(s))$ und $x(t; s) = s(\psi(t) + \bar\psi(t) + y(t; s))$ gesetzt wurde. Für $s = 0$ ergibt sich das Problem

$$\omega_0 \dot u(t) = A_* u(t), \quad t \in [0, 2\pi], \quad u(2\pi) = \mu_0 u(0),$$

welches $\mu_0 = 1$ als halbeinfachen doppelten Floquet-Multiplikator hat, und die Eigenvektoren lauten φ und $\bar\varphi$.

Sei $X(t; s)$ das Hauptfundamentalsystem von (12.21), und $M(s) = X(2\pi; s)$ die zuge-hörige Monodromiematrix. Ist $\mu(s) \neq 1$, dann sind die Kerne $N(M(s) - I)$ und $N(M(s) - \mu(s))$ eindimensional, denn die Eigenwerte 1 und $\mu(s)$ von $M(s)$ sind algebraisch einfach. Wir fixieren dann $u_0(s) \in N(M(s) - I)$, $u_0^*(s) \in N(M^{\mathsf{T}}(s) - I)$ mit $(u_0(s)|u_0^*(s)) = 1$, und $v_0(s) \in N(M(s) - \mu(s))$, $v_0^*(s) \in N(M^{\mathsf{T}}(s) - \mu(s))$ mit $(v_0(s)|v_0^*(s)) = 1$; man beachte dass $\mu(s) \neq 1$ schon $(u_0(s)|v_0^*(s)) = (v_0(s)|u_0^*(s)) = 0$ nach sich zieht. Da $M(s)$ reell ist, können alle diese Vektoren reell gewählt werden, und o.B.d.A. können wir $|v_0^*(s)|_2 = 1$ annehmen. Als nächstes setzen wir $u(t; s) = X(t; s)u_0(s)$, $v(t; s) = X(t; s)v_0(s)$ sowie $u^*(t; s) = X^{-\mathsf{T}}(t; s)u_0^*(s)$, $v^*(t; s) = X^{-\mathsf{T}}(t; s)v_0^*(s)$; dann gilt $\langle u(s)|u^*(s)\rangle = \langle v(s)|v^*(s)\rangle = 1$ und $\langle u(s)|v^*(s)\rangle = \langle v(s)|u^*(s)\rangle = 0$.

Differenziert man $\omega \dot{x} = f(x, \lambda)$ nach t so folgt

$$\omega(s)\ddot{x}(t; s) = \partial_x f(x(t; s), \lambda(s))\dot{x}(t; s) = B(t; s)\dot{x}(t; s),$$

folglich kann man o.B.d.A. $u(t; s) = \dot{x}(t; s)/s = i(\psi - \bar{\psi})(t) + \dot{y}(t; s)$ setzen. Mit $s \to 0$ folgt dann $u(\cdot; s) \to i(\psi - \bar{\psi})$, also auch $u_0(s) \to i(\varphi - \bar{\varphi})$. Differenziert man die Gleichung nach s so erhält man (der $'$ bedeutet die Ableitung nach s)

$$\omega(s)\dot{x}'(t; s) = \partial_x f(x(t; s), \lambda(s))x'(t; s) + \partial_\lambda f(x(t; s), \lambda(s))\lambda'(s) - \omega'(s)\dot{x}(t; s).$$

Andererseits gilt $x'(t; s) = \psi(t) + \bar{\psi}(t) + y(t; s) + sy'(t; s) \to \psi(t) + \bar{\psi}(t)$ für $s \to 0$. Wir multiplizieren die letzte Gleichung mit $u^*(s)$ und erhalten nach partieller Integration die Beziehung

$$s\omega'(s) = \lambda'(s)\langle \partial_\lambda f(x(\cdot; s), \lambda(s))|u^*(\cdot; s)\rangle.$$

Des Weiteren gilt wegen

$$v^*(2\pi; s) = X^{-\mathsf{T}}(2\pi; s)v_0^*(s) = M^{-\mathsf{T}}(s)v_0^*(s) = \frac{1}{\mu(s)}v_0^*(s),$$

die Relation

$$\left(\frac{1}{\mu(s)} - 1\right)\omega(s)(x'(0; s)|v_0^*(s)) = \omega(s)(x'(0; s)|v^*(2\pi; s) - v^*(0; s)).$$

Damit ergibt der Hauptsatz der Differential- und Integralrechnung

$$\omega(s)(x'(0; s)|v^*(2\pi; s) - v^*(0; s)) = \omega(s) \int_0^{2\pi} \frac{d}{dt}(x'(t; s)|v^*(t; s))dt,$$

denn $x'(0; s) = x'(2\pi; s)$. Ferner gilt

$$\omega(s) \int_0^{2\pi} \frac{d}{dt}(x'(t;s)|v^*(t;s))dt$$

$$= \omega(s) \int_0^{2\pi} [(\dot{x}'(t;s)|v^*(t;s)) + (x'(t;s)|\dot{v}^*(t;s))]dt$$

$$= \int_0^{2\pi} [(B(t;s)x'(t;s) + \partial_\lambda f(x(t;s),\lambda(s))\lambda'(s) - \omega'(s)\dot{x}(t;s)|v^*(t;s))$$

$$- (x'(t;s)|B^{\mathsf{T}}(t;s)v^*(t;s))]dt$$

$$= 2\pi \langle \partial_\lambda f(x(\cdot;s),\lambda(s))\lambda'(s) - \omega'(s)\dot{x}(\cdot;s)|v^*(\cdot;s)\rangle$$

$$= 2\pi \langle \partial_\lambda f(x(\cdot;s),\lambda(s))\lambda'(s)|v^*(\cdot;s)\rangle,$$

denn $\omega(s)\dot{v}^*(t;s) = -B^{\mathsf{T}}(t;s)v^*(t;s)$ und $\langle \dot{x}(\cdot;s)|v^*(\cdot;s)\rangle = s\langle u(\cdot;s)|v^*(\cdot;s)\rangle = 0$. Insgesamt erhalten wir so die Beziehung

$$(1 - \mu(s))\omega(s)(x'(0;s)|v_0^*(s)) = 2\pi \lambda'(s)\mu(s)\langle \partial_\lambda f(x(\cdot;s),\lambda(s))|v^*(\cdot;s)\rangle.$$

Sei nun $s_k \to 0$ eine Folge mit $\mu(s_k) \neq 1$. Da die Folge $(v_0^*(s_k))$ beschränkt ist, gibt es eine Teilfolge die gegen ein $v_0^* \in N(M(0)^{\mathsf{T}} - I)$ konvergiert; v_0^* ist reell, hat Norm Eins, und ist von der Form $v_0^* = a\varphi^* + b\bar{\varphi}^*$. Da nun außerdem $(i(\varphi - \bar{\varphi})|v_0^*) = 0$ gilt, folgt $a = b \in \mathbb{R}$. Wegen $|v_0^*|_2 = 1$ sind $\pm a(\varphi^* + \bar{\varphi}^*)$ die einzigen Häufungspunkte von $(v_0^*(s_k))$. Wir erhalten somit

$$(x'(0;s)|v_0^*(s)) \to (\varphi + \bar{\varphi}| \pm a(\varphi^* + \bar{\varphi}^*)) = \pm 2a \neq 0.$$

Als nächstes berechnen wir

$$\lim_{s \to 0} \frac{\partial_\lambda f(x(t;s),\lambda(s))}{s}$$

$$= \partial_x \partial_\lambda f(0,\lambda_*)x'(t,0) + \partial_\lambda^2 f(0,\lambda_*)\lambda'(0) = L_*(\psi(t) + \bar{\psi}(t)),$$

und erhalten damit

$$\lim_{s \to 0}\left\langle \frac{1}{s}\partial_\lambda f(x(\cdot;s),\lambda(s))|v^*(\cdot;s)\right\rangle = \langle L_*(\psi + \bar{\psi})| \pm a(\psi^* + \bar{\psi}^*)\rangle = \pm 2a\mathrm{Re}(L_*\varphi|\varphi^*).$$

Dies ergibt schließlich die wichtige Identität

$$1 - \mu(s) = s\lambda'(s)\mu(s)h(s), \quad h(s) = 2\pi \frac{\left\langle \frac{1}{s}\partial_\lambda f(x(\cdot;s),\lambda(s))|v^*(\cdot;s)\right\rangle}{\omega(s)(x'(0;s)|v_0^*(s))}, \tag{12.22}$$

wobei $h(s) \to 2\pi \operatorname{Re}(L_*\varphi|\varphi^*)/\omega_0$ für $s \to 0$ gilt. Ist nun $\operatorname{Re}(L_*\varphi|\varphi^*) = \operatorname{Re}\sigma'(0) > 0$, so zeigt Identität (12.22), dass $\lambda'(s) > 0$ einen Floquet-Multiplikator $\mu(s) < 1$ nach sich zieht, also impliziert Satz 11.4.3 die orbitale asymptotische Stabilität des abzweigenden Orbits. Im Fall $\lambda'(s) < 0$ hingegen ergibt sich analog die Instabilität des abzweigenden Orbits. Dies ist der Inhalt des folgenden Resultats.

Satz 12.5.1. *Es seien die Voraussetzungen von Satz 12.3.1 erfüllt. Es sei $A_*\varphi = i\omega_0\varphi$, $A_*^\mathsf{T}\varphi^* = -i\omega_0\varphi^*$, mit $(\varphi|\varphi^*) = 1$ und $\operatorname{Re}(\partial_\lambda\partial_x f(0, \lambda_*)\varphi|\varphi^*) > 0$. Ferner gelte $\sigma(A_*) \setminus \{\pm i\omega_0\} \subset \mathbb{C}_-$. Dann gelten für die abzweigenden periodischen Orbits von (12.1) die folgenden Stabilitätsaussagen für $0 < s < s_0$:*

1. *Superkritische Zweige, d. h. $\lambda'(s) > 0$, bestehen aus orbital asymptotisch stabilen periodischen Lösungen.*
2. *Subkritische Zweige, d. h. $\lambda'(s) < 0$ bestehen aus instabilen periodischen Lösungen.*

Zum Abschluss dieses Abschnitts kommen wir auf den Brusselator zurück.

Beispiel. Der Brusselator. Offensichtlich ist $\sigma'(b_*) = 1/2$, also überqueren 2 konjugiert komplexe Eigenwerte in $b = b_* = 1 + a^2$ die imaginäre Achse mit positiver Geschwindigkeit. Wir interessieren uns für die Stabilität des abzweigenden Orbits. Da es nach Beispiel 2 in Abschn. 9.3 im Bereich $b \le 1 + a^2$ keine echten periodischen Orbits gibt, muss $b(s) > 1 + a^2$ für $s > 0$ sein. Die Eigenwerte von A_* sind $\pm ia$, daher ist die Periode $\tau_* = 2\pi/a$. Da f im Falle des Brusselators polynomial, also analytisch ist, hat auch die Funktion $b(s)$ diese Eigenschaft. Daher gibt es ein kleinstes $m \in \mathbb{N}$ mit $b^{(m)}(0) \ne 0$, und es ist $b(s) = 1 + a^2 + b^{(m)}(0)s^m/m! + O(s^{m+1})$. Da b symmetrisch ist, muss m gerade sein, und es ist $b^{(m)}(0) > 0$, da der Zweig periodischer Lösungen im Bereich $b > 1 + a^2$ liegt. Damit ist der abzweigende Zweig superkritisch, besteht also nach Satz 12.5.1 aus orbital asymptotisch stabilen periodischen Lösungen.

12.6 Chemische Reaktionstechnik

Als Anwendung betrachten wir in diesem Abschnitt einen idealen Rührkessel, in dem eine nichtisotherme Reaktion 1. Ordnung abläuft. Zur Modellierung sei $c(t)$ die Konzentration der abreagierenden Substanz, $\theta(t)$ die absolute Temperatur, c^f die Konzentration im Zustrom, θ^f dessen Temperatur, sowie V das Volumen, $\dot{V}$ der Volumenstrom durch den Reaktor, $r(c, \theta)$ die Reaktionsgeschwindigkeit, und $q(\theta)$ eine externe Kühlung des Reaktors. Dann erfüllen (c, θ) unter der Annahme konstanter Wärmekapazität $\kappa > 0$ und vernachlässigbarer Volumenveränderung sowie idealer Durchmischung das System

$$V\dot{c} = \dot{V}(c^f - c) - Vr(c, \theta), \quad c(0) = c_0 \geq 0,$$

$$\kappa V\dot{\theta} = \kappa\dot{V}(\theta^f - \theta) + \Delta H\kappa Vr(c, \theta) - \kappa Vq(\theta), \quad \theta(0) = \theta_0 \geq 0.$$

Dabei bedeutet ΔH die *Reaktionsenthalpie*, welche angibt, wieviel Wärmeenergie pro Mol durch die Reaktion frei, bzw. verbraucht wird. Die Reaktion heißt *exotherm* wenn $\Delta H > 0$, *endotherm* wenn $\Delta H < 0$, und *isotherm* wenn $\Delta H = 0$ ist. Die Reaktionsrate $r(c, \theta)$ ist typischerweise vom *Arrhenius-Typ*:

$$r(c, \theta) = k_0 c e^{-E/R\theta}, \quad c, \theta > 0,$$

wobei $k_0 > 0$ die maximale Reaktionsgeschwindigkeit angibt. $E > 0$ heißt *Aktivierungs-energie*, und $R > 0$ ist die *Avogadro-Konstante*. Die Kühlungsfunktion $q(\theta)$ ist wachsend, ein typisches Beispiel ist die *Newtonsche Kühlung*

$$q(\theta) = K(\theta - \theta_K), \quad \theta > 0,$$

wobei $K \geq 0$ die Kühlintensität und $\theta_K > 0$ die Temperatur der Kühlung bedeuten. Naheliegenderweise dividiert man die Gleichung für c durch V, die für θ durch κV, und erhält so das System

$$\dot{c} = \frac{1}{\tau}(c^f - c) - r(c, \theta), \quad c(0) = c_0 \geq 0,$$

$$\dot{\theta} = \frac{1}{\tau}(\theta^f - \theta) + \Delta Hr(c, \theta) - q(\theta), \quad \theta(0) = \theta_0 \geq 0,$$

wobei die Zahl $\tau = V/\dot{V}$ *Verweilzeit* des Reaktors genannt wird; τ gibt die mittlere Zeit an, die ein Partikel im Reaktor verweilt. Wir skalieren die Variablen nun wie folgt.

$$u(t) := c(\tau t)/c^f, \quad v(t) = (\theta(\tau t) - \theta^f)/(\Delta Hc^f),$$

und erhalten das skalierte System

$$\dot{u} = 1 - u - du\psi(v), \quad u(0) = u_0 \geq 0,$$
$$\dot{v} = -v + du\psi(v) - g(v), \quad v(0) = v_0. \tag{12.23}$$

Dabei sind $d = k_0\tau > 0$ die *Damköhler-Zahl*, und mit $\beta = \Delta Hc^f/\theta^f, \gamma = E/R\theta^f > 0$, $v_K = (\theta_K - \theta^f)/\Delta Hc^f$ ist

$$\psi(v) = \begin{cases} e^{-\gamma/(1+\beta v)}, & 1 + \beta v > 0, \\ 0, & 1 + \beta v \leq 0, \end{cases} \quad g(v) = \tau K(v - v_K).$$

Dieses skalierte Problem soll in diesem Abschnitt untersucht werden. Wegen $0 \leq \psi(v) <$ 1 gilt $\dot{v} \geq 0$, falls $v \leq \tau K v_K / (1 + \tau K)$, sowie $\dot{u} \geq 0$, falls $u \leq 0$. Daher ist die Menge $\mathcal{K} := \mathbb{R}_+ \times [\tau K v_K / (1 + \tau K), \infty)$ positiv invariant. Ferner gilt $\dot{u} \leq 0$, falls $u \geq 1$ und $\dot{v} \leq 0$, falls $v \geq (d + \tau K v_K)/(1 + \tau K)$. Demnach existieren die Lösungen in $\mathcal{K}$ global nach rechts, und der Bereich

$$D := [0, 1] \times [(\tau K v_K)/(1 + \tau K), (d + \tau K v_K)/(1 + \tau K)]$$

ist positiv invariant und ein globaler Attraktor in $\mathcal{K}$. Die Dynamik des Systems (12.23) spielt sich folglich in D ab, und nach Satz 7.3.5 gibt es mindestens ein Equilibrium in D. Wir unterscheiden im Weiteren 3 Fälle.

(i) *Der endotherme Fall.* Dieser Fall ist durch $\beta < 0$ charakterisiert. Hier gilt

$$\psi'(v) = \frac{\beta \gamma}{(1 + \beta v)^2} \psi(v) \leq 0, \quad v > 0,$$

also ist ψ nichtnegativ und fallend. Das System (12.23) ist quasimonoton, wir können daher Satz 7.6.2 anwenden. Eine Unterlösung lautet $[0, (\tau K v_K)/(1 + \tau K)]^\mathsf{T}$ und eine Oberlösung ist gegeben durch $[1, (d + \tau K v_K)/(1 + \tau K)]^\mathsf{T}$. Die Equilibria des Systems ergeben sich aus den Gleichungen

$$u = 1 - v - g(v), \quad \frac{v + g(v)}{1 - v - g(v)} = d \psi(v). \tag{12.24}$$

Die linke Seite der Gleichung für v ist streng wachsend da $g(v)$ wachsend ist, die rechte Seite hingegen fallend. Daher ist das Equilibrium eindeutig bestimmt, folglich nach Satz 7.6.2 global asymptotisch stabil in D und damit auch in $\mathcal{K}$.

Hierbei können die Funktionen g und ψ beliebig sein, wichtig sind nur $\psi(v) \geq 0$ fallend und g wachsend.

(ii) *Der exotherme adiabatische Fall.* Nun gilt $\beta > 0$. Adiabatisch bedeutet keine externe Kühlung, also $g(v) \equiv 0$. Hier ist nun $\psi(v)$ streng wachsend, also ist a priori die Eindeutigkeit der Equilibria nicht gesichert, diese hängt von den Parametern $d, \beta, \gamma > 0$ ab. Es bezeichne $f(u, v, d)$ die rechte Seite von (12.23); wir sehen d als den Verzweigungsparameter an, da d im Wesentlichen die Verweilzeit ist, die man einfach kontrollieren kann. Die Ableitung von f nach $x = [u, v]^\mathsf{T}$ ist

$$A = \begin{bmatrix} -1 - d\psi(v) & -du\psi'(v) \\ d\psi(v) & -1 + du\psi'(v) \end{bmatrix}.$$

Die Determinante von A ergibt sich zu

$$\det A = 1 + d\psi(v) - du\psi'(v),$$

und für die Spur erhalten wir

$$\mathrm{sp}\ A = -2 - d\psi(v) + du\psi'(v) = -1 - \det A.$$

Daher sind die Eigenwerte von A durch $\lambda_1 = -1$, $\lambda_2 = -\det A$ gegeben. Im adiabatischen Fall gibt es somit keine Hopf-Verzweigung, und die Stabilität eines Equilibriums wird durch $\det A$ bestimmt; $\det A > 0$ bedeutet asymptotische Stabilität, und $\det A < 0$ Instabilität, ein Sattelpunkt. Nach dem Satz von Poincaré-Bendixson konvergiert damit jede in $\mathcal{K}$ startende Lösung gegen ein Equilibrium.

Die Gleichung $\det A = 0$ ergibt die möglichen Verzweigungspunkte. Dann ist $\lambda = 0$ algebraisch einfacher Eigenwert von A, und ein Eigenvektor ist durch $w = [-1, 1]^\mathsf{T}$ gegeben. Ein dualer Eigenvektor lautet $w^* = [d\psi(v), 1 + d\psi(v)]^\mathsf{T}$. Andererseits ergibt die Ableitung von f nach d

$$b := \partial_d f(u, v, d) = \begin{bmatrix} -u\psi(v) \\ u\psi(v) \end{bmatrix},$$

also gilt $(b|w^*) = u\psi(v) \neq 0$, d.h. $b \notin N(A^\mathsf{T})^\perp = R(A)$. Daher sind mögliche Verzweigungspunkte nur Umkehrpunkte, Pitchforks treten nicht auf.

Wir untersuchen nun $\det A$ genauer an Equilibria. Es gelte also

$$0 = \det A = 1 + d\psi(v) - du\psi'(v), \quad u = 1 - v, \quad \frac{v}{1 - v} = d\psi(v).$$

Elimination von u mit der zweiten Beziehung und Einsetzen der dritten in die erste ergibt mit $\psi'(v) = \psi(v)\beta\gamma/(1 + \beta v)^2$

$$1 + \frac{v}{1 - v} - \frac{\beta\gamma v}{(1 + \beta v)^2} = 0,$$

also die quadratische Gleichung

$$\beta(\beta + \gamma)v^2 + \beta(2 - \gamma)v + 1 = 0.$$

Diese Gleichung besitzt 2 reelle Lösungen, wenn $\gamma > 4(1 + 1/\beta)$ ist und keine für $\gamma < 4(1 + 1/\beta)$. Im zweiten Fall gibt es keine Umkehrpunkte, im ersten sind sie durch

$$v_{1,2} = \frac{\gamma - 2 \pm \sqrt{\gamma(\gamma - 4(1 + 1/\beta))}}{2(\beta + \gamma)}$$

Abb. 12.4 Equilibriazweige des adiabatischen exothermen idealen Rührkessels mit $\gamma = 12, \beta = 1$

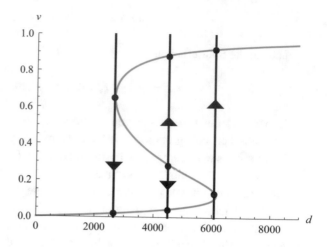

gegeben. Mit diesen Werten für die skalierte Temperatur, die im Equilibrium gleich dem Umsatz $1 - u$ ist, erhält man die entsprechenden kritischen Werte für den Verzweigungsparameter d, nämlich $d_{1,2} = v_{1,2}/(1 - v_{1,2})\psi(v_{1,2})$.

Schließlich gilt in einem Equilibrium

$$\det A = (1 - v)\left[\frac{1}{(1-v)^2} - d\psi'(v)\right] = (1 - v)\frac{d}{dv}\left[\frac{v}{1-v} - d\psi(v)\right].$$

Besitzt die Gleichung $\frac{v}{1-v} - d\psi(v) = 0$ nun 3 Lösungen, so ist folglich die mittlere instabil, die untere und die obere asymptotisch stabil, und falls es nur eine Lösung gibt, so ist sie asymptotisch stabil (Abb. 12.4).

Die physikalische Interpretation im interessanteren Fall $\gamma > 4(1 + 1/\beta)$ ist nun folgendermaßen. Bei kleiner Verweilzeit findet kaum Umsatz statt, aber dieser steigt mit wachsendem τ, d. h. mit d. Erreicht d den größeren kritischen Wert d_1, so endet der Zweig auf dem sich das Equilibrium befindet, daher springt die Lösung auf den darüber liegenden stabilen Zweig, man sagt die Reaktion zündet. Erhöht man die Verweilzeit weiter passiert nichts Wesentliches mehr, der Umsatz erhöht sich nur weiter. Nun spielen wir das umgekehrte Szenario durch. Wir starten mit sehr großer Verweilzeit und erniedrigen diese. Dann wandert das Equilibrium auf dem oberen Zweig nach links, bis der Parameterwert d_2, also der kleinere kritische Wert, erreicht wird. Verkleinert man d weiter, so springt die Lösung auf den unteren stabilen Zweig, die Reaktion erlischt. Dieses Phänomen wird als *Hysterese* bezeichnet, es ist eine der *Thomschen Elementarkatastrophen*: die Falte.

(iii) *Der exotherme nichtadiabatische Fall.* Im nichtadiabatischen Fall $g(v) \neq 0$ erhalten wir für die Ableitung von f nach $x = [u, v]^\mathsf{T}$

$$A = \begin{bmatrix} -1 - d\psi(v) & -du\psi'(v) \\ d\psi(v) & -1 + du\psi'(v) - \tau K \end{bmatrix}.$$

Die Determinante von A ergibt sich zu

$$\det A = 1 + d\psi(v) - du\psi'(v) + \tau K(1 + d\psi(v)),$$

und für die Spur erhalten wir

$$\text{sp } A = -2 - d\psi(v) + du\psi'(v) - \tau K = -1 + \tau K d\psi(v) - \det A.$$

Da auch hier im Fall $\det A = 0$ der Vektor $u^* = [d\psi(v), 1 + d\psi(v)]^\mathsf{T}$ dualer Eigenvektor ist, folgt mit $b = \partial_d f(u, v) = [-u\psi(v), u\psi(v)]^\mathsf{T}$ wie in (ii) $(b|u^*) = u\psi(v) \neq 0$, also $b \notin R(A)$. Daher gibt es auch im nichtadiabatischen Fall keine Pitchfork. Ferner ist 0 offensichtlich geometrisch einfach, $u = [-(1 + \tau K), 1]^\mathsf{T}$ ist ein Eigenvektor von A, und $(u|u^*) = 1 - K d\psi(v)$, also ist 0 algebraisch einfach, es sei denn $d\psi(v) = 1/(\tau K)$. Umkehrpunkte existieren hier für

$$\gamma > 4[1 + \frac{1 + K}{\beta} + 2Kv_K + \beta \frac{K}{1 + K} v_K(1 + Kv_K)],$$

daher ist der qualitative Verlauf der Equilibriumszweige wie im adiabatischen Fall. Weiter gilt nun

$$\det A = (1 - v - g(v))[\frac{1 + K}{(1 - v - g(v))^2} - d\psi'(v)]$$

$$= (1 - v - g(v))\frac{d}{dv}[\frac{v + g(v)}{1 - v - g(v)} - d\psi(v)],$$

daher ist das mittlere Equilibrium wieder instabil, ein Sattelpunkt. Am oberen und am unteren Zweig gilt wie zuvor $\det A > 0$, woraus man aber hier noch nicht Stabilität schließen kann, da an diesen Zweigen Hopf-Verzweigung auftreten kann. Diese Art Verzweigung tritt auf wenn $\text{sp } A = 0$ und $\det A > 0$ ist, was äquivalent zu

$$\frac{2 + K}{v + g(v)} + \frac{1}{1 - v - g(v)} = \frac{\beta\gamma}{(1 + \beta v)^2} < \frac{1 + K}{(v + g(v))(1 - v - g(v))}$$

ist. Die Ungleichung impliziert, dass nur Lösungen der Gleichung mit $1 > v + g(v) > 1/(1 + K)$ in Frage kommen. Die linke Seite der Gleichung hängt nur von den Parametern K und v_K ab, die Rechte nur von γ und β. Wählt man nun γ hinreichend groß, so sieht man, dass es Punkte gibt an denen Hopf-Verzweigung auftritt.

12.7   Verzweigung und Symmetrien

In den Sätzen 12.1.1 und 12.2.1 über Umkehrpunkte und Pitchfork-Verzweigungen war die Voraussetzung dim $N(A_*) = 1$ wesentlich. Das ist zwar generisch der Fall, allerdings gibt es Situationen, in denen $N(A_*)$ zwangsläufig mehrdimensional ist, nämlich wenn die Gleichung $f(x, \lambda) = 0$ Symmetrien besitzt. In diesem Abschnitt, der das Kapitel über Verzweigungstheorie abschließt, wollen wir uns mit einer solchen Situation befassen.

(i) Dazu sei $f : \mathbb{R}^n \times \mathbb{R} \to \mathbb{R}^n$ zweimal stetig differenzierbar mit $f(0, \lambda) = 0$ für alle $\lambda \in \mathbb{R}$. Die Symmetrien werden mittels einer Gruppe $\mathcal{G}$ beschrieben, die **kovariant** auf die Gleichung wirkt. Das bedeutet genauer Folgendes: Sei $\tau : \mathcal{G} \to (\mathcal{B}(\mathbb{R}^n), \cdot)$ ein Gruppen-Homomorphismus $g \mapsto \tau_g$, eine sog. *Darstellung* der Gruppe $\mathcal{G}$ in der multiplikativen Gruppe der invertierbaren, reellen $n \times n$ Matrizen. *Kovarianz* bedeutet

$$\tau_g f(x, \lambda) = f(\tau_g x, \lambda), \quad x \in \mathbb{R}^n, \ \lambda \in \mathbb{R}, \ g \in \mathcal{G}. \tag{12.25}$$

Als Beispiel sei die Funktion $f(x, \lambda) = x\phi(|x|_2, \lambda)$ genannt, die kovariant bzgl. der Gruppe $O(n)$ der reellen orthogonalen $n \times n$ Matrizen ist.

Differenziert man (12.25) nach λ, so sieht man, dass auch die partiellen Ableitungen von f nach λ kovariant sind. Differenziert man nach x, so erhält man

$$\tau_g \partial_x f(x, \lambda) = \partial_x f(\tau_g x, \lambda)\tau_g, \quad x \in \mathbb{R}^n, \ \lambda \in \mathbb{R}, \ g \in \mathcal{G}.$$

Insbesondere gilt für $x = 0$

$$\tau_g A(\lambda) = A(\lambda)\tau_g, \quad g \in \mathcal{G}, \quad A(\lambda) := \partial_x f(0, \lambda),$$

also mit $A_* := A(\lambda_*)$ auch $\tau_g A_* = A_* \tau_g$. Ist nun A_* nicht invertierbar, also $N(A_*) \neq \{0\}$, dann folgt $\tau_g N(A_*) \subset N(A_*)$ für alle $g \in \mathcal{G}$, und sogar $\tau_g N(A_*) = N(A_*)$, für alle $g \in \mathcal{G}$, da $\tau_{g^{-1}} = (\tau_g)^{-1}$, wobei $g^{-1} \in \mathcal{G}$ das inverse Element zu $g \in \mathcal{G}$ bezeichnet. Dies zeigt, dass mit einem Vektor $v \in N(A_*)$ auch alle $\tau_g v$ zu $N(A_*)$ gehören, was typischerweise $m = \dim N(A_*) > 1$ impliziert.

(ii) Sei nun 0 halbeinfacher Eigenwert von A_*, gelte also

$$N(A_*) \oplus R(A_*) = \mathbb{R}^n,$$

und sei P die Projektion auf $N(A_*)$ längs $R(A_*)$, die dieser Zerlegung zugeordnet ist. Wir führen jetzt wie in Abschn. 12.2 eine Ljapunov-Schmidt-Reduktion durch. Dazu sei $u = Px, v = (I - P)x$; dann ist die Gleichung $f(x, \lambda) = 0$ äquivalent zu

$$(I - P)f(u + v, \lambda) = 0, \quad Pf(u + v, \lambda) = 0.$$

Die Erste, also die Hilfsgleichung lässt sich nun mit Hilfe des Satzes über implizite Funktionen um $(0, \lambda_*)$ nach v auflösen, da $(I - P)A_* : R(A_*) \to R(A_*)$ invertierbar ist. Daher erhält man ein $r > 0$ und eine C^2-Funktion $v : B_r(0) \times B_r(\lambda_*) \to R(A_*)$ mit

$$(I - P)f(u + v(u, \lambda), \lambda) = 0, \quad u \in B_r(0), \ \lambda \in B_r(\lambda_0), \tag{12.26}$$

sowie $v(0, \lambda_*) = 0$. Eindeutigkeit der Auflösung ergibt mit $f(0, \lambda) = 0$ auch $v(0, \lambda) = 0$, für alle $\lambda \in B_r(\lambda_*)$. Ferner erhält man durch Ableitung nach u und λ

$$\partial_u v(0, \lambda) = \partial_\lambda v(0, \lambda) = 0, \quad \lambda \in B_r(\lambda_*).$$

Einsetzen von $v(u, \lambda)$ in die verbleibende Gleichung ergibt nun

$$h(u, \lambda) := Pf(u + v(u, \lambda), \lambda) = 0, \tag{12.27}$$

die *Verzweigungsgleichung* des Problems. Dies ist eine nichtlineare Gleichung in $N(A_*)$, also m-dimensional, wenn $\dim N(A_*) = m$ ist.

Da die Operatoren τ_g mit A_* kommutieren, sind sie auch mit der Projektion P vertauschbar, es gilt also $\tau_g P = P\tau_g$, für alle $g \in \mathcal{G}$. Daher sind die reduzierten Gleichungen kovariant bzgl. $\mathcal{G}$, und insbesondere gilt

$$0 = \tau_g(I - P)f(u + v(u, \lambda), \lambda) = (I - P)f(\tau_g u + \tau_g v(u, \lambda), \lambda), \quad g \in \mathcal{G}.$$

Eindeutigkeit der Lösung $v(u, \lambda)$ impliziert daher

$$\tau_g v(u, \lambda) = v(\tau_g u, \lambda), \quad u \in B_r(0), \ \lambda \in B_r(\lambda_*), \ g \in \mathcal{G}.$$

Daraus folgt die Kovarianz der Verzweigungsgleichung, denn es ist

$$\tau_g h(u, \lambda) = \tau_g Pf(u + v(u, \lambda), \lambda) = Pf(\tau_g u + \tau_g v(u, \lambda), \lambda)$$
$$= Pf(\tau_g u + v(\tau_g u, \lambda), \lambda) = h(\tau_g u, \lambda);$$

also gilt

$$\tau_g h(u, \lambda) = h(\tau_g u, \lambda), \quad u \in B_r(0), \ \lambda \in B_r(\lambda_*), \ g \in \mathcal{G}. \tag{12.28}$$

(iii) Unter Ausnutzung der Symmetrien lässt sich nun die m-dimensionale Verzeigungsgleichung auf ein eindimensionales Problem reduzieren. Dazu nimmt man an, dass die Einschränkung der Gruppe $\tau\mathcal{G}$ auf $N(A_*)$ die orthogonale Gruppe auf $N(A_*)$ enthält, also

$$\tau\mathcal{G}|_{N(A_*)} \supset O(N(A_*)) =: \mathcal{G}_*. \qquad (12.29)$$

Fixiere $e_0 \in N(A_*)$ mit $|e_0|_2 = 1$ und sei $e_0^* \in N(A_*^{\mathsf{T}})$ so, dass $(e_0|e_0^*) = 1$ ist. Hier geht die Halbeinfachheit des Eigenwerts 0 von A_* ein. Da $\mathcal{G}_*$ alle Drehungen in $N(A_*)$ enthält, gibt es zu $u \in N(A_*)$ ein $g_u \in \mathcal{G}$ mit $u = s\tau_{g_u}e_0$, also $s = |u|_2$, da $|\tau_g e_0|_2 = |e_0|_2 = 1$ für jede Rotationsmatrix τ_g. Es folgt

$$h(u, \lambda) = h(s\tau_{g_u}e_0, \lambda) = \tau_{g_u}h(se_0, \lambda),$$

und daher gilt

$$h(u, \lambda) = 0 \quad \Leftrightarrow \quad h(se_0, \lambda) = 0.$$

Ist also $(s, \lambda) \in B_r(0) \times B_r(\lambda_*)$ eine Lösung von $h(se_0, \lambda) = 0$, dann sind $(s\tau_g e_0, \lambda)$ Lösungen von $h(u, \lambda) = 0$, für jedes $g \in \mathcal{G}$.

Wegen $N(A_*) = \mathrm{span}\{e_0\} \oplus (\mathrm{span}\{e_0\})^{\perp}$ lässt sich die Funktion $h(se_0, \lambda)$ zerlegen in

$$h(se_0, \lambda) = \phi(s, \lambda)e_0 + h_1(s, \lambda), \quad \phi(s, \lambda) = (h(se_0, \lambda)|e_0), \ (h_1(s, \lambda)|e_0) = 0.$$

Wähle nun $g \in \mathcal{G}$ so, dass $R = \tau_g|_{N(A_*)}$ die Reflektion

$$Re_0 = e_0, \quad Rh_1 = -h_1$$

ist. Dann folgt aus der Kovarianz (12.25)

$$\phi(s, \lambda)e_0 + h_1(s, \lambda) = h(se_0, \lambda) = h(Rse_0, \lambda) = Rh(se_0, \lambda)$$

$$= \phi(s, \lambda)e_0 + Rh_1(s, \lambda) = \phi(s, \lambda)e_0 - h_1(s, \lambda),$$

also $h_1(s, \lambda) = 0$ für alle $s \in B_r(0)$, $\lambda \in B_r(\lambda_*)$. Daher gilt

$$h(se_0, \lambda) = \phi(s, \lambda)e_0,$$

also nach Multiplikation mit e_0^* insbesondere auch $\phi(s, \lambda) = (h(se_0, \lambda)|e_0^*)$. Des Weiteren gilt

$$h(se_0, \lambda) = 0 \quad \Leftrightarrow \quad \phi(s, \lambda) = 0.$$

Auf diese Weise haben wir das m-dimensionale Problem $h(u, \lambda) = 0$ auf die eindimensionale Gleichung $\phi(s, \lambda) = 0$ in der Nähe von $(0, \lambda_*)$ reduziert.

(iv) Es ist $\phi(0, \lambda) = 0$, $|\lambda - \lambda_*| < r$, und $\partial_s \phi(0, \lambda_*) = 0$. Um alle nichttrivialen Lösungen in einer Umgebung von $(0, \lambda_*)$ zu finden, verfahren wir wie bei der Pitchfork-Verzweigung in Abschn. 12.2. Dazu sei

$$\varphi(s, \lambda) = \begin{cases} \phi(s, \lambda)/s, & s \neq 0, \\ \partial_s \phi(0, \lambda), & s = 0. \end{cases} \tag{12.30}$$

Um die Gleichung $\varphi(s, \lambda) = 0$ nach λ auflösen zu können, benötigen wir die Bedingung

$$\partial_\lambda \varphi(0, \lambda_*) = \partial_\lambda \partial_s \phi(0, \lambda_*) \neq 0.$$

Nun ist

$$\partial_\lambda \varphi(0, \lambda_*) = (\partial_\lambda \partial_u h(0, \lambda_*) e_0 | e_0^*)$$
$$= (P_0 \partial_\lambda \partial_x f(0, \lambda_*) e_0 | e_0^*) = (\partial_\lambda \partial_x f(0, \lambda_*) e_0 | e_0^*),$$

also fordern wir die *Transversalitätsbedingung*

$$(\partial_\lambda \partial_x f(0, \lambda_*) e_0 | e_0^*) \neq 0. \tag{12.31}$$

Dann liefert der Satz über implizite Funktionen ein $\delta > 0$ und eine Funktion $\lambda : (-\delta, \delta) \to B_r(\lambda_*)$ mit $\lambda(0) = \lambda_*$ und

$$\phi(s, \lambda(s)) = s\varphi(s, \lambda(s)) = 0, \quad s \in (-\delta, \delta).$$

Da h aufgrund der Symmetrien ungerade in u ist, hat auch ϕ diese Eigenschaft bzgl. s. Daher ist φ gerade in s, was

$$0 = \varphi(-s, \lambda(-s)) = \varphi(s, \lambda(-s)), \quad s \in [0, \delta),$$

impliziert, also gilt wegen Eindeutigkeit $\lambda(-s) = \lambda(s)$, insbesondere also $\lambda'(0) = 0$. Die Lösungen für $s < 0$ sind somit irrelevant, sie geben aufgrund der Symmetrien keine weiteren Lösungen. Setzt man schließlich $x(s) = se_0 + v(se_0, \lambda(s))$ so sind alle nichttrivialen Lösungen von $f(x, \lambda) = 0$ in einer Umgebung von $(0, \lambda_*)$ durch die Menge

$$\mathcal{M} := \{(\tau_g x(s), \lambda(s)) : g \in \mathcal{G}, \ s \in (0, \delta)\} \tag{12.32}$$

gegeben. Wir fassen zusammen.

Satz 12.7.1. *Sei* $f : \mathbb{R}^n \times \mathbb{R} \to \mathbb{R}^n$ *aus* C^2 *mit* $f(0, \lambda) = 0$, $\lambda \in \mathbb{R}$, *kovariant bzgl. der Gruppe* $\mathcal{G}$. *Sei* $A_* = \partial_x f(0, \lambda_*)$ *nicht invertierbar,* 0 *halbeinfacher Eigenwert für* A_*, *und die auf* $N(A_*)$ *eingeschränkte Gruppe* $\mathcal{G}_* = \tau \mathcal{G}|_{N(A_*)}$ *enthalte die Gruppe* $O(N(A_*))$ *der orthogonalen Transformationen auf* $N(A_*)$. *Es gelte die Transversalitätsbedingung* (12.31).

Dann gibt es eine C^1*-Abbildung* $(x, \lambda) : [0, \delta) \to \mathbb{R}^{n+1}$ *mit* $x(0) = 0$, $\lambda(0) = \lambda_*$ *und* $f(x(s), \lambda(s)) = 0$ *für alle* $s \in [0, \delta)$. *Alle nichttrivialen Lösungen der Gleichung* $f(x, \lambda) = 0$ *in einer Umgebung von* $(0, \lambda_*)$ *sind durch die in* (12.32) *definierte Menge* $\mathcal{M}$ *gegeben.*

(v) Wir wollen noch eine Stabilitätsanalyse der verzweigenden Equilibria skizzieren. Dazu benötigen wir die folgende Proposition.

Proposition 12.7.2. *Sei* $B(s) = \partial_x f(x(s), \lambda(s))$, $s \in [0, \delta)$. *Dann gibt es eine* C^1*-Funktion* $(e, e^*, \sigma) : [0, \delta) \to \mathbb{R}^n \times \mathbb{R}^n \times \mathbb{R}$ *mit*

$$B(s)e(s) = \sigma(s)e(s), \quad B^{\mathsf{T}}(s)e^*(s) = \sigma(s)e^*(s), \quad (e(s)|e^*(s)) = 1, \quad 0 \le s < \delta,$$

sowie $e(0) = e_0$, $e^*(0) = e_0^*$, *und* $\sigma(0) = 0$.

Beweis. Sei $\dim N(A_*) = m$. Die orthogonale Gruppe $O(N(A_*))$ besitzt genau $m(m-1)/2$ unabhängige schiefadjungierte Generatoren L_j und für jedes $\theta \in \mathbb{R}$ sind die Matrizen $R_j(\theta) := e^{\theta L_j}$ orthogonal mit $\det R_j(\theta) = 1$.

Für $e_0 \in N(A_*)$ existieren $m-1$ Generatoren L_{j_k}, $j_k \in \{1, \dots, m(m-1)/2\}$, $k \in \{1, \dots, m-1\}$, so dass die Vektoren $e_0, L_{j_1}e_0, \dots, L_{j_{m-1}}e_0$ linear unabhängig sind. Die Kovarianz (12.25) impliziert

$$0 = R_j(\theta) f(x(s), \lambda(s)) = f(R_j(\theta)x(s), \lambda(s)), \quad s \in [0, \delta), \; \theta \in \mathbb{R}.$$

Differentiation nach θ und Auswertung in $\theta = 0$ ergibt dann die Relationen

$$0 = \partial_x f(x(s), \lambda(s)) L_j x(s) = B(s) L_j x(s), \quad s \in [0, \delta),$$

also gilt insbesondere $L_j x(s) \in N(B(s))$ für alle $s \in [0, \delta)$. Sei $e_k(s) := L_{j_k}x(s)/s$ für $k = 1, \dots, m-1$. Dann gilt $e_k(s) \to L_{j_k}e_0$ für $s \to 0+$ und außerdem

$$N(A_*) = \operatorname{span}\{e_0, L_{j_1}e_0, \dots, L_{j_{m-1}}e_0\}.$$

Daher sind die Vektoren

$$\frac{1}{s}x(s), e_1(s), \dots, e_{m-1}(s)$$

für alle $s \in [0, \delta)$ mit einem hinreichend kleinen $\delta > 0$ aus Stetigkeitsgründen linear unabhängig, also ist $\mathrm{span}\{e_1(s), \ldots, e_{m-1}(s)\}$ ein $m - 1$-dimensionaler Teilraum von $N(B(s))$. Man beachte, dass $e_k \in C^1([0, \delta))$ gilt, falls man $e_k(0) = L_{jk}e_0$ setzt. Daher gibt es ein duales System von Vektoren $e_k^* \in C^1([0, \delta))$ mit $e_k^* \in N(B^\mathsf{T}(s))$ und $(e_k(s)|e_\ell^*(s)) = \delta_{k\ell}$.

Wir definieren als nächstes die Projektionen $P_j(s)$, $j \in \{1, 2, 3\}$, wie folgt.

$$P_1(s) = \frac{1}{2\pi i} \int_{|z|=R} (z - B(s))^{-1} dz, \quad P_2(s) = \sum_{i=1}^{m-1} e_i(s) \otimes e_i^*(s),$$

sowie $P_3(s) = P_1(s) - P_2(s)$. Mit P_1 und P_2 ist auch P_3 aus C^1, und das Bild von $P_3(s)$ ist eindimensional, für alle $s \in [0, \delta)$, $P_3(0) = e_0 \otimes e_0^*$. Die Funktion $z \mapsto \det(z - B(s))/z^{m-1}$ besitzt genau eine einfache Nullstelle $z = \sigma(s)$, die reell ist, σ ist aus C^1 und es gilt $\sigma(0) = 0$. Setze nun $e(s) = P_3(s)e_0$, $e^*(s) = P_3^\mathsf{T}(s)e_0^*/(P_3(s)e_0|e_0^*)$; diese Funktionen erfüllen die Behauptung der Proposition für $s \in [0, \delta)$ und einem hinreichend kleinen $\delta > 0$. $\qquad \square$

(vi) Satz 12.7.1 zeigt, dass die Menge der nichttrivialen Equilibria für die DGL $\dot{x} = f(x, \lambda(s))$ in einer Umgebung von $x = 0$ durch $\mathcal{E}(s) \setminus \{0\} = \tau \mathcal{G} x(s)$ gegeben ist. Ferner ist $\mathcal{E}(s)$ eine C^1-Mannigfaltigkeit, falls die Darstellung $\tau : \mathcal{G} \to \mathcal{B}(\mathbb{R}^n)$ diese Eigenschaft hat. Der Tangentialraum von $\mathcal{E}(s)$ an $x(s)$ ist dann genau der Kern der Linearisierung $B(s) := \partial_x f(x(s), \lambda(s))$ und wie für A_* ist 0 ein halbeinfacher Eigenwert von $B(s)$. Daher ist das verallgemeinerte Prinzip der linearisierten Stabilität aus Kap. 10 anwendbar, sofern das restliche Spektrum von A_* in $\mathbb{C}_-$ liegt, und wir den verbleibenden nichttrivialen Eigenwert $\sigma(s)$ von $B(s)$ studiert haben.

Differenziert man die Gleichung $f(x(s), \lambda(s)) = 0$ nach s, so ergibt sich

$$\partial_x f(x(s), \lambda(s))x'(s) + \partial_\lambda f(x(s), \lambda(s))\lambda'(s) = 0, \quad 0 \le s < \delta.$$

Diese Relation impliziert mit der Definition

$$k(s) = \begin{cases} \partial_\lambda f(x(s), \lambda(s))/s, & s > 0, \\ \partial_\lambda \partial_x f(0, \lambda_*)e_0, & s = 0, \end{cases}$$

und mit Proposition 12.7.2 die Beziehung

$$(k(s)|e^*(s))s\lambda'(s) = -(B(s)x'(s)|e^*(s)) = -(x'(s)|B^*(s)e^*(s)) = -\sigma(s)(x'(s)|e^*(s)),$$

also

$$\sigma(s) = -s\lambda'(s)\psi(s), \quad \psi(s) := \frac{(k(s)|e^*(s))}{(x'(s)|e^*(s))}. \tag{12.33}$$

Man beachte $(k(0)|e^*(0)) = (\partial_\lambda \partial_x f(0, \lambda_*)e_0|e_0^*)$ und $(x'(0)|e^*(0)) = (e_0|e_0^*) = 1$, also ist $\psi(s)$ für kleine $s \geq 0$ wohldefiniert mit $\psi(0) = (\partial_\lambda \partial_x f(0, \lambda_*)e_0|e_0^*)$. Ist $(\partial_\lambda \partial_x f(0, \lambda_*)e_0|e_0^*) > 0$, so folgt $\sigma(s) < 0$ falls $\lambda'(s) > 0$ ist; dies ist der superkritische Fall, der somit zu Stabilität führt. Umgekehrt ergibt der subkritische Fall $\lambda'(s) < 0$ Instabilität.

Die hergeleiteten Aussagen für $x(s)$ gelten ebenfalls für jedes Equilibrium $\tau_g x(s)$ auf der Mannigfaltigkeit der Equilibria. Dies folgt direkt aus der Kovarianz, denn zum Beispiel führt die Eigenwertgleichung $B(s)e(s) = \sigma(s)e(s)$ mittels Kovarianz auf

$$\sigma(s)\tau_g e(s) = \tau_g B(s)e(s) = \tau_g \partial_x f(x(s), \lambda(s)) = \partial_x f(\tau_g x(s), \lambda(s))\tau_g e(s).$$

Das Resultat über das Stabilitätsverhalten der abzweigenden Equilibria lautet daher wie folgt.

Korollar 12.7.3. *Seien die Voraussetzungen von Satz* 12.7.1 *erfüllt, sei*

$$\mu'(\lambda_*) = (\partial_\lambda \partial_x f(0, \lambda_*)e_0|e_0^*) > 0,$$

und gelte $\sigma(A_*) \setminus \{0\} \subset \mathbb{C}_-$. *Dann sind die abzweigenden Equilibria* $\tau_g x(s)$ *von* $\dot{x} = f(x, \lambda(s))$, $0 < s < \delta$, $g \in \mathcal{G}$,

1. *normal stabil im superkritischen Fall, also wenn* $\lambda'(s) > 0$ *ist;*
2. *normal hyperbolisch im subkritischen Fall* $\lambda'(s) < 0$.

Um die Richtung der Verzweigung zu bestimmen, kann man wie in Abschn. 12.2 vorgehen. Da $\lambda'(0) = 0$ ist, differenziert man die Gleichung $f(x(s), \lambda(s)) = 0$ dreimal nach s und setzt $s = 0$. Dies ergibt

$$3\lambda''(0)\mu'(\lambda_*) = -(\partial_x^3 f(0, \lambda_*)e_0 e_0 e_0|e_0^*) - 3(\partial_x^2 f(0, \lambda_*)e_0 x''(0)|e_0^*) = 0.$$

Aus dieser Relation lässt sich die Richtung der Verzweigung im generischen Fall $\lambda''(0) \neq 0$ für kleine $s > 0$ ablesen.

Zur Illustration betrachten wir abschließend ein

Beispiel. Gegeben sei folgendes System für $(x, y) \in \mathbb{R}^m \times \mathbb{R}^k$ mit $r = |x|_2$

$$\begin{cases} \dot{x} = x\phi(r, y, \lambda), \\ \dot{y} = g(r^2, y, \lambda), \end{cases} \tag{12.34}$$

wobei $\phi : \mathbb{R}_+ \times \mathbb{R}^k \times \mathbb{R} \to \mathbb{R}$ und $g : \mathbb{R}_+ \times \mathbb{R}^k \times \mathbb{R} \to \mathbb{R}^k$ aus C^2 sind, mit $g(0, 0, \lambda) = 0$ für $\lambda \in \mathbb{R}$, sowie

$$\phi(0, 0, \lambda_*) = 0, \quad \partial_\lambda \phi(0, 0, \lambda_*) \neq 0, \quad \det \partial_y g(0, 0, \lambda) \neq 0,$$

erfüllen. Die Symmetriegruppe $\mathcal{G}$ ist hier $\mathcal{G} = O(m) \otimes I$. Es ist leicht die Voraussetzungen von Satz 12.7.1 zu verifizieren, oder direkt mit der Äquivalenz zu $\phi(r, y, \lambda) = 0$, $g(r^2, y, \lambda) = 0$ erst g nach y und dann ϕ nach λ aufzulösen, um die Mannigfaltigkeit der Equilibria $\mathcal{M}$ nahe $(0, 0, \lambda_*)$ zu erhalten.

Dieses Beispiel kann man als Normalform der in diesem Abschnitt behandelten Probleme ansehen. In konkreten Anwendungen, in denen ein mehrdimensionaler Kern auftritt, besteht die Hauptaufgabe darin, die unterliegenden Symmetrien des Problems zu finden, um Satz 12.7.1 und das Korollar 12.7.3 anwenden zu können. Das Problem auf die Normalform (12.34) im Beispiel zu bringen, ist aufwändiger und kann sehr mühsam werden.

Übungen

12.1 Sei f aus C^2 und $x(\lambda)$ ein C^1-Lösungszweig von Equilibria von (12.1), stabil für $\lambda < \lambda_*$. Es sei 0 algebraisch einfacher Eigenwert von $A_* := \partial_x f(x(\lambda_*), \lambda_*)$. Wie lautet in dieser Situation die Transversalitätsbedingung für Pitchfork-Verzweigung?

12.2 Sei $g : \mathbb{R}^2 \to \mathbb{R}$ aus C^2, $g(0) = g'(0) = 0$, $g''(0) \neq 0$. Untersuchen Sie die Lösungsmenge von $g(x, \lambda) = 0$ in einer Umgebung von 0.

12.3 Untersuchen Sie Verzweigung der trivialen Lösung der van-der-Pol-Gleichung (vgl. Abschn. 9.4) $\ddot{x} + \mu(x^2 - 1)\dot{x} + x = 0$, wobei μ der Verzweigungsparameter sei.

12.4 Untersuchen Sie das Verzweigungsverhalten der FitzHugh-Nagumo Gleichung (vgl. Übung 4.6) in Abhängigkeit vom Parameter γ. Gibt es Umkehrpunkte, Pitchforks oder Hopf-Verzweigung?

12.5 Betrachten Sie das Holling-Modell aus Übung 7.10 mit $\lambda = 0$. Sei zusätzlich $s_0 > 0$ striktes globales Minimum der Funktion $s \mapsto s/f(s)$ in $(0, \infty)$, mit $(s/f(s))'' > 0$, und sei $\mu_0 = f(s_0)$. Zeigen Sie, dass für $\mu = \mu_0$ eine Hopf-Verzweigung am Koexistenz-Equilibrium stattfindet, und untersuchen Sie die Stabilität der abzweigenden periodischen Lösungen. Betrachten Sie die Funktion $f(s) = (\gamma s/(1 + \gamma s))^2$ als konkretes Beispiel ($\gamma > 0$).

12.6 Sei $H(q, p) = p^2/2m + \phi(q)$ die Hamilton Funktion eines Teilchens im Potential-feld. Für welche kritischen Punkte q_* von ϕ ist Satz 12.4.1 anwendbar? Betrachten Sie insbesondere den Fall $n = 1$.

12.7 Verifizieren Sie die Gl. (12.11) und (12.19).

Differentialgleichungen auf Mannigfaltigkeiten 13

Sei $\Sigma \subset \mathbb{R}^n$ eine m-dimensionale Mannigfaltigkeit, $m < n$, $T\Sigma$ ihr Tangentialbündel, und $f : \Sigma \to T\Sigma$ ein tangentiales lokal Lipschitz Vektorfeld, also $f(p) \in T_p\Sigma$ für alle $p \in \Sigma$. In diesem Abschnitt betrachten wir das Problem

$$\dot{x} = f(x), \quad t \geq 0, \quad x(0) = x_0 \in \Sigma. \tag{13.1}$$

Diese Situation tritt häufig auf. So definiert jedes erste Integral eine intrinsische invariante Mannigfaltigkeit einer Differentialgleichung, und auch die stabilen und instabilen Mannigfaltigkeiten in Sattelpunkten sind invariant. Weitere Quellen für Differentialgleichungen auf Mannigfaltigkeiten sind Zwangsbedingungen, die in natürlicher Weise in der Physik auftreten, oder aus Problemen mit stark unterschiedlichen Zeitskalen herrühren.

13.1 Mannigfaltigkeiten im $\mathbb{R}^n$

1. Wir betrachten eine *m-dimensionale C^1-Mannigfaltigkeit* Σ im $\mathbb{R}^n$, also eine m-dimensionale Fläche im $\mathbb{R}^n$. Damit meinen wir eine abgeschlossene Menge mit der Eigenschaft, dass es zu jedem Punkt $p \in \Sigma$ eine Kugel $B_r(p) \subset \mathbb{R}^n$, und eine injektive C^1-Abbildung $\phi : B_r(p) \to \mathbb{R}^n$ gibt mit $\phi(p) = 0$, $\det \phi'(p) \neq 0$, und $\phi(\Sigma \cap B_r(p)) = \phi(B_r(p)) \cap \mathbb{R}^m \times \{0\}$. Durch evtl. Verkleinerung von r kann man $\det \phi'(x) \neq 0$ für alle $x \in B_r(p)$ annehmen, d.h. $\phi : B_r(p) \to \phi(B_r(p))$ ist ein Diffeomorphismus. Genauer sollte man sagen, dass Σ eine m-dimensionale Untermannigfaltigkeit des $\mathbb{R}^n$ ist. Kann man die Abbildungen $\phi \in C^r, r \in \mathbb{N} \cup \{\infty, \omega\}$, wählen, so heißt Σ *m-dimensionale C^r-Mannigfaltigkeit* im $\mathbb{R}^n$.

Schränkt man ein solches ϕ auf $U_\varphi := B_r(p) \cap \Sigma \subset \Sigma$ ein, so ist $\varphi := \phi_{|U_\phi} : U_\varphi \to V_\varphi := \phi(U_\varphi) \subset \mathbb{R}^m$ eine *Karte* für Σ in $p \in \Sigma$, U_φ heißt zugehöriges *Kartengebiet*. Dabei

© Springer Nature Switzerland AG 2019
J. W. Prüss, M. Wilke, *Gewöhnliche Differentialgleichungen und dynamische Systeme*, Grundstudium Mathematik, https://doi.org/10.1007/978-3-030-12362-8_13

haben wir $\mathbb{R}^m \times \{0\}$ mit $\mathbb{R}^m$ identifiziert. O.B.d.A. kann man nun $\varphi(p) = 0$ annehmen. Die Inverse $\varphi^{-1} : V_\varphi \to \mathbb{R}^n$ vermittelt dann eine bijektive C^r-Abbildung von V_φ auf U_φ, die die Bedingung $\text{Rang}[\varphi^{-1}]'(y) = m$ für alle $y \in V_\varphi$ erfüllt. Eine solche Abbildung heißt C^r-*Parametrisierung* von Σ in $p \in \Sigma$.

Ist $\psi : B_s(0) \to \Sigma$ eine weitere Parametrisierung mit $U_\varphi \cap \psi(B_s(0)) \neq \emptyset$, so heißt $\kappa := \varphi \circ \psi$ Kartenwechselfunktion. Dies ist ein Homeomorphismus einer offenen Teilmenge $V \subset B_s(0) \subset \mathbb{R}^m$ auf eine offene Teilmenge $W \subset \mathbb{R}^m$, κ und κ^{-1} sind stetig differenzierbar und $\kappa' : \mathbb{R}^m \to \mathbb{R}^m$ ist ein Isomorphismus. Es ist nun $\psi = \varphi^{-1} \circ \kappa$ also $\psi' = [\phi^{-1}]' \circ \kappa\kappa'$. Diese Identität zeigt insbesondere

$$R(\psi'(y)) = [\phi^{-1}]'(\kappa(y))\mathbb{R}^m = R([\varphi^{-1}]'(\kappa(y)). \tag{13.2}$$

2. Ist ψ eine Parametrisierung, so definiert sie im Punkt p die *Tangentialvektoren*

$$\tau_i = \tau_i(p) = \frac{\partial}{\partial y_i}\psi(0) = \partial_i\psi(0), \quad i = 1, \ldots, m. \tag{13.3}$$

Diese Vektoren τ_i bilden eine Basis des *Tangentialraums* $T_p\Sigma$ von Σ in p. Der Tangentialraum $T_p\Sigma$ ist also durch $T_p\Sigma = R(\psi'(0)) \subset \mathbb{R}^n$ gegeben, und ist daher unabhängig von der gewählten Parametrisierung, wie (13.2) zeigt.

Im Folgenden verwenden wir die *Einsteinsche Summenkonvention*, die besagt, dass über gleiche obere und untere Indizes zu summieren ist; δ_j^i bezeichnen die Einträge der Einheitsmatrix I. Ein Vektor $a \in T_p\Sigma$ kann als Linearkombination der Basisvektoren τ_j dargestellt werden, also als $a = a^i\tau_i$. Die Koeffizienten a^i heißen *kontravariante Komponenten* von a. Andererseits ist der Vektor a auch durch seine *kovarianten Komponenten* a_i, definiert durch $a_i = (a|\tau_i)$, eindeutig bestimmt; dies bedeutet, dass die kovarianten Komponenten von a die Koeffizienten von a in der *dualen Basis* $\{\tau^i\}$ zur Basis $\{\tau_j\}$ sind, die durch die Relationen $(\tau^i|\tau_j) = \delta_j^i$ definiert ist.

Die Abbildung $\psi'(y) : \mathbb{R}^m \to T_p\Sigma$ ist ein Isomorphismus von $\mathbb{R}^m$ auf den Tangentialraum von Σ in $\psi(y)$. Um ihre Inverse zu bestimmen, multipliziert man die Gleichung $v = \psi'(y)w$ mit $\psi'(y)^\mathsf{T}$. Da $\psi'(y)^\mathsf{T}\psi'(y)$ invertierbar ist, erhält man damit

$$w = [\psi'(y)^\mathsf{T}\psi'(y)]^{-1}\psi'(y)^\mathsf{T}v.$$

In Koordinaten geschrieben bedeutet dies $w^i = g^{ij}v_j = v^i$, d. h. die Komponenten von w sind die kontravarianten Komponenten des dazugehörigen Tangentenvektors $v = v^i\tau_i$.

3. Die 1. *Fundamentalmatrix* $G = [g_{ij}]$ in $p \in \Sigma$ ist definiert durch

$$g_{ij} = g_{ij}(p) = (\tau_i|\tau_j) = [\psi'(0)^\mathsf{T}\psi'(0)]_{ij}, \quad i, j = 1, \ldots, m. \tag{13.4}$$

Diese Matrix ist symmetrisch und positiv definit, also invertierbar, denn es gilt

$$(G\xi|\xi) = g_{ij}\xi^i\xi^j = (\xi^i\tau_i|\xi^j\tau_j) = |\xi^i\tau_i|^2 > 0, \quad \text{für alle } \xi \in \mathbb{R}^m, \ \xi \neq 0.$$

Wir setzen $G^{-1} = [g^{ij}]$, also gilt $g_{ik}g^{kj} = \delta_i^j$ und $g^{il}g_{lj} = \delta_j^i$. Die Determinante $g :=$ det G is positiv.

Sei a ein Tangentenvektor; dann impliziert $a = a^i\tau_i$

$$a_k = (a|\tau_k) = a^i(\tau_i|\tau_k) = a^i g_{ik}, \text{ und } \quad a^i = g^{ik}a_k.$$

Also erlaubt die 1. Fundamentalmatrix G den Übergang von kontra- zu kovarianten Komponenten eines Tangentenvektors, und umgekehrt. Sind a, b zwei Tangentenvektoren, dann induziert

$$(a|b) = a^i b^j(\tau_i|\tau_j) = g_{ij}a^i b^j = a_j b^j = a^i b_i = g^{ij}a_i b_j =: (a|b)_\Sigma$$

in kanonischer Weise ein Innenprodukt auf $T_p\Sigma$, die natürliche *Riemann-Metrik*. Mittels der Identität

$$(g^{ik}\tau_k|\tau_j) = g^{ik}g_{kj} = \delta_j^i$$

ergibt sich die duale Basis als $\tau^i = g^{ik}\tau_k$. Wir setzen $\mathcal{G} = g^{ij}\tau_i \otimes \tau_j$ und erhalten damit

$$\mathcal{G} = g^{ij}\tau_i \otimes \tau_j = g_{ij}\tau^i \otimes \tau^j = \tau_i \otimes \tau^i = \tau^j \otimes \tau_j.$$

Sei schließlich $u = u^k\tau_k + z$, $(\tau_j|z) = 0$, $j = 1,\ldots,m$, ein beliebiger Vektor in $\mathbb{R}^n$. Dann ist

$$\mathcal{G}u = g^{ij}\tau_i(\tau_j|u) = g^{ij}\tau_i u^k g_{jk} = u^k\tau_k,$$

d.h. $\mathcal{G}$ ist die orthogonale Projektion P_Σ im $\mathbb{R}^n$ auf den Tangentialraum $T_p\Sigma$ in $p \in \Sigma$. Dies zeigt insbesondere, dass der Tensor $\mathcal{G}$ unabhängig von der gewählten Parametrisierung ist.

Diese drei Eigenschaften erklären die Bedeutung der 1. Fundamentalmatrix g_{ij}.

4. Häufig werden Mannigfaltigkeiten mittels einer Gleichung der Form $g(x) = 0$, also $\Sigma = g^{-1}(0)$, definiert, wobei $g : \mathbb{R}^n \to \mathbb{R}^{n-m}$ aus C^1 ist, und nicht ausgeartet, d.h. $g'(x)$ hat Rang $n - m$ für alle $x \in \mathbb{R}^n$ mit $g(x) = 0$. Dann erhält man eine Parametrisierung in x_0 mit Hilfe des Satzes über implizite Funktionen. Dazu wählt man eine Basis $\tau_1,\ldots,\tau_m$ von $N(g'(x_0))$, und ergänzt diese z. B. mittels der Spalten $v_1,\ldots,v_{n-m}$ von $g'(x_0)^\mathsf{T}$ zu einer Basis von $\mathbb{R}^n$. Beachte, dass $g'(x_0)g'(x_0)^\mathsf{T}$ invertierbar ist. Dann definiert man eine Funktion $h : \mathbb{R}^k \times \mathbb{R}^{n-m} \to \mathbb{R}^{n-m}$ mittels $h(y, z) = g(x_0 + y^i\tau_i + z^j v_j)$. Diese Funktion h ist aus C^1, es ist $h(0, 0) = g(x_0) = 0$ und

$$\partial_z h(0,0) = g'(x_0)[v_1, \ldots, v_{n-m}] = g'(x_0)g'(x_0)^\mathsf{T}$$

ist invertierbar. Daher gibt es nach dem Satz über implizite Funktionen eine Kugel $B_r(0)$ und eine C^1-Funktion $\varphi : B_r(0) \to \mathbb{R}^{n-m}$ mit $\varphi(0) = 0$ und $h(y, \varphi(y)) = 0$, also $g(x_0 + y^i \tau_i + \varphi^j(y)v_j) = 0$. Die gesuchte Parametrisierung von Σ ist dann durch die Funktion $\phi(y) = x_0 + y^i \tau_i + \varphi^j(y)v_j$ gegeben, und es ist klar, dass $\phi'(y)$ Rang m hat. Insbesondere ist $T_{x_0}\Sigma = N(g'(x_0))$, und die Spalten $v_1, \ldots, v_{n-m}$ von $g'(x_0)^\mathsf{T}$ bilden ein Normalensystem für $T_{x_0}\Sigma$, sind also linear unabhängig und orthogonal zu $T_{x_0}\Sigma$.

Sei nun umgekehrt eine Parametrisierung ϕ für Σ gegeben. Wir wollen Σ lokal um $x_0 = \phi(0)$ als Nullstellenmenge $g(x) = 0$ darstellen. Dazu seien $\tau_1, \ldots, \tau_m$ die von ϕ in $y = 0$ erzeugten Tangentenvektoren. Wir ergänzen diese durch orthonormale Vektoren $v_1, \ldots, v_{n-m}$ mit $(\tau_i | v_j) = 0$ zu einer Basis von $\mathbb{R}^n$, und definieren die Funktion $F : B_r(0) \times \mathbb{R}^{n-m} \subset \mathbb{R}^m \times \mathbb{R}^{n-m} \to \mathbb{R}^n$ durch $F(y,z) = \phi(y) - x_0 + z^j v_j$. Dann ist F aus C^1, $F(0,0) = 0$, und

$$F'(0,0) = [\phi'(0), v_1, \ldots, v_{n-m}] = [\tau_1, \ldots, \tau_m, v_1, \ldots, v_{n-m}]$$

ist invertierbar, nach Konstruktion. Nach dem Satz von der inversen Abbildung gibt es daher eine Kugel $B_\rho(0) \subset \mathbb{R}^n$ und $G = (g_1, g_2) : B_\rho(0) \to \mathbb{R}^m \times \mathbb{R}^{n-m}$ aus C^1 mit $G(0) = 0$ und $G \circ F(y,z) = (y,z)$, $F \circ G(x) = x$. Es folgt $y = g_1(F(y,0)) = g_1(\phi(y) - x_0)$ und $0 = g_2(F(y,0)) = g_2(\phi(y) - x_0)$ für alle $|y| < \delta$. Daher ist die Funktion $g(x) = g_2(x - x_0)$ die gesuchte.

5. Eine Funktion $\rho : \Sigma \to \mathbb{R}$ heißt *differenzierbar* in $x \in \Sigma$ wenn die zusammengesetzte Funktion $\rho \circ \phi$ für eine Parametrisierung ϕ mit $\phi(0) = x$ – und damit für alle Parametrisierungen um x – differenzierbar ist. Der **Flächengradient** von ρ in x wird dann definiert durch

$$\nabla_\Sigma \rho(x) = \partial_i(\rho \circ \phi)(0)\tau^i(0) = g^{ij}\partial_i(\rho \circ \phi)(0)\tau_j(0).$$

Man beachte, dass diese Definition unabhängig von der Wahl der Parametrisierung ϕ ist.
Ebenso definiert man für ein Vektorfeld $f : \Sigma \to \mathbb{R}^n$

$$\nabla_\Sigma f(x) = \tau^i(0) \otimes \partial_i(f \circ \phi)(0) = g^{ij}(0)\tau_j(0) \otimes \partial_i(f \circ \phi)(0),$$

und

$$f'(x) = [\nabla_\Sigma f(x)]^\mathsf{T} = \partial_i(f \circ \phi)(0) \otimes \tau^i(0) = g^{ij}(0)\partial_i(f \circ \phi)(0) \otimes \tau_j(0).$$

Auch diese Definition ist unabhängig von der Wahl der Parametrisierung ϕ. Ist nun $f = f^k \tau_k$ ein Tangentenvektorfeld und Σ in C^2, so ist

$$\partial_i f = \partial_i f^k \tau_k + f^k \partial_i \tau_k,$$

also insbesondere $\partial_i f = (\partial_i f^k)\tau_k$ wenn $f(x) = 0$ gilt; dann ist $f'(x) : T_x\Sigma \to T_x\Sigma$.

Die **Flächendivergenz** eines Vektorfeldes $f : \Sigma \to \mathbb{R}^n$ wird durch $\mathrm{div}_\Sigma f(x) :=$ $\mathrm{sp}\nabla_\Sigma f(x)$ definiert, also durch

$$\mathrm{div}_\Sigma f(x) := (\mathrm{sp}\nabla_\Sigma f)(x) = (\tau^i(0)|(\partial_i f \circ \phi)(0)) = g^{ij}(\tau_j(0)|(\partial_i f \circ \phi)(0)).$$

Der Divergenzsatz gilt auch auf C^1-Mannigfaltigkeiten, allerdings nur für tangentiale Vektorfelder.

Bemerkung. In der Differentialgeometrie wird die Flächendivergenz für *tangentiale* Vektorfelder in lokalen Koordinaten wie folgt definiert:

$$\mathrm{div}_\Sigma f = \sqrt{g}^{-1}\partial_i(\sqrt{g}f^i) = \sqrt{g}^{-1}\partial_i(g^{ij}\sqrt{g}f_j),$$

wobei wie zuvor $g = \det g_{ij}$ bedeutet. Diese Darstellung ergibt sofort den Divergenzsatz auf Mannigfaltigkeiten, ist aber eben nur für tangentiale Vektorfelder anwendbar. Eine kleine Rechnung zeigt, dass diese Definition mit der oben angegebenen für tangentiale Vektorfelder übereinstimmt.

Der Vorteil unserer Definition ist der, dass sie für beliebige Vektorfelder angewandt werden kann. So ist z. B. für eine Hyperfläche $-\mathrm{div}_\Sigma \nu_\Sigma/(n-1)$ die mittlere Krümmung von Σ. Allerdings beruht unsere Definition darauf, dass Σ eine Untermannigfaltigkeit des $\mathbb{R}^n$ ist.

13.2 Wohlgestelltheit

Wir betrachten nun das Anfangswertproblem (13.1), wobei Σ eine C^1 Mannigfaltigkeit und $f : \Sigma \to \mathbb{R}^n$ lokal Lipschitz ist und $f(p) \in T_p\Sigma$ für jedes $p \in \Sigma$ erfüllt, d. h. f ist ein Tangentenvektorfeld für Σ. Wir zeigen, dass sowohl f als auch $-f$ der Subtangentialbedingung **(S)** genügen. Dazu sei $x \in \Sigma$ fixiert und $z \in T_x\Sigma$ sei ein Tangentenvektor. Definiere mittels einer Parametrisierung ϕ mit $\phi(0) = x$

$$p(t) = \phi(t[\phi'(0)^\mathsf{T}\phi'(0)]^{-1}\phi'(0)^\mathsf{T}z), \quad t \in [-t_0, t_0].$$

Dann ist

$$p'(0) = \phi'(0)[\phi'(0)^\mathsf{T}\phi'(0)]^{-1}\phi'(0)^\mathsf{T}z = z,$$

da $z \in T_x\Sigma$ gilt, folglich

$$\text{dist}(x + tz, \Sigma) \leq |x + tz - p(t)|_2 = |x + tz - (x + tz + o(|t|))|_2 \leq o(|t|),$$

also ist **(S)** für f und $-f$ erfüllt.

Damit ist Satz 7.1.4 bzw. die daran anschließende Bemerkung 7.1.5 anwendbar, und wir erhalten Lösungen in Σ, die eindeutig sind und auf einem maximalen Intervall existieren. Wir formulieren dieses Resultat als

Satz 13.2.1. *Sei $\Sigma \subset \mathbb{R}^n$ eine C^1-Mannigfaltigkeit der Dimension $m < n$, und sei $f :$ $\Sigma \to \mathbb{R}^n$ lokal Lipschitz mit $f(p) \in T_p\Sigma$, für alle $p \in \Sigma$.*

Dann besitzt das Anfangswertproblem (13.1) genau eine Lösung $x(t)$ in Σ. Die Lösung existiert auf einem maximalen Existenzintervall $0 \in (t_-(x_0), t_+(x_0))$, und es gilt $\lim_{t \to t_+} |x(t)| = \infty$, falls $t_+ = t_+(x_0) < \infty$ ist; analoges gilt für $t_-(x_0)$. Insbesondere existieren die Lösungen global wenn Σ kompakt ist. Daher erzeugt (13.1) einen lokalen Fluss auf Σ, und sogar einen globalen Fluss wenn Σ kompakt ist.

Es ist aufschlussreich, das Problem in lokalen Koordinaten zu schreiben. Dazu wählen wir eine Parametrisierung ϕ mit $\phi(y_0) = x_0$, und setzen $y(t) = \phi^{-1}(x(t))$, $t \in (a, b) \ni 0$, wobei das Intervall (a, b) so klein gewählt wird, dass die Lösung für $t \in (a, b)$ in U_ϕ bleibt. Dann ist $x(t) = \phi(y(t))$, also gilt

$$\phi'(y(t))\dot{y}(t) = \dot{x}(t) = f(x(t)) = f(\phi(y(t)), \quad t \in (a, b), \quad y(0) = y_0 := \phi^{-1}(x_0).$$

Multipliziert man die Gleichung mit $\phi'(y(t))^\mathsf{T}$ und invertiert $\phi'(y(t))^\mathsf{T}\phi'(y(t))$, so erhält man die explizite Darstellung

$$\dot{y}(t) = [\phi'(y(t))^\mathsf{T}\phi'(y(t))]^{-1}\phi'(y(t))^\mathsf{T} f(\phi(y(t))), \quad t \in (a, b), \quad y(0) = y_0. \tag{13.5}$$

Man beachte hier, dass die rechte Seite von (13.5) nur noch stetig ist, da die Mannigfaltigkeit Σ nach Voraussetzung lediglich in der Klasse C^1 liegt. Damit ist (13.5) mit dem Satz von Peano zwar immer noch lösbar, aber die Eindeutigkeit der Lösungen ist nicht mehr offensichtlich. Unsere Methode, die Subtangentialbedingung zu verwenden, vermeidet dieses Problem.

Eine weitere Darstellung von (13.1) in lokalen Koordinaten folgt mit $f(x) = f^r(x)\tau_r(x)$. Es ist nach Abschn. 13.1

$$[\phi'(y(t))^\mathsf{T}\phi'(y(t))]^{-1}_{ij} = g^{ij}(y(t)) \quad \text{und} \quad [\phi'(y(t))^\mathsf{T}\tau_i]_l = g_{li}(y(t)),$$

folglich

$$[[\phi'(y(t))^\mathsf{T}\phi'(y(t))]^{-1}\phi'(y(t))^\mathsf{T} f(\phi(y(t)))]^i = g^{il}g_{lr}f^r = f^i(\phi(y(t))),$$

woraus man das Problem in kontravarianten Komponenten als

$$\dot{y}^i(t) = f^i \circ \phi(y(t)), \quad i = 1, \ldots, m, \ t \in (a, b), \quad y^i(0) = y_0^i, \tag{13.6}$$

erhält. Der Vorteil der Darstellung in lokalen Koordinaten ist natürlich die kleinere Dimension m für (13.5) gegenüber n für (13.1), allerdings hat man dann gelegentlich die Parametrisierung zu wechseln.

Ljapunov-Funktionen für Differentialgleichungen auf Mannigfaltigkeiten werden ebenso definiert wie auf offenen Mengen: Eine Funktion $V \in C(\Sigma, \mathbb{R})$ heißt *Ljapunov-Funktion* für (13.1), wenn V fallend längs der Lösungen von (13.1) ist; sie heißt *strikt* wenn sie längs nichtkonstanten Lösungen streng fällt. Ist V aus C^1 so ist V genau dann eine Ljapunov-Funktion für (13.1), wenn

$$(\nabla_\Sigma V(x) | f(x)) \leq 0, \quad \text{für alle } x \in \Sigma,$$

gilt. Damit gelten das Invarianzprinzip von La Salle und der Konvergenzsatz für gradientenartige Systeme auch auf Mannigfaltigkeiten.

13.3 Linearisierung

Besonders nützlich sind lokale Darstellungen von (13.1) wie (13.6) zur Stabilitätsanalysis von Equilibria. Dazu sei x_* ein Equilibrium von (13.1), gelte also $f(x_*) = 0$ und sei $f \in C^1$ und $\Sigma \in C^2$. Wähle eine Parametrisierung ϕ mit $\phi(0) = x_*$. In einer Umgebung von x_* ist (13.1) äquivalent zum m-dimensionalen System $\dot{y}^i = f^i \circ \phi(y)$, das Equilibrium x_* entspricht $y_* = 0$. Daher ist das zugehörige linearisierte System durch

$$\dot{z} = Bz, \quad \text{mit } b_j^i = \partial_j(f^i \circ \phi)(0),$$

gegeben. Das Prinzip der linearisierten Stabilität Satz 5.4.1 lässt sich nun auf dieses m-dimensionale System anwenden: Haben alle Eigenwerte von B negative Realteile, so ist $y_* = 0$ asymptotisch stabil für (13.6), und hat mindestens ein Eigenwert von B positiven Realteil, so ist $y_* = 0$ instabil für (13.6). Mittels der Transformation $x(t) = \phi(y(t))$ übertragen sich diese Resultate auf (13.1). Wir formulieren dieses Ergebnis als

Satz 13.3.1. *Sei Σ aus C^2, $f : \Sigma \to T\Sigma$ aus C^1, und sei $f(x_*) = 0$. Setze $A :=$ $f'(x_*) \in \mathcal{B}(T_{x_*}\Sigma)$. Dann gelten die folgenden Aussagen:*

1. *Gilt* Re $\lambda < 0$ *für alle Eigenwerte von A in $T_{x_*}\Sigma$, so ist x_* asymptotisch stabil für* (13.1) *in Σ.*
2. *Gilt* Re $\lambda > 0$ *für einen Eigenwert von A in $T_{x_*}\Sigma$, so ist x_* instabil für* (13.1) *in Σ.*

Auf diese Art und Weise lassen sich auch die Sätze über die Sattelpunkteigenschaft, das verallgemeinerte Prinzip der linearisierten Stabilität, und die Resultate über die Sattel-Knoten Verzweigung, die Pitchfork- und die Hopf-Verzweigung auf Mannigfaltigkeiten übertragen. Wir überlassen die Formulierung der entsprechenden Sätze dem Leser.

Beispiel. Mathematische Genetik. Wir betrachten nochmals das Fisher-Wright-Haldane Modell aus Kap. 8.

$$(FWH) \qquad \dot{p} = PMp - W(p)p =: f(p),$$

mit $W(p) = (p|Mp)$, wobei $M \in \mathbb{R}^{n \times n}$ symmetrisch ist. Die biologisch relevante Mannigfaltigkeit ist die Hyperebene $\Sigma = \{p \in \mathbb{R}^n : (p|e) = 1\}$, sie ist invariant für dieses System. Sei $p_* \in \Sigma$ ein Equilibrium, es gelte also $f(p_*) = 0$, und es sei $p_*^i > 0$ für alle i, ein sogenannter *Polymorphismus*. Dann ist $m_{ik}p_*^k = m_{kl}p_*^k p_*^l$ für alle i. Für die Ableitung $A := f'(p_*)$ erhält man

$$a_{ij} = \partial_j f_i(p_*) = \delta_{ij}[m_{ik}p_*^k - (Mp_*|p_*)] + p_*^i[m_{ij} - 2m_{jk}p_*^k]$$
$$= p_*^i[m_{ij} - 2m_{jk}p_*^k] = p_*^i[m_{ij} - 2W(p_*)].$$

Nun ist $a_{ij}p_*^j = -W(p_*)p_*^i$, also ist p_* stets ein Eigenvektor zum Eigenwert $-W(p_*)$, ein dualer Eigenvektor ist e. $W(p)$ kann jedes Vorzeichen haben. Es ist aber $(p_*|e) = 1$, also $p_* \notin T_{p_*}\Sigma$. Die relevanten Eigenwerte λ sind hier nur die mit Eigenvektoren v, die $(v|e) = 0$ erfüllen. Daher folgt aus Satz 13.3.1, dass p_* asymptotisch stabil für (FWH) in Σ ist, falls alle Eigenwerte von A mit Eigenvektor senkrecht zu e negative Realteile haben, und instabil falls es einen Eigenvektor senkrecht auf e zu einem Eigenwert mit positivem Realteil gibt.

Als generelle Regel sind Resultate über Differentialgleichungen im $\mathbb{R}^n$, die lokaler Natur sind, also an Equilibria, auch auf Mannigfaltigkeiten gültig. Andererseits sind globale Resultate nicht ohne weiteres übertragbar. Satz 7.3.5 über Existenz periodischer Lösungen bzw. von Equilibria ist auf allgemeinen kompakten Mannigfaltigkeiten falsch, wie auch der Satz von Poincaré-Bendixson für zweidimensionale Mannigfaltigkeiten nicht gilt. Der irrationale Fluss auf dem Torus (9.3) aus Abschn. 9.2 belegt dies. Für globale Resultate spielt die Topologie der Mannigfaltigkeit eine wichtige Rolle.

13.4   Zwangsbedingungen

1. Es sei $f : \mathbb{R}^n \to \mathbb{R}^n$ stetig gegeben, und die Mannigfaltigkeit $\Sigma = g^{-1}(0)$ wobei $g : \mathbb{R}^n \to \mathbb{R}^{n-m}$ aus C^1 sei, derart dass der Rang von $g'(x)$ gleich $n - m$ für jedes $x \in \Sigma$ ist. Die Differentialgleichung $\dot{x} = f(x)$ wird dann Σ in der Regel nicht invariant lassen, die Bedingung $g(x) = 0$ ist eine **Zwangsbedingung**. Wie muss das Vektorfeld f modifiziert werden, sodass die Zwangsbedingung erfüllt ist? Offenbar muss $f(x)$ in $x \in \Sigma$ auf $T_x \Sigma$ projiziert werden. Die einfachste und natürlichste Art ist die orthogonale Projektion des Vektorfelds auf das Tangentialbündel von Σ. Diese lässt sich mittels g' leicht bestimmen. Dazu sei $x \in \Sigma$ fixiert, und $a \in \mathbb{R}^n$ beliebig. Wir suchen dann ein $v \in \mathbb{R}^{n-m}$, sodass der Vektor $a - [g'(x)]^\mathsf{T} v \in T_x \Sigma = N(g'(x))$ ist. Wendet man $g'(x)$ auf diese Gleichung an, so erhält man

$$0 = g'(x)(a - [g'(x)]^\mathsf{T} v) = g'(x)a - g'(x)[g'(x)]^\mathsf{T} v.$$

Da $g'(x)$ Rang $n - m$ hat, ist $[g'(x)g'(x)^\mathsf{T}] : \mathbb{R}^{n-m} \to \mathbb{R}^{n-m}$ invertierbar, also

$$v = (g'(x)[g'(x)]^\mathsf{T})^{-1} g'(x)a,$$

und damit die orthogonale Projektion $P_\Sigma(x)$ auf $T_x \Sigma$ durch

$$P_\Sigma(x) = I - [g'(x)]^\mathsf{T} (g'(x)[g'(x)]^\mathsf{T})^{-1} g'(x), \quad x \in \Sigma, \tag{13.7}$$

gegeben. Das modifizierte Vektorfeld $\tilde{f}(x) = P_\Sigma(x) f(x)$ hat nun die Eigenschaft, ein Tangentenvektorfeld an Σ zu sein.

Die zweite Möglichkeit der Darstellung von $\tilde{f}(x)$ verwendet den Tensor $\mathcal{G} = g^{ij} \tau_i \otimes \tau_j$, der unabhängig von der Wahl der Koordinaten ist. Damit erhält man

$$\tilde{f}(x) = P_\Sigma(x) f(x) = g^{ij} \tau_i (f(x)|\tau_j) = g^{ij} \tau_i f_j(x) = f^i(x) \tau_i, \quad x \in \Sigma.$$

Diese Darstellung ergibt auf sehr einfache Weise die lokalen Gleichungen $\dot{x}^i = f^i(x)$, verbirgt aber die Projektion auf Σ, und verwendet lokale Koordinaten.

Beispiel 1.

(i) Sei $\Sigma = \mathbb{S}^{n-1}$ die Einheitssphäre im $\mathbb{R}^n$, also $g(x) = (|x|_2^2 - 1)/2$, und $k = n - 1$. Hier haben wir $g'(x) = x^\mathsf{T}$, also $P_\Sigma(x) = I - x \otimes x$. Die zugehörige Differentialgleichung lautet dann

$$\dot{x} = f(x) - (f(x)|x)x,$$

die offenbar die Menge $|x|_2^2 = 1$ invariant lässt.

(ii) *Polardarstellung.* Sei $f : \mathbb{R}^n \setminus \{0\} \to \mathbb{R}^n$ lokal Lipschitz. Setze $r = |x|_2$ und $z = x/r$, also $|z|_2 = 1$. Die Differentialgleichung $\dot{x} = f(x)$ kann als Gleichung auf der Mannigfaltigkeit $\Sigma = (0, \infty) \times \mathbb{S}^{n-1}$ aufgefasst werden. Es ist nämlich mit $g(r, z) = f(rz)/r$,

$$\dot{r} = \frac{(\dot{x}|x)}{r} = (f(x)|z) = (f(rz)|z) = r(g(r,z)|z),$$

und

$$\dot{z} = \frac{\dot{x}}{r} - \frac{x\,\dot{r}}{r\,r} = \frac{f(x)}{r} - z(g(r,z)|z) = g(r,z) - z(g(r,z)|z).$$

Damit ist $\dot{x} = f(x)$ äquivalent zu

$$\dot{r} = r(g(r,z)|z), \quad \dot{z} = g(r,z) - z(g(r,z)|z)$$

auf Σ. Ist nun g unabhängig von r, so entkoppelt die Gleichung für z von der für r, und r kann nach Kenntnis von z durch Integration bestimmt werden. Dies ist der Fall wenn f positiv homogen ist (vgl. Abschn. 7.4). Der zweite Extremfall ist $g(r,z) = \phi(r)z$; dann ist $\dot{z} \equiv 0$ und wir haben das eindimensionale Problem $\dot{r} = r\phi(r)$ für r.

2. Als nächstes betrachten wir ein System 2. Ordnung mit Zwangsbedingungen, also

$$\ddot{x} = f(x, \dot{x}), \quad t \in \mathbb{R}, \quad x(0) = x_0, \ \dot{x}(0) = x_1, \tag{13.8}$$

$$g(x) = 0, \tag{13.9}$$

wobei $f : \mathbb{R}^n \times \mathbb{R}^n \to \mathbb{R}^n$ lokal Lipschitz, $g : \mathbb{R}^n \to \mathbb{R}^{n-m}$ aus C^2 sind, und $g'(x)$ habe Rang $n - m$ für alle $x \in g^{-1}(0)$. Hier gehen wir folgendermaßen vor. Das Vektorfeld f wird modifiziert zu $\tilde{f} = f - [g']^\mathsf{T}a$, wobei $a \in \mathbb{R}^{n-m}$ so zu bestimmen ist, dass die Zwangsbedingung erfüllt ist. Dazu sei $x(t)$ eine Lösung des Problems mit $\tilde{f}$, die $g(x(t)) = 0$ für alle t erfüllt. Zweimalige Differentiation dieser Gleichung ergibt

$$g'(x(t))\dot{x}(t) = 0, \quad g''(x(t))\dot{x}(t)\dot{x}(t) + g'(x(t))\ddot{x}(t) = 0,$$

also

$$-g''(x(t))\dot{x}(t)\dot{x}(t) = g'(x(t))\ddot{x}(t) = g'\tilde{f} = g'(x(t))(f(x(t), \dot{x}(t)) - [g'(x(t))]^\mathsf{T}a),$$

folglich

$$a = (g'(x(t))[g'(x(t))]^\mathsf{T})^{-1}(g'(x(t))f(x(t), \dot{x}(t)) + g''(x(t))\dot{x}(t)\dot{x}(t)).$$

Damit erhalten wir für das modifizierte Vektorfeld

$$\tilde{f}(x, y) = f(x, y) - [g'(x)]^\mathsf{T}(g'(x)[g'(x)]^\mathsf{T})^{-1}[g'(x)f(x, y) + g''(x)yy].$$

Beispiel 2. Das dreidimensionale Pendel. Wir betrachten nochmals das Pendel der Länge l mit Aufhängung in 0. Die Schwerkraft wirke in negativer x_3-Richtung mit Konstante γ, die Pendelmasse sei $m = 1$. Es sei $x(t)$ die Position des Pendels, $y(t) = \dot{x}(t)$ dessen Geschwindigkeit. Dies ergibt die Zwangsbedingung $g(x) = (|x|_2^2 - l^2)/2 = 0$, und das Vektorfeld f ist $f(x) = -\gamma e_3$.

Es ist $g'(x) = x^\mathsf{T}$, also $g'(x)[g'(x)]^\mathsf{T} = |x|_2^2 = l^2$, sowie $g''(x) = I$. Dies führt zur folgenden Gleichung für das dreidimensionale Pendel auf Σ:

$$\ddot{x} = -\gamma e_3 - x(|\dot{x}|_2^2 - \gamma x_3)/l^2, \quad x(0) = x_0, \ \dot{x}(0) = x_1. \tag{13.10}$$

Man sieht sofort, dass wie zu erwarten die Energie $E = \frac{1}{2}|\dot{x}|_2^2 + \gamma x_3$ eine Erhaltungsgröße ist, da $(\dot{x}|x) = 0$ gilt, und dass für einen Vektor $v \neq 0$ mit $(x_0|v) = (x_1|v) = (e_3|v) = 0$ auch $(x(t)|v) = 0$ für alle $t \in \mathbb{R}$ gilt, d. h. die Schwingung bleibt eben wenn sie eben beginnt. Der zweite Term auf der rechten Seite von (13.10), also die Zwangskraft heißt *Zentrifugalkraft.*

3. Eine weitere Quelle für Zwangsbedingungen liefern singuläre Grenzwerte von Differentialgleichungen. Um dies zu erläutern, betrachten wir eine Anwendung aus der chemischen Reaktionstechnik, die an Abschn. 8.7 anknüpft. Dazu sei ein chemisches Reaktionssystem in einem Rührkessel gegeben, in dem sowohl Konvektion und langsame Reaktionen stattfinden, aber auch sehr schnelle Gleichgewichtsreaktionen wie z. B. ionische Reaktionen ablaufen. Ein Modell dafür ist das System

$$\dot{x} = f(x) + kNr(x), \tag{13.11}$$

wobei $x \in \mathrm{int}\,\mathbb{R}^n_+$ den Vektor der Konzentrationen bedeutet. Die Konvektionsterme und die langsamen Reaktionen seien im Vektor $f(x)$ zusammengefasst und $Nr(x)$ bedeutet die m schnellen Reaktionen, die wir in der in Abschn. 8.7 angegebenen Form annehmen, und k ist ein Maß für deren Geschwindigkeit. Daher würde man gern zum Grenzfall $k \to \infty$ übergehen. Dann würden die schnellen Reaktionen instantan, also wäre deren Gleichgewicht stets eingestellt, d. h. die Gleichung $Nr(x) = 0$ tritt hier natürlicherweise als Zwangsbedingung auf. Der Einfachheit halber nehmen wir nun an, dass die schnellen Reaktionen linear unabhängig sind, d. h. N ist injektiv. Dann vereinfacht sich die Zwangsbedingung zu $r(x) = 0$.

Wie sehen hier die natürlichen Gleichungen auf der Mannigfaltigkeit $\Sigma = r^{-1}(0)$ aus? Wir suchen dazu wie zuvor ein möglichst einfaches Vektorfeld $\tilde{f}$ das tangential zu Σ ist, allerdings ist die orthogonale Projektion hier nicht geeignet. Da die schnellen Reaktionen nur im Bild von N aktiv sind, ist der Ansatz $\tilde{f} = f - Na$ natürlich. Ist nun x eine Lösung von $\dot{x} = \tilde{f}(x)$, die in Σ liegt, so erhalten wir wie in 1.

$$0 = \frac{d}{dt}r(x) = r'(x)\dot{x} = r'(x)\tilde{f}(x) = r'(x)f(x) - r'(x)Na,$$

also $a = (r'(x)N)^{-1}r'(x)f(x)$, woraus sich das modifizierte Vektorfeld

$$\tilde{f} = f - N(r'(x)N)^{-1}r'(x)f(x) =: P(x)f(x)$$

ergibt. Dabei ist zu beachten, dass $r'(x)N : \mathbb{R}^m \to \mathbb{R}^m$ tatsächlich für alle $x \in \Sigma \cap \mathrm{int}\,\mathbb{R}^n_+$ invertierbar ist. Um dies zu sehen, erinnern wir an die Form von $r(x)$; dabei seien $\kappa_j = k_j^+/k$ konstant. Es gilt für $x \in \Sigma$

$$r_j(x) = \kappa_j(-x^{v_j^+} + K_j x^{v_j^-}),$$

also

$$\partial_i r_j(x) = -\frac{v_{ij}^+}{x_i}\kappa_j x^{v_j^+} + \frac{v_{ij}^-}{x_i}\kappa_j K_j x^{v_j^-} = -\frac{v_{ij}}{x_i}\kappa_j x^{v_j^+}.$$

Setzt man nun $X = \mathrm{diag}\{x_1, \ldots, x_n\}$ und $D = \mathrm{diag}\{\kappa_1 x^{v_1^+}, \ldots, \kappa_m x^{v_m^+}\}$, so folgt

$$r'(x) = -DN^\mathsf{T}X^{-1}, \quad r'(x)N = -DN^\mathsf{T}X^{-1}N.$$

Damit ist aufgrund der Injektivität von N klar, dass $r'(x)N$ invertierbar ist, und für die Projektion $P(x)$ erhalten wir die alternative Darstellung

$$P(x) = I - N(N^\mathsf{T}X^{-1}N)^{-1}N^\mathsf{T}X^{-1}.$$

Man kann unter realistischen Annahmen über f zeigen, dass $\tilde{f}$ tatsächlich das Vektorfeld ist, das beim Grenzübergang $k \to \infty$ aus (13.11) entsteht.

13.5 Geodätische

1. Sei $\Sigma \subset \mathbb{R}^n$ eine zusammenhängende m-dimensionale C^2-Mannigfaltigkeit. Von besonderem Interesse sind die in Σ zwei Punkte $a, b \in \Sigma$ verbindenden Kurven minimaler Länge, die *Geodätischen*. In diesem Abschnitt leiten wir die Differentialgleichung für die Geodätischen her, und untersuchen ihre Eigenschaften. Da jedes Teilstück einer Geodätischen ebenfalls eine Geodätische ist, nehmen wir zunächst an, dass die Geodätische in einer Karte U_ϕ liegt, die zur Parametrisierung ϕ von Σ gehört. Es seien also $a = \phi(\alpha)$ und $b = \phi(\beta)$, und $x(t) = \phi(y(t))$ eine C^1-Kurve $\gamma(x)$ in U_ϕ, die a und b verbindet. Ihre Länge ist

$$l(\gamma(x)) = \int_0^T |\dot{x}(t)|_2 dt = \int_0^T |\dot{y}^k(t)\tau_k(t)|_2 dt = \int_0^T \sqrt{g_{kl}(y(t))\dot{y}^k(t)\dot{y}^l(t)}\,dt.$$

Sei $x(t) = \phi(y(t))$ die Parametrisierung einer Geodätischen der Klasse C^2 von a nach b. O.B.d.A. kann man annehmen, dass t die Bogenlänge ist, also dass $|\dot{x}(t)|_2 = 1$ für alle $t \in [0, T]$ ist. Variiert man nun $x(t)$ gemäß $u(t; s) := \phi(y(t) + sz(t))$, so hat die Funktion $s \mapsto l(\gamma(u(\cdot; s)))$ für jedes $z \in C^1([0, T], \mathbb{R}^m)$ mit $z(0) = z(T) = 0$ in $s = 0$ ein Minimum, daher gilt $dl(\gamma(u(\cdot; 0)))/ds = 0$. Differentiation des Integranden $|\dot{u}(t; s)|_2$ nach s ergibt

$$\frac{d}{ds}|\dot{u}(t; s)|_2 = (2|\dot{u}(t; s)|_2)^{-1}\frac{d}{ds}[g_{kl}(y + sz)(\dot{y}^k + s\dot{z}^k)(\dot{y}^l + s\dot{z}^l)]$$

$$= (2|\dot{u}(t; s)|_2)^{-1}[\partial_j g_{kl}z^j(\dot{y}^k + s\dot{z}^k)(\dot{y}^l + s\dot{z}^l) + 2g_{kl}\dot{y}^k\dot{z}^l + 2sg_{kl}\dot{z}^k\dot{z}^l],$$

also für $s = 0$,

$$\frac{d}{ds}|\dot{u}(t; 0)|_2 = \frac{1}{2}\partial_j g_{kl}z^j\dot{y}^k\dot{y}^l + g_{kl}\dot{y}^k\dot{z}^l,$$

da $|\dot{x}(t)|_2 = 1$ ist. Dies ergibt die Beziehung

$$0 = \frac{d}{ds}l(\gamma(u(\cdot; 0))) = \int_0^T \left(\frac{1}{2}\partial_j g_{kl}(y(t))z^j(t)\dot{y}^k(t)\dot{y}^l(t) + g_{kl}(y(t))\dot{y}^k(t)\dot{z}^l(t)\right) dt,$$

also nach partieller Integration des zweiten Summanden mit $z(0) = z(T) = 0$,

$$0 = \int_0^T z^j(t)[\frac{1}{2}\partial_j g_{kl}(y(t))\dot{y}^k(t)\dot{y}^l(t) - \partial_l g_{kj}(y(t))\dot{y}^k(t)\dot{y}^l(t) - g_{kj}(y(t))\ddot{y}^k]dt.$$

Setzt man nun

$$\Lambda_{kl|j} = \frac{1}{2}[\partial_k g_{jl} + \partial_l g_{jk} - \partial_j g_{kl}], \quad \Lambda^r_{kl} = g^{rj}\Lambda_{kl|j},$$

so folgt mit einer Umbenennung in der Summation,

$$\partial_l g_{kj}\xi^k\xi^l = \partial_k g_{lj}\xi^k\xi^j,$$

die Relation

$$0 = \int_0^T z^j(t)[\Lambda_{kl|j}(y(t))\dot{y}^k(t)\dot{y}^l(t) + g_{kj}(y(t))\ddot{y}^k]dt.$$

Da die Testfunktionen in $L_2(0, T)$ dicht liegen, und die z^j beliebig aus C^1 mit Randwerten 0 gewählt werden können, folgt

$$\Lambda_{kl|j}(y(t))\dot{y}^k(t)\dot{y}^l(t) + g_{kj}(y(t))\ddot{y}^k = 0 \quad \text{für alle } t \in [0, T], \ j = 1, \dots, m,$$

oder nach Multiplikation mit g^{jr} und Summation über j

$$\ddot{y}^r + \Lambda^r_{kl}(y)\dot{y}^k\dot{y}^l = 0, \quad t \in [0, T], \ r = 1, \dots, m. \tag{13.12}$$

2. Dies sind die Differentialgleichungen der Geodätischen bzgl. ihrer Bogenlänge in lokalen Koordinaten. Die Koeffizienten Λ^r_{kl} heißen *Christoffel-Symbole* und spielen in der Differentialgeometrie eine wichtige Rolle. Eine andere Darstellung der Christoffel-Symbole erhält man so: Setze $\tau_{kj} := \partial_k\tau_j = \partial_k\partial_j\phi = \tau_{jk}$; dann folgt

$$
\begin{aligned}
2\Lambda_{kl|j} &= \partial_k g_{jl} + \partial_l g_{jk} - \partial_j g_{kl}\\
&= \partial_k(\tau_j|\tau_l) + \partial_l(\tau_j|\tau_k) - \partial_j(\tau_k|\tau_l)\\
&= (\tau_{jk}|\tau_l) + (\tau_j|\tau_{kl}) + (\tau_{jl}|\tau_k) + (\tau_j|\tau_{kl}) - (\tau_{kj}|\tau_l) - (\tau_k|\tau_{lj})\\
&= 2(\tau_{kl}|\tau_j),
\end{aligned}
$$

also gelten die Beziehungen

$$\Lambda_{kl|j} = (\tau_{kl}|\tau_j), \quad \Lambda^r_{kl} = g^{rj}\Lambda_{kl|j}.$$

Diese bedeuten, dass die Christoffel-Symbole Λ^r_{kl} die kontravarianten Komponenten der Projektion der Vektoren τ_{kl} auf den Tangentialraum von Σ sind und entsprechend $\Lambda_{kl|j}$ die kovarianten.

Ist $x(t)$ eine C^2-Kurve auf Σ, parametrisiert über die Bogenlänge, so ist $|\ddot{x}(t)|_2$ ihre Krümmung. Mit $x(t) = \phi(y(t))$ folgt

$$\dot{x} = \tau_k\dot{y}^k, \quad \ddot{x} = \tau_k\ddot{y}^k + \tau_{kl}\dot{y}^k\dot{y}^l.$$

Die Projektion von $\ddot{x}$ auf den Tangentialraum ist damit

$$P_\Sigma\ddot{x} = \tau_r\ddot{y}^r + P_\Sigma\tau_{kl}\dot{y}^k\dot{y}^l = \tau_r(\ddot{y}^r + \Lambda^r_{kl}\dot{y}^k\dot{y}^l),$$

$|P_\Sigma\ddot{x}(t)|_2$ wird *geodätische Krümmung* genannt. Diese ist somit für eine Geodätische gleich Null, die Geodätischen sind die Kurven auf Σ verschwindender geodätischer Krümmung.

Um zu einer koordinatenfreien Form der Gleichung für die Geodätischen zu kommen, beachte man die Relationen

$$\tau_r\Lambda^r_{kl}\dot{y}^k\dot{y}^l = P_\Sigma\tau_{kl}(\tau^k|\dot{x})(\tau^l|\dot{x}),$$

somit erhalten wir

$$\ddot{x} = (I - P_\Sigma)\tau_{kl}(\tau^k|\dot{x})(\tau^l|\dot{x}).$$

Als nächstes gilt

$$\nabla_\Sigma P_\Sigma = \nabla_\Sigma \tau_l \otimes \tau^l = \tau^k \otimes \partial_k(\tau_l \otimes \tau^l) = \tau^k \otimes [\tau_{kl} \otimes \tau^l + \tau_i \otimes \partial_k \tau^i],$$

sowie

$$0 = \partial_k(\tau_l|\tau^i) = (\tau_{kl}|\tau^i) + (\tau_l|\partial_k \tau^i),$$

also

$$P_\Sigma \partial_k \tau^i = (\partial_k \tau^i|\tau_l)\tau^l = -(\tau_{kl}|\tau^i)\tau^l,$$

was auf

$$\nabla_\Sigma P_\Sigma = \tau^k \otimes (\tau_{kl} - P_\Sigma \tau_{kl}) \otimes \tau^l$$

führt. Die invariante Darstellung der Gleichung für die Geodätischen in Bogenlänge lautet damit

$$\ddot{x} = (\dot{x}|[\nabla_\Sigma P_\Sigma(x)]\dot{x}). \tag{13.13}$$

Man beachte, dass $\ddot{x}(t)$ senkrecht auf $T_{x(t)}\Sigma$ steht, also gilt $(\ddot{x}(t)|\dot{x}(t)) = 0$. Folglich ist $|\dot{x}|_2 \equiv 1$ für $|\dot{x}(0)|_2 = 1$, daher beschreibt (13.13) Geodätische in Bogenlänge. Dass (13.13) tatsächlich Lösungen $x(t)$ hat, die in Σ bleiben, wenn die Anfangswerte $x(0) = x_0 \in \Sigma$ und $\dot{x}(0) = x_1 \in T_{x_0}\Sigma$ sind, sieht man folgendermaßen.

$$\frac{d}{dt}[P_\Sigma(x)\dot{x} - \dot{x}] = (\dot{x}|\nabla_\Sigma P_\Sigma(x)\dot{x}) + P_\Sigma(x)\ddot{x} - \ddot{x} = P_\Sigma(x)\ddot{x} = 0.$$

Schreibt man (13.13) als System

$$\dot{x} = v, \quad \dot{v} = (v|[\nabla_\Sigma P_\Sigma(x)]v), \tag{13.14}$$

so wird deutlich, dass mit $|v|_2 \equiv 1$ auch Beschränktheit von $x(t)$ auf endlichen Zeitintervallen folgt, d. h. die Lösungen existieren global. Man beachte auch die Invarianz der Gleichung unter Zeitumkehr, daher genügt es sie für positive t zu betrachten. Ist die Mannigfaltigkeit aus C^2, dann ist $\nabla_\Sigma P_\Sigma(x)$ lediglich stetig, daher ist zwar globale

Existenz für das Anfangswertproblem mit dem Satz von Peano gesichert, aber Eindeutigkeit der Lösungen bleibt unklar. Aber natürlich sind die Lösungen eindeutig, wenn Σ
zur Klasse C^3 gehört, was in der Differentialgeometrie ohnehin meist gefordert wird. In
diesem Fall erzeugt (13.13) also einen globalen Fluss auf Σ, den wir den *geodätischen
Fluss* nennen. Wir fassen zusammen

Satz 13.5.1. *Sei $\Sigma \subset \mathbb{R}^n$ eine zusammenhängende m-dimensionale Mannigfaltigkeit der
Klasse C^3. Dann besitzt (13.13) zu jedem Anfangswert $x_0 \in \Sigma$, $x_1 \in T_{x_0}\Sigma$, $|x_1|_2 = 1$
genau eine globale Lösung in Σ. Daher erzeugt (13.13) einen globalen Fluss auf Σ,
den* geodätischen *Fluss. Ferner gilt $|\dot{x}|_2 = 1$, d. h. x ist die Parameterdarstellung der
Geodätischen $\gamma(x)$ in der Bogenlänge.*

Betrachten wir ein einfaches

Beispiel. Der geodätische Fluss auf der Sphäre. Sei $\Sigma = \mathbb{S}^{n-1} = \partial B_1(0) \subset \mathbb{R}^n$. Dann ist
$(P_\Sigma u|v) = (u|v) - (x|u)(v|x)$, also $\nabla_x(P_\Sigma u|v) = -u(v|x) - (u|x)v$, $v(x) = x$, somit
$(v|(\nabla_x P_\Sigma u|v)) = -2(x|u)(x|v)$, und schließlich

$$\nabla_\Sigma(P_\Sigma u|v) = -(v|x)u - (u|x)v + 2x(u|x)(v|x).$$

Dies ergibt mit $u = \dot{x}$ und $(x|\dot{x}) = 0$

$$(\dot{x}|\nabla_\Sigma(P_\Sigma \dot{x}|v)) = -(v|x)|\dot{x}|_2^2 = -(v|x),$$

folglich ist

$$\ddot{x} = -x$$

die Gleichung der Geodätischen auf der Sphäre.

3. Sei Σ als Nullstellenmenge $\Sigma = g^{-1}(0)$ gegeben, wobei $g : \mathbb{R}^n \to \mathbb{R}^{n-m}$ aus der
Klasse C^2 sei, und $g'(x)$ habe vollen Rang für jedes $x \in \Sigma$. Dann gilt in einem Punkt
$x \in \Sigma$

$$g'(x)\tau_k = 0, \quad g''(x)\tau_k\tau_l + g'(x)\tau_{kl} = 0, \quad k, l = 1, \dots, m.$$

Da in diesem Fall $P_\Sigma = I - [g']^\mathsf{T}(g'[g']^\mathsf{T})^{-1}g'$ ist, folgt

$$\tau_{kl} - P_\Sigma \tau_{kl} = -[g']^\mathsf{T}(g'[g']^\mathsf{T})^{-1}g''\tau_k\tau_l.$$

Daher bekommt (13.13) in diesem Fall die folgende Form

$$\ddot{x} = -[g'(x)]^{\mathsf{T}}(g'(x)[g'(x)]^{\mathsf{T}})^{-1}(g''(x)\dot{x}\dot{x}).$$

Dies ist genau die Gleichung für ein Problem 2. Ordnung mit der Zwangsbedingung $g(x) = 0$, wenn das Vektorfeld $f(x, \dot{x}) = 0$ ist; vgl. Abschn. 13.4. Daher kann man eine Geodätische als Bahn eines Teilchens mit Geschwindigkeit Eins auf Σ in Abwesenheit von Kräften interpretieren.

Nochmals bezugnehmend auf Abschnitt 13.4 ist somit

$$\tilde{f}(x, y) = P_\Sigma f(x, y) + (y|\nabla_\Sigma P_\Sigma y).$$

Also wird die durch Σ vorgegebene Zwangsbewegung eines Teilchens im Kraftfeld f durch die Differentialgleichung

$$\ddot{x} = P_\Sigma(x) f(x, \dot{x}) + (\dot{x}|\nabla_\Sigma P_\Sigma(x)\dot{x}) \tag{13.15}$$

beschrieben. Das effektive Kraftfeld ist die Summe aus dem auf $T\Sigma$ projizierten Kraftfeld f und der Zwangskraft aus der Gleichung für die Geodätischen. Ist $f(x, \dot{x}) = -\nabla\psi(x)$, so folgt auch hier Energieerhaltung

$$\frac{d}{dt}[\frac{1}{2}|\dot{x}(t)|_2^2 + \psi(x(t))] = 0,$$

da $\dot{x}(t) \in T_{x(t)}\Sigma$ ist und der geodätische Term auf $T_{x(t)}\Sigma$ senkrecht steht. Die Zwangsbedingung verbraucht also keine Energie, sofern sie nicht Reibung erzeugt.

Ist allgemeiner $f(x, \dot{x}) = -\nabla\psi(x) - g(\dot{x})$, so erhält man entsprechend

$$\dot{E}(t) := \frac{d}{dt}[\frac{1}{2}|\dot{x}(t)|_2^2 + \psi(x(t))] = -(g(\dot{x})|\dot{x}),$$

also ist die Energie auch hier eine Ljapunov-Funktion wenn $(g(u)|u) \geq 0$ für alle $u \in \mathbb{R}^n$ gilt, und eine strikte, falls $(g(u)|u) > 0$ für alle $u \neq 0$ gilt. Daher lassen sich die Resultate für $\ddot{x} + g(\dot{x}) + \nabla\psi(x) = 0$ im $\mathbb{R}^n$ auf das entsprechende Problem (13.15) mit Zwangsbedingungen übertragen.

13.6 Das Zweikörperproblem

Zum Abschluss dieses Buchs kehren wir an den Ausgangspunkt, nämlich zu Newton zurück. In diesem Abschnitt kommt es nicht so sehr auf Theorie an, sondern auf eine geschickte Parametrisierung, die die Erhaltungssätze, also die invarianten Mannigfaltigkeiten des Problems ausnutzt. Wir denken, dass die Analysis des Zweikörperproblems zur Allgemeinbildung jedes Mathematikers gehört.

Es sei x_j die Position des Körpers K_j, dessen Masse sei m_j, $j = 1, 2$. Newtons Ansatz beruht auf der Annahme, dass die Körper sich anziehen, die wirkende Kraft ist proportional zum inversen Quadrat ihres Abstands. Dies führt auf die Gleichungen

$$m_1 \ddot{x}_1 = \phi'(|x_1 - x_2|_2) \frac{x_1 - x_2}{|x_1 - x_2|_2}, \qquad x_1(0) = x_{10}, \ \dot{x}_1(0) = x_{11},$$

$$m_2 \ddot{x}_2 = -\phi'(|x_1 - x_2|_2) \frac{x_1 - x_2}{|x_1 - x_2|_2}, \qquad x_2(0) = x_{20}, \ \dot{x}_2(0) = x_{21}.$$

Hierbei ist $\phi : \mathbb{R}_+ \to \mathbb{R}_+$ aus C^2, im Newtonschen Fall $\phi(r) = \gamma m_1 m_2 / r$, wobei $\gamma > 0$ die *Gravitationskonstante* bezeichnet.

1. *Reduktion auf ein Zentralfeldproblem.* Die Hauptvariable in diesem System ist $x = x_1 - x_2$. Nur diese tritt in den Kräften auf, daher ist es naheliegend, eine Gleichung für x herzuleiten. Dazu beachte man, dass $m_1 \ddot{x}_1 + m_2 \ddot{x}_2 = 0$ ist, also ist die Bewegung des *Schwerpunktes* x_S definiert durch

$$x_S = \frac{m_1 x_1 + m_2 x_2}{m_1 + m_2}$$

linear. Genauer gilt

$$x_S(t) = x_{S0} + x_{S1} t, \quad x_{S0} = \frac{m_1 x_{10} + m_2 x_{20}}{m_1 + m_2}, \ x_{S1} = \frac{m_1 x_{11} + m_2 x_{21}}{m_1 + m_2};$$

physikalisch ist dies die Erhaltung des Gesamtimpulses. Nun ist

$$x_1 = x + x_2 = x + \frac{m_1 + m_2}{m_2} \cdot \frac{m_2 x_2}{m_1 + m_2} = x + \frac{m_1 + m_2}{m_2} x_S - \frac{m_1}{m_2} x_1,$$

folglich

$$x_1 = x_S + \frac{m_2}{m_1 + m_2} x;$$

ebenso erhält man

$$x_2 = x_S - \frac{m_1}{m_1 + m_2} x.$$

Diese Gleichungen zeigen, dass es genügt, die Variable x zu betrachten. Wegen $\ddot{x}_S = 0$ folgt aus diesen Identitäten

$$\frac{m_1 m_2}{m_1 + m_2} \ddot{x} = m_1 \ddot{x}_1 = \phi'(|x|_2) \frac{x}{|x|_2},$$

also ist das Problem auf das *Zentralfeldproblem*

$$m\ddot{x} = \phi'(|x|_2)\frac{x}{|x|_2}, \quad x(0) = x_0, \ \dot{x}(0) = x_1, \tag{13.16}$$

reduziert, wobei $m := m_1 m_2/(m_1 + m_2)$ die sog. *reduzierte Masse* bezeichnet.

2. Das Problem (13.16) besitzt zwei Erhaltungssätze, nämlich Energie und Drehimpuls. Diese erhält man wie folgt. Multipliziere (13.16) skalar mit $\dot{x}$; dies ergibt

$$\frac{d}{dt}[\frac{m}{2}|\dot{x}|_2^2 - \phi(|x|_2)] = (m\ddot{x} - \phi'(|x|_2)\frac{x}{|x|_2}|\dot{x}) = 0,$$

also ist die Energie E konstant:

$$\frac{m}{2}|\dot{x}|_2^2 - \phi(|x|_2) \equiv E.$$

Als nächstes bildet man das Kreuzprodukt von (13.16) mit x; das führt auf

$$0 = \phi'(|x|_2)\frac{x \times x}{|x|_2} = m\ddot{x} \times x = m\frac{d}{dt}(\dot{x} \times x),$$

also ist $\dot{x} \times x \equiv a$ konstant. Dies bedeutet, dass sowohl x als auch $\dot{x}$ für alle Zeiten orthogonal zu a sind. Ist $a = 0$, dann sind x und $\dot{x}$ sogar linear abhängig, also ebenfalls orthogonal zu einem Vektor $a \neq 0$. Daher läuft die Bewegung in der Ebene $(x|a) = 0$ ab.

3. Aus diesem Grund ist es naheliegend, das Koordinatensystem für die Parametrisierung so zu wählen, dass $a = e_3$ ist; man erhält dann $x_3 \equiv 0$. In der (x_1, x_2)-Ebene führt man zweckmäßigerweise Polarkoordinaten $x_1 = r \cos\theta, x_2 = r \sin\theta$ ein. Dann folgt

$$\dot{x}_1 = \dot{r} \cos\theta - r\dot{\theta} \sin\theta, \quad \dot{x}_2 = \dot{r} \sin\theta + r\dot{\theta} \cos\theta,$$

also insbesondere

$$|\dot{x}|_2^2 = \dot{r}^2 + r^2\dot{\theta}^2, \quad E = \frac{m}{2}[\dot{r}^2 + r^2\dot{\theta}^2] - \phi(r).$$

Weiter gilt

$$\dot{r} = \dot{x}_1 \cos\theta + \dot{x}_2 \sin\theta, \quad r\dot{\theta} = -\dot{x}_1 \sin\theta + \dot{x}_2 \cos\theta,$$

folglich

$$\ddot{r} = \ddot{x}_1 \cos\theta + \ddot{x}_2 \sin\theta + (-\dot{x}_1 \sin\theta + \dot{x}_2 \cos\theta)\dot{\theta} = \phi'(r)/m + r\dot{\theta}^2,$$

und

$$r\ddot{\theta} + \dot{r}\dot{\theta} = -\ddot{x}_1\sin\theta + \ddot{x}_2\cos\theta - (\dot{x}_1\cos\theta + \dot{x}_2\sin\theta)\dot{\theta} = -\dot{r}\dot{\theta},$$

also

$$r\ddot{\theta} + 2\dot{r}\dot{\theta} = 0.$$

Die letzte Gleichung ergibt nach Multiplikation mit r

$$\frac{d}{dt}r^2\dot{\theta} = 0, \quad \text{also} \quad r^2\dot{\theta} \equiv h, \tag{13.17}$$

das 2. *Keplersche Gesetz*, welches physikalisch die Erhaltung des Drehimpulses beschreibt. Setzt man diese Gleichung in die Gleichung für r ein, so erhält man die von θ entkoppelte Gleichung für r:

$$\ddot{r} = \frac{1}{m}\phi'(r) + \frac{h^2}{r^3}. \tag{13.18}$$

Gl. (13.17) eingesetzt in die Energie führt schließlich auf

$$\frac{m}{2}[\dot{r}^2 + \frac{h^2}{r^2}] - \phi(r) = E. \tag{13.19}$$

4. Auf diese Weise konnte das ursprünglich 12-dimensionale System unter Ausnutzung der vorhandenen Symmetrien und invarianten Mannigfaltigkeiten, sowie durch geschickte Parametrisierung auf eine einzige Differentialgleichung 1. Ordnung, nämlich auf die für r zurückgeführt werden. Hat man r bestimmt, so folgt θ durch Integration der Gleichung $\dot{\theta} = h/r^2$. Das Potential $\phi(r)$ tritt nur noch in der Gleichung für r auf. Um die Bahnkurven zu bestimmen, beachte man, dass im generischen Fall $h > 0$ die Funktion $\theta(t)$ strikt monoton, also invertierbar ist. Daher suchen wir r als Funktion von θ anstelle als Funktion von t. Nun gilt mit $u = h/r$ und der Kettenregel

$$\dot{r} = r'\dot{\theta} = r'\frac{h}{r^2} = -u',$$

also ergibt (13.19)

$$u'^2 + u^2 = \frac{2E}{m} + \frac{2\phi(h/u)}{m}.$$

Verwendet man nun das Newtonsche Gesetz $\phi(r) = \gamma m_1 m_2 / r$ so erhält man

$$u'^2 + u^2 = \frac{2E}{m} + \frac{2M\gamma u}{h},$$

mit $M := m_1 + m_2$ oder nach Differentiation

$$u'' + u = \gamma M / h.$$

Die Lösung dieses Problems ist durch $u(\theta) = \gamma M/h + a\cos(\theta + \theta_0)$ mit einem $a \geq 0$ und $\theta_0 \in (-\pi, \pi]$ gegeben, also

$$r = r(\theta) = \frac{p}{1 + \varepsilon \cos \theta},$$

wobei wir o.B.d.A. $\theta_0 = 0$ angenommen haben. Dabei sind $p = h^2/(\gamma M) > 0$ und $\varepsilon = ah/(\gamma M) > 0$ gesetzt. Dies ist die Gleichung eines Kegelschnitts um den Brennpunkt $(0, 0)$ in Polarkoordinaten: Für $\varepsilon = 0$ ist es ein Kreis, für $\varepsilon \in (0, 1)$ eine Ellipse, für $\varepsilon = 1$ eine Parabel, und für $\varepsilon > 1$ eine Hyperbel. Daraus folgt das *1. Keplersche Gesetz*. Der Zusammenhang zwischen der Energie E und dem Exzentrizitätsparameter ε ergibt sich aus der Beziehung

$$\frac{2E}{m} + \frac{\gamma^2 M^2}{h^2} = u'^2 + (u - \gamma M/h)^2 = a^2,$$

also

$$\varepsilon = ah/(\gamma M) = \sqrt{1 + 2Eh^2/(\gamma^2 M^2 m)}.$$

Die möglichen Energieniveaus sind durch die *minimale Energie* $E_0 = -\gamma^2 M^2 m/(2h^2)$ nach unten beschränkt. In diesem Fall wird eine Kreisbahn realisiert, mit Radius $h^2/(\gamma M) = -\gamma Mm/(2E_0)$.

5. *Der dreidimensionale harmonische Oszillator.* Hier ist $\phi(r) = \frac{c}{2}r^2$. Dies führt auf die Gleichung

$$u'^2 + u^2 = \frac{2E}{m} + \frac{ch^2}{mu^2},$$

die mit der Substitution $v = u^2$ die Beziehung

$$v'^2 + 4v^2 = \frac{8E}{m}v + \frac{4ch^2}{m} \tag{13.20}$$

ergibt, also nach Differentiation

$$v'' + 4v = \frac{4E}{m}.$$

Die Lösung dieses Problems ist mit einem $\kappa \geq 0$ und $\theta \in (-\pi, \pi]$

$$v(\theta) = \frac{E}{m}(1 + \kappa \cos(2(\theta + \theta_0))),$$

also

$$r(\theta) = \sqrt{\frac{mh^2}{E}} \, \frac{1}{\sqrt{1 + \kappa \cos(2\theta)}},$$

wobei wir wie zuvor o.B.d.A. $\theta_0 = 0$ angenommen haben. Hier sind die Bahnkurven Kreise für $\kappa = 0$, Ellipsen für $0 < \kappa < 1$, Parabeln im Fall $\kappa = 1$, und Hyperbeln für $\kappa > 1$, der Mittelpunkt ist jeweils $(0, 0)$. Dabei ist κ wegen (13.20) durch

$$\kappa = \sqrt{1 + \frac{cmh^2}{E^2}}$$

gegeben. Folglich sind die Bahnkurven im Fall $c = 0$ Parabeln, für $c > 0$ Hyperbeln, und für $c < 0$ Ellipsen, d.h. alle Lösungen sind periodisch falls $c < 0$, und unbeschränkt für $c \geq 0$. Für $c \geq 0$ sind alle Energieniveaus möglich, andernfalls jedoch ist die minimale Energie $E_0 = \sqrt{-mch^2}$ $(c < 0)$, und diese realisiert eine Kreisbahn mit Radius $r_0 = \sqrt[4]{-mh^2/c}$.

6. *Stabilität von Kreisbahnen.* Sei zur Abkürzung $g(u) = u + \phi'(h/u)h/(mu^2)$ gesetzt. Equilibria der Gleichung $u'' + g(u) = 0$ entsprechen dann Kreisbahnen, die mit konstanter Geschwindigkeit $\dot{\theta} = h/r_*^2 = u_*^2/h$ durchlaufen werden. Wie steht es mit ihrer Stabilität? Schreibt man diese Gleichung als System

$$u' = v, \quad v' = -g(u),$$

so besitzt dieses die Ljapunov-Funktion $V_0(u, v) = \frac{1}{2}v^2 + G(u)$, wobei $G(u)$ eine Stammfunktion zu $g(u)$ ist. Equilibria des Systems sind genau die Punkte $(u_*, 0)$ mit $g(u_*) = 0$, und dies sind genau die kritischen Punkte von V_0. Die zweite Ableitung von V_0 in $(u_*, 0)$ ist genau dann positiv definit, wenn $g'(u_*) > 0$ gilt. In diesem Fall ist $(u_*, 0)$ ein isoliertes Equilibrium und ein striktes Minimum für V_0. Daher ist Satz 5.5.4 anwendbar, der zeigt dass $(u_*, 0)$ stabil ist.

Ist andererseits $g'(u_*) < 0$, so hat die Linearisierung des Systems die zwei reellen Eigenwerte $\pm\sqrt{-g'(u_*)}$. Daher ist $(u_*, 0)$ nach dem Prinzip der linearisierten Stabilität instabil.

Um die Bedeutung der Bedingungen $g(u_*) = 0$, $g'(u_*) > 0$ zu klären, berechnet man

$$g'(u_*) = 1 - 2\frac{h}{mu_*^3}\phi'(h/u_*) - \frac{h^2}{mu_*^4}\phi''(h/u_*) = 3 - \frac{h^2}{mu_*^4}\phi''(h/u_*).$$

Also ist $g'(u_*) > 0$ genau dann, wenn

$$\phi''(h/u_*) < \frac{3mu_*^4}{h^2} = -\frac{3u_*}{h}\phi'(h/u_*)$$

gilt bzw. mit $r_* = h/u_*$, wenn

$$\phi''(r_*) < -\frac{3}{r_*}\phi'(r_*)$$

ist. Für $\phi(r) = ar^\mu$, $r > 0$, ergibt dies die Bedingung $a\mu(\mu + 2) < 0$, die im Fall des Newton Potentials $\phi(r) = \gamma m_1 m_2/r$ für $\gamma > 0$ erfüllt ist. Für den harmonischen Oszillator $\phi(r) = cr^2/2$ gilt sie im Falle $c < 0$; man beachte dass hier nur für $c < 0$ Kreisbahnen existieren.

Übungen

13.1 Sei $\Sigma = \mathbb{T}$ der Torus im $\mathbb{R}^3$, definiert durch

$$g(x) = g(x_1, x_2, x_3) = [(\sqrt{x_1^2 + x_2^2} - 2)^2 + x_3^2 - 1]/2 = 0.$$

Berechnen Sie die Projektion P_Σ und zeigen Sie, dass projizierte Vektorfeld $\tilde{f} = P_\Sigma f$ für $f = [-x_2, x_1, \alpha/(\sqrt{x_1^2 + x_2^2} - 2)]^\mathsf{T}$ die Gl. (9.3) in Abschn. 9.2 ergibt.

13.2 Zeigen Sie, dass sich der irrationale Fluss auf dem Torus (9.3) in den kanonischen Toruskoordinaten (ϕ, θ) als das triviale System

$$\dot{\phi} = 1, \quad \dot{\theta} = \alpha$$

schreiben lässt.

13.3 *Das überdämpfte Pendel.* Betrachte die Gleichung $\dot{\theta} = \mu - \sin(\theta)$ auf der Sphäre $\mathbb{S}^1$ im $\mathbb{R}^2$, wobei $\mu > 0$ ist. Zeigen Sie, dass für $\mu = 1$ eine Sattel-Knoten Verzweigung auftritt.

13.4 Parametrisieren Sie die Gleichung für das dreidimensionale Pendel mittels Polarkoordinaten. Interpretieren Sie das dabei auftretende Problem.

13.5 Leiten Sie die invariante Form der Gleichung für die Geodätischen auf dem Torus im $\mathbb{R}^3$ her.

Weitere Anwendungen

14

Dieses letzte Kapitel befasst sich mit zwei Themenkreisen, die sowohl analytisch als auch in Anwendungen von Interesse sind. Im ersten Bereich geht es um das FitzHugh-Nagumo System, welches in der Elektrophysiologie und Kardiologie von großer Bedeutung ist.

Im *homogenen Fall* zeigen wir die Existenz einer *subkritischen Hopf-Verzweigung*, die also einen Zweig instabiler periodischer Lösungen erzeugt. Im Gegensatz zu diesem Verhalten zeigen wir im *heterogenen Fall*, dass eine *superkritische Hopf Verzweigung* auftritt, die zu Zweigen stabiler Wellenzüge für das FitzHugh-Nagumo System mit Diffusion führt.

Der zweite Themenbereich betrifft *Subdifferentialgleichungen*, genauer *Subdifferential-Inklusionen*, die *nicht expansive Halbflüsse* ergeben, wie sie in vielen Anwendungen unter anderem in den Wirtschaftswissenschaften und der Spieltheorie auftreten. Da die rechte Seite der Differential-Inklusionen nicht glatt ist, sind die Lösungen zwar nicht klassisch, also nicht stetig differenzierbar, wohl aber sind sie eindeutig und lokal Lipschitz. Ferner konvergieren sie für $t \to \infty$ im koerziven, strikt konvexen Fall gegen das eindeutige globale Minimum der zugrunde liegenden konvexen Funktion. Mit anderen Worten bedeutet dies, dass das *Verfahren des steilsten Abstiegs* für *jeden Startwert* gegen das Minimum konvergiert.

14.1   Das FitzHugh-Nagumo System

Das FitzHugh-Nagumo System lautet wie folgt:

$$\dot{x} = g(x) - y,$$
$$\dot{y} = \sigma x - \gamma y. \tag{14.1}$$

© Springer Nature Switzerland AG 2019
J. W. Prüss, M. Wilke, *Gewöhnliche Differentialgleichungen und dynamische Systeme*, Grundstudium Mathematik, https://doi.org/10.1007/978-3-030-12362-8_14

Dabei sind $g(x) = -x(x-a)(x-b)$ mit $0 < a < b$ und $\sigma, \gamma > 0$. Dieses System wurde von FitzHugh vorgeschlagen, um das komplexe Hodgkin-Huxley Modell zur Beschreibung der Erregungsleitung in Nervenbahnen zu vereinfachen, unter Erhaltung seiner qualitativen Eigenschaften. Ein elektrisches Ersatzschaltbild für (14.1) wurde von Nagumo angegeben. Es besteht aus einem zu einem Kondensator der Kapazität C parallel geschalteten nichtlinearen Widerstand mit der Strom-Spannungs Charakteristik $i = g(u)$, in Serie mit einer Spule der Induktiviät L und einem Ohmschen Widerstand R, sowie einer Stromquelle (Abb. 14.1). Die Kirchhoffschen Regeln, das Ohmsche Gesetz, sowie die Strom-Spannungsrelationen am Kondensator und der Spule führen dann auf das FitzHugh-Nagumo System (14.1). Wir hattcn bereits in den Kap. 8 & 11 gesehen, dass (14.1) einen globalen Fluss auf $\mathbb{R}^2$ induziert, und dass die Ellipse $D = \{(x, y) \in \mathbb{R}^2 : V(x, y) := x^2/2 + y^2/2\sigma \leq \alpha\}$ positiv invariant und ein globaler Attraktor für (14.1) ist, sofern $\alpha > 0$ hinreichend groß gewählt wird. In diesem Abschnitt wollen wir dieses System genauer analysieren.

(i) Equilibria

$\mathsf{e}_0 := (0, 0)$ ist das triviale Equilibrium für alle Werte der Parameter. Weitere Equilibria sind $\mathsf{e}_\pm := (x_\pm, y_\pm)$ mit $y_\pm = \delta x_\pm$, mit $\delta = \sigma/\gamma$, wobei $x_\pm \neq 0$ Lösungen der Gleichung

$$p(x) := \delta x - g(x) = x(\delta + (x-a)(x-b)) = 0,$$

sind (vgl. Abb. 14.2). Daher gilt

$$x_\pm = \frac{a+b}{2} \pm \frac{1}{2}\sqrt{(b-a)^2 - 4\delta},$$

und $x_- \neq x_+$, falls $\delta < \delta_0 := (b-a)^2/4$ ist. Sei $f(x, y)$ die rechte Seite von (14.1). Dann ist

Abb. 14.1 Ersatzschaltbild zu (14.1)

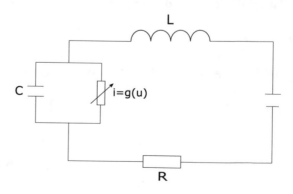

Abb. 14.2 Schaltkurven zu
(14.1)

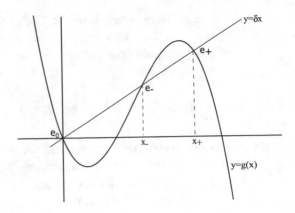

$$A(x) := f'(x, y) = \begin{bmatrix} g'(x) & -1 \\ \sigma & -\gamma \end{bmatrix},$$

also

$$\mathrm{Spur}\, A(x) = -\gamma + g'(x) = -q'(x), \quad q(x) := \gamma x - g(x),$$

und

$$\det A(x) = -\gamma g'(x) + \sigma = \gamma p'(x).$$

Daher ergibt das Prinzip der linearisierten Stabilität, dass e_0 für alle Parameterwerte asymptotisch stabil ist, denn $0 < q'(0)$ und $0 < p'(0)$. Wegen $p'(x_-) < 0$ ist e_- ein Sattelpunkt, und e_+ ist wegen $p'(x_+) > 0$ ein Knoten oder eine Spirale. e_+ ist instabil, falls $\mathrm{Spur}\, A(x_+) = -q'(x_+) > 0$ gilt, also wenn

$$\gamma < g'(x_+) < \delta$$

gilt. Wie man nach einer kurzen Rechnung sieht, ist diese Bedingung äquivalent zu

$$0 < \delta < \delta_0 = (b-a)^2/4, \quad 0 < \gamma < \delta - 2(\delta_0 - \delta) - (a+b)\sqrt{\delta_0 - \delta}. \qquad (14.2)$$

(ii) Verzweigungen

(a) Eine *Sattel-Knoten-Verzweigung* findet für $\delta = \delta_0$ statt. Denn dann ist $x_\pm = (a+b)/2$ und $p'(x_\pm) = 0$, also ist die Matrix $f'(x_\pm, \delta_0 x_\pm) = A(x_\pm)$ singulär, Kern und Bild sind eindimensional und es gilt $R(A) = \mathrm{span}\{[1, \gamma]^T\}$. Mit γ als Verzweigungsparameter ist $\partial_\gamma f(x_\pm, \delta_0 x_\pm) = [0, -\delta_0 x_\pm]^T$, also ist die Transversalitätsbedingung für eine Sattel-Knoten-Verzweigung erfüllt.

(b) Eine *Hopf-Verzweigung* tritt am Equilibrium e_+ auf, wenn $\operatorname{Spur} A(x_+) = -q'(x_+) = 0$ ist, also wenn $\gamma_* := g'(x_+) = \gamma$ ($\gamma_* < \delta$) gilt. Mit γ als Verzweigungsparameter und bei fixierten Werten für a, b, δ (dann ist auch e_+ fixiert), ergibt sich

$$\frac{d}{d\gamma}\operatorname{Re}\lambda(e_+, \gamma) = \frac{1}{2}\frac{d}{d\gamma}\operatorname{Spur} A(x_+) = \frac{1}{2}\frac{d}{d\gamma}(-\gamma + g'(x_+)) = -\frac{1}{2},$$

daher ist die Transversalitätsbedingung für eine Hopf-Verzweigung, aufgrund von Abschn. 12.5 (i), erfüllt. Diese Verzweigung ist subkritisch, wie wir jetzt beweisen wollen. Dazu zeigen wir mit dem Negativkriterium von Bendixson 9.3.1, dass es für $\gamma \leq \gamma_*$ eine Kugel $B_R(e_+)$ gibt, so dass das FitzHugh-Nagumo System für solche γ keine echten periodischen Lösungen in der Kugel hat. Man beachte dabei, dass die komplexen Eigenwerte die imaginäre Achse mit *negativer* Geschwindigkeit überqueren, daher drehen sich die Relationszeichen in Satz 12.5.1 um.

Eine einfache Rechnung ergibt

$$\operatorname{div}(e^{\kappa(x - y/\gamma)} f(x, y)) = -e^{\kappa(x - y/\gamma)}(q'(x) + \kappa p(x)) =: -e^{\kappa(x - y/\gamma)}r(x).$$

Mit $r_*(x) = (\gamma_* - g'(x)) + \kappa p(x)$ erhält man

$$r(x) = \gamma - \gamma_* + r_*(x) \leq r_*(x), \qquad \text{falls } \gamma \leq \gamma_*.$$

Durch geeignete Wahl von $\kappa > 0$ zeigen wir nun $r_*(x) < 0$ in $B_R(x_+)\backslash\{x_+\}$, $R > 0$ hinreichend klein. Es ist $r_*(x_+) = 0$ nach Definition von $\gamma_* = g'(x_+) > 0$ und mit $p(x_+) = 0$. Wähle κ so, dass $r'_*(x_+) = 0$ ist, also

$$\kappa = -q''(x_+)/p'(x_+) = g''(x_+)/(\delta - \gamma_*).$$

Nun ergeben die Definitionen von γ_* und x_+

$$\delta - \gamma_* = 2x_+^2 - (a + b)x_+ = 2(a + b)^2(u^2 - u/2),$$

wobei $u := x_+/(a + b)$. Folglich ist

$$(\delta - \gamma_*)r''_*(x_+) = -g'''(x_+)(\delta - \gamma_*) - g''(x_+)^2$$

$$= 36(a + b)^2\left(\frac{1}{3}\left(u^2 - \frac{u}{2}\right) - \left(u - \frac{1}{3}\right)^2\right) < 0,$$

denn

$$\left(u - \frac{1}{3}\right)^2 - \frac{1}{3}\left(u^2 - \frac{u}{2}\right) = \frac{2}{3}u^2 - \frac{1}{2}u + \frac{1}{9} = \frac{2}{3}\left(\left(u - \frac{3}{8}\right)^2 + \left(\frac{1}{6} - \frac{9}{64}\right)\right)$$

ist strikt positiv für alle $u \in \mathbb{R}$. Folglich existiert ein hinreichend kleines $R > 0$, so dass $r_*(x) < 0$ für $x \in B_R(x_+)\backslash\{x_+\}$. Das Negativkriterium von Bendixson zeigt nun, dass es keine echten periodischen Lösungen in $B_R(\mathbf{e}_+)$ für $\gamma \leq \gamma_*$ geben kann. Daher können die abzweigenden Lösungen nicht zu Parameterwerten $\gamma \leq \gamma_*$ gehören, mit anderen Worten die Hopf-Verzweigung ist subkritisch.

(iii) Nichtexistenz periodischer Lösungen

Es gibt drei Parameterbereiche, in denen das FitzHugh-Nagumo-System (14.1) keine nichttrivialen periodischen Lösungen besitzt. Der erste ist durch $\delta, \gamma > \delta_0 :=$ $(b-a)^2/4$ definiert. Dann gilt nämlich $p(x)q(x) > 0$ für alle $x \in \mathbb{R}$, also ist

$$\Phi(x, y) = (\gamma x - y)^2/2 + \sigma x^2/2 - G(x)$$

eine strikte Ljapunov-Funktion (vgl. das Beispiel zum FitzHugh-Nagumo-System in Abschn. 8.4).

Der zweite Bereich ist $\gamma > \gamma_0 := ((b-a)^2 + ab)/3 = \max_{x \in \mathbb{R}} g'(x) > \delta_0$, denn dann ist $q'(x) > 0$ für alle $x \in \mathbb{R}$, also div $f(x, y) = -q'(x) < 0$ auf $\mathbb{R}^2$. Das Negativkriterium von Bendixson 9.3.1 zeigt, dass es in diesem Parameterbereich keine nichttrivialen periodischen Lösungen geben kann.

Der dritte Bereich ist uns schon bekannt, nämlich $\delta = \gamma$; dann ist nämlich $p = q$, also $pq = p^2$, und dann ist ohne weitere Annahmen über g die Funktion $\Phi(x, y)$ eine strikte Ljapunov-Funktion, da die Nullstellenmenge von p diskret ist.

(iv) Zusammenfassung

Wir haben das folgende Resultat über das qualitative Verhalten des FitzHugh-Nagumo Systems bewiesen.

Satz 14.1.1. *Seien* $g(x) = -x(x-a)(x-b)$, *und* $0 < a < b$, $\delta, \gamma > 0$, $\sigma := \gamma\delta$ *Konstanten, sei* $p(x) = \delta x - g(x)$, $q(x) = \gamma x - g(x)$, *sowie* $\delta_0 := (b-a)^2/4$ *und* $\gamma_0 := ((b-a)^2 + ab)/3 > \delta_0$.

Dann gelten für (14.1) *die folgenden Aussagen:*

(i) *Das triviale Equilibrium* $\mathbf{e}_* = 0$ *ist für alle Parameterwerte asymptotisch stabil. Für* $\delta > \delta_0$ *gibt es keine weiteren Equilibria.*

(ii) *Für* $0 < \delta < \delta_0$ *gibt es genau zwei weitere Equilibiria* $\mathbf{e}_\pm = [x_\pm, \delta x_\pm]^{\mathsf{T}}$, *wobei* $x_\pm$ *die nichttrivialen Nullstellen von* $p(x)$ *bezeichnen.* $\mathbf{e}_-$ *ist ein Sattelpunkt, und* $\mathbf{e}_+$ *ein Knoten oder eine Spirale.* $\mathbf{e}_+$ *ist instabil, falls* $q'(x_*) < 0$ *gilt, also (wegen* $p'(x_+) > 0$) *falls* $\gamma < g'(x_+) < \delta$ *ist.*

(iii) *Für* $\gamma = \gamma_* := g'(x_+)$ *findet bzgl.* γ *eine subkritische Hopf-Verzweigung statt, also gibt es eine Schar instabiler periodischer Orbits für* $\gamma > \gamma_*$ *nahe bei* γ_*.

(iv) *Ist* $\gamma = \delta$ *oder* $\gamma > \gamma_0$ *oder* $\delta, \gamma > \delta_0$ *so gibt es keine nichttrivialen periodischen Lösungen.*

14.2 Wellenzüge für das FitzHugh-Nagumo System mit Diffusion

In diesem Abschnitt betrachten wir das FitzHugh-Nagumo System mit Diffusion, also

$$\partial_s u(s, \xi) = D\Delta_\xi u(s, \xi) + f(u(s, \xi)), \quad \xi \in \mathbb{R}^N, \ s \in \mathbb{R}, \tag{14.3}$$

wobei $D \in \mathbb{R}^{2 \times 2}$ die Diffusionsmatrix bezeichnet und f steht für die rechte Seite von (14.1). Gesucht sind ebene Wellen, also Lösungen der Form

$$u(s, \xi) = v((k|\xi) - cs), \quad \xi \in \mathbb{R}^n, \ s \in \mathbb{R}, \tag{14.4}$$

wobei der konstante *Wellenvektor* $k \in \mathbb{R}^N$, $|k|_2 = 1$, die *Ausbreitungsrichtung* der Welle, und $c > 0$ deren (konstante) *Geschwindigkeit* beschreiben. Setzt man die Form (14.4) der Welle in (14.3) ein, so erhält man das System gewöhnlicher Differentialgleichungen

$$D\ddot{v}(t) + c\dot{v}(t) + f(v(t)) = 0, \quad t \in \mathbb{R}. \tag{14.5}$$

Hier ist $v = [x, y]^\mathsf{T}$, $f(v) = [g(x) - y, \sigma x - \gamma y]^\mathsf{T}$ die FitzHugh-Nagumo Nichtlinearität; $\sigma, \gamma > 0$ sind Konstanten und wie im voherigen Aschnitt ist $g(x) = -x(x-a)(x-b)$ mit den Nullstellen $0 < a < b$. $D = \text{diag}[d, 0] \in \mathbb{R}^{2 \times 2}$ ist die konstante Diffusionsmatrix mit $d > 0$. Damit diffundiert die Variable x (das Potential) während hingegen y (die Gating-Variable) keine eigene Diffusion besitzt.

Explizit lautet das resultierende System wie folgt.

$$\begin{aligned} d\ddot{x} + c\dot{x} + g(x) - y &= 0, \quad t \in \mathbb{R}, \\ c\dot{y} + \sigma x - \gamma y &= 0, \quad t \in \mathbb{R}. \end{aligned} \tag{14.6}$$

Durch Elimination von y lässt sich dieses Problem als skalare Gleichung dritter Ordnung formulieren:

$$d\dddot{x} + (c - \gamma d/c)\ddot{x} - q'(x)\dot{x} + (\gamma/c)p(x) = 0, \quad t \in \mathbb{R}, \tag{14.7}$$

wobei $q(x) = \gamma x - g(x)$ und $p(x) = \delta x - g(x)$ sind, mit $\delta := \sigma/\gamma$. Alternativ lautet eine Formulierung als System erster Ordnung für $w = [x, y, z]^T$ mit $z = x + d\dot{x}/c$

$$\dot{w} = F(w), \quad t \in \mathbb{R}, \tag{14.8}$$

wobei $F(w) = [(c/d)(z - x), (\gamma/c)(y - \delta x), (1/c)(y - g(x))]^T$ ist.

1. Equilibria. Die Equilibria von (14.7) sind durch die Nullstellen von $p(x)$ bestimmt, also für $\delta \in (0, \delta_0)$ mit $\delta_0 := (a - b)^2/4$, durch $x_* \in \{0, x_-, x_+\}$ wie im vorherigen Abschnitt, während die Equilibria von (14.8) durch $w_* = [x_*, \delta x_*, x_*]^T$ gegeben sind. Man beachte, dass die Equilibria in beiden Formulierungen nur durch $p(x)$ bestimmt sind, also nur von $\delta, a, b > 0$ abhängen. Dies sind die *stationären Parameter* des Problems, die verbleibenden $\gamma, c, d > 0$ sind *dynamische Parameter*.

Das Stabilitätsverhalten der Equilibria wird mit dem Prinzip der linearisierten Stabilität untersucht. Es ist mit der Linearisierung $A(w) = F'(w)$ übereinstimmend das charakteristische Polynom für (14.7) bzw. für (14.8) durch

$$R(\lambda) := \det(\lambda - A(w_*))$$

$$= \lambda^3 + (c/d - \gamma/c)\lambda^2 - (q'(x_*)/d)\lambda + (\gamma p'(x_*)/(cd))$$

$$=: \lambda^3 + a\lambda^2 + b\lambda + c$$

gegeben. Weiter ist $\lambda = 0$ genau dann ein Eigenwert von $A(w_*)$, wenn $p'(x_*) = 0$. Wegen $p'(0) > 0$ ist dies für $x_* = 0$ niemals erfüllt und im Fall $\delta \in (0, \delta_0)$ ist $\lambda = 0$ ebenfalls kein Eigenwert der Linearisierung in $w_* \in \{w_-, w_+\}$.

Schauen wir uns noch rein *imaginäre Eigenwerte* an: $\lambda = \pm i\rho \neq 0, \rho \in \mathbb{R}\backslash\{0\}$, sind genau dann Nullstellen von $R(\lambda) = 0$, wenn

$$-i\rho^3 - (c/d - \gamma/c)\rho^2 - i\rho q'(x_*)/d + \gamma p'(x_*)/(cd) = 0$$

gilt. Nimmt man Real- und Imaginärteil der letzten Gleichung, so erhält man die Bedingungen

$$\rho^2 = \frac{\gamma}{c^2 - \gamma d} p'(x_*) = -q'(x_*)/d. \tag{14.9}$$

Dies ist möglich, sofern

$$q'(x_*) < 0, \quad \text{und} \quad c = c_*, \quad \text{mit } c_*^2 = \gamma d \frac{\delta - \gamma}{-q'(x_*)} > 0, \tag{14.10}$$

denn $p'(x_*) - q'(x_*) = \delta - \gamma$. Da $q'(0) > 0$ ist, besitzt die Linearisierung in $w_* = 0$ keine Eigenwerte auf der imaginären Achse. Zum Equilibrium $x_* = x_-$ gehören die Eigenwerte $\pm i\rho_*$, wenn $\delta_0 > \delta > \gamma$ ist, denn dann folgt $q'(x_-) < p'(x_-) < 0$. Für $x_* = x_+$ ergeben sich die Bedingungen

$$q'(x_+) < 0, \quad \delta_0 > \delta > \gamma.$$

Nach dem *Routh-Hurwitz-Kriterium* (Satz 5.4.3) haben alle Eigenwerte der Linearisierung in w_*, d. h. alle Nullstellen von

$$R(\lambda) = \lambda^3 + a\lambda^2 + b\lambda + c$$

genau dann negative Realteile, wenn

$$a > 0, \ c > 0, \ ab > c$$

gelten. Dies ergibt die *Stabilitätsbedingungen*

$$c^2 > \gamma d, \ p'(x_*) > 0 \text{ und } -q'(x_*)(c^2 - \gamma d) > \gamma d p'(x_*) \tag{14.11}$$

und daher die folgenden Stabilitätsaussagen.

(i) $x_* = 0$: Es ist $g'(0) < 0$, also $p'(0) > 0$ und $q'(0) > 0$. Daher widersprechen sich die erste und die letzte Bedingung in (14.11), also existiert mindestens ein Eigenwert mit positivem Realteil, denn kein Eigenwert der Linearisierung in $w_* = 0$ liegt auf der imaginären Achse. Folglich ist $x_* = 0$ für alle Parameterwerte instabil.

(ii) $x_* = x_-$: Es ist $p'(x_-) < 0$, daher ist die zweite Bedingung in (14.11) verletzt. Falls die Linearisierung in $w_* = w_-$ zwei rein imaginäre Eigenwerte $\pm i\rho_- \neq 0$ besitzt, so existiert ein dritter Eigenwert $\lambda_0 \in \mathbb{R}$. Demnach gilt

$$R(\lambda) = (\lambda - \lambda_0)(\lambda^2 + \rho_-^2) = \lambda^3 - \lambda_0\lambda^2 + \rho_-^2\lambda - \lambda_0\rho_-^2,$$

also durch Koeffizientenvergleich $\lambda_0\rho_-^2 = \gamma p'(x_-)/(cd)$. Wegen $p'(x_-) < 0$ gilt daher $\lambda_0 > 0$, also ist das Equilibrium w_- für $\delta \in (0, \delta_0)$ stets instabil.

(iii) $x_* = x_+$: Es ist $p'(x_+) > 0$, also ist die 2. Bedingung in (14.11) stets erfüllt. Daher ist $x_* = x_+$ genau dann asymptotisch stabil, falls

$$c^2 > \gamma d \quad \text{und} \quad (c^2/\gamma d)q'(x_+) < \gamma - \delta$$

gilt, oder äquivalent dazu

$$c^2 > \gamma d \quad \text{und} \quad p'(x_+) < (\delta - \gamma)(1 - \gamma d/c^2),$$

denn $p'(x) - q'(x) = \delta - \gamma$. Insbesondere sind $\delta > \gamma$ und $q'(x_*) < 0$ notwendig für Stabilität von $x_* = x_+$.

2. Verzweigungen.

(a) $\lambda = 0$ ist genau dann Eigenwert von $A(w_*)$ bzw. Nullstelle von $R(\lambda)$, wenn $c = 0$ ist, also wenn

$$p(x_*) = 0 = p'(x_*)$$

ist, also wenn $x_* = x_+ = x_- = (a+b)/2$ gilt, d. h. $\delta = \delta_0 := (b-a)^2/2$. In diesem Fall ist der Kern von $A(w_*)$ eindimensional und wird von $[1, \delta, 1]^\mathsf{T}$ aufgespannt. Da dieser Vektor für $\gamma \neq \delta$ nicht im Bild von $A(w_*)$ liegt, ist 0 für $\gamma \neq \delta$ ein algebraisch einfacher Eigenwert. Des Weiteren ist $\partial_\delta F(w_*) = [0, -\gamma x_*/c, 0]^\mathsf{T} \notin R(A(w_*))$. Daher ist dieser Punkt ein *Umkehrpunkt*, es findet nach Satz 12.1.1 mit δ als Verzweigungsparamter in $\delta = \delta_0$ eine Sattel-Knoten-Verzweigung statt.

(b) Wir betrachten die Equilibria $x_* = x_\pm$ bzw. $w_* = w_\pm$. Nach (14.9) und (14.10) existieren für

$$c = c_* = \left(\frac{\gamma d(\delta - \gamma)}{-q'(x_+)} \right)^{1/2} \quad \text{und mit} \quad \rho_* = \left(\frac{-q'(x_+)}{d} \right)^{1/2} \tag{14.12}$$

zwei rein imaginäre Eigenwerte $\lambda = \pm i\rho_*$ der Linearisierung in $w_\pm$, falls $\gamma < \delta < \delta_0$ und $q'(x_+) < 0$. Dies lässt vermuten, dass mit c als Verzweigungsparameter in $c = c_*$ eine Hopf-Verzweigung von $w_* = w_\pm$ stattfindet, welche für (14.7) bzw. für (14.8) auf **Wellenzüge** (wave trains) für das FitzHugh-Nagumo System mit Diffusion führt. Deren **Frequenz** $\rho_* > 0$ und **Ausbreitungsgeschwindigkeit** $c_* > 0$ sind durch (14.12) gegeben. Man beachte die *Dispersions-Relation* $c_* \rho_* = \sqrt{\gamma(\delta - \gamma)}$.

(c) *Transversalität.* Um eine Hopf-Verzweigung in $w_* = w_\pm$ zu zeigen, bleibt die Transversalitätsbedingung zu verifizieren. Dazu wählen wir als Verzweigungsparameter die Ausbreitungsgeschwindigkeit c in $c = c_*$, und haben die Bedingung

$$\frac{d}{dc} \operatorname{Re} \lambda(c) \neq 0$$

in $c = c_*$ zu zeigen, wobei $\lambda(c_*) = i\rho_*$ ist. Die Gleichung für die Eigenwertkurve $\lambda(c)$ ist

$$R(\lambda(c), c) := \lambda(c)^3 + (c/d - \gamma/c)\lambda(c)^2 - (q'(x_*)/d)\lambda(c) + \gamma p'(x_*)/(cd) = 0.$$

Es ist dann

$$0 = \frac{d}{dc} R(\lambda(c), c) = \partial_\lambda R(\lambda(c), c) \frac{d}{dc}\lambda(c) + \partial_c R(\lambda(c), c),$$

also

$$\frac{d}{dc}\operatorname{Re}\lambda(c)\Big|_{c=c_*} = -\operatorname{Re}\frac{\partial_c R(i\rho_*, c_*)}{\partial_\lambda R(i\rho_*, c_*)} = -\operatorname{Re}\frac{\partial_c R(i\rho_*, c_*)\overline{\partial_\lambda R(i\rho_*, c_*)}}{|\partial_\lambda R(i\rho_*, c_*)|^2}.$$

Mit

$$\partial_\lambda R = 3\lambda^2 + 2(c/d - \gamma/c)\lambda - q'(x_*)/d, \quad \partial_c R = (1/d + \gamma/c^2)\lambda^2 - \gamma p'(x_*)/(c^2 d),$$

und (14.12) erhält man

$$\operatorname{Re}\partial_\lambda R(i\rho_*, c_*) - 3q'(x_*)/d - q'(x_*)/d = 2q'(x_*)/d,$$

und

$$\partial_c R(i\rho_*, c_*) = -(1/d + \gamma/c_*^2)\rho_*^2 - (\gamma/c_*^2 d)p'(x_*)$$
$$= q'(x_*)(1/d^2 + \gamma d/(c_*^2 d^2)) - (\gamma d/(c_*^2 d^2))p'(x_*),$$

insbesondere ist $\partial_c R(i\rho_*, c_*)$ also reell. Dies führt mit der abkürzenden Schreibweise $R_* := R(i\rho_*, c_*)$ und mit (14.12) auf

$$\operatorname{Re}(\partial_c R_* \partial_\lambda R_*) = \partial_c R_* \operatorname{Re}\partial_\lambda R_* = \frac{2q'(x_*)}{d^3}\Big(q'(x_*)(1 + \gamma d/c_*^2) - (\gamma d/c_*^2)p'(x_*)\Big)$$
$$= \frac{2q'(x_*)}{d^3}(q'(x_*) - (\gamma d/c_*^2)(\delta - \gamma)) = \frac{4q'(x_*)^2}{d^3},$$

also gilt schlussendlich

$$\frac{d}{dc}\operatorname{Re}\lambda(c)\Big|_{c=c_*} = -\frac{4q'(x_*)^2}{d^3|\partial_\lambda R(i\rho_*, c_*)|^2} < 0.$$

Daher überqueren zwei komplex konjugierte Eigenwerte die imaginäre Achse für $c = c_*$ mit nichttrivialer Geschwindigkeit.

3. Stabilität der abzweigenden Wellenzüge

In diesem Abschnitt untersuchen wir die Stabilität der von den nichttrivialen Equilibria $w_* = w_\pm = [x_\pm, \delta x_\pm, x_\pm]^T$, $p(x_\pm) = 0$, abzweigenden periodischen Lösungen.

(a) Sei $x_* = x_-$. Dann ist

$$\operatorname{Spur}A(w_-) = \operatorname{div}F(w_-) = -c_*/d + \gamma/c_* = \frac{c_*}{d}\left(\frac{\gamma d}{c_*^2} - 1\right) > 0,$$

denn wegen $p'(x_-) < 0$ und (14.9) ist $c_*^2 < \gamma d$. Mit Korollar 11.4.4 sieht man, dass diese Wellenzüge für (14.8) instabil sind. Daher können stabile Wellenzüge höchstens durch Abzweigung von $w_* = w_+$ entstehen. Gemäß Satz 12.5.1 sind bei einer

Hopf-Verzweigung superkritische Zweige asymptotisch orbital stabil, daher gilt es zu zeigen, dass die von w_+ abzweigenden periodischen Lösungen superkritisch sind. Dazu verwenden wir hier (12.19), aus dieser Formel lässt sich die Richtung der Verzweigung bestimmen. Dafür benötigen wir einige Vorbereitungen.

(b) Die Eigenvektoren zum Eigenwert $i\rho_*$ von $A_* = A(w_+)$ bzw. $-i\rho_*$ von A_*^T haben wegen der Dispersions-Relation $\rho_* c_* = \sqrt{\gamma(\delta - \gamma)}$ die Form

$$\varphi = [1, \gamma + i\rho_* c_*, 1 + i\rho_* d/c_*]^\mathsf{T}, \quad \varphi^* = \varphi_3^*[-i\rho_* d/c_*, \frac{1}{\gamma\delta}(-\gamma + i\rho_* c_*), 1]^\mathsf{T}.$$

Die Normalisierung $(\varphi|\varphi^*) = 1$ führt auf

$$1 = \bar\varphi_3^*(1 - \gamma/\delta + 2i\rho_* d/c_* + (\delta - \gamma)/\delta - 2i\rho_* c_*/\delta)$$

$$= \bar\varphi_3^* 2\alpha, \quad \alpha = 1 - \gamma/\delta + i\rho_* c_*(d/c_*^2 - 1/\delta),$$

also $\bar\varphi_3^* = 1/(2\alpha)$.

(c) Es gilt mit $p_*^{(k)} := p^{(k)}(x_+)$ die Ungleichung $(p_*'')^2 - p_*' > 0$. Denn mit $x_+ = (a \mid b + r)/2, r = [(b - a)^2 - 4\delta]^{1/2}$ sind

$$p_*'' = 6x_+ - 2(a + b) = (6/2 - 2)(a + b) + 3r = (a + b) + 3r,$$

$$p_*' = g(x_+)/x_+ - g'(x_+) = 2x_+(x_+ - (a + b)/2) = (a + b + r)r/2,$$

folglich

$$(p_*'')^2 - p_*' = (a + b + 3r)^2 - (a + b + r)r/2 \geq (a + b + r)(3r - r/2) > 0.$$

(d) Sei $\psi(t) := e^{i\rho_* t}\varphi$. Gemäß (12.19) ist das Problem

$$\left(\frac{d}{dt} - A_*\right)w = \frac{1}{2}F''(w_+)(\psi + \bar\psi)(\psi + \bar\psi) = \frac{p_*''}{2c_*}e_3(e^{2i\rho_* t} + 2 + e^{-2i\rho_* t})$$

im Raum der τ_*-periodischen Funktionen zu lösen, wobei $\tau_* := 2\pi/\rho_*$. Mit $w = \sum_{k=2,0,-2} w_k e^{ik\rho_* t}$ führt dieser Ansatz auf lineare Probleme für die Koeffizienten w_k:

$$(ik\rho_* - A_*)w_k = \frac{p_*''}{2c_*}e_3 b_k, \quad b_2 = b_{-2} = 1, \ b_0 = 2.$$

Elementare lineare Algebra ergibt für $w_k = [x_k, y_k, z_k]^\mathsf{T}$ die Relationen

$$z_k = (1 + ik\rho_* d/c_*)x_k, \quad y_k = \frac{\delta\gamma x_k}{\gamma - ik\rho_* c_*},$$

sowie

$$x_k = -\frac{p_*''}{2c_*} b_k \cdot \frac{\gamma - ik\rho_* c_*}{dR(ik\rho_*)},$$

mit dem charakteristischen Polynom R in $ik\rho_*$. Insbesondere gilt $x_0 = -p_*''/p_*'$. Wegen $R(i\rho_*) = 0$ ist

$$R(2i\rho_*) = \frac{3}{c_* d}(-\gamma p_*' + 2i\rho_* c_* q_*')$$

und mit $N := \gamma(p_*')^2 + 4(\delta - \gamma)(q_*')^2$ folgt

$$x_2 = \frac{p_*''}{6N}(\gamma p_*' + 4(\delta - \gamma)q_*' - 2(\delta - \gamma)i\rho_* c_*).$$

(e) Nach diesen Vorbereitungen verwenden wir die Identität (12.19), also

$$-3c''(0)\text{Re}\,\lambda'(c_*) = \text{Re}(F'''(w_*)\varphi\varphi\bar{\varphi}|\varphi^*) + 6\text{Re}\langle F''(w_*)w(\psi + \bar{\psi})|\psi^*\rangle,$$

$$\tag{14.13}$$

mit dem Innnenprodukt $\langle u|v\rangle = \frac{1}{\tau_*}\int_0^{\tau_*}(u(t)|v(t))dt$ und der Lösung w aus (d). Hier ist $s \mapsto \lambda(s)$ die Eigenwertkurve und $s \mapsto c(s)$ die Parameterkurve. Man beachte auch, dass wegen der Struktur von F hier die Symmetrie

$$F''(w_*)w(\psi + \bar{\psi}) = F''(w_*)(\psi + \bar{\psi})w$$

gilt. Nun ist zum Einen

$$a_1 := \text{Re}(F'''(w_*)\varphi\varphi\bar{\varphi}|\varphi^*) = \frac{6}{c_*}\text{Re}\,(e_3|\varphi^*) = \frac{6}{c_*}\text{Re}\,\bar{\varphi}_3^*$$

$$= \frac{6}{c_*}\text{Re}\,(1/(2\alpha)) = \frac{3}{c_*|\alpha|^2}\text{Re}\,\bar{\alpha} = \frac{3(1 - \gamma/\delta)}{c_*|\alpha|^2},$$

und zum Anderen

$$6\text{Re}\,\langle F''(w_*)w(\psi + \bar{\psi})|\psi^*\rangle$$

$$= \frac{6p_*''}{c_*\tau_*}\text{Re}\int_0^{\tau_*}\bar{\varphi}_3^*(1 + e^{-2i\rho_* t})(x_0 + x_2 e^{2i\rho_* t} + x_{-2}e^{-2i\rho_* t})dt$$

$$= \frac{3p_*''}{c_*}\text{Re}(x_0/\alpha + x_2/\alpha) = \frac{3p_*''}{c_*|\alpha|^2}(x_0\text{Re}\,\bar{\alpha} + \text{Re}(\bar{\alpha}x_2))$$

$$= -\frac{3(p_*'')^2}{c_*|\alpha|^2 p_*'}(1 - \gamma/\delta) + \frac{3p_*''}{c_*|\alpha|^2}\text{Re}(\bar{\alpha}x_2) =: a_2 + a_3.$$

Daher folgt mit **(c)** und wegen $p'_* = p'(x_+) > 0$

$$a_1 + a_2 = -\frac{3(1 - \gamma/\delta)}{c_* |\alpha|^2 p'_*} ((p''_*)^2 - p'_*) < 0,$$

denn $0 < \gamma < \delta$. Allgemein bestimmt sich die Verzweigungsrichtung für gegebene Parameter nun aus dem Vorzeichen des Terms $a_1 + a_2 + a_3$.

(f) Wir zeigen noch, dass die Hopf-Verzweigung in $w_* = w_+$ im Fall

$$\gamma \frac{3\delta - 2\gamma}{2\delta - \gamma} \leq g'(x_+) \tag{14.14}$$

stets superkritisch ist. Es gilt

$$a_3 = \frac{3 p''_*}{c_* |\alpha|^2} \mathrm{Re}(\bar{\alpha} x_2) = \frac{(p''_*)^2}{2 c_* |\alpha|^2 N} \tilde{a}_3,$$

wobei

$$\tilde{a}_3 := (1 - \gamma/\delta)(\gamma p'_* + 4(\delta - \gamma) q'_*) - 2(\delta - \gamma)\rho_*^2 c_*^2 (d/c_*^2 - 1/\delta).$$

Mit $0 < p'_* = \delta - \gamma + q'_*$ erhält man die Darstellung

$$\tilde{a}_3 = 3\frac{\gamma}{\delta}(\delta - \gamma)^2 + 3\frac{\delta - \gamma}{\delta}(2\delta - \gamma) q'_*,$$

also gilt $\tilde{a}_3 \leq 0$, falls $q'_* \leq -\frac{\gamma(\delta - \gamma)}{2\delta - \gamma}$. Wegen $q'_* = \gamma - g'(x_+)$ ist dies äquivalent zu (14.14). Insgesamt erhält man also $c''(0) < 0$ aus (14.13), da $\mathrm{Re}\lambda'(c_*) < 0$ ist. Daher ist die Hopf-Verzweigung in $w_* = w_+$ superkritisch, falls (14.14) erfüllt ist. Man beachte dabei, dass sich die Relationszeichen in Satz 12.5.1 umkehren, da $\mathrm{Re}\lambda'(c_*) < 0$ ist.

4. Zusammenfassung

Wir haben das folgende Resultat bezüglich des FitzHugh-Nagumo Systems mit Diffusion gezeigt.

Satz 14.2.1. *Seien* $g(x) = -x(x - a)(x - b)$, $p(x) = \delta x - g(x)$ *und* $q(x) = \gamma x - g(x)$ *mit Konstanten* $0 < a < b$ *und* $\delta, \gamma, d, c > 0$. *Dann gelten für (14.8) bzw. für (14.7) die folgenden Aussagen:*

(i) *Das triviale Equilibrium* $w_* = 0$ *ist für alle Parameterwerte instabil. Für* $\delta > \delta_0 := (b - a)^2/4$ *gibt es keine weiteren Equilibria.*

(ii) *Für* $0 < \delta < \delta_0$ *gibt es genau zwei weitere nichttriviale Equilibria* $w_* = w_\pm = [x_\pm, \delta x_\pm, x_\pm]^\mathsf{T}$, *mit* $0 < x_- < x_+$, *wobei* $x_\pm$ *die nichttrivialen Nullstellen von* $p(x)$

bezeichnen. w_- bzw. x_- sind instabil für (14.8) bzw. (14.7) und w_+ bzw. x_+ sind genau dann asymptotisch stabil für (14.8) bzw. (14.7), wenn

$$c^2 > \gamma d \quad und \quad p'(x_+) < (\delta - \gamma)(1 - \gamma d/c^2)$$

gilt.

(iii) *In $w_* = w_\pm = [x_\pm, \delta x_\pm, x_\pm]^\mathsf{T}$ besitzt die Linearisierung $A_* := F'(w_*)$ die imaginären Eigenwerte*

$$\pm i \rho_* = \pm i \left(-q'(x_*)/d\right)^{1/2},$$

sofern $0 < \gamma < \delta < \delta_0$ und $q'(x_\pm) < 0$ ist.

(iv) *Im Fall $0 < \gamma < \delta < \delta_0$ und $q'(x_\pm) < 0$, findet bezüglich des Verzweigungsparameters c für*

$$c = c_* = \left(\frac{\gamma d(\delta - \gamma)}{-q'(x_+)}\right)^{1/2} = \frac{1}{\rho_*}(\gamma(\delta - \gamma))^{1/2}$$

in $w_\pm$ eine Hopf-Verzweigung statt, welche eine Schar von Wellenzügen für das FitzHugh-Nagumo System mit Diffusion erzeugt.

(v) *Diese Wellenzüge sind instabil für (14.8) bzw. (14.7) falls $w_* = w_-$, und unter der Bedingung (14.14) sind sie asymptotisch orbital stabil für (14.8) bzw. (14.7) im Fall $w_* = w_+$.*

Die Frage, ob – und in welchem Sinne die Wellenzüge stabil oder instabil für das System nichtlinearer *partieller* Differentialgleichungen (14.3) sind, kann im Rahmen dieser Monographie nicht beantwortet werden.

14.3 Konvexe Funktionen

In diesem Abschnitt werden konvexe unterhalb stetige Funktionen eingeführt und diskutiert. Es sei im Folgenden $(-\infty, \infty] := (-\infty, \infty) \cup \{\infty\}$.

14.3.1 Konvexe Funktionen

Zunächst einige Definitionen.

Definition 14.3.1. Sei $\phi : \mathbb{R}^n \to (-\infty, \infty]$.

1. ϕ heißt

(a) **konvex**, falls gilt

$$\phi(tx + (1-t)\bar{x}) \le t\phi(x) + (1-t)\phi(\bar{x}), \quad x, \bar{x} \in \mathbb{R}^n, \, t \in [0,1];$$

(b) **strikt konvex**, falls gilt

$$\phi(tx + (1-t)\bar{x}) < t\phi(x) + (1-t)\phi(\bar{x}), \quad x, \bar{x} \in \mathbb{R}^n, x \ne \bar{x}, \, t \in (0,1);$$

2. $\mathcal{D}(\phi) = \{x \in \mathbb{R}^n : \phi(x) < \infty\}$ heißt **(effektiver) Definitionsbereich** von ϕ;
3. $\mathrm{epi}(\phi) := \{(x,t) \in \mathbb{R}^n \times \mathbb{R} : x \in \mathcal{D}(\phi), \, t \ge \phi(x)\}$ heißt **Epigraph** von ϕ;
4. ϕ heißt **unterhalbstetig**, (kurz **lsc**, von lower semi-continuous), falls gilt

$$\forall (x_k) \subset \mathbb{R}^n, x_k \to x_0 \quad \Rightarrow \quad \phi(x_0) \le \underline{\lim}_{k \to \infty} \phi(x_k).$$

Der nicht übermäßig schwierige Beweis der folgenden Proposition ist dem Leser als Übungsaufgabe überlassen.

Proposition 14.3.2. *Sei* $\phi : \mathbb{R}^n \to (-\infty, \infty]$ *und* $\mathcal{D}(\phi) \ne \emptyset$. *Dann gelten:*

(i) ϕ *ist konvex* $\Leftrightarrow$ $\mathrm{epi}(\phi) \subset \mathbb{R}^{n+1}$ *ist konvex;*
(ii) ϕ *ist lsc* $\Leftrightarrow$ $\mathrm{epi}(\phi) \subset \mathbb{R}^{n+1}$ *ist abgeschlossen.*

Aus dem Grundkurs Analysis ist wohlbekannt, dass eine Funktion $\phi : \mathbb{R}^n \to \mathbb{R}$ aus C^1 genau dann konvex ist, wenn $\nabla\phi$ **monoton** ist, also wenn

$$(\nabla\phi(x) - \nabla\phi(\bar{x})|x - \bar{x}) \ge 0, \quad \text{für alle} \quad x, \bar{x} \in \mathbb{R}^n, \tag{14.15}$$

gilt, und für $\phi \in C^2$ ist dies äquivalent zu der Eigenschaft, dass $\nabla^2\phi(x)$ positiv semi-definit, für alle $x \in \mathbb{R}^n$ ist. Hier sind wir hauptsächlich an nichtglatten Funktionen ϕ interessiert, die zudem unendlich werden können. Ein prominentes Beispiel ist die **Indikator-Funktion** $i_D(x)$ einer Menge $D \subset \mathbb{R}^n$, die durch

$$i_D(x) = \begin{cases} 0, & x \in D, \\ \infty, & x \notin D, \end{cases}$$

definiert ist. i_D ist genau dann konvex, wenn D konvex ist, und i_D ist genau dann lsc, wenn D abgeschlossen ist. Ein weiteres Beispiel ist das **Support-Funktional**

$$s_D(x) := \sup\{(x|z) : z \in D\}, \quad x \in \mathbb{R}^n,$$

einer Menge $D \subset \mathbb{R}^n$. Ist D abgeschlossen und konvex, dann ist s_D konvex und lsc. Grundlegend ist das folgende Resultat über globale Minima.

Satz 14.3.3. *Sei* $\phi : \mathbb{R}^n \to (-\infty, \infty]$ *lsc, es gelte* $\mathcal{D}(\phi) \neq \emptyset$ *und sei* ϕ ***koerziv***, *d. h.* $\lim_{|x| \to \infty} \phi(x) = \infty$. *Dann besitzt* ϕ *mindestens ein globales Minimum* $x_m \in \mathbb{R}^n$, *d. h.* $\phi(x_m) \leq \phi(x)$ *für alle* $x \in \mathbb{R}^n$.

Beweis. Sei $\alpha = \inf_{\mathbb{R}^n} \phi(x)$; es ist $-\infty \leq \alpha \leq \phi(x_0) < \infty$ für $x_0 \in \mathcal{D}(\phi) \neq \emptyset$. Wähle eine minimierende Folge $(x_k) \subset \mathcal{D}(\phi)$, also $\phi(x_k) \to \alpha$ für $k \to \infty$. Da ϕ nach Voraussetzung koerziv ist, ist die Folge (x_k) beschränkt, also existiert nach dem Satz von Bolzano-Weierstraß eine konvergente Teilfolge (x_{k_l}). Definiere nun $x_m := \lim_{l \to \infty} x_{k_l}$. Da ϕ lsc ist, folgt

$$\alpha \leq \phi(x_m) \leq \underline{\lim}_{l \to \infty} \phi(x_{k_l}) = \alpha,$$

also $\alpha = \phi(x_m) \in (-\infty, \infty)$, d. h. $x_m \in \mathcal{D}(\phi)$ ist ein globales Minimum von ϕ. □

Es sind einige Bemerkungen bezüglich Minima konvexer Funktionen angebracht.

Bemerkungen 14.3.4. Sei $\phi : \mathbb{R}^n \to (-\infty, \infty]$ konvex und $\mathcal{D}(\phi) \neq \emptyset$.

1. Jedes lokale Minimum von ϕ ist ein globales Minimum.
2. Die Menge $\mathcal{M}(\phi)$ aller (globalen) Minima von ϕ ist konvex. $\mathcal{M}(\phi)$ ist abgeschlossen, wenn ϕ lsc ist, und beschränkt, wenn ϕ koerziv ist.
3. Ist ϕ strikt konvex, so besitzt ϕ höchstens ein Minimum.

Beweis.

1. Sei $\phi(x_m) \leq \phi(x)$ für alle $x \in B_r(x_m)$ und ein $r > 0$. Für fixiertes $x \in \mathbb{R}^n$ ist dann $tx + (1-t)x_m = t(x - x_m) + x_m \in B_r(x_m)$ falls $t|x - x_m| < r$ ist und es folgt aus der Konvexität von ϕ

$$\phi(x_m) \leq \phi(t(x - x_m) + x_m) \leq t\phi(x) + (1-t)\phi(x_m),$$

   also $\phi(x_m) \leq \phi(x)$.
2. & 3. Sind $x_1, x_2 \in \mathcal{M}(\phi)$ Minima von ϕ, also $\phi(x_i) = \alpha := \inf \phi(x)$, dann ist

$$\alpha \leq \phi(tx_1 + (1-t)x_2) \leq t\phi(x_1) + (1-t)\phi(x_2) = \alpha.$$

Daher ist $\mathcal{M}(\phi)$ konvex, sofern ϕ konvex ist. Ferner ist $\mathcal{M}(\phi)$ einpunktig, falls ϕ strikt konvex ist. Schliesslich gilt für $(x_k) \subset \mathcal{M}(\phi)$, $x_k \to x_0$,

$$\alpha \leq \phi(x_0) \leq \underline{\lim}_{k \to \infty} \phi(x_k) = \alpha,$$

sofern ϕ lsc ist, d. h. $\mathcal{M}(\phi)$ ist abgeschlossen. □

14.3.2 Subdifferentiale

Ein wichtiges konzept für konvexe Funktionen ist das Subdifferential.

Definition 14.3.5. Sei $\phi : \mathbb{R}^n \to (-\infty, \infty]$ konvex.

1. Ein $y_0 \in \mathbb{R}^n$ heißt **Subgradient** von ϕ in $x_0 \in \mathbb{R}^n$, falls die **Subdifferential-Ungleichung (SDU)**

$$\phi(x) \geq \phi(x_0) + (y_0|x - x_0), \quad \text{für alle} \quad x \in \mathbb{R}^n, \tag{14.16}$$

erfüllt ist.
2. Die Menge $\partial\phi(x_0)$ aller Subgradienten von ϕ in x_0 heißt **Subdifferential** von ϕ in x_0. Wir bezeichnen mit $\mathcal{D}(\partial\phi) := \{x \in \mathbb{R}^n : \partial\phi(x) \neq \emptyset\}$ den Definitionsbereich von $\partial\phi$.

Ist $\phi(x_0) = \infty$ und $\mathcal{D}(\phi) \neq \emptyset$, so impliziert die obige Definition, dass $\partial\phi(x_0) = \emptyset$ ist. Für konvexes, nichtleeres $D \subset \mathbb{R}^n$, ist das Subdifferential der Indikator-Funktion durch $\partial\phi(x) = \{0\}$ für $x \in \text{int}\, D$, $\partial\phi(x) = \emptyset$ für $x \notin D$, und $\partial\phi(x) = \{y_0 \in \mathbb{R}^n : (y_0|x_0) = s_D(y_0)\}$ für $x \in \partial D$ gegeben.

Einige elementare Eigenschaften des Subdifferentials sind enthalten in

Proposition 14.3.6. *Sei ϕ konvex und $\mathcal{D}(\phi) \neq \emptyset$. Dann gelten:*

1. $\partial(\alpha\phi)(x_0) = \alpha\partial\phi(x_0)$, *für alle $\alpha > 0$, $x_0 \in \mathcal{D}(\partial\phi)$.*
2. $x_m \in \mathcal{D}(\phi)$ *ist genau dann ein Minimum von ϕ, wenn $0 \in \partial\phi(x_m)$ gilt.*
3. $\partial\phi$ *ist* **monoton**, *also*

$$(y - \bar{y}|x - \bar{x}) \geq 0, \quad \text{für alle } x, \bar{x} \in \mathcal{D}(\partial\phi),\ y \in \partial\phi(x),\ \bar{y} \in \partial\phi(\bar{x}). \tag{14.17}$$

4. *Ist ϕ strikt konvex, so gilt für $x_0 \in \mathcal{D}(\partial\phi)$ die* **strikte Subdifferential-Ungleichung**

$$\phi(x) > \phi(x_0) + (y_0|x - x_0), \quad \text{für alle } x \in \mathbb{R}^n,\ x \neq x_0,\ y_0 \in \partial\phi(x_0), \tag{14.18}$$

und $\partial\phi$ ist strikt monoton, also

$$(y - \bar{y}|x - \bar{x}) > 0, \quad \text{für alle } x, \bar{x} \in \mathcal{D}(\partial\phi),\ x \neq \bar{x},\ y \in \partial\phi(x),\ \bar{y} \in \partial\phi(\bar{x}). \tag{14.19}$$

Beweis. 1. & 2. folgen direkt aus der Definition des Subgradienten. Die Monotonie erhält man durch Addition der Subdifferential-Ungleichungen $\phi(x) \geq \phi(\bar{x}) + (\bar{y}|x - \bar{x})$ und $\phi(\bar{x}) \geq \phi(x) + (y|\bar{x}-x)$, also gilt Aussage 3 (man beachte, dass $\phi(x) < \infty$ und $\phi(\bar{x}) < \infty$ gilt per Definition 14.3.5). Um 4. zu zeigen, sei ϕ strikt konvex und $x_0 \in \mathcal{D}(\partial\phi)$. Aus der strikten Konvexität folgt dann $\mathcal{D}(\phi) \neq \emptyset$, also gilt $\phi(x_0) < \infty$ per Definition 14.3.5. Ersetzt man in (SDU) $x \neq x_0$ durch $tx + (1 - t)x_0$ so folgt für alle $y_0 \in \partial\phi(x_0)$ und $x \neq x_0$

$$t\phi(x) + (1 - t)\phi(x_0) > \phi(tx + (1 - t)x_0) \geq \phi(x_0) + (y_0|tx + (1 - t)x_0 - x_0),$$

also nach Division durch $t > 0$ die strikte Subdifferential-Ungleichung. Die strikte Monotonie von $\partial\phi$ folgt dann wie vorher aus der strikten Subdifferential-Ungleichung.   □

Satz 14.3.7. *Sei $\phi : \mathbb{R}^n \to (-\infty, \infty]$ konvex und $\mathcal{D}(\phi) \neq \emptyset$. Dann gelten:*

1. $\mathcal{D}(\partial\phi) \neq \emptyset$; *insbesondere ist ϕ von unten durch eine affin lineare Funktion beschränkt;*
2. $\operatorname{int}\mathcal{D}(\phi) \subset \mathcal{D}(\partial\phi) \subset \mathcal{D}(\phi)$.

Beweis.

1. Sei $x_0 \in \mathcal{D}(\phi), t_0 < \phi(x_0)$; dann ist $u_0 := (x_0, t_0) \notin \operatorname{epi}(\phi)$ und aus Lemma 7.3.1 folgt

$$(u_0 - Pu_0|v - Pu_0) \leq 0 \quad \text{für alle } v \in \operatorname{epi}(\phi),$$

denn $\operatorname{epi}(\phi)$ ist konvex. Hier ist P die metrische Projektion auf $\operatorname{epi}(\phi)$ in $\mathbb{R}^{n+1}$, also gilt $Pu_0 = (x_1, t_1) = (x_1, \phi(x_1))$ mit $x_1 \in \mathcal{D}(\phi)$. Für $v = (x, t) \in \operatorname{epi}(\phi)$ folgt dann

$$(t_0 - t_1)(t - t_1) + (x_0 - x_1|x - x_1) \leq 0.$$

Setzt man $x = x_1$, so ergibt sich $(t_0 - t_1)(t - t_1) \leq 0$ für alle $t \geq t_1 = \phi(x_1)$, also ist $t_0 \leq t_1$. Wäre nun $t_0 = t_1$ so ergibt die Wahl $x = x_0, t = \phi(x_0)$ die Ungleichung $|x_0 - x_1|^2 \leq 0$, also $x_1 = x_0$, folglich den Widerspruch $0 = t_0 - t_1 = t_0 - \phi(x_0) < 0$. Daher ist $t_0 < t_1$. Division durch $t_0 - t_1$ führt daher mit $t = \phi(x)$ und $y_1 = -(x_0 - x_1)/(t_0 - t_1)$ auf

$$\phi(x) \geq \phi(x_1) + (y_1|x - x_1), \quad x \in \mathbb{R}^n,$$

also ist $y_1 \in \partial\phi(x_1)$, insbesondere $\mathcal{D}(\partial\phi) \neq \emptyset$.

2. Ist $x_1 \in \mathcal{D}(\partial\phi)$, $y_1 \in \partial\phi(x_1)$, und $x_0 \in \mathcal{D}(\phi)$, so folgt aus der Subdifferential-Ungleichung $\phi(x_1) \leq \phi(x_0) - (y_1|x_0 - x_1) < \infty$, also $x_1 \in \mathcal{D}(\phi)$.

3. Sei $x_0 \in \operatorname{int}\mathcal{D}(\phi)$, also $B_r(x_0) \subset \mathcal{D}(\phi)$, für ein $r > 0$. Da $\operatorname{epi}(\phi)$ konvex ist, können wir eine äußere Normale $v \neq 0$ in $\mathbb{R}^{n+1}$ an $u_0 = (x_0, \phi(x_0)) \in \operatorname{epi}(\phi)$ wählen. Dann ist mit $v = (v_0, v_1) \in \mathbb{R}^n \times \mathbb{R}$ und für alle $v = (x, t) \in \operatorname{epi}(\phi)$

$$0 \geq (v|v - u_0) = (x - x_0|v_0) + (t - \phi(x_0))v_1.$$

Angenommen $v_1 \geq 0$. Für $t > \max\{\phi(x), \phi(x_0)\}$ folgt dann $(x - x_0|v_0) \leq 0$ für jedes $x \in B_r(x_0)$. Dies impliziert aber $v_0 = 0$, und dann mit $t > \phi(x_0)$ auch $v_1 = 0$, ein Widerspruch zu $v \neq 0$. Daher ist $v_1 < 0$, und nach Division durch v_1 mit $t = \phi(x)$ folglich $0 \leq \phi(x) - \phi(x_0) + \frac{1}{v_1}(v_0|x - x_0)$, d. h. $\frac{1}{v_1}v_0 \in \partial\phi(x_0)$, also $x_0 \in \mathcal{D}(\partial\phi)$. $\square$

Sei $\phi : \mathbb{R}^n \to (-\infty, \infty]$ konvex, $x_0 \in \mathcal{D}(\phi)$ und $h \in \mathbb{R}^n$. Dann folgt

$$\phi(x_0) = \phi\left(\frac{x_0 - th}{2} + \frac{x_0 + th}{2}\right) \leq \frac{1}{2}(\phi(x_0 - th) + \phi(x_0 + th)),$$

für jedes $t > 0$, also

$$\phi_-^t(x_0; h) := \frac{\phi(x_0) - \phi(x_0 - th)}{t} \leq \frac{\phi(x_0 + th) - \phi(x_0)}{t} =: \phi_+^t(x_0; h). \qquad (14.20)$$

Andererseits ist für $0 < s < t$

$$\phi(x_0 + sh) = \phi((s/t)(x_0 + th) + (1 - (s/t))x_0) \leq (s/t)\phi(x_0 + th) + (1 - (s/t))\phi(x_0),$$

also folglich

$$\phi_+^s(x_0; h) \leq \phi_+^t(x_0; h), \qquad (14.21)$$

d. h. die Funktion $t \mapsto \phi_+^t(x_0; h)$ ist wachsend. Daher existiert $\phi_+'(x_0; h) := \lim_{t\to 0+} \phi_+^t(x_0; h)$. Ferner gilt $\phi_-^t(x_0; h) = -\phi_+^t(x_0; -h)$, somit ist $t \mapsto \phi_-^t(x_0; h)$ fallend, und der Grenzwert $\phi_-'(x_0; h) := \lim_{t\to 0+} \phi_-^t(x_0; h)$ existiert ebenfalls. Dabei sind die Grenzwerte $\pm\infty$ zugelassen. Die Funktionale $\phi_\pm'(x_0; \cdot)$ heißen **rechts-** bzw. **links-seitige Ableitungen** von ϕ in x_0 in Richtung h.

Ist nun $y_0 \in \partial\phi(x_0)$ und $x = x_0 + th$, $t > 0$, $h \in \mathbb{R}^n$, so ergibt die Subdifferential-Ungleichung

$$(y_0|h) \leq (\phi(x_0 + th) - \phi(x_0))/t = \phi_+^t(x_0; h) \to \phi_+'(x_0; h),$$

und für $x = x_0 - th$ analog $(y_0|h) \geq \phi_-'(x_0; h)$. Man sieht leicht, dass $\phi_+'(x_0; \cdot)$ positiv homogen und subadditiv ist, und sogar linear falls $\phi_-'(x_0; h) = \phi_+'(x_0; h) \in \mathbb{R}$ für jedes $h \in \mathbb{R}^n$ ist. In diesem Fall ist $\partial\phi(x_0) = \{\nabla\phi(x_0)\}$, wobei $\nabla\phi(x_0)$ die **Gateaux-Ableitung** von ϕ in x_0 ist.

Wir fassen zusammen.

Proposition 14.3.8. *Sei $\phi : \mathbb{R}^n \to (-\infty, \infty]$ konvex und $x_0 \in \mathcal{D}(\phi)$.*
Dann existieren für jedes $h \in \mathbb{R}^n$ die rechts- und links-seitigen Ableitungen

$$\phi'_+(x_0; h) := \lim_{t \to 0+} \frac{\phi(x_0 + th) - \phi(x_0)}{t}$$

und

$$\phi'_-(x_0; h) := \lim_{t \to 0+} \frac{\phi(x_0) - \phi(x_0 - th)}{t}$$

von ϕ in x_0 in Richtung h. Das Funktional $\phi'_+(x_0; \cdot)$ ist positiv homogen und subadditiv, und es gilt

$$\phi'_-(x_0; h) = -\phi'_+(x_0; -h) \le \phi'_+(x_0; h).$$

Für $x_0 \in \mathcal{D}(\partial\phi)$ und $y_0 \in \partial\phi(x_0)$ gilt

$$\phi'_-(x_0; h) \le (y_0|h) \le \phi'_+(x_0; h), \quad h \in \mathbb{R}^n.$$

Ist $\phi'_-(x_0; h) = \phi'_+(x_0; h) \in \mathbb{R}$ für alle $h \in \mathbb{R}^n$, so ist ϕ in x_0 Gateaux-differenzierbar und $\partial\phi(x_0) = \{\nabla\phi(x_0)\}$ einelementig.

Ein weiteres interessantes Resultat ist

Proposition 14.3.9. *Sei $\phi : \mathbb{R}^n \to (-\infty, \infty]$ konvex, lsc und $\mathcal{D}(\phi) \ne \emptyset$. Ist $\mathrm{int}\,\mathcal{D}(\phi) \ne \emptyset$, so ist ϕ auf $\mathrm{int}\,\mathcal{D}(\phi)$ lokalbeschränkt und lokal Lipschitz.*

Beweis.

(i) Sei $x_0 \in \mathrm{int}\,\mathcal{D}(\phi)$ und $\overline{B_r(x_0)} \subset \mathcal{D}(\phi)$ eine Kugel bzgl. der l_∞-Norm. Diese ist die konvexe Hülle ihrer Extremalpunkte $x_0 \pm re_i$, also gibt es zu $x \in \bar{B}_r(x_0)$ Zahlen $t_i^\pm \ge 0$, $i = 1, \ldots, n$, mit $\sum_{i=1}^n t_i^\pm = 1$ und $x = \sum_{i=1}^n t_i^\pm(x_0 \pm re_i)$. Konvexität ergibt

$$\phi(x) = \phi\left(\sum_{i=1}^n t_i^\pm(x_0 \pm re_i)\right) \le \sum_{i=1}^n t_i^\pm\phi(x_0 \pm re_i) \le \max_{i=1,\ldots,n}\{\phi(x_0 \pm re_i)\} < \infty.$$

Andererseits ist ϕ nach Vorraussetzung lsc, also gibt es ein $r' > 0$ derart, dass

$$\phi(x) \ge \phi(x_0) - 1, \quad |x - x_0| \le r'.$$

Daher gibt es zu $x_0 \in \mathrm{int}\,\mathcal{D}(\phi)$ Zahlen $r_0 > 0$ und M so, dass $|\phi(x)| \le M$ für alle $x \in B_{r_0}(x_0)$ gilt.

(ii) Mit (14.20) und (14.21) folgt für $t \geq 1$

$$\phi(x) - \phi(x - h) \leq \phi(x + h) - \phi(x) \leq (\phi(x + th) - \phi(x))/t,$$

und alle Funktionswerte von ϕ sind hier endlich, sofern $x, x \pm h, x + th \in B_{r_0}(x_0)$ gilt. Sei $|x - x_0| \leq r_0/3$, $|h| \leq r_0/3$ und setze $t = 2r_0/3|h|$. Dann folgt

$$|\phi(x + h) - \phi(x)| \leq (\max\{\phi(x + th), \phi(x - th)\} - \phi(x))/t \leq 2M/t = (3M/r_0)|h|,$$

wobei $M = \sup\{|\phi(x)| : |x - x_0| \leq r_0\} < \infty$ nach **(i)** sei, denn es ist $t = 2r_0/3|h| \geq 2r_0/r_0 = 2$. Daher ist ϕ Lipschitz auf $\bar{B}_{r_0}(x_0)$. $\qquad\square$

3. Yosida-Approximation

(a) Sei $\phi : \mathbb{R}^n \to (-\infty, \infty]$ konvex, lsc, mit $\mathcal{D}(\phi) \neq \emptyset$. Dann ist für jedes $\lambda > 0$ und $x \in \mathbb{R}^n$ die Funktion

$$y \mapsto \psi_\lambda^x(y) := \frac{1}{2\lambda}|x - y|^2 + \phi(y), \quad y \in \mathbb{R}^n,$$

strikt konvex, lsc, und auch koerziv, da ϕ nach Satz 14.3.7 von unten durch eine affin-lineare Funktion beschränkt ist. Daher besitzt ψ_λ^x nach Satz 14.3.3 ein eindeutig bestimmtes Minimum $R_\lambda x$, d. h. die Funktion

$$\phi_\lambda(x) := \min_{y \in \mathbb{R}^n} \psi_\lambda^x(y) = \frac{1}{2\lambda}|x - R_\lambda x|^2 + \phi(R_\lambda x), \quad x \in \mathbb{R}^n, \lambda > 0,$$

ist wohldefiniert, $\phi_\lambda : \mathbb{R}^n \to \mathbb{R}$ ist konvex, lsc, und es gilt $\phi_\lambda(x) \leq \phi(x)$ für alle $x \in \mathbb{R}^n$. ϕ_λ heisst **Yosida-Approximation** von ϕ. Man beachte, dass $R_\lambda x \in \mathcal{D}(\phi)$, für alle $x \in \mathbb{R}^n$, $\lambda > 0$ gilt.

Wir setzen

$$A_\lambda x := (x - R_\lambda x)/\lambda,$$

und erhalten

$$\phi_\lambda(x) = \frac{\lambda}{2}|A_\lambda x|^2 + \phi(R_\lambda x), \quad x \in \mathbb{R}^n, \lambda > 0.$$

Da $R_\lambda x$ das eindeutig bestimmte Minimum von ψ_λ^x ist, ergibt Proposition 14.3.6

$$0 \in \partial \psi_\lambda^x(R_\lambda x) = -A_\lambda x + \partial \phi(R_\lambda x),$$

denn die Abbildung $y \mapsto |y|^2$ ist Fréchet-differenzierbar.

Es folgt $A_\lambda x \in \partial\phi(R_\lambda x)$, also $R_\lambda x \in \mathcal{D}(\partial\phi)$ für alle $x \in \mathbb{R}^n$. Mit der Monotonie von $\partial\phi$ aus Proposition 14.3.6 erhält man

$$(x - \bar{x}|R_\lambda x - R_\lambda \bar{x}) = |R_\lambda x - R_\lambda \bar{x}|^2 + \lambda(A_\lambda x - A_\lambda \bar{x}|R_\lambda x - R_\lambda \bar{x})$$

$$\geq |R_\lambda x - R_\lambda \bar{x}|^2,$$

für alle $x, \bar{x} \in \mathbb{R}^n$, woraus folgt, dass $R_\lambda : \mathbb{R}^n \to \mathcal{D}(\partial\phi)$ nichtexpansiv in $\mathbb{R}^n$ ist, also global Lipschitz mit Lipschitz-Konstante 1. Dies impliziert wiederum, dass A_λ global Lipschitz ist mit Lipschitz-Konstante $2/\lambda$, für jedes $\lambda > 0$. Aus diesen Überlegungen folgt die wichtige Eigenschaft, dass $\partial\phi$ **maximal monoton** ist, d. h. $\partial\phi$ ist monoton und die Maximalität

$$(y - y_0|x - x_0) \geq 0, \quad x \in \mathcal{D}(\partial\phi), \ y \in \partial\phi(x) \quad \Rightarrow \quad y_0 \in \partial\phi(x_0) \tag{14.22}$$

ist erfüllt. Um dies zu sehen, setzt man $x = x_\lambda = R_\lambda(x_0 + \lambda y_0)$, und $y = y_\lambda = A_\lambda(x_0 + \lambda y_0)$, $\lambda > 0$. Dann ist $x_\lambda + \lambda y_\lambda = x_0 + \lambda y_0$, und die Voraussetzung in der Maximalität ergibt $0 \leq (y_\lambda - y_0|x_\lambda - x_0)$, also

$$0 = (x_\lambda - x_0 + \lambda(y_\lambda - y_0)|x_\lambda - x_0) = |x_\lambda - x_0|^2 + \lambda(y_\lambda - y_0|x_\lambda - x_0) \geq |x_\lambda - x_0|^2,$$

also $x_0 = x_\lambda$ und $y_0 = y_\lambda$, daher $x_0 \in \mathcal{D}(\partial\phi)$ und $y_0 \in \partial\phi(x_0)$.

(b) Als nächstes zeigen wir, dass ϕ_λ in jedem $x \in \mathbb{R}^n$ Fréchet-differenzierbar ist, mit $\nabla\phi_\lambda(x) = A_\lambda x$. Dazu berechnet man mit der Subdifferentialungleichung

$$\phi_\lambda(x + h) - \phi_\lambda(x) - (A_\lambda x|h)$$

$$= \frac{\lambda}{2}(|A_\lambda(x + h)|^2 - |A_\lambda x|^2) - (A_\lambda x|h) + \phi(R_\lambda(x + h)) - \phi(R_\lambda x)$$

$$= \frac{\lambda}{2}|A_\lambda(x + h) - A_\lambda x|^2 + \phi(R_\lambda(x + h)) - \phi(R_\lambda x) - (A_\lambda x|R_\lambda(x + h) - R_\lambda x))$$

$$\geq \frac{\lambda}{2}|A_\lambda(x + h) - A_\lambda x|^2 \geq 0,$$

denn $A_\lambda x \in \partial\phi(R_\lambda x)$ für alle $x \in \mathbb{R}^n$, $\lambda > 0$. Also ist $A_\lambda x \in \partial\phi_\lambda(x)$, für alle $x \in \mathbb{R}^n$, $\lambda > 0$ und es gilt mit $\bar{x} = x + h$

$$\phi_\lambda(\bar{x}) - \phi_\lambda(x) - (A_\lambda x|\bar{x} - x) \geq \frac{\lambda}{2}|A_\lambda \bar{x} - A_\lambda x|^2. \tag{14.23}$$

Als nächstes vertauscht man in (14.23) x und $\bar{x}$, was die Ungleichung

$$\phi_\lambda(x) - \phi_\lambda(\bar{x}) - (A_\lambda \bar{x}|x - \bar{x}) \geq \frac{\lambda}{2}|A_\lambda(x) - A_\lambda \bar{x}|^2$$

ergibt, also

$$0 \leq r_\lambda(x, \bar{x} - x) := \phi_\lambda(\bar{x}) - \phi_\lambda(x) - (A_\lambda x | \bar{x} - x)$$

$$\leq -\frac{\lambda}{2}(|A_\lambda \bar{x} - A_\lambda \bar{x}|^2 - 2(A_\lambda \bar{x} - A_\lambda x | \frac{\bar{x} - x}{\lambda}))$$

$$= -\frac{\lambda}{2}\left| A_\lambda \bar{x} - A_\lambda \bar{x} - \frac{\bar{x} - x}{\lambda} \right|^2 + \frac{1}{2\lambda}|\bar{x} - x|^2$$

$$= -\frac{1}{2\lambda}|R_\lambda \bar{x} - R_\lambda x|^2 + \frac{1}{2\lambda}|\bar{x} - x|^2,$$

woraus schliesslich

$$|r_\lambda(x, h)| \leq \frac{1}{2\lambda}|h|^2, \quad \text{für alle} \quad x \in \mathbb{R}^n, \ h \in \mathbb{R}^n, \ \lambda > 0,$$

folgt. Daher ist ϕ_λ in jedem $x \in \mathbb{R}^n$ Frechét-differenzierbar und

$$\nabla \phi_\lambda(x) = A_\lambda x = (x - R_\lambda x)/\lambda, \quad \partial \phi_\lambda(x) = \{A_\lambda x\}, \quad x \in \mathbb{R}^n, \ \lambda > 0. \qquad (14.24)$$

Da $x \mapsto A_\lambda x$ global Lipschitz ist, gilt sogar $\phi_\lambda \in C^1(\mathbb{R}^n; \mathbb{R})$. **(c)** Schließlich bestimmen wir für fixiertes $x \in \mathbb{R}^n$ die Grenzwerte von $R_\lambda x$ und $A_\lambda x$ falls $\lambda \to 0+$. Zunächst ist für $y \in \mathcal{D}(\phi)$

$$|x - R_\lambda x|^2 + 2\lambda \phi(R_\lambda x) \leq 2\lambda \phi(y) + |x - y|^2 < \infty, \quad x \in \mathbb{R}^n, \ 0 < \lambda \leq 1,$$

denn $R_\lambda x$ ist das eindeutige Minimum von ψ_λ^x. Andererseits ist $\mathcal{D}(\partial \phi) \neq \emptyset$ nach Proposition 14.3.7, also mit einem fixierten $y_2 \in \partial \phi(x_2)$

$$\phi(R_\lambda x) \geq \phi(x_2) + (y_2 | R_\lambda x - x) + (y_2 | x - x_2).$$

Kombiniert man die beiden letzten Abschätzungen und verwendet Youngs Ungleichung mit ε, so sieht man, dass $\{R_\lambda x\}_{\lambda \in (0,1]}$ beschränkt ist. Nach dem Satz von Bolzano-Weierstraß existiert eine Folge $\lambda_k \to 0+$ so dass $R_{\lambda_k} x \to z$ in $\mathbb{R}^n$ gilt. Dann erhält man im Grenzwert

$$|x - z|^2 \leq |x - y|^2, \quad y \in \mathcal{D}(\phi)$$

was $z = P_D x$ nach sich zieht, wobei P_D die metrische Projektion auf die abgeschlossene und konvexe Menge $D := \overline{\mathcal{D}(\phi)}$ bedeutet (man verwende die Tatsache, dass der Abschluss einer konvexen Menge konvex ist). Daher gilt $R_\lambda x \to P_D x$ für $\lambda \to 0+$ und jedes $x \in \mathbb{R}^n$.

Es ist $A_\lambda x \in \partial \phi(R_\lambda x)$, und $\phi_\lambda(x) \leq \phi(x)$, also gilt nach der Subdifferentialungleichung

$$\phi(x) \geq \phi(R_\lambda x) + \lambda |A_\lambda x|^2.$$

Ist nun $y \in \partial\phi(x)$, also $x \in \mathcal{D}(\partial\phi)$, so folgt

$$0 \geq \phi(R_\lambda x) - \phi(x) + \lambda |A_\lambda x|^2 \geq (y|R_\lambda x - x) + \lambda |A_\lambda x|^2$$
$$= \lambda(|A_\lambda x|^2 - (y|A_\lambda x)),$$

also $|A_\lambda x| \leq |y|$ für alle $y \in \partial\phi(x)$. Nach Lemma 7.3.1 existiert genau ein $y_x^0 \in \partial\phi(x)$ mit minimaler Norm, denn $\partial\phi(x)$ ist abgeschlossen und konvex (wovon man sich schnell überzeugt). Dies ergibt $|A_\lambda x| \leq |y_x^0|$, insbesondere ist $\{A_\lambda x\}_{\lambda>0}$ für $x \in \mathcal{D}(\partial\phi)$ beschränkt. Nach dem Satz von Bolzano-Weierstraß gibt es daher eine Folge $\lambda_k \to 0+$ derart, dass $A_{\lambda_k} x \to y$ für $k \to \infty$ und es gilt $|y| \leq |y_x^0|$. Aus der Monotonie von $\partial\phi$, also

$$(A_\lambda x - y_0|R_\lambda x - x_0) \geq 0, \quad y_0 \in \partial\phi(x_0), \ A_\lambda x \in \partial\phi(R_\lambda x)$$

(siehe Proposition 14.3.6), folgt

$$(y - y_0|x - x_0) \geq 0, \quad y_0 \in \partial\phi(x_0),$$

denn $x \in \mathcal{D}(\partial\phi) \subset \mathcal{D}(\phi)$ nach Satz 14.3.7, also $P_D x = x$ mit $D = \overline{\mathcal{D}(\phi)}$. Aus der maximalen Monotonie von $\partial\phi$ folgt daher $y \in \partial\phi(x)$, also gilt $A_\lambda x \to y_x^0$ für $\lambda \to 0+$, und jedes $x \in \mathcal{D}(\partial\phi)$.

Wir fassen das Bewiesene zusammen.

Satz 14.3.10. *Sei $\phi : \mathbb{R}^n \to (-\infty, \infty]$ konvex, lsc, mit $\mathcal{D}(\phi) \neq \emptyset$. Sei P_D die metrische Projektion auf $D := \overline{\mathcal{D}(\phi)}$ und für $x \in \mathcal{D}(\partial\phi)$ sei y_x^0 das Element minimaler Norm in $\partial\phi(x)$. Dann gelten:*

1. *$R_\lambda : \mathbb{R}^n \to \mathcal{D}(\partial\phi)$ ist nichtexpansiv, und $x \mapsto A_\lambda x = (x - R_\lambda x)/\lambda \in \partial\phi(R_\lambda x)$ ist Lipschitz mit Lipschitz-Konstante $2/\lambda$, $\lambda > 0$.*
2. *$\phi_\lambda \in C^1(\mathbb{R}^n; \mathbb{R})$, $\nabla\phi_\lambda(x) = A_\lambda x$, $x \in \mathbb{R}^n$.*
3. *$R_\lambda \to P_D$ und $A_\lambda x \to y_x^0$, $x \in \mathcal{D}(\partial\phi)$, für $\lambda \to 0+$; folglich ist $\mathcal{D}(\partial\phi)$ dicht in D.*

14.4 Subdifferentialgleichungen

In diesem Abschnitt betrachten wir Differentialgleichungen mit Subdifferentialen.

14.4.1 Differential-Inklusionen

Sei $\phi : \mathbb{R}^n \to (-\infty, \infty]$ konvex, lsc, mit $\mathcal{D}(\phi) \neq \emptyset$ und sei $D := \overline{\mathcal{D}(\phi)}$. Wir betrachten die Subdifferentialgleichung

$$\dot{x} + \partial\phi(x) \ni 0, \ t > 0, \quad x(0) = \xi \in D. \tag{14.25}$$

Genauer sollte man von einer Differential-Inklusion sprechen, da $\partial\phi$ im Alggemeinen mengenwertig ist.

(a) Wir wollen zeigen, dass dieses Problem einen nichtexpansiven Halbfluss $x(t; \xi)$ auf D erzeugt. Dazu verwenden wir die Yosida-Approximation ϕ_λ aus dem vorhergehenden Abschnitt, also betrachten wir zunächst das Problem

$$\dot{x} + \nabla\phi_\lambda(x) = 0, \ t > 0, \quad x(0) = \xi \in \mathbb{R}^n, \tag{14.26}$$

wobei $\lambda > 0$ ist. Da $\nabla\phi_\lambda(x) = A_\lambda x$ global Lipschitz ist, erzeugt (14.26) für jedes $\lambda > 0$ einen globalen Halbfluss $x_\lambda : \mathbb{R}_+ \times \mathbb{R}^n \to \mathbb{R}^n$, der nichtexpansiv ist, d. h.

$$|x_\lambda(t; \xi) - x_\lambda(t; \bar{\xi})| \le |\xi - \bar{\xi}|, \quad \xi, \bar{\xi} \in \mathbb{R}^n, \ t > 0. \tag{14.27}$$

Diese Eigenschaft folgt aus der Konvexität von ϕ_λ, denn dann ist $\nabla\phi_\lambda = A_\lambda$ monoton, also impliziert (14.15)

$$\frac{d}{dt}|x_\lambda(t; \xi) - x_\lambda(t, \bar{\xi})|^2 = -2(A_\lambda x_\lambda(t; \xi) - A_\lambda x_\lambda(t, \bar{\xi})|x_\lambda(t; \xi) - x_\lambda(t, \bar{\xi})) \le 0,$$

für alle $t \ge 0$ und $\xi, \bar{\xi} \in \mathbb{R}^n$. Wir zeigen nun, dass $x_\lambda(t; \xi)$ für $\lambda \to 0+$ gegen einen Halbfluss $x(t; \xi)$ konvergiert. Dazu ersetzt man $\bar{\xi}$ in (14.27) durch $\bar{\xi} = x_\lambda(h; \xi)$, $h > 0$, was auf

$$|x_\lambda(t + h; \xi) - x_\lambda(t, \xi)| \le |x_\lambda(h; \xi) - \xi|$$

führt. Divison durch $h > 0$ und $h \to 0+$ ergibt die Abschätzungen

$$|A_\lambda x_\lambda(t; \xi)| = |\dot{x}_\lambda(t; \xi)| \le |\dot{x}_\lambda(0; \xi)| = |A_\lambda \xi| \le |y_\xi^0| < \infty, \quad t \ge 0, \ \xi \in \mathcal{D}(\partial\phi),$$

wobei $y_\xi^0 \in \partial\phi(\xi)$ das Element minimaler Norm bezeichnet. Daraus folgt für $0 < \mu \le \lambda \le 1$ mit $x_\lambda(t) = x_\lambda(t; \xi), x_\mu(t) = x_\mu(t; \xi)$,

$$\frac{d}{dt}|x_\lambda(t) - x_\mu(t)|^2 = -2(A_\lambda x_\lambda(t) - A_\mu x_\mu(t)|x_\lambda(t) - x_\mu(t))$$

$$= -2(A_\lambda x_\lambda - A_\mu x_\mu | R_\lambda x_\lambda - R_\mu x_\mu) - 2(A_\lambda x_\lambda - A_\mu x_\mu | \lambda A_\lambda x_\lambda - \mu A_\mu x_\mu)$$

$$\leq 2(|A_\lambda x_\lambda(t)| + |A_\mu x_\mu(t)|)(\lambda|A_\lambda x_\lambda(t)| + \mu|A_\mu x_\mu(t)|)$$

$$\leq 4(\lambda + \mu)|y_\xi^0|^2,$$

wobei wir auch die Monotonie von $\partial\phi$ aus Proposition 14.3.6 verwendet haben, denn $A_\lambda x \in \partial\phi(R_\lambda x)$. Somit gilt

$$|x_\lambda(t) - x_\mu(t)| \leq 2\sqrt{(\lambda + \mu)t}|y_\xi^0|, \quad t \geq 0, \ \xi \in \mathcal{D}(\partial\phi),$$

und damit ist die Familie $\{x_\lambda(t)\}_{0<\lambda\leq1}$ Cauchy, und zwar gleichmäßig auf kompakten Intervallen, woraus die Existenz der Grenzwerte

$$x(t; \xi) = \lim_{\lambda\to0+} x_\lambda(t; \xi), \quad t \geq 0, \ \xi \in \mathcal{D}(\partial\phi), \tag{14.28}$$

folgt, und die Konvergenz ist ebenso gleichmäßig auf kompakten Intervallen. Insbesondere sind die Funktionen $t \mapsto x(t; \xi)$ stetig auf $\mathbb{R}_+$ und sogar global Lipschitz (mit Lipschitz-Konstante $|y_\xi^0|$). Die Konvergenz lässt sich auf Anfangswerte $\xi \in D$ wie folgt ausdehnen. Dazu sei $\xi \in D = \overline{\mathcal{D}(\phi)}$ fixiert; da nach Satz 14.3.10 $\mathcal{D}(\partial\phi)$ in D dicht ist, existiert eine Folge $(\xi_k) \subset \mathcal{D}(\partial\phi)$ mit $\xi_k \to \xi$. Es ist

$$x_\lambda(t; \xi) - x_\mu(t; \xi) = (x_\lambda(t; \xi_k) - x_\mu(t; \xi_k)) + (x_\lambda(t; \xi) - x_\lambda(t; \xi_k)) - (x_\mu(t; \xi) - x_\mu(t; \xi_k)),$$

also mit (14.27)

$$|x_\lambda(t; \xi) - x_\mu(t; \xi)| \leq |x_\lambda(t; \xi_k) - x_\mu(t; \xi_k)| + 2|\xi - \xi_k|.$$

Zu gegebenem $\varepsilon > 0$, wähle zunächst k so groß, dass $|\xi - \xi_k| \leq \varepsilon/3$. Fixiere solche in $k \in \mathbb{N}$ und wähle dann $\lambda, \mu > 0$ so klein, dass $|x_\lambda(t; \xi_k) - x_\mu(t; \xi_k)| \leq \varepsilon/3$ für t aus einem gegebenem kompakten Intervall gilt. Dann ist $|x_\lambda(t; \xi) - x_\mu(t; \xi)| \leq \varepsilon$. Dieses Argument zeigt, dass auch $\{x_\lambda(t; \xi)\}_{0<\lambda\leq1}$ für $\xi \in D$ Cauchy ist (gleichmäßig auf kompakten Intervallen), also existiert der Grenzwert in (14.28) auch für $\xi \in D$, gleichmäßig auf kompakten Intervallen. Ferner ist $\dot{x}_\lambda(t; \xi) = A_\lambda x_\lambda(t; \xi)$ für $\xi \in \mathcal{D}(\partial\phi)$ beschränkt bezüglich $t, \lambda > 0$, also

$$x_\lambda(t; \xi) - R_\lambda x_\lambda(t; \xi) = \lambda A_\lambda x_\lambda(t; \xi) \to 0, \quad \lambda \to 0+,$$

woraus $x(t; \xi) = P_D x(t; \xi) \in D$ folgt, sogar für alle $\xi \in D$. Um dies zu sehen, schreibe man

$$R_\lambda x_\lambda(t; \xi) - P_D x(t; \xi) = R_\lambda x_\lambda(t; \xi) - R_\lambda x(t; \xi) + R_\lambda x(t; \xi) - P_D x(t; \xi)$$

für $t, \lambda > 0$, $\xi \in \mathcal{D}(\partial\phi)$ und benutze die Eigenschaft, dass R_λ global Lipschitz ist. Da die metrische Projektion P_D nach Lemma 7.3.1 nichtexpansiv ist, ergibt sich die Gleichung $x(t, \xi) = P_D x(t, \xi)$ für alle $t > 0$, $\xi \in D$.

Dies zeigt, dass $x : \mathbb{R}_+ \times D \to D$ ein globaler nichtexpansiver Halbfluss auf D ist.

(b) In diesem Schritt bringen wir den Halbfluss $x : \mathbb{R}_+ \times D \to D$ mit der Differential-Inklusion (14.25) in Verbindung. Zunächst gilt $x(t; \xi) \in \mathcal{D}(\partial\phi)$ für alle $t \geq 0$, sofern $\xi \in \mathcal{D}(\partial\phi)$, denn es ist

$$(A_\lambda x_\lambda(t; \xi) - y_0 | R_\lambda x_\lambda(t; \xi) - x_0) \geq 0,$$

für alle $\lambda > 0$, $t \geq 0$, wegen $A_\lambda x \in \partial\phi(R_\lambda x)$ für alle $x \in \mathbb{R}^n$ und der Monotonie von $\partial\phi$. Da für $\xi \in \mathcal{D}(\partial\phi)$ die Familie $\{A_\lambda x_\lambda(t; \xi)\}_{\lambda>0}$ beschränkt ist, existiert eine konvergente Folge $A_{\lambda_k} x_{\lambda_k}(t; \xi) \to y(t; \xi)$ für $\lambda_k \to 0+$, $k \to \infty$, und fixiertes $t \geq 0$, $\xi \in \mathcal{D}(\partial\phi)$. Wegen $R_{\lambda_k} x_{\lambda_k}(t; \xi) \to P_D x(t; \xi) = x(t; \xi)$ für $k \to \infty$ gilt schließlich

$$(y(t; \xi) - y_0 | x(t; \xi) - x_0) \geq 0,$$

und die maximale Monotonie von $\partial\phi$ impliziert $x(t; \xi) \in \mathcal{D}(\partial\phi)$.

Sei nun $x_0 \in \mathcal{D}(\partial\phi)$, $y_0 \in \partial\phi(x_0)$ und $x_\lambda := R_\lambda(x_0 + \lambda y_0)$, $y_\lambda = A_\lambda(x_0 + \lambda y_0)$. Dann gilt mit der gleichen Argumentation wie oben

$$(y_\lambda - y_0 | x_\lambda - x_0) \geq 0,$$

für alle $\lambda > 0$ und das gleiche Argument, welches zu (14.22) führte, ergibt dann $x_0 = x_\lambda$ und $y_0 = y_\lambda$ für alle $\lambda > 0$, also insbesondere $y_0 = A_\lambda(x_0 + \lambda y_0)$. Für $x_\lambda(t) := x_\lambda(t; \xi)$, $\xi \in D$, gilt

$$\frac{1}{2}\frac{d}{dt}|x_\lambda(t) - (x_0 + \lambda y_0)|^2 = -(A_\lambda x_\lambda(t) | x_\lambda(t) - (x_0 + \lambda y_0))$$

$$= -(A_\lambda x_\lambda(t) - A_\lambda(x_0 + \lambda y_0) | x_\lambda(t) - (x_0 + \lambda y_0)) - (y_0 | x_\lambda(t) - (x_0 + \lambda y_0))$$

$$\leq -(y_0 | x_\lambda(t) - (x_0 + \lambda y_0)),$$

wegen der Monotonie von $\nabla\phi_\lambda = A_\lambda$, also nach Integration für $0 \leq s \leq t$

$$\frac{1}{2}|x_\lambda(t) - (x_0 + \lambda y_0)|^2 \leq \frac{1}{2}|x_\lambda(s) - (x_0 + \lambda y_0)|^2 - \int_s^t (y_0 | x_\lambda(\tau) - (x_0 + \lambda y_0))d\tau.$$

Mit $\lambda \to 0+$ erhalten wir die Ungleichung

$$\frac{1}{2}|x(t;\xi) - x_0|^2 \le \frac{1}{2}|x(s;\xi) - x_0|^2 - \int_s^t (y_0|x(\tau;\xi) - x_0)d\tau, \qquad (14.29)$$

für alle $\xi \in D$, $0 \le s \le t$, und $y_0 \in \partial\phi(x_0)$ wegen der gleichmäßigen Konvergenz von $x_\lambda(t;\xi) \to x(t;\xi)$ bezüglich t auf kompakten Intervallen. Ersetzt man t durch $t + h$ und s durch t, dividiert durch h, so folgt mit $h \to 0+$

$$\left(\frac{d^+}{dt}x(t;\xi)\Big|x(t;\xi) - x_0\right) \le -(y_0|x(t;\xi) - x_0),$$

also

$$\left(-\frac{d^+}{dt}x(t;\xi) - y_0\Big|x(t;\xi) - x_0\right) \ge 0, \quad y_0 \in \partial\phi(x_0),$$

sofern die rechts-seitige Ableitung $d^+x(t;\xi)/dt$ existiert. Nun ist $t \mapsto x(t;\xi)$ global Lipschitz auf $(0,\infty)$, falls $\xi \in \mathcal{D}(\partial\phi)$. Also ist diese Abbildung mit dem Differentiationssatz von Lebesgue (in der Literatur auch Satz von Rademacher genannt) fast überall (f.ü.) differenzierbar in $(0,\infty)$, sofern $\xi \in \mathcal{D}(\partial\phi)$. Die maximale Monotonie von $\partial\phi$ ergibt dann $-\dot{x}(t;\xi) \in \partial\phi(x(t;\xi))$ für fast alle $t > 0$ und daher gilt

$$0 \in \dot{x}(t;\xi) + \partial\phi(x(t;\xi)), \quad \text{f.ü. in } (0,\infty), \quad x(0,\xi) = \xi \in \mathcal{D}(\partial\phi). \qquad (14.30)$$

In diesem Sinne erfüllt der Halbfluss $x(t;\xi)$ die Subdifferential-Inklusion (14.25).
   Wir haben das folgende Resultat bewiesen.

Satz 14.4.1. *Sei $\phi : \mathbb{R}^n \to (-\infty,\infty]$ konvex, lsc, mit $\mathcal{D}(\phi) \ne \emptyset$ und sei $D := \overline{\mathcal{D}(\phi)}$. Dann erzeugt (14.25) einen nicht expansiven Halbfluss $x : \mathbb{R}_+ \times D \to D$. Es gilt*

$$x(t;\xi) = \lim_{\lambda \to 0+} x_\lambda(t;\xi), \quad t \ge 0, \; \xi \in D,$$

wobei $x_\lambda : \mathbb{R}_+ \times \mathbb{R}^n \to \mathbb{R}^n$ den von (14.26) erzeugten nichtexpansiven Halbfluss bezeichnet.

   Für $\xi \in \mathcal{D}(\partial\phi)$ und $t \ge 0$ gilt $x(t;\xi) \in \mathcal{D}(\partial\phi)$; $t \mapsto x(t;\xi)$ ist global Lipschitz, fast überall differenzierbar in $(0,\infty)$, und

$$0 \in \dot{x}(t;\xi) + \partial\phi(x(t;\xi)) \quad \text{für fast alle } t \ge 0.$$

Es gilt die Integral-Ungleichung (14.29) für alle $0 \le s \le t$, $\xi \in D$, und $y_0 \in \partial\phi(x_0)$.

14.4.2 Differential-Variationsungleichungen

In Anwendungen trifft man häufig auf **differentielle Variationsungleichungen**, wie

$$(\dot{u}(t) - f(u(t))|v - u(t)) \geq 0, \quad t > 0, \ v \in D,$$

$$u(t) \in D, \quad u(0) = u_0 \in D,$$

(14.31)

wobei $D \subset \mathbb{R}^n$ abgeschlosssen und konvex, und $f : \mathbb{R}^n \to \mathbb{R}^n$ stetig und ω-**dissipativ**, d. h. für ein $\omega \in \mathbb{R}$ gilt

$$(f(u) - f(\bar{u})|u - \bar{u}) \leq \omega|u - \bar{u}|^2, \quad \text{für alle} \quad u, \bar{u} \in D.$$

Beispielsweise ist jede globale Lipschitz-Funktion mit Konstante L ω-dissipativ mit $\omega = L$. Ist $\omega = 0$, so nennt man f kurz dissipativ.

Ist $D = K$ ein abgeschlossener konvexer Kegel, also zum Beispiel $D = \mathbb{R}^n_+$, und K^* der zu K duale Kegel, so ist (14.31) äquivalent zum **Differential-Komplementaritätsproblem**

$$\dot{u}(t) - f(u(t)) \in K^*, \ u(t) \geq_K 0, \quad t \geq 0,$$

$$(\dot{u}(t) - f(u(t))|u(t)) = 0, \ u(0) = u_0 \geq_K 0,$$

(14.32)

wobei $\geq_K$ die vom Kegel K erzeugte Ordnung bezeichnet. Denn ist u eine Lösung von (14.32), so folgt

$$(\dot{u}(t) - f(u(t))|v - u(t)) = (\dot{u}(t) - f(u(t))|v) \geq 0,$$

für alle $v \in D$. Löst u andererseits die differentielle Variationsungleichung, und ist $w \in K$, dann ist $v = u + w \in D = K$, folglich

$$(\dot{u}(t) - f(u(t))|w) = (\dot{u}(t) - f(u(t))|v - u(t)) \geq 0, \quad v \in K,$$

also $\dot{u}(t) - f(u(t)) \in K^*$. Mit $v = 0 \in K$ bzw. $v = 2u(t) \in K$ erhält man $(\dot{u}(t) - f(u(t))|u(t)) = 0$, also löst $u(t)$ das problem (14.32).

Das Problem (14.31) kann man mittels der Indikator-Funktion $i_D(x)$ äquivalent formulieren als

$$\dot{u}(t) + \partial i_D(u(t)) \ni f(u(t)), \ t > 0, \quad u(0) = u_0 \in D,$$

(14.33)

denn $f(u(t)) - \dot{u}(t) \in \partial i_D(u(t))$ gilt genau dann, wenn $(f(u(t)) - \dot{u}(t)|x - u(t)) \leq 0$, für alle $x \in D$.

Allgemeiner betrachten wir in diesem Abschnitt das Problem

$$\dot{u}(t) + \partial\phi(u(t)) \ni f(u(t)), \ t > 0, \quad u(0) = u_0 \in D. \tag{14.34}$$

Dabei sind $\phi : \mathbb{R}^n \to (-\infty, \infty]$ konvex, lsc, mit $\mathcal{D}(\phi) \neq \emptyset$, $D := \overline{\mathcal{D}(\phi)}$, und $f : \mathbb{R}^n \to \mathbb{R}^n$ stetig sowie ω-dissipativ. Wir wollen ein zum Fall $f = 0$ analoges Resultat für (14.34) zeigen. Dazu geht man ähnlich vor wie im Fall $f = 0$, indem man das approximierende Problem

$$\dot{u}(t) + \nabla\phi_\lambda(u(t)) = f(u(t)), \ t > 0, \quad u(0) = u_0 \in \mathbb{R}^n, \tag{14.35}$$

betrachtet. Dieses Problem erzeugt einen globalen Halbfluss $u_\lambda : \mathbb{R}_+ \times \mathbb{R}^n \to \mathbb{R}^n$. Es gilt

$$\frac{1}{2}\frac{d}{dt}|u_\lambda(t; \xi) - u_\lambda(t; \bar{\xi})|^2 \leq \omega|u_\lambda(t; \xi) - u_\lambda(t; \bar{\xi})|^2,$$

also

$$|u_\lambda(t; \xi) - u_\lambda(t; \bar{\xi})| \leq e^{\omega t}|\xi - \bar{\xi}|, \quad t > 0, \ \xi, \bar{\xi} \in \mathbb{R}^n.$$

Wie im vorherigen Abschnitt folgt ferner für $\xi \in \mathcal{D}(\partial\phi)$,

$$|f(u_\lambda(t)) - A_\lambda u_\lambda(t; \xi)| = |\dot{u}_\lambda(t; \xi)| \leq e^{\omega t}|\dot{u}_\lambda(0; \xi)| = e^{\omega t}(|f(\xi)| + |y_\xi^0|),$$

Für alle $T \in (0, \infty)$, $s, t \in [0, T]$, $\lambda > 0$ und $\xi \in \mathcal{D}(\partial\phi)$ gilt daher

$$|u_\lambda(t; \xi) - u_\lambda(s; \xi)| \leq (|f(\xi)| + |y_\xi^0|)e^{|\omega|T}|t - s|,$$

also ist $t \mapsto u_\lambda(t; \xi)$ lokal Lipschitz auf $[0, \infty)$, gleichmäßig bezüglich $\lambda > 0$. Insbesondere folgt aus der Stetigkeit von f

$$|f(u_\lambda(t; \xi))| \leq \sup_{\lambda>0}\sup_{t\in[0,T]}|f(u_\lambda(t; \xi))| =: C(\xi, T) < \infty,$$

und daher

$$|A_\lambda u_\lambda(t; \xi)| \leq C(\xi, T) + e^{|\omega|T}(|f(\xi)| + |y_\xi^0|) =: M(\xi, T) < \infty$$

für alle $t \in [0, T]$, $\lambda > 0$. Wie in Abschnitt 1. a) folgt nun

$$\frac{d}{dt}|u_\lambda(t) - u_\mu(t)|^2 \leq 4(\lambda + \mu)M(\xi, T)^2 + 2(f(u_\lambda(t)) - f(u_\mu(t))|u_\lambda(t) - u_\mu(t))$$

$$\leq 4(\lambda + \mu)M(\xi, T)^2 + 2\omega|u_\lambda(t) - u_\mu(t)|^2,$$

für alle $\lambda, \mu > 0$ und $t \in [0, T]$, wobei $u_j(t) := u_j(t; \xi)$, $j \in \{\lambda, \mu\}$. Daraus erhalten wir die Abschätzung

$$|u_\lambda(t; \xi) - u_\mu(t; \xi)|^2 \le 4(\lambda + \mu)M(\xi, T)^2 \frac{1}{\omega}(e^{2\omega t} - 1)$$

für alle $\lambda, \mu > 0$ und $t \in [0, T]$, also existieren die Grenzwerte

$$u(t; \xi) := \lim_{\lambda \to 0+} u_\lambda(t; \xi)$$

und die Konvergenz ist gleichmäßig bezüglich t auf kompakten Intervallen $[0, T]$. Für jedes $\xi \in \mathcal{D}(\partial\phi)$ ist die Abbildung $t \mapsto u(t; \xi)$ auf dem Intervall $[0, T]$ Lipschitz, also ist sie auf $(0, \infty)$ lokal Lipschitz, da $T > 0$ beliebig war.

Da nach Satz 14.3.10 $\mathcal{D}(\partial\phi)$ in $D = \overline{\mathcal{D}(\phi)}$ dicht ist, lässt sich die gleichmäßige Konvergenz wie in Abschnitt 1 auf alle $\xi \in D$ ausdehnen.

Die Integral-Ungleichung (14.29) hat man zu ersetzen durch

$$\frac{1}{2}|u(t; \xi) - x_0|^2 \le \frac{1}{2}|u(s; \xi) - x_0|^2 + \int_s^t (f(u(\tau; \xi)) - y_0|u(\tau; \xi) - x_0)d\tau, \qquad (14.36)$$

für alle $\xi \in D, 0 \le s \le t$, und $y_0 \in \partial\phi(x_0)$. Daher gilt der folgende

Satz 14.4.2. *Sei $\phi : \mathbb{R}^n \to (-\infty, \infty]$ konvex, lsc, mit $\mathcal{D}(\phi) \ne \emptyset$ und $D := \overline{\mathcal{D}(\phi)}$. Ferner sei $f : \mathbb{R}^n \to \mathbb{R}^n$ stetig und ω-dissipativ.*
Dann erzeugt (14.34) einen Halbfluss $u : [0, \infty) \times D \to D, \xi \mapsto e^{-\omega t}u(t; \xi)$ ist Lipschitz mit Konstante 1 und es gilt

$$u(t; \xi) = \lim_{\lambda \to 0+} u_\lambda(t; \xi), \quad t \ge 0, \; \xi \in D,$$

wobei $u_\lambda : \mathbb{R}_+ \times \mathbb{R}^n \to \mathbb{R}^n$ den von (14.35) erzeugten Halbfluss bezeichnet und $\xi \mapsto e^{-\omega t}u_\lambda(t; \xi)$ ist Lipschitz mit Konstante 1
Für $\xi \in \mathcal{D}(\partial\phi)$ gilt $u(\mathbb{R}_+; \xi) \subset \mathcal{D}(\partial\phi)$, $t \mapsto u(t; \xi)$ ist lokal Lipschitz und fast überall differenzierbar in $(0, \infty)$. Es gilt

$$f(u(t; \xi)) \in \dot{u}(t; \xi) + \partial\phi(u(t; \xi)) \quad \text{für fast alle } t \ge 0,$$

und die Integral-Ungleichung (14.36) für alle $0 \le s \le t, \xi \in D$, und $y_0 \in \partial\phi(x_0)$.

Ein genaueres Resultat über Regularität der Lösungen enthält

Korollar 14.4.3. *Es seien die Voraussetzungen von Satz 14.4.2 erfüllt. Dann sind für* $t_0 \geq 0$ *äquivalent:*

1. $u(t_0) \in \mathcal{D}(\partial\phi)$;
2. u *ist rechts-differenzierbar in* t_0;
3. $\varliminf_{h \to 0+} |u(t_0 + h) - u(t_0)|/h < \infty$.

Ist dies der Fall, dann ist

$$\frac{d^+u}{dt}(t_0) = f(u(t_0)) - P_{\partial\phi(u(t_0))} f(u(t_0)), \tag{14.37}$$

wobei P_C *die metrische Projektion auf die abgeschlossene konvexe Menge* $C \subset \mathbb{R}^n$ *bezeichnet.*

Beweis. 2. $\Rightarrow$ 3. ist trivial.

3. $\Rightarrow$ 1.: Sei $h_k \to 0+$ so, dass $v := \lim(u(t_0+h_k)-u(t_0))/h_k \in \mathbb{R}^n$ existiert. Die Integral-Ungleichung (14.36) für $u(t)$ ergibt für $x_0 \in \mathcal{D}(\partial\phi)$, $y_0 \in \partial\phi(x_0)$ und mit $\xi := u(t_0)$

$$(u(t_0 + h_k) - u(t_0)|u(t_0) - x_0) = (u(t_0 + h_k) - x_0|u(t_0) - x_0) - |u(t_0) - x_0|^2$$

$$\leq \frac{1}{2}|u(t_0 + h_k) - x_0|^2 + \frac{1}{2}|u(t_0) - x_0|^2 - |u(t_0) - x_0|^2$$

$$\leq \int_0^{h_k} (f(u(t_0 + \tau) - y_0|u(t_0 + \tau) - x_0)d\tau,$$

also nach Division durch h_k und mit $k \to \infty$

$$0 \leq (f(\xi) - v - y_0|\xi - x_0), \quad y_0 \in \partial\phi(x_0),$$

Da $\partial\phi$ maximal monoton ist, gilt $u(t_0) = \xi \in \mathcal{D}(\partial\phi)$ und $f(\xi) - v \in \partial\phi(\xi)$.

1. $\Rightarrow$ 2.: Wir behaupten zunächst, dass aus der Integralgleichung (14.36) die Abschätzung

$$|u(t; \xi) - x_0| \leq |u(s, \xi) - x_0| + \int_s^t |f(u(\tau; \xi)) - y_0|d\tau$$

für alle $0 \leq s \leq t$, $\xi \in D$ und $y_0 \in \partial\phi(x_0)$ folgt. Dazu sei $\varepsilon > 0$, $s \in [0, t]$ fixiert und

$$\varphi(t) := |u(t; \xi) - x_0|, \quad \psi_\varepsilon(t) := \frac{1}{2}(\varphi(s) + \varepsilon)^2 + \int_s^t |f(u(\tau; \xi)) - y_0|\varphi(\tau)d\tau.$$

Dann ist die Abbildung $t \mapsto \psi_\varepsilon(t)$ differenzierbar mit

$$\dot{\psi}_\varepsilon(t) = |f(u(t; \xi)) - y_0|\varphi(t).$$

Weiter gilt nach der Integralungleichung (14.36) $\varphi(t)^2 \leq 2\psi_\varepsilon(t)$ für alle $t \geq 0$, also $\dot{\psi}_\varepsilon(t) \leq \sqrt{2}|f(u(t;\xi)) - y_0|\sqrt{\psi_\varepsilon(t)}$. Wegen $\psi_\varepsilon(t) \geq \varepsilon^2/2 > 0$ ist die Abbildung $t \mapsto \sqrt{\psi_\varepsilon(t)}$ differenzierbar und es gilt

$$\frac{d}{dt}\sqrt{\psi_\varepsilon(t)} = \frac{\dot{\psi}_\varepsilon(t)}{2\sqrt{\psi_\varepsilon(t)}} \leq \frac{1}{\sqrt{2}}|f(u(t;\xi)) - y_0|.$$

Integration von s bis t und die Integralungleichung (14.36) liefern

$$\varphi(t) \leq \sqrt{2}\sqrt{\psi_\varepsilon(t)} \leq \varphi(s) + \varepsilon + \int_s^t |f(u(\tau;\xi)) - y_0|d\tau,$$

und mit $\varepsilon \to 0+$ folgt die behauptete Abschätzung.

Sei $x_0 = u(t_0) = \xi \in \mathcal{D}(\partial\phi)$ und $y_0 \in \partial\phi(x_0)$ beliebig. Dann gilt wie eben gesehen die Abschätzung

$$\frac{|u(t_0 + h) - u(t_0)|}{h} \leq \frac{1}{h}\int_0^h |f(u(t_0 + \tau)) - y_0|d\tau,$$

also mit $h \to 0+$ und da f stetig ist

$$\overline{\lim}_{h \to 0+}\frac{|u(t_0 + h) - u(t_0)|}{h} \leq |f(\xi) - y_0|, \quad y_0 \in \partial\phi(\xi),$$

und mittels Minimierung über y_0

$$\overline{\lim}_{h \to 0+}\frac{|u(t_0 + h) - u(t_0)|}{h} \leq \inf_{y_0 \in \partial\phi(\xi)}|f(\xi) - y_0| = \text{dist}(f(\xi), \partial\phi(\xi))$$

$$= |f(\xi) - P_C f(\xi)|,$$

mit $C = \partial\phi(\xi)$. Sei $h_k \to 0+$ so, dass $v := \lim_{k \to \infty}(u(t_0 + h_k) - u(t_0))/h_k \in \mathbb{R}^n$ existiert. Dann gilt (wie im Schritt 3. $\Rightarrow$ 1.) $f(\xi) - v \in \partial\phi(\xi)$ und ferner

$$|v| \leq \inf_{y_0 \in C}|f(\xi) - y_0| = |f(\xi) - P_C f(\xi)|,$$

also ist $v = f(\xi) - P_C f(\xi)$ eindeutig bestimmt und unabhängig von der Folge (h_k). Daher ist u rechtsseitig differenzierbar in t_0 und es gilt (14.37). $\qquad\square$

Zum Abschluss zeigen wir

Korollar 14.4.4. *Es seien die Voraussetzungen von Satz 14.4.2 erfüllt. Dann gilt $u((0, \infty) \times D) \subset \mathcal{D}(\partial\phi)$. Die Lösungen regularisieren somit instantan.*

Beweis. Fixiere ein $v \in \mathcal{D}(\partial\phi)$ und setze

$$\tilde{\phi}_\lambda(u) = \phi_\lambda(u) - \phi_\lambda(v) - (A_\lambda v | u - v), \quad u \in \mathbb{R}^n;$$

dann ist $\tilde{\phi}_\lambda \geq 0$, $\nabla\tilde{\phi}_\lambda(u) = \nabla\phi_\lambda(u) - A_\lambda v$, $\tilde{\phi}_\lambda(v) = \nabla\tilde{\phi}_\lambda(v) = 0$, und

$$\dot{u}_\lambda + \nabla\tilde{\phi}_\lambda(u_\lambda) = f(u_\lambda) - A_\lambda v, \quad u_\lambda(0) = \xi.$$

Multiplikation mit $t\dot{u}_\lambda$ und Integration von 0 bis T ergibt

$$\int_0^T t|\dot{u}_\lambda|^2 dt + \int_0^T t\frac{d}{dt}\tilde{\phi}_\lambda(u_\lambda)dt = \int_0^T t(f(u_\lambda)|\dot{u}_\lambda)dt - \int_0^T t\frac{d}{dt}(A_\lambda v|u_\lambda - v)dt,$$

also nach partieller Integration und mit der Youngschen Ungleichung

$$\frac{1}{2}\int_0^T t|\dot{u}_\lambda|^2 dt + T\tilde{\phi}_\lambda(u_\lambda(T)) \leq \int_0^T (\tilde{\phi}_\lambda(u_\lambda) + (A_\lambda v|u_\lambda - v))dt \qquad (14.38)$$

$$- T(A_\lambda v|u_\lambda(T) - v) + \frac{1}{2}\int_0^T t|f(u_\lambda)|^2 dt.$$

Andererseits ist $\{\nabla\phi(u_\lambda)\} = \partial\phi_\lambda(u_\lambda)$ nach Satz 14.3.10, also

$$0 = \tilde{\phi}_\lambda(v) \geq \tilde{\phi}_\lambda(u_\lambda) + (\nabla\tilde{\phi}(u_\lambda)|v - u_\lambda)$$
$$= \tilde{\phi}_\lambda(u_\lambda) + (A_\lambda v|u_\lambda - v) - (\dot{u}_\lambda|v - u_\lambda) + (f(u_\lambda)|v - u_\lambda).$$

Integration von 0 bis T liefert

$$\int_0^T (\tilde{\phi}_\lambda(u_\lambda) + (A_\lambda v|u_\lambda - v))dt \leq -\frac{1}{2}\int_0^T \frac{d}{dt}|u_\lambda - v|^2 dt + \int_0^T (f(u_\lambda)|u_\lambda - v)dt.$$

und zusammen mit (14.38) ergibt dies wegen $\tilde{\phi}_\lambda(u_\lambda) \geq 0$

$$\frac{1}{2}\int_0^T t|\dot{u}_\lambda|^2 dt \leq -T(A_\lambda v|u_\lambda(T) - v) + \frac{1}{2}\int_0^T t|f(u_\lambda)|^2 dt$$

$$+ \int_0^T (f(u_\lambda)|u_\lambda - v)dt + \frac{1}{2}|\xi - v|^2 - \frac{1}{2}|u_\lambda(T) - v|^2 \qquad (14.39)$$

$$\leq \frac{1}{2}\int_0^T t|f(u_\lambda)|^2 dt + \int_0^T (f(u_\lambda)|u_\lambda - v)dt + \frac{1}{2}|\xi - v|^2 + \frac{T^2}{2}|A_\lambda v|^2.$$

Nun ist die Abbildung $t \mapsto e^{-\omega t}|\dot{u}_\lambda(t)|$ fallend, also

$$\frac{1}{2}\int_0^T t|\dot{u}_\lambda|^2 dt \geq e^{-2\omega T}|\dot{u}_\lambda(T)|^2 \int_0^T t/2 dt = (T^2/4)e^{-2\omega T}|\dot{u}_\lambda(T)|^2.$$

Da $T > 0$ beliebig war, ist $t \mapsto u_\lambda(t)$ auf Intervallen der Form $[\delta, 1/\delta]$, $\delta \in (0, 1)$, Lipschitz, gleichmäßig in λ. Folglich ist für $\lambda \to 0+$ auch $t \mapsto u(t)$ auf jedem solchen Intervall Lipschitz. Daher impliziert Korollar 14.4.3 $u(t) \in \mathcal{D}(\partial\phi)$ für alle $t > 0$. $\square$

14.4.3 Asymptotisches Verhalten

In diesem Abschnitt betrachten wir das asymptotische Verhalten der Lösungen von (14.34).

Satz 14.4.5. *Sei* $\phi : \mathbb{R}^n \to (-\infty, \infty]$ *konvex, lsc, mit* $\mathcal{D}(\phi) \neq \emptyset$, $D := \overline{\mathcal{D}(\phi)}$, *und sei* $f : \mathbb{R}^n \to \mathbb{R}^n$ *stetig, sowie* $(-\omega)$-*dissipativ, für ein* $\omega > 0$.
Dann besitzt (14.34) *genau ein Equilibrium* $u_\infty \in \mathcal{D}(\partial\phi)$, *also* $f(u_\infty) \in \partial\phi(u_\infty)$. *Ferner ist* $u_\infty \in D$ *global exponentiell stabil in* D, *genauer gilt*

$$|u(t; u_0) - u_\infty| \leq e^{-\omega t}|u_0 - u_\infty|, \quad t > 0, \ u_0 \in D.$$

Beweis. Der Halbfluss für (14.34) erfüllt

$$|u(t; \xi) - u(t; \bar{\xi})| \leq e^{-\omega t}|\xi - \bar{\xi}|, \quad t > 0, \ \xi, \bar{\xi} \in D. \tag{14.40}$$

Daher ist die Poincaré-Abbildung $T : D \to D$ definiert durch $T\xi = u(\tau; \xi)$ für jede Periode $\tau > 0$ eine strikte Kontraktion, da $\omega > 0$. Der Fixpunktsatz von Banach ergibt einen eindeutigen Fixpunkt $\xi_\tau \in D$, also ist $u(t; \xi_\tau)$ die eindeutige τ-periodische Lösung von (14.34) in D.

Setze nun $\tau_k = 2^{-k}$, $k \in \mathbb{N}$, $v_k = \xi_{\tau_k}$ und $u_k(t) = u(t; v_k)$. Dann sind $u_k(t)$ 2^{-m}-periodische Lösungen von (14.34), für alle $k \geq m \in \mathbb{N}$. Wegen $2^k \cdot 2^{-k} = 1$ ist

$$|v_k| = |u_k(1)| \leq |u_k(1) - u_1(1)| + |u_1(1)| \leq e^{-\omega}|v_k - v_1| + |u_1(1)|,$$

folglich ist $\{v_k\}_{k \in \mathbb{N}}$ beschränkt, also besitzt sie nach dem Satz von Bolzano-Weierstraß eine konvergente Teilfolge $v_{k_l} \to v_\infty \in D$. Die stetige Abhängigkeit vom Anfangswert impliziert, dass die Lösung $u_\infty(t) := u(t; v_\infty)$ 2^{-m}-periodisch, für *alle* $m \in \mathbb{N}$ ist, also ist u_∞ konstant. Aus der Integral-Ungleichung (14.36) folgt

$$0 \leq (f(u_\infty) - y_0|u_\infty - x_0), \quad x_0 \in \mathcal{D}(\partial\phi), \ y_0 \in \partial\phi(x_0),$$

also $u_\infty \in \mathcal{D}(\partial\phi)$ und $f(u_\infty) \in \partial\phi(u_\infty)$ wegen der maximalen Monotonie von $\partial\phi$, d. h. u_∞ ist ein Equilibrium von (14.34). Sei $v \in \mathcal{D}(\partial\phi)'$ein weiteres Equilibrium, also $f(v) \in \partial\phi(v)$. Da f $(-\omega)$-dissipativ ist, gilt

$$0 \le (f(u_\infty) - f(v)|u_\infty - v) \le -\omega|u_\infty - v|^2$$

also $u_\infty = v$ und damit ist das Equilibrium eindeutig bestimmt. Die globale exponentielle Stabilität von u_∞ in D folgt aus (14.40) mit $\xi = u_0$ und $\bar{\xi} = u_\infty$. $\square$

Sei nun f nur dissipativ. Dann besitzt (14.34) mit $f - \varepsilon\,id$ anstelle von f genau ein Equilibrium $u_\infty^\varepsilon \in \mathcal{D}(\partial\phi)$, es ist $f(u_\infty^\varepsilon) - \varepsilon u_\infty^\varepsilon \in \partial\phi(u_\infty^\varepsilon)$. Es gelte die **Koerzivitätsbedingung**

$$\lim_{|x|\to\infty} [\phi(x) - (f(x)|x - x_0)] = \infty, \quad \text{für ein } x_0 \in \mathcal{D}(\phi). \tag{14.41}$$

Die Subdifferential-Ungleichung impliziert

$$\phi(x_0) \ge \phi(u_\infty^\varepsilon) + (f(u_\infty^\varepsilon) - \varepsilon u_\infty^\varepsilon|x_0 - u_\infty^\varepsilon),$$

folglich

$$\phi(u_\infty^\varepsilon) - (f(u_\infty^\varepsilon)|u_\infty^\varepsilon - x_0) \le \phi(x_0) - \varepsilon|u_\infty^\varepsilon|^2 + \varepsilon(x_0|u_\infty^\varepsilon)$$

$$\le \phi(x_0) + \varepsilon|x_0|^2/2 < \infty.$$

Bedingung (14.41) zeigt, dass $\{u_\infty^\varepsilon\}_{0<\varepsilon\le 1} \subset D$ beschränkt ist.

Nach dem Satz von Bolzano-Weierstraß existiert eine Folge $\varepsilon_k \to 0+$ mit $u_\infty^{\varepsilon_k} \to u_\infty \in D$. Wie im Beweis von Satz 14.4.5 gilt

$$(f(u_\infty^\varepsilon) - \varepsilon u_\infty^\varepsilon - y_0|u_\infty^\varepsilon - x_0) \ge 0, \quad x_0 \in \mathcal{D}(\partial\phi), \ y_0 \in \partial\phi(x_0),$$

also folgt aus der Stetigkeit von f für $\varepsilon = \varepsilon_k \to 0+$

$$(f(u_\infty) - y_0|u_\infty - x_0) \ge 0, \quad x_0 \in \mathcal{D}(\partial\phi), \ y_0 \in \partial\phi(x_0).$$

Die maximale Monotonie von $\partial\phi$ ergibt schließlich $u_\infty \in \mathcal{D}(\partial\phi)$ und $f(u_\infty) \in \partial\phi(u_\infty)$, also ist $u_\infty \in D$ ein Equilibrium für (14.34).

Dieses Equilibrium ist eindeutig bestimmt, falls $\partial\phi - f$ **strikt monoton** ist, also wenn

$$(y - f(x) - (\bar{y} - f(\bar{x}))|x - \bar{x}) > 0, \quad x \ne \bar{x}, \ y \in \partial\phi(x), \ \bar{y} \in \partial\phi(\bar{x}), \tag{14.42}$$

erfüllt ist. Denn sind $x = u_\infty \ne \bar{x} = \bar{u}_\infty$ zwei Equilibria, so ergeben $y = f(u_\infty)$, $\bar{y} = f(\bar{u}_\infty)$ einen Widerspruch.

Der von (14.34) erzeugte Halbfluss auf D ist nicht expansiv, da f dissipativ ist, also gilt insbesondere

$$|u(t; u_0) - u_\infty| = |u(t; u_0) - u(t; u_\infty)| \leq |u_0 - u_\infty|, \quad t > 0, \ u_0 \in D, \tag{14.43}$$

d.h. u_∞ ist stabil in D.

Wir zeigen noch, dass $u(t; \xi) \to u_\infty$ für $t \to \infty$ und jedes $\xi \in D$ gilt. Wähle in der Integralungleichung (14.36) $x_0 = u_\infty$ und $y_0 = f(u_\infty) \in \partial\phi(u_\infty)$. Dann folgt aus der Dissipativität von f, dass die Abbildung $t \mapsto \varphi(t) := |u(t; \xi) - u_\infty|^2$ monoton fallend ist, also existiert der Grenzwert $\lim_{t \to \infty} \varphi(t) =: \varphi_\infty \geq 0$. Aus (14.43) folgt ferner, dass $\{u(t; \xi)\}_{t \geq 0}$ beschränkt ist für jedes $\xi \in D$, also ist die Limesmenge $\omega_+(u) \subset D$ nichtleer und für alle $v \in \omega_+(u)$ gilt $|v - u_\infty|^2 = \varphi_\infty$. Sei $v_0 \in \omega_+(u)$ und betrachte die Lösung $v(t) := u(t; v_0)$. Da $\omega_+(u)$ positiv invariant ist (wegen der Halbflusseigenschaft), gilt $v(t) \in \omega_+(u)$ für alle $t \geq 0$, insbesondere ist die Funktion $t \mapsto \psi(t) := |v(t) - u_\infty|^2$ konstant mit $\psi(t) \equiv \varphi_\infty$ für alle $t \geq 0$. Korollar 14.4.4 impliziert $v(t) \in \mathcal{D}(\partial\phi)$ für alle $t > 0$, also insbesondere $v_1 := v(1) \in \omega_+(u) \cap \mathcal{D}(\partial\phi)$. Aus Korollar 14.4.3 folgt dann $f(v_1) - \frac{d^+v}{dt}(1) = P_{\partial\phi(v_1)} f(v_1) \in \partial\phi(v_1)$.

Wäre nun $\varphi_\infty > 0$, also $v_1 \neq u_\infty$, so ergibt die strikte Monotonie von $\partial\phi - f$ mit $x := v_1 \in D(\partial\phi)$, $y := f(v_1) - \frac{d^+v}{dt}(1) \in \partial\phi(v_1)$ $\bar{x} = u_\infty$ und $\bar{y} = f(u_\infty)$ die Ungleichung

$$0 < \left(f(v_1) - \frac{d^+v}{dt}(1) - f(v_1) - (f(u_\infty) - f(u_\infty)) \Big| v_1 - u_\infty \right) = -\frac{1}{2} \frac{d^+\psi}{dt}(1) = 0,$$

ein Widerspruch. Es folgt $\varphi_\infty = 0$, also $\omega_+(u) = \{u_\infty\}$, und daher konvergiert jede Lösung gegen das Equilibrium u_∞.

Zusammenfassend haben wir den

Satz 14.4.6. *Sei* $\phi : \mathbb{R}^n \to (-\infty, \infty]$ *konvex, lsc, mit* $\mathcal{D}(\phi) \neq \emptyset$, $D := \overline{\mathcal{D}(\phi)}$, *und sei* $f : \mathbb{R}^n \to \mathbb{R}^n$ *stetig, sowie dissipativ. Es gelte die Bedingung (14.41), und sei* $\partial\phi - f$ *strikt monoton.*

Dann besitzt (14.34) genau ein Equilibrium $u_\infty \in \mathcal{D}(\partial\phi)$ *mit* $f(u_\infty) \in \partial\phi(u_\infty)$. *Ferner ist* $u_\infty \in D$ *global asymptotisch stabil in* D.

Abschließend sei bemerkt, dass sich im Fall $f = 0$ die Koerzivitätsbedingung (14.41) auf die bedingung 'ϕ ist koerziv' reduziert, und die strikte Monotonie von $\partial\phi - f = \partial\phi$ gilt, falls ϕ strikt konvex ist. In diesem Fall ist $u_\infty \in \mathcal{D}(\partial\phi)$ das eindeutige globale Minimum von ϕ, und dieses ist global asymptotisch stabil in D. Damit konvergiert $u(t; \xi)$ für jeden *Startwert* $\xi \in D$ gegen das eindeutige globale Minimum u_∞ von ϕ, dies ist bekannt als das *Verfahren des steilsten Abstiegs*.

Epilog

In diesem Nachwort sollen einige Kommentare zur Literatur und Anregungen für weitergehende Studien der Theorie dynamischer Systeme zusammengestellt werden, sie sind entsprechend der Kapitel geordnet. Da es sich bei diesem Werk um ein Lehrbuch zum Bachelor-Studium handelt, sind die meisten Resultate, Beispiele und Anwendungen Standard in der Literatur. Es werden daher nur Ergebnisse und Anwendungen kommentiert, die bisher noch nicht in einschlägigen Büchern berücksichtigt wurden. Die Hinweise zum weitergehenden Studium können zur Planung eines sich an den Kurs anschließenden Seminars verwendet werden.

Kap. 5: Das *Virenmodell* geht auf Nowak und May [55] zurück. Dort wird es das *Basismodell der Virendynamik* genannt. Dieses Buch ist empfehlenswert, wenn man sich in der Modellierung von Viren weitergehend informieren möchte. Die Analyse des Modells ist dem Buch von Prüss, Schnaubelt und Zacher [58] entnommen, in dem man auch Ergebnisse über Modelle findet, die verschiedene Immunantworten berücksichtigen. Das Basismodell ist äquivalent zu einem $SEIS$-Epidemiemodell (vgl. Übung 5.11), und einem Modell für die Dynamik von *Prionen*; dies wurde in der Arbeit von Prüss, Pujo-Menjouet, Webb und Zacher [56] erkannt. In [58] wird auch das Prionenmodell diskutiert.

Kap. 6: Das *Paarbildungsmodell* ist eine Erweiterung eines von Hadeler, Waldstätter und Wörz-Busekros [36] vorgeschlagenen Modells, das die bis dahin gewonnenen Erkenntnisse über die Eigenschaften der Paarbildungsfunktion axiomatisiert. Diese Arbeit enthält auch das Resultat über homogene Systeme (vgl. Abschn. 7.4). Die Analyse des erweiterten Modells ist in Prüss, Schnaubelt und Zacher [58] enthalten. Wesentlich realistischere Modelle berücksichtigen in der Modellierung die Alterstruktur der Population; vgl. u. a. Hoppenstedt [42], Prüss und Schappacher [57] und Zacher [67].

Differential- und Integralungleichungen sind ein klassisches Thema. Wir verweisen auf die Bücher von Lakshmikantham und Leela [48] und Walter [66] für weitere Studien in dieser Richtung.

Kap. 7: Der *Satz von Perron und Frobenius* über positive Matrizen und seine Verallgemeinerungen für positive Operatoren in geordneten Banachräumen haben in Anwendungen große Bedeutung erlangt. Weitere Resultate über positive Matrizen findet man in der

© Springer Nature Switzerland AG 2019
J. W. Prüss, M. Wilke, *Gewöhnliche Differentialgleichungen und dynamische Systeme*, Grundstudium Mathematik, https://doi.org/10.1007/978-3-030-12362-8

Monographie von Gantmacher [33], und über positive Operatoren in Deimling [27] und Schäfer [61].

In der Situation von Satz 7.6.2 gibt es im Fall $\overline{x}_\infty \neq \underline{x}_\infty$ eine Vielzahl weiterer Resultate. So bilden z. B. die Equilibria in $[\overline{x}_\infty, \underline{x}_\infty]$ eine vollständig geordnete Menge. Sind $\overline{x}_\infty, \underline{x}_\infty$ stabil, so gibt es ein drittes Equilibrium in $[\overline{x}_\infty, \underline{x}_\infty]$. Gibt es kein weiteres Equilibrium zwischen diesen, dann existiert ein heteroklines Orbit, das $\overline{x}_\infty$ mit $\underline{x}_\infty$ verbindet. Diese Resultate findet man in der Arbeit von Hirsch und Smith [41]. Für Verallgemeinerungen auf parabolische partielle Differentialgleichungen sei das Buch von Hess [40] empfohlen.

Das *SIS-Mehrklassenmodell für Epidemien* wurde erstmals von Lajmanovich und Yorke [47] analysiert. Der hier angegebene Beweis der globalen Stabilität des epidemischen Equilibriums ist aus Prüss, Schaubelt und Zacher [58] entnommen, und ist einfacher als der ursprüngliche. Die Monographie von Diekman und Heesterbeek [28] gibt einen guten Überblick zur Modellierung und Analysis von Epidemien.

Kap. 8: Die moderne *mathematische Populationsgenetik* wurde durch die bahnbrechenden Arbeiten von Fisher, Haldane und Wright in den ersten Jahrzehnten des letzten Jahrhunderts begründet und ist heute ein wichtiger Beleg für die Theorie Darwins. Es sei das an dieser Stelle das Buch von Fisher [32] hervorgehoben, in dem auch das nach ihm benannte Fundamentaltheorem erstmalig formuliert wurde. Das hier behandelte Modell berücksichtigt lediglich Selektion. In diesem Fall kann man zeigen, dass jede in $\mathbb{D}$ startende Lösung tatsächlich gegen ein Equilibrium konvergiert, selbst wenn $\mathcal{E}$ nicht diskret ist. Dieses Resultat geht auf Losert und Akin [52] zurück, und ist im Buch von Prüss, Schnaubelt und Zacher [58] bewiesen. Man erhält wesentlich komplexere Modelle, wenn auch Mutation und Rekombination als weitere Prozesse in der Modellierung hinzugenommen werden. Einen guten Überblick über mathematische Genetik gibt die Monographie von Bürger [22].

Die Analysis *chemischer Reaktionssysteme* geht bis ins vorletzte Jahrhundert zurück. Damals stand die Gleichgewichtstheorie im Vordergrund, die zur Formulierung des Massenwirkungsgesetzes führte. Heute ist mehr die Dynamik Mittelpunkt des Interesses, insbesondere seit den Arbeiten von Belousov und Zhabotinski über die Existenz periodischen Verhaltens in solchen Systemen. Das Hauptresultat Satz 8.7.1 über chemische Reaktionssysteme geht zurück auf Horn, Feinberg und Jackson [43]; vgl. auch Feinberg [31]. Für weitergehende Studien über die Theorie chemischer Reaktionssysteme empfehlen wir das Buch von Erdi und Toth [30].

Lojasiewicz befasste sich in seiner Arbeit mit Gradientensystemen, deren Equilibriumsmengen nichtdiskret sind. Sein herausragender Beitrag ist der Beweis der heute nach ihm benannten Ungleichung für reell analytische Funktionen. Dieser Beweis verwendet tiefliegende Ergebnisse aus der mehrdimensionalen komplexen Analysis, und kann hier nicht reproduziert werden. Es sei deshalb auf seine Arbeiten [50,51] verwiesen. Die Anwendung auf das gedämpfte Teilchen im Potentialfeld ist eine Variante eines Resultats von Haraux und Jendoubi [37]. Die Methode von Lojasiewicz lässt sich auf unendlichdimensionale Probleme, also auf Evolutionsgleichungen, übertragen und ist gegenwärtig ein wichtiger

Forschungsgegenstand. Diesbezüglich seien vor allem die Arbeit von Chill [23] und die Monographie von Huang [44] empfohlen.

Die Theorie der Attraktoren ist vor allem im unendlichdimensionalen Fall aktueller Forschungsgegenstand. Hierzu verweisen wir für den endlichdimensionalen Fall auf das klassische Buch von Bhatia und Szegö [3] und allgemein auf die Monographie von Sell und You [63]. Die Themen *seltsame Attraktoren* und *Chaos* konnten wir in diesem Buch nicht berücksichtigen. Wir verweisen diesbezüglich auf die einschlägige Literatur, z. B. auf Devaney [8].

Kap. 9: Das Modell für *biochemische Oszillationen* ist eine Verallgemeinerung der Modelle von Selkov [62] und Goldbeter und Lefever [34], die auf Keener and Sneyd [46] zurückgeht. Die Analysis des Modells ist dem Buch Prüss, Schnaubelt und Zacher [58] entnommen. Für weitergehende Studien der *mathematischen Physiologie* sei dem Leser die Monographie von Keener und Sneyd [46] wärmstens empfohlen.

Die in Abschn. 9.6 entwickelte Indextheorie besitzt eine weitreichende Verallgemeinerung für beliebige Dimensionen, nämlich den *Abbildungsgrad von Brouwer*. Mit dessen Hilfe lässt sich der *Fixpunktsatz von Brouwer*, der in den Abschn. 4.2 und in 7.3 verwendet wurde, einfach beweisen. Für den analytischen Zugang zum Abbildungsgrad sei auf die Bücher von Amann [1] und Deimling [27] verwiesen.

Kap. 10: Das *erweiterte Prinzip der linearisierten Stabilität* war für den Fall $\dim \mathcal{E} = 1$ schon Ljapunov bekannt. Der Fall beliebiger Dimensionen von $\mathcal{E}$ geht auf Malkin [53] zurück, der auch die entsprechende Normalform angab. Aulbach [19] zeigte den Satz über normal hyperbolische Equilibria in einer etwas anderen Form. Die hier angegebenen Beweise sind Adaptionen aus der Arbeit von Prüß, Simonett und Zacher [60], in der der Fall quasilinearer parabolischer partieller Differentialgleichungen behandelt wird.

Diffusionswellen sind ein wichtiges Thema in der Theorie der Reaktions-Diffusionsgleichungen, und sind daher in der Literatur ausgiebig diskutiert. Wir verweisen für weitere Studien dazu auf Volpert [65].

Das *Hartman-Grobman Theorem* wurde unabhängig von Grobman [35] und Hartman [38] bewiesen, und ist ein mittlerweile klassisch zu nennender Struktursatz für hyperbolische Equilibria. Der hier gegebene elementare Beweis ist aus Hein & Prüss [39] entnommen. Da dieser keine Kompaktheitsargumente verwendet, bleibt er im Unendlichdimensionalen richtig, wenn die Linearisierung eine C_0-Gruppe erzeugt. Für weitere Resultate in diesem Themenkreis sei auf die Mongraphien Chicone [5], Hale [10] und Hartman [11] verwiesen.

Die hier verwendete Konstruktion der *stabilen und instabilen Faserungen* in der Nähe eines normal hyperbolischen Equilibriums, die auf den asymptotischen Normalformen und dem Satz über implizite Funktionen beruht, ist der Arbeit Prüss, Simonett & Wilke [59] entnommen. Dieser Beweis ist einfacher als die bekannten aus der Theorie dynamischer Systeme, und allgemeiner, da f aus C^1 hinreichend ist. Basierend auf dem Prinzip der maximalen Regularität bleibt er auch für quasilineare parabolische Systeme partieller Differentialgleichungen gültig.

Ein weiteres Thema, dass zu diesem Kapitel erwähnt werden muss, sind *Zentrums-mannigfaltigkeiten* $\mathcal{M}_c$. Diese resultieren aus dem Spektrum der Linearisierung auf der imaginären Achse, sind also nicht trivial, wenn das Equilibrium nicht hyperbolisch ist. Leider sind Zentrumsmannigfaltigkeiten im Gegensatz zur stabilen oder der instabilen Mannigfaltigkeit nicht eindeutig bestimmt. Ist hingegen x_* normal stabil oder normal hyperbolisch, dann ist $\mathcal{M}_c = \mathcal{E}$ in einer Umgebung von x_*, also auch eindeutig. Wir gehen in diesem Buch nicht näher auf die Theorie der Zentrumsmannigfaltigkeiten ein, und verweisen diesbezüglich z. B. auf Abraham und Robbin [18], Chicone [5] und Jost [15].

Kap. 11: Analog zu hyperbolischen Equilibria einer Gleichung $\dot{x} = f(x)$ definiert man *hyperbolische periodische Orbits* als solche, die keine Floquet-Multiplikatoren auf dem Einheitskreis haben, außer dem algebraisch einfachen Multiplikator Eins. Man kann dann wie an Sattelpunkten stabile und instabile Mannigfaltigkeiten längs des periodischen Orbits konstruieren. Wir verweisen diesbezüglich auf Cronin [7] und [26].

Abschn. 11.5 ist der Ausgangspunkt für die Theorie der *Verzweigung von periodischen Orbits*. Hier gibt es eine Reihe von Szenarien: überquert ein algebraisch einfacher Floquet-Multiplikator $\mu(\lambda)$ mit positiver Geschwindigkeit den Einheitskreis durch 1, so zweigen periodische Lösungen der gleichen Periode ab, dies ist die Pitchfork an periodischen Lösungen. Geht $\mu(\lambda)$ durch -1, so zweigen periodische Lösungen der doppelten Periode ab, das ist die sogenannte subharmonische Verzweigung. Geht $\mu(\lambda)$ durch einen Punkt $e^{2\pi i \theta}$, $\theta \neq 1/2$ rational, so führt das zum Abzweigen quasiperiodischer Lösungen, und ist θ irrational, so erhält man als neue Zweige sogenannte invariante Tori um die gegebene periodische Lösung. Für ein weiteres Studium dieser schwierigen Thematik verweisen wir auf das Buch von Iooss [45].

Kap. 12: Die Anwendung der Hopf-Verzweigung auf *Hamiltonsche Systeme* ist dem Buch von Amann [1] entnommen, allerdings ist der hier angegebene Beweis etwas einfacher als der in [1].

In der *chemischen Reaktionstechnik* haben neben der eigentlichen chemischen Kinetik weitere Prozesse wie Konvektion und Diffusion Bedeutung. Das in Abschn. 12.6 behandelte Modell ist das Einfachste im Universum der chemischen Reaktionstechnik. Die hier präsentierte Verzweigungsanalysis beruht auf der Arbeit von Uppal, Ray und Poore [64], in der auch das komplette Verzweigungsdiagramm angegeben ist. Für eine interessante, mathematisch fundierte Einführung in die Theorie der Reaktionstechnik verweisen wir auf das hervorragende Buch von Levenspiel [49].

Hier konnten nur die grundlegenden Resultate der Verzweigungstheorie formuliert und bewiesen werden. Diese Theorie ist vor allem für unendlichdimensionale Systeme aktueller Forschungsgegenstand. Wir verweisen zum weiteren Studium dieser Thematik auf die Monographie von Chow und Hale [24].

Kap. 13: Obwohl in der Physik omnipräsent, sind *Zwangsbedingungen* in Standardlehrbüchern über gewöhnliche Differentialgleichungen ein eher stiefmütterlich behandeltes Thema. Der entsprechende Abschnitt soll zeigen, wie solche Bedingungen auf natürliche Weise zu Differentialgleichungen auf Mannigfaltigkeiten führen, und es soll deutlich gemacht werden, dass dies nicht eindeutig geht.

Der nichttriviale Grenzübergang $k \to \infty$ zur *instantanen Reaktion* in Abschn. 13.4.3. ist in der Arbeit von Bothe [20] explizit ausgeführt. Erst dieser Grenzübergang rechtfertigt hier die entsprechende Wahl der Projektion auf die Mannigfaltigkeit $r(x) = 0$.

Die Theorie der *Geodätischen* auf Riemannschen Mannigfaltigkeiten ist ein zentrales Thema in der Differentialgeometrie. Dazu gibt es viele tiefliegende Resultate, die den Rahmen dieses Buchs bei weitem überschreiten. Daher seien interessierte Leser auf die einschlägige Literatur zur Differentialgeometrie wie z. B. do Carmo [29] verwiesen.

Kap. 14: Zur mathematischen Modellierung in der *Elektrophysiologie* und *Kardiologie* sei auf Colli Francesco, Pavarino & Scacchi [25] verwiesen. In dieser Monographie wird das FitzHugh-Nagumo Modell hergeleitet und ausführlich diskutiert, sowie diverse Verfeinerungen, insbesondere auch das berühmte *Hodgkin-Huxley* Modell.

Die Aussagen in Abschn. 14.3 lassen sich auf konvexe unterhalbstetige Funktionale in Hilberträumen verallgemeinern, wobei dann $A_\lambda x$ nur schwach gegen y_x^0 für $\lambda \to 0+$ gilt. Sie bilden den Ausgangspunkt für die *Theorie maximal monotoner Operatoren in Hilberträumen*. Die Standardreferenz dafür ist die Monographie von H. Brezis [21], die dem Leser zum weitergehenden Studium wärmstens empfohlen sei. Bis auf kleine Modifikationen bleiben alle Aussagen in Abschn. 14.4 in Hilberträumen richtig.

Literatur

Lehrbücher und Monographien

1. H. Amann, *Gewöhnliche Differentialgleichungen*, de Gruyter Lehrbuch. [de Gruyter Textbook] (Walter de Gruyter & Co., Berlin, 1983)
2. V.I. Arnold, *Ordinary Differential Equations* (The MIT Press, Cambridge/London, 1973) Translated from the Russian and edited by Richard A. Silverman
3. N.P. Bhatia, G.P. Szegö, *Stability Theory of Dynamical Systems*, Die Grundlehren der mathematischen Wissenschaften, Band 161 (Springer, New York, 1970)
4. M. Braun, *Differential Equations and Their Applications: An Introduction to Applied Mathematics*, 4th edn. Texts in Applied Mathematics, vol. 11 (Springer, New York, 1993)
5. C. Chicone, *Ordinary Differential Equations with Applications*, 2nd edn. Texts in Applied Mathematics, vol. 34 (Springer, New York, 2006)
6. A. Coddington, N. Levinson, *Theory of Ordinary Differential Equations* (McGraw-Hill Book Company, Inc., New York/Toronto/London, 1955)
7. J. Cronin, *Differential Equations: Introduction and Qualitative Theory*. Monographs and Textbooks in Pure and Applied Mathematics, vol. 54 (Marcel Dekker Inc., New York, 1980)
8. R.L. Devaney, *An Introduction to Chaotic Dynamical Systems*, 2nd edn. Addison-Wesley Studies in Nonlinearity (Addison-Wesley Publishing Company Advanced Book Program, Redwood City, 1989)
9. W. Hahn, *Stability of Motion*, Translated from the German manuscript by Arne P. Baartz. Die Grundlehren der mathematischen Wissenschaften, Band 138 (Springer, New York, 1967)
10. J.K. Hale, *Ordinary Differential Equations*. Pure and Applied Mathematics, vol. XXI (Wiley-Interscience [John Wiley & Sons], New York, 1969),
11. P. Hartman, *Ordinary Differential Equations* (Wiley, New York, 1964)
12. M. Hirsch, S. Smale, *Differential Equations, Dynamical Systems, and Linear Algebra*. Pure and Applied Mathematics, vol. 60 (Academic Press [A subsidiary of Harcourt Brace Jovanovich, Publishers], New York/London, 1974)
13. M.W. Hirsch, S. Smale, R.L. Devaney, *Differential Equations, Dynamical Systems, and An Introduction to Chaos*, 2nd edn. Pure and Applied Mathematics (Amsterdam), vol. 60 (Elsevier/Academic Press, Amsterdam, 2004)
14. D.W. Jordan, P. Smith, *Nonlinear Ordinary Differential Equations: An Introduction for Scientists and Engineers*, 4th edn. (Oxford University Press, Oxford, 2007)
15. J. Jost, *Dynamical Systems: Examples of Complex Behaviour*. Universitext (Springer, Berlin, 2005)

© Springer Nature Switzerland AG 2019
J. W. Prüss, M. Wilke, *Gewöhnliche Differentialgleichungen und dynamische Systeme*, Grundstudium Mathematik, https://doi.org/10.1007/978-3-030-12362-8

16. E. Kamke, *Differentialgleichungen* (B.G. Teubner, Stuttgart, 1977) Lösungsmethoden und Lösungen. I: Gewöhnliche Differentialgleichungen, Neunte Auflage, Mit einem Vorwort von Detlef Kamke

17. W. Walter, *Gewöhnliche Differentialgleichungen*, 5th edn. Springer-Lehrbuch. [Springer Text-book] (Springer, Berlin, 1993) Eine Einführung. [An introduction]

Originalliteratur

18. R. Abraham, J. Robbin, *Transversal Mappings and Flows*. An appendix by Al Kelley (W.A. Benjamin, Inc., New York/Amsterdam, 1967)

19. B. Aulbach, *Continuous and Discrete Dynamics Near Manifolds of Equilibria*. Lecture Notes in Mathematics, vol. 1058 (Springer, Berlin, 1984)

20. D. Bothe, Instantaneous limits of reversible chemical reactions in presence of macroscopic convection J. Differ. Equ. **193**(1), 27–48 (2003)

21. H. Brézis, *Opérateurs maximaux monotones et semi-groupes de contractions dans les espaces de Hilbert* (North-Holland Publishing Co., Amsterdam/London; American Elsevier Publishing Co., Inc., New York, 1973) North-Holland Mathematics Studies, No. 5. Notas de Matemática (50)

22. R. Bürger, *The Mathematical Theory of Selection, Recombination, and Mutation*. Wiley Series in Mathematical and Computational Biology (Wiley, Chichester, 2000)

23. R. Chill, On the Lojasiewicz-Simon gradient inequality. J. Funct. Anal. **201**(2), 572–601 (2003)

24. S.N. Chow, J.K. Hale, *Methods of Bifurcation Theory*, Grundlehren der Mathematischen Wissenschaften [Fundamental Principles of Mathematical Science], vol. 251 (Springer, New York, 1982)

25. P. Colli Franzone, L. Pavarino, S. Scacchi, *Mathematical Cardiac Electrophysiology*. MS&A. Modeling, Simulation and Applications, vol. 13 (Springer, Cham, 2014)

26. J. Cronin, *Branching of Periodic Solutions of Nonautonomous Systems*. Nonlinear analysis (collection of papers in honor of Erich H. Rothe) (Academic, New York, 1978), pp. 69–81

27. K. Deimling, *Nonlinear Functional Analysis* (Springer, Berlin, 1985)

28. O. Diekmann, J.A.P. Heesterbeek, *Mathematical Epidemiology of Infectious Diseases: Model Building, Analysis and Interpretation*. Wiley Series in Mathematical and Computational Biology (Wiley, Chichester, 2000)

29. M.P. do Carmo, *Riemannian Geometry*. Mathematics: Theory & Applications (Birkhäuser Boston Inc., Boston, 1992), Translated from the second Portuguese edition by Francis Flaherty

30. P. Érdi, J. Tóth, *Mathematical Models of Chemical Reactions*, Nonlinear Science: Theory and Applications (Princeton University Press, Princeton, 1989), Theory and applications of deterministic and stochastic models

31. M. Feinberg, The existence and uniqueness of steady states for a class of chemical reaction networks. Arch. Rational Mech. Anal. **132**(4), 311–370 (1995)

32. R.A. Fisher, *The Genetical Theory of Natural Selection*, variorum edn. (Oxford University Press, Oxford, 1999), Revised reprint of the 1930 original, Edited, with a foreword and notes, by J.H. Bennett

33. F.R. Gantmacher, *Matrizentheorie* (Springer, Berlin, 1986), With an appendix by V.B. Lidskij, With a preface by D.P. Želobenko, Translated from the second Russian edition by Helmut Boseck, Dietmar Soyka and Klaus Stengert

34. A. Goldbeter, R. Lefever, Dissipative structures for an allosteric model; application to glycolytic oscillations Biophysical J. **12** 1302–1315 (1972)

35. D.M. Grobman, Homeomorphism of systems of differential equations. Dokl. Akad. Nauk SSSR **128**, 880–881 (1959)

36. K.P. Hadeler, R. Waldstätter, A. Wörz-Busekros, Models for pair formation in bisexual populations. J. Math. Biol. **26**(6), 635–649 (1988)

37. A. Haraux, M.A. Jendoubi, Convergence of solutions of second-order gradient-like systems with analytic nonlinearities. J. Differ. Equ. **144**(2), 313–320 (1998)

38. P. Hartman, A lemma in the theory of structural stability of differential equations. Proc. Am. Math. Soc. **11**, 610–620 (1960)

39. M.-L. Hein, J. Prüss, The Hartman-Grobman theorem for semilinear hyperbolic evolution equations. J. Differ. Equ. **261**(8), 4709–4727 (2016)

40. P. Hess, *Periodic-Parabolic Boundary Value Problems and Positivity*. Pitman Research Notes in Mathematics Series, vol. 247 (Longman Scientific & Technical, Harlow, 1991)

41. M.W. Hirsch, H. Smith, Monotone dynamical systems, in *Handbook of Differential Equations: Ordinary Differential Equations*, vol. II (Elsevier B.V., Amsterdam, 2005), pp. 239–357

42. F. Hoppensteadt, *Mathematical Theories of Populations: Demographics, Genetics and Epidemics* (Society for Industrial and Applied Mathematics, Philadelphia, 1975), Regional Conference Series in Applied Mathematics

43. F. Horn, R. Jackson, General mass action kinetics. Arch. Rational Mech. Anal. **47**, 81–116 (1972)

44. S.-Z. Huang, *Gradient Inequalities*. Mathematical Surveys and Monographs, vol. 126 (American Mathematical Society, Providence, 2006), With applications to asymptotic behavior and stability of gradient-like systems

45. G. Iooss, *Bifurcation of Maps and Applications*. North-Holland Mathematics Studies, vol. 36 (North-Holland Publishing Co., Amsterdam, 1979)

46. J. Keener, J. Sneyd, *Mathematical Physiology*. Interdisciplinary Applied Mathematics, vol. 8 (Springer, New York, 1998)

47. A. Lajmanovich, J.A. Yorke, A deterministic model for gonorrhea in a nonhomogeneous population. Math. Biosci. **28**(3/4), 221–236 (1976)

48. V. Lakshmikantham, S. Leela, *Differential and Integral Inequalities: Theory and Applications. Vol. I: Ordinary Differential Equations* (Academic, New York, 1969), Mathematics in Science and Engineering, vol. 55-I

49. O. Levenspiel, *Chemical Reaction Engineering*, 3. Auflage (Wiley, Hoboken, 1998)

50. S. Łojasiewicz, *Une propriété topologique des sous-ensembles analytiques réels*, Les Équations aux Dérivées Partielles (Paris, 1962), Éditions du Centre National de la Recherche Scientifique, Paris, 1963, pp. 87–89

51. S. Łojasiewicz, *Sur les trajectoires du gradient d'une fonction analytique*, Geometry seminars, 1982–1983 (Bologna, 1982/1983), Univ. Stud. Bologna, Bologna, 1984, pp. 115–117

52. V. Losert, E. Akin, Dynamics of games and genes: discrete versus continuous time. J. Math. Biol. **17**(2), 241–251 (1983)

53. J.G. Malkin, *Theorie der Stabilität einer Bewegung*, In deutscher Sprache herausgegeben von W. Hahn und R. Reissig, R. Oldenbourg, Munich, 1959

54. J.D. Murray, *Mathematical Biology. I: An Introduction*, 3rd edn. Interdisciplinary Applied Mathematics, vol. 17 (Springer, New York, 2002)

55. M.A. Nowak, R.M. May, *Virus Dynamics: Mathematical Principles of Immunology and Virology* (Oxford University Press, Oxford, 2000)

56. J. Prüss, L. Pujo-Menjouet, G.F. Webb, R. Zacher, Analysis of a Model for the Dynamics of Prions. Discrete Contin. Dyn. Syst. Ser. B **6**(1), 225–235 (2006) (electronic)

57. J. Prüss, W. Schappacher, Persistent age-distributions for a pair-formation model. J. Math. Biol. **33**(1), 17–33 (1994)

58. J. Prüss, R. Schnaubelt, R. Zacher, *Mathematische Modelle in der Biologie* (Birkhäuser-Verlag, Basel, 2008)

59. J. Prüss, G. Simonett, M. Wilke, Invariant foliations near normally hyperbolic equilibria for quasilinear parabolic problems. Adv. Nonlinear Stud. **13**(1), 231–243 (2013)

60. J. Prüss, G. Simonett, R. Zacher, On convergence of solutions to equilibria for quasilinear parabolic problems. J. Differ. Equ. **246**(10), 3902–3931 (2009)

61. H.H. Schaefer, *Banach Lattices and Positive Operators* (Springer, New York, 1974), Die Grundlehren der mathematischen Wissenschaften, Band 215

62. E.E. Selkov, Self-oscillations in glycolysis. Eur. J. Biochem. **4**, 79–86 (1968)

63. G.R. Sell, Y. You, *Dynamics of Evolutionary Equations*. Applied Mathematical Sciences, vol. 143 (Springer, New York, 2002)

64. A. Uppal, W.H. Ray, A.B. Poore, On the dynamic behaviour of continuous tank reactors. Chem. Engin. Sci. **29**, 967–985 (1974)

65. A.I. Volpert, V.A. Volpert, V.A. Volpert, *Traveling wave solutions of parabolic systems*, Translations of Mathematical Monographs, vol. 140 (American Mathematical Society, Providence, 1994), Translated from the Russian manuscript by James F. Heyda

66. W. Walter, *Differential and Integral Inequalities*, Translated from the German by Lisa Rosenblatt and Lawrence Shampine. Ergebnisse der Mathematik und ihrer Grenzgebiete, Band 55 (Springer, New York, 1970)

67. R. Zacher, Persistent solutions for age-dependent pair-formation models. J. Math. Biol. **42**(6), 507–531 (2001)

Stichwortverzeichnis

© Springer Nature Switzerland AG 2019
J. W. Prüss, M. Wilke, *Gewöhnliche Differentialgleichungen und dynamische
Systeme*, Grundstudium Mathematik, https://doi.org/10.1007/978-3-030-12362-8

Printed in the United States
By Bookmasters